Ralph-Hardo Schulz

Repetitorium Bachelor Mathematik

Ralph-Hardo Schulz

Repetitorium Bachelor Mathematik

Zur Vorbereitung auf Modulprüfungen
in der mathematischen Grundausbildung

STUDIUM

**VIEWEG+
TEUBNER**

Bibliografische Information der Deutschen Nationalbibliothek
Die Deutsche Nationalbibliothek verzeichnet diese Publikation in der
Deutschen Nationalbibliografie; detaillierte bibliografische Daten sind im Internet über
<http://dnb.d-nb.de> abrufbar.

Prof. Dr. Ralph-Hardo Schulz
Freie Universität Berlin
Fachbereich Mathematik und Informatik
Mathematisches Institut
Arnimallee 3
14195 Berlin

E-Mail: rhschulz@zedat.fu-berlin.de

1. Auflage 2010

Alle Rechte vorbehalten
© Vieweg+Teubner | GWV Fachverlage GmbH, Wiesbaden 2010

Lektorat: Ulrike Schmickler-Hirzebruch | Nastassja Vanselow

Vieweg+Teubner ist Teil der Fachverlagsgruppe Springer Science+Business Media.
www.viewegteubner.de

Umschlaggestaltung: KünkelLopka Medienentwicklung, Heidelberg
Druck und buchbinderische Verarbeitung: Ten Brink, Meppel
Gedruckt auf säurefreiem und chlorfrei gebleichtem Papier.
Printed in the Netherlands

ISBN 978-3-8348-0978-0

Vorwort

Dieses Buch soll die Anstrengungen unterstützen, die die meisten Studenten vor ihren Mathematikprüfungen zum Einprägen des Stoffes und zur Vorbereitung auf die Modulprüfungen unternehmen. Es ist entstanden aus meinem Buch "Repetitorium Mathematik" sowie aus meiner Sammlung von Klausuraufgaben.

Nun ist es schwierig, wenn nicht unmöglich, Stoff und Darstellung unabhängig von Prüfungsordnung und persönlichem Stil auszuwählen. Ich habe mich bemüht, für die folgenden Gebiete eine Grundlage zur Vorbereitung auf die Modulprüfungen –seien sie mündlich oder schriftlich– bereitzustellen (die Aufteilung in Teile I und II mag dabei je nach Studienordnung abweichen):

Lineare Algebra I und II (mit Klausuraufgaben)
Analysis I und II (mit Klausuraufgaben)
Wahrscheinlichkeitstheorie/Stochastik (mit Klausuraufgaben)
Computerorientierte Mathematik/Anfänge der Numerik (mit Beispiel-Klausur)
Elementargeometrie (mit Klausuraufgaben)
Algebra/Zahlentheorie (mit Klausuraufgaben)

Die Fragen und zugehörigen Antworten des Textteiles werden durch Beispiele und weiterführende Anmerkungen ergänzt. Letztere sollte man ebenso wie die mit ** markierten Teile beim ersten Durcharbeiten überspringen. Sie ermöglichen später eine Ergänzung und Abrundung des Wissens. An viele Beweise wird durch eine Beweisskizze oder die Beweisidee erinnert. Da ich voraussetze, dass der Leser die wichtigsten Gebiete schon einmal in einer Vorlesung kennengelernt hat und sie sich jetzt einprägen möchte, habe ich großen Wert auf strukturelle Zusammenhänge gelegt, wobei ich gelegentlich im Vorgriff auch auf Begriffe und Sätze aus anderen Teilgebieten eingehe. Evtl. ist es aber auch möglich, sich anhand des Buches in neue Themenbereiche einzuarbeiten. An jedes Kapitel schließt sich ein Aufgabenteil an, der zum Klausur-Training benutzt werden kann. Fast alle Aufgaben wurden bereits in Klausuren gestellt und so getestet. Im letzten Teil des Buches sind Lösungsskizzen zu sämtlichen Aufgaben wiedergegeben.

Meinen herzlichen Dank möchte ich Frau Margrit Barrett und Frau Heike Eckart für das Schreiben einiger Textteile in LaTeX und die Eingabe vieler Bilder in die Systeme "idraw" und "xfig" aussprechen, ebenso Frau Silvia Hoemke und Frau Elke Greene für weitere Bilder im picture mode. Einige Funktionsgraphen habe ich mit "Mathematica" erzeugt.
Die Aufgaben und Lösungen bzw. Lösungshinweise wurden zusammengestellt von Sabine Giese, Christian Hering, Josef Heringlehner, Birgit Mielke, Hans Mielke und mir. Die Lösungen haben wir sorgfältig erstellt, trotzdem können wir keine Gewähr übernehmen. Kommentare sind willkommen, z.Bsp. per E-Mail an "schulz@math.fu-berlin.de".

Für Beiträge zur Aufabensammlung möchte ich mich bedanken bei Prof. Dr. Heinrich Begehr, Prof. Dr. Rudolf Gorenflo, Dr. Christian Haase, Christoph Kapsch, Dr. Lutz Heindorf, Corinna Preuß, Prof. Dr. Elmar Vogt, Prof. Dr. Dirk Werner und Julia Westendorf sowie bei allen unbekannten Autoren von inzwischen teilweise zu 'Folklore' gewordenen Aufgaben; dankbar bin ich auch Jennifer Eisfeldt, Sonja Ernst, Johannes Heck, Prof. Eberhard Letzner, Veronika Liebich, Julian Pfab, Stefan Preyer, Antje Schröder, Gregor Schulz, Jens-Uwe Sedler und Ariane Weigandt für Hinweise auf Fehler bzw. Druckfehler, auf missverständliche Formulierungen oder fehlerhafte Interpretationen von Aufgabenstellungen in früheren Fassungen der Aufgabensammlung.

Berlin, im September 2009   Ralph-Hardo Schulz

Inhaltsverzeichnis

1	**Lineare Algebra I**	**1**
1.1	Vektorräume, Basis, Dimension	1
1.2	Lineare Abbildungen, Matrizen	10
1.3	Faktorräume, Dimensionssätze	14
1.4	Lineare Gleichungssysteme	17
1.5	Affine analytische Geometrie	19
1.6	Determinanten	23
1.7	Klausur-Aufgaben zur Linearen Algebra I	28
2	**Lineare Algebra II**	**37**
2.1	Eigenwerttheorie	37
2.2	Skalarprodukt, Orthogonalität	43
2.3	Isometrien	48
2.4	Dualraum	51
2.5	Euklidische analytische Geometrie	54
2.6	Klausur-Aufgaben zur Linearen Algebra II	62
3	**Analysis I**	**71**
3.1	Konvergenz von reellen Folgen	71
3.2	Konvergenz und Stetigkeit in metrischen Räumen	76
3.3	Reihen in normierten Räumen	86
3.4	Differenzierbarkeit in $\mathbb{R}^1$	94
3.5	Integration (Teil 1)	101
3.6	Anhang: Reelle und komplexe Zahlen	104
3.7	Klausur-Aufgaben zur Analysis I	108
4	**Analysis II**	**117**
4.1	Differenzierbarkeit von Abbildungen	117
4.2	Integration (Teil 2)	124
4.3	Differentialgleichungen	132
4.4	Anhang: Taylorreihen	134
4.5	Klausur-Aufgaben zur Analysis II	136
5	**Wahrscheinlichkeitstheorie/Stochastik**	**143**
5.1	Diskrete Wahrscheinlichkeitsräume	143
5.2	Zufallsvariable	151

5.3   Wahrscheinlichkeitsmaße mit Dichten 155
5.4   Approximation der Binomialverteilung 157
5.5   Gesetze der großen Zahlen 159
5.6   Anfänge der Beurteilenden Statistik 160
5.7   Klausur-Aufgaben zur Wahrscheinlichkeitstheorie 163

6   Computerorientierte Mathematik/Numerik   173
6.1   Nullstellenbestimmung und Fixpunkt-Iteration 173
6.2   Polynom-Interpolation 175
6.3   Numerische Integration 177
6.4   Anfänge der Numerik von Differentialgleichungen 178
6.5   Beispielklausur zur Computerorientierten Mathematik 180

7   Elementargeometrie   183
7.1   Affine Geometrie 183
7.2   Geordnete Geometrie 190
7.3   Kongruenzgeometrie 193
7.4   Weitere Sätze der Euklidischen Geometrie 200
7.5   Abbildungsgeometrie 209
7.6   Klausur-Aufgaben zur Elementargeometrie 216

8   Einführung in die Algebra/Zahlentheorie   223
8.1   Algebraische Strukturen 223
8.2   Zum Aufbau des Zahlensystems 226
8.3   Teilbarkeit in $\mathbb{N}$ 230
8.4   Euklidische Ringe, Hauptidealringe, ZPE-Ringe 232
8.5   Endliche Körpererweiterungen 235
8.6   Konstruierbarkeit mit Zirkel und Lineal 238
8.7   Endliche Körper 240
8.8   Anfänge der Gruppentheorie 241
8.9   Anfänge der Galoistheorie 242
8.10 Klausur-Aufgaben zur Algebra/Zahlentheorie 245

9   Lösungen der Aufgaben   249
9.1   Lösungen zu Kap. 1 und 2: Lineare Algebra 249
9.2   Lösungen zu Kap. 3 und 4: Analysis 283
9.3   Lösungen zu Kap. 5: Wahrscheinlichkeitstheorie 321
9.4   Lösungen zu Kap. 6: Computerorientierte Mathematik/Numerik 343
9.5   Lösungen zu Kap. 7: Elementargeometrie 346
9.6   Lösungen zu Kap. 8 : Algebra/Zahlentheorie 361

Literaturverzeichnis   367
Stichwortverzeichnis (und Themen der Aufgaben)   370

Kapitel 1

Lineare Algebra I

1.1 Vektorräume, Basis, Dimension

Was versteht man unter einem Vektorraum?

Gegeben sei ein Körper K (als "Skalarbereich"), z.Bsp. $\mathbb{Q}, \mathbb{R}, \mathbb{C}, \mathbb{Q}(\sqrt{2})$ oder ein endlicher Körper $\mathrm{GF}(p) = \mathbb{Z}/p\mathbb{Z} = \mathbb{Z}_p, \mathrm{GF}(p^s)$(s. Kap. 8). Dann heißt $(V, \oplus, \underset{K}{\cdot})$ ein **K–Vektorraum** (K–VR), falls $(V, \oplus)$ eine abelsche Gruppe ist (s.§8.8) und die sogenannte S–Multiplikation[1] $\underset{K}{\cdot} : K \times V \to V$ mit $(\lambda, v) \mapsto \lambda v$ folgende Gesetze (für alle $v, w \in V$, $\lambda, \mu \in K$, $1 = 1_K$) erfüllt:

– das gemischte Assoziativgesetz $\quad (\lambda \cdot \mu)v \quad = \quad \lambda(\mu v)$
– die gemischten Distributivgesetze $\quad (\lambda + \mu)v \quad = \quad \lambda v \oplus \mu v \quad$ und $\quad \lambda(v \oplus w) = \lambda v \oplus \lambda w$
– und die Gleichung $\quad\quad\quad\quad\quad 1v \quad\quad = \quad v$

Geben Sie Beispiele von Vektorräumen an, darunter unendlich–dimensionale[2], ferner Funktionenräume!

1.) Voraussetzung: Seien K Körper (siehe Kap. 8) (Skalarbereich) und $I \neq \emptyset$ Indexmenge!

   Definition: Die Menge aller Abbildungen von I in K (d.h. auch: der *Familien* über K mit Indexmenge I) bezeichnen wir mit

$$K^I := \mathrm{Abb}\,(I, K) = \{\, f \mid f : I \to K \text{ Abbildung} \,\} = \{(f_i)_{i \in I} \mid f_i \in K\} \text{ (mit } f_i := f(i));$$

   auf ihr sind Addition und S–Multiplikation argumentweise bzw. komponentenweise erklärt, d.h. (für alle $x \in I, \lambda \in K, f, g \in K^I$):

$$f \oplus g : (f \oplus g)(x) := f(x) + g(x) \text{ bzw. } (f_i)_{i \in I} \oplus (g_i)_{i \in I} = (f_i + g_i)_{i \in I}$$

$$\lambda \odot g : (\lambda \odot g)(x) := \lambda \cdot g(x) \text{ bzw. } \lambda(g_i)_{i \in I} = (\lambda g_i)_{i \in I}.$$

   Dann gilt: $(K^I, \oplus, \odot)$ ist ein $K - VR$, der *Vektorraum aller Familien* über K mit der Indexmenge I.

---

[1]Wegen der Kommutativität der Multiplikation in K kann man auch $v\lambda (:= \lambda v)$ schreiben; alternativ kann man auch $\underset{K}{\cdot} : V \times K \to V$ definieren.

[2]Zum Dimensionsbegriff siehe Seite 8 !

Spezialfälle:

(a) **Raum der n–Tupel**: [3] Für $I = \{1,\dots,n\}$ ist $K^I = K^n$, denn $(x_1,\dots,x_n)$ ist laut Definition gleich der Abbildung f von $\{1,\dots,n\}$ in K mit $f(i) = x_i$. Addition und S–Multiplikation sind komponentenweise erklärt, d.h. (für alle $x_i, y_i, \lambda \in K$):

$$
\begin{aligned}
(x_1,\dots,x_n) + (y_1,\dots,y_n) &= (x_1+y_1,\dots,x_n+y_n) \\
\lambda(x_1,\dots,x_n) &= (\lambda x_1,\dots,\lambda x_n)\,.
\end{aligned}
$$

(b) **Raum aller reellen Folgen**: Für $I = \mathbb{N}$, $K = \mathbb{R}$ ist $K^I = \mathbb{R}^\mathbb{N} = \bigotimes_{i\in\mathbb{N}} \mathbb{R}$ (direktes Produkt abzählbar vieler Faktoren $\mathbb{R}$). Wichtige Unterräume (zum Begriff des Unterraums, "UR", siehe Seite 4):

– *UR* der konvergenten reellen Folgen
      (wegen $(a_n)_{n\in\mathbb{N}}, (b_n)_{n\in N}$ konvergent $\Longrightarrow (a_n + \lambda b_n)_{n\in\mathbb{N}}$ konvergent)
– *UR* der reellen Nullfolgen

analog für $K = \mathbb{Q}$: $\mathbb{Q}^\mathbb{N}$ ist Vektorraum, u.a. mit folgenden Unterräumen:
– *UR* der Cauchyfolgen über $\mathbb{Q}$
– *UR* der Nullfolgen über $\mathbb{Q}$ ($\to$ Konstruktion von $\mathbb{R}$, s.u.)

2.) Sei K Körper und $I \neq \emptyset$! Dann ist $K^{(I)} := \{(\lambda_i)_{i\in I} \mid (\lambda_i)_i \in K^I \text{ mit } \lambda_i = 0 \text{ für fast alle } i \in I\}$ mit komponentenweiser Addition und S–Multiplikation ein Vektorraum, der Vektorraum der **Familien mit endlichem Träger**; (dieser ist gleich K^I, falls I endlich ist, sonst echter Unterraum von K^I) *Anmerkung:* Bis auf Isomorphie sind durch $K^{(I)}$ alle $K - VR$'e erfasst.

Spezialfälle:
(a) Ist $I = \{1,\dots,n\}$, also endlich, so gilt: $K^{(I)} = K^I = K^n$ (s. o.)

(b) Sei[4] $I = \mathbb{N}$. Mit der Definition $X := (0,1,0,0,\dots)$ und der Multiplikation
$(\alpha_i)_{i\in\mathbb{N}} \cdot (\beta_i)_{i\in\mathbb{N}} := (\sum_{j=0}^{i} \alpha_j \beta_{i-j})_{i\in\mathbb{N}}$ gilt $(\alpha_i)_{i\in\mathbb{N}} = \sum_{i\in\mathbb{N}} \alpha_i X^i$. In dieser Darstellung heißen die Elemente von $K^{(\mathbb{N})}$ Polynome. $K[X] := (K^{(\mathbb{N})}, +, \underset{K}{\cdot}, \cdot)$ ist eine K–Algebra, die sogenannte **Polynomalgebra** über K. Dabei heißt $(V, +, \underset{K}{\cdot}, \cdot)$ eine **K-Algebra**, falls $(V, +, \cdot)$ ein Ring ist und $(V, +, \underset{K}{\cdot})$ ein $K-$ Vektorraum mit den folgenden Verträglichkeitsbedingungen:
$$\forall a, b \in V, \forall \lambda \in K:\ \lambda(a \cdot b) = (\lambda a)b = a(\lambda b)\,.$$

3.) Vektorraum $\mathcal{P}(K)$ der **Polynomabbildungen** (Polynomfunktionen) des Körpers K (ein Unterraum von Abb (K,K)): Elemente: $f = \sum\limits_{i=0}^{n} a_i(id)^i : x \mapsto \sum\limits_{i=0}^{n} a_i x^i$. Falls K unendlich ist, gilt $\mathcal{P}(K) \cong K[X]$. (Beweis?)

4.) Vektorraum der **Vektoren der (reellen) euklidischen Ebene** E (als Modell für die Zeichenebene); (analoges gilt für den euklidischen Raum):

Elemente sind die Klassen vektorgleicher Pfeile; dabei ist ein *Pfeil* $\vec{PQ}$ definiert als Punktepaar (P,Q) für $P, Q \in E$ und die *Vektorgleichheit* durch: $\vec{PQ}$ ist vektorgleich $\vec{RS}$ genau

---

[3] Vektoren von K^n bezeichnen wir oft mit fetten Buchstaben oder versehen sie mit einem Pfeil, z.Bsp. **v** oder $\vec{v}$.

[4] Gemäß DIN-Norm versteht man unter $\mathbb{N}$ die Menge der natürlichen Zahlen einschließlich der Null, s. §8.2 ! Wir benutzen aber auch oft die Bezeichnung $\mathbb{N}_0$. Für $\mathbb{N} \setminus \{0\}$ schreibt man oft $\mathbb{N}^*$ oder ebenfalls nur $\mathbb{N}$.

dann, wenn [$PQ\|RS$ und $|\overset{\mapsto}{PQ}| = |\overset{\mapsto}{RS}|$ sowie $\vec{PQ}, \vec{RS}$ 'gleichorientiert']. Vektorgleichheit ist ein Äquivalenzrelation; Äquivalenzklassen sind definitionsgemäß die elementargeometrischen Vektoren (s. Abb. 1.1 a).

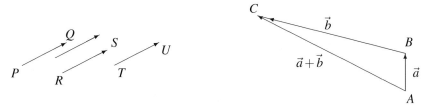

Abbildung 1.1: a) Vektorgleiche Pfeile   b) Addition von Vektoren (Pfeilklassen)

Addition: durch Repräsentanten definiert (Spitze–Fuß–Regel), s. Abb. 1.1 b). Die Wohldefiniertheit folgt z. Bsp. aus der Existenz aller Translationen (s. Abb. 1.2 mit Translation $\tau_{AA'}$) ($\to$ kleiner Satz von Desargues, s.§7.1)

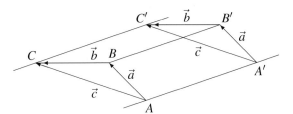

Abbildung 1.2: Zur Wohldefiniertheit der Vektor-Addition

S–Multiplikation mit Faktor k : Übergang zu parallelen Pfeilen der $|k|$–fachen Länge mit gleicher Orientierung im Fall $k > 0$ bzw. entgegengesetzter Orientierung im Fall $k < 0$.

5.) *Körper als Vektorraum über Unterkörpern:* L, K seien Körper und K Unterkörper von L (in Zeichen $K \leq L$). $(L, +, \underset{K}{\cdot})$ ist VR über K, wobei " $\cdot$ "definiert wird als die Einschränkung der Multiplikation von $L \times L$ auf $K \times L$ (induzierte S–Multiplikation) .

Beispiele: $\mathbb{R}$ als $\mathbb{Q} - VR$, $\mathbb{C}$ als $\mathbb{R} - VR$, K als $K - VR$

6.) $V_1 = \{f \in \mathrm{Abb}(\mathbb{R}, \mathbb{R}) \mid f$ unendlich oft differenzierbar und $f'' + f = 0\}$ ist Unterraum (s.u.) von $\mathrm{Abb}(\mathbb{R}, \mathbb{R})$.

7.) Sei E metrischer Raum (s. §3.2) , $\mathbb{K} \in \{\mathbb{R}, \mathbb{C}\}$; Addition und S-Multiplikation bei folgenden Beispielen seien argumentweise erklärt (siehe Beispiel 1.):

   $\mathcal{B}(E, \mathbb{K})$ Vektorraum der beschränkten Funktionen auf E mit Werten in $\mathbb{K}$
   $\mathcal{C}(E, \mathbb{K})$ **Vektorraum der stetigen Funktionen** auf E mit Werten in $\mathbb{K}$
   $\mathcal{C}_b(E, \mathbb{K}) = \mathcal{C}(E, \mathbb{K}) \cap \mathcal{B}(E, \mathbb{K})$.

8.) l^2 Raum der Folgen $(x_i)_{i \in \mathbb{N}} \in \mathbb{C}^{\mathbb{N}}$ mit $\sum |x_i|^2$ konvergent   **(Hilbertscher Folgenraum)**

9.) Seien V, W Vektorräume über K . Dann ist $\mathrm{Hom}_K(V, W) = \mathcal{L}(\mathcal{V}, \mathcal{W})$, der **Raum der linearen Abbildungen** von V in W, s. §1.2, ein Unteraum von $\mathrm{Abb}(V, W)$.

Spezialfälle:
(a) Für $\dim_K V = n$ und $\dim_K W = m$ ist $\mathrm{Hom}_K(V, W) \cong K^{(m,n)} = K^{m \cdot n}$, wobei $K^{(m,n)}$

der **Vektorraum der m** $\times$ **n– Matrizen** mit komponentenweiser Addition und S-Multiplikation ist.

Anmerkung: Für $V = W$ lässt sich $\mathrm{Hom}_K(V,V) =: \mathrm{End}_K(V)$ durch die Multplikation " $\circ$ " (Hintereinanderausführung, Verkettung) zu einer K–Algebra (s. §8.1) machen. Nach Auswahl einer Basis entspricht $\circ$ der Multiplikation der zugehörigen Matrizen.

(b) $W = K$: $\mathrm{Hom}_K(V,K) =: V^* = V^d$ heißt der **Dualraum** von V (vgl. §2.4, Seite 51). *Anmerkung:* Es gilt $V \cong K^{(I)} \;\Rightarrow\; V^* \cong K^I$.   Hierbei lässt sich $V^* \to K^I$ definieren durch $f \mapsto (f(b_i))_{i \in I}$ für eine Basis $(b_i)_{i \in I}$ von V.

10.) Sei $K = \mathrm{GF}(2) = \mathbb{F}_2$, der Körper mit 2 Elementen. Die Potenzmenge $\mathfrak{P}(M)$, d.h. die Menge aller Teilmengen einer Menge M, mit $M \neq \emptyset$ wird zum $\mathbb{F}_2$-Vektorraum durch die Verknüpfungen $X + Y := X \triangle Y := (X \cup Y) \setminus (X \cap Y)$ (symmetrische Differenz) und $0 \cdot X = \emptyset$, $1 \cdot X = X$.

a) Was versteht man unter einem **Unterraum** eines K–Vektorraums? b) Wie lautet das *Unterraumkriterium*? c) Gehen Sie auf das Verhalten von Unterräumen bei Durchschnitt und Summenbildung ein!

a) *Definition:* U heißt (linearer) *Unterraum* (UR) oder Teilraum von V, falls U mit der auf U eingeschränkten Addition und S-Multiplikation selbst $K - VR$ ist.
   Beispiele (weitere Beispiele s.o. bei den Beispielen von Vektorräumen):

   (i) Für $V = \mathbb{R}^3$ sind $\{0\}$, $\mathbb{R}a := \{\lambda a | \lambda \in \mathbb{R}\}$ für $a \in V \setminus \{0\}$ und $\mathbb{R}a + \mathbb{R}b := \{\lambda a + \mu b | \lambda, \mu \in \mathbb{R}\}$ für $a, b \in V$, aber auch $\mathbb{R}^3$ selbst Unterräume von V.

   (ii) $U = \{(x,y,z) \in \mathbb{R}^3 \,|\, -2x + 5y + z = 0\}$ ist Unterraum von $\mathbb{R}^3$.

b) **Unterraumkriterium:** *Sei V ein $K - VR$ und $U \subseteq V$. Dann ist U Unterraum von V genau dann, wenn gilt: (i) $U \neq \emptyset$ und (ii) U ist abgeschlossen bzgl. Addition und S-Multiplikation, also $U + U \subseteq U$ und $KU \subseteq U$.*

c) Ist $(U_i)_{i \in I}$ eine nicht-leere Familie von Unterräumen von V, dann ist sowohl $\bigcap\limits_{i \in I} U_i$ als auch
$$\sum_{i \in I} U_i := \left\{ \sum_{i \in I} u_i \,\middle|\, u_i \in U_i \text{ für } i \in I, \text{ nur endlich viele } u_i \neq 0 \right\} \text{ ein Unterraum von } V.$$

Anmerkung: 1.) $\bigcup\limits_{i \in I} U_i$ ist i.a. kein Unterraum; es gilt $\sum\limits_{i \in I} U_i = \mathrm{Spann}(\bigcup\limits_{i \in I} U_i)$, d.h. die Summe der UR'e ist das Erzeugnis (s. Seite 6) ihrer Vereinigungsmenge.

2.) *Definition:* Die Summe $\sum\limits_{i \in I} U_i$ heißt **direkte Summe**, in Zeichen $\bigoplus\limits_{i \in I} U_i$, falls zusätzlich für alle $j \in I$ gilt: $U_j \cap \sum\limits_{i \in I \setminus \{J\}} U_i = \{0\}$. Speziell haben wir also:
$$V = U_1 \oplus U_2 \iff (V = U_1 + U_2 \text{ und } U_1 \cap U_2 = \{0\}).$$

Was versteht man unter der **linearen Unabhängigkeit** (i) von Vektoren $v_1, \ldots, v_n \in V$ (genauer: einer Familie von Vektoren), (ii) einer Menge M von Vektoren aus V ?

(i) Die Vektoren $v_1, \ldots, v_n \in V$ heißen *linear unabhängig* (genauer: die Familie $(v_i)_{i=1,\ldots,n}$ heißt linear unabhängig, lin. unabh.), falls für beliebige $\lambda_1, \ldots, \lambda_m \in K$ gilt:

$$\sum_{i=1}^m \lambda_i v_i = 0 \implies \lambda_1 = \lambda_2 = \ldots = \lambda_m = 0.$$

Andernfalls heißen sie *linear abhängig*.

(ii) Eine Menge M mit $M \subseteq V$ (nicht notwendig endlich) heißt linear unabhängig, wenn jede endliche Teilmenge T von M aus linear unabhängigen Vektoren besteht, andernfalls linear abhängig.

Anmerkungen: Es gilt: (i) $v_1, \ldots, v_n$ sind linear abhängig genau dann, wenn $\{v_1, \ldots, v_n\}$ linear abhängig ist *oder* $v_1, \ldots, v_m$ nicht paarweise verschieden sind.
(ii) Jede Teilmenge einer linear unabhängigen Menge ist linear unabhängig, jede Obermenge einer linear abhängigen Menge linear abhängig. (Beweis?).

Beispiele:

Untersuchen Sie, ob folgende (Familien von) Vektoren linear unabhängig sind:
1.) $(1, -1, 0)$, $(1, 0, -1)$, $(\sqrt{2}, \sqrt{2}, \sqrt{2})$ in $\mathbb{R}^3$ 2.) $1, X + 1, X - \sqrt{3}$ in $\mathbb{R}[X]$
3.) $1, \sin, \cos$ in $\mathcal{C}(\mathbb{R}, \mathbb{R})$

ad 1) Die Vektoren sind linear unabhängig.
    Beweisskizze: 1. Möglichkeit: $\lambda(1, -1, 0) + \mu(1, 0, -1) + \nu(\sqrt{2}, \sqrt{2}, \sqrt{2}) = 0$ führt durch Komponentenvergleich auf das lineare Gleichungssystem

$$\left\{ \begin{array}{rrrl} \lambda & +\mu & +\nu\sqrt{2} & = 0 \\ -\lambda & & +\nu\sqrt{2} & = 0 \\ & -\mu & +\nu\sqrt{2} & = 0 \end{array} \right. ,$$

    das als einzige Lösung $\lambda = \mu = \nu = 0$ hat.   □

    2. Möglichkeit: Die aus den gegebenen Vektoren (als Spalten) gebildete Matrix

$$A = \begin{pmatrix} 1 & 1 & \sqrt{2} \\ -1 & 0 & \sqrt{2} \\ 0 & -1 & \sqrt{2} \end{pmatrix} \text{ hat Determinante ungleich } 0, \text{ (s. §1.6).} \qquad \square$$

    Anmerkung: A ist die Koeffizientenmatrix des obigen linearen Gleichungssystems.

ad 2) $1, X + 1, X - \sqrt{3}$ sind linear abhängige Vektoren von $\mathbb{R}[X]$:

    Beweis: 1. Möglichkeit: $X - \sqrt{3} = X + 1 - (1 + \sqrt{3}) \cdot 1$ ist Linearkombination der beiden anderen Vektoren.   □
    2. Möglichkeit: $\{\lambda X + \mu \mid \lambda, \mu \in \mathbb{R}\}$ ist 2-dimensionaler Unterraum von $\mathbb{R}[X]$. Die maximale Mächtigkeit einer linear unabhängigen Teilmenge ist damit 2 (s.u.).   □

ad 3) $1, \sin, \cos$ sind linear unabhängig
    Beweisskizze: Sei $\lambda \cdot 1 + \mu \sin + \nu \cos = 0$, d. h. $\lambda + \mu \sin x + \nu \cos x = 0$ für alle $x \in \mathbb{R}$.
    1. Möglichkeit des Weiterschließens: Wähle x als $0, \frac{\pi}{2}$ und π; es folgt
    $\lambda + 0 + \nu = 0$ und $\lambda + \mu + 0 = 0$ sowie $\lambda + 0 - \nu = 0$ und daraus $\lambda = \mu = \nu = 0$.   □

    2. Möglichkeit: Differentiation führt zu $\mu \cos x - \nu \sin x = 0$, woraus sich $\mu = \nu = 0$ und $\lambda = 0$ ergibt.   □

(i) Was versteht man unter der **linearen Hülle** einer Teilmenge T eines Vektorraums V, was unter einem **Erzeugendensystem** eines Unterraums U von V?
(ii) Geben Sie mehrere äquivalente Definitionen für den Begriff **Basis** eines Vektorraums!
(iii) Gehen Sie dabei auch auf den **Koordinatenvektor** $M_B(x)$ eines Vektors $x \in V$ bzgl. einer Basis B eines endlich–erzeugten Vektorraums V ein!

(i) Ist $T \subseteq V$, so heißt U *lineare Hülle (Erzeugnis)* von T und T *Erzeugendensystem* von U, falls eine der folgenden äquivalenten Bedingungen erfüllt ist:

1. U ist der kleinste T enthaltende Unterraum von V.
2. U ist der Durchschnitt aller T enthaltenden Unterräume von V.
3. $U = \{\sum \lambda_i v_i | \lambda_i \in K, v_i \in T, \text{ fast alle } \lambda_i = 0\}$, d.h. U ist die Menge aller Linearkombinationen von T.

Beweis der Äquivalenz? *Schreibweise:* $U = <T> = \mathrm{Spann}(T)$.

Beispiele: $\mathrm{Spann}(v) = Kv$ und $\mathrm{Spann}(v, w) = Kv + Kw = \{\lambda v + \mu w \mid \lambda, \mu \in K\}$.
$K^n = \mathrm{Spann}(\{b_i | i = 1 \ldots, n\})$, falls die n Vektoren $b_1, \ldots, b_n$ linear unabhängige Vektoren von K^n sind; z. Bsp. $b_i = \vec{e}_i = (0, \ldots, 0, 1, 0, \ldots, 0)$ mit 1 an der i-ten Stelle.
$K[X] = \mathrm{Spann}(\{X^i | i \in \mathbb{N}\})$. Die Folgen $(1, 0, 0, \ldots, 0), (0, 1, 0, \ldots), \ldots, (0, 0, \ldots, 0, 1, 0, \ldots), \ldots$ bilden *kein* Erzeugendensystem von $\mathbb{R}^\mathbb{N}$, da sich z.Bsp. die konstante Folge $(1, 1, 1, \ldots)$ nicht als endliche (!) Linearkombination dieser Vektoren darstellen lässt.

Anmerkung: V heißt endlich erzeugt (oder endlich erzeugbar), falls es ein *endliches* Erzeugendensystem T von V gibt. *Beispiele:* K^n ist endlich erzeugt; $K^\mathbb{N}$ (VR der Folgen) und $K[X] = K^{(\mathbb{N})}$ (VR der Folgen mit endlichem Träger bzw. Polynome) sind nicht endlich erzeugt.

(ii) Sei V ein $K-VR$ und $B \subseteq V$. Dann sind äquivalent (Beweis?):

1. B ist eine **Basis** von V, d.h. ein linear unabhängiges Erzeugendensystem von V, also B linear unabhängig und $V = \mathrm{Spann}(B)$.
2. B ist eine maximale linear unabhängige Teilmenge von V, d.h. B ist linear unabhängig und $\forall x \in V \setminus B : B \cup \{x\}$ linear abhängig.
3. B ist ein minimales Erzeugendensystem, d.h. $V = \mathrm{Spann}(B)$ und $\forall x \in B : \mathrm{Spann}(B \setminus \{x\}) \neq V$.
4. Jeder Vektor $v \in V$ lässt sich (abgesehen von Reihenfolge und Aufspalten der Summanden) auf genau eine Weise als Linearkombination von B darstellen.

Beispiele von Basen:
$\{\vec{e}_i | i = 1, \ldots, n\}$ ist Basis von K^n (Definition von $\vec{e}_i$ siehe unter Bsp.(i)), und $\{X^i | i \in \mathbb{N}\}$ ist Basis von $K[X]$. Diese beiden Basen heißen "kanonische Basis" von K^n bzw. $K[X]$. Basis von $\{0\}$ ist $\emptyset$. Weitere Beispiele von Basen findet man auf Seite 8 folgende.

(iii) *Definition* **Koordinaten:** Sei V ein $K-VR$ mit endlicher Basis $\bar{B} = \{b_1, \ldots, b_n\}$. Nach Festlegung einer Reihenfolge (totalen Ordnung) der Elemente von $\bar{B}$ sprechen wir von einer *geordneten Basis* $B = (b_1, \ldots, b_n)$. Nach (ii) lässt sich dann $x \in V$ auf genau eine Weise in der Form

$x = \sum\limits_{i=1}^{n} \xi_i b_i$ darstellen. ξ_i heißt i-te *Koordinate* von x bzgl. B und $M_B(x) := \begin{pmatrix} \xi_1 \\ \vdots \\ \xi_n \end{pmatrix}$ *Koordinaten-*

vektor von x bzgl. B.

Beispiele: (a) Ist $V = K^n$ und $B = (\vec{e}_1, \ldots, \vec{e}_n)$, so gilt $M_B((\lambda_1, \ldots, \lambda_n)) = \begin{pmatrix} \lambda_1 \\ \vdots \\ \lambda_n \end{pmatrix}$.

b) Ist V Raum der Vektoren der euklidischen Ebene mit geordneter Basis $(\vec{b}_1, \vec{b}_2)$, so ist $\vec{x} = \xi_1 \vec{b}_1 + \xi_2 \vec{b}_2$ mit Koordinatenvektor $\begin{pmatrix} \xi_1 \\ \xi_2 \end{pmatrix}$ der Ortsvektor des Punktes mit den Koordinaten (ξ_1, ξ_2) in dem entsprechenden affinen Koordinatensystem, (s. Abb. 1.3, vgl. auch Bsp.4 auf Seite 6)

Anmerkung: Die Zuordnung $i_B : V \to K^n$ mit $x \mapsto M_B(x)$ ist (für eine feste Basis B von V mit $|B| = n$) ein Isomorphismus (vgl. Seite 10).

Als Hilfsmittel zum Beweis des Basisexistenzsatzes verwendet man das Zornsche Lemma (bzw.

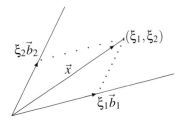

Abbildung 1.3:
Punkt- und Vektorkoordinaten in einem affinen Koordinatensystem der Ebene:
$$(\xi_1, \xi_2) \cong \begin{pmatrix} \xi_1 \\ \xi_2 \end{pmatrix}$$

im endlich erzeugten Fall den Austauschsatz von Grassmann/ Steinitz), s.u.

Exkurs zu einem wichtigen Beweisprinzip:

Geben Sie eine Formulierung des **Zornschen Lemmas** an! Welche anderen wichtigen Aussagen sind zu ihm äquivalent?

Lemma von Zorn:
In jeder nicht-leeren induktiv geordneten Menge existiert (mindestens) ein maximales Element.
Dabei heißt eine geordnete Menge $(M, \leq)$ *induktiv geordnet*, wenn zu jeder nicht-leeren total-geordneten Teilmenge (Kette) von M eine obere Schranke in M existiert. Ein Element $b \in M$ heißt *maximal*, wenn kein echt größeres Element in M existiert.

Beispiele für induktiv geordnete Mengen:

(i) $(M, \leq) = (\mathfrak{P}(A), \subseteq)$ (Potenzmenge von A mit Mengeninklusion) ist induktiv geordnet: $\bigcup_{X \in \mathcal{X}} X$ ist obere Schranke für eine nicht-leere Kette $\mathcal{X}$ von $\mathfrak{P}(A)$.

(ii) $([0,1], \leq)$ ist induktiv geordnet, nicht aber $([0,1[, \leq)$.

(iii) $(\mathbb{N}, \leq)$ ist nicht induktiv geordnet, da die Kette $\mathbb{N}$ keine obere Schranke in $\mathbb{N}$ hat.

Äquivalente Aussagen:
Wohlordnungssatz: Jede Menge lässt sich wohlordnen, d.h. so ordnen, dass jede nicht-leere Teilmenge ein kleinstes Element besitzt.
Auswahlaxiom (Axiom of choice, AC): Ist $(A_\alpha)_{\alpha \in \mathfrak{J}}$ eine nicht-leere Familie paarweise disjunkter nicht-leerer Mengen, dann existiert eine Abbildung $f : \mathfrak{J} \to \bigcup_{\alpha \in \mathfrak{J}} A_\alpha$ mit $f(\alpha) \in A_\alpha$ für jedes $\alpha \in \mathfrak{J}$. (Die Abbildung f "wählt" aus jedem A_α ein Element aus).
Anmerkung: Da die Auswahlfunktion nicht konstruktiv angegeben werden kann, lehnen einige Mathematiker beim Aufbau der Mengenlehre das Axiom *AC* und Folgerungen daraus ab.

Wie lautet der **Basisergänzungssatz** bzw. der **Basisexistenzsatz** (mit Beweisskizze!)?

Basisergänzungssatz: *Ist V Vektorraum, F linear unabhängige Teilmenge und E Erzeugenden-System von V mit $F \subseteq E$, dann existiert eine Basis B von V mit $F \subseteq B \subseteq E$.*

Durch Spezialisierung zu $F = \emptyset$ und $E = V$ ergibt sich daraus sofort das folgende Korollar:

Basisexistenzsatz: *Jeder Vektorraum besitzt (mindestens) eine Basis.*

Beweisskizze zum Basisergänzungssatz: Die Menge $\mathcal{F} := \{C | F \subseteq C \subseteq E \wedge C \text{ linear unabhängig}\}$ aller linear unabhängigen Teilmengen von E, die F enthalten, ist wegen $F \in \mathcal{F}$ eine nicht-leere bzgl. $\subseteq$ geordnete Menge. Sei $\mathcal{L} \subseteq \mathcal{F}$ eine Kette; dann ist $S := \bigcup_{J \in \mathcal{L}} J$ eine obere Schranke von

L in $\mathcal{F}$; denn es gilt u.a. $F \subseteq S \subseteq E$, und S ist linear unabhängig; sei nämlich $\{x_1, \ldots, x_r\}$ eine endliche Teilmenge von S; dann existieren $J_1, \ldots, J_r$ in L mit $x_i \in J_i$; es folgt: $\exists J_k$ mit $J_i \subseteq J_k$ für $i = 1, \ldots, r$; mit J_k ist auch $\{x_1, \ldots, x_r\}$ linear unabhängig. Damit ist $\mathcal{F}$ induktiv geordnet. Nach dem Lemma von Zorn existiert ein maximales Element B in $\mathcal{F}$; nach Definition ist $F \subseteq B \subseteq E$ und B linear unabhängig; man zeigt nun (durch Betrachten von $B \cup \{s\}$ für $s \in S \setminus B$), dass B auch maximale linear unabhängige Menge von V ist. $\qquad\qquad\qquad\qquad\qquad\qquad\qquad\square$

Anmerkung: 1.) Die Basisexistenz (und die Gleichmächtigkeit von Basen, s.u.) im Falle eines endlich erzeugten Vektorraums ergibt sich auch aus dem
Austauschsatz von Grassmann/Steinitz: *Ist B Basis von V mit $|B| = n$, und ist A linear unabhängige Teilmenge von V mit $|A| = m$, dann gilt $m \leq n$, und es existiert eine Teilmenge $\hat{B}$ von B mit $\hat{B} \cap A = \emptyset$ und $\hat{B} \cup A$ ist Basis von V.*
(Es lässt sich also eine bestimmte Teilmenge von B durch die linear unabhängige Menge A austauschen.) *Beweis* durch die vollständige Induktion nach m.
2.) **Existenz eines Komplements:** Ist U Unterraum von V, dann existiert ein Unterraum W von V mit $V = U \oplus W$ (d.h. $V = U + W$ und $U \cap W = \{0\}$). *Beweis* durch Ergänzung einer Basis von U zu einer Basis von V.

Weitere Folgerungen: $\dim V/U = \dim(U \oplus W)/U = \dim W/(U \cap W) = \dim W = \operatorname{codim}_V U$
$$= \dim V - \dim U \quad \text{(im endlich-dimemsionalen Fall)} \, (vgl. \ \S1.3).$$

Welcher Satz eröffnet die Möglichkeit der Definition der **Dimension** eines Vektorraums, und wie wird diese definiert?

Der grundlegende Satz ist der **Satz von Löwig** über die Gleichmächtigkeit aller Basen eines Vektorraums: *Ist V ein VR, und sind B und C Basen von V, so gibt es eine Bijektion von B auf C; folglich gilt $|B| = |C|$.*
Definiert man also für einen K-VR V mit Basis B die **Dimension** $\dim_K V := |B|$, so ist diese Definition unabhängig von der speziell gewählten Basis B.

Anmerkungen: 1.) In der Schreibweise $\dim_K V$ wird die Abhängigkeit vom Grundkörper K deutlich. Beispiele: $\dim_{\mathbb{R}} \mathbb{C} = 2$, $\dim_{\mathbb{C}} \mathbb{C} = 1$.
2.) Man beachte, dass eine linear unabhängige Teilmenge eines n-dimensionalen Vektorraums höchstens aus n Vektoren bestehen kann.
3.) Ist V endlich erzeugt, so existiert eine endliche Basis von V; man spricht daher von V auch als *endlich–dimensionalem Vektorraum*. Ist V nicht-endlich erzeugt, besitzt also eine unendliche Basis, so schreibt man oft lediglich $\dim_K V = \infty$, andernfalls $\dim_K V < \infty$.

Geben Sie für einige der **Beispiele** von Vektorräumen von Seite 1 folgende die jeweilige Dimension an; (bei Bsp. 3 nur für $K = \mathbb{R}$, bei Bsp. 5 nur für $(L, K) = (\mathbb{R}, \mathbb{Q})$, $(\mathbb{C}, \mathbb{R})$ und (K, K), bei Bsp. 7 nur für $C(\mathbb{R}, \mathbb{R})$, Bsp. 8 auslassen, bei Bsp. 9 nur für (a))!

ad 1) [5] Für unendliche Indexmenge I gilt $\dim_K K^I = |K^I|$ \qquad (Beweisskizze s.u.).

ad 2) $\dim_K K^{(I)} = |I|$

Beispiel einer Basis für $K^{(I)}$: $(\delta_{ij})_{j \in I}$. Dabei ist definiert: $\delta_{ij} := \begin{cases} 0 & \text{für} \quad i \neq j \\ 1 & \text{für} \quad i = j. \end{cases}$

Im Falle von $K^{(\mathbb{N})} = K[X]$ ist diese Basis gleich $(X^i)_{i \in \mathbb{N}}$, der kanonischen Basis von $K[X]$.

---

[5] etwas schwierigere Aufgabe

ad 3) $\dim_{\mathbb{R}} \mathcal{P}(\mathbb{R}) = \aleph_0$, wobei $\aleph_0$ die Mächtigkeit von $\mathbb{N}$ bezeichnet.

Beispiel einer Basis: $\{(\mathrm{id}_{\mathbb{R}})^n \mid n \in \mathbb{N}\}$

ad 4) $\dim_{\mathbb{R}} E = 2$ folgt aus der Möglichkeit der Parallelogrammkonstruktion und der linearen Abhängigkeit von parallelen Vektoren, d.h. aus der Existenz aller "möglichen" zentrischen Streckungen; vgl. auch Abb. 1.3.

ad 5) ** Es ist $\dim_{\mathbb{Q}} \mathbb{R} = \mathbf{c}$ (s.u.). Hierbei bezeichnet $\mathbf{c}$ die Mächtigkeit (Kardinalität) von $\mathbb{R}$; es gilt $\mathbf{c} = 2^{\aleph_0} = |\mathfrak{P}(\mathbb{N})|$ ($\to$ Entwicklung der reellen Zahlen zur Basis 2 .) $\dim_{\mathbb{R}} \mathbb{C} = 2$ (z.Bsp. ist $\{1, i\}$ eine Basis); $\dim_K K = 1$. Allgemein: Der Grad einer Körpererweiterung von K zu L ist definiert als $[L : K] := \dim_K L$.

ad 6) $\dim\{f \in C^\infty(\mathbb{R}, \mathbb{R}) \mid f'' + f = 0\} = 2$. Beispiel einer Basis: $\{\sin, \cos\}$; denn für $f \in V_1$ gilt

$$f = (f' \cos + f \sin) \sin + (f \cos - f' \sin) \cos \; ;$$ die Klammerausdrücke sind Konstanten wegen $(f' \cos + f \sin)' = 0 = (f \cos - f' \sin)'$.

ad 7) ** Es gilt: $\dim_{\mathbb{R}} C(\mathbb{R}, \mathbb{R}) = \mathbf{c}$ (Beweis s.u.)

ad 9) $\dim_K K^{(m,n)} = m \cdot n$ (Beispiel einer Basis?).

ad 10) $\dim_{GF(2)}(\mathfrak{P}(M), \triangle, \cdot) = |M|$ (Beweis?)

a) ** Geben Sie eine Beweisskizze für folgende Aussage: Ist $\mathcal{B}$ Basis des $K-$VR's V und K unendlich, dann gilt: $|V| = \max(|\mathcal{B}|, |K|)$.
b) Bestimmen Sie mit Hilfe von a) folgende Dimensionen: $\dim_{\mathbb{Q}} \mathbb{R}$ und $\dim_{\mathbb{R}} \mathbb{R}^{\mathbb{N}}$.

a) *Beweisskizze:* Ist Y eine Menge, so sei $E(Y)$ die Menge aller endlichen Teilmengen von Y. Wir benutzen den Satz (s.z.Bsp. Dugundji: Topology, II, §8): $|Y| \geq \aleph_0 \Rightarrow |E(Y)| = |Y|$. (Ferner gilt $|\bigcup_{n \in \mathbb{N}} Y^n| = |Y|$ für unendliches Y.) Nun folgt wegen $|K| \geq \aleph_0$ mit $|K| = |K|^m$ für $m \in \mathbb{N}$:

$$|V| = \left| \bigcup_{B \in E(\mathcal{B})} \mathrm{Spann}^*(B) \right| + |\{0\}| = \sum_{B \in E(\mathcal{B})} |K^*|^{|B|} = |E(\mathcal{B})| \cdot |K| = |\mathcal{B}| \cdot |K|.$$

(mit den Bezeichnungen $M^* := M \setminus \{0\}$ und der Menge $\mathrm{Spann}^*(X)$ der Linearkombinationen von X mit Koeffizienten[6] ungleich 0). Aus einem weiteren Satz der Kardinalzahl-Arithmetik ergibt sich: $|\mathcal{B}| \cdot |K| = \max(|\mathcal{B}|, |K|)$ (für $|K| \geq \aleph_0$) . $\qquad \square$
Anmerkung: Daraus folgt für unendlichen Körper K stets $|V| = |K| \geq \dim_K V$ oder $\dim_K V = |V|$. Ein Satz von Erdös und Kaplanski besagt sogar: $\dim_K K^I = |K^I|$ für $|I| \geq \aleph_0$.

b) Nach a) gilt $|\mathbb{R}| = \max(\dim_{\mathbb{Q}} \mathbb{R}, |\mathbb{Q}|)$, wegen[7] $\mathbf{c} = |\mathbb{R}| \neq |\mathbb{Q}| = \aleph_0$ also
$$\dim_{\mathbb{Q}} \mathbb{R} = |\mathbb{R}| = \mathbf{c}.$$
Wegen $|\mathbb{R}^{\mathbb{N}}| = \mathbf{c}^{\aleph_0} = (2^{\aleph_0})^{\aleph_0} = 2^{\aleph_0 \cdot \aleph_0} = 2^{\aleph_0} = \mathbf{c}$ ist ferner $|\mathbb{R}^{\mathbb{N}}| = \dim_{\mathbb{R}} \mathbb{R}^{\mathbb{N}} = |\mathbb{R}| = \mathbf{c}$.
*Anmerkung ** :* Es gilt: (i) $|\mathbb{R}^{\mathbb{R}}| = \mathbf{c}^{\mathbf{c}} = (2^{\aleph_0})^{\mathbf{c}} = 2^{\mathbf{c}} = \dim_{\mathbb{R}} \mathbb{R}^{\mathbb{R}}$ und
(ii) $\dim_{\mathbb{R}} C(\mathbb{R}, \mathbb{R}) = |C(\mathbb{R}, \mathbb{R})| = 2^{\aleph_0} = \mathbf{c}$ (für den VR der stetigen reellen Funktionen).
Beweisskizze zu (ii): Wegen der Stetigkeit von $f \in C(\mathbb{R}, \mathbb{R})$ ist f durch die Einschränkung auf $\mathbb{Q}$ schon eindeutig bestimmt; somit folgt $|C(\mathbb{R}, \mathbb{R})| \leq |\mathbb{R}^{\mathbb{Q}}| = 2^{\aleph_0 \cdot \aleph_0} = \mathbf{c}$; andererseits ist $\dim_{\mathbb{R}}(C(\mathbb{R}, \mathbb{R})) \geq \mathbf{c}$, da die folgende Menge der Funktionen linear unabhängig ist:
$$\{f : \mathbb{R} \to \mathbb{R} \text{ mit } x \mapsto \exp(ax) \mid a \in \mathbb{R}\} \quad (\text{Beweis?}). \qquad \square$$

---

[6] Bei mindestens einem Koeffizienten gleich 0 wird die Linearkombination bei einer Teilmenge von B berücksichtigt.
[7] $\longrightarrow$ Cantorsches Diagonalverfahren, s.§3.6!

Zeigen Sie, dass jeder n-dimensionale K-Vektorraum isomorph zu K^n ist! Wie lässt sich diese Aussage auf Vektorräume beliebiger Dimension verallgemeinern?

Beweisskizze: Ist V ein n-dimensionaler Vektorraum über K, so existiert definitionsgemäß eine Basis B mit $|B| = n$. Die Abbildung $M_B : V \to K^n$ mit $x \mapsto M_B(x)^T$ ist linear (Nachrechnen!) und bijektiv (s. Koordinatenvektor, Seite 6), also ein Isomorphismus (Definitioin s. Seite 10). Es folgt $V \cong K^n$. $\qquad\Box$

Allgemeiner: Ist V ein $K - VR$, so existiert (nach dem Basisexistenzsatz) eine Basis B. Wie bei der Betrachtung der Eigenschaften einer Basis (auf Seite 6) gesehen, lässt sich dann jedes Element $v \in V$ in eindeutiger Weise als Linearkombination von B darstellen; die Familie $(\xi_b)_{b \in B}$ der Koordinaten hat einen endlichen Träger; die Abbildung $V \to K^{(B)}$ mit $x \mapsto (\xi_b)_{b \in B}$ ist ein Isomorphismus. Daher folgt $V \cong K^{(B)}$. $\qquad\Box$

Bis auf Isomorphie sind daher die Vektorräume $K^{(I)}$ (mit beliebigem I) die einzigen K-Vektorräume. (Vgl. Beispiel 2 auf Seite 2).

1.2 Lineare Abbildungen, Matrizen

Seien V_1, V_2 K-Vektorräume. Definieren Sie, was unter einer linearen Abbildung von V_1 in V_2 zu verstehen ist!

Eine Abbildung $f : V_1 \to V_2$ heißt **linear** oder **K–Homomorphismus**, falls gilt:
$$f(v+w) = f(v)+f(w) \quad \text{und} \quad f(\lambda v) = \lambda f(v) \quad (\text{für alle } v, w \in V_1, \lambda \in K)$$

Beispiele: (i) Mit der Matrix $A = (\alpha_{ij})_{\substack{i=1...m \\ j=1...n}} \in K^{(m,n)}$ ist die Abbildung f_A linear, wobei

$$f_A : K^n \to K^m \quad \text{definiert ist durch} \quad \begin{pmatrix} \xi_1 \\ \vdots \\ \xi_n \end{pmatrix} \mapsto A \cdot \begin{pmatrix} \xi_1 \\ \vdots \\ \xi_n \end{pmatrix}.$$

Spezialfälle: 1.) Für $A = (\alpha_1 ... \alpha_n)$ ist f_A eine **Linearform**; z.Bsp. erhält man für die Matrix $A = (0...010...0)$ mit 1 an der k-ten Stelle die k-te Projektion. 2.) Eine lineare Abbildung von V in sich heißt **Endomorphismus** . Eine bijekive lineare Abbildung von V auf W wird **Isomorphismus**, von V auf V **Automorphismus** eines VR's genannt.

(ii) $\lim\limits_{n \to \infty}$ ist linear auf dem $\mathbb{R}-$Vektorraum der konvergenten reellen Zahlenfolgen.

(iii) Die Ableitung $\frac{d}{dx}$ ist linear auf dem Vektorraum der Polynomabbildungen.

(iv)** Nach Nummerierung der Elemente einer m-elementigen Menge M erhält man eine bijektive lineare Abbildung (einen Isomorphismus) von $(\mathfrak{P}(M), \triangle, \cdot)$ auf ($\mathrm{GF}(2)^m, +, \cdot)$ durch

$$T \mapsto (t_1, \ldots, t_m) =: \chi_T \text{ mit } t_i = \begin{cases} 1 & \text{falls } i \in T \\ 0 & \text{sonst} \end{cases} \quad (\text{charakteristischer Vektor}),$$

(vgl. Seite 4 Bsp. 10.) (Beweis?)

Beschreiben Sie eine minimale Menge von Vektoren, durch deren Bilder eine lineare Abbildung $f : V_1 \to V_2$ schon bestimmt ist, und beweisen Sie den Fortsetzungssatz.

Eine Basis von V ist ausreichend. Denn es gilt der **Fortsetzungssatz:** *Ist $B = (b_i)_{i \in I}$ eine Basis von V_1 und $(w_i)_{i \in I}$ eine beliebige Familie von Vektoren von V_2 mit gleicher Indexmenge, dann* *gibt es genau eine lineare Abbildung f von V_1 in V_2 mit $f(b_i) = w_i$ für alle $i \in I$.*

Beweisskizze: Ist $w \in V_1$, so existiert eine Darstellung $w = \sum\limits_{i \in I} \lambda_i b_i$ (mit $\lambda_i \in K$, fast alle $\lambda_i = 0$). Wegen der Linearität von f muss jedenfalls gelten $(*)\; f(w) = f(\sum \lambda_i b_i) = \sum \lambda_i f(b_i) = \sum \lambda_i w_i$; damit ist f schon durch B und $(w_i)_{i \in I}$ bestimmt. Umgekehrt lässt sich durch $(*)$ die Abbildung $\tilde{f} : B \to V_2$ mit $\tilde{f}(b_i) = w_i$ zu einer linearen Abbildung $f : V_1 \to V_2$ fortsetzen (Beweis durch Nachrechnen). Eine kleinere Menge von Vektoren reicht somit nicht aus, um f festzulegen. $\square$

1.) Geben Sie die **Matrixdarstellung** einer linearen Abbildung zwischen endlich-dimensionalen Vektorräumen an!

2.) Gehen Sie auf folgende Beispiele ein: Zentrische Streckungen, Spiegelungen, Drehungen, Parallelprojektionen (jeweils mit dem Nullpunkt als Fixpunkt)!

1.) Seien V_1, V_2 $K - VR'e$ endlicher Dimension und $f : V_1 \to V_2$ linear. Ist $B = (b_1, \ldots, b_n)$ geordnete Basis von V_1 und $C = (c_1, \ldots, c_m)$ geordnete Basis von V_2, so existieren Skalare α_{ij} mit $f(b_j) = \sum\limits_{i=1}^{m} \alpha_{ij} c_i$ $(j = 1, \ldots, n)$. Wir definieren $M_C^B(f) := (\alpha_{ij})_{\substack{i=1\ldots m \\ j=1\ldots n}}$ als die "Matrix" von f bzgl. B und C; also:

$$M_C^B(f) = \begin{pmatrix} \boxed{\begin{matrix} \alpha_{11} \\ \vdots \\ \alpha_{m1} \end{matrix}} & \begin{matrix} \cdots\cdots \\ \\ \cdots\cdots \end{matrix} & \boxed{\begin{matrix} \alpha_{1n} \\ \vdots \\ \alpha_{mn} \end{matrix}} \end{pmatrix}$$ mit den Koordinatenvektoren der Bilder der

Basisvektoren von B, dargestellt bzgl. C, als Spalten.

Anmerkungen: a) Es gilt $M_C(f(x)) = M_C^B(f) \cdot M_B(x)$ für die Koordinatenvektoren $M_B(x)$ bzw. $M_C(y)$ von x bzgl. B bzw. y bzgl. C.

b) Die Abbildung $\text{Hom}_K(V_1, V_2) \to K^{(m,n)}$ mit $f \mapsto M_C^B(f)$ ist ein Vektorraum-Isomorphismus.

c) Spezialfall Linearformen: $V_1^* = \text{Hom}(V_1, K) \cong K^{(1,n)}$. Die zu B duale Basis $(b_1^*, \ldots, b_n^*)$ hat die Matrizen $(1, 0, \ldots, 0), \ldots, (0, \ldots, 0, 1)$.

2.) **Beispiele** kanonischer Matrizen einiger wichtiger "geometrischer" Abbildungen des Vektorraumes $\mathbb{R}^n$ bzw. $\mathbb{R}^2$ (bzw. des euklidischen Raums $\mathbb{R}^2$ mit kanonischem Skalarprodukt), ab (ii) jeweils mit Basis $B = C = (\mathbf{b}_1, \mathbf{b}_2)$:

(i) Matrix einer **zentrischen Streckung** σ_k mit Zentrum $\mathbf{O}$ und Streckfaktor k : Wegen $\sigma_k(\mathbf{b}_j) = 0 + \ldots + 0 + k\mathbf{b}_j + 0 + \ldots + 0$ folgt

$$M_B^B(\sigma_k) = \begin{pmatrix} k & & \mathbf{O} \\ & \ddots & \\ \mathbf{O} & & k \end{pmatrix} .$$

(ii) Matrix einer **Schrägspiegelung** in $\mathbb{R}^2$, deren Achse a durch $(0,0)$ geht: Wähle $B = C = (\mathbf{b}_1, \mathbf{b}_2)$ mit $a = \mathbb{R}\,\mathbf{b}_1$ und Spiegelungsrichtung $\mathbb{R}\,\mathbf{b}_2$ (s.Abb. 1.4a)

$$\begin{pmatrix} 1 & 0 \\ 0 & -1 \end{pmatrix} .$$

(Spezialfall für $\mathbf{b}_1 \perp \mathbf{b}_2$: **Geradenspiegelung** γ_a an a)

(iii) Matrix einer **Drehung** δ_α um $(0,0)$ um den Winkel α (s. Abb. 1.4 b) im kartesischen Koordinatensystem, d.h. mit $\mathbf{b}_1 \perp \mathbf{b}_2$ und $\|\mathbf{b}_1\| = \|\mathbf{b}_2\| = 1$ wegen $\delta_\alpha((1,0)_B) = (\cos\alpha, \sin\alpha)_B$ und $\delta_\alpha((0,1)_B) = (-\sin\alpha, \cos\alpha)_B$:

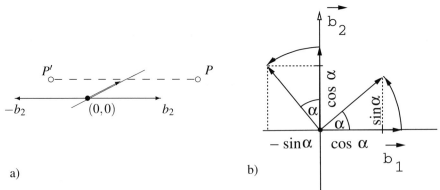

a)   b)

Abbildung 1.4: a) Zur Darstellung einer Schrägspiegelung   b) Zur Drehung δ_α

$$\begin{pmatrix} \cos\alpha & -\sin\alpha \\ \sin\alpha & \cos\alpha \end{pmatrix}.$$

(iv) Matrix der **Parallelprojektion** (s. Abb. 1.5) längs der zweiten Koordinatenachse auf die erste: $\begin{pmatrix} 1 & 0 \\ 0 & 0 \end{pmatrix}$. Spezialfall für $\mathbf{b}_1 \perp \mathbf{b}_2$: **Orthogonalprojektion** auf $\mathbb{R}b_1$ (s. Kap. 2).

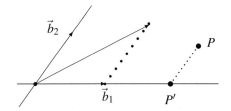

Abbildung 1.5:
Parallellprojektion auf $\mathbb{R}\vec{b}_1$ längs $\mathbb{R}\vec{b}_2$

Weitere Beispiele findet man u.a. in §2.1.

Welche Folge hat ein Basiswechsel für die darstellenden Matrizen?

Ein Basiswechsel führt zu einer *äquivalenten* Matrix: $M_{C'}^{B'}(f) = S M_C^B(f) T$, im Falle $V_1 = V_2$ zu einer *ähnlichen* Matrix: $M_{B'}^{B'}(f) = T^{-1} M_B^B(f) T$. Hierbei bezeichnen S und T die den Basiswechsel beschreibenden regulären Matrizen: $S = M_{C'}^C(\mathrm{id}_{V_2})$ und $T = M_B^{B'}(\mathrm{id}_{V_1})$.   Zum *Beweis* kann man $f = (\mathrm{id}_{V_2}) \circ f \circ (\mathrm{id}_{V_1})$ benutzen.

Geben Sie an, wie sich Eigenschaften von linearen Abbildungen an den darstellenden Matrizen erkennen lassen (z.Bsp. Rang, Bijektivität, Verknüpfung).

Voraussetzung: K Körper, V_1, V_2, V_3 n- bzw. m- bzw. k-dimensionale K-Vektorräume mit Basis B bzw. C bzw. D. Weiteres entnehme man Tabelle 1.1 !

Was ist unter dem **Kern** einer linearen Abbildung $f : V_1 \to V_2$, was unter dem **Bild** von f zu verstehen? Welche Struktur besitzen Kern f und Bild f ? Wie sehen die vollen Urbilder der Elemente von V_2 aus?

Tabelle 1.1: Entsprechung der Eigenschaften linearer Abbildungen und der darstellenden Matrizen

lineare Abbildung f	Übertragung	Matrix $A = M_C^B(f)$
$f \in \mathrm{Hom}_K(V_1, V_2)$ $y = f(x)$	$\mathbf{y} = M_C(y), \mathbf{x} = M_B(x)$ $A = M_C^B(f)$ $M_C(f(x)) = A \cdot M_B(x)$	$A \in K^{(m,n)}$ $\mathbf{y} = A \cdot \mathbf{x}$
Rang $f :=$ $\dim \mathrm{Bild} f := \dim f(V_1)$	$\mathrm{Rang}\, f = \mathrm{Rang}\, A$	Rang A:= Maximalzahl linear unabhängiger Zeilenvektoren von A = Maximalzahl linear unabhängiger Spaltenvektoren von A
f **regulär,** d.h. Isomorphismus	f bijektiv $\Longleftrightarrow$ A invertierbar	A regulär (d.h. $n = \mathrm{Rang} A = m$)
$f_3 = f_2 \circ f_1$ für $f_1(V_1) \subseteq V_2$	$M_D^B(f_2 \circ f_1) =$ $M_D^C(f_2) \cdot M_C^B(f_1)$	$A_3 = A_2 \cdot A_1$
Sei $V_1 = V_2$,	$B = C$ und $A = M_B^B(f)$	A quadratisch d.h. $m = n$
$f \in \mathrm{End}_K(V) :=$ $\mathrm{Hom}_K(V,V)$	$\mathrm{End}_K(V) \to K^{(n,n)}$ mit $f \mapsto M_B^B(f)$ ist Algebren-Isomorphismus	$A \in K^{(n,n)}$
$\det f$ (s. §1.6 !)	$\det f = \det A$	$\det A$
Zu Kapitel 2:		
λ **Eigenwert** von f	charakteristisches Polynom $\chi_f = \chi_A$ mit $A = M_B^B(f)$	λ Eigenwert von A
x **Eigenvektor** von f	Für $\mathbf{x} = M_B(x)$ und $A = M_B^B(f)$ gilt $(f - \lambda id)(x) = 0$ g.d.w. $(A - \lambda E_n) \cdot \mathbf{x} = \mathbf{0}$	$\mathbf{x}$ Eigenvektor von A
Sei (V, Φ) ein n-dim. euklidischer bzw. unitärer Raum (vgl. §2.2, §2.3) und $f : V \to V$ **Isometrie** mit $f(0) = 0$ (längentreue lineare Abbildung, im Fall $K = \mathbb{R}$: Orthogonale Abbildung mit Fixpunkt 0)	Für $A = M_B^B(f)$ mit Orthonormalbasis B von V gilt : $\Phi(f(x), f(y)) =$ $(A\mathbf{x})^T M_B(\Phi)\overline{A\mathbf{y}}$ und $M_B(\Phi) = E_n$	$\bar{A}^T \cdot A = E_n$, d.h. A **orthogonal** im Fall $K = \mathbb{R}$ A **unitär** im Fall $K = \mathbb{C}$

Man definiert: Kern $f := \{\, x \in V_1 \mid f(x) = 0_{V_2} \,\}$ und Bild $f := \{\, f(v) \mid v \in V_1 \}$.
Eigenschaften: Kern f ist Unterraum von V_1 und Bild f ist Unterraum von V_2. (Symbolische Darstellung s. Abb. 1.6.)

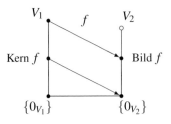

Abbildung 1.6: Hasse-Diagramme für
$\{0_{V_1}\} \leq$ Kern $f \leq V_1$ und
$\{0_{V_2}\} \leq$ Bild $f \leq V_2$, durch f "verbunden"

Das volle Urbild von $f(v) \in$ Bild f ist $v +$ Kern f, dasjenige von $w \in V_2 \setminus$ Bild f gleich $\emptyset$.
Beweis: $f(v + \text{Kern} f) = f(v) + f(\text{Kern} f) = f(v) + \{0\} = \{f(v)\}$. Gilt umgekehrt $f(w) = f(v)$,
so $0 = f(w) - f(v) = f(w - v)$ und daher $w - v \in$ Kern f, also $w \in v +$ Kern f, (s. Abb. 1.7). Die
Elemente von $V_2 \setminus$ Bild f haben definitionsgemäß keine Urbilder. $\qquad\square$

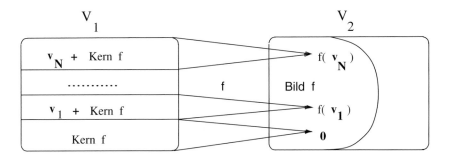

Abbildung 1.7: Volle Urbilder bei einer linearen Abbildung

Beispiel: Ist $f : \mathbb{R}^2 \to \mathbb{R}^2$ Parallelprojektion längs $\mathbb{R}b_2$ auf $\mathbb{R}b_1$, so ist
Kern $f = <b_2>$ und Bild $f = <b_1>$ (s. Abb. 1.8).

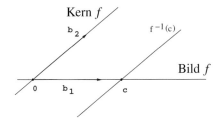

Abbildung 1.8:
Kern $f = b_2\mathbb{R}$ und Bild $f = \mathbb{R}b_1$ bei einer
Parallelprojektion f längs $\mathbb{R}b_2$ auf $\mathbb{R}b_1$

1.3   Faktorräume, Dimensionssätze

Sei U ein Unterraum des K-Vektorraumes V. Wie ist der **Faktorraum** (Quotientenraum) V/U
definiert? Erläutern Sie dies auch am Beispiel $\mathbb{R}^2/\mathbb{R}v$ für $\mathbf{v} \in \mathbb{R}^2 \setminus \{\mathbf{0}\}$.

(i) *Definition des Faktorraums V/U* (s. auch §8.1): Elemente: Nebenklassen $v + U$ mit $v \in V$

Addition und S-Multiplikation:
$$(v_1 + U) \oplus (v_2 + U) := (v_1 + v_2) + U$$
$$\lambda \odot (v_1 + U) := \lambda v_1 + U$$

Diese Definitionen sind unabhängig von den Repräsentanten v_1, v_2, wie man aus der "Komplex"-Addition und S-Multiplikation sieht[8]:

$$(v_1 + U) \oplus (v_2 + U) = v_1 + v_2 + U = (v_1 + U) + (v_2 + U)$$
$$\lambda \odot (v_1 + U) = \lambda v_1 + U = \lambda(v_1 + U)$$

(ii) *Beispiel:* Die Elemente von $\mathbb{R}^2/\mathbb{R}v$ haben die Form $w + \mathbb{R}v$; sie sind also genau die zur Geraden $\mathbb{R}v$ parallelen Geraden (s. Abb. 1.9 a). Als Repräsentant einer solchen Geraden g kann der Vektor $r\mathbf{e_1}$ zum Schnittpunkt der Geraden g mit der x-Achse gewählt werden. Addition und S-Multiplikation der Nebenklassen entspricht dann der von $\mathbb{R}$. Es ist $\mathbb{R}^2/\mathbb{R}v$ daher isomorph zu $\mathbb{R}$ (als Vektorraum über sich selbst).

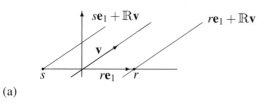

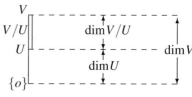

(a)   (b)

Abbildung 1.9: a) Einige Elemente von $\mathbb{R}^2/\mathbb{R}\,v$ b) Dimensionen beim Faktorraum

Welche Dimension hat V/U, wenn V endlich-dimensional ist? Beweisskizze?

Es gilt: $\dim V/U = \dim V - \dim U$ (s. Abb. 1.9 b).

Beweisskizze: Man erweitere eine Basis B_1 von U zu einer Basis $B = B_1 \dot\cup B_2$ von V. Man kann zeigen, dass $\{b + U | b \in B_2\}$ dann Basis von V/U ist. $\square$

Anmerkung: Ein analoger Beweis zeigt, dass $\dim V/U + \dim U = \dim V$ allgemein gilt (also auch für unendliche Dimension). *Geometrische Interpretation:* Jedem Unterraum von V/U entspricht ein U enthaltender Unterraum von V und umgekehrt.

Welcher Zusammenhang besteht zwischen $V/\mathrm{Kern} f$ und Bild f für eine lineare Abbildung $f : V \to W$? (**Homomorphiesatz!**)

Wie schon gesehen, ist das volle Urbild von $f(v)$ gleich $v + \mathrm{Kern}\, f$.

Die Abbildung $\hat{f}$:
$\begin{cases} V/\mathrm{Kern} f \to \mathrm{Bild} f \\ v + \mathrm{Kern} f \mapsto f(v) \end{cases}$
(s. Abb. 1.10 a) ist daher wohldefiniert und bijektiv. Sie ist wegen der Linearität von f und der Definition von Addition und S-Multiplikation bei einem Faktorraum auch linear, insgesamt also ein VR-Isomorphismus. Insbesondere gilt der Homomorphiesatz: $V/\mathrm{Kern} f \cong \mathrm{Bild} f$, (s. auch §8.1.)

Welche **Dimensionsformel** ergibt sich aus dem Homomorphiesatz (und der Dimensionsformel für Faktorräume)? Wie lässt sich diese auf lineare Gleichungssysteme anwenden?

(i)   Da isomorphe Vektorräume die gleiche Dimension haben, folgt aus dem Homomorphiesatz $\dim_K(V/\mathrm{Kern} f) = \dim_K \mathrm{Bild} f$; also folgt (mit der Definition $\mathrm{Rang}\, f := \dim \mathrm{Bild} f$) aus
$$\dim \mathrm{Bild} f + \dim \mathrm{Kern} f = \dim V/\mathrm{Kern} f + \dim \mathrm{Kern} f = \dim V \text{ (s. Abbildung 1.10 b):}$$
$$\mathrm{Rang}\, f + \dim_K \mathrm{Kern}\, f = \dim_K V \, .$$

---

[8] $(v_1 + U) + (v_2 + U) := \{(v_1 + u_1) + (v_2 + u_2) | u_1, u_2 \in U\}$
 $\lambda(v_1 + U) := \{\lambda(v_1 + u_1) \mid u_1 \in U\}$

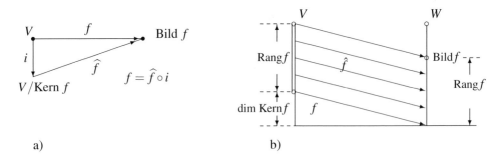

a)   b)

Abbildung 1.10: a) Zum Homomorphiesatz   b) Dimensionssatz für eine lineare Abbildung

(ii) Bei gegebenem linearen Gleichungssystem $(*)$ $A\vec{x} = \vec{b}$ in n Variablen wählt man $f_A : K^n \longmapsto K^m$ mit $\vec{x} \mapsto A\vec{x}$ und erhält (wegen Rang f_A = Rang A) im Falle der Lösbarkeit von $(*)$ für den Lösungsraum $L = \vec{p} + L_0$ mit $L_0 =$ Kern(f_A), (vgl. §1.4), die Gleichung:
$$\dim_K L = n - \text{Rang}\, A.$$
Beweis: $\dim L = \dim L_0 = \dim(\text{Kern}\, f_A) = \dim K^n - \text{Rang}\, f_A = n - \text{Rang}\, A.$

Beispiel: Sei $A = \mathbf{a} = (\alpha_1, \ldots, \alpha_n) \in K^n \setminus \{\mathbf{0}\}$ und $c \in K$ fest (d.h. 1 Gleichung). Dann ist $U = \{\vec{x} \in K^n \mid \sum\limits_{i=1}^{n} \alpha_i \xi_i = c\}$ ein affiner Unterraum von K^n der Dimension $n - 1$ (d.h. Nebenklasse nach einem Unterraum der Codimension 1).

Geometrische Interpretation: Gerade (im Fall $n = 2$), Ebene (im Fall $n = 3$) der entsprechenden (s. Seite 19). *Spezialfall:* $K = \mathbb{R}$, $c = 0$: $U = \mathbf{a}^\perp$ (bzgl. kanonischem Skalarprodukt).

Beweisen Sie den **Isomorphiesatz:** $(X + Y)/X \cong Y/(X \cap Y)$ (für Unterräume X, Y eines Vektorraums V)! Hinweis: Betrachten Sie $g : Y \mapsto (X + Y)/X$ mit $g(y) = y + X$.

Wegen $X \leq X + Y$ und $X \cap Y \leq Y$ sind die Faktorräume definiert. Die Abbildung g ist linear und surjektiv, aus dem Homomorphiesatz folgt deswegen $Y/\text{Kern}\, g \cong (X + Y)/X$. Mit Kern $g = \{y \in Y \mid y + X = X\} = X \cap Y$ erhält man den Isomorphiesatz (s. Abb. 1.11). $\qquad\square$

Anmerkung: Für die Dimensionen ergibt sich: $\quad \dim(X + Y) + \dim(X \cap Y) = \dim X + \dim Y$.

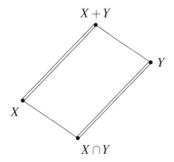

Abbildung 1.11:
Diagramm zum Isomorphiesatz

1.4 Lineare Gleichungssysteme

Wie lässt sich eine lineare Abbildung mit dem **linearen Gleichungssystem (LGS)**

$$(*) \quad \begin{cases} \alpha_{11}\xi_1 + \cdots + \alpha_{1n}\xi_n = \beta_1 \\ \vdots \qquad\qquad \vdots \qquad \vdots \\ \alpha_{m1}\xi_1 + \cdots + \alpha_{mn}\xi_n = \beta_m \end{cases}$$

(mit $\alpha_{ij}, \beta_i \in K$ und Unbestimmten ξ_j) in Verbindung bringen? Wie lassen sich dann die Lösungsmengen L und L_0 des LGS $(*)$ bzw. des zu $(*)$ gehörenden homogenen Systems interpretieren?

Das LGS $(*)$ lässt sich mit $A = (\alpha_{ij})_{\substack{i=1\cdots m \\ j=1\cdots n}}$, $\vec{x} = \begin{pmatrix} \xi_1 \\ \vdots \\ \xi_n \end{pmatrix} \in K^n$ und $\vec{b} = \begin{pmatrix} \beta_1 \\ \vdots \\ \beta_m \end{pmatrix} \in K^m$ in

der Form $A\vec{x} = \vec{b}$ bzw. $f_A(\vec{x}) = \vec{b}$ schreiben; hierbei ist $f_A : K^n \to K^m$ definiert durch $\vec{x} \mapsto A\vec{x}$.
Das zu $(*)$ gehörende **homogene System**

$$(**) \quad \begin{cases} \alpha_{11}\xi_1 + \cdots + \alpha_{1n}\xi_n = 0 \\ \vdots \qquad\qquad \vdots \qquad \vdots \\ \alpha_{m1}\xi_1 + \cdots + \alpha_{mn}\xi_n = 0 \end{cases}$$

hat die Lösungsmenge $L_0 = \{\vec{x} \in K^n \mid A\vec{x} = \vec{0}\, \} = \mathrm{Kern}\, f_A$. Damit ist L_0 ein Unterraum von K^n.
Der Lösungsraum von $(*)$, also $L = \{\vec{x} \in K^n \mid A\vec{x} = \vec{b}\}$, ist gleich dem vollen Urbild $f_A^{-1}(\vec{b})$ von $\vec{b}$ unter f_A. Damit folgt:
Das LGS $(*)$ ist genau dann lösbar, wenn $b \in \mathrm{Bild}\, f_A$ gilt. Da das Bild von f_A gleich dem von den Spaltenvektoren von A erzeugten Raum ist, ergibt sich das Lösbarkeitskriterium:
Genau dann ist $(*)$ lösbar, wenn $\vec{b}$ von den Spalten von A linear abhängt, also für die erweiterte Koeffizientenmatrix gilt: $\mathrm{Rang}\,(A|b) = \mathrm{Rang}\,A$.
Ist das LGS $(*)$ lösbar, so existiert ein $\vec{p}$ mit $f_A(\vec{p}) = \vec{b}$ (eine "spezielle Lösung" oder "**Partikulärlösung**"). Für das volle Urbild von $\vec{b}$ unter f_A gilt dann $L = f_A^{-1}(\vec{b}) = \vec{p} + \mathrm{Kern}\, f_A$, also $L = \vec{p} + L_0$; es ist L also ein affiner Unterraum (s. Seite 19) von K^n zum Unterraum L_0. Für diesen affinen Unterraum gilt (s. Seite 16!): $\dim_K L = n - \mathrm{Rang}\, A$.

Exkurs zur praktischen Berechnung der Lösungen:

Beschreiben Sie, wie sich die Lösungen eines konkreten LGS's (falls existent) durch elementare Umformungen bestimmen lassen.

Zum linearen Gleichungssystem $(*)$ $A\mathbf{x} = \mathbf{b}$ betrachtet man die erweiterte Koeffizientenmatrix

$$(A|b) = \begin{pmatrix} \alpha_{11} \dots \alpha_{1n} & \beta_1 \\ \vdots & \vdots \\ \alpha_{m1} \dots \alpha_{mn} & \beta_m \end{pmatrix}.$$

Folgende (sog. elementare) Zeilenumformungen führen zu Koeffizientenschemata von LGS'en mit dem gleichen Lösungsraum wie $(*)$:
1. Die Multiplikation einer Zeile der Matrix mit einem Skalar $\lambda \in K \setminus \{0\}$.
2. Die Addition der k-ten Zeile zur i-ten Zeile (für $i, k \in \{1, \dots, m\}$, $i \neq k$)

sowie die daraus durch wiederholte Anwendung erhaltenen Umformungen:

3. Das Vertauschen zweier Zeilen von A. 4. Die Addition des λ-fachen der k-ten Zeile zur i-ten Zeile (für $\lambda \in K$, $i,k \in \{1,\ldots,m\}$, $i \neq k$).

Jede Matrix über K lässt sich durch endlich viele solche elementare Zeilenumformungen in eine Matrix von *Zeilenstufenform* überführen, also in

$$(B|c) = \begin{pmatrix} \boxed{\beta_{1j_1}} & & & & \\ & \boxed{\beta_{2j_2}} & \cdots & & \vdots \\ & & & & \\ O & & & \boxed{\beta_{kj_n}} \cdots \beta_{kn} \\ & & & & \end{pmatrix}$$

(mit $\beta_{ij_i} \neq 0$ für $i \in \{1,\ldots,k\}$, $j_1 < j_2 < \ldots < j_k$) oder in die Nullmatrix.

Beweisidee: Beim q-ten Schritt sei eine Matrix der Form

$$\begin{pmatrix} \boxed{\beta_{1j_1}} & & & \\ & \boxed{\ldots} & & \\ & & \boxed{\beta_{sj_s}} & \beta_{s+1\,j_{s+1}} \\ O & & & \vdots \\ & & & \beta_{mj_{s+1}} \end{pmatrix}$$

erreicht und o.B.d.A. $\beta := \beta_{s+1,j_{s+1}} \neq 0$. Durch Umformung vom Typ 4) mit $k = s+1$, i aus $\{i+2,\ldots,m\}$ und $\lambda = -\beta^{-1}\beta_{ij_{s+1}}$ erhält man eine weitere "Stufe"; dabei heißt β das verwendete **"Pivotelement"**. □

An der Zeilenstufenform $B\mathbf{x} = \mathbf{c}$ lässt sich nun durch Auflösung "von den unteren Zeilen her"die Lösungsmenge berechnen oder die Unlösbarkeit von $(*)$ zeigen. Bei diesem Verfahren handelt es sich im wesentlichen um die sogenannte **Gaußsche Elimination**.

Beispiel: Sei $K = \mathbb{R}$. Gesucht ist der Lösungsraum des LGS's

$$(*) \begin{cases} \xi_1 + \xi_2 - \xi_3 & = 0 \\ \xi_1 - 2\xi_2 + \xi_3 & = 1 \\ \xi_1 - 2\xi_2 \quad\quad -\xi_4 & = 2 \\ \xi_3 + 2\xi_4 & = -1 \end{cases} \text{. Es ist } (A|b) = \left(\begin{array}{cccc|c} \underline{1} & 1 & -1 & 0 & 0 \\ 1 & -2 & 1 & 0 & 1 \\ 1 & -2 & 0 & -1 & 2 \\ 0 & 0 & 1 & 2 & -1 \end{array} \right).$$

Durch elementare Zeilenumformung erhält man z.Bsp. (mit unterstrichenen Pivot-Elementen):

$$(A|b) \xrightarrow[\substack{z_2'=z_2-z_1 \\ z_3'=z_3-z_1}]{} \left(\begin{array}{cccc|c} 1 & 1 & -1 & 0 & 0 \\ 0 & \underline{-3} & 2 & 0 & 1 \\ 0 & -3 & 1 & -1 & 2 \\ 0 & 0 & 1 & 2 & -1 \end{array} \right) \xrightarrow[z_3''=z_3'-z_2']{} \left(\begin{array}{cccc|c} 1 & 1 & -1 & 0 & 0 \\ 0 & -3 & 2 & 0 & 1 \\ 0 & 0 & \underline{-1} & -1 & 1 \\ 0 & 0 & 1 & 2 & -1 \end{array} \right)$$

$$\xrightarrow[\substack{z_4'=z_4+z_3'' \\ z_2''=\frac{1}{3}z_2'}]{} \left(\begin{array}{cccc|c} 1 & 1 & -1 & 0 & 0 \\ 0 & \boxed{-1} & 2/3 & 0 & 1/3 \\ 0 & 0 & -1 & -1 & 1 \\ 0 & 0 & 0 & 1 & 0 \end{array} \right) \xrightarrow{} (\star) \begin{cases} \xi_1 + \xi_2 - \xi_3 & = 0 \\ \quad - \xi_2 + \frac{2}{3}\xi_3 & = \frac{1}{3} \\ \quad\quad -\xi_3 - \xi_4 & = 1 \\ \quad\quad\quad \xi_4 & = 0 \end{cases}$$

woraus sich $\xi_4 = 0$, $\xi_3 = -\xi_4 - 1 = -1$, $\xi_2 = \frac{2}{3}\xi_3 - \frac{1}{3} = -1$ und $\xi_1 = -\xi_2 + \xi_3 = 0$ ergibt. Das LGS $(\star)$ und damit $(\ast)$ ist also eindeutig lösbar mit $L = \{(0, -1, -1, 0)\}$.

Anmerkung:

1.) Bei Spaltenumformungen müssen auch die Variablen ξ_i entsprechend transformiert werden.

2.) Ist L nicht nur einelementig, so kann man in $(\star)$ einige geeignete Variable 0 bzw. 1 setzen, um so zu linear unabhängigen Lösungen zu gelangen.

Anwendung in der Codierungstheorie. Ist K ein endlicher Körper (meist $K \in \{\mathrm{GF}(2), \mathrm{GF}(3)\}$), so heißt ein Unterraum C von K^n der Dimension k auch (n, k)-**Linearcode**. Eine Möglichkeit der Beschreibung von C ist die Angabe einer Basis $(\mathbf{g}_1, \ldots, \mathbf{g}_k)$ in einer **Basismatrix** (Generatorma-

trix) $G = \begin{pmatrix} \mathbf{g}_1 \\ \vdots \\ \mathbf{g}_k \end{pmatrix}$, eine andere ist die Beschreibung von C mittels einer $(n-k) \times n$−Matrix H

bzw. als Lösungsraum eines homogenen lineares Gleichungssystem $\quad C = \{\mathbf{x} \in K^n \,|\, H\mathbf{x}^T = \mathbf{0}\}$. Hierbei heißt die Koeffizientenmatrix H eine **Kontrollmatrix** von C.

Ein bei der Übertragung eines Codewortes $\mathbf{c} \in C$ über einen Nachrichtenkanal entstandener Fehlervektor $\mathbf{e}$ führt vom Empfang von $\mathbf{y} = \mathbf{c} + \mathbf{e}$. Die lineare "**Syndromabbildung**" $S_H : K^n \to K^{n-k}$ mit $\mathbf{x} \mapsto H\mathbf{x}^T$ hat die Eigenschaft, dass $C = \mathrm{Kern}\, S_H$ gilt und dass

$$S_H(\mathbf{y}) = S_H(\mathbf{c} + \mathbf{e}) = S_H(\mathbf{c}) + S_H(\mathbf{e}) = 0 + S_H(\mathbf{e}) = S_H(\mathbf{e})$$

nur vom Fehlervektor $\mathbf{e}$ abhängt. Sind zum Beispiel die Syndrome $S_H(\mathbf{e}_i)$ der Einheitsvektoren $\mathbf{e}_i$ für $i = 1, \ldots, n$, d.h. die Spalten von H, paarweise verschieden, so kann man einen Fehler pro Wort korrigieren (unter der Voraussetzung, dass mehr als ein Fehler pro Wort unwahrscheinlich ist (Maximum Likelihood-Decodierung). Der Code ist "1-fehlerkorrigierend". (Siehe auch Aufgabe L42 auf Seite 34!)

Beispiel: $H_1 = \begin{pmatrix} 1 & 1 & 1 & 0 & 1 & 0 & 0 \\ 0 & 1 & 1 & 1 & 0 & 1 & 0 \\ 0 & 0 & 1 & 1 & 1 & 0 & 1 \end{pmatrix}$ über $K = \mathrm{GF}(2)$ ist Kontrollmatrix eines 1-fehlerkor-

rigierenden Codes C: die Spalten von H_1 sind genau die von $(0,0,0)^T$ verschiedenen Elemente von $\mathrm{GF}(2)^3$; der Code C_1 ist ein sogenannter binärer **(7,4)- Hamming-Code**.

1.5 Affine analytische Geometrie

> Was versteht man unter einem **affinen Unterraum** eines Vektorraumes V, was unter der affinen Geometrie von V ?

(i) Definitionsgemäß ist ein *affiner Unterraum* von V eine Menge der Form $L = p + U_L$ (mit $p \in V$ und U_L Unterraum von V) oder die leere Menge $\emptyset$. Alternative Bezeichnung: **Lineare Mannigfaltigkeit** (LM) oder Nebenklasse nach U_L (s. Abbildung 1.12 !) Dabei ist U_L eindeutig durch L bestimmt, der Nebenklassenvertreter p im allgemeinen nicht. (Damit der Schnitt zweier affiner Unterräume wieder affiner Unterraum ist, wird auch $L = \emptyset$ als affiner Unterraum zugelassen.)

(ii) $\dim L := \dim U_L$ und $\dim \emptyset := -\infty$ (Grund: Dimensionsformeln)

(iii) Unter der *affinen Geometrie* von V (dem affinen Raum über V), im Zeichen $\mathrm{AG}(V)$, verstehen wir hier die Menge aller affinen Unterräume von V mit den Relationen

Inzidenz: $\quad L\, I\, M \quad :\Longleftrightarrow L \subseteq M \,\vee\, M \subseteq L$

Parallelität: $\quad L \| M \quad :\Longleftrightarrow U_L\, I\, U_M$ (s. Abb. 1.13).

Anmerkungen: 1. In der affinen Geometrie betrachtet man also nicht nur Unterräume durch den

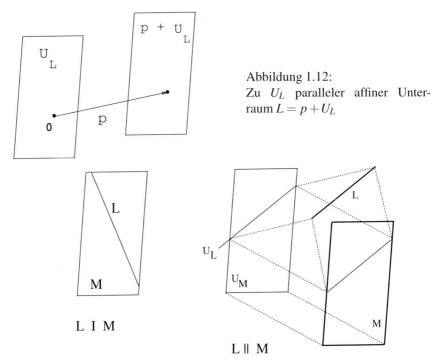

Abbildung 1.12:
Zu U_L paralleler affiner Unterraum $L = p + U_L$

Abbildung 1.13: Inzidenz und Parallelität affiner Unterräume

Nullpunkt, sondern auch deren Bilder unter Translationen.

2. Versieht man $\mathbb{R}^n$ mit einem Skalarprodukt Φ (siehe Seite 43), so ist damit die Länge eines Vektors, der Abstand zweier Punkte (Metrik) und die Orthogonalität zweier Vektoren definiert. Falls kein Skalarprodukt gegeben ist, wählt man das kanonische. Statt von der affinen Geometrie $\mathrm{AG}(\mathbb{R}^n)$ spricht man nun von "der" euklidischen Geometrie (s. §2.5) $\mathrm{EG}(\mathbb{R}^n) := (\mathrm{AG}(\mathbb{R}^n), \Phi)$ des Vektorraums $\mathbb{R}^n$, insbesondere von der *reellen euklidischen Ebene* (für $n = 2$), dem *3-dimensionalen reellen euklidischen Raum* (für $n = 3$).

3. Die affinen Geometrien $\mathrm{AG}(\mathbb{R}^2)$ und $\mathrm{AG}(\mathbb{R}^3)$ (bzw. die euklidischen Geometrien $\mathrm{EG}(\mathbb{R}^2)$, $\mathrm{EG}(\mathbb{R}^3)$) werden oft als Modell für die inzidenzgeometrischen (bzw. metrischen) Gegebenheiten der Zeichenebene bzw. des Anschauungsraums verwendet. Die affinen Unterräume der Dimension 0 entsprechen dabei den Punkten, diejenigen der Dimension 1 den Geraden, die der Dimension 2 den Ebenen.

Zeigen Sie, dass sich ein affiner Unterraum eines Vektorraumes der endlichen Dimension n durch ein lineares Gleichungssystem beschreiben lässt! Gehen Sie auch auf Hyperebenen (d.h. affine Unterräume der Dimension $n - 1$) ein!

(i) *Jeder affine Unterraum eines Vektorraumes V der Dimension n lässt sich als Lösungsraum eines linearen Gleichungssystems darstellen.*

Beweisskizze: Sei $L = p + U_L$ ein affiner Unterraum der Dimension $n - m$. Dann existiert eine lineare Abbildung $f : V \mapsto K^m$ mit Kern $f = U_L$. (Man wählt eine Basis von U_L, ergänzt sie zu einer Basis von V und definiert eine lineare Abbildung durch lineare Fortsetzung so, dass sie genau auf U_L die Nullabbildung induziert.) Es folgt $f(L) = f(p) + f(U_L) = f(p) =: b$. Also ist L enthalten im Lösungsraum L von $f(x) = b$ und wegen $\dim L = \dim L_0 = \dim U_L$ sogar gleich diesem. Nach Auswahl einer Basis B_1 von V und einer Basis B_2 von K^m lässt sich f durch eine

Matrix A darstellen, und man erhält $L = \{\, \mathbf{x} \mid A\,\mathbf{x} = \mathbf{b} \,\}$; dabei bezeichnet $\mathbf{x}$ den Koordinatenvektor von x bzgl. B_1 und $\mathbf{b}$ denjenigen von b bzgl. B_2.

Anmerkung: Aus der Theorie linearer Gleichungssysteme in n Unbekannten über K wissen wir umgekehrt, dass der Lösungsraum stets ein affiner Unterraum von K^n ist.

(ii) Wegen $\dim H = n - 1$ (für eine Hyperebene H) ist $m = 1$ in (i) und daher A von der Form $\mathbf{a} = (a_1, \ldots, a_n)$; hierbei sind nicht alle Einträge a_i gleich 0. Die Gleichung von H lautet daher: $a_1 x_1 + \ldots + a_n x_n = b$, die des zugehörigen Unterraums U_H ist $a_1 x_1 + \ldots + a_n x_n = 0$. Im reellen Fall ergibt sich (unter Verwendung des kanonischen Skalarproduktes) als Gleichung von U_H nun $\mathbf{a} \cdot \mathbf{x} = 0$; somit ist $U_H = \{\mathbf{a}\}^{\perp}$, der Orthogonalraum (vgl. §2.2 und §2.4) zu $\{\mathbf{a}\}$. Es ist also $\mathbf{a}$ ein Normalenvektor zu U_H und damit zur parallelen Hyperebene H.

Anmerkungen: 1.) Der Lösungsraum L eines linearen Gleichungssystems

$$\begin{cases} \mathbf{a}_1 \cdot \mathbf{x} & = b_1 \\ \;\;\vdots & \\ \mathbf{a}_m \cdot \mathbf{x} & = b_m \end{cases}$$

lässt sich als Schnitt der Lösungsräume der einzelnen Gleichungen ansehen; also gilt (mit $\mathbf{p} \in L$):

$$L = \mathbf{p} + \{\mathbf{a}_1, \ldots, \mathbf{a}_m\}^{\perp} \, .$$

Dem entspricht die Tatsache, dass ein affiner Unterraum ungleich V als Schnitt von Hyperebenen aufgefasst werden kann.

Beispiel: Im $\mathbb{R}^2$ ist der Schnitt zweier Hyperebenen, also zweier Geraden, mit den Gleichungen $\mathbf{a}_1 \mathbf{x} = a_{11} x_1 + a_{12} x_2 = b_1$ und $\mathbf{a}_2 \mathbf{x} = a_{21} x_1 + a_{22} x_2 = b_2$ entweder ein Punkt (für $\mathbf{a}_1, \mathbf{a}_2$ linear unabhängig) oder eine Gerade (im Fall des Zusammenfalls beider Geraden) oder die leere Menge (im Fall linear abhängiger Vektoren $\mathbf{a}_1, \mathbf{a}_2$ und Verschiedenheit der zu schneidenden Parallelen), s. Abb. 1.14.

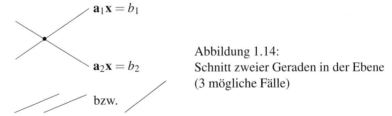

$\mathbf{a}_1 \mathbf{x} = b_1$

$\mathbf{a}_2 \mathbf{x} = b_2$

bzw.

Abbildung 1.14:
Schnitt zweier Geraden in der Ebene
(3 mögliche Fälle)

Geben Sie verschiedene Möglichkeiten der allgemeinen **Geradengleichung** in der affinen Ebene bzw. im 3-dim. affinen Raum an!

1. Im 2-dimensionalen affinen Raum:

   a) *vektorielle Punkt-Richtungs-Form:* $\mathbf{x} = \mathbf{p} + k\mathbf{m}$ mit Ortsvektor $\mathbf{x}$ eines beliebigen Punktes der Geraden g, "Aufpunkt" $\mathbf{p}$, bis auf Vielfache bestimmtem Richtungsvektor $\mathbf{m}$ von g und Skalar k (aus dem Grundkörper K des Vektorraums).

   b) *vektorielle Zwei-Punkte-Form:* $\mathbf{x} = \mathbf{p}_1 + k(\mathbf{p}_2 - \mathbf{p}_1)$ mit verschiedenen Punkten $\mathbf{p}_1, \mathbf{p}_2$ von g und $k \in K$ (s. Abb. 1.15 b).

c) *Koordinatengleichung:* $ax + by + c = 0$ mit $(a,b) \neq (0,0)$.

Anmerkung: Setzt man in der vektoriellen Punkt-Richtungsform aus a) $\mathbf{x} = (x,y)$, ferner $\mathbf{m} = (1,m)$ und $\mathbf{p} = (0,b)$ bzw. $\mathbf{m} = (0,1)$ und $\mathbf{p} = (c,d)$, so erhält man als Koordinatengleichung $y = mx + b$ bzw. $x = c$ (s. Abb. 1.15 a).

d) Hessesche Normalform in $EG(\mathbb{R}^2)$ (s. Abbildung 1.15 b und Seite 55!)

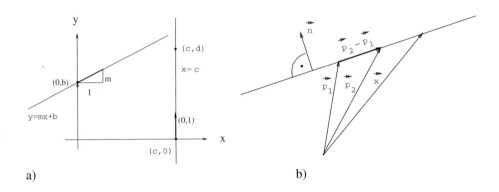

a)   b)

Abbildung 1.15: a) Zur Koordinatengleichung einer Geraden b) Zur vektoriellen Geradenglei-chung: $\vec{x} = \vec{p}_1 + k(\vec{p}_2 - \vec{p}_1)$ bzw. $(\vec{x} - \vec{p}_1)\vec{n} = 0$ mit $\vec{n} \perp (\vec{p}_2 - \vec{p}_1)$.

2. *Im 3-dimensionalen affinen Raum:*

a), b) vektorielle Punkt-Richtungs- bzw. Zwei-Punkte-Formen wie unter 1.

c) *Koordinatengleichungen:*

$$\begin{cases} a_1 x + b_1 y + c_1 z + d = 0 \\ a_2 x + b_2 y + c_2 z + d = 0 \end{cases} \quad \text{mit} \quad \text{Rang}\begin{pmatrix} a_1 & b_1 & c_1 \\ a_2 & b_2 & c_2 \end{pmatrix} = 2 \, .$$

Anmerkung: Hierbei sind (a_1, b_1, c_1) und (a_2, b_2, c_2) (bei kanonischem Skalarprodukt) bis auf Normierung die Normalenvektoren von 2 Ebenen, deren Schnitt die Gerade ist. Die Rang-Bedingung bewirkt, dass die Ebenen nicht parallel sind.

Was versteht man unter einer **affin-linearen** Abbildung eines Vektorraums, was unter einer **Affinität** ? Geben Sie Eigenschaften einer solchen Abbildung an!

a) *Definitionen:* Sei V ein K-Vektorraum. Dann heißt $F : V \to V$ *affin-lineare Abbildung* von V (bzw. von $AG(V)$), auch *affine Abbildung*, falls es eine lineare Abbildung $f : V \to V$ und ein $t \in V$ gibt mit $F(x) = f(x) + t$. F heißt *Affinität*, falls F zusätzlich bijektiv ist.

Anmerkungen: 1.) Ist V endlich-dimensional, so hat F bzgl. einer Basis die Darstellung $\mathbf{x} \mapsto A\mathbf{x} + \mathbf{t}$ mit Matrix A und Koordinatenvektoren $\mathbf{x}$ und $\mathbf{t}$ von x bzw. t. Bei einer Affinität ist A regulär, und umgekehrt ist F bijektiv, wenn A vollen Rang hat.

2.) Eine affin-lineare Abbildung ist also eine Translation verknüpft mit einer linearen Abbildung. Oft ist es möglich, durch geeignete Wahl des Ursprungs in $AG(V)$ (als einen Fixpunkt der Abbildung) $t = 0$ zu erreichen.

Beispiele von Affinitäten im $AG(\mathbb{R}^n)$: Scherungen (s.u.), Ähnlichkeitsabbildungen, Kongruenzabbildungen (Bewegungen) (vgl.§2.5).

b) *Eigenschaften affin-linearer Abbildungen:*

Eine affin-lineare Abbildung bildet affine Unterräume auf affine Unterräume ab (Beweis ?) und erhält Inzidenz und Parallelität. Eine Affinität ist damit eine **Kollineation** von AG (V), d. h. eine Bijektion der Punktmenge von AG (V), die die Menge der Geraden von AG (V) auf sich abbildet, (s. auch Tabelle 7.2).

Anmerkungen: 1. Die Kollineationen von AG (K^n) werden für $K = \mathbb{R}$ ausschließlich von Affinitäten induziert; (dies ergibt sich aus dem sogenannten 2. Hauptsatz der Projektiven Geometrie, da der Körper $\mathbb{R}$ keine nicht-trivialen Automorphismen zulässt.) 2. Im Gegensatz zum reellen Fall liefert für $K = \mathbb{C}$ zum Beispiel die Abbildung $\mathbf{x} = (x_1, \ldots, x_n) \mapsto \overline{\mathbf{x}} = (\overline{x_1}, \ldots, \overline{x_n})$ (mit $\overline{x} = a - b\,i$ für $x = a + b\,i$) (Übergang zu konjugiert komplexen Koordinaten) eine Kollineation, die keine Affinität ist.

Definieren Sie, was man unter einer **Scherung** in AG $(\mathbb{R}^2)$ versteht!

Eine Scherung S von AG $(\mathbb{R}^2)$ ist eine Affinität, bei der eine Gerade punktweise fest bleibt (Fixpunktgerade – sie heißt Affinitätsachse) – und jede Verbindungsgerade von Punkt und Bildpunkt parallel zur Affinitätsachse ist (s. Abb. 1.16). Wählt man die Achse als x-Achse, so ergibt sich als Matrix von S:

$$\begin{pmatrix} 1 & a \\ 0 & 1 \end{pmatrix} \text{ mit } a \in \mathbb{R}.$$

Anmerkung: Als lineare Abbildung hat S den zweifachen Eigenwert 1, (vgl. §2.1), aber (für $a \neq 0$) nur einen 1–dim. Eigenraum, ist also nicht diagonalisierbar.

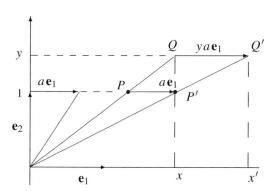

Abbildung 1.16:
Zur Scherung

1.6   Determinanten

Vorbemerkung: Zur Motivation für den Begriff der Determinante (z.Bsp. Volumenbestimmung, Prüfen von linearer Unabhängigkeit, von Regularität) s.u.!

Definieren Sie, was unter einem **Volumen** (einer Determinantenform) eines n-dimensionalen K-Vektorraumes V zu verstehen ist! Gehen Sie auch auf alternative Definitionen ein!

Δ heißt *Volumen* (Determinantenform), falls gilt:
(i) Δ ist *n*-fache Linearform , d. h. $\Delta : V^n \to K$, und Δ ist linear in jeder Komponente.
(ii) $\Delta(v_1, \ldots, v_n) = 0$ für beliebige linear abhängige Vektoren $v_1, \ldots, v_n$ aus V.
(iii) $\Delta(b_1, \ldots, b_n) \neq 0$ für mindestens eine Basis $B = (b_1, \ldots, b_n)$ von V.

Es folgt insbesondere, dass Δ alternierende Multilinearform ist, d. h. dass Δ die folgende Eigenschaft hat:

(ii') $\Delta(v_1,\ldots,v_i,\ldots,v_j,\ldots,v_n) = -\Delta(v_1,\ldots,v_j,\ldots,v_i,\ldots,v_n)$
(für alle $v_1,\ldots,v_n \in V$) .   (Beweisskizze: $\Delta(\ldots,v_i+v_j,\ldots,v_i+v_j,\ldots)=0$).

Umgekehrt ist im Falle[9] char $K \neq 2$ eine Abbildung Δ mit (i), (ii') und (iii) ein Volumen. Beim Beweis beachte man $\quad \Delta(x_i,x_2,\ldots,x_i,\ldots,x_n) = -\Delta(x_i,x_2,\ldots,x_i,\ldots,x_n)$.
Anmerkung: Die Forderung (i) ergibt sich ebenso wie (ii) und (iii) u. a. aus dem Ziel der Bestimmung eines (gerichteten) Volumens, (s. Abb. 1.17 für $n=2$).

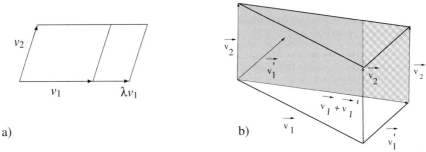

a)   b)

Abbildung 1.17: Eigenschaften eines Volumens im Fall $n = 2$: a) $\Delta(\lambda v_1,v_2) = \lambda\Delta(v_1,v_2)$
             b) Additivität (Flächenumwandlung durch Scherungen von 2 Parallelogrammen!)

Beispiel:

> Seien $n = 2$ und $\Delta : V \times V \to K$ Volumen; berechnen Sie $\Delta(v_1,v_2)$ in Abhängigkeit von den Koordinaten von $v_1,v_2 \in V$ bzgl. einer Basis $C = (c_1,c_2)$ von V !

Für $v_i = \xi_{i1}c_1 + \xi_{i2}c_2 \quad (i = 1,2)$ folgt aus der Multilinearität von Δ und wegen $\Delta(c_i,c_i) = 0$ die Darstellung:

$\Delta(\xi_{11}c_1+\xi_{12}c_2,\xi_{21}c_1+\xi_{22}c_2)=\xi_{11}\xi_{21}\Delta(c_1,c_1)+\xi_{11}\xi_{22}\Delta(c_1,c_2)+\xi_{12}\xi_{21}\Delta(c_2,c_1)+\xi_{12}\xi_{22}\Delta(c_2,c_2)=(\xi_{11}\xi_{22}-\xi_{12}\xi_{21})\cdot\Delta(c_1,c_2)$.

Anmerkung: 1.) Bekanntlich ist $\begin{vmatrix} \xi_{11} & \xi_{21} \\ \xi_{12} & \xi_{22} \end{vmatrix} = \xi_{11}\xi_{22} - \xi_{12}\xi_{21}$, s. u. 2.) Im Hinblick auf die allgemeine Formel für Volumen-Funktionen (Volumina) bemerken wir: Die Menge der Permutationen von $\{1,2\}$ ist $S_2 = \{\mathrm{id},\sigma\}$ mit $\sigma = \begin{pmatrix} 1 & 2 \\ 2 & 1 \end{pmatrix} =: (12)$, und daher gilt (mit dem Signum $\mathrm{sgn}(\pi)$ von π, s.u.) : $\quad \xi_{11}\xi_{22} - \xi_{21}\xi_{12} = \mathrm{sgn}(\mathrm{id})\xi_{\mathrm{id}(1)1}\xi_{\mathrm{id}(2)2} + \mathrm{sgn}(\sigma)\xi_{\sigma(1)1}\xi_{\sigma(2)2}$.

> Geben Sie die allgemeine Formel für $\Delta(v_1,\ldots,v_n)$ in Abhängigkeit von den Koordinaten von v_i bzgl. einer Basis $C = (c_1,\ldots,c_n)$ an! Welche unmittelbaren Folgerungen ergeben sich aus dieser Formel?

(a) Es gilt für $v_i = \sum_{j=1}^{n} \xi_{ij}c_j \quad (i = 1,\ldots,n)$ die Gleichung

(∗)· $\Delta(v_1,\ldots,v_n) = \sum_{\pi\in S_n} \mathrm{sgn}(\pi)\xi_{\pi(1)1}\cdots\xi_{\pi(n)n}\cdot\alpha$ mit $\alpha = \Delta(c_1,\ldots,c_n)$.

Hierbei bedeutet S_n die *symmetrische Gruppe* vom Grad n, also die Gruppe aller Permutationen von $\{1,\ldots,n\}$ (d.h. aller bijektiven Abbildungen von $\{1,\ldots,n\}$ auf sich), und $\mathrm{sgn}(\pi)$ ist $(-1)^m$, falls sich π als Produkt von m Transpositionen schreiben lässt; (man beachte die Unabhängigkeit

---

[9]d.h. im Falle eines Körpers K mit $1+1 \neq 0$

des Signums von der speziellen Zerlegung von π als Produkt von Transpositionen).

Anmerkung: Umgekehrt ist zu jedem $\alpha \in K \backslash \{0\}$ durch $(*)$ ein Volumen definiert.

(b) Wegen $(*)$ gilt $\Delta(c_1, \ldots, c_n) \neq 0$ genau dann, wenn $(c_1, \ldots, c_n)$ Basis von V ist, also nicht nur für die Basis $(b_1, \ldots b_n)$ aus der Definition.

(c) Zwei Volumen-Funktionen von V unterscheiden sich höchstens durch eine Konstante, also:
$$\Delta_1, \Delta_2 \text{ sind Volumina von } V \implies \exists \gamma \in K \backslash \{0\} : \Delta_1 = \gamma \Delta_2.$$

Erläutern Sie, wie man vom Begriff des Volumens zu dem der **Determinante** einer Matrix gelangt.

Man betrachtet dasjenige (eindeutig bestimmte) Volumen Δ_0 von K^n, das für die kanonische Basis $B = (\vec{e}_1, \ldots, \vec{e}_n)$ den Wert 1 hat, also für das gilt: $\Delta_0(\vec{e}_1, \ldots, \vec{e}_n) = 1$ (Normiertes Volumen). Ist nun $A \in K^{(n,n)}$ eine quadratische Matrix mit Spalten $\vec{a}_1, \ldots, \vec{a}_n$, so definiert man die Determinante von A als $\det A := \Delta_0(\vec{a}_1, \ldots, \vec{a}_n)$. Es gilt dann (s. o., zur konkreten Berechnung s. u.)
$$\det(a_{ij}) = \sum_{\pi \in S_n} \text{sgn } \pi \prod_{j=1}^{n} a_{\pi(j)j} .$$

Welche **Eigenschaften von Determinanten** ergeben sich unmittelbar aus der Definition und den Eigenschaften des Volumens?

(i) Sei $A \in K^{((n,n)}$. Es gilt dann $\det A \neq 0$ genau dann, wenn Rang $A = n$, also A regulär ist.

(ii) $\det A$ ist linear in jeder Spalte von A. Analoges folgt für Zeilen aus folgender Beziehung:

(iii) $\det A = \det A^T$ (wegen $\sum_{\delta \in S_n} \text{sgn}\,(\delta) \prod_i a_{i\delta(i)} = \sum_{\delta^{-1} \in S_n} \text{sgn}\,(\delta^{-1}) \prod_j a_{\delta^{-1}(j)j}$)

(iv) Verhalten bei elementaren Umformungen:

- Die Determinante bleibt unverändert bei Addition einer Linearkombination von Spalten (Zeilen) zu einer anderen Spalte (bzw. Zeile).

- $\det B = \alpha \cdot \det A$, falls B aus A durch Multiplikation einer Zeile (Spalte) mit $\alpha \in K$ hervorgeht.

- $\det B = -\det A$, falls B aus A durch Vertauschen zweier Zeilen (Spalten) hervorgeht.

Anmerkung: Zu weiteren Eigenschaften von Determinanten s. u.!

Geben Sie mehrere Möglichkeiten der **Berechnung** einer 3×3–Determinanten an!

(i) Spezialfall: *Dreiecksmatrix* (direkt aus der Formel $(*)$).

$$\begin{vmatrix} a_{11} & & \star \\ & \ddots & \\ O & & a_{33} \end{vmatrix} := \det \begin{pmatrix} a_{11} & & \star \\ & \ddots & \\ O & & a_{33} \end{pmatrix} = \prod_{i=1}^{3} a_{ii} .$$

(ii) *Regel von Sarrus* [10] (nur für 3×3-Matrizen!) :

$$= a_{11}a_{22}a_{33} + a_{12}a_{23}a_{31} + a_{13}a_{21}a_{32} - a_{31}a_{22}a_{13} - a_{32}a_{23}a_{11} - a_{33}a_{21}a_{12}.$$

(iii) Durch *elementare Umformung* und Zurückführung auf (i).   Beispiel:

$$\begin{vmatrix} \lambda & k & k \\ k & \lambda & k \\ k & k & \lambda \end{vmatrix} = \begin{vmatrix} \lambda - k & 0 & k \\ k - \lambda & \lambda - k & k \\ 0 & k - \lambda & \lambda \end{vmatrix} = \begin{vmatrix} \lambda - k & 0 & k \\ 0 & \lambda - k & 2k \\ 0 & 0 & \lambda + 2k \end{vmatrix} = (\lambda - k)^2 (\lambda + 2k).$$

1. Spalte minus 2. Spalte	2. Zeile plus 1. Zeile
2. Spalte minus 3. Spalte	3. Zeile plus neue 2. Zeile

(iv) Laplace'sche Entwicklung nach einer Zeile:

$$\begin{vmatrix} a_{11} & a_{12} & a_{13} \\ a_{21} & a_{22} & a_{23} \\ a_{31} & a_{32} & a_{33} \end{vmatrix} = a_{11} \begin{vmatrix} a_{22} & a_{23} \\ a_{32} & a_{33} \end{vmatrix} - a_{12} \begin{vmatrix} a_{21} & a_{23} \\ a_{31} & a_{33} \end{vmatrix} + a_{13} \begin{vmatrix} a_{21} & a_{22} \\ a_{31} & a_{32} \end{vmatrix}$$

Anmerkung: Allgemein gilt mit $A_{ej} := (-1)^{e+j} \begin{vmatrix} a_{11} \cdots & a_{1j} \cdots & a_{1n} \\ \vdots & \vdots & \vdots \\ a_{e1} & a_{ej} & a_{en} \\ \vdots & \vdots & \vdots \\ a_{n1} \cdots & a_{nj} \cdots & a_{nn} \end{vmatrix}$ die Formel

$$\delta_{ke} \cdot \det A = \sum_{j=1}^{n} a_{kj} A_{ej} \qquad (\text{mit } \delta_{ke} = 0 \text{ für } k \neq e,\ \delta_{ke} = 1 \text{ für } k = e).$$

Nennen Sie einige mathematische Gebiete, in denen eine Determinante eingesetzt wird!

- Rangbestimmung von Matrizen (Suche nach t-reihiger Unterdeterminante $\neq 0$)

- Kriterien für die lineare Unabhängigkeit von Vektoren

- Volumenberechnung (s. o., mit Spatprodukt $< a \times b, c > = \det(a,b,c)$)

- Auflösung von linearen Gleichungssystemen (Lösbarkeitskriterien, Cramersche Regel)

- Eigenwertbestimmung (charakteristisches Polynom $\chi_A(X) := \det(A - X E_n)$)

- Interpolation: Gesucht ist ein Interpolationspolynom $\sum_{i=0}^{n} a_i X^i$ für die Stützstellen $x_1, \ldots, x_{n+1}$

  mit $x_i \neq x_j$ und Funktionswerte $y_1, \ldots, y_{n+1}$. Als Koeffizientmatrix des LGS's für die a_i er-

  hält man $\begin{pmatrix} 1 & x_1 \cdots & x_1^n \\ \vdots & & \\ 1 & x_{n+1} \cdots & x_{n+1}^n \end{pmatrix}$, deren Determinante (**Vandermonde-Determinante**)

---

[10] gesprochen: Sarrü

gleich $\prod\limits_{1\le i<j\le n+1}(x_j-x_i)$ ist ($\rightarrow$ Beweis durch elementare Umformungen). Daher ist das Interpolationsproblem (eindeutig) lösbar.(Vgl. auch §6.2 und Aufgabe L52, s. Seite 36 !)

- Substitutionsregel bei der Integration: Unter gewissen Forderungen an die Funktion $g:\mathbb{R}^p\supseteq G\rightarrow\mathbb{R}^p$ (g stetig differenzierbar auf der offenen Menge G, injektiv, $\det g'(t)$ ständig positiv oder ständig negativ) und an f (f für eine kompakte, Jordan-messbare Teilmenge T von G auf $g(T)$ reellwertig und stetig) gilt $\int\limits_{g(T)} f(\vec{x})\mathrm{d}\vec{x}=\int f(g(\vec{t}))\cdot|\det g'(\vec{t})|\mathrm{d}\vec{t}$

  mit der Funktionaldeterminanten $\det g'(\vec{t})=\det\left(\dfrac{\partial g_i(\vec{t})}{\partial t_j}\right)$.

  Literaturhinweis: Heuser [Heu2] p. 478.

- Lokale Extrema mit Nebenbedingung s. H. Heuser, l.c., p. 310.

- Lineare Gruppen: Die Abbildung $\det:\mathrm{GL}(n,K)\rightarrow K\setminus\{0\}$ mit $A\mapsto\det A$ von der Gruppe der regulären $n\times n$–Matrizen über dem Körper K in die Gruppe $(K\setminus\{0\},\cdot)$ ist ein Homomorphismus mit dem Kern $\{A\in\mathrm{GL}(n,K)|\det A=1\}=:\mathrm{SL}(n,K)$. Nach dem Homomorphisatz folgt $\mathrm{GL}(n,K)/\mathrm{SL}(n,K)\cong K\setminus\{0\}$ (s. auch §8,1).

Definieren Sie, was unter der Determinante eines Endomorphismus f eines Vektorraumes V der Dimension n zu verstehen ist! Wie hängt $\det f$ mit $\det M_B(f)$ für eine Basis B von V zusammen?

Für jedes Volumen Δ von V ist auch die Abbildung Δ_f mit $\Delta_f(x_1,\dots,x_n)=\Delta(f(x_1),\dots,f(x_n))$ ein Volumen. Damit gilt $\Delta_f=\gamma\cdot\Delta$ für ein $\gamma\in K^*$; (vgl. Seite 25, (c)!) Die Konstante γ ist unabhängig von Δ. Man kann nun definieren: $\det f=\gamma$. Bezüglich einer Basis B gilt für das zugehörige normierte Volumen: $\det f=\Delta(f(b_1),\dots,f(b_n))\Delta(b_1,\dots,b_n)^{-1}=\Delta(f(b_1),\dots,f(b_n))$ und damit $\det f=\det M_B(f)$ für jede Basis B. *Anmerkung:* $\det f\ne 0$ gilt genau dann, wenn $M_B(f)$ regulär ist.

Geben Sie den **Multiplikationssatz für Determinanten** an (mit Beweisskizze) sowie Folgerungen für $\det(A^{-1})$ und Determinanten ähnlicher Matrizen!

(i) Für $A,B\in K^{(n,n)}$ gilt der Multiplikationssatz $\det(A\cdot B)=\det A\cdot\det B$. *Beweisskizze:* Man zeigt $\det(f\circ g)=\det f\cdot\det g$ für die Abbildungen $f=f_A:K^n\rightarrow K^n$ mit $\vec{x}\mapsto A\vec{x}$ und $g=g_B$, und zwar (im Falle f,g regulär) durch

$$\det(f\circ g)=\Delta(f(g(b_1)),\dots,f(g(b_n))\cdot\Delta(g(b_1),\dots,g(b_n))^{-1}\cdot\Delta(g(b_1),\dots,g(b_n))\cdot\Delta(b_1,\dots,b_n)^{-1}.$$
$\square$

(ii) Es gilt für reguläres $A\in K^{(n,n)}$ die Gleichung $\det(A^{-1})=(\det A)^{-1}$.
Beweis: $\det A\cdot\det(A^{-1})=\det(A\cdot A^{-1})=\det E_n=1$

(iii) Ähnliche Matrizen haben die gleiche Determinante:
$\det(S^{-1}AS)=\det(S^{-1})\cdot\det A\cdot\det S=\det A$.

Anmerkung: Für jeden Endomorphismus eines endlich-dimensionalen Vektorraumes gilt:

$$\det f\ne 0\Longleftrightarrow M_B(f)\text{ regulär}\Longleftrightarrow f\text{ Isomorphismus.}$$

1.7   Klausur-Aufgaben zur Linearen Algebra I

Aufgaben zu 1.1 (Vektorräume, Basis, Dimension)

Aufgabe L1 (Unterraum)
U, V und W seien drei Unterräume eines Vektorraumes X sein. Beweisen oder widerlegen Sie durch ein Gegenbeispiel

1.) $(U + V) \cap W \subseteq (U \cap W) + (V \cap W)$ 2.) $(U + V) \cap W \supseteq (U \cap W) + (V \cap W)$.

Zur Erinnerung: $A \cap B := \{c : c \in A \text{ und } c \in B\}$ ist der mengentheoretische Durchschnitt und $A + B := \{a + b : a \in A \text{ und } b \in B\}$ die sogenannte Komplexsumme der Teilmengen A, B eines Vektorraumes.
Lösung siehe Seite: 249.

Aufgabe L2 (linear unabhängig, trigonometrische Funktionen)
Sei V der Vektorraum der reellwertigen Funktionen auf $\mathbb{R}$. Zeigen Sie, dass die trigonometrischen Funktionen $c_1 : x \mapsto \cos x$, $c_2 : x \mapsto \cos 2x$, $s_1 : x \mapsto \sin x$, $s_2 : x \mapsto \sin 2x$, $s_3 : x \mapsto \sin 3x$ linear unabhängig sind.
Lösung siehe Seite: 249.

Aufgabe L3 (Dimension)
Zeigen Sie durch ein Beispiel, dass es unendlich dimensionale Vektorräume gibt: Geben Sie einen solchen an, und beweisen Sie, dass er unendliche Dimension besitzt.
Lösung siehe Seite: 249.

Aufgabe L4 (lineare Unabhängigkeit)
Für $a \in \mathbb{R}$ sei $e_a(x) := e^{ax}$. Zeigen Sie, dass die Menge $\{e_a | a \in \mathbb{R}\}$ in $\text{Abb}(\mathbb{R}, \mathbb{R})$ linear unabhängig ist. Was folgt daraus für die Dimension von $\text{Abb}(\mathbb{R}, \mathbb{R})$?
Lösung siehe Seite: 249.

Aufgabe L5 (Basis)
$B_1 = \{\vec{a}, \vec{b}, \vec{c}\}$ sei Basis eines K–Vektorraumes V. Weiter seien die folgenden Vektoren gegeben:
$$\vec{u} = \begin{pmatrix} -1 \\ -4 \\ 2 \end{pmatrix}_{B_1}, \quad \vec{v} = \begin{pmatrix} 1 \\ 3 \\ -1 \end{pmatrix}_{B_1} \quad \text{und} \quad \vec{w} = \begin{pmatrix} -1 \\ -2 \\ 2 \end{pmatrix}_{B_1}.$$
(a) Beweisen Sie, dass $B_2 = \{\vec{u}, \vec{v}, \vec{w}\}$ ebenfalls eine Basis von V ist.
(b) Zeigen Sie, dass $\vec{x} = \vec{a} + \vec{b} - \vec{c}$ die gleichen Koordinaten bezüglich B_1 wie bezüglich B_2 hat.
Lösung siehe Seite: 250.

Aufgabe L6 (Basis)
Sei $B = \{\vec{b_1}, \vec{b_2}, \vec{b_3}, \vec{b_4}\}$ Basis eines $\mathbb{R}$–Vektorraumes V; seien ferner $\vec{a_1} = 2\vec{b_1} - \vec{b_2}$, $\vec{a_2} = \vec{b_2} + \vec{b_3} + \vec{b_4}$, $\vec{a_3} = \vec{b_3} - \vec{b_4}$ und $U = \langle \vec{a_1}, \vec{a_2}, \vec{a_3} \rangle$ der von $\vec{a_1}, \vec{a_2}, \vec{a_3}$ aufgespannte Unterraum.
(a) Zeigen Sie: $A = \{\vec{a_1}, \vec{a_2}, \vec{a_3}\}$ ist Basis von U.
(b) Bestimmen Sie die Koordinaten von $\vec{x} = 6\vec{b_1} - 5\vec{b_2} - 4\vec{b_4}$ bezüglich A.
(c) Ergänzen Sie A zu einer Basis von V.
Lösung siehe Seite: 250.

Aufgabe L7 (Basis, $\mathbb{R}[X]$)
Zeigen Sie: $A = \{1, x - 1, (x - 1)(x - 2)\}$ ist Basis des Raums P der reellen Polynome vom Grad höchstens 2.
Lösung siehe Seite: 250.

Aufgabe L8 (lineare Unabängigkeit)

Unter welchen Bedingungen an den Skalar r sind die Vektoren $a = \begin{pmatrix} r \\ 1 \\ 0 \end{pmatrix}$, $b = \begin{pmatrix} 1 \\ r \\ 1 \end{pmatrix}$, $c = \begin{pmatrix} 0 \\ 1 \\ r \end{pmatrix}$

des K–Vektorraums K^3 linear unabhhängig für (i) $K = \mathbb{R}$ und (ii) $K = \mathbb{Q}$?
(iii) Gibt es einen Skalar $r \in \mathbb{R}$ und einen Vektor d in $\mathbb{R}^3$, so dass dann a, b, c, d linear unabhängig sind in $\mathbb{R}^3$?
Lösung siehe Seite: 251.

Aufgabe L9 (Unterraum, Dimension)

Seien K Körper, $V = K^n$, U_1 bzw. U_2 Unterräume von V mit $U_1 = \{(a, a, \ldots, a) \in V \mid a \in K\}$ und
$U_2 = \{(a_1, a_2, \ldots, a_n) \in V \mid a_i \in K, \sum\limits_{i=1}^{n} a_i = 0\}$. Bestimmen Sie $\dim_K(U_1), \dim_K(U_2)$,
$\dim_K(U_1 \cap U_2)$ sowie $\dim_K(U_1 + U_2)$.
Lösungshinweis: Beachten Sie, dass die Antworten von der Charakteristik des Körpers abhängen.
Lösung siehe Seite: 251.

Aufgabe L10 (Dimension, Isomorphie)

Zeigen Sie ohne Verwendung von Dimensionssätzen, dass für K-Vektorräume V und W gilt:
$$V \cong W \implies \dim V = \dim W.$$
Lösung siehe Seite: 251.

Aufgabe L11 (Vektorraum, Zahlkörper, Dimension)

Zeigen Sie, dass der Körper $\mathbb{C}$ der komplexen Zahlen über jedem der Körper $\mathbb{C}, \mathbb{R}, \mathbb{Q}$ ein Vektorraum ist (mit '+' und '$\odot$' wie üblich). Welche Dimension hat dieser Vektorraum jeweils?
Begründen Sie ihre Antwort.
Lösung siehe Seite: 251.

Aufgabe L12 (Lineare Unabhängigkeit, Vandermonde-Determinante)

Seien $\lambda_1, \lambda_2, \ldots, \lambda_n$ paarweise verschiedene Elemente im Körper K. Zeigen Sie: Die Vektoren
$x_i := (1, \lambda_i, \lambda_i^2, \ldots, \lambda_i^{n-1})$, $(i = 1, \ldots, n)$ sind linear unabhängig in K^n.
Lösung siehe Seite: 252.

Aufgaben zu 1.2 (Lineare Abbildungen, Matrizen)

Aufgabe L13 (lineare Unabhängigkeit, lineare Abbildung)

Seien V und W Vektorräume über dem Körper K und $f : V \to W$ eine lineare Abbildung. Seien
$n \in \mathbb{N}$, $v_1, \ldots, v_n \in V$, $w_1, \ldots, w_n \in W$. Beweisen oder widerlegen Sie:
(a) $\{v_i : i = 1, \ldots, n\}$ linear abhängig $\implies \{f(v_i) : i = 1, \ldots, n\}$ linear abhängig.
(b) $\{v_i : i = 1, \ldots, n\}$ linear unabhängig $\implies \{f(v_i) : i = 1, \ldots, n\}$ linear unabhängig.
(c) f bijektiv und $\{w_i : i = 1, \ldots, n\}$ linear abhängig $\implies \{f^{-1}(w_i) : i = 1, \ldots, n\}$ linear abhängig.
(d) f injektiv und $\{v_i : i = 1, \ldots, n\}$ linear unabhängig $\implies \{f(v_i) : i = 1, \ldots, n\}$ linear unabhängig.
Lösung siehe Seite: 252.

Aufgabe L14 ($\mathrm{Hom}_K(V, W)$, Basis)

Seien V und W endlich dimensionale Vektorräume über einem Körper K, sei B eine Basis von V und C eine Basis von W. Bestimmen Sie eine Basis von $\mathrm{Hom}_K(V, W)$, dem K–Vektorraum der linearen Abbildungen von V in W.
Lösung siehe Seite: 252.

Aufgabe L15 (Projektion, Kern, Bild, direkte Summe)

Sei p eine Projektion eines Vektorraums V, also $p \in \text{End}(V)$ mit $p^2 = p$. Zeigen Sie:

(a) Bild p bleibt elementweise fest unter p.   (b) Für alle $v \in V$ gilt: $v - p(v) \in \text{Kern } p$.

(c) $V = \text{Kern } p \oplus \text{Bild } p$.   (d) Ist $v = u + w$ mit $u \in \text{Bild } p, w \in \text{Kern } p$, so folgt $p(v) = u$.

(e) $\text{Kern } p = \text{Bild}(\text{id} - p)$ (man beachte: $v = v - p(v)$ für $v \in \text{Kern } p$)

(f) $\text{id} - p$ ist ebenfalls Projektion von V.

Lösung siehe Seite: 253.

Aufgabe L16 (Matrizenoperationen, komplexe Zahlen, Körper)

Sei $\mathbb{R}^{(2,2)}$ die Menge der reellen 2×2–Matrizen und $C = \left\{ \begin{pmatrix} a & b \\ -b & a \end{pmatrix} : a,b \in \mathbb{R} \right\} \subseteq \mathbb{R}^{(2,2)}$!

(a) Zeigen Sie, dass C bezüglich Matrixaddition und –multiplikation ein Körper ist.

(b) Zu welchem Ihnen bekannten Körper ist C isomorph? Geben Sie einen Isomorphismus an.

Lösung siehe Seite: 253.

Aufgabe L17 (lineare Abbildung, Kern, $\mathbb{R}[X]$)

Sei $\mathbb{R}[x]$ der Vektorraum der Polynome mit reellen Koeffizienten. Zeigen Sie, dass die Abbildung A mit $A(p)(x) = p(x+1) - p(x)$ eine lineare Abbildung von $\mathbb{R}[x]$ nach $\mathbb{R}[x]$ ist. Bestimmen Sie den Kern der Abbildung A.

Lösung siehe Seite: 253.

Aufgabe L18 (lineare Unabhängigkeit, lineare Abbildung)

Sei T ein linearer Operator auf dem Vektorraum V. Es existiere ein $k \in \mathbb{N}$ mit $T^k(x) = 0$ für alle $x \in V$ und ein $z \in V$ mit $T^{k-1}(z) \neq 0$. (a) Zeigen Sie:

$B = \{z, T(z), T^2(z), \ldots, T^{k-1}(z)\}$ ist linear unabhängig.   (b) $TU \subseteq U$, wobei $U = \langle B \rangle$.

(c) Geben Sie eine möglichst einfache Transformationsmatrix der Einschränkung $T|_U$ von T auf U an!

Lösung siehe Seite: 253.

Aufgabe L19 (Basisergänzungssatz, Satz von der linearen Fortsetzung)

Zeigen Sie: Sind H und H' Hyperebenen eines endlich dimensionalen Vektorraums V, ist $a \in H \setminus \{0\}$, $b \notin H$, $a' \in H' \setminus \{0\}$, $b' \notin H'$, dann gibt es ein $\alpha \in \text{GL}(V)$, der Gruppe der Automorphismen auf V, mit $\alpha(H) = H'$, $\alpha(a) = a'$, $\alpha(b) = b'$.

Lösungshinweis: Benutzen Sie z.Bsp. den Basisergänzungssatz!

Lösung siehe Seite: 254.

Aufgabe L20 (Direkte Summe, Isomorphie)

V_1, V_2, W_1, W_2 seien Unterräume des K–Vektorraumes V, mit $V_1 \oplus V_2 = W_1 \oplus W_2$.

(a) Zeigen Sie: Ist $\dim_K V < \infty$, so folgt aus $V_1 \cong W_1$ auch $V_2 \cong W_2$.

(b) Widerlegen Sie an einem Beispiel die Aussage $V_1 = W_1 \Longrightarrow V_2 = W_2$.

(c) Zeigen Sie an einem Beispiel, dass die Aussage $V_1 \cong W_1 \Longrightarrow V_2 \cong W_2$ für $\dim_K V_1 = \infty$ falsch ist.

(d) Ist $f_1 \in \text{End } V_1$ und $f_2 \in \text{End } V_2$, so gibt es genau ein $f \in \text{End}(V_1 \oplus V_2)$ mit $f|_{V_i} = f_i$ $(i = 1, 2)$.

Lösung siehe Seite: 254.

Aufgabe L21 (Matrixdarstellung, Fortsetzungssatz, Zeilenumformungen, Rang)

Zeigen Sie: Es gibt genau eine lineare Abbildung $f : \mathbb{Q}^4 \to \mathbb{Q}^4$ mit $f(1,0,0,0) = (2,0,-2,-2)$, $f(0,1,0,0) = (1,3,-1,2)$, $f(0,0,1,0) = (2,1,-1,0)$ und $f(1,1,1,1) = (6,5,-3,3)$. Bestimmen Sie den Rang von f!

Lösung siehe Seite: 254.

Aufgabe L22 (Fortsetzungssatz, Matrixdarstellung, LGS)
Geben Sie eine lineare Abbildung $f : \mathbb{R}^3 \to \mathbb{R}^2$ an mit $f(1,2,-1) = (1,0)$, $f(2,1,4) = (0,1)$.
Zeigen Sie, dass f nicht eindeutig bestimmt ist.
Lösung siehe Seite: 255.

Aufgabe L23 (Basisergänzungssatz, Fortsetzungssatz, Kern)
Sei V ein n-dimensionaler Vektorraum über dem Körper K und U ein Unterraum der Dimension
k mit $1 \leq k \leq n$. Zeigen Sie: Es gibt Endomorphismen φ, ψ von V mit
$$\varphi(V) = U, \ (\psi \circ \varphi)(V) = \{0\} \ \text{ und } \ \mathrm{rg}\,\psi = n - k.$$
Ist dabei notwendigerweise Kern $\psi = U$?
Lösung siehe Seite: 255.

Aufgabe L24 (lineare Abbildung, Kern, Bild, Dimension)
Sei $f : \mathbb{R}^4 \to \mathbb{R}^4$ eine lineare Abbildung, die bezüglich der kanonischen Basis die Darstellung

$$\begin{pmatrix} x_1 \\ x_2 \\ x_3 \\ x_4 \end{pmatrix} = \begin{pmatrix} 1 & 0 & a_1 & b_1 \\ 0 & 1 & a_2 & b_2 \\ 0 & 1 & a_3 & b_3 \\ 1 & 0 & a_4 & b_4 \end{pmatrix} \begin{pmatrix} x_1 \\ x_2 \\ x_3 \\ x_4 \end{pmatrix} \quad \text{mit } a_i, b_i \in \mathbb{R} \text{ hat und für die gilt:} \quad (*) \quad \text{Bild}\, f = \text{Kern}\, f.$$

(a) Geben Sie eine Basis von Bild f an!

(b) Benutzen Sie $(*)$ und (a) zur Bestimmung von $\begin{pmatrix} a_1 \\ a_2 \\ a_3 \\ a_4 \end{pmatrix}$ und $\begin{pmatrix} b_1 \\ b_2 \\ b_3 \\ b_4 \end{pmatrix}$.

(c) Gehen Sie auf die Frage der Existenz und Eindeutigkeit von f ein!
Lösung siehe Seite: 255.

Aufgabe L25 (Matrixdarstellung)
Sei $B = (b_1, b_2, b_3)$ eine Basis des K-Vektorraums V, $C = (c_1, c_2)$ eine Basis des K-Vektorraums
W und $f \in \mathrm{Hom}_K(V,W)$ mit $f(b_1 + b_2) = c_1$ und $f(b_1 - b_2 + 2b_3) = c_2$ sowie $f(2b_2 - b_3) = c_1 + c_2$. Bestimmen Sie $M_C^B(f)$.
Lösung siehe Seite: 256.

Aufgabe L26 (Endomorphismus, direkte Summe)
Seien V ein Vektorraum über dem Körper K und f_1, f_2 Endomorphismen von V (d.h. lineare Abbildungen von V in sich) mit (i) $f_1 \circ f_1 = f_1$, $f_2 \circ f_2 = f_2$ (ii) $f_1 + f_2 = \mathrm{id}_V$ und
(iii) $f_1 \circ f_2 = 0 = f_2 \circ f_1$. Zeigen Sie: $V = f_1(V) \oplus f_2(V)$.
Lösung siehe Seite: 256.

Aufgabe L27 (Bild, Rang)
Sei $f \in \mathrm{Hom}_K(V,W)$, $\dim_K V = n$ und $\dim_K W = m$. Zeigen Sie für eine Matrix $M(f)$ von f bzgl.
Basen B, C von V bzw. W: $\quad \mathrm{rg}\, f \leq 1 \Longleftrightarrow \exists \alpha_i, \beta_j \in K : M(f) = (\alpha_i \beta_j)_{i=1,\dots,m,\, j=1,\dots,n}$.
Lösung siehe Seite: 257.

Aufgabe L28 (Basis, Matrixdarstellung)
Sei $f \in \mathrm{Hom}_K(V,V)$. Zeigen Sie: Gilt für alle $v \in V$ die Gleichung $f(v) \in <v>$, so existiert ein
$\lambda \in K$ mit $f = \lambda \cdot \mathrm{id}_v$. Bestimmen Sie ferner im endlichdimensionalen Fall $M_B^B(f)$ für eine Basis
B von V.
Lösung siehe Seite: 257.

Aufgabe L29 (Kern, Bild, Dimension, Fortsetzungssatz)

Seien V ein $n-$dim und W ein $m-$dim Vektorraum über dem Körper K (mit $n, m \in \mathbb{N}$)! Ferner sei X ein Unteraum von V und Y ein Unterraum von W. Welche Bedingung an die Dimensionen ist 1.) notwendig und 2.) hinreichend für die Existenz einer linearen Abbildung $f : V \to W$ mit Kern $f = X$ und Bild $f = Y$. (Mit Begründung!)
Lösung siehe Seite: 257.

Aufgabe L30 (Fortsetzungssatz, Kern)

Seien $V = \mathbb{R}^3$ der 3-dim reelle Vektorraum und $f_1 : V \to V$ Endomorphismus mit $f_1(e_1) = e_1$, $f_1(e_2) = e_3$, $f_1(e_3) = e_2$ für $e_i = (\delta_{ij})_{j=1,2,3}$.
(i) Welcher Satz garantiert die Existenz und Eindeutigkeit von f_1.   (ii) Bestimmen Sie Kern f_1.
(iii) Begründen Sie $f_1(v_1) = v_1$ für $v_1 = e_2 + e_3$ sowie $f_1(w_1) = -w_1$ für $w_1 = e_2 - e_3$.
(iv) Geben Sie eine Ebene E_1 von V an, die punktweise unter f_1 fest bleibt.
(v) Ist f_1 (bzgl. des kanonischen Skalarprodukts) eine Drehung, eine Spiegelung an einer Ebene, eine Streckung oder eine Parallelprojektion auf eine Ebene? (Antwort ohne Beweis!)
(vi) Wählen Sie eine Basis B von V aus, und geben Sie eine Matrix von f_1 bzgl. B an!
Lösung siehe Seite: 257.

Aufgabe L31 ($\mathbb{R}[X]$, Matrixdarstellung, Determinante)

Seien $\mathcal{P}_2$ der $\mathbb{R}$-Vektorraum der reellen Polynomfunktionen vom Grad ≤ 2 und $\varphi : \mathcal{P}_2 \longrightarrow \mathcal{P}_2$ mit

$$f \longmapsto f + f'. \text{ Dabei sei } f' \text{ für } f \text{ mit } f(x) = \sum_{i=0}^{2} \alpha_i x^i \text{ definiert durch } f'(x) = \sum_{i=1}^{2} i\alpha_i x^{i-1}.$$

(i) Zeigen Sie, dass gilt: $\sum_{i=0}^{2} \alpha_i x^i = 0$ für alle $x \in \mathbb{R}$ genau dann, wenn $\alpha_0 = \alpha_1 = \alpha_2 = 0$.
(ii) Bestimmen Sie Kern φ !   (iii) Geben Sie eine Basis B von $\mathcal{P}_2$ an (mit Begründung)!
(iv) Bestimmen Sie die Matrix $M := M_B^B(\varphi)$!   (v) Berechnen Sie $\det M$! (Vorgriff auf §1.6)
(vi) Begründen Sie, dass φ bijektiv ist.
Hinweis: Ohne Beweis dürfen Sie benutzen, dass φ linear ist.
Lösung siehe Seite: 258.

Aufgabe L32 (Matrix, elementare Umformungen, LGS, Endomorphismen)

Kreuzen Sie wahr (W) oder falsch (F) an! (Keine Begründung gefordert).

W F

☐ ☐   Multiplizieren einer Spalte mit einer Zahl ungleich 0 ändert den Rang einer Matrix nicht.

☐ ☐   Die Matrix $\begin{pmatrix} 0 & 1 & 1 \\ 1 & 0 & 1 \\ 1 & 1 & 0 \end{pmatrix} \in \mathbb{F}_2^{(3 \times 3)}$ ist invertierbar.

☐ ☐   Jede lineare Abbildung $F \in \mathrm{Hom}(V, \mathbb{K}), F \neq 0, \mathbb{K} \in \{\mathbb{R}, \mathbb{C}\}$, ist surjektiv.

☐ ☐   Es gibt einen Endomorphismus $F \in \mathrm{Hom}(V, V)$, (dim $V = \infty$), der injektiv, aber nicht surjektiv ist.

☐ ☐   Ein lineares Gleichungssystem mit erweiterter Koeffizientenmatrix $(A|b)$ ist genau dann lösbar, wenn A eine linksinverse Matrix besitzt.

Lösung siehe Seite: 259.

Aufgaben zu 1.3 (Faktorräume, Dimensionssätze)

Aufgabe L33 (direkte Summe, Faktorraum, Basis)

Sei V ein K-Vektorraum und U, W Unterräume von V mit $V = U \oplus W$. Zeigen Sie: Ist $\{w_1, \ldots, w_m\}$

eine Basis von W, so ist $\{w_1 + U, \ldots, w_m + U\}$ eine Basis von V/U.
Lösung siehe Seite: 259.

Aufgabe L34 (Dimensionsformel, Faktorraum, Ebene)

Sei $g : \mathbb{R}^3 \to \mathbb{R}$ die Abbildung $g : \begin{pmatrix} v_1 \\ v_2 \\ v_3 \end{pmatrix} \mapsto v_1 - v_2 + 2v_3$.

(a) Geben Sie je eine Basis und die Dimensionen von Kern g und von $\mathbb{R}^3/\text{Kern}\,g$ über $\mathbb{R}$ an.
(b) Interpretieren Sie Kern g und die Elemente von $\mathbb{R}^3/\text{Kern}\,g$ geometrisch!
Lösung siehe Seite: 259.

Aufgaben zu 1.4 (Lineare Gleichungssysteme)

Aufgabe L35 (LGS, Partikulärlösung, erweiteret Koeffizientenmatrix, Zeilenumformungen)

Gegeben sei das lineare Gleichungssystem $(*)$ $\begin{cases} x_1 & +2x_3 & = & 1 \\ 3x_1 & +2x_2 & +8x_3 & = & 5 \\ & x_2 & +x_3 & = & 1 \end{cases}$ über $\mathbb{R}$.

(i) Geben Sie die erweiterte Koeffizientenmatrix von $(*)$ an!
(ii) Begründen Sie zunächst ohne Berechnung der Lösungen, dass $(*)$ lösbar ist!
(iii) Bringen Sie die erweiterte Koeffizientenmatrix von $(*)$ durch elementare Zeilenumformungen auf Zeilenstufenform!
(iv) Bestimmen Sie eine Partikulärlösung von $(*)$!
(v) Geben Sie eine allgemeine Lösung des zu $(*)$ gehörenden homogenen Systems an!
(vi) Geben Sie den Lösungsraum L von $(*)$ an!   Lösung siehe Seite: 260.

Aufgabe L36 (Polynom, LGS)
Bestimmen Sie alle reellen Polynomfunktionen vom Grad ≤ 3, deren Graph durch die Punkte (-1,4) und (1,6) geht! *(Lösungshinweis:* Stellen Sie ein lineares Gleichungssystem auf!)
Lösung siehe Seite: 260.

Aufgabe L37 (LGS)
(a) Geben Sie jeweils ein Beispiel eines linearen reellen Gleichungssystems von 3 Gleichungen mit 3 Unbekannten folgenden Typs an:
(i) Die Lösungsmenge sei leer.
(ii) Die Lösungsmenge bestehe aus genau einem Punkt des $\mathbb{R}^3$.
(iii) Die Lösungsmenge sei eine Gerade im $\mathbb{R}^3$.
(iv) Die Lösungsmenge sei eine Ebene im $\mathbb{R}^3$.
(vi) Die Lösungsmenge sei der ganze $\mathbb{R}^3$.
(b) Kann es vorkommen, daß ein lineares Gleichungssystem von 2 Gleichungen mit 3 Unbekannten keine Lösung hat? Falls ja, geben Sie ein Beispiel an.
Lösung siehe Seite: 261.

Aufgabe L38 (LGS, Lösbarkeitskriterium)
Im $\mathbb{R}^3$ seien 3 Ebenen gegeben:

$$E_1 = \{(x,y,z) \in \mathbb{R}^3 \mid x - 4y + 5z = 8\},$$
$$E_2 = \{(x,y,z) \in \mathbb{R}^3 \mid 3x + 7y - z = 3\},$$
$$E_3 = \{(x,y,z) \in \mathbb{R}^3 \mid -x - 15y + 11z = \alpha\}.$$

Für jeden der beiden Fälle $\alpha = 13$ und $\alpha = 14$ bestimme man die Gestalt der Punktmenge $E_1 \cap E_2 \cap E_3$, man ermittele also, ob sie jeweils eine Ebene, eine Gerade, ein einzelner Punkt oder sogar leer ist!
Lösung siehe Seite: 261.

Aufgabe L39 (LGS)
Im $\mathbb{R}^2$ seien vier Geraden der Reihe nach durch die Gleichungen

$$2x_1 + 2x_2 + 3 = 0$$
$$5x_1 - 3x_2 - 1 = 0$$
$$-x_1 + 4x_2 + 2 = 0$$
$$2x_1 + 3x_2 - 4 = 0$$

gegeben. Gibt es einen Punkt, der auf allen vier Geraden liegt?
Lösung siehe Seite: 262.

Aufgabe L40 (LGS, Dimensionsformel)
Untersuchen Sie das lineare Gleichungssystem $M \cdot \vec{x} = 0$ für $M := (a_i b_j)_{i,j=1,\ldots,n}$ und $a_i b_j \in \mathbb{R}$.
Lösungshinweis: Siehe auch Aufgabe L27 !)
Lösung siehe Seite: 262.

Aufgabe L41 (LGS, Orthogonalraum)
Es sei K ein Körper, und $1 \leq \ell \leq n$ seien ganze Zahlen. W sei ein $(n - \ell)$-dimensionaler Unterraum des K^n. Zeigen Sie, dass es ein homogenes lineares Gleichungssystem von ℓ Gleichungen (mit Koeffizienten in K) mit n Unbekannten gibt, dessen Lösungsmenge W ist.
Lösung siehe Seite: 262.

Aufgabe L42 (Code, Syndromabbildung, LGS, linear unabhängig)
Sei H die Kontrollmatrix eines (n,k)-Linearcodes über $K = \mathrm{GF}(2)$ und seien je $d - 1$ Spalten von H linear unabhängig. Zeigen Sie, dass man mittels der Syndromabbildung bis zu $d - 1$ Fehler pro gesendetem Wort erkennen kann.
Lösung siehe Seite 262.

Aufgaben zu 1.5 (Affine analytische Geometrie)

Aufgabe L43 (Geradengleichung)
Im $\mathbb{R}^3$ seien die Punkte $A = (1,0,0)$, $B = (1,1,1)$, $C = (0,-1,1)$, $D = (1,-1,1)$ gegeben.
(a) Bestimmen Sie die Geraden $g = AB$ und $h = CD$!
(b) Zeigen Sie, dass g und h windschief sind!
Lösung siehe Seite: 262.

Aufgabe L44 (windschiefe Geraden, Vektorprodukt)
Beweisen Sie: Zwei Geraden $g_1 : \vec{x} = \vec{a} + \lambda\vec{v}$, und $g_2 : \vec{y} = \vec{b} + \mu\vec{w}$ mit $\vec{a}, \vec{b}, \vec{v}, \vec{w} \in \mathbb{R}^3, \vec{v}, \vec{w} \neq 0, \lambda, \mu \in \mathbb{R}$ sind genau dann windschief, wenn $\langle \vec{a} - \vec{b}, \vec{v} \times \vec{w} \rangle \neq 0$. gilt.
Lösungshinweis: Es gilt: $\vec{v} \times \vec{w} = 0 \Longleftrightarrow \vec{v}, \vec{w}$ linear abhängig   sowie :
Sind $\vec{v}, \vec{w}$ linear unabhängig, so steht $\vec{v} \times \vec{w}$ senkrecht auf $\vec{v}$ und auf $\vec{w}$.
Lösung siehe Seite: 263.

Aufgabe L45 (Affinität, Geradengleichung)
Sei E die reelle affine Ebene und $\alpha : E \to E$ eine Affinität (bijektive affin lineare Abbildung), die jeden Punkt einer speziellen Geraden g auf sich abbildet.

(a) Geben Sie eine (möglichst) einfache Darstellung der Form

$$\alpha : \mathbf{x} \mapsto \mathbf{y} = \begin{pmatrix} a_{11} & a_{12} \\ a_{21} & a_{22} \end{pmatrix} \cdot \mathbf{x} + \begin{pmatrix} t_1 \\ t_2 \end{pmatrix}$$

durch Auswahl eines geeigneten Koordinatensystems mit Basis B an ($\mathbf{x}, \mathbf{y}$ Koordinatenvektoren der Punkte X bzw. $\alpha(X)$ bzgl. B.).
(b) Zeigen Sie, dass die Verbindungsgeraden $X\alpha(X)$ entsprechender, aber verschiedener Punkte parallel sind.
Lösung siehe Seite: 263.

Aufgabe L46 (affiner Unterraum)
Sei A ein affiner Unterraum von $\mathbb{R}^n$ mit $\dim_{\mathbb{R}} A < n$ und $p \in \mathbb{R}^n \setminus A$. Die Menge der Elemente der Verbindungsgeraden $\{x \mid x = p + t(q - p), t \in \mathbb{R}, q \in A\}$ von p zu den Vektoren q von A heiße W. (a) Ist W stets Unterraum? (b) Ist W stets affiner Unterraum (Lineare Mannigfaltigkeit)?
Lösung siehe Seite: 264.

Aufgabe L47 (LGS, Rang, Fixpunkt, affiner Unterraum)

Seien $A_1 = \begin{pmatrix} 1 & 0 & 1 \\ 0 & 1 & 0 \\ 1 & 1 & 1 \end{pmatrix} \in \mathbb{R}^{(3,3)}$, ferner $f_{A_1} : \mathbb{R}^{(3,1)} \to \mathbb{R}^{(3,1)}$ mit $f_{A_1}(x) = A_1 x$, sowie (für

festes $b \in \mathbb{R}^{(3,1)}$) die Abbildung $g : \mathbb{R}^{(3,1)} \to \mathbb{R}^{(3,1)}$ definiert durch $g(x) = A_1 x + b$.
(i) Bestimmen Sie Rang A_1 und Rang $(A_1 - E_3)$ (mit der $(3 \times 3)-$Einheitsmatrix E_3) !
(ii) Welchen Wert haben $\det A_1$ und $\det(A_1 - E_3)$?
(iii) Welche Vektoren bleiben fix unter f_{A_1}, welche Struktur hat die Menge dieser Fixpunkte, also
$$\text{Fix } f_{A_1} := \{x \in \mathbb{R}^{(3,1)} \mid A_1 x = x\} .$$
(iv) Zeigen Sie, dass die Fixpunkte (Fixvektoren) von g die Lösungen eines linearen Gleichungssystems $(*)$ sind! Bestimmen Sie dessen Koeffizientenmatrix!
(v) Wieso ist Fix f_{A_1} die Lösung des zu $(*)$ gehörenden homogenen linearen Gleichungssystems.
(vi) Zeigen Sie durch Zitat eines Satzes, dass die Menge der Fixpunkte von g leer ist oder einen affinen Unterraum von $\mathbb{R}^{(3,1)}$ bildet! Treten beide Fälle auf?
Lösung siehe Seite: 264.

Aufgaben zu 1.6 (Determinanten)

Aufgabe L48 (Determinante, elementare Umformungen)
Bestimmen Sie die Determinante der Matrix $A \in \mathbb{R}^{n \times n}$ mit

$$\begin{pmatrix} r & \lambda & \dots & \lambda \\ \lambda & \ddots & \ddots & \vdots \\ \vdots & \ddots & \ddots & \lambda \\ \lambda & \dots & \lambda & r \end{pmatrix} .$$

Lösung siehe Seite: 265.

Aufgabe L49 (Determinante, lineare Abbildung)

Untersuchen Sie, ob die durch die Matrix $A = \begin{pmatrix} 1 & 0 & 2 \\ 1 & 1 & 1 \\ 2 & 0 & 1 \end{pmatrix}$ gegebene lineare Abbildung von K^3

nach K^3 bijektiv ist (a) für $K = \mathbb{R}$, und (b) für $K = \mathbb{F}_3$?
Lösung siehe Seite: 265.

Aufgabe L50 (Determinante, Matrizenoperationen)

Es sei K ein Körper und $M(n,n;K)$ der K-Vektorraum aller $n \times n$-Matrizen mit Einträgen in K. Für $B \in M(n,n;K)$ betrachten Sie die Abbildung $f_B : M(n,n;K) \longrightarrow M(n,n;K)$, die durch $f_B(A) = B \cdot A$ gegeben ist.

(a) Zeigen Sie, dass f_B linear ist.

(b) Bestimmen Sie für die Standardbasis von $M(n,n;K)$ die Matrix von f_B.

(c) Zeigen Sie, dass $\det(f_B) = (\det(B))^n$ ist.

Lösungshinweis: Die Standardbasis von $M(n,n;K)$ ist die Menge $\{E_{ij} : 1 \le i \le n, 1 \le j \le n\}$, wobei E_{ij} folgende Matrix ist: alle Einträge bis auf einen sind 0; der einzige von 0 verschiedene Eintrag steht in der i-ten Spalte und j-ten Zeile und ist gleich 1. Für die gegebene Aufgabe ist es günstig, die Basis entsprechend der Indexpaare ij lexikographisch zu ordnen. Allgemeine Rechenregeln für Matrizen dürfen unbewiesen verwandt werden.

Lösung siehe Seite: 265.

Aufgabe L51 (Determinante, LGS, Skalarprodukt)

Zeigen Sie, dass k Vektoren $a_1, \ldots, a_k$ eines euklidischen Vektorraumes genau dann linear unabhängig sind, wenn die Determinante der aus ihren paarweisen Skalarprodukten gebildeten $k \times k$-Matrix $A = \left(\langle a_i, a_j \rangle \right)_{i,j=1}^{k}$ von Null verschieden ist.

Hinweis: Betrachten Sie das homogene lineare Gleichungssystem mit der Koeffizientenmatrix A.

Lösung siehe Seite: 265.

Aufgabe L52 (Polynom, Interpolation, LGS, Vandermonde-Determinante)

Zeigen Sie, dass es genau ein reelles (Interpolations-) Polynom g vom Grad kleiner gleich n gibt, das an den Stützstellen $x_0, x_1, x_2, \ldots x_n \in \mathbb{R}$ (mit $x_i \ne x_j$ für $i \ne j$) die Funktionswerte $y_0, y_1, y_2, \ldots y_n \in \mathbb{R}$ annimmt.

Lösung siehe Seite: 266.

Literaturhinweise zu Kap.1:

Fischer [Fi1], [Fi2], Beutelspacher [Beu], Lorenz [Lo] Bd.1, Huppert/Willems [HW], Havlicek [Ha], Brieskorn [Bri], Heuser [Heu2], Scheid/Schwarz [SS] Kap.V, [SS2].

Kapitel 2

Lineare Algebra II

2.1 Eigenwerttheorie

a) Was versteht man unter einem **Eigenwert**, was unter einem **Eigenvektor**, einem **Eigenraum**
(i) eines Endomorphismus f, (d.h. einer linearen Abbildung von V in sich) bzw. (ii) einer Matrix
$A \in K^{(n,n)}$. b) Gehen Sie für n-dimensionale Vektorräume V auf den Zusammenhang zwischen
den Definitionen zu (i) und (ii) ein!

a) (i)   Das Element $\lambda \in K$ heißt *Eigenwert* (EW) von $f \in \text{End}_K(V)$, falls gilt

$$(*) \qquad \exists v \in V \setminus \{0\}: \quad f(v) = \lambda v.$$

Jedes solche v heißt Eigenvektor zum Eigenwert λ; die Menge aller Eigenvektoren zum
Eigenwert λ zuzüglich des Nullvektors, also $V_{f,\lambda} := \{v \in V \mid f(v) = \lambda v\}$, heißt *Eigenraum*
zu λ.

(ii)   Entsprechend heißt $\lambda \in K$ *Eigenwert* von $A \in K^{(n,n)}$, falls gilt [1]:

$$(**) \qquad \exists \vec{v} \in K^{(n,1)} \setminus \{\vec{0}\}: \quad A\vec{v} = \lambda \vec{v}.$$

Wieder heißt $\{\vec{v} \in K^{(n,1)} \mid, \vec{v} \text{ Eigenvektor von } A \text{ zum EW } \lambda\} \cup \{\vec{0}\}$ *Eigenraum* zu λ.

b) Ist $\dim_K V = n < \infty$ und $A = M_B^B(f)$ die f bzgl. einer Basis B darstellende Matrix, so geht
$(*)$ für den Koordinatenvektor $\vec{v} = M_B(v)$ in Aussage $(**)$ über. Im Falle endlicher Dimension von f entsprechen daher Eigenwerte, Eigenvektoren und Eigenräume von f den
Eigenwerten, Eigenvektoren bzw. Eigenräumen einer f darstellenden Matrix (vgl. auch
Tabelle 1.1 Seite 13 !). Umgekehrt kann man von A zur Abbildung $f_A : K^{(n,1)} \to K^{(n,1)}$ mit
$f_A(\vec{v}) = A\vec{v}$ übergehen. Wieder korrespondieren die betreffenden Begriffe.

Beweisen Sie, dass die Eigenwerte einer Matrix $A \in K^{(n,n)}$ (bzw. eines Endomorphismus f eines
n-dimensionalen K-Vektorraumes) genau die Nullstellen des **charakteristischen Polynoms** χ_A
von A sind. Welchen Grad hat dieses Polynom?

---

[1] Hierbei seien $\vec{v}$ usw. "Spaltenvektoren", also n−Tupel in Spaltenform geschrieben, also $n \times 1$ -Matrizen.

(a) Es gilt: $\quad \lambda$ ist Eigenwert von $A \iff \exists \vec{v} \in K^{(n,1)} \setminus \{\vec{0}\} : A\vec{v} = \lambda \vec{v}$

$\qquad\qquad\qquad \iff \exists \vec{v} \in K^{(n,1)} \setminus \{\vec{0}\} : (A - \lambda E_n) \vec{v} = \vec{0} \iff A - \lambda E_n$ ist singulär

$\qquad\qquad\qquad \iff \det(A - \lambda E_n) = 0 \qquad\qquad \iff \lambda$ ist Nullstelle von χ_A.

Dabei hat das charakteristische Polynom den Grad n; mit $\mathrm{Spur}(\alpha_{ij}) := \sum\limits_{i=1}^{n} \alpha_{ii}$ gilt:

$$\chi_A(X) := \det(A - XE_n) = (-1)^n X^n + (-1)^{n-1} \, \mathrm{Spur}(A) \cdot X^{n-1} + \ldots + \det A.$$

(b) Analog zu a) (oder durch Übergang zu einer darstellenden Matrix) zeigt man, dass die Eigenwerte von f die Nullstellen von χ_A sind. Man schreibt daher auch $\chi_f := \chi_A$. (Die Unabhängigkeit von der Basis folgt aus Anmerkung 3, s.u.).

Anmerkungen:

1. Die Eigenwerte von A (bzw. f) sind auch genau die Nullstellen des **Minimalpolynoms** von A (bzw. f), s. u.

2. Ist A Diagonalmatrix, also von der Form $\quad \mathrm{Diag}(\lambda_1, \ldots, \lambda_n) := \begin{pmatrix} \lambda_1 & & 0 \\ & \ddots & \\ 0 & & \lambda_n \end{pmatrix}$,

so folgt $\quad \chi_A(X) = \begin{vmatrix} \lambda_1 - X & & 0 \\ & \ddots & \\ 0 & & \lambda_n - X \end{vmatrix} = \prod\limits_{i=1}^{n} (\lambda_i - X).$

Die Eigenwerte sind also genau die Einträge in der Diagonalen; dies folgt auch direkt wegen

$$A\vec{e}_j = \lambda_j \vec{e}_j \quad \text{für} \quad \vec{e}_j = \begin{pmatrix} 0 \\ \vdots \\ 0 \\ 1 \\ 0 \\ \vdots \\ 0 \end{pmatrix} = (\delta_{ij})_{i=1,\ldots n} \quad \text{(mit 1 an der Stelle } j \text{)}, \; j = 1, \ldots, n.$$

3. Ähnliche Matrizen haben die gleichen Eigenwerte und das gleiche charakteristische Polynom. *Beweisskizze:* $(S^{-1}AS)(S^{-1}\vec{v}) = S^{-1}A\vec{v} = \lambda(S^{-1}\vec{v})$ und $\det(S^{-1}AS - X) = \det S^{-1} \det(A - X) \det S$.

Welche Struktur hat der Eigenraum eines Endomorphismus (bzw. einer Matrix) zu einem Eigenwert λ, und wie lässt er sich im Falle endlicher Dimension bei Kenntnis von λ berechnen?

Wegen $f(v) = \lambda v \iff (f - \lambda \, \mathrm{id})(v) = 0$ ist $V_{f,\lambda}$ der Kern des Endomorphismus $f - \lambda \, \mathrm{id}$ und als solcher Unterraum von V. Ist $\dim_K V = n$ und A Matrix von f bzgl. einer Basis B von V, so entspricht $V_{f,\lambda}$ dem Lösungsraum L des homogenen linearen Gleichungssystems $(A - \lambda E_n) \vec{x} = \vec{0}$.

Anmerkung: Jede Fixgerade von f durch den Nullpunkt liegt in einem Eigenraum. Umgekehrt besteht jeder Eigenraum aus einer Vereinigung solcher Fixgeraden.

Beispiele von Eigenwerten und Eigenräumen:

Bestimmen Sie Eigenwerte und Eigenräume folgender Endomorphismen:

1.) der zentrischen Streckung σ_λ mit Streckungsfaktor λ und dem Nullpunkt als Zentrum in einem n-dimensionalen K-Vektorraum,

2.) der Spiegelung γ_E an einer Nullpunktsebene E im 3-dimensionalen reellen euklidischen[2] Raum $\mathrm{EG}(\mathbb{R}^3)$,

3.) der Drehung δ_α um den Nullpunkt mit Drehwinkel α in $\mathrm{EG}(\mathbb{R}^2)$,

4.) der Drehung δ um die z-Achse mit Drehwinkel α in $\mathrm{EG}(\mathbb{R}^3)$.

---

[2] s. §2.5

1.) Bezüglich einer (beliebigen) Basis B hat σ_k die Matrix $\begin{pmatrix} \lambda & & O \\ & \ddots & \\ O & & \lambda \end{pmatrix}$, (vgl. §1.2).

Damit ist λ der einzige Eigenwert (der Vielfachheit n) und V selbst Eigenraum von σ_λ zum Eigenwert λ.

Anmerkung: $\chi_{\sigma_\lambda}(X) = \det(\text{Diag}(\lambda - X, \ldots, \lambda - X)) = (\lambda - X)^n$.

2.) Sei (e_1, e_2) eine Orthonormalbasis von $\mathcal{E}$ und $B = (e_1, e_2, e_3)$ eine solche von $\mathcal{E} = \text{EG}(3, \mathbb{R})$ (Konstruktion z. Bsp. mit dem Schmidtschen Orthonormierungsverfahren). $\gamma := \gamma_E$ hat wegen $\gamma(e_1) = e_1$ und $\gamma(e_2) = e_2$ sowie $\gamma(e_3) = -e_3$ bzgl. B die darstellende Matrix $\begin{pmatrix} 1 & 0 & 0 \\ 0 & 1 & 0 \\ 0 & 0 & -1 \end{pmatrix}$. Als Eigenwerte treten 1 und -1 auf. Für die Eigenräume gilt:

$V_{\gamma,1} = <e_1, e_2> = E$ (Diese Spiegelungsebene bleibt punktweise fix.)

$V_{\gamma,-1} = <e_3>$ (Die Normale zu E bleibt als Ganzes fest.)

3.) Bezüglich eines kartesischen Koordinatensystems hat δ_α die Matrix $\begin{pmatrix} \cos\alpha & -\sin\alpha \\ \sin\alpha & \cos\alpha \end{pmatrix}$,

siehe Abbildung 1.4 b und Beispiel (iii) der Matrizen in §1.2. Das charakteristische Polynom ist $\chi_{\delta_\alpha}(X) = X^2 - 2X\cos\alpha + \cos^2\alpha + \sin^2\alpha$. Mit $\cos^2\alpha + \sin^2\alpha = 1$ erhält man als Nullstellen $\lambda_{1/2} = \cos\alpha \pm \sqrt{\cos^2\alpha - 1}$. Für $\alpha \notin \mathbb{Z}\pi$ hat δ_α daher keinen reellen Eigenwert; im Fall $\alpha = (2k+1)\pi$ handelt es sich dagegen um die Matrix einer *Punktspiegelung* am Nullpunkt (zentrische Streckung mit Faktor -1), und die ganze Ebene ist Eigenraum zum Eigenwert -1. Für $\alpha \in 2\pi\mathbb{Z}$ ist δ_α gleich der Identität.

4.) Bezüglich eines geeigneten kartesischen Koordinatensystems hat δ die darstellende Matrix
$A = \begin{pmatrix} \cos\alpha & -\sin\alpha & 0 \\ \sin\alpha & \cos\alpha & 0 \\ 0 & 0 & 1 \end{pmatrix}$.   Es gilt $\det(A - XE_3) = (1 - X)(X^2 - 2X\cos\alpha + 1)$.

Ein Eigenwert ist daher $\lambda_3 = 1$. Unter Anwendung von Fall 3 auf die auf der Lotebene $a^\perp$ zu $a = e_3\mathbb{R}$ induzierte Abbildung erhält man: Für $\alpha \notin \{k\pi | k \in \mathbb{Z}\}$ ist $\lambda = 1$ einziger Eigenwert, die Achse die einzige Fixgerade durch den Nullpunkt. (Siehe auch Abb. 2.1 !) Für $\alpha = 0$ ist $\delta = \text{id}$. Für $\alpha = \pi$ sind $\lambda_1 = 1$ und $\lambda_2 = -1$ Eigenwerte, und neben der Achse ist deren Lotebene durch 0 ein Eigenraum.

Anmerkungen:
(i) Definiert man eine Drehung $\bar\delta$ von $\text{EG}(\mathbb{R}^3)$ als **gleichsinnige orthogonale Transformation** (orthogonalen Automorphismus mit Determinante 1) von $\mathbb{R}^3$ mit Fixpunkt $\mathbf{0}$, so hat $\chi_{\bar\delta}$ als Polynom vom Grad 3 mindestens eine Nullstelle ($\rightarrow$ Zwischenwertsatz), also einen Eigenwert λ mit $|\lambda| = 1$. Man kann zeigen, dass $\lambda = 1$ auftritt (s. §2.3, Seite 48). Der zugehörige Eigenraum enthält eine Fixpunktgerade, die als Achse a wählbar ist. In der Nullpunktsebene senkrecht zu a induziert $\bar\delta$ eine 2-dimensionale Drehung (s. Abb. 2.1), so dass bzgl. geeigneter Basis $\bar\delta$ eine Matrix der in Nr. 4 behandelten Form hat (s. ebenfalls §2.3).

(ii) Matrizen aus $\mathbb{R}^{(n,n)}$ haben ein charakteristisches Polynom vom Grad n und daher, im Fall n ungerade, mindestens einen reellen Eigenwert. Ist n hingegen gerade, so muss kein Eigenwert

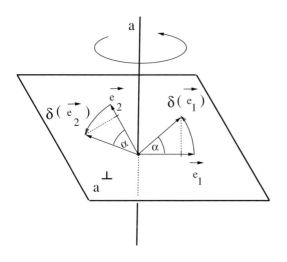

Abbildung 2.1: Zur Drehung δ in $\mathbb{R}^3$

existieren: $\begin{pmatrix} 0 & -1 \\ 1 & 0 \end{pmatrix}$ ist Beispiel einer Matrix aus $\mathbb{R}^{(2,2)}$ ohne reellen Eigenwert! (Drehung um $\alpha = \frac{\pi}{2}$; siehe 3.)

Definieren Sie, was unter dem **Minimalpolynom** einer Matrix $A \in K^{(n,n)}$ (bzw. eines Endomorphismus f eines n-dimensionalen $K-$Vektorraums V) zu verstehen ist.

Die Dimension von $K^{(n,n)}$ als $K-VR$ ist n^2. Daher sind die n^2+1 Matrizen $A^0, A, A^2, \ldots, A^{n^2}$ linear abhängig, und es existiert ein $P \in K[X] \setminus \{0\}$ mit $P(A) = O$. Die Menge all dieser Polynome (und 0), also $J_A := \{P \in K[X] \mid P(A) = O\}$, bildet ein Ideal (siehe §8.1) ungleich 0 in $K[X]$. Da $K[X]$ ein Hauptidealring ist, wird J_A von einem Element (minimalen Grades ungleich 0) erzeugt; das eindeutig bestimmte normierte Polynom H_A minimalen Grades aus J_A heißt *Minimalpolynom* von A. Es teilt jedes A annulierende Polynom $Q \neq 0$. (Analog definiert man H_f; es gilt $H_f = H_A$).

Was besagt der **Satz von Hamilton-Cayley** über das charakteristische Polynom (ohne Beweis)? Welche Folgerungen über die Beziehung zwischen χ_A und H_A und über die **Nullstellen von H_A** lassen sich daraus ziehen?

Satz von Hamilton-Cayley:
Ist χ_A das charakteristische Polynom von $A \in K^{(n,n)}$, so gilt $\chi_A(A) = O$.
Folgerung: (i) H_A ist Teiler von χ_A (wegen $\chi_A \in J_A$, s.o.). (ii) Die Nullstellen von H_A sind Eigenwerte von A.
Anmerkung: Es gilt auch die Umkehrung von (ii) [3]; somit sind die Nullstellen von H_A genau diejenigen von χ_A (evtl. in anderer Vielfachheit), also die Eigenwerte von A.

Beispiele zum Minimalpolynom:

Bestimmen Sie charakteristisches Polynom und Minimalpolynom von

$$M = \begin{pmatrix} 0 & 0 & 0 \\ 1 & 0 & 0 \\ 1 & 0 & 0 \end{pmatrix} \quad \text{und} \quad A = \begin{pmatrix} -1 & 3 & 0 \\ 0 & 2 & 0 \\ 2 & 1 & -1 \end{pmatrix} \quad \text{für } K = \mathbb{R}.$$

---

[3] Wegen $A^m x_1 = \lambda^m x_1$ für jeden Eigenvektor x_1 zum Eigenwert λ gilt $0 = H_A(A)x_1 = H_A(\lambda)x_1$; daher ist $H_A(\lambda) = 0$.

Zu M: Es ist $\qquad \chi_M(X) = \begin{vmatrix} -X & 0 & 0 \\ 1 & -X & 0 \\ 1 & 0 & -X \end{vmatrix} = -X^3$, und $M^0 = E_3, M^1 = M$ sind

linear unabhängig, $M^0, M, M^2 = O$ linear abhängig; das Minimalpolynom hat daher Grad 2; wegen $M^2 - 0 \cdot M - 0 \cdot M^0 = O$ haben wir $H_M(X) = X^2 \ (\neq \chi_M(X))$.

Zu A: H_A muss alle Nullstellen von $\chi_A(X) = (-1 - X)^2(2 - X)$ enthalten; wegen $H_A | \chi_A$ kommen für H_A nur in Frage: $(X + 1)(X - 2)$ und $(X + 1)^2(X - 2)$. Aus $(A + E_3)(A - 2E_3) \neq O$ folgt $H_A = -\chi_A$.

Die lineare Abbildung $\mathfrak{s}$ von $\mathbb{R}^2$ in sich erfülle die Gleichung $\mathfrak{s}^2 = \mathrm{id} \neq \mathfrak{s}$ (ein solches $\mathfrak{s}$ heißt *Involution*). Welches Minimalpolynom kann $\mathfrak{s}$ haben? Beschreiben Sie die zwei möglichen Fälle!

Wegen $\mathfrak{s}^2 - \mathfrak{s}^0 = 0$ teilt $H_\mathfrak{s}$ das Polynom $X^2 - 1$; dieses hat die normierten Teiler $1, X - 1$, $X + 1, (X + 1)(X - 1)$. Dabei scheiden aus: 1 (annuliert nie) und $X - 1$ (wegen $\mathfrak{s} - \mathfrak{s}^0 \neq 0$ für $\mathfrak{s} \neq \mathrm{id}$). Es verbleiben die Fälle: i) $H_\mathfrak{s} = X + 1$ und ii) $H_\mathfrak{s} = (X + 1)(X - 1)$. Im Fall i) ist $\mathfrak{s}$ Punktspiegelung: $\mathfrak{s} + \mathrm{id} = 0$ g.d.w. $\mathfrak{s} = -\mathrm{id}$, also $\mathfrak{s}(v) = -v$; im Fall ii) besitzt $\mathfrak{s}$ die (verschiedenen) Eigenwerte $+1$ und -1, damit zwei linear unabhängige Eigenräume, wegen des Eigenwerts 1 unter anderem eine Fixpunktgerade; $\mathfrak{s}$ ist eine Schrägspiegelung (s. Beispiel (ii) der kanonischen Matrizen aus §1.2).

Die Matrix eines Endomorphismus eines endlich-dimensionalen Vektorraums ist nur bis auf Ähnlichkeit bestimmt. Von Interesse ist daher, unter welchen Bedingungen ein besonders einfacher Vertreter in der Ähnlichkeitsklasse existiert. Wir behandeln hier zunächst die Darstellung durch *Diagonalmatrizen*, dann die *Jordansche Normalform*. (Zur Diagonalisierbarkeit mit Nebenbedingungen s. §2.5, Seite 60: Hauptachsentransformation.)

Geben Sie äquivalente Bedingungen für die **Diagonalisierbarkeit** von Endomorphismen endlich-dimensionaler Vektorräume an (ohne Beweis)!

Für $f \in \mathrm{End}_K(V)$ mit $\dim_K V = n$ sind äquivalent:
(1) f lässt sich durch eine Diagonalmatrix darstellen, ist also *diagonalisierbar*.
(2) $M_B^B(f)$ ist zu einer Diagonalmatrix ähnlich (*diagonalähnlich*).
(3) V besitzt eine eine Basis aus Eigenvektoren von f (eine sogenannte *f-Eigenbasis*).
(4) χ_f zerfällt über K in Linearfaktoren und es gilt:

Die geometrische Vielfachheit jeden Eigenwerts ist gleich seiner algebraischen Vielfachheit,

also: $\chi_f = \prod\limits_{i=1}^{r}(\lambda_i - X)^{k_i}$ mit $\lambda_1, \dots, \lambda_r$ verschieden (d.h. k_i ist die "algebraische Vielfachheit" und $\dim V_{f,\lambda_i} = k_i [= n - \mathrm{Rang}(f - \lambda_i \, \mathrm{id})]$ (d.h. k_i ist die "geometrische Vielfachheit" von λ_i).

(5) Das Minimalpolynom H_f zerfällt in lauter verschiedene Linearfaktoren.
Anmerkung zum Beweis: (1) $\Longleftrightarrow$ (2) $\Longleftrightarrow$ (3) und (3) $\Longrightarrow$ (4) sowie (1) $\Longrightarrow$ (5) ist leicht einzusehen. Zur Implikation (5) $\Longrightarrow$ (1) s.u. Beim Beweis von (4) $\Longrightarrow$ (3) benützt man den *Hilfssatz*:

Sind $v_1, \dots, v_r$ Eigenvektoren von f zu <u>verschiedenen</u> Eigenwerten $\lambda_1, \dots, \lambda_r$, dann sind $v_1, \dots, v_r$ linear unabhängig. (Beweis durch vollständige Induktion).

Es ergibt sich $V = \bigoplus\limits_{i=1}^{r} V_{f,\lambda_i}$ aus $\dim \bigoplus\limits_{i=1}^{r} V_{f,\lambda_i} = \sum\limits_{i=1}^{r} k_i = \mathrm{grad}\,\chi_f = n$. Man wählt nun Basen von V_{f,λ_i} und bildet deren Vereinigung. $\qquad \square$

Gehen sie auf die Diagonalähnlichkeit reeller symmetrischer Matrizen ein!

Jede reelle symmetrische Matrix ist diagonalähnlich. Es gilt sogar:

Satz *Zu jeder reellen symmetrischen Matrix A gibt es eine orthogonale Matrix S* (s. S. 49) *derart, dass $S^{-1}AS$ eine Diagonalmatrix ist.*

Beweisidee: Ist B eine ON-Basis des euklidischen (s. Seite 44) Vektorraums (V, Φ) und f die lineare Abbildung mit $M_B^B(f) = A = A^T$; dann ist f **selbstadjungiert**, d.h. es gilt $\Phi(f(x), y) = \Phi(x, f(y))$. Für selbstadjungierte Endomorphismen f existiert, wie man zeigen kann, eine ON-Basis $C = (h_1, \ldots, h_n)$ aus Eigenvektoren von f mit Eigenwerten λ_i. Die Matrix $S = M_B^C(\mathrm{id})$ des Koordinatenwechsels ist orthogonal, und die f bzgl. C darstellende Matrix $\hat{A} = S^{-1}AS = S^TAS$ hat die Diagonalgestalt $\mathrm{Diag}(\lambda_1, \ldots, \lambda_n)$, da die h_i Eigenvektoren von f sind.

> a) Wie sieht die **Jordansche Normalform** der Matrixdarstellung eines Endomorphismus f eines endlich-dimensionalen Vektorraums aus ?
> b)** Unter welcher Bedingung lässt sie sich erreichen ?
> c)** Behandeln Sie das Beispiel $f \in \mathrm{End}_{\mathbb{R}}(\mathbb{R}^2)$ mit $f(e_1) = -e_1 + 2e_3$, $f(e_2) = 3e_1 + 2e_2 + e_3$ und $f(e_3) = -e_3$ bzgl. der kanonischen Basis $B = (e_1, e_2, e_3)$.

Sei f Endomorphismus des endlich-dimensionalen K-Vektorraums V.

a) f hat eine Matrixdarstellung von Jordanscher Normalform, wenn f bzgl. geeigneter Basis eine Matrix folender Gestalt besitzt:

$$M = \begin{pmatrix} A_1 & & O \\ & \ddots & \\ O & & A_s \end{pmatrix} \text{ mit "Blöcken" } A_i = \begin{pmatrix} B_{i1} & & O \\ & \ddots & \\ O & & B_{il_i} \end{pmatrix} \text{ aus } K^{(r_i, r_i)}, \text{ die zum Ei-}$$

genwert λ_i von f gehören, und "*Jordankästchen*" B_{ij} der Form $B_{ij} = \begin{pmatrix} \lambda_i & 1 & O \\ & \ddots & 1 \\ O & & \lambda_i \end{pmatrix}$.

b) Folgende Aussagen sind äquivalent:

(i) χ_f zerfällt in K, also $\chi_f = \prod\limits_{i=1}^{s} (\lambda_i - X)^{r_i}$, λ_i paarweise verschieden.

(ii) $V = \bigoplus\limits_{i=1}^{s} \mathrm{Kern}\,(f - \lambda_i\,\mathrm{id})^{r_i}$. Hierbei seien $\lambda_1, \ldots, \lambda_s$ die (paarweise verschiedenen) Eigenwerte von f und r_i ihre algebraische Vielfachheit.

(iii) f hat eine Matrixdarstellung der oben angegebenen Jordan-Form.

Anmerkungen: Diese Matrixdarstellung ist dann bis auf die Reihenfolge der Jordan-Kästchen eindeutig bestimmt. Es ist A_i Matrix der Einschränkung von f auf
$$\mathrm{Kern}\,(f - \lambda_i\,\mathrm{id}_V)^{n_i} = \mathrm{Kern}(f - \lambda_i\,\mathrm{id}_V)^{r_i} =: V(\lambda_i, r_i),$$
wobei n_i den Exponenten des Faktors $(X - \lambda_i)^{n_i}$ des Minimalpolynoms H_f von f bezeichnet. (Hieraus folgt auch die Diagonalisierbarkeit von f, wenn H_f nur einfache Linearfaktoren enthält); ferner gilt in den vorliegenden Fällen $\dim \mathrm{Kern}(f - \lambda_i\,\mathrm{id}_V)^{r_i} = r_i$. Ebenso wie $V(\lambda_i, r_i)$ sind auch die anderen Unterräume $V(\lambda_i, j) := \mathrm{Kern}\,(f - \lambda_i)^j$ für $j \in \{1, \ldots, r_i\}$ f-invariante Unterräume, und es gilt:
$$V_{f, \lambda_i} = V(\lambda_i, 1) \subseteq V(\lambda_i, 2) \subseteq \ldots \subseteq V(\lambda_i, n_i) = V(\lambda_i, r_i).$$
Jeder Vektor ungleich 0 aus $V(\lambda_i, j)$ heißt **Hauptvektor**. Äquivalent zu (i) bis (iii) ist auch:

(iv) V besitzt eine Basis bestehend aus Hauptvektoren von f.

c) *Beispiel:* Es gilt $\quad M_B^B(f) = \begin{pmatrix} -1 & 3 & 0 \\ 0 & 2 & 0 \\ 2 & 1 & -1 \end{pmatrix} =: A.$ Wie bei den Beispielen zum Minimal-

polynom bereits gesehen, ist H_f gleich $(X+1)^2(X-2)$. Daher ist f nicht diagonalisierbar.

Wegen $\quad (A+E_3) = \begin{pmatrix} 0 & 3 & 0 \\ 0 & 3 & 0 \\ 2 & 1 & 0 \end{pmatrix}\quad$ und $\quad (A+E_3)^2 = \begin{pmatrix} 0 & 9 & 0 \\ 0 & 9 & 0 \\ 0 & 9 & 0 \end{pmatrix}\quad$ ist

$V(-1,1) = \mathrm{Kern}(f+\mathrm{id}) = <\{e_3\}> \subseteq V(-1,2) := \mathrm{Kern}(f+\mathrm{id})^2 = <\{e_1,e_3\}>,$
ferner $V(2,1) = \mathrm{Kern}(f-2\,\mathrm{id}) = <\{e_1+e_2+e_3\}>$ und $V = V(-1,2) \oplus V(2,1)$ direkte
Summe f-invarianter Unterräume. Bezüglich der Basis $C = (2e_3, e_1, e_1+e_2+e_3)$ aus Hauptvek-

toren hat f die Matrix $\quad \begin{pmatrix} -1 & 1 & 0 \\ 0 & -1 & 0 \\ 0 & 0 & 2 \end{pmatrix}\quad$ in Jordanscher Normalform.

2.2 Skalarprodukt, Orthogonalität

Was versteht man unter einem Skalarprodukt Φ eines $\mathbb{K}$–Vektorraumes V (für $\mathbb{K} \in \{\mathbb{R},\mathbb{C}\}$) ?
Welche Koordinatendarstellung (bzgl. einer Basis) hat Φ im Fall $\dim_{\mathbb{K}} V = n < \infty$?

Unter einem Skalarprodukt auf V versteht man im Fall $\mathbb{K} = \mathbb{C}$ eine positiv definite hermitesche
Form bzw. im Fall $\mathbb{K} = \mathbb{R}$ eine positiv definite symmetrische Bilinearform. *Ausführlicher:*
a) Definition: **Semibilinearform** *(Sesquilinearform)*

$\Phi : V \times V \to \mathbb{K}$ heißt Semibilinearform (oder auch Sesquilinearform) zum Körperautomorphis-
mus σ von $\mathbb{K}$, wenn gilt
   (i) $\Phi(\,\cdot\,, y_0) : \mathbb{K} \to \mathbb{K}$ ist linear für jedes $y_0 \in V$; (dabei bedeutet $\Phi(\cdot, y_0)$ die Abbildung
   $V \to \mathbb{K}$ mit Zuordnung $x \mapsto \Phi(x, y_0)$).

   (ii) $\Phi(x_0, \cdot\,)$ ist additiv, und es gilt: $\Phi(x, ky) = \sigma(k)\Phi(x,y)$ für alle $x,y \in V$, $k \in \mathbb{K}$.

Eine **Bilinearform** ist eine Semibilinearform mit $\sigma = \mathrm{id}_{\mathbb{K}}$.
Beispiel: $V = \mathbb{K}^n$, $M \in \mathbb{K}^{(n,n)}$

$$\Phi((\xi_1,\dots,\xi_n),(\eta_1,\dots,\eta_n)) = (\xi_1,\dots,\xi_n) \cdot M \cdot \begin{pmatrix} \sigma(\eta_1) \\ \vdots \\ \sigma(\eta_n) \end{pmatrix} =: \vec{x}M\sigma(\vec{y})^T$$

Speziell (mit $M = E_n$ und $\sigma : x+iy \mapsto \overline{x+iy} = x-iy$): $\Phi(\vec{x},\vec{y}) = \sum\limits_{i=1}^{n} \xi_i\overline{\eta_i}$ (kanonisches Skalar-

produkt). Umgekehrt erhält man im Fall der Dimension n nach Auszeichnung einer Basis $B =$

$(b_1,\cdots,b_n)$ die Koordinatendarstellung $\quad \Phi(x,y) = (\xi_1,\cdots,\xi_n) \cdot M_B(\Phi) \cdot \begin{pmatrix} \sigma(\eta_1) \\ \vdots \\ \sigma(\eta_n) \end{pmatrix},$

wobei $\vec{x} = \begin{pmatrix} \xi_1 \\ \vdots \\ \xi_n \end{pmatrix} = M_B(x)$ und $\vec{y} = \begin{pmatrix} \eta_1 \\ \vdots \\ \eta_n \end{pmatrix} = M_B(y)\quad$ die Koordinatenvektoren von x

bzw. y sind sowie $M_B(\Phi) = (\gamma_{ij})_{i,j=1\cdots n}$ ist mit $\gamma_{ij} = \Phi(b_i, b_j)$ (**Fundamentalmatrix** von Φ).
Φ ist also schon durch die Wirkung auf die Vektoren einer Basis bestimmt.

Anmerkung: Im Fall $\dim_K V < \infty$ heißt Φ *nicht-ausgeartet*, wenn eine (und damit jede) Fundamentalmatrix von Φ regulär ist.

b) Ein **Skalarprodukt** auf V, d.h. eine positiv definite hermitesche Form (bzw. positiv definite symmetrische Bilinearform), ist eine Semibilinearform zum Automorphismus $\sigma : x \mapsto \bar{x}$ (im Fall $\mathbb{K} = \mathbb{R}$ damit $\sigma = id_{\mathbb{R}}$), für die zusätzlich für alle $x, y \in V$ gilt:

1. $\Phi(x, y) = \overline{\Phi(y, x)}$ (damit folgt $\Phi(x, x) \in \mathbb{R}$ und, für $\mathbb{K} = \mathbb{R}$, auch $\Phi(x, y) = \Phi(y, x)$)
2. $\Phi(x, x) > 0$ für $x \neq 0$ (Positive Definitheit) .

Ist Φ Skalarprodukt, so heißt (V, Φ) **Prähilbertraum**, und im Fall $\mathbb{K} = \mathbb{R}$ **euklidischer Vektorraum**, im Fall $\mathbb{K} = \mathbb{C}$ **unitärer Vektorraum**.

Anmerkung: Im Endlich-dimensionalen folgt für jede Fundamentalmatrix $M_B := M_B(\Phi)$ die Gleichung $M_B = \overline{M_B}^T$; außerdem ist M_B regulär, denn andernfalls gäbe es ein $\vec{x}$ mit $\vec{x}M_B = \vec{0}$, und damit wäre $\Phi(x, x) = 0$. (Es ist M_B sogar "positiv definit", d.h. die k-te Abschnittsdeterminante $\det(\gamma_{ij})_{i,j=1,\ldots,k}$ ist größer 0 für $k = 1, \ldots, n$; die Eigenwerte einer solchen Matrix sind stets reell und positiv.)

Geben Sie Beispiele für Prähilberträume an!

Beispiele von Prähilberträumen sind unter anderem:

a) $V = \mathbb{K}^n$ mit $\Phi((\xi_1, \ldots, \xi_n), (\eta_1, \ldots, \eta_n)) := \sum\limits_{i=1}^{n} \xi_i \overline{\eta_i}$ (s.o.)

b) $V = l_2 := \{ (x_i)_{i \in \mathbb{N}} \in \mathbb{C}^{\mathbb{N}} \mid \sum |x_i|^2 \text{ konvergent}\}$ und $\Phi((x_i)_{i \in \mathbb{N}}, (y_i)_{i \in \mathbb{N}}) := \sum\limits_{i=0}^{\infty} x_i \overline{y_i}$

(Hilbertscher Folgenraum, s.o.)

c) $V = \mathcal{C}[a, b]$ (für reelles Intervall $[a, b], a < b$), $K = \mathbb{R}$, mit $\Phi(f, g) := \int\limits_a^b f(t) g(t) \, dt$.

Anmerkung zum Beweis der Positiven Definitheit für dieses Φ : Ist $f \neq 0$, so $\exists x \in [a, b]$: $f(x) \neq 0$. Wegen der Stetigkeit von f existiert eine Umgebung $U_\varepsilon(x) : f^2(x) > 0$ für alle $x \in U_\varepsilon$. Es folgt $\Phi(f, f) = \int\limits_a^b f(t)^2 \, dt > 0$.

Wie werden in einem Prähilbertraum (V, Φ) folgende Begriffe aus Φ abgeleitet?
(i)   Norm eines Vektors $x \in V$
(ii) Abstand zweier Punkte des zugehörigen affinen Raumes
(iii) Winkelmaß zwischen zwei Vektoren (Leiten Sie daraus den Cosinussatz ab!)
(iv) Orthogonalität zweier Vektoren (Gehen Sie dabei auch auf den Satz des Pythagoras ein!)
(v)   Orthogonalraum zu einer Teilmenge M von V

(i) $||x|| := \sqrt{\Phi(x, x)}$ (**Norm** auf V)

Es folgen die definierenden Eigenschaften einer Norm, nämlich: $||x|| \geq 0$ sowie ($||x|| = 0 \Leftrightarrow x = 0$), ferner $||kx|| = |k| \, ||x||$ und $||x + y|| \leq ||x|| + ||y||$ für alle $x, y \in V, k \in \mathbb{K}$.

(ii) $d(x, y) := ||y - x||$ (**Abstand**)

Es folgen die Eigenschaften für einen Abstand, nämlich: $d(x,y) \geq 0$ und ßnewline $d(x,y) = 0 \Leftrightarrow x = y$ sowie die Dreiecksungleichung $d(x,y) + d(y,z) \geq d(x,z)$ für alle $x,y,z \in V$.

Anmerkung: Im Fall $\mathbb{R}^n$ mit kanonischem Skalarprodukt erhält man den **euklidischen**

Abstand $d((\xi_1, \ldots, \xi_n), (\eta_1, \ldots, \eta_n)) = \sqrt{\sum_{i=1}^{n} (\eta_i - \xi_i)^2}$.

(iii) $\sphericalangle (x,y) := \arccos \frac{\Phi(x,y)}{\|x\| \cdot \|y\|}$ für $x,y \neq 0$.

Anmerkung: Diese Definition ist möglich, da nach der *Cauchy-Schwarzschen* Ungleichung $\frac{|\Phi(x,y)|}{\|x\| \cdot \|y\|} \leq 1$ gilt. Es folgt analog zu den elementargeometrischen Verhältnissen $\Phi(x,y) = \|x\| \cdot \|y\| \cdot \cos \sphericalangle(x,y)$ und durch Ausmultiplizieren von $\Phi(x-y, x-y)$ der **Cosinussatz** (s. Abb. 2.2 a): $\|x-y\|^2 = \|x\|^2 + \|y\|^2 - 2\|x\| \, \|y\| \cos \sphericalangle(x,y)$.

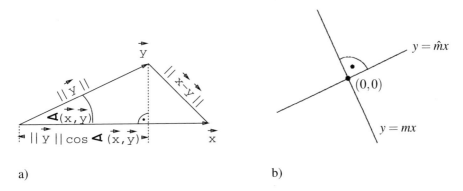

a)   b)

Abbildung 2.2: a) Zum Cosinussatz   b) Zur Gleichung $m \cdot \hat{m} = -1$

(iv) $x \perp y : \Longleftrightarrow \Phi(x,y) = 0$ (**Orthogonalität**) *Anmerkung:* Es folgt $\cos \sphericalangle(x,y) = 0$ für $x \perp y$ und der **Satz des Pythagoras** (als Spezialfall des Cosinussatzes): $\|x-y\|^2 = \|x\|^2 + \|y\|^2$.

(v) Für $\emptyset \neq M \subseteq V$ ist $M^\perp := \{x \in V \mid \Phi(x,a) = 0 \text{ für alle } a \in M\}$ definiert als der **Orthogonalraum** zu M; es ist $M^\perp$ stets Unterraum von V.

Beispiel: Sei $V = \mathbb{R}^2$ und Φ das kanonische Skalarprodukt. Für die Gerade $M = \mathbb{R}(1,m)$ durch $(0,0)$ mit Steigung $m \neq 0$ gilt: $M^\perp = \{(\xi,\eta) \mid 1\xi + m\eta = 0\} = \mathbb{R}(1, -\frac{1}{m})$ (wegen $\eta = -\frac{1}{m}\xi$). Daher ist $M^\perp$ eine Gerade durch den Nullpunkt mit der Steigung $\hat{m} = -1/m$. Dies stimmt mit der bekannten Formel $m \cdot \hat{m} = -1$ für die Steigungen orthogonaler Geraden überein (s. Abb. 2.2 b).

Beschreiben Sie für einen endlich-dimensionalen Prähilbertraum (V, Φ) Eigenschaften der Abbildung "$\perp$": $U \mapsto U^\perp$ der Menge $\mathcal{U}(V)$ der Unterräume von V in sich!

Es gilt für $U, U_1, U_2 \in \mathcal{U}(V)$ wegen der Endlichkeit von $\dim V$:

$$\begin{aligned} U_1 \leq U_2 \quad &\Longleftrightarrow \quad U_2^\perp \leq U_1^\perp \\ (U_1 + U_2)^\perp \quad &= \quad U_1^\perp \cap U_2^\perp \\ (U_1 \cap U_2)^\perp \quad &= \quad U_1^\perp + U_2^\perp \end{aligned}$$

Ferner ist $\perp$ bijektiv, da wegen der endlichen Dimension von V gilt $(U^\perp)^\perp = U$. Zusammenfassend sagt man: $\perp$ ist ein *Antiautomorphismus des Verbands* ($\mathcal{U}(V)$, $\leq$).
Schließlich gilt noch für jeden Unterraum U von V (siehe unten):

$$\dim_{\mathbb{K}} U^\perp = \dim_{\mathbb{K}} V - \dim_{\mathbb{K}} U.$$

Geben Sie eine Beweisskizze für die Existenz eines **orthogonalen Komplements** für jeden Unterraum U eines n-dimensionalen Prähilbertraums V an (für $n < \infty$)!

Behauptung: $V = U \oplus U^\perp$, d.h. $U^\perp$ ist orthogonales Komplement von U.
Beweisskizze: Es gilt $U \cap U^\perp = \{0\}$ (wegen $\Phi(u,u) \neq 0$ für $u \neq 0$), sowie

$$\dim U^\perp = \dim V - \dim U;$$

diese Gleichung erhält man wie folgt: $x \in U^\perp \iff \Phi(x,U) = 0 \iff \vec{x}^T M \vec{b_i} = 0$ $(i = 1, \ldots, m)$ für eine Basis $B = (b_1, \ldots, b_m)$ von U und eine Φ (bzgl. einer Basis von V) darstellende Matrix M. Da M regulär ist (s.o.) und daher $M\vec{b_1}, \ldots M\vec{b_m}$ linear unabhängig sind, ergibt sich für den Lösungsraum die Dimension $n - m$. □

Sei (V, Φ) ein Prähilbertraum endlicher Dimension. Unter welchen Bedingungen ist die Fundamentalmatrix M bzgl. einer Basis $B = (b_1, \ldots, b_n)$ die Einheitsmatrix?

Wegen $M = (\Phi(b_i, b_j))_{i,j=1,\ldots,n}$ ist $M = E_n$ genau dann, wenn $\Phi(b_i, b_j) = \delta_{ij}$ gilt; (zur Erinnerung: $\delta_{ij} := 0$ für $i \neq j$ und $\delta_{ii} := 1$); in diesem Fall ist B **Orthonormalbasis** (ONB), d. h. es ist $\| b_i \| = 1$ und $b_i \perp b_j$ für $i, j = 1, \ldots, n$, $i \neq j$.
Anmerkung: Bezüglich einer ONB hat das Skalarprodukt die Form

$$\Phi(x,y) = \sum_{i=1}^n \xi_i \overline{\eta_i} \quad (\text{mit } x = \sum_{i=1}^n \xi_i b_i \text{ und } y = \sum_{j=1}^n \eta_i b_i) .$$

Beschreiben Sie das **Gram-Schmidtsche Orthonormalisierungsverfahren**! Interpretieren Sie dabei auch anschaulich den Term $\sum_{i=1}^j \Phi(a_{j+1}, e_i) e_i$!

Gegeben sei eine (endliche oder abzählbare) Familie $(a_i)_{i \in \mathfrak{I}}$ linear unabhängiger Vektoren von V. Dann existiert ein Φ–Orthonormalsystem $(e_i)_{i \in \mathfrak{I}}$ mit $< e_1, \ldots, e_j > = < a_1, \ldots, a_j >$ für alle $j \in \mathfrak{I}$. Dabei lassen sich die Vektoren e_i wie folgt rekursiv bestimmen: $e_1 := \frac{1}{\|a_1\|} a_1$ und, nach der Konstruktion von $e_1, \ldots, e_j$, falls $j + 1 \in \mathfrak{I}$,

$$e_{j+1} := \frac{1}{\|b_{j+1}\|} b_{j+1} \text{ für } b_{j+1} := a_{j+1} - \sum_{i=1}^j \Phi(a_{j+1}, e_i) e_i.$$

Beweis durch vollständige Induktion …

Der Term $\sum_{i=1}^j \Phi(a_{j+1}, e_i) e_i := c_{j+1}$ ist dabei gerade das Bild der Orthogonalprojektion p von a_{j+1} auf $< e_1, \ldots, e_j >$. Denn hat a_{j+1} bzgl. der Orthonormalbasis $(e_1, \ldots, e_{j+1})$ von $< a_1, \ldots, a_{j+1} >$ die Darstellung $a_{j+1} = p(a_{j+1}) + \mu e_{j+1} = \sum_{i=1}^j \lambda_i e_i + \mu e_{j+1}$, so folgt mit $\Phi(a_{j+1}, e_k) =$

$\sum_{i=1}^j \lambda_i \Phi(e_i, e_k) + 0 = \lambda_k$ für k aus $\{1, \ldots, j\}$ auch $p(a_{j+1}) = \sum_{i=1}^j \Phi(a_{j+1}, e_i) e_i.$

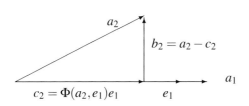
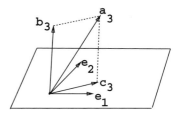

Abbildung 2.3: Orthogonalprojektion auf $< \{e_1\} >$ bzw. $< \{e_1, e_2\} >$

Die Bilder 2.3 sollen die Verhältnisse im Fall $j = 1$ bzw. $j = 2$ verdeutlichen.

Beispiel: Gegeben seien $V = \mathbb{R}^2$ mit $\Phi(\vec{x}, \vec{y}) = (\xi_1 \xi_2) \begin{pmatrix} 4 & -2 \\ -2 & 3 \end{pmatrix} \begin{pmatrix} \eta_1 \\ \eta_2 \end{pmatrix}$.

(Φ ist positiv definit wegen $\Phi(\vec{x}, \vec{x}) = 4\xi_1^2 - 4\xi_1\xi_2 + 3\xi_2^2 = (2\xi_1 - \xi_2)^2 + 2\xi_2^2$). Ferner sei $\vec{a}_1 = (1,0)$ und $\vec{a}_2 = (1,1)$. (Die Vektoren $\vec{a}_1, \vec{a}_2$ sind linear unabhängig). Das Verfahren liefert:

$$\vec{e}_1 = \frac{\vec{a}_1}{\| \vec{a}_1 \|} = \Phi(\vec{a}_1, \vec{a}_1)^{-\frac{1}{2}} \cdot \vec{a}_1 = \frac{1}{\sqrt{4}}(1,0) = (\frac{1}{2}, 0)$$

$$\vec{b}_2 = \vec{a}_2 - \Phi(\vec{a}_2, \vec{e}_1)\vec{e}_1 = (1,1) - (1,1) \begin{pmatrix} 4 & -2 \\ -2 & 3 \end{pmatrix} \begin{pmatrix} \frac{1}{2} \\ 0 \end{pmatrix} \cdot (\frac{1}{2}, 0)$$

$$= (1,1) - 1 \cdot (\frac{1}{2}, 0) = (\frac{1}{2}, 1)$$

$$\vec{e}_2 = \left(\sqrt{\Phi(\vec{b}_2, \vec{b}_2)}\right)^{-1} \cdot \vec{b}_2 = \frac{1}{\sqrt{2}} \cdot \vec{b}_2 = (\frac{1}{2\sqrt{2}}, \frac{1}{\sqrt{2}})$$

Anmerkung: Sei $\mathcal{P}(\mathbb{R})$ der Raum der reellen Polynomabbildungen auf $[-1,1]$ mit Skalarprodukt $\Phi(f,g) := \int\limits_{-1}^{1} f(t)g(t)\,\mathrm{d}t$. Aus $(\mathrm{id}_{[-1,1]}{}^m)_{m \in \mathbb{N}}$ erhält man durch das Gram-Schmidtsche Verfahren als Orthonormalbasis die Familie der sogenannten Legendre-Polynome L_n. (Wie sehen L_0, L_1, L_2 aus?)

> Was versteht man in einem Prähilbertraum unter einer **Bestapproximation** eines Vektors a durch ein Element eines endlich-dimensionalen Unterraums U ? Beweisen Sie, dass die Ortho-gonalprojektion von a auf U diese Eigenschaft hat!

Der Vektor $u_0 \in U$ heißt Bestapproximation von $a \in V$ durch ein Element von U, wenn u_0 ein Element minimalen Abstandes von a (unter allen Elementen von U) ist, also gilt

$$d(a, u_0) = \min_{u \in U} d(a, u).$$

Die Orthogonalprojektion von a auf U hat diese Eigenschaft:
$$d(a,u)^2 = \| a - u \|^2 = \Phi(a - u, a - u) = \Phi(a - p(a) + p(a) - u, a - p(a) + p(a) - u)$$
$$= \| a - p(a) \|^2 + \| p(a) - u \|^2 + \Phi(a - p(a), p(a) - u) + \Phi(p(a) - u, a - p(a))$$

Nun ist $p(a) - u \in U$ und $a - p(a) \in U^\perp$ (wegen $a \in p(a) + U^\perp$), so dass die beiden letzten Terme 0 sind. Folglich gilt: $d(a,u)^2 = d(a,p(a))^2 + d(p(a),u)^2$. Wegen $d(p(a),u) > 0$ für $u \neq p(a)$ folgt: $d(a,u)$ ist minimal genau für $u = p(a)$. Die Orthogonalprojektion ist daher sogar das einzige Element von U mit minimalem Abstand. $\square$

Beispiele:

1.) Für den $\mathbb{R}-$VR , $V = C([-1,1],\mathbb{R})$ mit Skalarprodukt $\Phi(f,g) := \int\limits_{-1}^{1} f(t)g(t)\,dt$ sowie $U :=$ $\{g \mid g(x) = a_0 + a_1x + a_2x^2 + a_3x^3\}$ sei $f_1 : [-1,1] \to \mathbb{R}$ mit $f_1(x) = |x|$ zu approximieren. Man kann zeigen, dass für die Orthogonalprojektion p auf U gilt: $p(f_1) : x \mapsto \frac{3}{16} + \frac{15}{16}x^2$. Diese Polynomabbildung ist unter allen Polynomabbildungen g vom Grad ≤ 3 diejenige, für die $\sqrt{\int\limits_{-1}^{1} [f_1(t) - g(t)]^2\,dt}$ minimal ist.

2.) *Approximation durch eine trigonometrische Summe:*

Sei $\mathbb{K} = \mathbb{R}$, $V = C([-\pi,\pi],\mathbb{R})$, $\Phi(f,g) := \int\limits_{-\pi}^{\pi} f(t)g(t)\,dt$ sowie

$U_n = \{t \in V \mid t(x) = \alpha_0/2 + \sum\limits_{k=1}^{n} (\alpha_k \cos kx + \beta_k \sin kx)\}$ für festes $n \in \mathbb{N} \setminus \{0\}$.

Die Funktionen $h_0, h_1, h_{-1}, \ldots, h_n, h_{-n} \in V$ mit

$$h_0(x) = \frac{1}{\sqrt{2\pi}} \text{ (konstant)} , \quad h_k(x) = \frac{1}{\sqrt{2\pi}} \cos(kx) \text{ und } h_{-k}(x) = \frac{1}{\sqrt{2\pi}} \sin kx$$

bilden ein ONS in (V,Φ). Die Bestapproximation einer Funktion $f \in V$ bzgl. Φ (sogenannte Approximation im quadratischen Mittel) ist dann gegeben durch die Funktion

$$S_n := \sum\limits_{k=-n}^{n} \gamma_k h_k \text{ mit } \gamma_k = \int\limits_{-\pi}^{\pi} f(t)h_k(t)\,dt,$$

den sogenannten "**Fourierkoeffizienten**" (s. auch "Fourierreihe" auf Seite 82).

2.3   Isometrien

Seien (V,Φ) und (W,Ψ) reelle (bzw. komplexe) Vektorräume mit Skalarprodukt (s. Seite 44), also euklidische (bzw. unitäre) Vektorräume (Prähilberträume) .

Definieren Sie, was unter einer **linearen Isometrie** $f : V \to W$ zu verstehen ist, und geben Sie einige Bedingungen an, die zur definierenden Eigenschaft äquivalent sind.

Sei $f : V \to W$ eine lineare Abbildung. Dann heißt f *lineare Isometrie*, wenn gilt:

(1) f ist *abstandstreu*, d.h. verträglich mit den von Φ bzw. Ψ induzierten Metriken d_Φ und d_Ψ:
$$\forall x, y \in V : \quad d_\Psi(f(x),f(y)) = d_\Phi(x,y).$$

Zu (1) äquivalent sind die folgenden Aussagen:

(2) f ist *mit den Skalarprodukten Φ und Ψ verträglich* (SKP-Homomorphismus):
$$\forall x, y \in V : \quad \Psi(f(x),f(y)) = \Phi(x,y).$$

(3) f bildet jedes Φ-Orthonormalsystem auf ein Ψ-Orthonormalsystem ab.

(4) f ist *längentreu*, d.h. $\forall x \in V:\quad \|f(x)\|_\Psi = \|x\|_\Phi$.

(5) f bildet Vektoren der Länge 1 von (V,Φ) auf solche der Länge 1 von (W,Ψ) ab.

Hinweis zum Beweis: Man beachte den folgenden Zusammenhang zwischen Skalarprodukt und Metrik: $d_\Phi(x,-y)^2 - d_\Phi(x,y)^2 + i \cdot d_\Phi(x,-iy)^2 - i \cdot d_\Phi(x,iy)^2 = 4\Phi(x,y)$ im Fall $K = \mathbb{C}$ und $d_\Phi(x,-y)^2 - d_\Phi(x,y)^2 = 4\Phi(x,y)$ im Fall $\mathbb{K} = \mathbb{R}$. (Dies erhält man durch definitionsgemäßes Einsetzen und Ausrechnen.) Damit ist nicht nur d_Φ durch Φ vermöge

$$d_\Phi(x,y) = \sqrt{\Phi(x-y, x-y)} = \|x-y\|_\Phi$$

bestimmt, sondern auch umgekehrt Φ durch d_Φ. Entspechendes gilt für Ψ und d_Ψ. (Alternativ kann man im reellen Fall benutzen:$\Phi(x+y, x+y) = \Phi(x,x) + 2\Phi(x,y) + \Phi(y,y)$.) Schließlich verwendet man noch $x = \|x\| \cdot \frac{x}{\|x\|}$ mit Einheitsvektor $\frac{x}{\|x\|}$. $\square$

Anmerkungen: (i) Man kann zeigen, dass für reelle normierte Vektorräume V und W jede surjektive Isometrie $f : V \to W$ mit $f(0) = 0$ notwendigerweise linear ist (Satz von Ulam und Mazur).
(ii) Lineare Isometrien sind injektiv. (Beweis?)
(iii) Die Menge der bijektiven linearen Isometrien eines Prähilbertraums (V,Φ) auf sich bildet eine Untergruppe U von $(\mathrm{GL}(V), \circ)$, der Gruppe aller linearen Abbildungen von V auf sich. U heißt **orthogonale Gruppe** $O(V,\Phi)$ im Fall $K = \mathbb{R}$ bzw. **unitäre Gruppe** $U(V,\Phi)$ im Fall $K = \mathbb{C}$. Die Elemente von U, also die surjektiven Isometrien von V auf sich, heißen auch *unitäre* bzw. *orthogonale* (oder *euklidische*) Transformationen.

Welche Eigenschaften haben die Matrizen, die eine Isometrie f eines n-dimensionalen Prähilbertraums (V,Φ) auf sich bzgl. geeigneter Basis darstellen ?

Tabelle 2.1: Typen einiger Matrizen im Zusammenhang mit Prähilberträumen:

	unitärer Raum	euklidischer Raum
Fundamentalmatrix des Skalarprodukts	A hermitesch, also $A \in \mathbb{C}^{(n,n)}$ mit $A = \bar{A}^T$	A symmetrisch, also $A \in \mathbb{R}^{(n,n)}$ mit $A = A^T$
Darstellende Marix einer Isometrie bzgl. ONB	A unitär, d.h. $A \in \mathbb{C}^{(n,n)}$ mit $A^{-1} = \bar{A}^T$	A orthogonal, d.h. $A \in \mathbb{R}^{(n,n)}$ mit $A^{-1} = A^T$

Sind B und C *Orthonormal–* Basen von (V,Φ) und $A := M_C^B(f) \in \mathbb{K}^{(n,n)}$, so gilt:
$$f \text{ Isometrie} \iff A^T \bar{A} = E_n.$$
Ein solches A heißt unitär bzw. orthogonal (s. Tabelle 2.1, vgl. auch Tabelle 1.1).

Beweisskizze: Bzgl. Orthonormalbasen sind die Fundamentalmatrizen von (V,Φ) gerade Einheitsmatrizen. Daher gilt:

$$\begin{aligned} \forall x,y \in V: \quad & \Phi(f(x), f(y)) & = & \quad \Phi(x,y) \\ \iff \quad \forall \mathbf{x}, \mathbf{y} \in \mathbb{K}^{(n,1)}: \quad & (A\mathbf{x})^T \cdot E_n \overline{(A\mathbf{y})} & = & \quad \mathbf{x}^T \cdot E_n \cdot \bar{\mathbf{y}} \\ \iff \quad \forall \mathbf{x}, \mathbf{y} \in \mathbb{K}^{(n,1)}: \quad & \mathbf{x}^T A^T \bar{A} \bar{\mathbf{y}} & = & \quad \mathbf{x}^T \bar{\mathbf{y}} \, . \end{aligned}$$

Die Gleichheit der Einträge in Zeile i und Spalte j folgt mit Hilfe der Wahl $\mathbf{x} = \mathbf{e}_i$ und $\mathbf{y} = \mathbf{e}_j$. $\square$

Welchen Wert hat die Determinante einer linearen Isometrie f eines endlich-dimensionalen Prähilbertraums auf sich, welche Eigenschaft haben die Eigenwerte von f ?

(a) Es gilt $|\det f| = 1$ wegen $1 = \det(A^T \bar{A}) = \det A \cdot \overline{\det A} = |\det A|^2$.

(b) Jeder Eigenwert von f hat Betrag 1 ; dies folgt mit der Längentreue von f aus $\|v\| = \|f(v)\| = \|\lambda v\| = |\lambda| \|v\|$ für einen zu λ gehörenden Eigenvektor v.   □

Bestimmen Sie die **orthogonalen Automorphismen** der euklidischen Vektorräume $\mathbb{R}^2$ und $\mathbb{R}^3$!

(i) Sei $A = \begin{pmatrix} \alpha & \gamma \\ \beta & \delta \end{pmatrix}$ Matrix eines orthogonalen Automorphismus f von $\mathbb{R}^2$ bzgl. einer Orthonormalbasis. Die Spalten von A bilden wegen $A^T A = E_n$ ein Orthonormalsystem (bzgl. des kanonischen Skalarprodukts). Also gilt $\left\| \begin{pmatrix} \alpha \\ \beta \end{pmatrix} \right\| = 1 = \left\| \begin{pmatrix} \gamma \\ \delta \end{pmatrix} \right\|$ und $\begin{pmatrix} \alpha \\ \beta \end{pmatrix} \perp \begin{pmatrix} \gamma \\ \delta \end{pmatrix}$. Der Orthogonalraum von $\begin{pmatrix} \alpha \\ \beta \end{pmatrix}$ ist 1-dimensional, also von $\begin{pmatrix} -\beta \\ \alpha \end{pmatrix}$ erzeugt. Es folgt daher insgesamt: $\begin{pmatrix} \gamma \\ \delta \end{pmatrix}$ ist aus $\left\{ \begin{pmatrix} -\beta \\ \alpha \end{pmatrix}, \begin{pmatrix} \beta \\ -\alpha \end{pmatrix} \right\}$ und $\alpha^2 + \beta^2 = 1$. Aufgrund der letzten Gleichung garantieren Eigenschaften der trigonometrischen Funktionen die Existenz eines (Winkels vom Maß) $\varphi \in [0, 2\pi)$ mit $\alpha = \cos \varphi$ und $\beta = \sin \varphi$. Es ergeben sich damit die beiden folgenden Fälle:

1. Fall: $\det A = +1$ (**gleichsinnige** oder **eigentliche Bewegung**)

$A = A_1 = \begin{pmatrix} \cos \varphi & -\sin \varphi \\ \sin \varphi & \cos \varphi \end{pmatrix}$. Es handelt sich also bei f um eine **Drehung** um den Nullpunkt um einen Winkel vom Maß φ, im Spezialfall $\varphi = \pi$ um eine **Punktspiegelung**.

2. Fall: $\det A = -1$ (**gegensinnige Bewegung**)

$A_2 = \begin{pmatrix} \cos \varphi & \sin \varphi \\ \sin \varphi & -\cos \varphi \end{pmatrix}$. Diese Matrix hat Eigenwerte $\lambda_1 = 1$ und $\lambda_2 = -1$. (Beweis durch Nachrechnen von $\det(A_2 \pm E_2) = 0$). Der Eigenraum V_1 zu $\lambda_1 = 1$ ist Fixpunktgerade, der Eigenraum zu $\lambda_1 = -1$ als einzige weitere Fixgerade senkrecht zu V_1. Es handelt sich also um eine **Achsenspiegelung** an einer Nullpunktgeraden, bzgl. geeigneter Basis mit Matrix $A_3 = \begin{pmatrix} -1 & 0 \\ 0 & 1 \end{pmatrix}$.

Umgekehrt sind die erwähnten Abbildungen Isometrien. *Ergebnis: Genau die Spiegelungen und Drehungen mit Fixpunkt 0 sind die orthogonalen Automorphismen von* $\mathbb{R}^2$.

(ii) Sei f orthogonaler Automorphismus von $\mathbb{R}^3$; als reelles Polynom ungeraden Grades hat χ_f mindestens eine Nullstelle, damit f mindestens einen Eigenwert λ_3 mit zugehörigem (normierten) Eigenvektor $\mathbf{e}_3$. Der (2-dimensionale) Orthogonalraum $W = \mathbf{e}_3^\perp$ ist wie $< \mathbf{e}_3 >$ unter f invariant. $f|_W$ ist orthogonaler Automorphismus von W und damit Spiegelung oder Drehung in W (s.o.). Es gibt daher eine Basis $(\mathbf{e}_1, \mathbf{e}_2)$ von W, bzgl. der $f|_W$ durch eine Matrix $A \in \{A_1, A_3\}$ dargestellt werden kann. Im Fall $A = A_3$ kann o.B.d.A.[4] $\lambda_3 = 1$ gewählt werden; ist $A = A_1$, so folgt (s.o.) $\lambda_3 = 1$ oder $\lambda_3 = -1$. Auf jeden Fall gibt es also eine Basis $(\mathbf{e}_1, \mathbf{e}_2, \mathbf{e}_3)$ von $\mathbb{R}^3$, bezüglich der f durch eine der folgenden Matrizen dargestellt werden kann:

$$\left(\begin{array}{cc|c} \cos \varphi & -\sin \varphi & 0 \\ \sin \varphi & \cos \varphi & 0 \\ \hline 0 & 0 & 1 \end{array} \right), \quad \left(\begin{array}{cc|c} \cos \varphi & -\sin \varphi & 0 \\ \sin \varphi & \cos \varphi & 0 \\ \hline 0 & 0 & -1 \end{array} \right), \quad \left(\begin{array}{c|c|c} -1 & 0 & 0 \\ \hline 0 & 1 & 0 \\ \hline 0 & 0 & 1 \end{array} \right).$$

---

[4]Es existiert dann insgesamt ein Eigenwert $+1$, der von vornherein als λ_3 gewählt werden kann.

Die erste Matrix beschreibt eine *Drehung* um die Achse $e_3\mathbb{R}$ um einen Winkel vom Maß φ (vgl. Abb. 2.1 mit $a = e_3\mathbb{R}$ die zweite eine *Drehspiegelung* – dies ist eine Ebenenspiegelung, verknüpft mit einer Drehung um eine zur Spiegelungsachse orthogonalen Geraden –, die dritte eine reine *Achsenspiegelung* an der Ebene $< \{e_2, e_3\} >$. Die *Punktspiegelung* am Nullpunkt ist eine spezielle Drehspiegelung ($\varphi = \pi$). Umgekehrt sind diese Abbildungen Isometrien.

Die orthogonalen Automorphismen von $\mathbb{R}^3$ sind also genau die Drehungen und die Drehspiegelungen (einschließlich Punkt- und Ebenenspiegelungen) mit Fixpunkt 0.

2.4 Dualraum

Was versteht man unter einer **Linearform** eines Vektorraums V, und wie sieht eine Koordinatendarstellung einer solchen Abbildung im Fall $\dim V < \infty$ aus? Geben Sie einige Beispiele von Linearformen an!

(i) Eine *Linearform*, auch *lineares Funktional* genannt, ist eine lineare Abbildung f von V in K (als K-Vektorraum), also ein Element von $\mathrm{Hom}_K(V, K) =: V^*$, dem *Dualraum* von V.

(ii) Ist $B = (b_1, \ldots, b_n)$ Basis von V, und wählt man $C = \{1\}$ als Basis von K, so ist

$$M_C^B(f) = (f(b_1), \ldots, f(b_n)) \in K^{(1,n)} \quad \text{und} \quad f(\sum_{i=1}^n \xi_i b_i) = (f(b_1) \ldots f(b_n)) \begin{pmatrix} \xi_1 \\ \vdots \\ \xi_n \end{pmatrix}.$$

(iii) *Beispiele:*

1. Ist $V \cong K^n$ und $(\alpha_1 \ldots \alpha_n) \in K^n$, so wird (umgekehrt zu (ii)) eine Linearform auf V definiert durch:

$$f(\mathbf{x}) = \sum_{i=1}^n \alpha_i \xi_i \quad \text{für} \quad M_B(\mathbf{x}) = \begin{pmatrix} \xi_1 \\ \vdots \\ \xi_n \end{pmatrix}$$

2. Sei Φ Skalarprodukt auf einem $\mathbb{K}-$ Vektorraum V (wie in §2.2 definiert) und $\mathbf{y}_0$ aus V fest. Dann ist $\Phi(\cdot, \mathbf{y}_0) : V \to K$ mit $\mathbf{x} \mapsto \Phi(\mathbf{x}, \mathbf{y}_0)$ eine Linearform auf V.

Anmerkung: Ist V endlich-dimensionaler $K-$ Vektorraum und Φ nicht-ausgeartete Semibilinearform, so lässt sich jede Linearform f von V mittels Φ darstellen, d.h. es existiert ein $\mathbf{y}_0 \in V$ mit $f = \Phi(\cdot, \mathbf{y}_0)$. (Beweis ?)

3. Für $V = C[0,1]$ definiert $f \mapsto \int_0^1 f(t)\, \mathrm{d}t$ eine Linearform. (Begründung?)

4. Die Abbildung $\lim_{n \to \infty}$ ist eine Linearform auf dem Vektorraum der konvergenten reellen Zahlenfolgen. ($\to$ Additionssatz, Homogenität).

5. Auf dem $\mathbb{R}-$VR der reellwertigen Zufallsvariablen eines endlichen Wahrscheinlichkeitsraumes $(\Omega, \mathfrak{P}(\Omega), p)$ (s. §5.2), also auf $\mathrm{Abb}(\Omega, \mathbb{R})$, ist der Erwartungswert E eine Linearform. (Zur Erinnerung: $E(X) = \sum_{\omega \in \Omega} p(\omega) X(\omega)$, s. Kap. 5 !).

Gehen Sie ganz kurz auf die Bedeutung der Linearformen ein!

1. Wie eben gesehen, ist die durch ein Skalarprodukt Φ gegebene Abbildung $\Phi(\cdot, \mathbf{y}_0)$ eine Linearform. Die Rolle dieser Funktionen können bei Vektorräumen über beliebigen Körpern oft durch Linearformen übernommen werden. Auch die Orthogonalität von Unterräumen hat ihre Entsprechung in V^*. In Vektorräumen ohne Skalarprodukt kann man dessen Fehlen oft mittels einer nicht notwendig positiv definiten Abbildung, z. Bsp. $\Phi(\mathbf{x},\mathbf{y}) := \sum_{i=1}^{n} \xi_i \eta_i$, ausgleichen, deren Eigenschaften man dann durch Betrachten der Linearformen $\Phi(\cdot,\mathbf{y})$ bzw. $\Phi(\mathbf{x},\cdot)$ erhält.

2. Viele der in der (Funktional-)Analysis betrachteten stetigen Abbildungen (Operatoren) sind Linearformen. Man kann zeigen, dass sich jeder endlich-dimensionale Operator $L : E \to F$ durch $L(\mathbf{x}) = \sum_{v=1}^{n} f_v(\mathbf{x})\mathbf{y}_v$ mit Linearformen $f_1,\ldots,f_n$ und Basis $\{\mathbf{y}_1,\ldots,\mathbf{y}_n\}$ von L(E) darstellen lässt.

3. Linearformen und Dualraum gestatten es, "Dualitäten" genauer zu beschreiben, z. Bsp. die Dualität von Punkten und Hyperebenen in der Projektiven Geometrie. Mit einer Aussage, die für den Unterraumverband (projektive Geometrie, s.u.) $\mathfrak{U}(V)$ eines jeden $n+1$-dimensionalen Vektorraums V gilt, folgt auch die duale Aussage (als Aussage über $\mathfrak{U}(V^*)$ ($\to$ Dualitätsprinzip).

Sei V ein K-Vektorraum mit Basis B und $V^* = \mathrm{Hom}_K(V,K)$ der Dualraum von V. Begründen Sie die Aussage $V^* \cong K^B = \mathrm{Abb}(B,K)$ durch Betrachtung der Zuordnung $f \mapsto (f(b))_{b\in B}$.

Die Abbildung $\varphi : V^* \to K^B$ mit $f \mapsto (f(b))_{b\in B}$ ist eine Bijektion: Nach dem Satz über die Existenz und Eindeutigkeit der linearen Fortsetzung (Fortsetzungssatz s.§1.4) ist f durch $(f(b))_{b\in B}$ eindeutig bestimmt und jedes Element aus K^B Bild unter φ. Die Linearität von φ folgt durch Nachrechnen:
$$\varphi(f+g) = ((f+g)(b))_{b\in B} = (f(b)+g(b))_{b\in B} = (f(b))_{b\in B} + (g(b))_{b\in B} = \varphi(f)+\varphi(g) \quad \text{und}$$
$$\varphi(\lambda f) = ((\lambda f)(b))_{b\in B} = (\lambda f(b))_{b\in B} = \lambda(f(b))_{b\in B} = \lambda\varphi(f). \qquad \square$$

Anmerkung ** Ist $\dim_K V = n < \infty$, so $V^* \cong K^n$ und damit $\dim_K V^* = \dim_K V$. Ist V endlich-dimensional, so ist also V zu V^* isomorph, damit auch V isomorph zum *Bidualraum*, d.h. dem Dualraum von V^*. Im Gegensatz zum Isomorphismus φ ist $j : V \to V^{**}$, definiert durch $j(v) : V^* \to K$ mit $f \mapsto f(v)$ von der Basis unabhängig, sodass man V mit V^{**} identifizieren kann: $v(f) := f(v)$. Ohne die Beschränkung von V auf endliche Dimensionen ist j i.a. nur ein Monomorphismus, d.h. injektiv und linear.

Beschreiben Sie die zu einer Basis B eines endlich-dimensionalen K-Vektorraums V **duale Basis** von V^*!

Ist $B = \{b_1,\ldots,b_n\}$, so definiert man b_i^* als lineare Fortsetzung von $b_i^*(b_j) := \delta_{ij}$. Damit ist $B^* = \{b_1^*,\ldots,b_n^*\}$ eine Basis von V^* (s. Aufgabe L89). Ferner sieht man $f = \sum_{i=1}^{n} f(b_i)b_i^*$ für jede Linearform f durch Anwendung auf b_j und Nachrechnen ein. $\qquad \square$

Anmerkung: Im unendlich-dimensionalen Fall existiert das analog definierte B^* und ist linear unabhängig, aber keine Basis mehr: f mit $f(b_i) = 1$ für alle i ist nicht als endliche Linearkombination von B^* darstellbar.

Definieren Sie, was unter dem zu einer Teilmenge A von V **orthogonalen Raum** $A^\perp$ in V^* zu verstehen ist. Welche Struktur hat $A^\perp$?

Definition: $A^\perp := \{f \in V^* | f(a) = 0 \text{ für alle } a \in A\}$ (manchmal auch mit A° bezeichnet) heißt der zu A *orthogonale Raum* in V^*. Durch Anwenden der Definition der Verknüpfungen auf V^* und Nachrechnen sieht man, dass $A^\perp$ Unterraum von V^* ist. (Zur Dimension s. u.).

Anmerkungen: 1.) Identifiziert man die zur Linearform $f : \mathbb{R}^3 \to \mathbb{R}$ mit $(\xi_1, \xi_2, \xi_3) \mapsto \sum_{i=1}^{3} \lambda_i \xi_i$
gehörende Matrix $A_f = (\lambda_1, \lambda_2, \lambda_3)$ mit dem entsprechenden Vektor aus $\mathbb{R}^3$, so ist $f \in \{v\}^\perp$ (für
$v \in \mathbb{R}^3$) genau dann, wenn $A_f \perp v$ im elementar-geometrischen Sinne gilt. Wir haben es hier also
mit einer Verallgemeinerung des Orthogonalitätsbegriffs zu tun (s. auch unten).
2.) Ist $F^* \subseteq V^*$, so definiert man $F_\perp^* = \{v \in V | f(v) = 0$ für alle $f \in F^*\}$; $F_\perp^*$ ist Unterraum
von V und darf i.a. nicht mit $(F^*)^\perp$, einem Unterraum von V^{**}, verwechselt werden. Ist jedoch
V endlich-dimensional, so gehen bei der oben beschriebenen Identifizierung von V mit V^{**} die
beiden Räume $(F^*)^\perp$ und $(F^*)_\perp$ ineinander über. Im Folgenden werden wir sie daher nicht im
Schriftbild unterscheiden.

Geben Sie für einen endlich-dimensionalen Vektorraum V mit Unterraum U Eigenschaften von
$U^\perp$ an!

(i) Wie schon erwähnt, ist $U^\perp$ Unterraum von V^*. Für seine Dimension gilt
$$\dim_K U^\perp = \mathrm{codim}_V U = \dim_K V - \dim_K U .$$
Dies folgt aus der Tatsache, dass $\{v_1^*, \ldots, v_{n-k}^*\}$ Basis von $U^\perp$ ist, wenn $\{v_1, \ldots, v_{n-k}\}$ eine Basis
von U zu einer solchen von V ergänzt, oder auch aus der Beziehung $U^\perp \cong (V/U)^*$.
(ii) Nach Identifizierung von V mit V^{**} gilt (im Endlich-dimensionalen!): $(U^\perp)^\perp = U$.
(iii) Bezeichnet $\mathfrak{U}(V)$ den Unterraumverband von V, so ist die Abbildung $\perp : \mathfrak{U}(V) \to \mathfrak{U}(V^*)$
mit $U \mapsto U^\perp$ ein Verbands-Antiisomorphismus, d.h. eine bijektive Abbildung, die die Relation
$\subseteq$ umkehrt (und Durchschnitte auf Summen sowie Summen auf Durchschnitte abbildet).

Stellen Sie für einen endlich-dimensionalen K-Vektorraum mit nicht ausgearteter Semibilinearform Φ einen Zusammenhang her zwischen dem Orthogonalraum $U^{\perp\Phi}$ von U bzgl. Φ und $U^\perp$!

Wie schon erwähnt, lässt sich jedes $f \in V^*$ darstellen in der Form $f = \Phi(\cdot, y_\circ)$ mit geeignetem
$y_\circ \in V$. Die Abbildung $\Psi : V \to V^*$ mit $y \mapsto \Phi(\cdot, y)$ ist eine Bijektion mit $\Psi(U^{\perp\Phi}) = U^\perp$ für
jeden Unterraum U von V.

Interpretieren Sie die Lösungsmenge eines **linearen homogenen Gleichungssystems** als
Durchschnitt von Orthogonalräumen!

1. Die lineare homogene Gleichung $\sum_{i=1}^{n} \alpha_i \xi_i = 0$ lässt sich mit Hilfe der Linearform $f_{(\alpha_1, \ldots, \alpha_n)}$:

$$\mathbf{x} = \begin{pmatrix} \xi_1 \\ \vdots \\ \xi_n \end{pmatrix} \mapsto \sum_{i=1}^{n} \alpha_i \xi_i \text{ in der Form } f_{(\alpha_1, \ldots, \alpha_n)}(\mathbf{x}) = 0 \text{ schreiben. Für ihre Lösungsmenge } L_1$$

gilt daher[5] $L_1 = \{f_{(\alpha_1 \ldots \alpha_n)}\}^\perp$. Ist $(\alpha_1 \ldots \alpha_n) \neq 0$, die Gleichung also nicht-trivial, so folgt sofort
$\dim_K L_1 = n - 1$, es ist also L_1 eine Hyperebene durch den Nullpunkt.
2. Jeder Zeile eines homogenen linearen Gleichungssystems

$$\begin{cases} \sum_i \alpha_{1i} \xi_i = 0 \\ \vdots \\ \sum_i \alpha_{mi} \xi_i = 0 \end{cases}$$

---

[5]nach Identifizierung von V^{**} mit V.

lässt sich wie in (1) eine Linearform $f_k = f_{(\alpha_{k_1},...,\alpha_{k_n})}$ zuordnen; für die Lösungsmenge L des LGS folgt $L = \{f_1\}^{\perp} \cap \{f_2\}^{\perp} \cap \cdots \cap \{f_m\}^{\perp} = \{f_1, f_2, \ldots, f_m\}^{\perp}$ und $\dim L = n - \dim < f_1, \ldots, f_m >$.

Anmerkung: 1. Jede Lösungsmenge eines (nicht notwendig homogenen) LGS's lässt sich daher als Durchschnitt von Hyperebenen darstellen (vgl. §1.5).
2. Jeder Unterraum U eines endlich-dimensionalen Vektorraums V lässt sich als Lösungsraum eines homogenen linearen Gleichungssystems darstellen. *Beweisskizze* (alternativ zu §1.5): Es ist $U^{\perp}$ UR von V^* der Dimension $m := \mathrm{codim}_V U$; es gibt daher m den Raum $U^{\perp}$ erzeugende Linearformen $g_1, \ldots, g_m$; mit diesen gilt $U = (U^{\perp})^{\perp} = < g_1, \ldots, g_m >^{\perp} = \{g_1, \ldots, g_m\}^{\perp}$. Es ist daher U Lösungsmenge des Systems $g_1(x) = 0 \wedge \ldots \wedge g_m(x) = 0$ (für $x \in V$), das nach Wahl einer Basis B von V und Übergang zu Matrizen und Koordinatenvektoren zu einem LGS für U wird. □

Folgerung: Jedes Element aus $\mathrm{AG}(K^n) \cup \{\emptyset\}$ lässt sich also als Lösungsmenge eines LGS beschreiben und umgekehrt.

2.5   Euklidische analytische Geometrie

Geben Sie Möglichkeiten der mathematischen Beschreibung der Zeichenebene und ihrer Punkte an!

1. Modell für die Zeichenebene ist die Geometrie des Vektorraums $\mathbb{R}^2$, nämlich $\mathrm{AG}(\mathbb{R}^2)$ (ohne Metrik, s.§1.5)) bzw. $\mathrm{EG}(\mathbb{R}^2)$ (mit kanonischem Skalarprodukt), die reelle euklidische Ebene. Ein Punkt ist dabei nach Festlegung eines (kartesischen) Koordinatensystems ein Zahlenpaar $(x, y) \in \mathbb{R}^2$.
Anmerkung: Analog ist $\mathrm{EG}(\mathbb{R}^3)$, d.h. $\mathrm{AG}(\mathbb{R}^3)$ mit kanonischem Skalarprodukt, Modell für den Anschauungsraum.
2. Die euklidische Ebene lässt sich auch als Gaußsche Zahlenebene (s. Seite 106) auffassen, ein Punkt in dieser hat die Form $x + iy \in \mathbb{C}$, Durch "stereographische Projektion" lässt sich die Ebene bijektiv auf die Einheitssphäre (d.h. Kugeloberfläche) ohne den Nordpol N abbilden, s. Abb. 2.4.
3. ** Durch Übergang zur projektiven Auffassung (mit den Parallelenscharen als neuen uneigentlichen Punkten, s. auch §7,1) gelangt man zur reellen projektiven Ebene; diese hat eine algebraische Beschreibung mittels der projektiven Geometrie $\mathrm{PG}(\mathbb{R}^3)$ von $\mathbb{R}^3$. Punkte sind dabei die 1-dimensionalen Unterräume, z.Bsp. vermöge der Zuordnung $(x, y) \mapsto \mathbb{R}(1, x, y)$. Als Geraden werden die 2-dimensionalen Vektorräume vor $\mathbb{R}^3$ gewählt. Das Modell der elliptischen Ebene erhält man dann z.B. durch Schnitt dieser 1- bzw. 2-dim Unterräumen mit der Einheitssphäre.

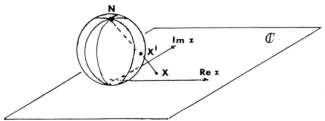

Abbildung 2.4:
Stereographische Projektion

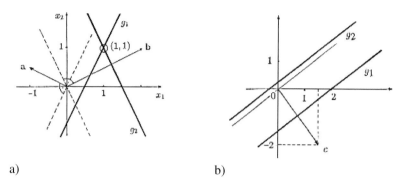

a)   b)

Abbildung 2.5: LGS und Schnitte von affinen Unterräumen   a) $L_1 = \{(1,1)\}$ b) $L_2 = \emptyset$

4. Neben den analytischen Modellen ist auch die synthetische Definition möglich (vgl. Kap. 7), z.B. wie im Hilbertschen Axiomensystem. "Punkt" ist dabei ein (nur durch die Axiome beschriebener) Grundbegriff. Nach Festlegung eines Ursprungs ist jedoch jedem Punkt eineindeutig ein Ortsvektor $\vec{OP}$ zugeordnet, die Klasse aller zum Pfeil $\vec{OP}$ vektorgleichen Pfeile; dieser wiederum entspricht einer Translation.

5. ** Im Mikro- bzw. Makrokosmos werden zunehmend nicht-euklidische Modelle der Ebene verwendet, s. Kap. 7!

Interpretieren Sie die Lösungsmengen der beiden folgenden Linearen Gleichungssysteme geometrisch als Durchschnitt affiner Unterräume in der reellen euklidischen Ebene $\mathcal{E}$, und fertigen Sie jeweils eine Handskizze an!

$$(1)\begin{cases} -x_1 + \frac{1}{2}x_2 & = -\frac{1}{2} \\ 2x_1 + x_2 & = 3 \end{cases} \qquad (2)\begin{cases} x_1 - \frac{4}{3}x_2 & = 2 \\ -3x_1 + 4x_2 & = 1 \end{cases}$$

(1) Die Lösungsmenge L_1 besteht aus dem eindeutig bestimmten Schnittpunkt der Geraden mit den Gleichungen $(-1, \frac{1}{2}) \cdot (x_1, x_2) = -\frac{1}{2}$ und $(2,1)(x_1, x_2) = 3$. Die Normalvektoren dieser Geraden haben die Richtung von $\mathbf{a} = (-1, \frac{1}{2})$ bzw. von $\mathbf{b} = (2,1)$; dadurch und durch je einen Punkt liegen sie fest; (s. Abb. 2.5 a, vgl. auch Seite 55 f.).

(2) Wie in (1) ist L_2 der Durchschnitt zweier Geraden g_1, g_2; wegen der linearen Abhängigkeit der Normalenvektoren sind diese aber parallel; die zweite Gerade enthält den Punkt $(1,1)$, die erste nicht. Daher gilt $L_2 = \emptyset$, s. Abb. 2.5 b.

Wie lautet die Hessesche Normalform der Gleichung einer Hyperebene H von $EG(\mathbb{R}^3)$ bzw. $EG(\mathbb{R}^2)$?

Wegen $\dim H = n - 1$ lautet Gleichung von H (vgl. Seite 21) unter Verwendung des kanonischen Skalarprodukts $\mathbf{a} \cdot \mathbf{x} = a_1 x_1 + \ldots + a_n x_n = b$.

Ist $\mathbf{p} \in H$ und $\mathbf{n} = \frac{1}{\|\mathbf{a}\|}\mathbf{a}$, so erhält man aus $\mathbf{a} \cdot \mathbf{p} = b = \mathbf{a} \cdot \mathbf{x}$ als Gleichung für H

$$\mathbf{n} \cdot (\mathbf{x} - \mathbf{p}) = 0,$$

die sogenannte **Hessesche Normalform** der Gleichung von H. Dabei ist **n** der bis auf das Vorzeichen eindeutige normierte **Normalenvektor** und $d = \mathbf{p} \cdot \mathbf{n} = \frac{1}{\|\mathbf{a}\|}b$ der *Stützabstand* von H. Auch $\mathbf{x} \cdot \mathbf{n} - d = 0$ wird als Hessesche Normalform der Gleichung von H bezeichnet (s. Abb. 2.6 für $n = 3$, Abb. 1.15b für n=2).

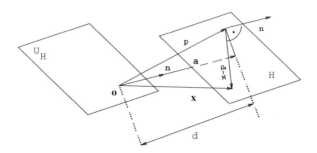

Abbildung 2.6: Zur Hesseschen Normalform einer Hyperebenengleichung

Anmerkung: Einen Normalenvektor einer Ebene E des 3-dimensionalen reellen euklidischen Raumes $EG(\mathbb{R}^3)$ durch die nicht-kollinearen Punkte $\mathbf{p}_1, \mathbf{p}_2, \mathbf{p}_3$ erhält man in diesem Fall (s.Abb. 2.7) durch:

$$\mathbf{n} = \frac{(\mathbf{p}_2 - \mathbf{p}_1) \times (\mathbf{p}_3 - \mathbf{p}_1)}{\|(\mathbf{p}_2 - \mathbf{p}_1) \times (\mathbf{p}_3 - \mathbf{p}_1)\|}$$

Beispiel: Mit den Punkten $\mathbf{p}_1 = (0,1,0)$, $\mathbf{p}_2 = (1,1,1)$ und $\mathbf{p}_3 = (0,2,1)$ erhält man:

$$(\mathbf{p}_2 - \mathbf{p}_1) \times (\mathbf{p}_3 - \mathbf{p}_1) = (1,0,1) \times (0,1,1) = \begin{vmatrix} 1 & 0 & 1 \\ 0 & 1 & 1 \\ \mathbf{e}_1 & \mathbf{e}_2 & \mathbf{e}_3 \end{vmatrix} =$$

$$\left(\begin{vmatrix} 0 & 1 \\ 1 & 1 \end{vmatrix}, -\begin{vmatrix} 1 & 1 \\ 0 & 1 \end{vmatrix}, \begin{vmatrix} 1 & 0 \\ 0 & 1 \end{vmatrix} \right) = (-1,-1,1), \quad \text{also} \quad \mathbf{n} = \frac{1}{\sqrt{3}}(-1,-1,1).$$

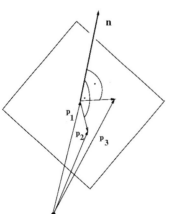

Abbildung 2.7: Zum Normalenvektor $n = \frac{m}{\|m\|}$ mit $m = (p_2 - p_1) \times (p_3 - p_1)$.

Zeigen Sie, dass in der reellen euklidischen Ebene EG$(\mathbb{R}^2)$ der **Abstand eines Punktes Q von einer Geraden** g gleich dem Abstand von Q zum Fußpunkt F des Lots Q auf g ist.

Wir benutzen Ortsvektoren und Skalarprodukt in EG$(\mathbb{R}^2)$. Sei $g = \mathbf{p} + \mathbb{R}\mathbf{m}$ Gerade mit $\|\mathbf{m}\| = 1$ (s. Abb. 2.9). Dann folgt aus $d(Q,g) := \min_t \|\mathbf{q} - (\mathbf{p} + t\mathbf{m})\|$ für den Parameter t des Minimums die Gleichung $\frac{d}{dt}\sqrt{(\mathbf{q} - \mathbf{p} - t\mathbf{m})^2} = 0$, also $-2(\mathbf{q} - \mathbf{p})\mathbf{m} + 2t\mathbf{m}^2 = 0$ (unter Ausnutzung der Monotonie der Wurzelfunktion) und mit $\mathbf{m}^2 = 1$ daher $t = (\mathbf{q} - \mathbf{p}) \cdot \mathbf{m}$. Für den Fußpunkt F gilt: $\mathbf{f} = \mathbf{p} + t\mathbf{m} = \mathbf{p} + [(\mathbf{q} - \mathbf{p}) \cdot \mathbf{m}]\mathbf{m}$. Nun ist $\mathbf{f} - \mathbf{p} = t\mathbf{m} = [(\mathbf{q} - \mathbf{p}) \cdot \mathbf{m}]\mathbf{m}$ die Orthogonalprojektion von $(\mathbf{q} - \mathbf{p})$ auf g, also $QF \perp g$. Ein alternativer Beweis benutzt die "Bestapproximation" (vgl. §2.2).

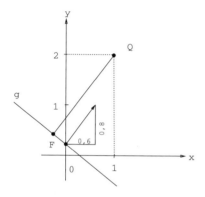

Abbildung 2.8:
Abstand von Q zu g (Beispiel)

1. Leiten Sie die Formel für den Abstand eines Punktes zu einer Geraden in EG$(\mathbb{R}^2)$ mit Hilfe der Hesseschen Normalform her!
2. Wie kann man entscheiden, ob ein Punkt Q auf derselben Seite der Geraden g wie der Nullpunkt liegt?
3. Wenden Sie 1. und 2. auf das Beispiel $Q = (1,2)$ und $g : 3x + 4y - 1 = 0$ an!

1. Ist $\mathbf{nx} - c = 0$ bzw. $\mathbf{n}(\mathbf{x} - \mathbf{p}) = 0$ die *Hessesche Normalform* der Gleichung von g (mit $\|\mathbf{n}\| = 1$), und d_Q der gerichtete Abstand von Q von g, so folgt (s. Abb. 2.9) für $\mathbf{f} = \mathbf{q} - \mathbf{n}d_Q$ sofort $\mathbf{0} = \mathbf{nf} - \mathbf{np} = \mathbf{nq} - \mathbf{n}^2 d_Q - \mathbf{np}$, also $d_Q = \mathbf{nq} - \mathbf{np} = \mathbf{n}(\mathbf{q} - \mathbf{p})$. Dabei ist $\mathbf{n}(\mathbf{q} - \mathbf{p})$ die Orthogonalprojektion von $\mathbf{q} - \mathbf{p}$ auf $\mathbf{n}$.

2. Dabei ist d_Q positiv, wenn Q (mit $Q \notin g$) in der Halbebene liegt, in die $\mathbf{n}$ zeigt, andernfalls negativ. Übereinstimmung im Vorzeichen von d_Q und d_0 zeigt daher, dass Q und $\mathbf{0}$ auf der gleichen Seite von g liegen.

3. Ist $Q = (1,2)$ und $g : 3x + 4y - 1 = 0$, so ergibt sich mit dem kanonischen Skalarprodukt und mit $\|(3,4)\| = \sqrt{3^2 + 4^2} = 5$ als Hessesche Normalform der Gleichung von $g : (\frac{3}{5}, \frac{4}{5}) \cdot (x,y) - \frac{1}{5} = 0$ und damit $d_Q = (\frac{3}{5}, \frac{4}{5}) \cdot (1,2) - \frac{1}{5} = 2$. Wegen $d_Q > 0$ liegt Q in der Halbebene, in die der Vektor $(\frac{3}{5}, \frac{4}{5})$ (von g aus) weist; s. Abb. 2.8.

Anmerkung: Analoges gilt für den Abstand "Punkt zu Ebene" in EG$(\mathbb{R}^3)$.

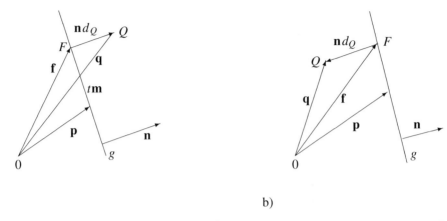

a)   b)

Abbildung 2.9: Zur Herleitung der Abstandsformel   a) $d_0 < 0 < d_Q$ b) $d_0, d_Q < 0$

Geben Sie Definition und einige Eigenschaften von **Ähnlichkeitsabbildungen** eines euklidischen Raumes an!

a) *Definition*: Sei (V, Φ) euklidischer Vektorraum und F affin-lineare Abbildung von V bzw. von $AG(V)$. Dann heisst F *Ähnlichkeitsabbildung oder äquiforme Abbildung*, falls mit der vom Skalarprodukt Φ induzierten Metrik d für ein $c \in \mathbb{R}, c > 0$, gilt:
$$d(F(x), F(y)) = c \cdot d(x, y) \quad \text{für alle } x, y \in V.$$
Diese Formel bedeutet, dass Streckenlängen-Verhältnisse konstant bleiben.

b) *Beispiel* : Die zentrische Streckung $S_c : V \to V$ mit $\mathbf{x} \mapsto c\mathbf{x}$ ist eine Ähnlichkeitsabbildung. (Zugehörige Matrix: $A = c \cdot E_n$)

c) *Weitere Eigenschaften:* Ist F wie oben definiert, so ist $\tilde{F} := S_c^{-1} \circ F$ wegen $d(\tilde{F}(x), \tilde{F}(y)) = c^{-1}d(F(x), F(y)) = c^{-1}cd(x, y)$ eine längenerhaltende Affinität und damit Kongruenzabbildung (s. u.). Jede Ähnlichkeitsabbildung ist damit *Produkt einer Bewegung und einer zentrischen Streckung*. Somit bleiben auch Winkelgrößen bei Ähnlichkeitsabbildungen invariant.

Ähnliche Figuren, d. h. solche, die durch Ähnlichkeitsabbildungen ineinander übergeführt werden können, stimmen daher in der Größe entsprechender Winkel und dem Verhältnis entsprechender Streckenlängen überein.

Gehen Sie auf Definition und Eigenschaften von **Bewegungen (Kongruenzabbildungen)** ein. Welche Bewegungen kennen Sie in der euklidischen Ebene bzw. im 3-dimensionalen euklidischen Raum ?

a) *Definition:* Unter einer *Bewegung (Kongruenzabbildung)* eines reellen euklidischen Raumes $EG(V) = (AG(V), \Phi)$ (d. h. eines affinen Raumes über einem $\mathbb{R}$- Vektorraum V mit Skalarprodukt Φ) versteht man eine Affinität von $AG(V)$, die den Abstand je zweier Punkte invariant lässt, also *längentreu* ist.

b) *Beispiele:* Translationen, Spiegelung an einer Geraden (in $EG(\mathbb{R}^2)$) bzw. an einer Ebene (in $EG(\mathbb{R}^3)$), Drehungen.

c) *Eigenschaften:* Für eine Affinität F von $EG(\mathbb{R}^n)$ mit zugehöriger linearer Abbildung f gilt:
$$F \text{ Kongruenzabbildung} \iff f \text{ orthogonal} \iff f \text{ Isometrie}.$$

Eine Bewegung ist also das Produkt einer Translation mit einem orthogonalen Automorphismus, im 2- bzw. 3-dim Fall (vgl. §2.3) also im Fall $\det f = 1$ Produkt einer Translation mit einer Drehung (*eigentliche Bewegung, gleichsinnige Kongruenzabbildung*, im 3-Dimensionalen:

Schraubung oder Translation) bzw. im Fall $\det f = -1$ das Produkt einer Translation mit einer Drehung verknüpft mit einer Achsenspiegelung (*uneigentliche Bewegung*, im 3-Dimensionalen: Drehspiegelung, Punktspiegelung, Gleitspiegelung). Damit haben Bewegungen u.a. folgende Eigenschaften von Isometrien: Längentreue, Abstandstreue, Winkeltreue.

Welche Gruppen von Abbildungen eines reellen euklidischen Raumes kennen Sie und welche Inklusionen bestehen zwischen diesen?

U.a. die folgenden Mengen von Abbildungen eines euklidischen Raumes $R = \mathrm{EG}(\mathbb{R}^n)$ bilden bzgl. Verkettung eine Gruppe:

- die Menge $\mathcal{A}$ der Affinitäten von R, • die Menge $\ddot{\mathcal{A}}$ der Ähnlichkeitsabbildungen von R,
- die Menge $\mathcal{D}$ der Dehnungen von R (s. Kap. 7), • die Menge $\mathcal{K}$ der Kongruenzabbildungen von R, • die Menge $\mathcal{K}^+$ der gleichsinnigen Kongruenzabbildungen von R, • die Menge $\mathcal{T}$ der Translationen von R und • die Mengen $\mathcal{T}_g$ der Translationen längs einer Geraden g.

Es gilt: $\qquad \mathcal{T}_g \subseteq \mathcal{T} \subseteq \mathcal{K}^+ \subseteq \mathcal{K} \subseteq \ddot{\mathcal{A}} \subseteq \mathcal{A}$ und $\mathcal{D} \subseteq \ddot{\mathcal{A}}$.

Weitere wichtige Gruppen sind die *Symmetriegruppen* von Figuren der Ebene oder von Körpern des Raums, z. Bsp. die Symmetriegruppe des regelmäßigen n-Ecks, (die Diedergruppe D_n mit $2n$ Elementen, im Fall $n = 3$ oder $n = 4$, s. auch Seite 214) und die Symmetriegruppen der "platonischen Körper".

1. Bestimmen Sie die Gleichung der Schnittmenge C des geraden Kreiskegels
$$\{(x,y,z) \in \mathbb{R}^3 \,|\, x^2 + y^2 = z^2\}$$
mit einer Ebene E von $\mathrm{EG}(\mathbb{R}^3)$ der Gleichung $ax + by + cz = d$ (für $c \neq 0$).
2. Definieren Sie, was unter einer Quadrik zu verstehen ist, und verifizieren Sie, dass C eine Quadrik der reellen affinen Ebene ist.

1. Durch Substitution von $z = \frac{d}{c} - \frac{a}{c}x - \frac{b}{c}y$ in $z^2 = x^2 + y^2$ erhält man für den **Kegelschnitt** C in E die Gleichung: $(a^2 - c^2)x^2 + (b^2 - c^2)y^2 + 2abxy - 2adx - 2bdy + d^2 = 0$. Diese ist von der Form $(x \cdot y)\begin{pmatrix} \alpha_{11} & \alpha_{21} \\ \alpha_{12} & \alpha_{22} \end{pmatrix}\begin{pmatrix} x \\ y \end{pmatrix} + (\alpha_{01}\alpha_{02})\begin{pmatrix} x \\ y \end{pmatrix} + \alpha_{00} = 0$.

Anmerkung:
Neben den entarteten Kegelschnitten mit den Standardgleichungen $u^2 + dv^2 = 0$ (Nullpunkt, Doppelgerade, zwei sich schneidende Geraden) kommen, wie man durch Hauptachsentransformation (s.u.) zeigen kann, folgende Fälle vor:

Ellipse (Standardgleichung $\frac{x^2}{A^2} + \frac{y^2}{B^2} = 1$, im Fall $A^2 = B^2$ *Kreis*)

Parabel (Standardgleichung $y^2 = cx$)

Hyperbel (Standardgleichung $\frac{x^2}{A^2} - \frac{y^2}{B^2} = 1$)

2. Eine Teilmenge Q von K^n (für einen Körper K der Charakteristik ungleich 2) heißt **Quadrik** (*Hyperfläche 2.Ordnung*), wenn es ein quadratisches Polynom $P(X_1,\dots,X_n) = \sum_{i \leq j} \alpha_{ij}X_iX_j + \sum_{i=1}^{n} \alpha_{0i}X_i + \alpha_{00}$ gibt, so dass $Q = \{(\xi_1,\dots,\xi_n) \in K^n \,|\, P(\xi_1,\dots,\xi_n) = 0\}$, also Nullstellenmenge von P ist. Offensichtlich genügt C einer solchen Gleichung für $n = 2$ und $K = \mathbb{R}$.

Anmerkung: Auch im allgemeinen Fall kann man P in der Matrizenform
$$P(\xi_1,\dots,\xi_n) = \mathbf{x}^T A \mathbf{x} + (\alpha_{01}\dots\alpha_{0n})\mathbf{x} + \alpha_{00} \quad \text{für} \quad \mathbf{x} = (\xi_1,\dots,\xi_n)^T$$

schreiben oder, im Hinblick auf die projektive Darstellung, als

$$P(\xi_1 \ldots \xi_n) = (1\,\xi_1 \ldots \xi_n)A' \begin{pmatrix} 1 \\ \xi_1 \\ \vdots \\ \xi_n \end{pmatrix} \quad \text{mit} \quad A' = \begin{pmatrix} a_{00} \cdots & a_{0n} \\ \vdots & \vdots \\ a_{n0} \cdots & a_{nn} \end{pmatrix}$$

und $a_{ii} = \alpha_{ii}$ sowie $a_{ij} = a_{ji} = \frac{\alpha_{ij}}{2}$ für $i < j$, also symmetrischer Matrix A'. Da der lineare Teil $(\alpha_{01}\alpha_{02})\mathbf{x} + \alpha_{00}$ durch quadratische Ergänzung (s.u.) berücksichtigt werden kann, betrachten wir zunächst den quadratischen Teil $\mathbf{x}^T A \mathbf{x}$.

> 1.) Was versteht man unter einer *quadratischen Form q* auf dem $\mathbb{R}$ -Vektorraum V, und welche Koordinatendarstellung besitzt eine solche Form?
> 2.) Wie wirkt sich eine Koordinatentransformation von V auf eine Matrix von q aus?

1.) $q : V \to \mathbb{R}$ heißt *quadratische Form*, wenn es eine symmetrische Bilinearform Ψ auf V gibt mit $q(v) = \Psi(v,v)$ für alle $v \in V$. Da eine Bilinearform Ψ die Matrixdarstellung $\Psi(x,y) = \mathbf{x}^T M_B(\Psi)\mathbf{y}$ besitzt, folgt $q(x) = \mathbf{x}^T A \mathbf{x}$ für $A = M_B(\Psi)$ und den Koordinatenvektor $\mathbf{x}$ von x bezüglich einer Basis B.
Anmerkung: i) Ist $q(x) = \mathbf{x}^T \hat{A} \mathbf{x}$ und $\hat{A}$ nicht symmetrisch, so setzt man $A := \frac{1}{2}(\hat{A} + \hat{A}^T)$. Es ergibt sich $\mathbf{x}^T A \mathbf{x} = \mathbf{x}^T \hat{A} \mathbf{x}$ und $A^T = A$. Dabei nutzt man aus, dass wegen $\mathbf{x}^T \hat{A} \mathbf{x} \in \mathbb{R}$ auch $\mathbf{x}^T \hat{A} \mathbf{x} = (\mathbf{x}^T \hat{A} \mathbf{x})^T$ ist.
ii) Die Bilinearform Ψ erhält man aus q durch $\Psi(x,y) = \frac{1}{2}(q(x+y) - q(x) - q(y))$.
2.) Sind B und C Basen von V, so gilt mit $S := M_B^C(\mathrm{id}_V)$ (vgl. Kap. 1) für die darstellenden Fundamentalmatrizen von Ψ die Gleichung $M_C(\Psi) = S^T \cdot M_B(\Psi) \cdot S$ (wegen $\Psi(x,y) = M_B(x)^T A M_B(y) = [S \cdot M_C(x)]^T A [S \cdot M_C(y)]$).

> Welche Ziele verfolgt man bei einer *affinen*, welche bei einer **(iso-)metrischen Hauptachsentransformation** einer reellen Quadrik Q ?

In beiden Fällen will man durch eine geeignete Abbildung (bzw. eine geeignete Koordinatentransformation) eine besonders einfache Darstellung von Q erreichen. Bei der affinen Transformation erreicht man durch eine bijektive affin-lineare Abbildung eine Gleichung in einer der folgenden (Hauptachsen-) Formen: (vgl. z.Bsp. Fischer [Fi2], p.52/63).

$$\text{(a)} \quad \xi_1^2 + \ldots \xi_k^2 - \xi_{k+1}^2 - \ldots - \xi_m^2 = 1 \qquad (1 \leq k \leq m)$$
$$\text{(b)} \quad \xi_1^2 + \ldots \xi_k^2 - \xi_{k+1}^2 - \ldots - \xi_m^2 = 0 \qquad (0 \leq k \leq m \leq 2k)$$
$$\text{(c)} \quad \xi_1^2 + \ldots \xi_k^2 - \xi_{k+1}^2 - \ldots - \xi_m^2 = -2\xi_{m+1} \quad (1 \leq k \leq m \leq 2k)$$

Da beliebige Affinitäten (bzw. Koordinatentransformationen) zugelassen sind, ist jede Quadrik *affin-äquivalent* zu einer Quadrik der angegebenen Gleichungen. Dabei sind aber die metrischen Gegebenheiten unberücksichtigt geblieben; z.B. bilden die Ellipsen, genau so die Hyperbeln und auch die Parabeln je eine Äquivalenzklasse.[6]
Bei der *isometrischen Hauptachsentransformation* lässt man als Abbildungen nur Isometrien (bzw. isometrische Koordinatentransformationen) zu. Geometrisch gesprochen will man eine *Bewegung* derart anwenden, dass bzgl. der neuen Koordinaten die Quadrik ihre Hauptachsen

---

[6]** Geht man zur projektiven Ebene über und lässt beliebige Kolineation zu, so sind auch die Ellipsen, Parabeln und Hyperbeln ineinander überführbar (projektiv äquivalent): Bei der Ellipse ist die uneigentliche Gerade eine Passante, bei der Parabel eine Tangente, bei der Hyperbel eine Sekante.

in Richtung der Koordinatenachsen hat. Für die oben angesprochene Matrixtransformation heißt das die Suche nach einer orthogonalen Matrix S derart, dass für $A = M_B(\Psi)$ die Matrix $S^T A S = S^{-1} A S$ Diagonalform hat. Dies bedeutet die Diagonalisierbarkeit der symmetrischen Matrix A unter der Nebenbedingung $S^{-1} = S^T$.

Formulieren Sie den Satz über die isometrische Hauptachsentransformation einer reellen symmetrischen Matrix (bzw. einer quadratischen Form).

Zu einer reellen symmetrischen Matrix A gibt es eine orthogonale Matrix S, also die Matrix einer Bewegung, derart dass $S^{-1} A S$ eine Diagonalmatrix ist, (s. den Satz auf Seite 42). Für eine quadratische Form q eines $\mathbb{R}$-Vektorraums V heißt dies: Es gibt eine ON-Basis $C = \{h_1, \ldots, h_n\}$ aus Eigenvektoren von V derart, dass die quadratische Form bzgl. C die Darstellung $q(x) = \sum_{i=1}^{n} \lambda_i \xi_i^2$ hat. Die Geraden $\mathbb{R} h_i$ heißen **Hauptachsen** von q.

Betrachten Sie in der reellen euklidischen Ebene $EG(\mathbb{R}^2)$ das quadratische Polynom g mit $g(\xi, \eta) = 8\xi^2 + 8\xi\eta + 2\eta^2 - 10\xi - 20\eta - 22$ (als Beispiel), und bringen Sie den Kegelschnitt M mit $M := \{x = (\xi, \eta) \in \mathbb{R}^2 \,|\, g(\xi, \eta) = 0\}$ auf Hauptachsenform.

(a) Zunächst betrachten wir die quadratische Form q mit

$$q(x) = 8\xi^2 + 8\xi\eta + 2\eta^2 = (\xi\,\eta) \begin{pmatrix} 8 & \frac{8}{2} \\ \frac{8}{2} & 2 \end{pmatrix} \begin{pmatrix} \xi \\ \eta \end{pmatrix}$$

Durch $\Phi(x, y) = x y^T$ prägen wir $\mathbb{R}^2$ eine Prähilbertraumstruktur auf, bzgl. der die kanonische Basis B eine ON-Basis ist. Wir bestimmen die Eigenwerte und die Eigenvektoren von $A = M_B(q) = \begin{pmatrix} 8 & 4 \\ 4 & 2 \end{pmatrix}$: Das charakteristische Polynom von A ist χ_A mit
$$\chi_A(X) = (8 - X)(2 - X) - 16 = X \cdot (X - 10).$$
Als Eigenwerte ergeben sich $\lambda_1 = 0$ und $\lambda_2 = 10$, als Eigenräume $V_{\lambda_1} = \mathbb{R}(1, -2)$ und $V_{\lambda_2} = \mathbb{R}(2, 1)$. Dann ist $C = (h_1, h_2)$ mit $h_1 = \frac{1}{\sqrt{5}}(1, -2)$ und $h_2 = \frac{1}{\sqrt{5}}(2, 1)$ eine ON-Basis von $(\mathbb{R}^2, \Phi)$ und $S = M_B^C(\mathrm{id}_V) = \frac{1}{\sqrt{5}} \begin{pmatrix} 1 & 2 \\ -2 & 1 \end{pmatrix}$ orthogonal. Ferner gilt, wie erwartet,
$S^T A S = \frac{1}{5} \begin{pmatrix} 1 & -2 \\ 2 & 1 \end{pmatrix} \begin{pmatrix} 8 & 4 \\ 4 & 2 \end{pmatrix} \begin{pmatrix} 1 & 2 \\ -2 & 1 \end{pmatrix} = \begin{pmatrix} 0 & 0 \\ 0 & 10 \end{pmatrix}$. Mit der Koordinatentransformation

$$\underbrace{\begin{pmatrix} \xi \\ \eta \end{pmatrix}}_{\substack{\text{Koordinaten} \\ \text{bzgl. } B}} = S \cdot \underbrace{\begin{pmatrix} \hat{\xi} \\ \hat{\eta} \end{pmatrix}}_{\substack{\text{Koordinaten} \\ \text{bzgl. } C}} = \frac{1}{\sqrt{5}} \begin{pmatrix} \hat{\xi} + 2\hat{\eta} \\ -2\hat{\xi} + \hat{\eta} \end{pmatrix}$$

erhält man $q(x) = 0\hat{\xi}^2 + 10\hat{\eta}^2 = 10\hat{\eta}^2$.

(b) Nun betrachten wir g einschließlich seines linearen Teils:

$$g(\xi, \eta) = q(x) - 10\xi - 20\eta - 22 == 10\hat{\eta}^2 - \frac{10}{\sqrt{5}}(\hat{\xi} + 2\hat{\eta}) - \frac{20}{\sqrt{5}}(-2\hat{\xi} + \hat{\eta}) - 22$$

$$= 10\hat{\eta}^2 + \frac{30}{\sqrt{5}}\hat{\xi} - \frac{40}{\sqrt{5}}\hat{\eta} - 22 = \qquad \text{(nach Suche der quadratischen Ergänzung)}$$

$$= 10(\hat{\eta} - \frac{2}{\sqrt{5}})^2 + 6\sqrt{5}\hat{\xi} - 22 - 8 = 10(\hat{\eta} - \frac{2}{5}\sqrt{5})^2 + 6\sqrt{5}(\hat{\xi} - \sqrt{5}).$$

Wir verschieben nun den Nullpunkt um den Vektor $t = (\sqrt{5}, \frac{2}{5}\sqrt{5})$ und setzen $\tilde{\xi} = \hat{\xi} - \sqrt{5}$ sowie $\tilde{\eta} = \hat{\eta} - \frac{2}{5}\sqrt{5}$. Wir erhalten $g(x) = 10\tilde{\eta}^2 + 6\sqrt{5}\tilde{\xi}$. Bezüglich des neuen Koordinatensystems wird M dargestellt durch die Gleichung $\tilde{\eta}^2 + \frac{6\sqrt{5}}{10}\tilde{\xi} = 0$, ist also eine Parabel.

2.6   Klausur-Aufgaben zur Linearen Algebra II

Aufgaben zu 2.1 (Eigenwerttheorie)

Aufgabe L53 (Eigenwert, zentrische Streckung)
Bestimmen Sie alle Endomorphismen f eines $K-$Vektorraums V mit der Eigenschaft, dass jeder Vektor $v \in V \setminus \{0\}$ Eigenvektor von f ist.
Lösungshinweis: Setzen Sie $f(v) := \lambda(v)v$ und untersuchen Sie die Funktion λ !
Lösung siehe Seite: 266.

Aufgabe L54 (Eigenwert, Basis aus Eigenvektoren)

Sei $A = \begin{pmatrix} 0 & 0 & 1 \\ 0 & 0 & 1 \\ t & 1 & 0 \end{pmatrix}$ eine reelle Matrix mit $t \in \mathbb{R}$.

(a)   Bestimmen Sie die Eigenwerte der reellen Matrix $A = \begin{pmatrix} 0 & 0 & 1 \\ 0 & 0 & 1 \\ t & 1 & 0 \end{pmatrix}$ mit $t \in \mathbb{R}$.

(b)   Existiert für $t \geq -1$ eine Basis des $\mathbb{R}^3$ aus Eigenvektoren?
Lösung siehe Seite: 266.

Aufgabe L55 (Eigenwert, Eigenraum, Diagonalähnlichkeit)

Sei $A = \begin{pmatrix} 1 & 1 & 0 \\ 0 & 1 & 1 \\ 1 & 0 & 1 \end{pmatrix}$ eine Matrix über $\mathbb{R}$. Bestimmen Sie alle reellen Eigenwerte und die zugehörigen Eigenräume! Ist A diagonalähnlich?
Lösung siehe Seite: 266.

Aufgabe L56 (Matrixdarstellung, Diagonalähnlichkeit)
Ist eine Matrix zu folgendem Endomorphismus diagonalähnlich?

$$T : \mathbb{R}^{(3,1)} \to \mathbb{R}^{(3,1)} \text{ mit } T : \begin{pmatrix} x \\ y \\ z \end{pmatrix} \mapsto \begin{pmatrix} 2x+y \\ y-z \\ 2y+4z \end{pmatrix}.$$

Lösung siehe Seite: 266.

Aufgabe L57 (nilpotent, invarianter Unterraum, direkte Summe)
Sei V ein endlich-dimensionaler Vektorraum und $0 \neq f \in \text{End}(V)$ mit $f^n = 0$ für ein $n \in \mathbb{N}$. Sei W der Eigenraum zum Eigenwert 0. Zeigen Sie: Ist $V = U \oplus W$, so ist U nicht f-invariant.
Lösungshinweis: Betrachten Sie die Einschränkung von f auf U!
Lösung siehe Seite: 267.

Aufgabe L58 (Eigenwert, Diagonalisierbarkeit, Geradenspiegelung)
Eine lineare Abbildung f der reellen euklidischen Ebene in sich habe bzgl. der kanonischen Basis die darstellende Matrix

$$A = \begin{pmatrix} -\cos\varphi & -\sin\varphi \\ -\sin\varphi & \cos\varphi \end{pmatrix}$$

mit $\varphi \in (0, 2\pi)$. Zeigen Sie, dass f eine Geradenspiegelung ist.
Lösung siehe Seite: 267.

Aufgabe L59 (Eigenwert, nilpotent, Satz von Caylay-Hamilton, Minimalpolynom)
Sei $A \in \mathbb{C}^{(n,n)}$, d.h. sei A eine komplexwertige $n \times n$-Matrix, und gelte $A^k = 0$ für ein $k \in \mathbb{N}$.

Zeigen Sie, dass dann auch $A^n = 0$ gilt. *Lösungshinweis:* Zeigen Sie, dass A nur 0 als Eigenwert hat, und wenden Sie den Satz von Cayley-Hamilton an.
Lösung siehe Seite: 267.

Aufgabe L60 (Diagonalisierbarkeit, Minimalpolynom)
Sind folgende Matrizen aus $\mathbb{R}^{(3,3)}$ zu einer Diagonalmatrix ähnlich?

$$A = \begin{pmatrix} 2 & -1 & -1 \\ 3 & 4 & -1 \\ -3 & -1 & 4 \end{pmatrix} \text{ und } B = \begin{pmatrix} -3 & 5 & 0 \\ 0 & -3 & 5 \\ 0 & 0 & -3 \end{pmatrix}$$

Wenn ja, zu welcher? Bestimmen Sie gegebenfalls auch eine zugehörige Eigenbasis.
Lösung siehe Seite: 267.

Aufgabe L61 (Eigenwert, Diagonalisierbarkeit)
Geben Sie die Menge M aller 3×3-Matrizen an, die die Eigenwerte 1, 2 und 3 haben.
Lösung siehe Seite: 268.

Aufgabe L62 (Determinante, Eigenwert, Eigenbasis) (Vgl. auch L87)
Sei $f : \mathbb{R}^2 \to \mathbb{R}^2$ eine lineare Abbildung mit $f^2 = \text{id}$.
(a) Bestimmen Sie $|\det f|$ und $\det(f - \text{id}) \cdot \det(f + \text{id})$.
(b) Zeigen Sie: Ist λ ein Eigenwert von f, so gilt $\lambda = 1$ oder $\lambda = -1$.
(c) Geben Sie zu jedem möglichen f eine Matrix bezüglich einer Eigenbasis an. Welche drei Typen von Abbildungen kommen für f in Frage?
Lösung siehe Seite: 269.

Aufgabe L63 (Satz von Cayley-Hamilton)
Sei $n \in \mathbb{N}$ und A eine nichtsinguläre $n \times n$-Matrix mit Einträgen aus K, wobei K einer der Körper $\mathbb{Q}, \mathbb{R}, \mathbb{C}$ ist. Beweisen Sie mit Hilfe des Satzes von Cayley und Hamilton die Aussage: Es gibt (von A abhängende) Zahlen $b_0, b_1, \ldots, b_{n-1} \in K$, mit denen gilt:
$$A^{-1} = b_0 + b_1 A^1 + \cdots + b_{n-1} A^{n-1}.$$
Lösung siehe Seite: 269.

Aufgabe L64 (Eigenwert, symmetrische Matrix)
Zeigen Sie:

(a) Sei A eine reelle quadratische Matrix; fasst man A als Matrix über $\mathbb{C}$ auf, so gilt: Ist λ Eigenwert von A, so auch $\bar{\lambda}$, die zu λ konjugiert komplexe Zahl.

(b) Ist A eine reelle symmetrische Matrix, so sind Eigenvektoren zu verschiedenen Eigenwerten von A orthogonal (bzgl. des kanonischen Skalarprodukts).

(c) Zeigen Sie, dass die Eigenwerte einer reellen symmetrischen Matrix (aufgefasst als Matrix über $\mathbb{C}$) alle reell sind.

Lösung siehe Seite: 269.

Aufgabe L65 (Eigenraum, Projektion)
a) Sei V ein Vektorraum über den Körper K, f ein Endomorphismus von V und $V_{f,1}$ der Eigenraum von f zum Eigenwert 1. Man zeige für alle $v \in V$: $f^2(v) = f(v) \iff v \in f^-(V_{f,1})$
(Hierbei bezeichnet $f^-(W)$ das volle Urbild von W).

b) Was besagt das Ergebnis von a) für den Spezialfall, dass f Projektion auf einen Unterraum X von V ist?
Lösung siehe Seite: 270.

Aufgabe L66 (Rang, Diagonalisierbarkeit)

Gegeben sei die Matrix $A = \begin{pmatrix} 1 & 0 & -7 \\ 1 & 1 & 1 \\ 2 & 0 & 1 \end{pmatrix}$ mit Einträgen im Körper K.

(a) Bestimmen Sie Rang A, falls $K = \mathbb{Q}$ ist.
(b) Bestimmen Sie den Rang, falls $K = \mathbb{F}_5$, der Körper mit 5 Elementen, ist.
(c) Überprüfen Sie, ob im Falle $K = \mathbb{Q}$ oder $K = \mathbb{F}_5$ die Matrix A diagonalisierbar ist, und geben Sie gegebenenfalls eine zu A ähnliche Diagonalmatrix an.
Lösung siehe Seite: 270.

Aufgabe L67 (Eigenwert, Automorphismus)
Sei f Automorphismus (bijektiver Endomorphismus) des K–Vektorraums V! Welcher Zusammenhang besteht zwischen den Eigenwerten von f und denen von f^{-1}?
Lösung siehe Seite: 270.

Aufgabe L68 (symmetrische Matrix, Eigenwert, Determinante)

Von einer symmetrischen (!) reellen 3×3-Matrix A seien die Eigenvektoren $\vec{v}_1 = \begin{pmatrix} 1 \\ -1 \\ 1/2 \end{pmatrix}$

und $\vec{v}_2 = \begin{pmatrix} 2 \\ 2 \\ 0 \end{pmatrix}$ mit den zugehörigen Eigenwerten $\lambda_1 = 1$ und $\lambda_2 = -2$ bekannt. Außerdem

soll $\det(A) = \frac{1}{2}$ sein. Bestimmen Sie einen dritten von den beiden ersten linear unabhängigen Eigenvektor $\vec{v}_3$ und den zugehörigen Eigenwert λ_3.
Hinweis: Wenden Sie an, was Sie über die Diagonalisierbarkeit *symmetrischer* Matrizen wissen.
Lösung siehe Seite: 270.

Aufgabe L69 (Eigenwert, Minimalpolynom, Diagonalisierbarkeit)
Sei V ein n-dimensionaler K-Vektorraum und p Parallelprojektion, also $p \in \text{End}_K V \setminus \{0, \text{id}\}$ mit $p \circ p = p$.
1. Begründen Sie, dass für das Minimalpolynom H_p von p gilt $H_p(X) = X^2 - X$.
2. Welche Eigenwerte hat p?
3. Nach welchem Satz ist p diagonalisierbar?
4. Von welcher Form ist eine Matrix von p bezüglich einer geeigneten Basis?
5. Von welcher Form ist das charakteristische Polynom von p?
Lösung siehe Seite: 271.

Aufgaben zu 2.2/2.3 (Skalarprodukt, Orthogonalität, Isometrien)

Aufgabe L70 (orthogonal, linear unabhängig, Prähilbertraum)
Sei V ein Prähilbertraum, also $\mathbb{R}$- oder $\mathbb{C}$-Vectorraum mit Skalarprodukt $\langle \cdot, \cdot \rangle$. Zeigen Sie für eine orthonormale Menge $U = \{u_1, \ldots, u_r\}$ von Vektoren:
(a) U ist linear unabhängig.

(b) Für jeden Vektor $v \in V$ ist $w = v - \sum_{i=1}^{r} \langle v, u_i \rangle u_i$ orthogonal zu jedem u_j.

Lösung siehe Seite: 271.

Aufgabe L71 (Skalarprodukt, Orthogonalität)

Gibt es ein Skalarprodukt g auf dem $\mathbb{R}$-Vektorraum $\mathbb{R}^2$ derart, dass gilt:
$$(1,0) \perp_g (0,1) \text{ und } (2,-3) \perp_g (-1,1) ?$$

($\perp_g$ bezeichnet dabei die durch g induzierte Orthogonalitätsrelation auf $\mathbb{R}^2$.)

Lösungshinweis: Bestimmen Sie eine symmetrische Bilinearform g der geforderten Eigenschaften, und prüfen Sie, ob g Skalarprodukt ist.

Lösung siehe Seite: 271.

Aufgabe L72 (Skalarprodukt, positiv definit)

Bestimmen Sie im $\mathbb{R}$-Vektorraum $\mathbb{R}^2$ ein Skalarprodukt $\langle \cdot, \cdot \rangle$ derart, daß gilt:
$$\langle (1,0), (1,0) \rangle = 1 \wedge \langle (-1,1), (-1,1) \rangle = 1 \wedge \langle (1,0), (-1,1) \rangle = 0.$$

Lösungshinweis: Bestimmen Sie zunächst die Fundamentalmatrix der betreffenden symmetrischen Bilinearform.

Lösung siehe Seite: 272.

Aufgabe L73 (Orthogonalprojektion, Kern)

Sei V ein endlich-dimensionaler euklidischer Vektorraum, U ein Unterraum von V und $U^{\perp}$ das (eindeutig bestimmte) orthogonale Komplement von U.

(a) Die lineare Abbildung $p_U : V \to V$ mit $p_U(u+w) = u$ für $u \in U$, $w \in U^{\perp}$ heißt Orthogonalprojektion von V auf U. Zeigen Sie: Für alle $x, y \in V$ gilt $p_U(x) \cdot y = x \cdot p_U(y)$.

(b) Zeigen Sie: Ist $p : V \to V$ eine lineare Abbildung mit $p(V) = U$ und $p(x) \cdot y = x \cdot p(y)$ für alle $x, y \in V$, so ist Kern $p = U^{\perp}$.

Lösung siehe Seite: 272.

Aufgabe L74 (unitäre Abbildung, invarianter Unterraum)

Sei V ein endlich-dimensionaler $\mathbb{C}$-Vektorraum; weiter sei φ eine hermitesche Form auf V mit $\varphi(x,x) \neq 0$ für alle $x \in V \setminus \{0\}$. Sei schließlich $f \in \text{End}(V)$ unitär bzgl. φ, d.h. es gelte
$$\varphi(f(x), f(y)) = \varphi(x,y) \text{ für alle } x, y \in V.$$

Zeigen Sie: (a) f ist bijektiv. (b) Ist U ein f-invarianter Unterraum, so ist auch $U^{\perp}$ ein f-invarianter Unterraum mit $U \cap U^{\perp} = \{0\}$.

Lösung siehe Seite: 272.

Aufgabe L75 (Orthogonalraum, Kern)

Sei (V, φ) ein euklidischer Vektorraum; also $\mathbb{R}$–Vektorraum mit Skalarprodukt! Zeigen Sie, dass für alle Unterräume U und W von V gilt

1. $(U + W)^{\perp} = U^{\perp} \cap W^{\perp}$
2. $(U \cap W)^{\perp} \supseteq U^{\perp} + W^{\perp}$
3. $(U^{\perp})^{\perp} = U$, falls $\dim V < \infty$
4. $(U \cap W)^{\perp} = U^{\perp} + W^{\perp}$, falls $\dim V < \infty$.

Lösungshinweis: Sätze über die Dimension des Kerns einer linearen Abbildung dürfen Sie unbewiesen benutzen.

Lösung siehe Seite: 273.

Aufgabe L76 (Unterraum, LGS, ONB)

Im euklidischen Vektorraum $\mathbb{R}^4$ sei ein Unterraum U definiert durch die Gleichungen
$$x_1 + x_3 = 0 \quad \text{und} \quad x_2 - x_4 = 0.$$

Bestimmen Sie $\dim_{\mathbb{R}} U$ und geben Sie eine Orthonormalbasis von U an!
Lösung siehe Seite: 273.

Aufgabe L77 (orthogonal, linear unabhängig, Skalarprodukt)

Sei V ein reeller Vektorraum mit Skalarprodukt $\langle \cdot, \cdot \rangle$ und $\dim V \geq 2$. Zeigen Sie:
(a) Paarweise orthogonale Vektoren $\vec{v}_1, \ldots, \vec{v}_n$, die ungleich dem Nullvektor sind, sind linear unabhängig.
(b) Genau dann sind zwei Vektoren $\vec{u}$ und $\vec{v} \in V$ linear unabhängig, wenn die Determinante der

"Gramschen Matrix" $\quad G := \begin{pmatrix} \langle \vec{u}, \vec{u} \rangle & \langle \vec{u}, \vec{v} \rangle \\ \langle \vec{u}, \vec{v} \rangle & \langle \vec{v}, \vec{v} \rangle \end{pmatrix}$ ungleich 0 ist.

Lösungshinweis: Sie dürfen ohne Beweis verwenden, dass $\vec{v}_1, \vec{v}_2 \in V$ genau dann linear abhängig sind, wenn $\vec{0} \in \{\vec{v}_1, \vec{v}_2\}$ oder $|\cos \sphericalangle (\vec{v}_1, \vec{v}_2)| = 1$.
Lösung siehe Seite: 274.

Aufgabe L78 (selbstadjungiert, Eigenvektoren)

Sei V ein $\mathbb{R}$-Vektorraum mit Skalarprodukt $< \cdot, \cdot >$ und φ ein Endomorphismus von V. Bekanntlich heißt φ selbstadjungiert, falls für alle $x, y \in V$ gilt: $< \varphi(x), y > = < x, \varphi(y) >$. Zeigen Sie:
(i) Ist φ selbstadjungiert, und sind a_1, a_2 Eigenvektoren zu verschiedenen Eigenwerten λ_1, λ_2, so folgt $a_1 \perp a_2$.
(ii) Ist V endlich-dimensional und M die Matrix des selbstadjungierten Endomorphismus φ bzgl. einer orthonormierten Basis $\mathcal{B}$, so gilt $M = M^T$.
Lösungshinweis: ad(i): Betrachten Sie $< \varphi(a_1), a_2 >$! ad(ii): Beachten Sie, dass $< x, y > = \vec{x}^T \vec{y}$ gilt, falls $\vec{x}, \vec{y}$ Koordinatenvektoren von x bzw. y bzgl. $\mathcal{B}$ sind. (Dabei ist $\vec{x}^T$ der zu $\vec{x}$ transponierte Vektor.)
Lösung siehe Seite: 274.

Aufgabe L79 (Diagonalisierbarkeit, Eigenwerte)

Beweisen Sie, dass jede symmetrische reelle 2×2–Matrix diagonalisierbar ist.
Lösung siehe Seite: 274.

Aufgabe L80 (Gram-Schmidtsches V., ONB, Diagonalisierung, Hauptachsentransformation)

Sei A die folgende reelle 3×3-Matrix: $A = \begin{pmatrix} \frac{3}{2} & \frac{1}{2} & 0 \\ \frac{1}{2} & \frac{3}{2} & 0 \\ 0 & 0 & 2 \end{pmatrix}$. Berechnen Sie eine Orthonormalbasis aus Eigenvektoren von A und geben Sie eine orthogonale Matrix S an, so dass $S^T A S$ eine Diagonalmatrix ist.
Lösung siehe Seite: 274.

Aufgabe L81 (ONS, stetige Funktion, Integral)

Sei $V = C[-1, 1]$ der $\mathbb{R}$-Vektorraum der stetigen reellwertigen Funktionen auf dem Intervall $[-1, 1]$. Bekanntlich ist dann auf V ein Skalarprodukt durch folgende Festsetzung definiert:

$$\langle f, g \rangle := \int\limits_{-1}^{1} f(t) g(t) \, \mathrm{dt}.$$

(a) Zeigen Sie, dass die Funktionen $P_0 := \frac{1}{2}\sqrt{2} \mathrm{id}^0$ und $P_1 := \frac{1}{2}\sqrt{6} \mathrm{id}^1$ (für $\mathrm{id}^j : [-1, 1] \to \mathbb{R}$ mit $x \mapsto x^j$) ein System orthonormierter Vektoren aus $(V, \langle \cdot, \cdot \rangle)$ bilden.
(b) Bestimmen Sie eine Orthonormalbasis des von $\mathrm{id}^0, \mathrm{id}^1$ und id^2 erzeugten Unterraums U.
Lösung siehe Seite: 276.

Aufgabe L82 (Parallelogrammgleichung, Norm, Skalarprodukt)

(a) Zeigen Sie, dass für beliebige komplexe Zahlen $a, b \in \mathbb{C}$ die folgende Parallelogrammgleichung gilt: $\qquad |a+b|^2 + |a-b|^2 = 2(|a|^2 + |b|^2)$

(b) V sei ein normierter Vektorraum über $\mathbb{R}$ oder $\mathbb{C}$, dessen Norm über ein Skalarprodukt definiert sei. Beweisen Sie, dass für $a, b \in V$ die Parallelogrammgleichung gilt:

$$||a+b||^2 + ||a-b||^2 = 2(||a||^2 + ||b||^2) \,.$$

Warum heißen diese Gleichungen "Parallelogrammgleichungen"? Man interpretiere sie elementargeometrisch mit Hilfe einer Skizze.

Lösung siehe Seite: 276.

Aufgabe L83 (Orthogonalraum, ONB)

Sei W der Unterraum von $\mathbb{R}^4$, der von $u = (1, 0, -1, 2)$ und $v = (2, 0, 2, -1)$ aufgespannt wird; sei ferner $W^\perp$ der Orthogonalraum von W in $\mathbb{R}^4$ (bzgl. des kanonischen Skalarprodukts).

(a) Welche Dimension hat $W^\perp$?

(b) Geben Sie eine Basis B von $W^\perp$ an!

(c) Falls B keine Orthonormalbasis ist, geben Sie auch eine Orthonormalbasis von $W^\perp$ an!

Lösung siehe Seite: 276.

Aufgabe L84 (Skalarprodukt, Isomorphismus)

Es sei V ein 3-dim reeller euklidischer Raum mit Skalarprodukt $\langle \cdot, \cdot \rangle$. Seien $\vec{a}, \vec{b}, \vec{c}$ Vektoren, die eine (nicht unbedingt orthonormale!) Basis von V bilden. Zeigen Sie, dass die Abbildung

$$\vec{v} \mapsto \begin{pmatrix} \langle \vec{v}, \vec{a} \rangle \\ \langle \vec{v}, \vec{b} \rangle \\ \langle \vec{v}, \vec{c} \rangle \end{pmatrix}$$

ein Isomorphismus von V auf $\mathbb{R}^3$ ist.

Lösung siehe Seite: 277.

Aufgabe L85 (Isometrie, Eigenvektoren) (s.auch Aufgabe L64!)

Sei (V, φ) ein endlich-dimensionaler euklidischer Vektorraum und f eine (lineare) Isometrie von (V, φ) auf sich. Zeigen Sie: Eigenvektoren zu verschiedenen Eigenwerten stehen senkrecht aufeinander.

Lösung siehe Seite: 277.

Aufgabe L86 (Isometrie)

Sei ψ ein Skalarprodukt auf dem $\mathbb{R}$-Vektorraum $\mathbb{R}^n$ und M eine reelle $n \times n$-Matrix. Geben Sie eine notwendige und hinreichende Bedingung dafür an, dass die lineare Abbildung $m : \mathbb{R}^n \to \mathbb{R}^n$ mit $m(v)^T = M \cdot v^T$ das Skalarprodukt ψ erhält, dass also $\psi(m(u), m(v)) = \psi(u, v)$ für alle $u, v \in \mathbb{R}^n$ gilt.

Lösunshinweis: Beachten Sie, dass ψ nicht notwendig das kanonische Skalarprodukt von $\mathbb{R}^n$ ist.

Lösung siehe Seite: 277.

Aufgabe L87 (Isometrie, Skalarprodukt, Spiegelung, charakteristisches Polynom)

(Vgl. auch Aufgabe L62!)

Es sei $f : \mathbb{R}^2 \longrightarrow \mathbb{R}^2$ linear mit $f^n = \mathrm{id}_{\mathbb{R}^2}$ für ein $n \geq 1$ und $\det(f) < 0$. Zeigen Sie, dass es dann auf $\mathbb{R}^2$ ein Skalarprodukt gibt, für das f eine Spiegelung an einer Geraden durch den Ursprung ist.

Lösung siehe Seite: 277.

Aufgaben zu 2.4 (Dualraum)

Aufgabe L88 (duale Basis, Dualraum, Fortsetzungssatz)
Sei V ein Vektorraum über $\mathbb{R}$, $\dim V = n$, $B = \{b_1, \ldots, b_n\}$ eine Basis von V. Den Dualraum von V bezeichnen wir mit V^*.
(a) Geben Sie eine Definition von V^*, definieren Sie die duale Basis $B^* = \{b_1^* \ldots b_n^*\}$.
(B) Beweisen Sie, dass die von Ihnen angegebene Menge B^* eine Basis von V^* ist.
Lösung siehe Seite: 278.

Aufgabe L89 (Linearform, Dualraum, Isomorphismus)
Sei (V, φ) ein endlich-dimensionaler euklidischer Vektorraum. Zu jedem Element $v \in V$ wird durch $L_v : V \to \mathbb{R}$ mit $L_v(w) := \varphi(v, w)$ für alle $w \in V$ eine Linearform L_v aus V^*, dem Dualraum von V, definiert. Zeigen Sie: Die Abbildung $\alpha : V \to V^*$ mit $v \mapsto L_v$ ist ein Vektorraum-Isomorphismus.
Lösungshinweis: Sie dürfen ohne Beweis die Aussage $\dim V = \dim V^*$ verwenden.
Lösung siehe Seite: 278.

Aufgabe L90 (Linearform, Automorphismus, Fixpunkt)
Sei V ein endlich-dimensionaler K-Vektorraum, μ eine Linearform auf V, $H := \mathrm{Kern}\,\mu$ und $\vec{a} \in H \setminus \{0\}$. Weiter sei $\tau : V \to V$ definiert durch $\tau(\vec{v}) := \vec{v} - \mu(\vec{v}) \cdot \vec{a}$. Zeigen Sie:
(a) τ ist ein Automorphismus von V. (b) $\tau|_H = \mathrm{id}$. (c) τ hat außerhalb von H keinen Fixpunkt.
Lösung siehe Seite: 278.

Aufgaben zu 2.5 (Euklidische analytische Geometrie)

Aufgabe L91 (affine Abbildung, LGS, Eigenwert)
Sei E ein n-dimensionaler affiner Raum über dem Körper K und - nach Auszeichnung eines Koordinatensystems - g die affine Abbildung von E mit $g(x) = Ax + b$ (mit $b \in K^n$, $A \in K^{(n,n)}$ fest und $x \in K^n$).
(a) Zeigen Sie: Die Menge $\mathrm{Fix}\,g$ der Fixpunkte von g bildet einen affinen Unterraum von E.
(b) Zeigen Sie: Ist 1 kein Eigenwert von A, so hat g genau einen Fixpunkt.
Lösung siehe Seite: 279.

Aufgabe L92 (windschiefe Geraden, Lot)
In einem $\mathbb{R}$-Vektorraum W mit $\dim W \geq 3$ sei ein Skalarprodukt $\langle \cdot, \cdot \rangle$ erklärt, und in W seien zwei nicht-parallele Geraden
$$g = \{\vec{a} + s\vec{u} \,|\, s \in \mathbb{R}\}, \quad \text{und} \quad h = \{\vec{b} + t\vec{v} \,|\, t \in \mathbb{R}\}$$
ohne gemeinsamen Punkt (windschiefe Geraden) mit $\vec{a}, \vec{b}, \vec{u}, \vec{v} \in W$, $\vec{u} \neq \vec{0}, \vec{v} \neq \vec{0}$ gegeben.
Zeigen Sie: Es gibt eine Gerade in W, die beide Geraden g und h schneidet und zu beiden orthogonal verläuft. *Lösungshinweis:* Nutzen Sie zum Beweis das in Aufgabe L77 Gezeigte.
Lösung siehe Seite: 279.

Aufgabe L93 (Spiegelung, Drehung, Matrixdarstellung)
In der reellen euklidischen Ebene $\mathcal{E}$ seien φ_1 und φ_2 zwei Geradenspiegelungen mit sich schneidenden, aber verschiedenen Achsen.
(a) Wählen Sie einen Nullpunkt und eine kartesische Basis B des $\mathcal{E}$ zugrunde liegenden Vektorraums so aus, dass die darstellende Matrix von φ_1 eine besonders einfache Darstellung hat. Wie sieht dann die darstellende Matrix von φ_2 aus?

(b) Unter welcher Bedingung gilt $\varphi_1 \circ \varphi_2 = \varphi_2 \circ \varphi_1$?

(Sie dürfen ohne Beweis benutzen, dass Geradenspiegelungen Bewegungen sind und als solche affin-lineare und orthogonale Abbildungen.)

(c) Lässt sich das Ergebnis zu (b) auch ohne Rückgriff auf die Matrixdarstellung gewinnen?

(Hierbei dürfen Sie Sätze über Drehungen unbewiesen benutzen.)

Lösung siehe Seite: 279.

Aufgabe L94 (Lot, orthogonal, Länge)

Seien $\mathcal{E}$ die reelle euklidische Ebene, 0 der Ursprung in $\mathcal{E}$ und g eine Gerade mit der Ortsvektorgleichung $x = p + \lambda v, \quad \lambda \in \mathbb{R}$.

(a) Zeigen Sie: Der Fußpunkt D des Lots von 0 auf g hat den Ortsvektor $d = p - \frac{v \cdot p}{v^2} v$.

(b) Berechnen Sie die Länge von d.

(c) Existiert auch ein Fußpunkt eines Lots von 0 auf g, wenn g eine Gerade des 3-dimensionalen reellen euklidischen Raums ist?

Lösung siehe Seite: 280.

Aufgabe L95 (HNF)

Bestimmen Sie den Abstand der beiden Ebenen im $\mathbb{R}^3$ voneinander, die dargestellt werden durch die Gleichungen $E_1 : x + y + z = 2$ und $E_2 : x + y + z = 3$.

Lösung siehe Seite: 280.

Aufgabe L96 (HNF, Spiegelung)

Bestimmen Sie im euklidischen $\mathbb{R}^3$ das Spiegelbild S des Punktes $T = (-1, 2, 0)$ in Bezug auf die durch die Gleichung $x + 2y - z = -1$ dargestellte Ebene E.

Lösung siehe Seite: 280.

Aufgabe L97 (HNF, Spiegelung)

In der reellen euklidischen Ebene sei g die Gerade mit der Gleichung $5x - 12y - 10 = 0$ und $P = (5, -2)$. Bestimmen Sie

(a) den Abstand zwischen g und P,

(b) die Gleichung der Geraden h durch P, die auf g senkrecht steht und

(c) die Koordinaten des Bildpunktes Q von P unter der Spiegelung an g.

Lösung siehe Seite: 280.

Aufgabe L98 (HNF)

Sei E die Ebene des reellen euklidischen Raumes $\mathbb{R}^3$ mit der Gleichung $-3x + 2y - 6z = -14$. Bestimmen Sie die Menge M aller Punkte aus $\mathbb{R}^3$, die den Abstand 1 von E haben und auf der gleichen Seite von E wie der Nullpunkt liegen. Beschreiben Sie M geometrisch!

Lösung siehe Seite: 281.

Aufgabe L99 (HNF)

In der euklidischen Ebene E sei der Punkt P mit kartesischen Koordinaten (p, q) und die Gerade g' durch die Gleichung $ax + by + c = 0$ mit $(a, b) \neq (0, 0)$ gegeben; sei ferner $d \in \mathbb{R}$ mit $d \geq 0$. Gesucht sind Parallelen g zur Geraden g', von denen P den (nicht orientierten) Abstand d hat. Bestimmen Sie deren Gleichungen.

Lösung siehe Seite: 281.

Aufgabe L100 (windschiefe Geraden, Vektorprodukt, HNF)

Gegeben seien zwei windschiefe Geraden $g_1 : \vec{x} = \vec{a} + \lambda \vec{v}, \quad g_2 : \vec{y} = \vec{b} + \mu \vec{w}$ mit $\lambda, \mu \in \mathbb{R}$, $\vec{a}, \vec{b}, \vec{v}, \vec{w} \in \mathbb{R}^3, \vec{v}, \vec{w} \neq \vec{0}$.

(a) Zeigen Sie, dass sich durch jede der beiden Geraden eine Ebene so legen lässt, dass diese beiden Ebenen zueinander parallel sind.

(b) Welchen Abstand haben die beiden Ebenen voneinander?

Lösung siehe Seite: 281.

Aufgabe L101 (windschiefe Geraden, Abstand, Vektorprodukt, LGS)

$$\text{Seien } g = \begin{pmatrix} 1 \\ 0 \\ 0 \end{pmatrix} + \mathbb{R} \begin{pmatrix} 0 \\ 1 \\ 1 \end{pmatrix} \quad \text{und} \quad h = \begin{pmatrix} 0 \\ -1 \\ 1 \end{pmatrix} + \mathbb{R} \begin{pmatrix} 1 \\ 0 \\ 0 \end{pmatrix} \quad \text{Geraden von} \quad \text{EG}(\mathbb{R}^3) \quad \text{(man ver-}$$

gleiche mit Aufgabe L43 !). Bestimmen Sie den euklidischen Abstand zwischen g und h !

Lösung siehe Seite 282.

Literaturhinweise zu Kap.2:

Fischer [Fi1], [Fi2], Beutelspacher [Beu], Lorenz [Lo], Huppert/Willems [HW], Havlicek [Ha], Brieskorn [Bri], Scheid/Schwarz [SS] Kap.V., [SS2], Heuser [Heu2].

Kapitel 3

Analysis I

(Hinweis: Je nach Modulbeschreibung bzw. Stofffplan mögen Teile dieses Kapitels erst in der Vorlesung Analysis II des Lesers behandelt worden sein.)

3.1 Konvergenz von reellen Folgen

Was versteht man unter einer **Folge**, einer konstanten Folge, einer arithmetischen Folge, einer geometrischen Folge, einer Reihe?

Eine *Folge* $(a_n)_{n \in \mathbb{N}^*} = (a_1, a_2, a_3, \ldots, a_n, \ldots)$ mit $a_n \in M$ ist definiert [1] als Abbildung $f : \mathbb{N}^* \to M$ mit $n \mapsto a_n$.

Spezialfälle:

(i) *konstante Folge:* $a_n = c$ für alle $n \in \mathbb{N}^*$

(ii) *arithmetische Folge:* $a_{n+1} = a_n + d$ (mit $a_1, d \in \mathbb{R}$), d.h. $a_n = a_1 + (n-1)d$;
Anmerkung: In diesem Fall gilt $a_n = \frac{1}{2}(a_{n-1} + a_{n+1})$.

(iii) *geometrische Folge:* $a_{n+1} = q \cdot a_n$ (mit $a_1, q \in \mathbb{R} \smallsetminus \{0\}$), d.h. $a_n = a_1 q^{n-1}$
Anmerkung: Nun ist $|a_n| = \sqrt{a_{n-1} \cdot a_{n+1}}$.

(iv) *Reihe:* $a_n = \sum\limits_{v=1}^{n} b_v$ mit gegebener Folge $(b_v)_{v \in \mathbb{N}^*}$ (s. auch§3.3) (Folge der Partialsummen).
Beispiel: Ist $b_v = b_1 + (v-1)d$, so erhält man als *"arithmetische Reihe"* die Reihe $(a_n)_{n \in \mathbb{N}^*}$ mit $a_n = \sum\limits_{v=1}^{n} b_v$. Durch die Addition

$$
\begin{array}{rl}
a_n & = b_1 + (b_1 + d) + \ldots + (b_1 + (n-1)d) \\
a_n & = b_n + (b_n - d) + \ldots + (b_n - (n-1)d) \\
\hline
2a_n & = (b_1 + b_n) \cdot n
\end{array}
$$

sieht man $a_n = n \cdot \frac{b_1 + b_n}{2}$ ($\longrightarrow$ C.F.Gauss für $1 + 2 + 3 + \ldots + 100$).
*Anmerkung:*Â¿, Eine reelle Folge f (d.h. eine Folge mit $M = \mathbb{R}$) heißt *monoton steigend*, falls $a_n \leq a_{n+1}$ für alle $n \in \mathbb{N}^*$, *nach oben beschränkt*, falls $f(\mathbb{N}^*)$ eine obere Schranke besitzt. Analog

---

[1] Die Zählung kann auch bei 0 oder einem anderen Index $j \in \mathbb{Z}$ beginnen; dann ist der Definitionsbereich nicht $\mathbb{N}^* = \mathbb{N} \setminus \{0\}$, sondern $\mathbb{N}$ bzw. $\{z \in \mathbb{Z} | z \geq j\}$.

ist "monoton fallend" und "nach unten beschränkt" definiert. Eine "monotone Folge" ist definitionsgemäß eine monoton steigende oder eine monoton fallende Folge, eine "beschränkte Folge" nach oben und unten beschränkt.

Wann heißt eine reelle Folge konvergent?

Die reelle Folge $(a_n)_{n\in\mathbb{N}}$ heißt **konvergent** gegen a und a Grenzwert der Folge, falls gilt: $\forall \varepsilon > 0 \; \exists n_0 \in \mathbb{N} \; \forall n \in \mathbb{N}, n \geq n_0 : a_n \in U_\varepsilon(a)$; (dabei ist die $\varepsilon-$ Umgebung von a definiert als $U_\varepsilon(a) := \{x \in \mathbb{R} \,|\, |x - a| < \varepsilon\}$). *Bezeichnung:* $\lim\limits_{n \to \infty} a_n = a$.

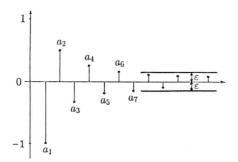

Abbildung 3.1:
Zur Konvergenz einer Folge: Für jedes $\varepsilon > 0$ liegen schließlich alle Werte im ε-Schlauch

Beispiel: $((-1)^n \frac{1}{n})_{n\in\mathbb{N}^*}$ konvergiert gegen 0, siehe auch Bild 3.1.
Anmerkungen: 1.) Arithmetische Folgen divergieren (d.h. konvergieren nicht), falls $d \neq 0$, geometrische Folgen divergieren für $|q| > 1$.
2.) Jede Folge besitzt höchstens einen Grenzwert (Beweis?).

Geben Sie einige **Konvergenzkriterien** für reelle Folgen an!

1. **Monotoniekriterium:** *Eine monoton fallende nach unten beschränkte Folge konvergiert gegen die untere Grenze ihrer Bildmenge. Analoges gilt für monoton steigende nach oben beschränkte Folgen und die obere Grenze.*

2. **Cauchy-Konvergenzkriterium:** *Eine reelle Folge konvergiert genau dann, wenn sie eine* **Cauchy-Folge** *ist, d.h. wenn gilt:* $\forall \varepsilon > 0 \; \exists n_0 \in \mathbb{N} \quad \forall n, m > n_0 : \quad |a_m - a_n| < \varepsilon.$

   Anmerkung: Dieses Kriterium ist Ausdruck der Cauchyfolgen-Vollständigkeit von $\mathbb{R}$, siehe Seite 78 und Seite 104 !

3. **Vergleichskriterium für Nullfolgen:** *Ist* $(b_n)_{n\in\mathbb{N}}$ *eine reelle Nullfolge, $N > 0$ und $(a_n)_{n\in\mathbb{N}}$ eine reelle Folge mit $|a_n| \leq N \cdot |b_n|$ für fast alle $n \in \mathbb{N}$, so ist auch $(a_n)_{n\in\mathbb{N}}$ Nullfolge.*

Anmerkung: Monotoniekriterium und Cauchy-Kriterium sind neben dem Auswahlprinzip von Bolzano-Weierstraß (s.u.) und dem Intervallschachtelungssatz wichtige Prinzipien der Konvergenztheorie, siehe u.a. Heuser [Heu1].

Definieren Sie den Begriff **Häufungswert** einer Folge. Wie wird das Supremum bzw. Infimum aller Häufungswerte einer Folge bezeichnet?

(i) Sei $(a_n)_{n\in\mathbb{N}}$ eine Folge; dann heißt b *Häufungswert* (*Verdichtungspunkt*) der Folge, falls eine gegen b konvergente Teilfolge von $(a_n)_{n\in\mathbb{N}}$ existiert, also in jeder ε-Umgebung von b unendlich viele Folgenglieder liegen.

Anmerkung: Jeder Häufungspunkt der Menge $\{a_n\}$ ist auch Häufungswert von (a_n), aber, wie die konstante Folge zeigt, nicht notwendig umgekehrt.

Beispiele:

a) $-1, 1$ sind Verdichtungspunkte von $((-1)^n)_{n\in\mathbb{N}^*}$ und von $(\frac{1}{n}+(-1)^n)_{n\in\mathbb{N}^*}$

b) Da $\mathbb{Q}$ abzählbar ist, existiert eine Folge $(x_n)_{n\in\mathbb{N}}$ mit $\{x_n|n\in\mathbb{N}\}=\mathbb{Q}$. Die Menge der Verdichtungspunkte ist $\mathbb{R}$ (bzw. $\mathbb{R}\cup\{+\infty,-\infty\}$).

c) Die Folge $(n)_{n\in\mathbb{N}}$ hat keinen Verdichtungspunkt in $\mathbb{R}$.

Anmerkung: Allerdings gilt: Jede beschränkte reelle Folge besitzt mindestens einen Häufungswert (Satz von Bolzano-Weierstraß, s. Seite 76). Und jede beschränkte reelle Folge mit genau einem Häufungswert konvergiert.

(ii) Sei $(x_n)_{n\in\mathbb{N}}$ reelle Folge; dann definiert man

$$\lim_{n\to\infty} x_n = +\infty \; :\Longleftrightarrow \forall N\in\mathbb{R}\;\exists n_0\in\mathbb{N}\;\forall n\geq n_0 : x_n > N$$

(und entsprechend $\lim\limits_{n\to\infty} x_n = -\infty$ mittels $x_n < N$).

Zu einer reellen Folge $(a_n)_{n\in\mathbb{N}}$ besitzt die Menge

$$H := \{b\in\mathbb{R}\cup\{+\infty,-\infty\}\,|\,b \text{ Häufungswert von } (a_n)\}$$

ein Supremum und ein Infimum in $\bar{\mathbb{R}} = \mathbb{R}\cup\{+\infty,-\infty\}$. Man setzt

$$\overline{\lim}_{n\to\infty} a_n := \lim_{n\to\infty}\sup a_n := \sup H \qquad \text{(Limes superior)}$$

und

$$\underline{\lim}_{n\to\infty} a_n := \lim_{n\to\infty}\inf a_n := \inf H \qquad \text{(Limes inferior)}$$

Anmerkung: Konvergenz einer beschränkten Folge in $\mathbb{R}$ ist dann äquivalent mit der Gleichheit von Limes superior und Limes inferior.

Beweisen Sie:

(a) $\lim\limits_{n\to\infty}\sqrt[n]{a} = 1$ für alle $a > 0$ (b) $\lim\limits_{n\to\infty}\sqrt[n]{n} = 1$

(c) $\lim\limits_{n\to\infty} a^n = 0$ für $|a| < 1$ und $\lim\limits_{n\to\infty} a^n = 1$ für $a = 1$ sowie $(a_n)_{n\in\mathbb{N}}$ divergent sonst (geometrische Folge)

(d) $\lim\limits_{n\to\infty} c_n = \sqrt{r}$, falls $c_0 \in \mathbb{R}^+, r\in\mathbb{R}^+$ und $c_{n+1} := \frac{1}{2}(c_n + r/c_n)$ (rekursiv definierte Folge)

Anmerkung: Beispiel d), das HERON-Verfahren zur Wurzelbestimmung, dient zur Konstruktion von rationalen Cauchyfolgen, die nicht im Raum $(\mathbb{Q},|\cdot|)$ konvergieren.

Merküberlegung: $x^2 = r$ impliziert $x = \frac{r}{x}$ (für $x\neq 0$). Ist bei der Rekursion $x_n \neq \frac{r}{x_n}$, so wird das arithmetische Mittel dieser beiden Ausdrücke genommen (, deren geometrisches Mittel schon $\sqrt{r}$ ist).

(a) *1. Möglichkeit:* Wir benutzen das Monotoniekriterium (s.o.)

1. Fall: $a \geq 1$. Wäre $\sqrt[n]{a} < \sqrt[n+1]{a}$, so $a^{n+1} < a^n$, also $a < 1$, ein Widerspruch. Also ist in diesem Falle $(\sqrt[n]{a})_{n\in\mathbb{N}}$ monoton fallend. Außerdem gilt $\sqrt[n]{a} \geq 1$ für alle $n\in\mathbb{N}^*$. Nach dem zitierten Satz existiert also $\lim \sqrt[n]{a} =: b$. Als Teilfolge konvergiert auch $(\sqrt[2n]{a})_{n\in\mathbb{N}^*}$ gegen b. Es folgt nach der Multiplikationsregel für Grenzwerte:

$$b = \lim_{n\to\infty} \sqrt[n]{a} = \lim_{n\to\infty} \sqrt[2n]{a} \cdot \lim_{n\to\infty} \sqrt[2n]{a} = b^2, \quad \text{also} \quad b \in \{1,0\}. \quad \text{Wegen} \quad \sqrt[n]{a} \geq 1$$

ergibt sich $\lim_{n\to\infty} \sqrt[n]{a} = 1$.

2. Fall: $a < 1$ Dann ist $A = \frac{1}{a} > 1$ und $\lim_{n\to\infty} \sqrt[n]{A} = 1$, s. Fall 1; es folgt

$$\lim_{n\to\infty} \sqrt[n]{a} = 1/\lim_{n\to\infty} \sqrt[n]{A} = 1.$$

2. Möglichkeit: Wir benutzen die Folgenstetigkeit der Exponentialfunktion:

$$\lim_{n\to\infty} \sqrt[n]{a} = \lim_{n\to\infty} e^{\ln(\sqrt[n]{a})} = \lim_{n\to\infty} e^{\ln(a)/n} = e^{\lim\limits_{n\to\infty} \ln(a)/n} = e^0 = 1.$$

b) *1. Möglichkeit:* Man zeigt, ähnlich wie in a), dass $(\sqrt[n]{n})_{n\in\mathbb{N}\setminus\{0,1,2,3\}}$ mon Ich war in einem anderen Hotel und mã¶chte dieses bewerten. oton fällt[2], nach unten beschränkt ist und der damit existierende Grenzwert die Gleichung $b^2 = b$ erfüllt.

2. Möglichkeit: $\lim_{n\to\infty} \sqrt[n]{n} = \lim_{n\to\infty} \exp(\frac{1}{n}\ln n) = e^0 = 1$ wegen $\lim_{x\to\infty} \frac{\ln x}{x} = \lim_{x\to\infty} \frac{1/x}{1} = 0$ (nach der Regel von de L'Hospital, s. Seite 99, und der Folgenstetigkeit von exp.

(c) Sei $0 < |a| < 1$. Dann gilt mit $\frac{1}{|a|} > 1$ auch $h := \frac{1}{|a|} - 1 > 0$ und $|a| = \frac{1}{1+h}$. Zu betrachten ist nun $\left(\frac{1}{(1+h)^n}\right)_{n\in\mathbb{N}}$. Es gilt die **Bernoullische Ungleichung:**

$$(1+x)^n \geq 1+nx \quad \text{für} \quad x > -1.$$

(Beweis durch vollständige Induktion: Für $n = 1$ ist die Behauptung richtig; es gelte die Ungleichung für n. Dann folgt

$$(1+x)^{n+1} \geq (1+x)(1+nx) = 1+x+nx+nx^2 \geq 1+(n+1)x.)$$

Zu $\varepsilon > 0$ wählt man nun $n_0 \in \mathbb{N}$ mit $n_0 > \frac{1}{\varepsilon h}$. Für $n \geq n_0$ folgt dann:

$$|a^n| = \frac{1}{(1+h)^n} \leq \frac{1}{1+nh} < \frac{1}{nh} < \varepsilon.$$

Für $a = 0$ oder $a = \pm 1$ sind die Behauptungen klar. Für $|a| > 1$ existiert ein $h > 0$: $|a| = 1+h$;   damit folgt $|a^n| = (1+h)^n > 1+nh$ d.h. $|a^n|$ ist unbeschränkt.

(d) Wir benutzen die Formel $\frac{a+b}{2} \geq \sqrt{a \cdot b}$ für alle $a,b \in \mathbb{R}^+$; d.h.: *Das arithmetische Mittel ist größer gleich dem geometrischen Mittel;* dies folgt mit $(\sqrt{a} - \sqrt{b})^2 \geq 0 \implies a - 2\sqrt{ab} + b \geq 0$.

Behauptung: $(*)$ $\sqrt{r} \leq c_{n+1} \leq \sqrt{r} + c_1/2^n$

Beweis: (i) $c_{n+1} = \frac{1}{2}(c_n + \frac{r}{c_n}) \geq \sqrt{c_n \cdot \frac{r}{c_n}} = \sqrt{r}$.

(ii) Der Beweis von $c_{n+1} \leq \sqrt{r} + c_1/2^n$ erfolgt durch vollständige Induktion:
Für $n = 0$ gilt $c_1 \leq \sqrt{r} + c_1$. Die Behauptung gelte für n; dann folgt

---

[2] Mit dem Binomischen Lehrsatz zeigt man $(1+\frac{1}{n})^n < 3$, s.u.

$$c_{n+2} = \tfrac{1}{2} \left(c_{n+1} + r/c_{n+1} \right) \underset{c_{n+1} \geq \sqrt{r}}{\leq} \tfrac{1}{2} \left(c_{n+1} + r/\sqrt{r} \right)$$

$$\leq \tfrac{1}{2} \left(\sqrt{r} + c_1/2^n + \sqrt{r} \right) = \sqrt{r} + c_1/2^{n+1}.$$

Die Aussage (d) folgt nun durch Grenzwertbildung bei $(*)$. □

Zeigen Sie die Existenz und Gleichheit folgender Grenzwerte

$$\lim_{n\to\infty}(1 + \tfrac{1}{n})^n = \lim_{n\to\infty} \sum_{k=0}^{n} \frac{1}{k!} \; (= e).$$

(i) Mit Hilfe der binomischen Formel $(a+b)^n = \sum\limits_{k=0}^{n} \binom{n}{k} a^k b^{n-k}$ (mit $\binom{n}{k} := \frac{n!}{k!(n-k)!}$ erhält man

die Monotonie der Folge $((1+\tfrac{1}{n})^n)_{n\in\mathbb{N}^*}$ wie folgt:

$$a_n = (1+\tfrac{1}{n})^n = \sum_{k=0}^{n} \binom{n}{k} \frac{1}{n^k} = 1 + \sum_{k=1}^{n} \frac{1}{k!} \frac{n}{n} \frac{(n-1)}{n} \frac{(n-2)}{n} \cdots \frac{(n-k+1)}{n} =$$

$$1 + \sum_{k=1}^{n} \frac{1}{k!}(1 - \tfrac{1}{n}) \cdots (1 - \tfrac{k-1}{n}) < 1 + \sum_{k=1}^{n+1} \frac{1}{k!}(1 - \tfrac{1}{n+1}) \cdots (1 - \tfrac{k-1}{n+1}) = a_{n+1}.$$

Die Beschränktheit ergibt sich folgendermaßen (mit $s_n := \sum\limits_{k=0}^{n} \frac{1}{k!}$ und $q = \tfrac{1}{2}$ sowie $k! > 2^{k-1}$ für

$k \geq 2$):

$$a_n \underset{\text{s.o.}}{\leq} 1 + \sum_{k=1}^{n} \frac{1}{k!} = s_n \leq 2 + \sum_{k=2}^{n} \frac{1}{2^{k-1}} = 1 + \sum_{k=1}^{n} q^{k-1} \underset{\text{geom.Reihe}}{=} 1 + \frac{1-q^n}{1-q} < 3.$$

Nach dem Monotoniekriterium folgt die Existenz von $\lim\limits_{n\to\infty}(1+\tfrac{1}{n})^n =: a$.

(ii) Nach (i) ist auch die Folge (s_n) nach oben beschränkt und offensichtlich monoton steigend, also konvergent. Wegen $a_n \leq s_n$ gilt $a \leq \lim\limits_{n\to\infty} s_n$.

Andererseits ist $a_n \geq \sum\limits_{k=0}^{m} \frac{1}{k!}(1 - \tfrac{1}{n}) \cdots (1 - \tfrac{k-1}{n}) = b_m$ für $m \leq n$ (vergl. (i)) und daher

$a = \lim\limits_{n\to\infty} a_n \geq \lim\limits_{n\to\infty} b_m = s_m$. Es folgt die Gleichheit der zu untersuchenden Limites. Dieser Grenz-wert wird je nach Einführung der Expotentialfunktion als Eulersche Zahl e definiert oder wie folgt als e identifiziert: Die Potenzreihendarstellung der Funktion $\exp$ (s. Seite 92) ergibt

$$\lim_{n\to\infty} \sum_{k=0}^{n} \frac{1}{k!} = \sum_{k=0}^{\infty} \frac{x}{k!} \Big|_{x=1} = \exp(1) = e^1 = e. \qquad \square$$

Anmerkung:
Ein alternativer Beweis benutzt neben $(a_n)_{n\in\mathbb{N}^*}$ die Folge $(c_n)_{n\in\mathbb{N}^*}$ mit $c_n = (1+\tfrac{1}{n})^{n+1}$, die ebenfalls gegen e konvergiert.

Zitieren Sie (ohne Beweis) Sätze über das Verhalten der Grenzwerte bei Summen, Produkten, Quotienten, Majoranten von konvergenten reellen Folgen.

Seien $(a_n)_{n\in\mathbb{N}}$ und $(b_n)_{n\in\mathbb{N}}$ **konvergente** reelle Folgen. Dann gilt (mit $\lim = \lim\limits_{n\to\infty}$)

(i) $\lim(a_n + b_n) = \lim a_n + \lim b_n$ (ii) $\lim(a_n \cdot b_n) = \lim a_n \cdot \lim b_n$ (iii) $\lim\frac{a_n}{b_n} = \frac{\lim a_n}{\lim b_n}$, falls

$\lim b_n \neq 0$ (iv) $\lim|a_n| = |\lim a_n|$ (v) $a_n \leq b_n$ für fast alle $n \implies \lim a_n \leq \lim b_n$.

Definieren Sie, was unter einer **Intervallschachtelung** $(a_n|b_n)$ zu verstehen ist; beweisen Sie, dass eine solche Intervallschachtelung eine Zahl a mit $a \in \bigcap\limits_{n\in\mathbb{N}} [a_n, b_n]$ eindeutig bestimmt.

(i) *Definition:*
Eine Folge $(\mathfrak{I}_n)_{n\in\mathbb{N}}$ abgeschlossener Intervalle $\mathfrak{I}_n = [a_n, b_n] \subseteq \mathbb{R}$ mit $a_n \leq b_n$ heißt *Intervallschachtelung*, falls gilt (vgl. Abbildung 3.2):
1. $\mathfrak{I}_0 \supseteq \mathfrak{I}_1 \supseteq \mathfrak{I}_2 \supseteq \ldots \supseteq \mathfrak{I}_n \supseteq \mathfrak{I}_{n+1} \supseteq \ldots$, d.h. $(a_n)_{n\in\mathbb{N}}$ ist monoton
wachsend und gleichzeitig $(b_n)_{n\in\mathbb{N}}$ monoton fallend.
2. Die Folge $(b_n - a_n)_{n\in\mathbb{N}}$ der Intervallängen ist eine Nullfolge.

Wir bezeichnen diese Intervallschachtelung mit $(a_n | b_n)$.

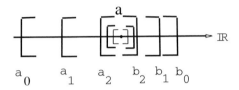

a

$\mathbb{R}$

$a_0 \qquad a_1 \qquad a_2 \qquad b_2 \; b_1 \; b_0$

Abbildung 3.2:
Intervallschachtelung

(ii) *Beweisskizze:* Da die Folgen (a_n) und (b_n) monoton sind und sich gegenseitig beschränken, existieren $a = \lim\limits_{n\to\infty} a_n$ und $b = \lim\limits_{n\to\infty} b_n$; ferner gilt $0 = \lim\limits_{n\to\infty}(b_n - a_n) = \lim\limits_{n\to\infty} b_n - \lim\limits_{n\to\infty} a_n = b - a$, also $a = b$. Wegen $a_n \leq \sup\{a_k\} = a = b = \inf\{b_k\} \leq b_n$ ($\to$ Monotoniekriterium) liegt a in jedem Intervall $[a_n, b_n]$. Wegen $b_n - a_n \to 0$ kann $\bigcap\limits_{n\in\mathbb{N}} [a_n, b_n]$ höchstens einen Punkt erhalten.

Daher folgt $\{a\} = \bigcap\limits_{n\in\mathbb{N}} [a_n, b_n]$. □

Anwendungsbeispiele:
a) Berechnung des Kreisumfangs und der Kreisfläche durch ein- und umbeschriebene n-Ecke ($\to$ Archimedes). b) Beweis des Satzes von Bolzano-Weierstraß (s.u., vgl. auch §3.2).

> Formulieren Sie den Satz von Bolzano-Weierstraß für Teilmengen von $\mathbb{R}^1$, und geben Sie eine Beweisskizze!

Satz von Bolzano-Weierstraß *Jede beschränkte unendliche Menge reeller Zahlen besitzt mindestens einen Häufungspunkt (und damit jede beschränkte Folge mindestens einen Häufungswert).*

Beweisidee: "Wie fängt man einen Löwen in der Wüste"? Zum Beispiel durch *Konstruktion einer Intervallschachtelung mittels Bisektions-Verfahren*
Beweisskizze: Sei M die gegebene Menge; wegen der Beschränktheit von M gibt es ein Intervall $\mathfrak{I}_0 = [a_0, b_0]$ mit $M \subseteq \mathfrak{I}_0$; insbesondere enthält $\mathfrak{I}_0$ unendlich viele Punkte von M. Sei nun schon $\mathfrak{I}_n = [a_n, b_n]$ derart konstruiert, dass $\mathfrak{I}_n \cap M$ unendlich ist. Dann enthält mindestens eins der Intervalle halber Breite $[a_n, \frac{a_n+b_n}{2}]$ und $[\frac{a_n+b_n}{2}, b_n]$ unendlich viele Elemente. Wir wählen dieses als $\mathfrak{I}_{n+1}$. Auf diese Weise erhält man (rekursiv definiert) eine Intervallschachtelung $(\mathfrak{I}_n)$ mit $h \in \bigcap\limits_{n\in\mathbb{N}} \mathfrak{I}_n$. ($\to$ Auswahlaxiom?) Zu gegebenem $\varepsilon > 0$ existiert dann wegen der gegen 0 strebenden Intervallängen ein $n \in \mathbb{N}$ derart, dass $h \in \mathfrak{I}_n \subseteq U_\varepsilon(h)$. Mit $\mathfrak{I}_n$ enthält $U_\varepsilon(h)$ unendlich viele Elemente von M, und h ist Häufungspunkt von M. □

3.2 Konvergenz und Stetigkeit in metrischen Räumen

Motivation: Verallgemeinerung der "Analysis" des $\mathbb{R}^1$ auf höhere Dimensionen und Funktionenräume.

Was versteht man unter einem metrischen Raum?

Definition: (E,d) heißt **metrischer Raum**, falls gilt:
E ist nicht-leere Menge und $d : E \times E \to \mathbb{R}$ eine reelle Funktion, genannt **Metrik** oder **Abstand**, mit folgenden Eigenschaften (für alle $x,y,z \in E$):

(a)   strenge Positivität: $d(x,y) \geq 0$ und $d(x,y) = 0 \Longleftrightarrow x = y$

(b)   Symmetrie: $d(x,y) = d(y,x)$

(c)   Dreiecksungleichung: $d(x,y) \leq d(x,z) + d(z,y)$

Geben Sie Beispiele metrischer Räume an!

Vorbemerkung: Beachten Sie, dass auf einem Vektorraum V durch eine Norm $\|\cdot\|$ (vgl. §2.2) auch eine Metrik gegeben ist, nämlich vermöge $d(x,y) = \|x - y\|$. Insbesondere wird ein Prähilbertraum mit Skalarprodukt Φ durch $d(x,y) := \sqrt{\Phi(x-y, x-y)}$ zu einem metrischen Raum.

(a) **Zahlengerade:** $(\mathbb{R}, d_1)$ mit $d_1(x,y) = |x - y|$ (in §3.1 verwandt)
Analog $(\mathbb{C}, d_1)$, dem Raum $(\mathbb{R}^2, d_2)$, s.u., entsprechend. (Falls nicht anders vermerkt, geht man bei $\mathbb{R}$ und $\mathbb{C}$ von diesen Metriken aus.)

(b) $\mathbb{R}^n$ mit **euklidischer Metrik**

$$d_2\left((\xi_1, \ldots, \xi_n), (\eta_1, \ldots, \eta_n) \right) := \sqrt{\sum_{i-1}^{n} (\xi_i - \eta_i)^2}$$

Beweis der Dreiecksungleichung mit Hilfe der **Ungleichung von Cauchy–Bunyakowski–Schwarz:**

$$\left(\sum_{i-1}^{n} \xi_i \eta_i \right)^2 \leq \left(\sum_{i=1}^{n} \xi_i^2 \right)\left(\sum_{i-1}^{n} \eta_i^2 \right)$$

bzw. ; $(\vec{x} \cdot \vec{y})^2 \leq \vec{x}^2 \cdot \vec{y}^2$ für $\vec{x}, \vec{y} \in \mathbb{R}^n$ und kanonisches Skalarprodukt, s. §2.2 !

Anmerkung: 1.) Diese Metrik ist von dem kanonischen Skalarprodukt auf $\mathbb{R}^n$ induziert. Die nach dem Satz von Pythagoras berechnete Länge einer Strecke stimmt mit dem hier angegebenen Abstand der Endpunkte überein.

2.) Auch $d_p(x\,y) := \left(\sum |\xi_i - \eta_i|^p \right)^{1/p}$ für $p \in \mathbb{N}^*$ definiert eine Metrik auf $\mathbb{R}^n$; diese erhält man aus der Norm $\|\,\|$ mit $\|x\| := \left(\sum |\xi_i|^p \right)^{1/p}$.

Zur Maximumsmetrik d_∞ siehe Fall (c)(i)!

(c) $\mathcal{B}(X, \mathbb{R})$: Auf der Menge der beschränkten reellen Funktionen auf X wird eine Metrik durch $d_\infty(f,g) := \sup_{x \in X} |f(x) - g(x)|$ definiert, die sogenannte **Metrik der gleichmäßigen Approximation** (oder *Konvergenz*) (Begründung für diesen Namen?) Diese Metrik ist durch die Supremumsnorm $\|f\| := \sup_{x \in X} |f(x)|$ induziert, s.u. und §3.3 Bsp. 4.

Spezialfälle:

(i) $X = \{1, \ldots, n\}$: $\mathcal{B}(X, \mathbb{R}) = \mathbb{R}^n$, mit $d_\infty\left((x_1, \ldots, x_n), (y_1, \ldots, y_n) \right) = \max_{i=1\ldots n} |y_i - x_i|$

(ii) $X = \mathbb{N}$ und $\mathcal{B}(\mathbb{N}, \mathbb{R})$ Raum der beschränkten Folgen in $\mathbb{R}$ mit Supremumsmetrik, auch als l^∞ bezeichnet. Wichtige Unterräume sind : $\mathbf{c}_\mathbb{R}$, der Raum der konvergenten Folgen über $\mathbb{R}$, und $\mathbf{c}_0$, der Raum der Nullfolgen über $\mathbb{R}$.

Analog wird auf $\mathcal{B}(X, \mathbb{C})$ und $\mathbf{c}_{\mathbb{C}}$ eine Metrik definiert.

(d) $C[0,1]$, Menge der auf $[0,1]$ stetigen reellen Funktionen, mit der Metrik

$$d_2(f,g) := \sqrt{\int_0^1 [f(t) - g(t)]^2 \, dt}$$

Diese Metrik ist von dem bei den Beispielen zu Prähilberträumen (s. §2.2 Bsp. c) angegebenen Skalarprodukt Φ induziert. Beachten Sie auch die dortigen Bemerkungen zur strengen positiven Definitheit ! Vgl. auch Bsp. 9 in §3.3.

(e) ** $\overline{\mathbb{R}} = \mathbb{R} \cup \{-\infty, +\infty\}$ (*erweiterte Zahlengerade*) mit der Metrik
$d_f(x,y) := |f(x) - f(y)|$ für $f : \overline{\mathbb{R}} \to [-1,1]$ definiert durch $x \mapsto \frac{x}{1+|x|}$

(f) ** $\mathrm{Hom}_{\mathbb{R}}\left(\mathbb{R}^n, \mathbb{R}^m\right)$, die Menge der linearen Abbildungen von $\mathbb{R}^n$ in $\mathbb{R}^m$, wird ein metrischer Raum durch die Definition $d(A,B) = \sup_{\vec{x} \in U_1(\vec{0})} d_2\left(A(\vec{x}), B(\vec{x})\right)$ (mit der Metrik
d_2 auf $\mathbb{R}^m$) (s. auch §1.1 Bsp. 9 !).

Verallgemeinern Sie die Definitionen der **Konvergenz** reeller Folgen, von Cauchyfolgen und **Häufungswerten** auf diejenigen von Folgen in beliebigen metrischen Räumen (E,d). Gehen Sie auch auf die Konvergenz in $(\mathbb{R}^m, d)$ und auf die von Funktionenfolgen ein!

(1) In der Definition der Begriffe Konvergenz bzw. Grenzwert in $\mathbb{R}^1$ ist jeweils $|x - y|$ durch $d(x,y)$ zu ersetzen, bzw. als ε-Umgebung nun $U_\varepsilon(a) := \{x \in E \,|\, d(x,a) < \varepsilon\}$ zu wählen. Also (mit $m,n \in \mathbb{N}$): $\lim_{n\to\infty} a_n = a : \Longleftrightarrow \forall \varepsilon > 0 \; \exists n_0 \; \forall n \geq n_0 : \quad a_n \in U_\varepsilon(a)$, (d.h. $d(a_n, a) < \varepsilon$). Ein *Häufungswert* ist dann weiterhin als Grenzwert einer Teilfolge definiert. Eine **Cauchyfolge** ist eine Folge, für die gilt $\forall \varepsilon > 0 \; \exists n_0 \in \mathbb{N} \; \forall n,m > n_0 : \; d(a_m, a_n) < \varepsilon$.
Anmerkung: Jede konvergente Folge eines metrischen Raumes ist Cauchyfolge. Gilt in einem metrischen Raum E stets die Umkehrung, so heißt E **Cauchyfolgen-vollständig**, kurz CF-*vollständig*. Beispiel einer Folge, die Cauchyfolge ist, aber nicht konvergiert, ist jede Folge in $(\mathbb{Q}, d_1)$, die in $(\mathbb{R}, d_1)$ gegen $\sqrt{2}$ konvergiert (s. Bsp. d auf Seite 73 mit $r = 2$) ; s. auch §3.3.
(2) Ist $(\vec{x}_n)_{n\in\mathbb{N}^*}$ eine Folge in $\mathbb{R}^m$ mit $\vec{x}_n = (\xi_{n1}, \ldots, \xi_{nm})$, so ist die Konvergenz in $(\mathbb{R}^m, d_2)$ äquivalent zur Konvergenz in allen Komponenten (Beweis?):

$$\lim_{n\to\infty} \vec{x}_n = \vec{x}_0 \Longleftrightarrow \lim_{n\to\infty} \xi_{ni} = \xi_{0i} \text{ für } i = 1, \ldots, m \text{ (s. Abbildung 3.3 a)}$$

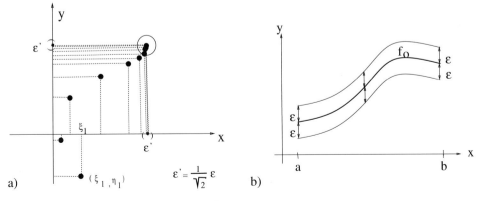

a) $\varepsilon' = \frac{1}{\sqrt{2}}\varepsilon$ b)

Abbildung 3.3: a) Zur Konvergenz in $(\mathbb{R}^2, d_2)$ b) ε–Schlauch bei der gleichmäßigen Konvergenz

(3) Konvergiert eine Folge (f_n) beschränkter reeller Funktionen auf der Menge X bzgl. der sup-Metrik, so spricht man von **gleichmäßiger Konvergenz**, also (vgl. Abb. 3.3 b, s. auch weiter unten):

$$f_n \underset{\text{glm.}}{\to} f \text{ (auf } X) \; :\Longleftrightarrow \; \forall \varepsilon > 0 \; \exists n_0 \; \forall n > n_0 \; \forall x \in X : |f_n(x) - f(x)| < \varepsilon$$

$$\Longleftrightarrow \; \forall \varepsilon > 0 \; \exists n_0 \; \forall n > n_0 : d_\infty(f_n, f) < \varepsilon.$$

Sind die Funktionen f_n alle stetig auf X, so ist wegen der CF-Vollständigkeit (vgl. §3.3 Bsp. 5) von $(\mathcal{C}_b(X, \mathbb{R}), d_\infty)$ auch f stetig.

Beispiele: Jede Potenzreihe (s. Seite 92) konvergiert auf jeder kompakten Teilmenge ihres Konvergenzbereichs gleichmäßig.

Gleichmäßige Konvergenz impliziert die punktweise Konvergenz (Begründung?), aber nicht umgekehrt, s.u.

Was besagt der **Banachsche Fixpunktsatz**?

Satz (Banach): Sei (X, d) ein vollständiger metrischer Raum und $f : X \to X$ kontrahierend (kontraktiv), d.h. $d(f(x), f(y)) \leq \alpha \cdot d(x, y)$ für alle Paare $(x, y) \in X \times X$ und ein $\alpha < 1$. Dann ist f stetig und hat genau einen Fixpunkt.

Zum Banachschen Fixpunktsatz vgl. auch Seite 174 !

Beweisskizze: Die Stetigkeit und die Unmöglichkeit von 2 Fixpunkten ist klar. Die Folge $(x_n)_{n \in \mathbb{N}}$ mit $x_0 \in X$ beliebig und $x_n := f(x_{n-1})$ ist eine Cauchy-Folge, denn für $m > n, \varepsilon > 0$ und groß genug gewähltes n ist

$$\begin{aligned}
d(x_n, x_m) &= d(f(x_{n-1}), f(x_{m-1})) = d(f^{n-1}(x_1), f^{m-1}(x_{m-n+1})) \\
&\leq \alpha^{n-1} d(x_1, x_{m-n+1}) \leq \alpha^{n-1}[d(x_1, x_2) + d(x_2, x_3) + \ldots + d(x_{m-n}, x_{m-n+1})] \\
&\leq \alpha^{n-1}(1 + \alpha + \alpha^2 + \ldots + \alpha^{m-n-1}) d(x_1, x_2) \\
&= \alpha^{n-1} \cdot \frac{1 - \alpha^{m-n}}{1 - \alpha} d(x_1, x_2) < \varepsilon.
\end{aligned}$$

Der Grenzwert x_0 von $(x_n)_{n \in \mathbb{N}^*}$ ist Fixpunkt, da wegen der Stetigkeit von f gilt:

$$f(x_0) = \lim_{n \to \infty} f(x_n) = \lim_{n \to \infty} x_{n+1} = x_0. \qquad \square$$

Zu Funktionenfolgen:

Was versteht man unter punktweiser, was unter gleichmäßiger Konvergenz einer Funktionenfolge $(f_n)_{n \in \mathbb{N}}$ mit $f_n : X \to \mathbb{R}$? Geben Sie ein Beispiel für eine punktweise, aber nicht gleichmäßig konvergente Funktionenfolge an!

1.) *Definition:* (f_n) heißt **punktweise konvergent** gegen eine Funktion $f : X \to \mathbb{R}$, wenn gilt:

$$\forall x \in X \; \forall \varepsilon > 0 \; \exists N(\varepsilon, x) \in \mathbb{N} \; \forall n > N(\varepsilon, x) : |f_n(x) - f(x)| < \varepsilon$$

2.) *Definition (Wdhlg.):* $(f_n)_{n \in \mathbb{N}}$ heißt **gleichmäßig konvergent** gegen $f : X \to \mathbb{R}$, wenn gilt:

$$\forall \varepsilon > 0 \; \exists N \in \mathbb{N} \; \forall n \geq N \; \forall x \in X : |f_n(x) - f(x)| < \varepsilon.$$

Anmerkungen:

a) Beim Vergleich von 1.) und 2.) beachte man, dass bei punktweiser Konvergenz die Schranke N auch von x abhängen darf.

b) Man beachte, dass die Aussage "$(f_n)_{n \in \mathbb{N}}$ ist gleichmäßig konvergent" nur eine Umformulierung von "$(f_n)_{n \in \mathbb{N}}$ konvergiert in der sup-Metrik" ist.

c) Das Cauchy-Konvergenz-Kriterium für gleichmäßige Konvergenz lautet:

$$\forall \varepsilon > 0 \; \exists N \in \mathbb{N} : \forall n, m > N : \|f_n - f_m\|_\infty < \varepsilon.$$

Beispiel (1):

$$f_n : \begin{cases} [0,1] & \to \mathbb{R} \\ x & \mapsto x^n \end{cases}$$
(s. Abb. 3.4 a) konvergiert punktweise, aber nicht gleichmäßig gegen die

Funktion h mit $h(x) = 0$ für $x \in [0,1)$ und $h(x) = 1$ für $x = 1$. *Heuristik:* Sei $x \in [0,1)$. Dann gilt: $|f_n(x) - h(x)| < \varepsilon \Longleftrightarrow x^n < \varepsilon \Longleftrightarrow \underset{\text{ln negativ}}{n \ln x < \ln \varepsilon} \Longleftrightarrow n > \frac{\ln \varepsilon}{\ln x}$.

Zum Nachweis der punktweisen Konvergenz wählt man daher $N(\varepsilon, x) = \lfloor \ln \varepsilon / \ln x \rfloor + 1$.

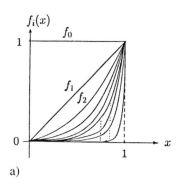   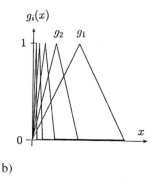

a)   b)

Abbildung 3.4: a) Zur Folge (f_n) mit $f_n(x) = x^n$
  b) Eine weitere nicht gleichmäßig konvergente Funktionenfolge.

Wir zeigen nun, dass sie Folge nicht gleichmäßig konvergiert:

1. Möglichkeit: Für $x \to 1$ strebt $N(\varepsilon, x)$ gegen ∞, daher ist kein gemeinsames N wählbar.

genauer: Seien $\varepsilon \in (0,1)$, n_0 und $n > n_0$ gegeben; wähle $x_1 \in (0,1]$ mit $x_1 \geq \sqrt[n]{\varepsilon}$. Dann gilt:
$$\|f_n - h\| = \sup(\{|x^n| : x \in (0,1)\} \cup \{0\}) \geq |x_1^n| \geq \varepsilon.$$

2. Möglichkeit:

Da $(C([0,1], \mathbb{R}), d_\infty)$ vollständig ist, konvergiert eine gleichmäßig konvergente Folge stetiger Funktionen auf $[0,1]$ gegen eine stetige Funktion. Die Funktionen f_n sind stetig; also müsste die Grenzfunktion, die mit der Grenzfunktion der punktweisen Konvergenz übereinstimmt, stetig sein. Bei h ist dies nicht der Fall. $\qquad\qquad\square$

Beispiel (2): $(g_n)_{n \in \mathbb{N}}$ wie in Abbildung 3.4 b. Es ist $\lim\limits_{n \to \infty} g_n = 0$ auf $[0,1]$, aber $\sup\limits_{x \in [0,1]} |g_n(x)| = 1$.

Beispiel (3): $(f_n)_{n \in \mathbb{N}}$ mit $f_n(x) = nx(1 - x^n)$ auf $X = [0,1]$, (s. Heuser [Heu1], p. 543.)

Gehen Sie auf mögliche Vertauschungen von Grenzübergängen bei Funktionenfolgen ein!

Seien $f_n : X \to \mathbb{R}$ Funktionen auf der kompakten Teilmenge X von $\mathbb{R}$, und sei $(f_n)_{n \in \mathbb{N}}$ in den Fällen (1) und (2) gleichmäßig konvergent. [3]

(1) Sind alle Funktionen f_n stetig, so gilt: $\lim\limits_{x \to a} \lim\limits_{n \to \infty} f_n(x) = \lim\limits_{n \to \infty} \lim\limits_{x \to a} f_n(x)$. Daraus folgt: Eine gleichmäßig konvergente Folge stetiger Funktionen besitzt eine stetige Grenzfunktion. $C(X, \mathbb{R})$ ist (bzgl. sup-Norm) vollständig. (Beweis s. z.Bsp. Heuser [Heu1], p.550f.) Obiges Beispiel zeigt, dass punktweise Konvergenz diese Eigenschaft **nicht** hat.

(2) Seien f_n $\mathbb{R}$-integrierbar auf $X = [a,b]$ und (f_n) gleichmäßig konvergent gegen f. Dann ist f $\mathbb{R}$-integrierbar und $\lim\limits_{n \to \infty} \int\limits_a^b f_n(x)\,\mathrm{d}x = \int\limits_a^b \mathrm{f(x)}\mathrm{d}x$.

---

[3] Die gleichmäßige Konvergenz ist wichtig für die Vertauschbarkeit der involvierten Grenzprozesse s.u.

(3) *Satz von der gliedweisen Differentiation.*

Ist $(f_n)_{n\in\mathbb{N}}$ Folge differenzierbarer Funktionen $f_n : \mathfrak{I} = [a,b] \to \mathbb{R}$, konvergiert $(f_n(x_0))_{n\in\mathbb{N}}$ für mindestens ein $x_0 \in \mathfrak{I}$ und konvergiert $(f'_n)_{n\in\mathbb{N}}$ *gleichmäßig* auf $\mathfrak{I}$, so konvergiert $(f_n)_{n\in\mathbb{N}}$ gleichmäßig auf $\mathfrak{I}$ und $f = \lim\limits_{n\to\infty} f_n$ ist differenzierbar auf $\mathfrak{I}$ mit $f' = \lim\limits_{n\to\infty} f'_n$.

(Beweis s. H. Heuser l.c. p. 552 ; Beispiele s. unter Potenzreihen, Seite 92).

(4) Siehe auch Tabelle 3.1 !

Nennen Sie einige Möglichkeiten, eine reelle Funktion f lokal (in einem Punkt) oder global zu **approximieren**!

1. Lokal in Punkt x_0 unter Verwendung der *Folgenstetigkeit* (s.u.): $f(x_0) = \lim\limits_{x_n\to x_0} f(x_n)$ im Fall der Stetigkeit von f in x_0 .

2. Lokal in $U_\varepsilon(x_0)$ unter Verwendung der *Ableitung* (s. § 3.4): $f(x) \approx f(x_0) + f'(x_0)(x - x_0)$ (Tangentiale affin-lineare Funktion) im Fall der Differenzierbarkeit von f in x_0.

Tabelle 3.1: Vertauschbarkeit von Grenzprozessen

Art	Voraussetzung	Aussage
Grenzwerte bei reellen Funktionenfolgen	$f_n \to f$ *gleichmäßig* konvergent, $\lim\limits_{x\to\xi} f_n(x)$ existiert	$\lim\limits_{n\to\infty}\lim\limits_{x\to\xi} f_n(x) = \lim\limits_{x\to\xi} f(x)$
Stetigkeit der Grenzfunktion einer reellen Funktionenfolge	$f_n \to f$ *gleichmäßig* konvergent, f_n stetig in ξ	f stetig in ξ
Ableitung der Grenzfunktion	$f_n : [a,b] \to \mathbb{R}$ differenzierbar, (f'_n) *gleichmäßig* konvergent, $(f_n(x_0))$ konvergent für ein x_0	$f_n \to f$ gleichmäßig und $f' = \lim\limits_{n\to\infty} f'_n$
Integral der Grenzfunktion	f_n auf $[a,b]$ R-integrierbar $f_n \to f$ *gleichmäßig*	f ist integrierbar und es gilt $\int f(t)\,\mathrm{d}t = \lim \int f_n(t)\,\mathrm{d}t$
Spezialfall: Funktionsreihen		Anwendung der obigen Resultate auf (f_n) mit $f_n = \sum\limits_{k=1}^{n} g_k$
Grenzwerte bei Doppelfolgen	$g_{nk} \to x_n$ *gleichmäßig*, $\exists \lim\limits_{n\to\infty} g_{nk} = y_k$ $\exists \lim\limits_{n\to\infty} x_n$ oder $\exists \lim\limits_{k\to\infty} y_k$	$\lim\limits_{n\to\infty}\lim\limits_{k\to\infty} g_{nk} = \lim\limits_{k\to\infty}\lim\limits_{n\to\infty} g_{nk}$
partielle Ableitungen	$g : G \to \mathbb{R}$, G offen in $\mathbb{R}^m$, $\dfrac{\partial^2 g}{\partial x_i \partial x_j}, \dfrac{\partial^2 g}{\partial x_j \partial x_i}$ existiert und ist stetig in einer Umgebung von $\mathbf{x}$	$\dfrac{\partial^2 g}{\partial x_i \partial x_j} = \dfrac{\partial^2 g}{\partial x_j \partial x_i}$ an der Stelle $\mathbf{x}$

3. Lokal oder global unter Verwendung des *Mittelwertsatzes* (s. § 3.4):
   $f(x) = f(x_0) + f'(\xi)(x - x_0)$ durch Abschätzung von $f'(x)$ im Fall der Differenzierbarkeit auf $[x, x_0]$.

4. Global mittels *Taylorpolynom* (s. §4.4) (Restgliedbetrachtung!)

5. **Global mittels *trigonometrischer Summe* (s. Seite 48 !):
   Sei $f : [-\pi, \pi] \to \mathbb{R}$ stückweise stetig; definiert man dann $S_n(t) := \sum\limits_{k=-n}^{n} c_k(t) h_k(t)$ mit
   $h_0(t) = \frac{1}{\sqrt{2\pi}}$ und, für k positiv, $h_k(t) = \frac{1}{\sqrt{\pi}} \cos(kt)$ sowie $h_{-k}(t) = \frac{1}{\sqrt{\pi}} \sin(kt)$ und mit den
   "Fourierkoeffizienten" $c_k = \int\limits_{-\pi}^{\pi} f(t) h_k(t)\, \mathrm{dt}$, so folgt $\lim\limits_{n \to \infty} \int\limits_{-\pi}^{\pi} [f(t) - S_n(t)]^2 \mathrm{dt} = 0$. Es gibt
   also zu $\varepsilon > 0$ eine Partialsumme S_m der *Fourierreihe* $\sum\limits_{k=-\infty}^{\infty} c_k h_k$ mit $\int\limits_{-\pi}^{\pi} [f(t) - S_m(t)]^2 \mathrm{dt} < \varepsilon$
   (Approximation im quadratischen Mittel).

6. **Global nach dem **Approximationssatz von Weierstraß:** *Zu jeder stetigen reellwertigen Funktion f auf $[a,b]$ gibt es eine Folge von Polynomen, die gleichmäßig gegen f konvergiert* (s. [Heu2], 115.5 oder [LK] 6.3.34). Die Polynomfunktionen sind konstruierbar als Linearkombination der sogenannten *Bernsteinpolynome*, s. [LK] l.c.

Definieren Sie , was unter einer **stetigen Funktion** zwischen metrischen Räumen zu verstehen ist. Geben Sie Beispiele für stetige Funktionen an und ein Beispiel einer im Definitionsgebiet überall unstetigen Funktion. Gehen Sie auch auf Verknüpfungen stetiger Funktionen ein!

(a) *Definition:* Seien (E, d) und $(\hat{E}, \hat{d})$ metrische Räume. $f : E \to \hat{E}$ heißt *stetig* in $x_0 \in E$, falls
gilt: $\forall \varepsilon > 0\, \exists \delta > 0 : \forall x \in E : [d(x, x_0) < \delta \Longrightarrow \hat{d}(f(x), f(x_0)) < \varepsilon]$
(bzw. mit Umgebungen formuliert): Zu jeder $\varepsilon-$Umgebung $\hat{U}$ von $f(x_0)$ in $\hat{E}$ existiert eine
$\delta-$Umgebung U von x_0 in E mit $f(U) \subseteq \hat{U}$.
f heißt stetig (auf E), wenn f stetig ist für alle $x_0 \in E$.
Anmerkungen: (1) Für jede Abbildung $f : E \to \hat{E}$ sind äquivalent   (i) f ist stetig
   (ii) Alle Urbildmengen zu (in $\hat{E}$) abgeschlossenen Mengen sind abgeschlossen (in E)
   (iii) Alle Urbildmengen zu (in $\hat{E}$) offenen Mengen sind offen (in E).
(2) Beispiele dafür, dass unter einer stetigen Abbildung das Bild einer offenen Menge nicht offen zu sein braucht, liefern die konstanten reellen Abbildungen.

(b) *Verknüpfungen stetiger Funktionen:* Sind f, g Funktionen von E in $\mathbb{K}$ (mit $\mathbb{K} \in \{\mathbb{R}, \mathbb{C}\}$),
die in $x_0 \in E$ stetig sind, so folgt $f + g$, $f \cdot g$, λf mit $\lambda \in \mathbb{K}$ sowie $|f| : x \mapsto |f(x)|$ sind stetig
in x_0 und, falls $f(x) \neq 0$ für alle $x \in E$ gilt, auch $\frac{1}{f} : x \mapsto \frac{1}{f(x)}$. Ist $f : E \longrightarrow \hat{E}$ stetig in x_0 und
$g : \hat{E} \longrightarrow \tilde{E}$ stetig in $f(x_0)$, so ist auch $g \circ f$ stetig in x_0.

(c) *Beispiele stetiger Abbildungen:*

   (i) $\mathrm{id}_{\mathbb{R}}$, $\sin$, $\cos$, $\exp$ sind stetig auf $(\mathbb{R}, d_2)$, $\log_a$ auf $(\mathbb{R}_+^*, d_2)$
       Anmerkung: Zu jeder reellen Zahl $a > 0, a \neq 1$ existiert genau ein stetiger Homomorphismus $f_a : (\mathbb{R}_+^*, \cdot) \to (\mathbb{R}, +)$ mit $f_a(a) = 1$, nämlich $f_a = \log_a$ (mit $f_a^{-1}(x) = a^x$).

   (ii) Mit $\mathrm{id}_{\mathbb{K}}$ sind nach (b) die *Polynomfunktionen* $\sum \alpha_i (\mathrm{id})^i$ auf $\mathbb{K}$, die reellen *Exponentialfunktionen* $x \longmapsto a^x$ und die *gebrochen rationalen Funktionen* $x \mapsto \frac{\sum \alpha_i x^i}{\sum \beta_j x^j}$ in allen Punkten stetig, die keine Nullstellen des Nenners sind.

Weitere Folgerung: Die reelle Funktion: $x \mapsto x^{\alpha}$ ist stetig auf $\mathbb{R}_+^*$ (für $\alpha \in \mathbb{R}$).

(iii) Jede lineare Abbildung von $\mathbb{R}^m$ in $\mathbb{R}^n$ ist stetig (z.B. bzgl. der euklidischen Metriken).

(iv) $F : \mathbb{R} \mapsto \mathbb{R}$ mit $F(x) = \int_a^x f(t)dt$ ist für integrierbare Funktionen f stetig (Integral als Funktion der oberen Grenze).

(v) ** $\lim_{\mathbb{K}} : c_{\mathbb{K}} \mapsto \mathbb{K}$, die Limesbildung auf dem metrischen Raum $(c_{\mathbb{K}}, d_{\infty})$ der konvergenten Folgen über $\mathbb{K}$, ist stetig, (sogar Lipschitz–stetig, s. u.). Der Teilraum der Nullfolgen ist als Urbild der Null abgeschlossen.

(vi) ** $\mathfrak{I} : C[a.b] \to \mathbb{R}$ mit $\mathfrak{I}(f) = \int_a^b f(t)\,\mathrm{d}t$ ist stetig (bzl. der Metrik der gleichmäßigen Konvergenz auf $C[a,b]$ und der Betragsmetrik auf $\mathbb{R}$).

d) $f : \mathbb{R} \to \mathbb{R}$ mit $f(x) = 1$ für $x \in \mathbb{Q}$ und $f(x) = 0$ sonst (**Dirichletfunktion**) ist wegen der Dichtheit von $\mathbb{Q}$ in $\mathbb{R}$ und von $\mathbb{R} \setminus \mathbb{Q}$ in $\mathbb{R}$ überall unstetig.

Gehen Sie auf den Zusammenhang zwischen Stetigkeit, Folgenstetigkeit, gleichmäßiger Stetigkeit und Lipschitzstetigkeit von Funktionen zwischen metrischen Räumen ein!

(i) *Stetigkeit und Folgenstetigkeit* (im Punkt x_0):
Definition: **(punktweiser) Grenzwert bei einer Funktion**
Seien (E, d) und $(\hat{E}, \hat{d})$ metrische Räume, $f : E \to \hat{E}$ und $x_0 \in E$ Häufungspunkt.

$$\lim_{x \to x_0} f(x) = q \; :\Longleftrightarrow \forall \varepsilon > 0 \, \exists \delta > 0 \, \forall x \in U_{\delta}(x_0) \setminus \{x_0\} : \; f(x) \in U_{\varepsilon}(q).$$

Es gilt folgende Charakterisierung (s.z.Bsp. Heuser [Heu2] p.231):

$$f \text{ stetig in } x_0 \iff \lim_{x \to x_0} f(x) = f(x_0)$$
$$\iff \text{Für jede Folge } (x_n)_{n \in \mathbb{N}^*} \text{ mit } x_n \in E \setminus \{x_0\} \text{ und } \lim_{n \to \infty} x_n = x_0$$
$$\text{gilt} \quad \lim_{n \to \infty} f(x_n) = f(x_0). \quad \text{sog. } \textbf{(Folgenstetigkeit)}$$

(ii) *Gleichmäßige Stetigkeit* (globale Eigenschaft!)
f **gleichmäßig stetig** $\iff \forall \varepsilon > 0 \, \exists \delta > 0 \, \forall x, y \in E : [d(x,y) < \delta \Longrightarrow \hat{d}(f(x), f(y)) < \varepsilon]$

Anmerkung: (a) Beachten Sie, dass bei der gleichmäßigen Stetigkeit δ unabhängig von x, y sein muss, während es bei der punktweisen Stetigkeit auf E von x_0 abhängen kann.
(b) Es gilt: f gleichmäßig stetig $\Longrightarrow f$ stetig

Beispiel einer Funktion, die stetig, aber nicht gleichmäßig stetig ist (Beweis?), s. Abb. 3.5a:
$$f : (0, 1) \to \mathbb{R} \quad \text{mit} \quad x \mapsto \frac{1}{x}$$
Anmerkung: Eine stetige Funktion mit kompaktem Definitionsbereich ist gleichmäßig stetig.

(iii) *f Lipschitz-stetig* (L-stetig) (globale Eigenschaft): *Definition:* f heißt **Lipschitz–stetig**, falls ein $L \in \mathbb{R}$ existiert mit: $\forall x, y \in E : \hat{d}(f(x), f(y)) \leq L \cdot d(x, y)$.

Beispiele:

a) $\mathrm{id}_{\mathbb{R}}$ ist Lipschitz–stetig.   b) $f : \mathbb{R} \to \mathbb{R}$ mit $x \mapsto \sqrt{1 + x^2}$ ist Lipschitz–stetig .

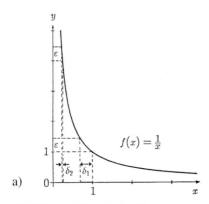
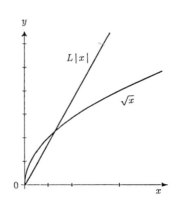

a)   b)

Abbildung 3.5: a) Beispiel einer stetigen, nicht gleichmäßig stetigen Funktion
b) Beispiel einer stetigen, nicht Lipschitz-stetigen Funktion

Beweisskizze zu b) : Ist $(x,y) \neq (0,0)$, so gilt:
$$| \sqrt{1+x^2} - \sqrt{1+y^2} | = [(\sqrt{1+x^2})^2 - (\sqrt{1+y^2})^2]] / [(\sqrt{1+x^2} + \sqrt{1+y^2}]$$
$$= [|x-y| \cdot |x+y|]/[\sqrt{1+x^2} + \sqrt{1+y^2}] \le |x-y| \cdot [|x| + |y|]/[\sqrt{x^2} + \sqrt{y^2}] = |x-y|$$

c) Die Abstandsfunktion von E in $\mathbb{R}$, definiert durch $x \mapsto d(x,x_0)$, ist Lipschitz–stetig;
insbesondere gilt dies für den Betrag $\quad x \mapsto |x| \quad$ für $(\mathbb{R}, d_1)$.

Anmerkung: f Lipschitz-stetig $\implies$ f gleichmäßig stetig.

Beispiel einer Funktion, die gleichmäßig stetig, aber nicht Lipschitz-stetig ist (s.Abb. 3.5 b):
$$f : [0,1] \to \mathbb{R} \text{ mit } x \mapsto \sqrt{x}$$
Beweisskizze: Aus der Annahme $\quad |\sqrt{x} - \sqrt{y}| \le L|x-y| \quad$ folgte $\frac{|(\sqrt{x}-\sqrt{y})(\sqrt{x}+\sqrt{y})|}{\sqrt{x}+\sqrt{y}} < L|x-y|$,
somit $L > 1/(\sqrt{x}+\sqrt{y})$, ein Widerspruch für $(x,y) \to (0,0)$.

Definieren Sie den Begriff der **Kompaktheit** für einen metrischen Raum E, und geben Sie
eine Charakterisierung durch das Verhalten von Folgen an. Beschreiben Sie die kompakten
Teilmengen in $\mathbb{R}^m$ (durch Zitat des Satzes von Heine–Borel–Lebesgue (ohne Beweis))!

(i) *Kompaktheit und Häufungswerte:*

Definitionen: (1) E heißt *kompakt*, falls zu jeder offenen Überdeckung $(U_i)_{i \in \mathfrak{I}}$ (d.h. einer Familie (U_i) offener Teilmengen von E mit $E = \bigcup_{i \in \mathfrak{I}} U_i$) eine endliche Teilüberdeckung $(U_j)_{j \in J}$ (mit
$J \subseteq \mathfrak{I}$ und $|J| < \infty$) existiert.
(2) E hat die **Bolzano–Weierstraß–Eigenschaft** (BWE), wenn jede Folge in E mindestens einen
Häufungswert in E besitzt.
(3) Eine Teilmenge A eines metrischen Raumes heißt kompakt (bzw. hat die BWE), falls A
als Unterraum diese Eigenschaft hat. *Anmerkung:* Abgeschlossene Teilmengen eines kompakten metrischen Raumes sind kompakt. Es gilt der *Satz:*
*Ein metrischer Raum ist genau dann kompakt, wenn er die Bolzano–Weierstraß–Eigenschaft be-
sitzt.*
Folgerung: In einem *kompakten* metrischen Raum sind für eine Folge $(x_n)_{n \in \mathbb{N}}$ äquivalent:
    (1) $(x_n)_{n \in \mathbb{N}}$ ist konvergent
    (2) $(x_n)_{n \in \mathbb{N}}$ besitzt genau einen Häufungswert.

Hierbei gilt die Implikation $(1) \Longrightarrow (2)$ allgemein in metrischen Räumen.

(ii) **Satz von Heine-Borel-Lebesgue:**
Eine Teilmenge A von $\mathbb{R}^m$ ist genau dann kompakt, wenn sie beschränkt und abgeschlossen ist.

(iii) *Folgerung:* **Satz von Bolzano-Weierstraß für Folgen in $\mathbb{R}^m$** (vgl. §3.1)
Jede beschränkte Folge $(\mathbf{x}_n)_{n \in \mathbb{N}}$ mit $\mathbf{x}_n \in \mathbb{R}^m$ besitzt mindestens einen Häufungswert, also eine konvergente Teilfolge. Ist $\mathbf{a}$ einziger solcher Häufungswert, so gilt $\lim\limits_{n \to \infty} \mathbf{x}_n = \mathbf{a}$.

Analog:
Jede beschränkte unendliche Teilmenge des $\mathbb{R}^m$ besitzt mindestens einen Häufungspunkt.

Welche Eigenschaften des Urbildraumes übertragen sich bei einer stetigen Abbildung auf die Bildmenge? (Invarianten !) (Geben Sie zwei solcher Eigenschaften an!)

(a) **Kompaktheitstreue** *stetiger Abbildungen*
Sind E und $\hat{E}$ metrische Räume und ist $f : E \to \hat{E}$ stetig, so folgt aus der Kompaktheit von E diejenige von $f(E)$.
Beweisskizze: Ist $(\hat{U}_i)_{i \in \mathfrak{I}}$ offene Überdeckung von $f(E)$, so ist $(f^{-1}(\hat{U}_i))_{i \in \mathfrak{I}}$ eine offene (!) Überdeckung von E; zu ihr gibt es eine endliche Teilüberdeckung $f^{-1}(\hat{U}_{i_1}), \ldots, f^{-1}(\hat{U}_{i_n})$. Daher ist $\hat{U}_{i_1}, \ldots, \hat{U}_{i_n}$ eine endliche Teilüberdeckung von $f(E)$.
Anmerkung: Ist $f : E \to \hat{E}$ bijektiv und stetig und E kompakt, so ist auch f^{-1} stetig.
Beweis: f^{-1} existiert; ist A abgeschlossen in E, so A kompakt, damit $f(A)$ kompakt, also abgeschlossen in $\hat{E}$; folglich ist f^{-1} stetig. $\qquad \square$

(b) **Zusammenhangstreue** *stetiger Abbildungen*
Sind E und $\hat{E}$ metrische Räume, und ist $f : E \to \hat{E}$ stetig, so folgt aus dem Zusammenhang von E auch derjenige von $f(E)$.

Dabei heißt E zusammenhängend, wenn aus $E = G \cup H$ mit $G \cap H = \emptyset$ und G, H offen in E folgt, dass $G = \emptyset$ oder $H = \emptyset$ ist.
Beweis: $f(E) = \tilde{A}_1 \dot{\cup} \tilde{A}_2$ und $\tilde{A}_i$ offen $\Longrightarrow E = f^{-1}(\tilde{A}_1) \dot{\cup} f^{-1}(\tilde{A}_2)$ und $f^{-1}(\tilde{A}_i)$ offen $\Longrightarrow$ $\tilde{A}_1 = \emptyset \lor \tilde{A}_2 = \emptyset$. $\qquad \square$

Wie folgt aus der Kompaktheitstreue stetiger Funktionen und dem Satz von Heine-Borel-Lebesgue der Satz vom absoluten Maximum und Minimum?

Zur Antwort siehe das Diagramm 3.6. Kommentar zum Spezialfall $E = [a, b]$:
1) Nach dem Satz von Heine–Borel–Lebesgue ist $[a, b]$ kompakt, wegen der Kompaktheitstreue von f daher auch $f([a, b])$. Weil daher $f([a, b])$ beschränkt ist, existieren $M = \sup f([a, b])$ und $m = \inf f([a, b])$. Da $f([a, b])$ abgeschlossen ist, werden M und m auch als Bildwerte von f angenommen.

Wie ergibt sich aus der Zusammenhangstreue stetiger Funktionen und der Charakterisierung der zusammenhängenden Teilmengen von $\mathbb{R}$
(i) der Zwischenwertsatz
(ii) die Existenz von Nullstellen bei reellen Polynomen ungeraden Grades
(iii) die Existenz von reellen Eigenwerten bei rellen Matrizen ungerader Reihenzahl?

Zu den Antworten siehe Diagramm in Abbildung 3.7: Kommentare dazu:
(1) Siehe z.Bsp. H.Heuser [Heu2], p.236 (2) Ist $f : \mathfrak{I} \to \mathbb{R}$ stetig auf dem Intervall $\mathfrak{I}$, so ist mit $\mathfrak{I}$ auch $f(\mathfrak{I})$ zusammenhängend, also Intervall in $\mathbb{R}$; daraus folgt $[f(a), f(b)] \subseteq f([a, b])$, s. Abbildung 3.8.

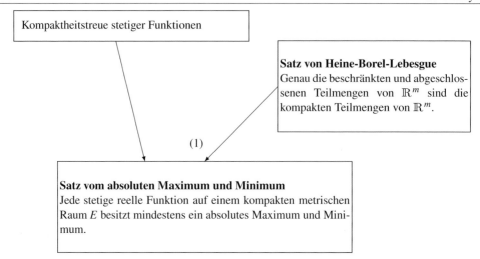

Abbildung 3.6: Diagramm zum Satz vom Minimum und Maximum

Anmerkung: Neben $f(\mathfrak{I})$ ist auch der Graph $G_f = \{(x, f(x)) \mid x \in \mathfrak{I}\}$ zusammenhängend; denn mit f ist auch $\hat{f}$ mit $x \longmapsto (x, f(x))$ stetig.

Ein elementarer Beweis des Zwischenwertsatzes benutzt den (spezielleren) **Nullstellensatz von Bolzano:** *Ist $f : [a, b] \to \mathbb{R}$ stetig und gilt $f(a) < 0$ sowie $f(b) > 0$, so besitzt f mindestens eine Nullstelle.*

Beweisidee: Man betrachtet $A = \{x \in [a, b] : f(x) \leq 0\}$. Es ist $\xi := \sup A$ Häufungspunkt von A und damit $f(\xi) \leq 0$ (Folgenstetigkeit!). Durch Betrachten von Umgebungen von ξ folgt $f(\xi) = 0$. Alternativer Beweis: Konstruktion einer geeigneten Intervallschachtelung. $\square$

(3) Sei $p(x) = \sum\limits_{i=0}^{n} a_i x^i$ gegeben, o.B.d.A. $a_n = 1$. Dann folgt $\lim\limits_{x \to \pm\infty} \frac{p(x)}{x^n} = 1$; wegen n ungerade existiert ein c mit $p(c) > 0$ und $p(-c) < 0$. Nach dem Zwischenwertsatz gibt es eine Nullstelle.

(4) Das charakteristische Polynom $\chi(M)$ der $(2n+1, 2n+1)-$ Matrix M ist ein Polynom vom Grad $2n+1$, hat damit mindestens eine Nullstelle. Da die Nullstellenmenge von $\chi(M)$ genau die Eigenwerte von M enthält, ergibt sich die Behauptung.

Weitere Anwendungsbeispiele für den Zwischenwertsatz: Integralmittelwertsatz (s. § 4.2) sowie der **Brouwerscher Fixpunktsatz** (1-dim Version):

Sei $f : [a, b] \to [a, b]$ stetig; dann gibt es ein $\xi \in [a, b]$ mit $f(\xi) = \xi$.

Beweisidee: Anwendung des Zwischenwertsatzes auf g mit $g(x) = x - f(x)$. $\square$

3.3 Reihen in normierten Räumen

Geben Sie die Definition und Beispiele für **normierte Räume** an!

(i) Definition: *Normierter Raum*

Sei V ein $\mathbb{K}$-Vektorraum (mit $\mathbb{K} \in \{\mathbb{R}, \mathbb{C}\}$) und $\|\cdot\|$ mit $\mathbf{x} \mapsto \|\mathbf{x}\|$ eine Abbildung von V in $\mathbb{R}$. Dann heißt V ein normierter Raum mit Norm $\|\cdot\|$, wenn für alle $\mathbf{x}, \mathbf{y} \in V, \lambda \in \mathbb{K}$ gilt:

(1) Strenge positive Definitheit: $\|\mathbf{x}\| \geq 0$ und $\|\mathbf{x}\| = 0 \Longleftrightarrow \mathbf{x} = 0$

(2) Positive Homogenität: $\|\lambda \mathbf{x}\| = |\lambda| \|\mathbf{x}\|$

(3) Dreiecksungleichung: $\|\mathbf{x} + \mathbf{y}\| \leq \|\mathbf{x}\| + \|\mathbf{y}\|$

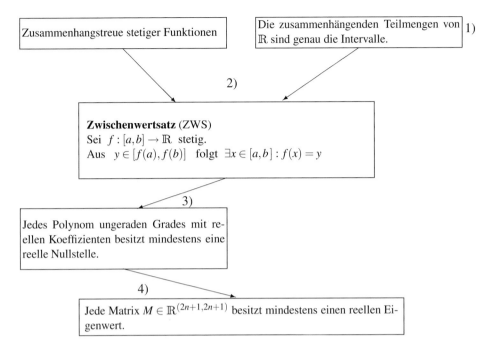

Abbildung 3.7: Diagramm zu Folgerungen aus der Zusammenhangstreue

Anmerkungen: a) Jeder normierte Raum V ist auch ein metrischer Raum bzgl. der "induzierten Metrik" $d(\mathbf{x}, \mathbf{y}) := \|\mathbf{x} - \mathbf{y}\|$. Die Umkehrung gilt nur, wenn d "translationsinvariant" und "positiv homogen" ist. Beispiel eines metrischen Raumes, der nicht von einem normierten Raum induziert wird: Menge, auf der keine Vektorraumstruktur erklärt ist, mit "diskreter Metrik" $d(x, y) = 1$ für $x \neq y$, $d(x, x) = 0$.
b) Man kann zeigen, dass $\| \cdot \| : V \to \mathbb{R}$ (bzgl. der induzierten Metrik auf V) eine gleichmäßig stetige reelle Abbildung ist.
c) Ein **Banachraum** ist definitionsgemäß ein CF-vollständiger normierter Raum, also ein normierter Raum, in dem jede Cauchy-Folge konvergiert. Ein **Hilbertraum** ist ein Banachraum, dessen Norm von einem Skalarprodukt herrührt: $\|x\| := \sqrt{\Phi(\mathbf{x}, \mathbf{x})}$, s. §2.2.

(ii) *Beispiele normierter Räume:*

1. $V = \mathbb{R}^n$ mit $\|(\xi_1, \ldots, \xi_n)\|_2 := \sqrt{\sum\limits_{i=1}^{n} \xi_i^2}$ (euklidische Norm) ist Hilbertraum (vgl. §2.2).
   Spezialfall $n = 1$: $(\mathbb{R}, |\cdot|)$ reelle Zahlengerade.

2. $V = \mathbb{C}^n$ mit $\|(z_1, \ldots, z_n)\|_2 := \sqrt{\sum\limits_{i=1}^{n} |z_i|^2}$ (unitäre Norm) ist ebenfalls Hilbertraum.

3. $V = \mathbb{R}^n$ mit $\|(\xi_1, \ldots, \xi_n)\|_p := (\sum\limits_{i=1}^{n} |\xi_i|^p)^{\frac{1}{p}}$, s. Bild 3.9, vgl. §3.2.

   Anmerkung: Man kann zeigen, dass je zwei Normen des $\mathbb{R}^n$ (als $\mathbb{R} - VR$) "äquivalent"

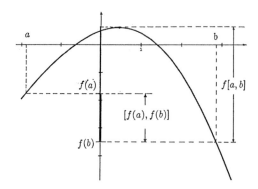

Abbildung 3.8: Zum Zwischenwertsatz

sind; s.z.Bsp. [Heu2] p.19. Ferner ist Konvergenz in $\mathbb{R}^n$ gleichbedeutend mit komponentenweiser Konvergenz.

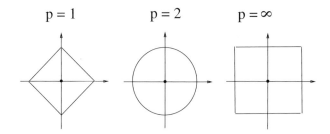

Abbildung 3.9: ε-Umgebungen der Null in $(\mathbb{R}^2, \| \ \|_p)$ für $p = 1, p = 2, p = \infty$

4. $V = \mathcal{B}(X, \mathbb{K})$ (Raum der beschränkten $\mathbb{K}$-wertigen Funktionen auf X, s. §1.1 Bsp.7, §3.2 Bsp.c) mit beliebiger Menge $X \neq \emptyset$ und $\|f\|_\infty := \sup_{x \in X} |f(x)|$ (**sup-Norm**, **Norm der gleichmäßigen Approximation**, oder auch Tschebyscheff-Norm genannt). $\mathcal{B}(X, \mathbb{K})$ ist bzgl. dieser (kanonischen) Norm Banachraum.
   Spezialfall:[4] $V = \mathbb{R}^n$ mit $\|(\xi_1, \ldots, \xi_n)\|_\infty := \max_{i=1,\ldots,n} |\xi_i|$ (Maximumsnorm).

5. $V = \mathcal{C}_b(F, \mathbb{K})$ mit metrischem Raum $F \neq \emptyset$ (s. §1.1 Bsp.7) und sup-Norm ist Banachraum; d.h.: *Gleichmäßig konvergente Folgen stetiger beschränkter Funktionen konvergieren gegen stetige beschränkte Funktionen.*

6. $V = \mathfrak{c}_\mathbb{K}$ Raum der konvergenten Folgen in $\mathbb{K}$ mit sup-Norm ist Banachraum.

7. Der Hilbertsche Folgenraum (s. §2.2 Bsp. b) ist Hilbertraum.

8. ** $\mathrm{Hom}_\mathbb{R}(\mathbb{R}^n, \mathbb{R}^m)$ (s. §3.12 (f) Seite 78) mit $\|A\| = \sup\{\|A(\mathbf{x})\|_{\mathbb{R}^m} \mid \mathbf{x} \in U_1(\mathbf{0}) \subseteq \mathbb{R}^n\}$ ist Banachraum (s.z.Bsp. Simmons [Si]).

9. $\mathcal{C}([a,b], \mathbb{R})$ mit der vom Skalarprodukt $\Phi(f,g) := \int_a^b f(t)g(t)\,\mathrm{d}t$ (vgl. §2.2) induzierten Norm ist nicht vollständig (im Gegensatz zu $\mathcal{C}([a,b], \mathbb{R})$ mit sup-Norm, s.5.), also kein

---

[4]Man kann diesen Fall unter $\| \ \|_p$ für $p = "\infty"$ subsumieren.

Banachraum und insbesondere kein Hilbertraum. (Dies gibt unter anderem Anlass zur Betrachtung der Räume L^p in der Funktionalanalysis.)

Was versteht man unter der Konvergenz, was unter der absoluten **Konvergenz einer Reihe** in einem normierten Raum? Wie hängen diese beiden Konvergenzbegriffe zusammen?

(i) *Definitionen:* Sei $(a_\nu)_{\nu \in \mathbb{N}}$ Folge in einem normierten Raum und $s_n := \sum\limits_{\nu=0}^{n} a_\nu$; dann heißt die

Folge $(s_n)_{n \in \mathbb{N}}$ der Partialsummen (Teilsummen) *Reihe* mit den Gliedern a_ν. Bezeichnung: $\sum\limits_{\nu=0}^{\infty} a_\nu$.

Ist $(s_n)_{n \in \mathbb{N}}$ als Folge konvergent mit $\lim\limits_{n \to \infty} s_n = s$, so heißt die Reihe *konvergent* gegen s, im Zeichen $\sum\limits_{\nu=0}^{\infty} a_\nu = s$, andernfalls *divergent*. Die Reihe $\sum\limits_{\nu=0}^{\infty} a_\nu$ heißt *absolut konvergent*, falls die Reihe

$\sum\limits_{\nu=0}^{\infty} \|a_\nu\|$ konvergiert.

Beispiele: (1) Die geometrische Reihe $\sum\limits_{\nu=0}^{\infty} q^\nu$ divergiert für $|q| \geq 1$, konvergiert absolut für

$|q| < 1$. Ist $|q| \geq 1$, so bilden die Glieder keine Nullfolge. Dies ist aber zur Konvergenz nötig. Ist $|q| < 1$, so gilt $\sum\limits_{\nu=0}^{\infty} q^\nu = \frac{1}{1-q}$ wegen $s_n = 1 + q + q^2 + \ldots + q^n = \frac{1-q^{n+1}}{1-q}$.

Beweis durch Multiplikation von s_n mit $(1-q)$.

(2) $\sum\limits_{\nu=-1}^{\infty} \frac{9}{10^\nu} = 100$ ($\to$ Achill und die Schildkröte im Falle, dass Achill 10 mal so schnell läuft wie die Schildkröte und diese 90m Vorsprung hat; vgl. Telekolleg Mathematik)

(ii) *Jede absolut konvergente Reihe ist konvergent.*
Beweis mit Cauchy-Kriterium für (s_n) (s.u.) und Dreiecksungleichung.

Anmerkung: Die Umkehrung von (ii) ist falsch. Beispiel: $\sum\limits_{\nu=1}^{\infty} (-1)^\nu \frac{1}{\nu}$ ist konvergent (Leibnizkriterium, s.u.), die **harmonische Reihe** $\sum\limits_{\nu=1}^{\infty} \frac{1}{\nu}$ divergent.

Beweis der Divergenz der harmonischen Reihe:
$$s_{2^k} = 1 + \frac{1}{2} + \left(\frac{1}{3} + \frac{1}{2^2}\right) + \left(\frac{1}{2^2+1} + \ldots + \frac{1}{2^3}\right) + \ldots + \left(\frac{1}{2^{k-1}+1} + \ldots + \frac{1}{2^k}\right).$$

Daraus folgt $\quad s_{2^k} > \frac{1}{2} + \frac{2}{2^2} + \frac{2^3-2^2}{2^3} + \ldots + \frac{2^k-2^{k-1}}{2^k} = \frac{1}{2} + \frac{1}{2} + \frac{2^2}{2^3} + \ldots + \frac{2^{k-1}}{2^k} = \frac{1}{2} \cdot k$;

dies zeigt, dass (s_n) unbeschränkt und damit nicht konvergent ist. $\qquad\square$

Welche Rechengesetze (z.Bsp. für Addition, Multiplikation, Zusammenfassen von Gliedern, Umordnung) gelten für Reihen? (Ohne Beweis).

Konvergente Reihen darf man gliedweise addieren, subtrahieren oder mit einer Konstanten multiplizieren; also: $\sum\limits_{\nu=0}^{\infty} (a_\nu \pm b_\nu) = \sum\limits_{\nu=0}^{\infty} a_\nu \pm \sum\limits_{\nu=0}^{\infty} b_\nu$ und $\sum\limits_{\nu=0}^{\infty} k\, a_\nu = k \sum\limits_{\nu=0}^{\infty} a_\nu$. Konvergieren die reellen

(oder komplexen) Reihen $\sum\limits_{\nu=0}^{\infty} a_\nu = s$ und $\sum\limits_{\nu=0}^{\infty} b_\nu = t$, dabei $\sum\limits_{\nu=0}^{\infty} a_\nu$ absolut, so konvergiert auch

$\sum\limits_{\nu=0}^{\infty} c_\nu$ mit $c_\nu = \sum\limits_{\mu=0}^{\nu} a_\mu b_{\nu-\mu}$ (Cauchy-Produkt, Faltung), und zwar gegen $s \cdot t$. Auch das Zusammenfassen von Gliedern ist bei konvergenten Reihen erlaubt, ohne dass sich der Grenzwert ändert. Genau die absolut konvergenten Reihen sind auch **unbedingt konvergent**, d.h. Reihen, bei denen jede ihrer Umordnung ebenfalls konvergent ist; (s. z.B. Heuser [Heu1], p. 197 u. 202).

Gehen Sie auf das **Wurzelkriterium** und das **Quotientenkriterium** für die Konvergenz von Reihen in Banachräumen ein (mit Beweis und Beispielen), und vergleichen Sie die Trennschärfe zwischen Konvergenz und Divergenz!

1. **Wurzelkriterium:**[5] (i) *Gilt* $\overline{\lim}\limits_{v\to\infty} \sqrt[v]{\|a_v\|} < 1$, *so ist* $\sum\limits_{v=0}^{\infty} a_v$ *absolut konvergent.* (Es reicht der Nachweis von $\sqrt[v]{\|a_v\|} \leq q < 1$ für alle $v \geq v_0$). (ii) *Ist* $\overline{\lim}\limits_{v\to\infty} \sqrt[v]{\|a_v\|} > 1$, *so divergiert die Reihe.*

   Beweisskizze: Mit $\sqrt[v]{\|a_v\|} \leq q < 1$ gilt $\|a_v\| \leq q^v$ für fast alle v; das Vergleichskriterium (s.u.) und die absolute Konvergenz von $\sum\limits_{v=0}^{\infty} q^v$ (s.o.) zeigen die absolute Konvergenz von $\sum\limits_{v=0}^{\infty} a_v$. Ist hingegen $\overline{\lim}\limits_{v\to\infty} \sqrt[v]{\|a_v\|} = s > 1$, so existiert eine Teilfolge $(a_{v_\mu})_{\mu\in\mathbb{N}}$ mit $\|a_{v_\mu}\| \geq 1$, und $(a_v)_{v\in\mathbb{N}}$ kann nicht gegen 0 konvergieren. $\qquad\square$

   Beispiele:

   a) $\sum\limits_{v=1}^{\infty} \frac{v}{(\ln v)^v}$ konvergiert wegen $\lim\limits_{v\to\infty} \sqrt[v]{\frac{v}{(\ln v)^v}} = \lim\limits_{v\to\infty} \frac{\sqrt[v]{v}}{\ln v} = 0 < 1$.

   (Man beachte, dass $\lim\limits_{v\to\infty} \sqrt[v]{v} = 1$ gilt.)

   b) $\sum\limits_{v=0}^{\infty} a_v q^v$ mit $a_v = \begin{cases} 1 \text{ für } v \text{ gerade} \\ 2 \text{ für } v \text{ ungerade} \end{cases}$ konvergiert absolut für $|q| < 1$ und divergiert für $|q| \geq 1$. Denn $\overline{\lim}\limits_{v\to\infty} \left\{ \sqrt[2v]{|q|^{2v}}, \sqrt[2v+1]{2 \cdot |q|^{2v+1}} \right\}$ ist gleich $|q|$. Für $|q| = 1$ bilden die Reihenglieder keine Nullfolge.

   c) Die *Dezimalbrüche* $a_n \ldots a_0, a_{-1} a_{-2} a_{-3} \ldots = \sum\limits_{v=0}^{n} a_v 10^v + \sum\limits_{v=1}^{\infty} a_{-v} 10^{-v}$ (mit beliebigen Folgen $(a_{n-i})_{i\in\mathbb{N}}$ und $a_v \in \{0, \ldots, 9\}$) konvergieren in $\mathbb{R}$ wegen
   $$0 \leq \sqrt[v]{a_{-v} 10^{-v}} \leq \frac{1}{10} \sqrt[v]{9} \to \frac{1}{10}.$$

2. **Quotientenkriterium:**

   (i) *Gilt* $\overline{\lim}\limits_{v\to\infty} \frac{\|a_{v+1}\|}{\|a_v\|} < 1$, *so konvergiert* $\sum\limits_{v=0}^{\infty} a_v$ *absolut.*

   (ii) *Die Reihe divergiert, falls* $\underline{\lim}\limits_{v\to\infty} \frac{\|a_{v+1}\|}{\|a_v\|} > 1$ *ist* (also für fast alle v gilt $\frac{\|a_{v+1}\|}{\|a_v\|} > 1$).

   Beweisskizze:

   (i) Ist $\overline{\lim} \frac{\|a_{v+1}\|}{\|a_v\|} < 1$, so gibt es ein $q \in \mathbb{R}$ und ein $v_0 \in \mathbb{N}$ mit $\frac{\|a_{v+1}\|}{\|a_v\|} \leq q < 1$ für alle $v \geq v_0$. Durch vollständige Induktion folgt $\|a_v\| \leq q^{v-v_0} \|a_{v_0}\|$. Aus der Konvergenz der geometrischen Reihe ergibt sich die (absolute) Konvergenz von $\sum\limits_{v=0}^{\infty} q^v \frac{\|a_{v_0}\|}{q^{v_0}}$ und mit dem Vergleichskriterium diejenige von $\sum\limits_{v=0}^{\infty} \|a_v\|$.

   (ii) Gilt für alle $v \geq v_0$ die Beziehung $\frac{\|a_{v+1}\|}{\|a_v\|} > 1$, so kann $(a_v)_{v\in\mathbb{N}}$ keine Nullfolge sein. $\square$

---

[5] mit $\overline{\lim}$ als Limes superior, dem Supremum der Häufungswerte der Folge.

Beispiele:

a) Für $\sum\limits_{v=1}^{\infty} \frac{v}{(\ln v)^v}$ gilt $\frac{\|a_{v+1}\|}{\|a_v\|} = \frac{(v+1)(\ln v)^v}{v(\ln(v+1))^{v+1}} \leq \frac{v+1}{v} \cdot \frac{1}{\ln(v+1)} \to 0$; auch das Quotientenkriterium zeigt uns, wie das Wurzelkriterium, die Konvergenz der Reihe.

b) Für $\sum\limits_{v=0}^{\infty} a_v q^v$ mit $a_v = 1$ bzw. 2 (s. Bsp. b zum Wurzelkriterium) gilt

$$\overline{\lim} \frac{|a_{v+1}|}{|a_v|} = \overline{\lim} \left\{ \frac{2|q|^{2v+1}}{|q|^{2v}}, \frac{|q|^{2v+2}}{2|q|^{2v+1}} \right\} = \max\{2|q|, \tfrac{|q|}{2}\} = 2|q|.$$

Für $|q| \in [\tfrac{1}{2}, 1)$ gibt uns das Quotientenkriterium, im Gegensatz zum Wurzelkriterium, keine Information.

c) Die Reihe $\sum\limits_{nu}^{\infty} \frac{x^v}{v!}$, also die Taylorreihe (s. §4.4) der Exponentialfunktion, konvergiert für jedes $x \in \mathbb{R}$. *Beweis:* $\lim\limits_{v \to \infty} \frac{|x^{v+1}|}{(v+1)!} \frac{v!}{|x^v|} = \lim\limits_{v \to \infty} \frac{|x|}{v+1} = 0.$

3. *Vergleich:* Beim Wurzelkriterium gibt es lediglich im Fall $\overline{\lim\limits_{v\to\infty}} \sqrt[v]{\|a_v\|} = 1$ keine Information; beim Quotientenkriterium "klafft" hingegen in der Aussagekraft eine Lücke zwischen den Fällen $\overline{\lim} \frac{\|a_{v+1}\|}{\|a_v\|} < 1$ und $\underline{\lim} \frac{\|a_{v+1}\|}{\|a_v\|} > 1$; vgl. dazu Beispiel b) zu beiden Kriterien.

4. *Anmerkung:* Dies hat zur Konsequenz, dass zur Bestimmung des Konvergenzradius einer Potenzreihe (s.u.) meist das Wurzelkriterium herangezogen wird, obwohl - in gewissen Bereichen - auch das Quotientenkriterium Informationen lieferte.

Geben Sie (ohne Beweis) weitere wichtige **Konvergenzkriterien** für Reihen an!

(i) **Cauchy-Kriterium:** In einem Banachraum ist $\sum\limits_{v=0}^{\infty} a_v$ genau dann konvergent, wenn die Teilsummen eine Cauchy-Folge bilden, d.h. $\forall \varepsilon > 0 \ \exists n_0 \ \forall m > n \geq n_0 : \| \sum\limits_{v=n+1}^{m} a_v \| < \varepsilon.$
(Beweis über die *CF*-Vollständigkeit und das Cauchy-Kriterium für Folgen.)

(ii) **Monotonie-Kriterium** (für Reihen über $\mathbb{R}$): Eine Reihe $\sum\limits_{v=0}^{\infty} a_v$ mit *nicht-negativen reellen* Gliedern konvergiert genau dann, wenn die Folge ihrer Teilsummen beschränkt ist.
Beispiel: $\sum\limits_{v=1}^{\infty} \frac{a_v}{10^v}$ mit a_v aus $\{0, \ldots 9\}$ *(Dezimalbruch)* konvergiert wegen $\sum\limits_{v=1}^{n} \frac{a_v}{10^v} < 1$ für alle $n \in \mathbb{N}^*$.

(iii) **Leibnizkriterium** (für alternierende Reihen über $\mathbb{R}$): Ist $(a_v)_{v \in \mathbb{N}}$ eine reelle monoton fallende Nullfolge, so ist die "alternierende" Reihe $\sum\limits_{v=0}^{\infty} (-1)^v a_v$ konvergent.

Beispiel: $\sum\limits_{v=1}^{\infty} (-1)^v \frac{1}{v}$.

(iv) **Vergleichskriterien:**

1. **Majorantenkriterium:** Ist in einem Banachraum $\sum\limits_{v=0}^{\infty} b_v$ absolut konvergente Reihe und gilt $\|a_v\| \leq \|b_v\|$ für alle v ab einem n_0, dann ist auch $\sum\limits_{v=0}^{\infty} a_v$ absolut konvergent.

2. **Minorantenkriterium** (für Reihen über $\mathbb{R}$): Ist $\sum\limits_{v=0}^{\infty} a_v$ divergent und $0 \leq a_v \leq b_v$ für

alle $v \geq n_0$, dann divergiert auch $\sum\limits_{v=0}^{\infty} b_v$.

Beispiel: $\sum\limits_{k=1}^{\infty} \frac{1}{\sqrt[3]{k(k+1)(k+2)}}$ divergiert wegen $\frac{1}{\sqrt[3]{k(k+1)(k+2)}} \geq \frac{1}{\sqrt[3]{(k+2)^3}}$ und der Divergenz
der harmonischen Reihe.

3. **Grenzwertkriterium** (für Reihen über $\mathbb{R}$): Sind $a_v, b_v \geq 0$ und gilt $\lim\limits_{v \to \infty} \frac{a_v}{b_v} = c > 0$, so

haben $\sum\limits_{v=0}^{\infty} a_v$ und $\sum\limits_{v=0}^{\infty} b_v$ das gleiche Konvergenzverhalten.

(v) **Cauchyscher Verdichtungssatz** (für Reihen über $\mathbb{R}$): Ist (a_v) eine monoton fallende Folge nicht negativer Zahlen, so gilt: $\sum\limits_{v=0}^{\infty} a_v$ ist konvergent genau dann, wenn $\sum\limits_{v=0}^{\infty} 2^v a_{2^v}$ konvergiert.

(vi) **Integralkriterium** (für Reihen über $\mathbb{R}$): Sei $f : [m, +\infty) \to \mathbb{R}$ positive monoton fallende Funktion (mit $m \in \mathbb{N}$); dann gilt:

$$\sum_{v=m}^{\infty} f(v) \text{ konvergiert genau dann, wenn } \int_m^{\infty} f(t)\,dt \text{ konvergiert.}$$

Beweisidee:

$$f(v) \geq f(x) \geq f(v+1) \text{ für alle } x \in [v, v+1] \Longrightarrow f(v) \geq \int_v^{v+1} f(t)\,dt = f(\xi) \cdot 1 \geq f(v+1)$$

für ein $\xi \in [v, v+1]) \Longrightarrow \sum\limits_{v=m}^{n} f(v) \geq \int_m^{n+1} f(t)\,dt \geq \sum\limits_{v=m+1}^{n+1} f(v)$. Nach den Monotoniekriterien für uneigentliche Integrale mit nicht-negativem Integranden und für Reihen folgt die Behauptung.

Beispiele: (1) $f(t) = \frac{1}{t}$: Es ist $\sum\limits_{v=1}^{\infty} \frac{1}{v}$ divergent, da $\int_1^x \frac{1}{t}\,dt = \ln x$ für $x \to \infty$ divergiert.

(2) $f(t) = \frac{1}{t^\alpha}$ mit $0 \leq \alpha \neq 1 : \sum\limits_{v=1}^{\infty} \frac{1}{v^\alpha}$ konvergiert genau für $\alpha > 1$, da

$$\int_1^x \frac{1}{t^\alpha}\,dt = \frac{1}{1-\alpha} t^{1-\alpha}\Big|_1^x = \frac{1}{1-\alpha}(x^{1-\alpha} - 1)$$

für $x \to \infty$ im Fall $1 - \alpha < 0$ konvergiert, im Fall $1 - \alpha > 0$ divergiert.

Was versteht man unter einer (reellen oder komplexen) **Potenzreihe**? Geben Sie Beispiele an!

Sei $(a_v)_{v \in \mathbb{N}}$ eine Folge über $\mathbb{K}$ (mit $\mathbb{K} \in \{\mathbb{R}, \mathbb{C}\}$) und $z_0 \in \mathbb{K}$. Dann heißt $\sum\limits_{v=0}^{\infty} a_v(z - z_0)^v$
(formale) *Potenzreihe* um z_0 mit Koeffizienten a_v; dabei wird z als Variable aufgefasst. Oft wird auch die Funktion $f : \{z \in \mathbb{K} \mid \sum\limits_{v=0}^{\infty} a_v(z - z_0)^v \text{ konvergent}\} \to \mathbb{K}$ mit $z \mapsto \sum\limits_{v=0}^{\infty} a_v(z - z_0)^v$ als
Potenzreihe bezeichnet.

Beispiele:

1. $f \cdot \mathbb{R} \to \mathbb{R}$ mit $x \mapsto \sum\limits_{v=0}^{\infty} \frac{x^v}{v!}$ konvergiert nach dem Quotientenkriterium (s.o.,Bsp. c) auf
ganz $\mathbb{R}$. Die Funktion f ist stetig und genügt (s. Anwendung der Produktregel für Reihen) der Funktionalgleichung $f(x_1 + x_2) = f(x_1) \cdot f(x_2)$. Es handelt sich daher bei f um

eine Potenzfunktion; in der Tat ist f die **Exponentialfunktion** $\exp : x \mapsto e^x$ in Potenzreihendarstellung (Taylorreihe s. §4.4). Ihre analytische Fortsetzung auf ganz $\mathbb{C}$ existiert:

$$\exp : \mathbb{C} \to \mathbb{C} \ \text{mit} \ z \mapsto \sum_{\nu=0}^{\infty} \frac{z^\nu}{\nu!}.$$

2. $g : \mathbb{R} \to \mathbb{R}$ mit $x \mapsto \sum_{\nu=0}^{\infty} (-1)^\nu \frac{x^{2\nu+1}}{(2\nu+1)!}$ ist die Potenzreihendarstellung der **sin-Funktion**; auch sie kann auf $\mathbb{C}$ fortgesetzt werden.

3. $h : \mathbb{R} \to \mathbb{R}$ mit $x \mapsto \sum_{\nu=0}^{\infty} (-1)^\nu \frac{x^{2\nu}}{(2\nu)!}$ ist die Potenzreihendarstellung der **cos-Funktion**; wieder gibt es eine eindeutige Fortsetzung auf $\mathbb{C}$.

Welche Form hat der Konvergenzbereich einer Potenzreihe?

Die Konvergenzreihe $\sum_{\nu=0}^{\infty} a_\nu (z - z_0)^\nu$ konvergiert im komplexen Fall $(a_\nu, z_0, z \in \mathbb{C})$ im Innern einer Kreisscheibe der Gaußschen Zahlenebene mit Mittelpunkt z_0 und Konvergenzradius[6] $\rho = 1/\overline{\lim} \sqrt[\nu]{|a_\nu|}$ absolut, im reellen Fall $(a_\nu, z_0, z \in \mathbb{R})$ auf einer Strecke mit Mittelpunkt z_0 und Durchmesser 2ρ (s. Bild 3.10). Auf dem Rand dieser Gebiete lässt sich keine allgemeingültige Aussage machen, außerhalb der Kreisscheibe bzw. der Strecke divergiert die Reihe.
Beweis: Anwendung des Wurzelkriteriums ergibt die Konvergenz für $\overline{\lim} \sqrt[\nu]{|a_\nu|}\,|z - z_0| < 1$, Divergenz für $\overline{\lim} \sqrt[\nu]{|a_\nu|}\,|z - z_0| > 1$. $\qquad\square$

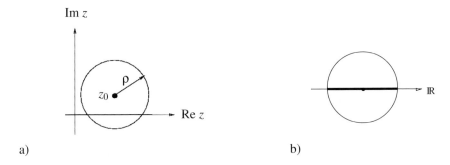

Abbildung 3.10: Konvergenzbereich einer Reihe
a) komplexer Fall: Kreisscheibe b) Einschränkung auf die reelle Zahlengerade: Intervall

Beispiel: $\sum_{\nu=0}^{\infty} \frac{x^\nu}{\nu}$ konvergiert für $x \in [-1, 1)$; denn der Konvergenzradius ist $\rho = 1/\overline{\lim} \sqrt[\nu]{1/\nu} = 1$; die Randpunkte sind gesondert zu behandeln: $\sum \frac{(-1)^\nu}{\nu}$ konvergiert, $\sum \frac{1}{\nu}$ divergiert, s.o.
Anmerkung: Eine Potenzreihe konvergiert auf jeder kompakten Teilmenge ihres offenen Konvergenzkreises gleichmäßig .
Beweis-Andeutung: Die Betragsfunktion nimmt dann auf der betrachteten Teilmenge ihr Supremum an: $|z - z_0| \le |b| < \rho$; die Reihe $\sum_{\nu=0}^{\infty} a_\nu b^\nu$ ist dann absolut konvergente Majorante. $\qquad\square$

Ist eine reelle Potenzreihe auf ihrem offenen Konvergenzintervall differenzierbar, und wie sieht gegebenenfalls die Ableitung aus?

[6]mit $\overline{\lim}$ als limes superior

Sei $\sum_{\nu=0}^{\infty} a_\nu (x-x_0)^\nu$ eine Potenzreihe in $\mathbb{R}$ mit Konvergenzradius $\rho > 0$. Dann ist

$$f : (x_0 - \rho, x_0 + \rho) \to \mathbb{R} \text{ mit } x \mapsto \sum_{\nu=0}^{\infty} a_\nu (x-x_0)^\nu$$

differenzierbar mit Ableitung $f' : x \mapsto \sum_{\nu=1}^{\infty} \nu a_\nu (x-x_0)^{\nu-1}$ (*gliedweise Differentiation*). Die abgeleitete Reihe hat den gleichen Konvergenzradius wie die ursprüngliche. Damit ist der Prozess beliebig wiederholbar und die Reihe unendlich oft differenzierbar.

Amerkung zum Beweis: Dieser folgt aus dem allgemeinen Satz von der gliedweisen Differentiation einer Funktionenfolge (s. § 3.2 Tabelle 3.1).

Beispiele: 1.) $\frac{d}{dx} e^x = \frac{d}{dx} \left(\sum_{\nu=0}^{\infty} \frac{x^\nu}{\nu!} \right) = \sum_{\nu=0}^{\infty} \frac{d}{dx} \frac{x^\nu}{\nu!} = \sum_{\nu=1}^{\infty} \frac{\nu}{\nu!} x^{\nu-1} = e^x$

2.) Analog zeigt man $\frac{d}{dx} \sin x = \cos x$ und $\frac{d}{dx} \cos x = -\sin x$.

Anmerkungen: 1.) Im komplexen Fall gilt ebenfalls, dass eine Potenzreihe im Innern ihres Konvergenzkreises differenzierbar („regulär") ist und die Ableitung durch gliedweise Differentiation erhalten wird. 2.) Auch gliedweise Integration erhält den Konvergenzradius und führt zu einer Stammfunktion der Potenzreihe.

3.4 Differenzierbarkeit in $\mathbb{R}^1$

Wie ist die Differenzierbarkeit einer reellen Funktion f im Punkt x_0 definiert?

Generalvoraussetzung: $\mathfrak{J}$ reelles Intervall, $x_0 \in \mathfrak{J}$, $\mathfrak{J} \setminus \{x_0\} \neq \emptyset$.

Definition: $f : \mathfrak{J} \to \mathbb{R}$ heißt **differenzierbar** in x_0, g.d.w. $\lim\limits_{\substack{x \to x_0 \\ x \in \mathfrak{J}}} \frac{f(x)-f(x_0)}{x-x_0}$ in $\mathbb{R}$ existiert. Der

Grenzwert $f'(x_0) := \frac{df(x)}{dx}\big|_{x=x_0} := \lim\limits_{\substack{x \to x_0 \\ x \in \mathfrak{J}}} \frac{f(x)-f(x_0)}{x-x_0}$ heißt *Ableitung* oder *Differentialquotient* [7]

von f an der Stelle x_0.

Beispiele: Sei $f : \mathbb{R} \to \mathbb{R}$ mit $f(x) = x^n$ (für $n \in \mathbb{N}^*$). Dann gilt für jedes $x_0 \in \mathbb{R}$:

$$\frac{df(x)}{dx}\Big|_{x=x_0} := \lim_{x \to x_0} \frac{x^n - x_0^n}{x - x_0} = \lim_{x \to x_0} \sum_{j=0}^{n-1} x^j x_0^{n-j-1} = n \cdot x_0^{n-1} \ .$$

Anmerkungen: 1.) Geometrische Interpretation: Der *Differenzenquotient* $\frac{f(x)-f(x_0)}{x-x_0}$ ist die Steigung der Sehne durch die Punkte $(x, f(x))$ und $(x_0, f(x_0))$ des Graphen von f, der Differentialquotient die Steigung der Tangente an diesen Graphen im Punkt $(x_0, f(x_0))$ (s. Abb. 3.11).

2.) Physikalische Interpretation: Ist $f(t)$ der Wert einer Größe zur Zeit t, so ist $\frac{f(t_2)-f(t_1)}{t_2-t_1}$ die durchschnittliche Änderungsgeschwindigkeit im Zeitintervall $[t_1, t_2]$ und $\dot{f}(t_0) := \frac{d}{dt} f(t)\big|_{t=t_0}$ die momentane Änderungsgeschwindigkeit.

3.) Differenzierbarkeit im Punkt x_0 im Innern von $\mathfrak{J}$ ist äquivalent damit, dass die linksseitige Ableitung $\lim\limits_{\substack{x \to x_0 \\ x < x_0}} \frac{f(x)-f(x_0)}{x-x_0}$ und die rechtsseitige Ableitung $\lim\limits_{\substack{x \to x_0 \\ x > x_0}} \frac{f(x)-f(x_0)}{x-x_0}$ beide existieren und den gleichen Wert haben. Existenz und Gleichheit der links- bzw. rechtsseitigen Tangente garantieren eine gewisse "Glätte" der Funktion im Punkt x_0.

---

[7] auch Differenzialquotient geschrieben

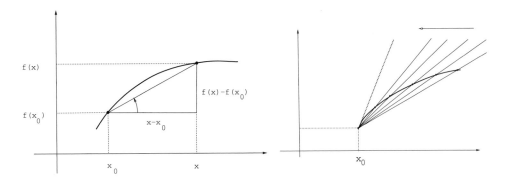

Abbildung 3.11: Geometrische Interpretation von Differenzenquotient und Differentialquotient

Geben Sie eine lineare Approximation der differenzierbaren Funktion $f : [a,b] \to \mathbb{R}$ in einer Umgebung von $x_0 \in (a,b)$ an!

Die Funktion $t : [a,b] \to \mathbb{R}$ mit $t(x) = f(x_0) + (x - x_0) \cdot f'(x_0)$ ist eine (affin–) lineare Näherung von f in einer geeigneten Umgebung von x_0, genauer: Zu jedem $\varepsilon > 0$ existiert ein $\delta > 0$ derart, dass für alle $x \in U_\delta(x_0)$ gilt: $|f(x) - t(x)| < \varepsilon |x - x_0|$.

Beweisskizze: $\frac{|f(x) - t(x)|}{|x - x_0|} = |\frac{f(x) - f(x_0)}{x - x_0} - f'(x_0)| < \varepsilon$ gilt in einer geeigneten δ-Umgebung von x_0 für $x \neq x_0$. $\Box$

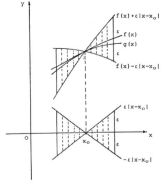

Abbildung 3.12:
Tangentiale Approximation.
Beispiel der Verhältnisse im Fall
$m = n = 1$

Geometrische Interpretation:
Der Graph von t ist die Tangente an den Graphen von $f(x)$ an der Stelle $P_0 = (x_0, f(x_0))$; letzterer liegt in einer Umgebung um P_0 in einem Winkelfeld (ε-Sektor) um den Graphen von t, s. Abb. 3.12.

Geben Sie Beispiele von reellen Funktionen an, die a) stetig, im Nullpunkt nicht differenzierbar b) differenzierbar, nicht stetig differenzierbar c) stetig differenzierbar, nicht 2-mal differenzierbar sind!

a) *Beispiele stetiger, im Nullpunkt nicht differenzierbarer Funktionen*

(i) $f_0 : \mathbb{R} \to \mathbb{R}$ mit $x \mapsto |x|$ ist stetig; im Nullpunkt gilt $\lim\limits_{x \to 0, x > 0} x = 0 = \lim\limits_{x \to 0, x < 0} (-x)$;

linksseitige Ableitung: $f_0^{\prime\ell}(0) = (-x)'|_{x=0} = -1$

rechtseitige Ableitung: $f_0^{\prime r}(0) = (x)'|_{x=0} = 1$

Wegen Verschiedenheit von links– und rechtsseitiger Ableitung ist f nicht differenzierbar in 0.

(ii) $h_1 : \mathbb{R} \to \mathbb{R}$ mit $x \mapsto \begin{cases} x\sin\frac{1}{x} & \text{für } x \neq 0 \\ 0 & \text{für } x = 0 \end{cases}$ ist stetig (- wegen $|\sin\frac{1}{x}| \leq 1$ gilt im

Nullpunkt $\lim\limits_{x\to 0} x\sin\frac{1}{x} = 0$), aber nicht differenzierbar: $\lim\limits_{x\to 0}[x\sin\frac{1}{x} - 0]/[x - 0] = \lim\limits_{x\to 0}\sin\frac{1}{x}$ existiert nicht. (Siehe Abb. 3.13):

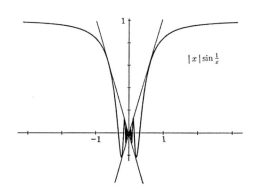

$|x|\sin\frac{1}{x}$

Abbildung 3.13:
Beispiel einer stetigen, im Null-punkt nicht differenzierbaren Funk-tion:
$x \mapsto |x|\sin\frac{1}{x}$ und $0 \mapsto 0$

b) *Beispiel einer differenzierbaren, nicht stetig differenzierbaren Funktion:*

$$h_2 : \mathbb{R} \to \mathbb{R} \text{ mit } x \mapsto \begin{cases} x^2\sin\frac{1}{x} & \text{für } x \neq 0 \\ 0 & \text{für } x = 0 \end{cases} \qquad \text{hat die Ableitungen}$$

$h_2'(x) = 2x\sin\frac{1}{x} - x^2(\cos\frac{1}{x})x^{-2} = 2x\sin\frac{1}{x} - \cos\frac{1}{x}$ für $x \neq 0$,

$h_2'(0) = \lim\limits_{x\to 0}[x^2\sin\frac{1}{x} - 0]/[x - 0] = \lim\limits_{x\to 0}(x\cdot\sin\frac{1}{x}) = 0$,

ist also differenzierbar. h_2' ist wegen der Nichtexistenz von $\lim\limits_{x\to 0}\cos\frac{1}{x}$ nicht stetig.

c) *Beispiel stetig differenzierbarer, nicht 2-mal differenzierbarer Funktionen:*

$f_1 : \mathbb{R} \to \mathbb{R}$ mit $x \mapsto x\cdot|x|$ hat die Ableitung

$$f_1'(x) = \left\{ \begin{array}{l} (x^2)' = 2x \ (\text{im Fall } x \geq 0) \\ (-x^2)' = -2x \ (\text{im Fall } x < 0) \end{array} \right\} = 2|x| = 2f_0(x),$$

ist also stetig differenzierbar und nicht 2-mal differenzierbar (s.Bsp. a)).

$h_3 : \mathbb{R} \to \mathbb{R}$ mit $x \mapsto x^3\sin\frac{1}{x}$ für $x \neq 0$ und $h(0) = 0$ hat die Ableitung

$h_3'(x) = 3\cdot x^2\sin\frac{1}{x} - x^3 x^{-2}\cos\frac{1}{x} = 3h_2(x) - x\cos\frac{1}{x}$ für $x \neq 0$ und

$h_3'(0) = \lim\limits_{x\to 0}\dfrac{x^3\sin(1/x)}{x} = 0$; h_3' ist also stetig.

Die zweite Ableitung $h_3''(0) = \lim\limits_{x\to 0}\dfrac{3x^2\sin(1/x) - x\cos(1/x) - 0}{x}$ existiert nicht.

Anmerkung: $f_m : \mathbb{R} \to \mathbb{R}$ mit $x \mapsto x^m|x|$ mit $m \geq 2$ hat die Ableitung

$$f'_m(x) = \left\{ \begin{array}{ll} (x^{m+1})' & = (m+1)x^m \\ (-x^{m+1})' & = -(m+1)x^m \end{array} \right\} = (m+1)\,x^{m-1}\,|x| = (m+1)\,f_{m-1}(x)$$

und ist daher m-mal stetig differenzierbar, aber nicht $(m+1)$-mal differenzierbar.

Beweisen Sie, dass aus der Differenzierbarkeit von $f : \mathfrak{I} \to \mathbb{R}$ im Punkt x_0 die Stetigkeit von f in x_0 folgt.

Beweis: Aus der Differenzierbarkeit von f im Punkt x des Intervalls $\mathfrak{I}$ folgt die Existenz einer Umgebung $U_\delta(x_0)$ derart, dass für $x \in (U_\delta(x_0) \cap \mathfrak{I}) \setminus \{x_0\}$ gilt:

$\left| \frac{f(x)-f(x_0)}{x-x_0} - f'(x_0) \right| \leq 1$ und daraus mit der 2. Dreiecksungleichung

$\frac{|f(x)-f(x_0)|}{|x-x_0|} - |f'(x_0)| \leq 1$, also $|f(x) - f(x_0)| < (1 + |f'(x_0)|)\,|x - x_0|$, wobei die rechte Seite

für $x \to x_0$ gegen 0 strebt.   □

Nennen Sie die (elementaren) Differentiations–Regeln, die die Ableitung von Linearkombinationen, Produkten, Quotienten, Umkehrfunktionen sowie die Verkettung von reellen Funktionen betreffen!

1.) Seien $\mathfrak{I}$ ein reelles Intervall mit mehr als einem Punkt, $f, g : \mathfrak{I} \to \mathbb{R}$ und f, g differenzierbar in $x_0 \in \mathfrak{I}$, dann sind die Funktionen $f + \lambda g$ (mit λ aus $\mathbb{R}$), $f \cdot g$, $\frac{f}{g}$ (falls $g(x_0) \neq 0$) differenzierbar in x_0 und es gilt (Beweis?):

(i) Differentiation einer Linearkombination: $(f + \lambda g)'(x_0) = f'(x_0) + \lambda g'(x_0)$

(ii) Produktregel: $(f \cdot g)'(x_0) = f'(x_0) \cdot g(x_0) + f(x_0) \cdot g'(x_0)$

(iii) Quotientenregel: $\left(\frac{f}{g}\right)'(x_0) = \frac{gf' - fg'}{g^2}(x_0)$ (für $g(x_0) \neq 0$).

2.) **Kettenregel** (Beweis z.Bsp. [Heu1] 47.2)

Sind $f : \mathfrak{I} \to J$ und $g : J \to \mathbb{R}$ und ist f differenzierbar in $x_0 \in \mathfrak{I}$ und g differenzierbar in $y_0 := f(x_0) \in J$, so ist $g \circ f$ differenzierbar in x_0 und es gilt

$$(g \circ f)'(x_0) = g'(f(x_0)) \cdot \underbrace{f'(x_0)}_{\text{innere Ableitung}} .$$

Merkregel: $\dfrac{d(g \circ f)}{dx} = \dfrac{dg}{df} \cdot \dfrac{df}{dx}$

3. Satz über die Umkehrfunktion

Ist $f : \mathfrak{I} \to \mathbb{R}$ streng monoton und stetig auf $\mathfrak{I}$ sowie differenzierbar in $x_0 \in \mathfrak{I}$ mit $f'(x_0) \neq 0$, dann ist f^{-1} differenzierbar in $y_0 := f(x_0)$, und es gilt $(f^{-1})'(y_0) = \frac{1}{f' \circ f^{-1}}(y_0)$

Merkregel (s. [LK] 334): $(f \circ f^{-1})(y) = y \overset{\Longrightarrow}{\underset{\text{Kettenregel}}{}} f'(f^{-1}(y)) \cdot (f^{-1})'(y) = 1$

(kein Beweis der Differenzierbarkeit) oder $\frac{dx}{dy}(y_0) = \frac{1}{\frac{dy}{dx}(x_0)}$

Beweisskizze (unter Verwendung der Stetigkeit von f^{-1}) : Ist $\lim y_n = y_0$, so gilt mit $x_n := f^{-1}(y_n)$ und $\lim\limits_{n \to \infty} x_n = f^{-1}(y_0) = x_0$

$$\frac{f^{-1}(y_n) - f^{-1}(y_0)}{y_n - y_0} = \frac{x_n - x_0}{f(x_n) - f(x_0)} \to \frac{1}{f'(x_0)} . \qquad \square$$

Ein Mittel zum Herausfiltern von lokalen Extrema im Innern eines Intervalls stellt der im Folgenden angesprochene Sachverhalt dar.

Formulieren und beweisen Sie den **Satz vom lokalen Extremum** für $f : \mathfrak{I} \to \mathbb{R}$ (mit lokalem Extremum ξ im Innern von $\mathfrak{I}$)! Nennen Sie hinreichende Bedingungen für die Umkehrung dieses Satzes!

a) *Satz vom lokalen Extremum: Ist $f : \mathfrak{I} \to \mathbb{R}$ im inneren Punkt ξ von $\mathfrak{I}$ differenzierbar, und besitzt f in ξ ein lokales Maximum oder Minimum, so gilt $f'(\xi) = 0$.*

Beweis-Idee: Vorzeichen von Zähler und Nenner des Differenzenquotienten beachten! Besitzt f in ξ z.Bsp. ein lokales Maximum, so existiert eine Umgebung $U_\delta(\xi)$ in $\mathfrak{I}$ mit $f(x) \leq f(\xi)$ für alle $x \in U_\delta(\xi)$. Aus $\frac{f(x)-f(\xi)}{x-\xi} \geq 0$ bzw. ≤ 0, je nachdem $x < \xi$ oder $x > \xi$ ist, folgt $f'(\xi) = 0$.

b) Sei f differenzierbar auf einer δ-Umgebung U von ξ mit $f'(\xi) = 0$; gilt dann

$f'(x) \begin{cases} \text{positiv} \\ \text{negativ} \end{cases}$ für alle $x < \xi$ aus U und $\begin{cases} \text{negativ} \\ \text{positiv} \end{cases}$ für alle $x > \xi$, so hat f bei ξ ein lokales

$\begin{cases} \text{Maximum} \\ \text{Minimum} \end{cases}$. *Alternativ:* Existiert $f''(\xi)$, so folgt aus $\begin{cases} f''(\xi) < 0 \\ f''(\xi) > 0 \end{cases}$, dass ξ Stelle eines

lokalen $\begin{cases} \text{Maximums} \\ \text{Minimums} \end{cases}$ ist.

Der *Beweis* ergibt sich aus folgendem Satz durch Anwendung auf f bzw. unter Beachtung von $f'(\xi) = 0$ durch Anwendung auf f'.

c) **Monotoniekriterien für Funktionen**

Ist $f : \mathfrak{I} \to \mathbb{R}$ stetig auf den Intervall $\mathfrak{I}$ und differenzierbar im Innern $\overset{\circ}{\mathfrak{I}}$ von $\mathfrak{I}$, so gilt:

$$f'(x) \geq 0 \text{ auf } \overset{\circ}{\mathfrak{I}} \quad \Longrightarrow \quad f \text{ wächst monoton}$$

$$f'(x) > 0 \text{ auf } \overset{\circ}{\mathfrak{I}} \quad \Longrightarrow \quad f \text{ wächst streng monoton}$$

(analog für $f'(x) \leq 0$ und monotones Fallen).

Beweisskizze: Mit Hilfe des Mittelwertsatzes (s.u.) folgt die Behauptung aus der Existenz eines $\xi \in \overset{\circ}{\mathfrak{I}}$ mit $f(x_2) - f(x_1) = f'(\xi)(x_2 - x_1)$. $\qquad\qquad\qquad \square$

Formulieren Sie den **Satz von Rolle** und den **Mittelwertsatz**, und leiten Sie diese aus dem Satz vom absoluten Maximum und Minimum und dem Satz vom lokalen Extremum ab!

Die Formulierungen der Sätze findet man im Diagramm der Abb. 3.14.

Beweis zum Satz von Rolle: (zu Nr. 1 in Diagramm 3.14): Nach dem Satz vom absoluten Maximum und Minimum (s. Seite 86) existieren $M = \max f[a, b])$ und $m = \min f[a, b])$, insbesondere ξ_1, ξ_2 aus $[a, b]$ mit $M = f(\xi_1)$ und $m = f(\xi_2)$. Ist $M = m$, so ist f konstant und $f'(x) = 0$ für $x \in [a, b]$ beliebig. Ist $M \neq m$, so ist ξ_1 oder ξ_2 innerer Punkt (wegen $f(a) = f(b)$). Ist o.B.d.A. $\xi_1 \in (a, b)$, so handelt es sich um ein lokales Extremum im Innern des Intervalls; dort ist f differenzierbar. Daher gilt $f'(\xi_1) = 0$ nach dem Satz vom lokalen Extremum. (Vgl. Abbildung 3.15a).

Beweis des Mittelwertsatzes (zu Nr. 2 in Diagramm 3.14): Zur Herleitung des Mittelwertsatzes aus dem Satz von Rolle nimmt man folgende Transformation vor: Die Funktion $g : [a, b] \to \mathbb{R}$ mit $g(x) := f(x) - [f(b) - f(a)]/[b - a] \cdot (x - a)$ erfüllt die Voraussetzungen des Satzes von Rolle; aus diesem folgt $0 = g'(\xi) = f'(\xi) - \frac{f(b)-f(a)}{b-a}$.(Vgl. Abb. 3.15 (b)!)

** Wie lautet der verallgemeinerte Mittelwertsatz?

Verallgemeinerter Mittelwertsatz: *Seien $f, g : [a, b] \to \mathbb{R}$ stetig auf $[a, b]$ und differenzierbar auf $(a, b) \neq \emptyset$; dann existiert ein $\xi \in (a, b)$ mit $[f(b) - f(a)] \cdot g'(\xi) = [g(b) - g(a)]f'(\xi)$.*

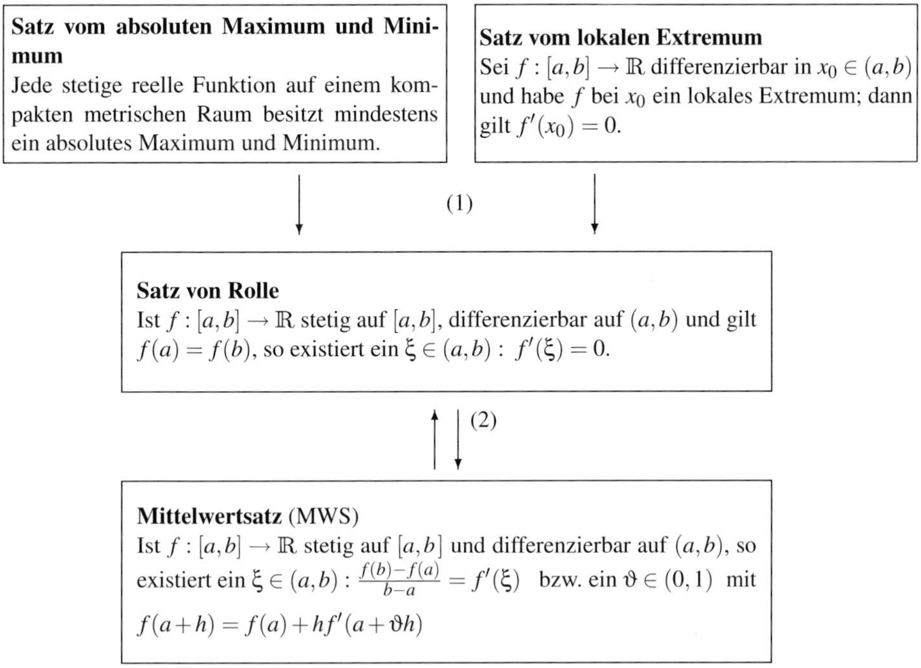

Satz vom absoluten Maximum und Minimum
Jede stetige reelle Funktion auf einem kompakten metrischen Raum besitzt mindestens ein absolutes Maximum und Minimum.

Satz vom lokalen Extremum
Sei $f : [a,b] \to \mathbb{R}$ differenzierbar in $x_0 \in (a,b)$ und habe f bei x_0 ein lokales Extremum; dann gilt $f'(x_0) = 0$.

(1)

Satz von Rolle
Ist $f : [a,b] \to \mathbb{R}$ stetig auf $[a,b]$, differenzierbar auf (a,b) und gilt $f(a) = f(b)$, so existiert ein $\xi \in (a,b) : \ f'(\xi) = 0$.

 (2)

Mittelwertsatz (MWS)
Ist $f : [a,b] \to \mathbb{R}$ stetig auf $[a,b]$ und differenzierbar auf (a,b), so existiert ein $\xi \in (a,b) : \frac{f(b)-f(a)}{b-a} = f'(\xi)$ bzw. ein $\vartheta \in (0,1)$ mit
$$f(a+h) = f(a) + h f'(a + \vartheta h)$$

Abbildung 3.14: Diagramm zum Satz von Rolle und zum Mittelwertsatz

Beweisskizze: Man wendet den Satz von Rolle an auf die Funktion h mit

$$h(x) = [f(b) - f(a)]g(x) - [g(b) - g(a)]f(x)$$

Anwendungsbeispiel: Sei $\mathbf{r}$ eine differenzierbare **Kurve** (ein differenzierbarer Weg) in $\mathbb{R}^2$, also $\mathbf{r} : [a,b] \to \mathbb{R}^2$ mit $\mathbf{r}(t) = (f(t), g(t))$ und differenzierbaren Funktionen f und g. Es gelte $\mathbf{r}(a) \neq \mathbf{r}(b)$. Dann gibt es einen Punkt $\mathbf{r}(\tau)$, in dem der Tangentialvektor $\overset{\bullet}{\mathbf{r}}(\tau)$ parallel zu $\mathbf{r}(b) - \mathbf{r}(a)$ ist (s. Bild 3.16), oder ein t mit $\overset{\bullet}{\mathbf{r}}(t) = \mathbf{0}$. Denn es ist $\overset{\bullet}{\mathbf{r}}(t) = (\overset{\bullet}{f}(t), \overset{\bullet}{g}(t))$ Tangentialvektor, und (für geeignetes τ) ist $(f(b) - f(a), g(b) - g(a)) \left(\overset{\bullet}{g}(\tau), -\overset{\bullet}{f}(\tau) \right) = 0$, also :

$$\mathbf{r}(b) - \mathbf{r}(a) \perp (\overset{\bullet}{g}(\tau), -\overset{\bullet}{f}(\tau)) \perp (\overset{\bullet}{f}(\tau), \overset{\bullet}{g}(\tau)).$$

Formulieren und beweisen Sie die **Regel von de l'Hospital**-Bernoulli für $\frac{0}{0}$ bei reellen Argumenten.

Regel von de l'Hospital-Bernoulli: Seien $\mathfrak{I} = (x_0, x_0 + h)$ reelles Intervall, $f, g : \mathfrak{I} \to \mathbb{R}$ differenzierbar, $g'(x) \neq 0$ für alle $x \in \mathfrak{I}$; ist dann $\lim\limits_{\substack{x \to x_0 \\ x \in \mathfrak{I}}} f(x) = 0 = \lim\limits_{\substack{x \to x_0 \\ x \in \mathfrak{I}}} g(x)$ und existiert $\lim\limits_{\substack{x \to x_0 \\ x \in \mathfrak{I}}} \frac{f'(x)}{g'(x)}$ in $\mathbb{R} \cup \{\pm\infty\}$, so folgt die Existenz von $\lim\limits_{\substack{x \to x_0 \\ x \in \mathfrak{I}}} \frac{f(x)}{g(x)}$ und die Gleichheit der Limites,

also $\lim\limits_{\substack{x \to x_0 \\ x \in \mathfrak{I}}} \frac{f(x)}{g(x)} = \lim\limits_{\substack{x \to x_0 \\ x \in \mathfrak{I}}} \frac{f'(x)}{g'(x)}$.

Beweisskizze: Man ergänzt f und g in x_0 stetig zu Funktionen $\tilde{f}, \tilde{g}$ durch die Setzung

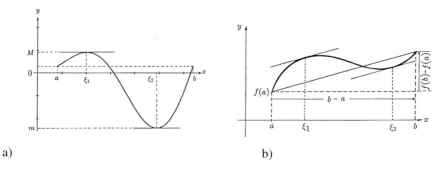

a)   b)

Abbildung 3.15: Zum Satz von Rolle (a) und zum Mittelwertsatz (b)

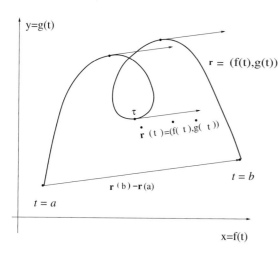

Abbildung 3.16:
Zum verallgemeinerten Mittelwertsatz

$\tilde{f}(x_0) = 0 = \tilde{g}(x_0)$; durch Anwendung des verallgemeinerten Mittelwertsatzes auf das Intervall $[x_0, x]$ mit $x \in \mathfrak{J}$ erhält man die Existenz von $\xi_x \in (x_0, x)$ derart, dass

$$\frac{f'(\xi_x)}{g'(\xi_x)} = \frac{\tilde{f}'(\xi_x)}{\tilde{g}'(\xi_x)} = \frac{\tilde{f}(x) - \tilde{f}(x_0)}{\tilde{g}(x) - \tilde{g}(x_0)} = \frac{f(x)}{g(x)}.$$

Mit x strebt auch ξ_x (in $\mathfrak{J}$) gegen x_0. Wegen der Existenz von $\lim\limits_{x_n \to x_0} \frac{f'(x_n)}{g'(x_n)}$ konvergiert daher $\frac{f'(\xi_x)}{g'(\xi_x)}$ gegen diesen Ausdruck (vgl. Liedl/Kuhnert[LK] 3.1.31(5)). $\square$

Anmerkung: Analoge Aussagen erhält man für $\lim\limits_{\substack{x \to x_0 \\ x < x_0}}$, $\lim\limits_{\substack{x \to x_0 \\ x > x_0}}$ bzw. $\lim\limits_{x \to \infty}$ und für $\lim\limits_{x \to x_0} g(x) = \pm\infty$ (ohne Voraussetzung von $\lim\limits_{x \to x_0} f(x) = \pm\infty$).

Beispiele:

1.) $\lim\limits_{x \to 0} \frac{\sin ax}{\sin bx} = \lim\limits_{x \to 0} \frac{a \cos ax}{b \cos bx} = \frac{a}{b}$ für $b \neq 0$.   2.) $\lim\limits_{x \to \infty} \frac{e^{\alpha x}}{x} = \lim\limits_{x \to \infty} \frac{\alpha \cdot e^{\alpha x}}{1} = +\infty$ für $\alpha > 0$.

3.) $\lim\limits_{x \to \infty} \frac{\ln x}{x^\alpha} = \lim\limits_{x \to \infty} \frac{x^{-1}}{\alpha x^{\alpha-1}} = \lim\limits_{x \to \infty} \frac{1}{\alpha x^\alpha} = 0$ für $\alpha > 0$.

4.) $\lim\limits_{\substack{x \to 0 \\ x > x_0}} x^\alpha \ln x = \lim\limits_{x \to 0+} \frac{\ln x}{x^{-\alpha}} = \lim\limits_{x \to 0+} \frac{x^{-1}}{(-\alpha)x^{-\alpha-1}} = \lim\limits_{x \to 0+} \left(-\frac{1}{\alpha}x^\alpha\right) = 0$ für $\alpha > 0$.

3.5 Integration (Teil 1)

Der Begriff des Integrals einer Funktion $f : [a,b] \to \mathbb{R}$ dient u.a. folgenden Zielen:
(i) die Angabe des Maßes der Fläche zwischen dem Graphen von f und der Koordinatenachse;
(dabei zählen Flächen oberhalb der Koordinatenachse positiv, unterhalb aber negativ).
(ii) der Umkehrung der Differentiation.
Je nach Integralbegriff sind dabei unterschiedliche Funktionenklassen für f zugelassen: stetige Funktionen (bei der Suche nach ihren Stammfunktionen), die Obermenge der Regelfunktionen einschließlich stückweise stetigen Funktionen (beim Regelintegral, s.u.), die Obermenge der Riemann-integrierbare Funktionen (s.§4.2), die Obermenge der Lebesgue-integrierbaren Funktionen. Dabei ergeben die verschiedenen Integrale von f, soweit sie existieren, den gleichen Wert.

Was versteht man unter einer **Treppenfunktion** und deren Integral?

Eine Funktion $f : \mathfrak{I} \to \mathbb{R}$ auf einem reellen Intervall $\mathfrak{I}$ heißt Treppenfunktion, wenn sich $\mathfrak{I}$ derart in disjunkte Intervalle $\mathfrak{I}_j, j = 1, \ldots, k$, zerlegen lässt, dass f auf den Intervallen $\mathfrak{I}_1, \ldots, \mathfrak{I}_k$ jeweils konstant ist. Das Integral von f wird dann definiert als $I(f) := \int_\mathfrak{I} f(t)\,\mathrm{d}t := \sum_{j=1}^{k} |\mathfrak{I}_j| \mathrm{f}(\mathfrak{I}_j)$; dabei bezeichnet $|\mathfrak{I}_j|$ die Länge des Intervalls $\mathfrak{I}_j$ und $f(\mathfrak{I}_j)$ den konstanten Funktionswert auf $\mathfrak{I}_j$; der Summand ist daher das Maß der Fläche des entsprechenden Rechtecks.

Was versteht man unter einer **Regelfunktion**[8] ? Nennen Sie Klassen von Beispielen!

Eine Funktion $f : [a,b] \to \mathbb{R}$ heißt Regelfunktion , falls gilt: Für jeden inneren Punkt $x \in (a,b)$ existieren der linksseitige Grenzwert und der rechtsseitige Grenzwert und in den Randpunkten existieren die einseitigen Grenzwerte. Beispiele für Regelfunktion sind Treppenfunktionen, stückweise stetige Funktionen und monotone Funktionen.
Anmerkung: 1.) Ist $f(n)_{n \in \mathbb{N}}$ eine Folge von Regelfunktionen auf $[a,b]$, die gleichmäßig gegen f konvergiert, so ist f ebenfalls Regelfunktion. 2.) Regelfunktionen auf dem kompakten Intervall $[a,b]$ sind beschränkt.

Eine Regelfunktion (bzw. spezieller: eine stückweise stetige Funktion) auf dem Intervall $[a,b]$ lässt sich durch eine monoton wachsende Folge von Treppenfunktionen gleichmäßig approximieren. Geben Sie eine Beweisidee für diesen Satz!

Man bildet die Menge
$A_n := \{c \in [a,b] \mid \exists t : [a,c] \to \mathbb{R} \text{ mit } t \text{ Treppenfunktion und } |t(x) - f(x)| \le \frac{1}{n} \text{ für alle } x \in [a,c]\}$.
Man zeigt dann $a \in A_n$, $s := \sup A_n \in A_n$ und $s = b$. Daher existiert eine Folge $(t_n)_{n \in \mathbb{N}}$ von Treppenfunktionen, die gleichmäßig gegen f konvergiert. Die Folge $(v_n)_{n \in \mathbb{N}}$ der Treppenfunktionen $v_n := \max_{i=1,\ldots,n} (t_i - \|t_i - f\|)$ bildet dann eine monoton wachsende gegen f gleichmäßig konvergierende Folge von Treppenfunktionen.   □

Definieren Sie das **Integral** einer Regelfunktion (bzw. speziell einer stückweise stetigen Funktion) als Grenzwert der Integrale einer Folge von Treppenfunktionen.

Es gilt folgender Satz:

---

[8]Falls Sie in ihrer Vorlesung keine Regelfunktionen kennen gelernt haben, so beschränken Sie sich auf stetige Funktionen oder gehen gleich zu Riemann-integrierbare Funktionen über (s.§4.2)

Seien f eine Regelfunktion auf $[a,b]$ *und* $(t_n)_{n\in\mathbb{N}}$ *eine Folge von Treppenfunktionen, die gleichmä-ßig gegen f konvergieren (s.o.). Dann existiert der Grenzwert* $I := \lim\limits_{n\to\infty} \int_a^b t_n(x)\,dx$ *der Integrale von* t_n *und ist unabhängig von der Wahl der approximierenden Folge* $(t_n)_{n\in\mathbb{N}}$.

Beweisskizze: Wegen der gleichmäßigen Konvergenz von (t_n) gilt
$\left| \int_a^b t_n(x)\,dx - \int_a^b t_m(x)\,dx \right| \leq (b-a)\|t_n - t_m\| < \varepsilon$ für n,m größer als ein geeignetes n_0. Daher ist $\left(\int_a^b t_n(x)\,dx \right)_{n\in\mathbb{N}}$ eine Cauchyfolge, also konvergent. Bei gegebenem $\varepsilon > 0$ liegen schließlich die Funktionen einer anderen Folge $(\hat{t}_n)_{n\in\mathbb{N}}$, die gegen f konvergiert, in einem ε-Schlauch um f. Damit konvergiert auch $\int_a^b \hat{t}_n(x)\,dx$ gegen I. Man definiert deshalb $\int_a^b f(x)\,dx := \lim\limits_{n\to\infty} \int_a^b t_n(x)\,dx$ und nennt f integrierbar.

Was versteht man unter einer **Integralfunktion** F einer Regelfunktion f ? Geben Sie (ohne Beweis) Eigenschaften von F an!

Ist $f : [a,b] \to \mathbb{R}$ eine Regelfunktion, so heißt $F : [a,b] \to \mathbb{R}$ mit $x \mapsto \int_a^x f(t)\,dt$ Integralfunktion von f (**unbestimmtes Integral**) . Für F gilt: (i) $\int_a^b f(t)dt = F(b) - F(a)$.

(ii) F ist lipschitzstetig mit der Lipschitzkonstanten $L := \sup\limits_{x\in[a,b]} f(x)$.

(iii) In jedem Stetigkeitspunkt x von f gilt $F'(x) = f(x)$.

Für eine **stetige** Funktion f ist also F eine **Stammfunktion** von f (d.h. f ist Ableitung von F), und es gilt $\int_a^b f(x)dx = F(b) - F(a)$ (Fundamentalsatz/Hauptsatz der Differenzial- und Integral-rechnunmg, siehe auch Seite 128)

Formulieren Sie für Integrale stetiger Funktionen die Substitutionsregel und die Regel der partiellen Integration (ohne Beweise).

(i)   Es gilt die folgende **Substitutionsregel:**   Ist φ stetig differenzierbar auf $J = [\alpha, \beta]$ und f stetig auf $\mathfrak{I} = \varphi(J)$, so folgt aus der Kettenregel, angewandt auf die Stammfunktion von f,

$$\int_{\varphi(\alpha)}^{\varphi(\beta)} f(x)\,dx = \int_{\alpha}^{\beta} f(\varphi(t))\varphi'(t)\,dt.$$

Merkregel: $x = \varphi(t) \Rightarrow dx = \frac{d\varphi}{dt}\,dt$

(ii)   **Partielle Integration:** Für stetig differenzierbare Funktionen f und stetige Funktionen g mit Stammfunktion G folgt aus $(fG)' = f'G + fG'$ die Regel der *partiellen Integration:*

$$\int_a^b f(t)g(t)\,dt = f(t)G(t)\Big|_a^b - \int_a^b f'(t)G(t)\,dt.$$

Was versteht man unter einem uneigentlichen Integral?

(i) Ist $f : [a,\infty] \to \mathbb{R}$ eine Funktion, die in jedem Intervall $[a,R]$ integrierbar ist, so heißt

$$\int_a^\infty f(t)\,dt := \lim\limits_{R\to\infty} \int_a^R f(t)\,dt$$

konvergent, falls der Limes existiert. Analoges vereinbart man für $\int\limits_{-\infty}^{b}$ bzw. $\int\limits_{-\infty}^{\infty}$.

(ii) Ist $f : (a,b] \to \mathbb{R}$ in jedem Teilintervall $[a+\varepsilon, b]$ für $0 < \varepsilon < b - a$ integrierbar, so heißt
$\int\limits_{a}^{b} f(t)\,dt := \lim\limits_{\varepsilon \to 0} \int\limits_{a+\varepsilon}^{b} f(t)\,dt$ im Falle der Existenz des Limes konvergent. Analoges definiert
man für $\int\limits_{a}^{b-\varepsilon}$ oder bei einem kritischen inneren Punkt.

Zur Integrationstechnik:

Bestimmen Sie folgende Integrale!

(a) $\int\limits_{-\frac{\pi}{2}}^{\frac{\pi}{2}} t \sin 2t\,dt$ (mittels partieller Integration)

(b) $\int\limits_{-1}^{1} x \arcsin x\,dx$ und $\int\limits_{0}^{1} t(t^2+1)^\alpha\,dt$ für $\alpha \neq -1$ (durch Substitution)

(c) $\int \frac{1}{t(t-1)^2}\,dt$ unbestimmtes Integral (mittels Partialbruchzerlegung)

(d) $\int\limits_{0}^{1} t^{-r}\,dt$ für $0 < r < 1$ uneigentliches Integral

(e) $\int\limits_{-\infty}^{\infty} \frac{1}{1+t^2}\,dt$ uneigentliches Integral

(a) $\int\limits_{-\frac{\pi}{2}}^{\frac{\pi}{2}} t \sin 2t\,dt = t\left(-\frac{1}{2}\cos 2t\right)\Big|_{-\frac{\pi}{2}}^{+\frac{\pi}{2}} + \frac{1}{2}\int\limits_{-\frac{\pi}{2}}^{\frac{\pi}{2}} \cos 2t\,dt = \frac{\pi}{2} + \frac{1}{4}\sin 2t\Big|_{-\frac{\pi}{2}}^{+\frac{\pi}{2}} = \frac{\pi}{2}.$

(b)   1. Beispiel (mit der Substitution $x = \sin t$, $\frac{dx}{dt} = \cos t$ und $t_{1/2} = \arcsin \pm 1 = \pm\frac{\pi}{2}$) :
$$\int\limits_{-1}^{1} x \arcsin x\,dx = \int\limits_{-\frac{\pi}{2}}^{+\frac{\pi}{2}} \sin t \cdot t \cdot \cos t\,dt = \int\limits_{-\frac{\pi}{2}}^{+\frac{\pi}{2}} \frac{1}{2}t\sin 2t\,dt \stackrel{(a)}{=} \frac{\pi}{4}\ .$$
2. Beispiel (mit der Substitution $x = t^2 + 1$, $\frac{dx}{dt} = 2t$) :
$$\int\limits_{0}^{1} t(t^2+1)^\alpha\,dt = \int\limits_{1}^{2} x^\alpha \cdot \frac{1}{2}\,dx = \frac{x^{\alpha+1}}{2(\alpha+1)}\bigg|_{1}^{2}\ .$$

(c)   Aus dem Ansatz [9] $\frac{1}{t(t-1)^2} = \frac{a}{t} + \frac{b}{t-1} + \frac{c}{(t-1)^2}$ ergibt sich $a = -b = c = 1$ und damit
$\int \frac{1}{t(t-1)^2} = \int \frac{1}{t}\,dt - \int \frac{1}{t-1}\,dt + \int \frac{1}{(t-1)^2}\,dt = \ln|t| - \ln|t-1| - \frac{1}{t-1} + c\ .$

(d) $\int\limits_{0}^{1} t^{-r}\,dt = \lim\limits_{\varepsilon \to 0} \int\limits_{\varepsilon}^{1} t^{-r}\,dt = \lim\limits_{\varepsilon \to 0} \frac{t^{1-r}}{1-r}\Big|_{\varepsilon}^{1} = \frac{1}{1-r}.$

(e) $\int\limits_{-\infty}^{\infty} \frac{1}{1+t^2}\,dt = \lim\limits_{b\to\infty} \arctan b - \lim\limits_{a\to-\infty} \arctan a = \frac{\pi}{2} - \left(-\frac{\pi}{2}\right) = \pi.$

---

[9] Wie die Partialbruchzerlegung anzusetzen ist, steht in vielen Formelsammlungen.

3.6   Anhang: Reelle und komplexe Zahlen

Geben Sie Eigenschaften von $\mathbb{R}$ an, die zu einer axiomatischen Definition der reellen Zahlen herangezogen werden können!

Wir geben zunächst Eigenschaften von $\mathbb{R}$ an:

1. $(\mathbb{R}, +, \cdot, \leq)$ ist ein **angeordneter Körper**, d.h. ein Körper (s. §8.1) mit Ordnungsrelation "$\leq$" derart, dass die Addition und die Multiplikation monotone Operationen sind, also für alle $x, y, z \in \mathbb{R}$ gilt: $x \leq y \Longrightarrow x + z \leq y + z$ und $x \geq 0 \wedge y \geq 0 \Rightarrow x \cdot y \geq 0$.
   Anmerkung: Die Anordnung lässt sich durch den *Positivbereich* $\mathbb{R}^+ = \{x \in \mathbb{R} | x > 0\}$ beschreiben. Außerdem ist in einem angeordneten Körper ein **Absolutbetrag** definiert durch $|x| := \max\{x, -x\}$.

2. $\mathbb{R}$ ist **archimedisch angeordnet**, d.h. ein angeordneter Körper, in dem zu jedem Element x ein $n \in \mathbb{N}$ existiert mit $x < n$.   Folgerung: $\mathbb{Q}$ liegt *dicht* in $\mathbb{R}$, d.h $(x, y) \cap \mathbb{Q} \neq \emptyset$ für alle x, y mit $x < y$.

3. $\mathbb{R}$ erfüllt das **Intervallschachtelungsaxiom**.

   Für jede Folge $(\mathfrak{I}_n)_{n \in \mathbb{N}}$ von Intervallen $\mathfrak{I}_n = [a_n, b_n]$ mit $\mathfrak{I}_{n+1} \subseteq \mathfrak{I}_n$ gilt $\bigcap\limits_{n=0}^{\infty} \mathfrak{I}_n \neq \emptyset$.

   Anmerkung:

   Gilt $\lim\limits_{n \to \infty} |b_n - a_n| = 0$, so ist $\bigcap\limits_{n=0}^{\infty} \mathfrak{I}_n = \{\alpha\}$ einelementig und $\lim\limits_{n \to \infty} a_n = \alpha = \lim\limits_{n \to \infty} b_n$.

4. In $\mathbb{R}$ gilt das **Schnittaxiom**: Jeder Dedekindsche Schnitt besitzt genau eine Trennungszahl. Dabei ist $(A|B)$ *Dedekindscher Schnitt*, wenn $\emptyset \neq A, B \subseteq \mathbb{R}$ und $A \cup B = \mathbb{R}$ sowie $a < b$ für alle $a \in A, b \in B$ gilt, und t Trennungszahl, falls $a \leq t \leq b$ für alle $a \in A, b \in B$ ist. ("$\mathbb{R}$ ist lückenlos geordnet"; vgl. Rautenberg [Rau] 3.4.)

5. $\mathbb{R}$ ist **vollständig angeordnet**, d.h. erfüllt das Ordnungs-Vollständigkeitsaxiom (Supremumprinzip): Für jede nicht-leere nach oben beschränkte Teilmenge A existiert eine kleinste obere Schranke (also obere Grenze, Supremum). (Analoges gilt für untere Grenzen).

6. $\mathbb{R}$ ist **Cauchyfolgen-vollständig** (*CF*-vollständig), d.h. jede Cauchyfolge in $\mathbb{R}$ konvergiert.

Folgende Äquivalenzen zeigen verschiedene Möglichkeiten der axiomatischen Definition des (bis auf Isomorphie) eindeutig bestimmten Körpers der reellen Zahlen:

$(K, +, \cdot, \leq)$ ist Körper der reellen Zahlen

$\Longleftrightarrow$ K ist archimedisch angeordneter Körper und genügt dem Intervallschachtelungsaxiom

$\Longleftrightarrow$ K ist vollständig angeordneter Körper

$\Longleftrightarrow$ K ist angeordneter Körper und erfüllt das Schnittaxiom

$\Longleftrightarrow$ K ist CF-vollständiger archimedisch angeordneter Körper

Anmerkung: Die *Konstruktion* von $\mathbb{R}$ aus $\mathbb{Q}$ ist auf mehrere Arten möglich, z. B. (i) mit Hilfe Dedekindscher Schnitte in $\mathbb{Q}$ (ii) als Äquivalenzklassen von rationalen Cauchyfolgen (s.u.) oder

(iii) mittels einer Äquivalenzrelation auf der Menge der rationalen Intervallschachtelungen, deren Länge gegen 0 strebt: $(\mathfrak{I}_n) \sim (\mathcal{I}_m) : \Longleftrightarrow \forall m,k \, \exists n_0,k_0 : \mathfrak{I}_n \subseteq \mathcal{I}_m$ für $n \geq n_0$ und $\mathcal{I}_k \subseteq \mathfrak{I}_\ell$ für $k \geq k_0$. Spezialfälle: Definition durch Dezimalbrüche (s.u.) oder Dualbrüche.

Erläutern Sie die **Konstruktion** von $\mathbb{R}$ aus $\mathbb{Q}$ mittels Cauchyfolgen!

Sei C die Menge aller Cauchyfolgen mit rationalen Gliedern. Mit komponentenweiser Addition und Multiplikation ist $(C,+,\cdot)$ ein kommutativer Ring. In diesem bildet die Menge $\mathcal{N}$ aller rationalen Nullfolgen ein maximales Ideal. Der Faktorring (s.Kap.8) $\tilde{\mathbb{R}} := C/\mathcal{N}$ ist dann ein Körper; dessen Elemente sind die Nebenklassen $\overline{(x_n)}_{n \in \mathbb{N}} = (x_n) + \mathcal{N}$; die Addition und die Multiplikation sind in kanonischer Weise definiert:

$$(a_n) + \mathcal{N} \oplus (b_n) + \mathcal{N} = (a_n + b_n) + \mathcal{N}$$
$$(a_n) + \mathcal{N} \odot (b_n) + \mathcal{N} = (a_n \cdot b_n) + \mathcal{N}$$

Eine Ordnungsrelation erhält man durch die Definition $x \leq y$ g.d.w. es Folgen $(r_k),(s_k) \in C$ und ein $k_0 \in \mathbb{N}$ gibt mit $x = \overline{(r_k)}, y = \overline{(s_k)}$ und $r_k \leq s_k$ für $k \geq k_0$. Man kann zeigen, dass $(\tilde{\mathbb{R}},+,\cdot,\leq)$ ein vollständig angeordneter Körper ist. In ihm existiert ein zu $\mathbb{Q}$ isomorpher Körper, nämlich $\tilde{\mathbb{Q}} := \{\overline{(q)}_{k \in \mathbb{N}} \,|\, q \in \mathbb{Q}\}$, den man durch $\mathbb{Q}$ ersetzen kann. (Beweis s.z.Bsp. Oberschelp [Ob].)

Was versteht man unter der **Dezimalbruchentwicklung** einer reellen Zahl?

Satz *Zu jeder reellen Zahl x gibt es genau eine Folge $(a_k)_{k \in \mathbb{N}}$ mit*

(1) $a_0 \in \mathbb{N}$ *und* $a_{k+1} \in \{0,1,2,..,8,9\}$, (2) $|x| = \sum\limits_{k=0}^{\infty} \dfrac{a_k}{10^k}$ *sowie* (3) $\forall k \, \exists\, l > k : a_l \neq 9$.

Durch (3) wird die Mehrdeutigkeit $a_0, \ldots a_k \overline{9} = a_0, \ldots (a_k+1)\overline{0}$ vermieden (Ausschluß von "Neunerenden"). Dabei ist die "Periode" $\overline{b_1 \ldots b_r}$ definiert als $b_1 \ldots b_r b_1 \ldots b_r b_1 \ldots b_r \ldots$ usw. . *Umgekehrt gibt es zu jeder Folge $(a_k)_{k \in \mathbb{N}}$ mit (1) und (3) genau eine nicht-negative reelle Zahl x, die (2) erfüllt.*
Anmerkung: Für $x \in \mathbb{R}_0^+$ lässt sich die Folge (a_k) als Spezialfall der folgenden g–adischen Entwicklung gewinnen (mit $g = 10$): b_k wird definiert als die eindeutig bestimmte Zahl $n \in \mathbb{N}$ mit $\dfrac{n}{g^k} \leq x$ und $\dfrac{n+1}{g^k} > x$. Nun setzt man $a_0 := b_0$ und $a_{k+1} := b_{k+1} - g\, b_k$.

Beweisen Sie: Eine reelle Zahl α ist genau dann **rational**, wenn sie eine abbrechende oder periodische Dezimalbruchentwicklung besitzt.

Beweisskizze:
1.) Sei $\alpha = \frac{a}{b} \in \mathbb{Q}$ und o.B.d.A. $0 < \alpha < 1$, also $a,b \in \mathbb{N}^*$ und $a < b$. Fortgesetzte Division mit Rest ergibt für die Ziffern a_i der Dezimalbruchentwicklung:

$$10a : b = a_1 + \frac{r_1}{b} \quad \text{mit } 0 \leq r_1 < b \text{ und } r_1 = 10a - a_1 b \in \mathbb{N}$$
$$10 r_1 : b = a_2 + \frac{r_2}{b} \qquad \text{mit } 0 \leq r_2 < b \text{ und } r_2 \in \mathbb{N}$$

$\ldots\ldots$

Gibt es ein i mit $r_i = 0$, so sind r_j und a_j für $j > i$ gleich 0 (abbrechender Dezimalbruch).

Andernfalls können die r_i wegen $0 < r_i < b$ nur $b-1$ verschiedene Werte annehmen; also gibt es i,j mit $r_i = r_j$ und $i < j$. Es folgt $a_{i+1} = a_{j+1}, a_{i+2} = a_{j+2}, \ldots$ (**periodischer Dezimalbruch**)

2.) Ist umgekehrt $\alpha = 0, a_1, a_2 \ldots a_s \overline{b_1 b_2 \ldots b_r}$, so erhält man mit $c = a_1 \ldots a_s$ dann $\alpha = \frac{c}{10^s} + \beta$
für $\beta = 0, 0 \ldots 0 \overline{b_1 \ldots b_r}$ und $10^{s+r}\beta - 10^s\beta = b_1 \ldots b_r, \overline{b_1 \ldots b_r} - 0, \overline{b_1 \ldots b_r} = b_1 \ldots b_r$, also
$\alpha = \frac{c}{10^s} + \frac{d}{10^s(10^r-1)} \in \mathbb{Q}$. $\qquad\square$

Beispiel: $9 \cdot 0, \overline{a} = 10 \cdot 0, \overline{a} - 1 \cdot 0, \overline{a} = a$ impliziert $0, \overline{a} = \frac{a}{9}$ für $a \in \{1, \ldots, 9\}$.

Zeigen Sie die **Überabzählbarkeit** von $\mathbb{R}$!

Wäre $\mathbb{R}$ abzählbar, so ließen sich alle reellen Zahlen (in Dezimalbruchdarstellung) erfassen durch

$$
\begin{array}{llll}
\boxed{a_{00}} & , & a_{01} & a_{02} & a_{03} \ldots \\
a_{10} & , & \boxed{a_{11}} & a_{12} & a_{13} \ldots \\
a_{20} & , & a_{21} & \boxed{a_{22}} & a_{23} \ldots \\
a_{30} & , & a_{31} & a_{32} & \boxed{a_{33}} \ldots \\
\vdots & & & & \vdots \\
a_{n0} & , & a_{n1} & a_{n2} & a_{n3} \ldots \\
\vdots & & & & \vdots
\end{array}
$$

Der Dezimalbruch $b_0, b_1 b_2 b_3 \ldots$ mit $b_0 = a_{00} + 1$ sowie $b_i := a_{ii} + 1$ für $a_{ii} < 9$ und $b_i = a_{ii} - 1$ für
$a_{ii} = 9$ z.B. kommt in der Abzählung nicht vor: Hätte er die Nummer m, so wäre $a_{mm} = b_m \neq a_{mm}$,
ein Widerspruch (**Cantorsches Diagonalverfahren**). $\qquad\square$

** Verifizieren Sie, dass es außer der Identität keinen Automorphismus des Körpers $\mathbb{R}$ gibt!

Eine Beweisskizze findet man in der Lösungsskizze zu Aufgabe A63.

Konstruieren Sie, ausgehend von $\mathbb{R}$, den Körper $\mathbb{C}$ der **komplexen Zahlen**!

Wieder gibt es mehrere Möglichkeiten der Definition:
(1) $\mathbb{C} := \mathbb{R} \times \mathbb{R}$ mit Addition $\qquad (x_1, y_1) + (x_2, y_2) = (x_1 + x_2, y_1 + y_2)$
$\qquad\qquad$ mit Multiplikation $\quad (x_1, y_1) \cdot (x_2, y_2) = (x_1 x_2 - y_1 y_2, x_1 y_2 + x_2 y_1)$

Anmerkung: Durch die Ersetzung von $(r, 0)$ durch r im Falle $r \in \mathbb{R}$ und $i := (0, 1)$ hat jedes $z \in \mathbb{C}$
eine eindeutige Darstellung $z = x + iy =: \operatorname{Re} z + i \cdot \operatorname{Im} z$.

Geometrische Veranschaulichung: **Gaußsche Zahlenebene:** Zur Zahl $z = x + iy$ gehört in $\mathbb{R}^2$
der Punkt mit den Koordinaten (x, y) bzw. den Polarkoordinaten φ und $r := |z|$ mit $x = r \cos \varphi$
und $y = r \sin \varphi$; also $z = x + iy = r(\cos \varphi + i \sin \varphi) = r e^{i\varphi}$. Die Addition von $\mathbb{C}$ entspricht der
Addition von Vektoren in $\mathbb{R}^2$; die Multiplikation geschieht durch Multiplikation der Beträge und
Addition der Winkel: $(r_1 e^{i\varphi_1}) \cdot (r_2 e^{i\varphi_2}) = r_1 r_2 e^{i(\varphi_1 + \varphi_2)}$; s. Abbildung 3.17 ($\longrightarrow$ Drehstreckung).

(2) $\mathbb{C} := \mathbb{R}[X]/(X^2 + 1)$ Dies entspricht der Adjunktion von $\sqrt{-1}$, einer Lösung der Gleichung $X^2 + 1 = 0$, an den Körper $\mathbb{R}$, (s. Kap. 8); also: $\mathbb{C} = \mathbb{R}(\sqrt{-1})$.

(3) $\mathbb{C} = \left\{ \begin{pmatrix} x & y \\ -y & x \end{pmatrix} \,\middle|\, x, y \in \mathbb{R} \right\}$ mit Matrizen-Addition und Multiplikation (analog zu (1)).

Geben Sie einige *Eigenschaften* von $\mathbb{C}$ an, z.B. bzgl. Metrik, Cauchyfolgen-Vollständigkeit,
Möglichkeit der Anordnung, Nullstellen von Polynomen (ohne Beweise)!

a) Durch $|z| := \sqrt{z \cdot \overline{z}}$ mit $\overline{z} = \overline{a + bi} := a - bi$ (konjugiert komplexe Zahl zu z) ist eine Metrik
auf $\mathbb{C}$ definiert. Bezüglich dieser ist $\mathbb{C}$ Cauchyfolgen-vollständig.

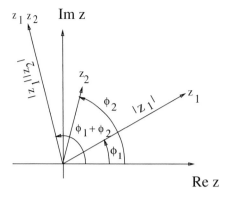

Abbildung 3.17: Multiplikation in der Gaußschen Zahlenebene

b) $\mathbb{C}$ lässt sich (im körpertheoretischen Sinne) nicht anordnen.

c) Jedes Polynom aus $\mathbb{C}[X]$ vom Grad $n > 0$ hat mindestens eine Nullstelle in $\mathbb{C}$ (Fundamentalsatz der Algebra) und zerfällt daher in ein Produkt von n Linearfaktoren. $\mathbb{C}$ ist also **algebraisch abgeschlossen**.

3.7   Klausur-Aufgaben zur Analysis I

Aufgaben zu 3.1 (Konvergenz von reellen Folgen)

Aufgabe A1 (Folgenkonvergenz, Induktion)
Sei $a_0 := 0$, $a_1 := 1$, und für $n > 1$ sei die Folge (a_n) definiert durch $a_{n+1} := \frac{1}{2}(a_n + a_{n-1})$.
Außerdem sei $c_n := a_n - a_{n-1}$ für $n \in \mathbb{N}$.
(a) Geben Sie c_n explizit an.
(b) Zeigen Sie, dass für alle $n \in \mathbb{N}$ gilt: $a_{2n} < a_{2n+1}$.
(c) Zeigen Sie, dass die Teilfolge (a_{2n}) monoton wächst und die Teilfolge (a_{2n+1}) monoton füllt.
(d) Zeigen Sie: $\lim\limits_{n \to \infty} a_n = \frac{2}{3}$. *Hinweis:* Drücken Sie a_n durch $c_1, c_2, \ldots, c_n$ aus.
Lösung siehe Seite: 283.

Aufgabe A2 (Folgenkonvergenz, Wurzel)
Die Folge (a_n) reeller Zahlen sei rekursiv definiert durch $a_1 = \sqrt{2}$ und $a_{n+1} = \sqrt{2 + \sqrt{a_n}}$ für
$n \in \mathbb{N}$.   (a) Beweisen Sie die Konvergenz von (a_n) ! (b) Welcher Gleichung genügt der Grenzwert a?
Lösung siehe Seite: 283.

Aufgabe A3 (Folgenkonvergenz)
Untersuchen Sie für $a_n = (-1)^n \sqrt{n}(\sqrt{n+1} - \sqrt{n})$ und $b_n = \frac{1}{n+2} \sum_{j=1}^{n} (j - \frac{1}{2})$ die Folgen $(a_n)_{n \in \mathbb{N}}$
und $(b_n)_{n \in \mathbb{N}}$ für $n \to \infty$ auf Konvergenz, und bestimmen Sie, falls sie existieren, die Grenzwerte.
Lösung siehe Seite: 283.

Aufgabe A4 (Cauchyfolge, Stetigkeit)
Seien (X, d), (Y, d) metrische Räume, $(x_n)_{n \in \mathbb{N}}$ eine Cauchy-Folge in X und $f : X \to Y$ eine stetige
Abbildung. Zeigen Sie:
(a) Die Bildfolge $(f(x_n))_{n \in \mathbb{N}}$ braucht keine Cauchy-Folge zu sein.
(b) Ist f sogar gleichmässig stetig, so ist $(f(x_n))_{n \in \mathbb{N}}$ eine Cauchy-Folge.
Lösung siehe Seite: 284.

Aufgabe A5 (Folgenkonvergenz)
$(a_n)_{n \in \mathbb{N}}$ und $(b_n)_{n \in \mathbb{N}}$ seien Folgen reeller Zahlen! Widerlegen Sie durch ein Gegenbeispiel oder
beweisen Sie jede der folgenden Behauptungen.

(a) $(a_n)_{n \in \mathbb{N}}$ und $(b_n)_{n \in \mathbb{N}}$ konvergieren genau dann, wenn $(a_n + b_n)_{n \in \mathbb{N}}$ und $(a_n - b_n)_{n \in \mathbb{N}}$ konvergieren.

(b) Wenn $(a_n)_{n \in \mathbb{N}}$ und $(b_n)_{n \in \mathbb{N}}$ divergieren, so divergieren auch $(a_n + b_n)_{n \in \mathbb{N}}$ und $(a_n - b_n)_{n \in \mathbb{N}}$.

(c) $(a_n^2)_{n \in \mathbb{N}}$ konvergiert genau dann, wenn $(|a_n|)_{n \in \mathbb{N}}$ konvergiert.

(d) Ist $(a_{n+1} - a_n)_{n \in \mathbb{N}}$ eine Nullfolge, so konvergiert $(a_n)_{n \in \mathbb{N}}$.

Lösung siehe Seite: 284.

Aufgabe A6 (Folgenkonvergenz, Monotonie, Stetigkeit)
Sei die Funktion $f : [a, b] \to [a, b]$ mit $a, b \in \mathbb{R}$ und $a < b$ monoton wachsend und stetig.
Zeigen Sie, dass dann für beliebiges $x_0 \in [a, b]$ die Iterationsfolge $(x_n)_{n \in \mathbb{N}}$ mit $x_{n+1} := f(x_n)$
(a) monoton ist (Fallunterscheidung!) und   (b) gegen einen Grenzwert ξ konvergiert.
(c) Beweisen Sie ferner: $f(\xi) = \xi$.
Lösung siehe Seite: 285.

Aufgabe A7 (Funktionenfolge, Folgenkonvergenz)

Die Funktionenfolge $(f_n)_{n \in \mathbb{N}}$ konvergiere gleichmässig gegen f und $f_n : [a,b] \to \mathbb{R}$ sei stetig für alle $n \in \mathbb{N}$. Zeigen Sie: Wenn $(x_n)_{n \in \mathbb{N}}$ eine konvergente Folge in $[a,b]$ ist mit $\lim\limits_{n \to \infty} x_n = c$, dann gilt $\lim\limits_{n \to \infty} f_n(x_n) = f(c)$.

Lösung siehe Seite: 285.

Aufgaben zu 3.2 (Konvergenz und Stetigkeit in metrischen Räumen)

Aufgabe A8 (offene Menge, Dreiecksungleichung)

Sei $a \in \mathbb{R}^n$ und $r \in \mathbb{R}$. Zeigen Sie, dass $D_{r,a} := \{x | x \in \mathbb{R}^n \text{ und } \|x - a\| > r\}$ offen in $\mathbb{R}^n$ ist. (Hierbei bezeichne $\| \cdot \|$ eine beliebige Norm von $\mathbb{R}^n$.)

Lösung siehe Seite: 285.

Aufgabe A9 (Metrik)

Sei $\overline{\mathbb{R}} = \mathbb{R} \cup \{-\infty\} \cup \{\infty\}$ und $\varphi : \overline{\mathbb{R}} \to \mathbb{R}$ die Funktion mit $\varphi(x) = \arctan x$ für $x \in \mathbb{R}$ sowie $\varphi(-\infty) = -\frac{\pi}{2}$ und $\varphi(\infty) = \frac{\pi}{2}$. Zeigen Sie: Die Funktion

$$d : \overline{\mathbb{R}} \times \overline{\mathbb{R}} \to \mathbb{R} \text{ mit } d(x,y) := |\varphi(x) - \varphi(y)|$$

definiert auf $\overline{\mathbb{R}}$ eine Metrik.

Gibt es bzgl. dieser Metrik eine maximale Distanz zweier Punkte und falls ja, wie gross ist diese?

Lösung siehe Seite: 285.

Aufgabe A10 (Folgenkonvergenz)

Zeigen Sie: Die Folge $((x_n, y_n, z_n))_{n \in \mathbb{N}}$ von Vektoren auf $\mathbb{R}^3$ konvergiert genau dann in $\mathbb{R}^3$ (versehen mit der euklidischen Metrik), wenn die Folgen $(x_n)_{n \in \mathbb{N}}$, $(y_n)_{n \in \mathbb{N}}$, $(z_n)_{n \in \mathbb{N}}$ in $(\mathbb{R}, | \cdot |)$ konvergieren.

Lösung siehe Seite: 286.

Aufgabe A11 (Stetigkeit)

Sei $a \in \mathbb{R}$ und $f, g : \mathbb{R} \to \mathbb{R}$ stetig in a. Zeigen Sie: $M : \mathbb{R} \to \mathbb{R}$ mit $M(x) := \max\{f(x), g(x)\}$ ist ebenfalls stetig in a.

Lösung siehe Seite: 286.

Aufgabe A12 (Stetigkeit)

Für die Funktion $f : \mathbb{R} \to \mathbb{R}$ gelte $f(x+y) = f(x) + f(y)$ für alle $x, y \in \mathbb{R}$, und f sei an der Stelle 0 stetig. (a) Bestimmen Sie $f(0)$. (b) Beweisen Sie, dass f auf ganz $\mathbb{R}$ stetig ist.

Lösung siehe Seite: 286.

Aufgabe A13 (Folgenstetigkeit)

Gegeben ist die Abbildung $f(x) = \frac{x^3 - 27}{x^2 - 9}$ für $x \in \mathbb{R} \setminus \{-3, 3\}$ unmd $f(3) = a$, $f(-3) = b$. Kann man die reellen Zahlen a und b so bestimmen, dass f auf $\mathbb{R}$ stetig wird?

Lösung siehe Seite: 286.

Aufgabe A14 (Stetigkeit, offen, abgeschlossen, kompakt, Extremwert)
Nachstehend sind Mengen $A \subseteq \mathbb{R}^2$ und $B \subseteq \mathbb{R}^3$ definiert. Untersuchen Sie, ob A bzw. B offen, abgeschlossen oder kompakt sind!

$$A := \{(a,b)|x^2 + ax + b = 0 \text{ hat zwei nicht-reelle Lösungen.}\}$$

$$B := \{(a,b,c)|f(x) := x^3 + ax^2 + bx + c \text{ hat bei } x = 1 \text{ einen Extremwert.}\}$$

Lösung siehe Seite: 287.

Aufgabe A15 (Stetigkeit, Zwischenwertsatz)
Sei $f : [a,b] \to \mathbb{R}$ eine stetige Funktion mit $f([a,b]) \subseteq [a,b]$. Zeigen Sie, dass f mindestens einen Fixpunkt hat, d.h. es existiert ein $x_0 \in [a,b]$ mit $f(x_0) = x_0$.
Lösung siehe Seite: 287.

Aufgabe A16 (Folgenkonvergenz, Funktionenfolge)
Gegeben sei die Funktionenfolge $(f_n)_{n \in \mathbb{N}}$ für

$$f_n : [0,1] \to \mathbb{R} \text{ mit } f_n(x) = \frac{x^2}{x^2 + (1 - nx)^2}.$$

Zeigen Sie: $(f_n)_{n \in \mathbb{N}}$ ist beschränkt auf $[0,1]$ und punktweise konvergent, aber nicht gleichmässig konvergent auf $[0,1]$.
Lösungshinweis: Betrachten Sie $f_n(\frac{1}{n})$!
Lösung siehe Seite: 287.

Aufgabe A17 (Stetigkeit, $\mathbb{Q}, \mathbb{R}$)
Sei $h : \mathbb{R} \to \mathbb{R}$ eine stetige Funktion, die der Bedingung $h(x + y) = h(x) + h(y)$ für alle $x, y \in \mathbb{R}$ genügt. Zeigen Sie, dass dann h von der Form $h = k \cdot \mathrm{id}_{\mathbb{R}}$ mit $k \in \mathbb{R}$ ist.
Lösungshinweis:
Man setze $k := h(1)$ und betrachte nacheinander $h(n), h(\frac{n}{m}), h(q), h(r)$ für $n, m \in \mathbb{N}, q \in \mathbb{Q}, r \in \mathbb{R}$.
Eigenschaften von $\mathbb{Q}$ und $\mathbb{R}$ und von stetigen reellen Funktionen allgemein dürfen unbewiesen benutzt werden.
Lösung siehe Seite: 288.

Aufgabe A18 (Stetigkeit, Exponentialfunktion, Logarithmus)
Ist die Funktion $f : \mathbb{R} \to \mathbb{R}$ mit $f(x) = \begin{cases} x^x & \text{für } x > 0 \\ 0 & \text{für } x \leq 0 \end{cases}$ überall stetig?
Hinweis: Ohne Beweis dürfen Sie Eigenschaften der Funktionen exp und ln verwenden, u.a. den Wert von $\lim\limits_{x \to \infty}(x \ln x)$.
Lösung siehe Seite: 288.

Aufgabe A19 (Folgenkonvergenz)
$f : \mathbb{R} \to \mathbb{R}$ sei so definiert: $f(x) = \lim\limits_{n \to \infty} \frac{1}{1 + x^{2n}}$. Man gebe alle Unstetigkeitsstellen von f an und skizziere den Graphen von f.
Lösung siehe Seite: 288.

Aufgabe A20 (gleichmäßige Stetigkeit)
Sei f eine reelle, stetige Funktion, die das Intervall $(a,b), a, b \in \mathbb{R}$, auf ganz $\mathbb{R}$ abbildet. Zeigen Sie, dass f nicht gleichmäßig stetig auf (a,b) ist.
Lösung siehe Seite: 288.

Aufgabe A21 (Stetigkeit, Monotonie, ZWS)

Es sei $f : \mathbb{R} \to \mathbb{R}$ eine stetige Funktion. Man zeige:

a) Ist f injektiv, so ist f entweder streng monoton steigend oder streng monoton fallend.

b) Zeigen Sie durch ein Gegenbeispiel, dass für die Gültigkeit von '(a)' die Stetigkeit von f wesentlich ist.

Lösung siehe Seite: 289.

Aufgaben zu 3.3 (Reihen in normierten Räumen)

Aufgabe A22 (Reihenkonvergenz, Majorantenkriterium)

(a) Berechnen Sie die Folge der Partialsummen und den Grenzwert von $\sum\limits_{n=1}^{\infty} \frac{1}{n(n+1)}$.

Lösungshinweis: Zerlegen Sie $\frac{1}{n(n+1)}$ in Partialbrüche.

(b) Beweisen Sie unter Verwendung von (a) die Konvergenz der Reihe $\sum\limits_{n=1}^{\infty} \frac{1}{n^2}$.

Lösung siehe Seite: 289.

Aufgabe A23 (Reihenkonvergenz, Majorantenkriterium, Abelsches Kriterium, geometrische Reihe)

Berechnen Sie (a) $\sum\limits_{k=0}^{\infty} \frac{1}{2^k}$ (b) $\sum\limits_{k=0}^{\infty} \frac{(-1)^k}{3^k}$ (c) $\sum\limits_{k=0}^{\infty} \left(\frac{1}{2^k} + \frac{(-1)^k}{3^k}\right)$ und zeigen Sie:

(d) Die Reihe $\sum\limits_{k=1}^{\infty} \frac{1}{k}\left(\frac{1}{2^k} + \frac{(-1)^k}{3^k}\right)$ konvergiert. (e) Konvergiert $\sum\limits_{k=1}^{\infty} \frac{k^2}{2^k}$?

Hinweis: Sie dürfen Ihnen bekannte Sätze über Konvergenz von Reihen unbewiesen benutzen.

Lösung siehe Seite: 289.

Aufgabe A24 (Reihenkonvergenz, Cauchyscher Verdichtungssatz, Minorantenkriterium, Logarithmus)

Untersuchen Sie das Konvergenzverhalten folgender Reihen: 1.) $\sum\limits_{n=1}^{\infty} \frac{(-1)^n}{\sqrt[n]{n}}$ 2.) $\sum\limits_{n=2}^{\infty} \frac{1}{n \log_a n}$

(für a positiv reell, $a \neq 1$) und 3.) $\sum\limits_{n=1}^{\infty} \frac{1}{\sqrt{n(n+1)}}$!

Hinweise: Das Konvergenzverhalten der Folge $(\sqrt[n]{n})_{n \in \mathbb{N}}$ und der harmonischen Reihe dürfen Sie ohne Beweis benutzen. zu 1.): Betrachten Sie die Folge der Reihenglieder. zu 2.): Anwendung des Cauchyschen Verdichtungssatzes und der Formel zur Umrechnung der Logarithmusfunktionen bei Basiswechsel. zu 3.): Anwendung des Minorantenkriteriums.

Lösung siehe Seite: 290.

Aufgabe A25 (Reihenkonvergenz, Potenzreihe)

Für welche $x \in \mathbb{R}$ konvergiert folgende Potenzreihe: $\sum\limits_{n=1}^{\infty} \frac{1}{2^n}(x-1)^n$?

Lösung siehe Seite: 290.

Aufgabe A26 (Reihe, Logarithmus, Integralkriterium)

Zeigen Sie für alle natürlichen Zahlen $n \geq 2$ folgende Ungleichung: $1 + \ln n > \sum\limits_{k=1}^{n} \frac{1}{k} > \ln(n+1)$.

Hinweis: Skizzieren Sie den Graphen von $y = \frac{1}{x}$ für $x > 0$ und denken Sie an die Veranschaulichung des Integralkriteriums für unendliche Reihen.

Lösung siehe Seite: 290.

Aufgabe A27 (Potenzreihe, binomische Reihe, Cauchy-Produkt)
Beweisen Sie mittels Koeffizientenvergleichs für Potenzreihen die für beliebige reelle Zahlen
α, β und ganze Zahlen $n \geq 0$ geltende Identität $\sum_{k=0}^{n} \binom{\alpha}{k}\binom{\beta}{n-k} = \binom{\alpha+\beta}{n}$. Gewinnen Sie aus dieser
Identität die für alle ganzen Zahlen $n \geq 0$ geltende Identität $\sum_{k=0}^{n} \binom{n}{k}^2 = \binom{2n}{n}$. Die dabei verwendeten Sätze über Reihen sind zu zitieren, aber nicht zu beweisen.
Lösung siehe Seite: 291.

Aufgabe A28 (Reihenkonvergenz, Potenzreihe, Leibnizkriterium)
(a)   Untersuchen Sie die folgende Reihe auf Konvergenz: $\sum_{k=1}^{\infty} \frac{k^2}{k!}$.   (b)   Für welche Werte $x \in \mathbb{R}$
konvergiert die Potenzreihe $\sum_{n=1}^{\infty} \frac{1}{n}(x-1)^n$?
Hinweis: Ohne Beweis darf die Konvergenz und der Grenzwert von $(\sqrt[n]{n})_{n \in \mathbb{N}}$ verwendet werden.
Lösung siehe Seite: 291.

Aufgabe A29 (binomische Reihe)
Mit Hilfe der binomischen Reihe für $\sqrt{1+x}$ bestimme man ein Intervall der Länge
$\leq 10^{-6}$, in dem die Zahl $a = \sqrt{101}$ sicher liegt.
Anleitung: Man mache sich klar, dass vom zweiten Glied an die binomische Entwicklung von
$\sqrt{1+x}$ eine alternierende Reihe ergibt, deren Glieder dem Betrage nach monoton gegen Null
gehen. Was folgt daraus für den Fehler, der beim Abbrechen der Reihe entsteht? Man beachte
ferner, dass $a^2 = 10^2 \cdot 1{,}01$ ist.
Lösung siehe Seite: 291.

Aufgabe A30 (Reihenkonvergenz, Potenzreihe)
Bestimmen Sie jeweils ein möglichst grosses Intervall $I \subset \mathbb{R}$ so, dass die Potenzreihen
$a_n(x) = \sum_{n=1}^{\infty} n x^n$ und $b_n(x) = \sum_{n=1}^{\infty} n^2 x^n$ für alle $x \in I$ konvergieren. Zeigen Sie, dass es rationale
Funktionen $f_a : I \to \mathbb{R}$ und $f_b : I \to \mathbb{R}$ gibt mit $f_a(x) = \sum_{n=1}^{\infty} n x^n$ und $f_b(x) = \sum_{n=1}^{\infty} n^2 x^n$ für alle
$x \in I$. Bestimmen Sie diese Funktionen.
Lösung siehe Seite: 292.

Aufgabe A31 (Potenzreihe, Exponentialfunktion, geometrische Reihe)
Für welche reellen x konvergieren, für welche divergieren die Potenzreihen

$$(a)\ S(x) = \sum_{n=1}^{\infty} \frac{n^2}{n!} x^n, \quad (b)\ T(x) = \sum_{n=2}^{\infty} \frac{n-1}{n!} x^{n-2}, \quad (c)\ U(x) = \sum_{n=0}^{\infty} \frac{x^{2n+1}}{2^{\frac{n}{2}}}\ ?$$

Geben Sie im Konvergenzfall einen geschlossenen Ausdruck in elementaren Funktionen für die
Reihensumme an. *Hinweis:* $\sum_{n=0}^{\infty} x^n = \frac{1}{1-x}$ für $|x| < 1$, und $\sum_{n=0}^{\infty} \frac{x^n}{n!} = e^x$ für $|x| < \infty$.
Lösung siehe Seite: 293.

Aufgaben zu 3.4 (Differenzierbarkeit in $\mathbb{R}^1$)

Aufgabe A32 (Differentialquotient, MWS)
Eine auf ganz $\mathbb{R}$ definierte reelle Funktion φ genüge für ein positives α der Ungleichung
$|\varphi(x_1) - \varphi(x_2)| \leq |x_1 - x_2|^{1+\alpha}$ für alle $x_1, x_2 \in \mathbb{R}$.   Man zeige: (a) φ ist überall differenzierbar,
(b) φ ist konstant.
Lösung siehe Seite: 294.

Aufgabe A33 (Stetigkeit, Differenzierbarkeit)
Auf $[-1,1]$ sei die Funktion f durch folgende Vorschrift definiert:

$$f(0) = 0 \quad \text{und} \quad f(x) = \frac{1}{n^2} \quad \text{für} \quad \frac{1}{n+1} < |x| \le \frac{1}{n} \quad \text{und} \quad n \in \mathbb{N}.$$

(a) Man gebe die Menge S der Punkte an, in denen f stetig ist.   (b) Man gebe die Menge D der Punkte an, in denen f differenzierbar ist.   (c) Falls $0 \in D$, bestimme man $f'(0)$.
Lösung siehe Seite: 294.

Aufgabe A34 (Ableitung)
Die Funktion $f : [-2,2] \to \mathbb{R}$ sei so definiert: $f(x) = x|x|$ für $x \in [-2,2]$. Bestimmen Sie die Zahl $k = \max\{j \mid j \in \mathbb{N}, f \in C^j[-2,2]\}$.
Lösung siehe Seite: 295.

Aufgabe A35 (MWS, verallgemeinerter MWS, Exponentialfunktion)
Berechnen Sie mit Hilfe des (verallgemeinerten) Mittelwertsatzes $\lim\limits_{x \to a} \frac{x^\alpha - a^\alpha}{x^\beta - a^\beta}$ für $a > 0$, $\beta \ne 0$, und zeigen Sie $1 + x < e^x < \frac{1}{1-x}$ für $0 < x < 1$.
Lösung siehe Seite: 296.

Aufgabe A36 (Regel von de l'Hospital, Exponentialfunktion, Sinus)
Berechnen Sie die folgenden Limites: (i) $\lim\limits_{x \to 0} \frac{1 - \cos x}{x^2}$ (ii) $\lim\limits_{x \to \infty} \frac{x + \sin x}{x}$ und   (iii) $\lim\limits_{n \to \infty} \prod\limits_{i=1}^{n} \sqrt[2^i]{5}$!
Lösung siehe Seite: 296.

Aufgabe A37 (lokales Extremum)
Sei P derjenige Punkt der Kurve $\{(x, \ln x) : 0 < x \in \mathbb{R}\}$, der vom Punkt $(1,1)$ der kleinsten euklidischen Abstand hat. Zeigen Sie: Die x-Koordinate von P erfüllt die Gleichung
$$\ln x = 1 + x - x^2.$$
(S. auch Aufg. A94 !)
Lösung siehe Seite: 297.

Aufgabe A38 (Monotonie, MWS, ZWS)
Die Funktion $f : \mathbb{R} \to \mathbb{R}$ mit $f(0) \ne 0$ sei auf $\mathbb{R}$ differenzierbar und mit einer positiven Konstanten c gelte $f'(x) > \frac{1}{c}$ für alle $x \in \mathbb{R}$. Beweisen Sie, dass f zwischen 0 und $-cf(0)$ genau eine Nullstelle hat.
Lösung siehe Seite: 297.

Aufgabe A39 (Exponentialfunktion, Ableitung)
Seien f, g auf einem Intervall $I \subseteq \mathbb{R}$ differenzierbare Funktionen mit $f(x) > 0$ für alle $x \in I$. Bestimmen Sie die Ableitung von $y(x) := f(x)^{g(x)}$ für alle $x \in I$.
Lösung siehe Seite: 297.

Aufgabe A40 (ZWS, Monotonie, Ableitung)
Bestimmen Sie die Anzahl der Nullstellen von $f : \mathbb{R} \to \mathbb{R}$ mit $f(x) = x^2 - x \sin x - \cos x$.
Lösung siehe Seite: 297.

Aufgabe A41 (Lipschitzstetigkeit, MWS)
Die Funktion $f :]a,b[\to \mathbb{R}$ sei differenzierbar und f' sei beschränkt. Zeigen Sie: f ist gleichmäßig stetig.
Lösung siehe Seite: 297.

Aufgabe A42 (MWS, Monotonie)

Sei f eine reelle Funktion, die auf dem reellen Intervall I zweimal differenzierbar ist; es gelte ferner $f''(x) > 0$ für alle $x \in I$. Beweisen Sie für f und beliebiges $x_0 \in I$ die Aussage

$$\forall x \in I \setminus \{x_0\} : f(x_0) + f'(x_0)(x - x_0) < f(x)$$

(d. h. die Tangente in $(x_0, f(x_0))$ an den Graphen von f liegt in $I \setminus \{x_0\}$ streng unterhalb desselben).

Hinweis: Den Mittelwertsatz der Differentialrechnung und die Charakterisierung der Monotonie einer Funktion dürfen Sie hier ohne Beweis benutzen.

Lösung siehe Seite: 297.

Aufgabe A43 (lokales Extremum, globales Extremum)

Die Funktion $f : [-2, 2] \to \mathbb{R}$ sei durch $f(x) = x^3 - x$ für $-2 \leq x \leq 2$ definiert. Bestimmen Sie ihre Extremalstellen und Extremwerte.

Lösung siehe Seite: 298.

Aufgabe A44 (Differenzierbarkeit, Sinus, Differentialquotient)

Die Funktion $f : \mathbb{R} \to \mathbb{R}$ sei so erklärt: $f(x) = x^2 \sin(x^{-2})$ für $x \neq 0$, $\quad f(0) = 0$. Wo ist f stetig? Wo differenzierbar? Geben Sie die Definitionsmenge A der Ableitung f' an! Wo ist f' stetig? Wo unstetig?

Lösung siehe Seite: 298.

Aufgabe A45 (Ableitung, Tangentensteigung)

Sei f ein reelles Polynom vom Grade 2, also $f(x) = c_0 + c_1 x + c_2 x^2$ mit reellen Koeffizienten c_0, c_1, c_2, wobei speziell $c_2 \neq 0$ ist. Sei $x \in \mathbb{R}, 0 < h \in \mathbb{R}$. Zeigen Sie, dass es genau eine Zahl θ gibt derart, dass stets (d.h. unabhängig von x und h) $\frac{f(x+h)-f(x)}{h} = f'(x + \theta h)$ ist. Bestimmen Sie θ, interpretieren Sie das Ergebnis geometrisch und veranschaulichen Sie es durch eine Skizze.

Lösung siehe Seite: 298.

Aufgabe A46 (Stetigkeit, Differenzierbarkeit, Differentialquotient)

Untersuchen Sie für $\alpha \in [0, 3]$ die Funktion $f_\alpha : \mathbb{R} \to \mathbb{R}, f_\alpha(x) = |x|^\alpha \sin \frac{1}{x}$ für $x \neq 0, f_\alpha(0) = 0$ auf Stetigkeit, Differenzierbarkeit und stetige Differenzierbarkeit.

Lösung siehe Seite: 299.

Aufgaben zu 3.5 (Integration - Teil 1)

Aufgabe A47 (Reihenkonvergenz, Integralkriterium, Substitution)

Für welche $\alpha \geq 1, \alpha \in \mathbb{N}$ konvergiert, für welche divergiert die Reihe $s(\alpha) = \sum_{n=2}^{\infty} \frac{1}{n(\ln n)^\alpha}$?

Hinweis: Integralkriterium.

Lösung siehe Seite: 299.

Aufgabe A48 (Integral, Stammfunktion, partielle Integration, Substitution, Exponentialfunktion, Logarithmus)

Bestimmen Sie eine Stammfunktion zu $e^{ax} \sin x$ und aus dieser eine für $\sin(\log_b x)$.

Lösung siehe Seite: 300.

Aufgabe A49 (Integral, Substitution)

Man berechne $\int_0^{\sqrt{\ln 2}} x e^{x^2} \, dx.$ *Vorschlag:* Man verwende eine geeignete Substitution!

Lösung siehe Seite: 301.

Aufgabe A50 (Integral, Partialbruchzerlegung, Substitution)

Berechnen Sie die Integrale: (a) $\int_{e}^{e^2} \frac{dx}{x(\ln x)^3}$ (Substitution), (b) $\int \frac{11(6-x)}{(x-3)(2x+5)}\,dx$ (Partialbruch-

zerlegung).
Lösung siehe Seite: 301.

Aufgabe A51 (uneigentliches Integral, Substitution)

Ist das uneigentliche Integral $\int_{0}^{\infty} \frac{e^{-\sqrt{x}}}{\sqrt{x}}\,dx$ konvergent? Bestimmen Sie gegebenenfalls seinen Grenz-

wert.
Lösung siehe Seite: 301.

Aufgabe A52 (uneigentliches Integral)

Untersuchen Sie, ob das uneigentliche Integral $\int_{2}^{\infty} \frac{1}{x(x^2-1)}\,dx$ konvergiert oder divergiert und be-

rechnen Sie gegebenenfalls seinen Wert.
Lösung siehe Seite: 301.

Aufgabe A53 (uneigentliches Integral, Partialbruchzerlegung)

Man berechne $\int_{2}^{\infty} \frac{1}{x^4-1}\,dx$.
Lösung siehe Seite: 302.

Aufgabe A54 (partielle Integration)
Berechnen Sie die folgenden Integrale: (a) $\int x^2 e^{\lambda x}\,dx$ $\quad(\lambda \in \mathbb{R})$ (b) $\int e^{-x}\cos(5x)\,dx$.
Lösung siehe Seite: 302.

Aufgabe A55 (uneigentliches Integral, partielle Integration)
Für natürliche Zahlen p und q zeige man:

(a) $\int_{0}^{1}(1-x)^p x^q\,dx = \frac{p}{p+q+1}\int_{0}^{1}(1-x)^{p-1}x^q\,dx$ $\qquad$ (b) $\int_{0}^{1}(1-x)^p x^q\,dx = \frac{p!q!}{(p+q+1)!}$

Anleitung: Integriere partiell $(\frac{1}{x}-1)^p x^{p+q}$. Beachte auftretende uneigentliche Integrale!
Lösung siehe Seite: 303.

Aufgabe A56 (partielle Integration, Substitution, uneigentliches Integral)

(a) Berechnen Sie: 1.) $\int_{x}^{1}\ln t\,dt$ für $x \in (0,1)$ $\qquad$ 2.) $\int_{x}^{\frac{\pi}{4}} \frac{1}{\sin t \cos t}\,dt$ für $x \in (0,\frac{\pi}{4})$.

(b) Existieren die uneigentlichen Integrale 1.) $\int_{0}^{1}\ln t\,dt$ 2.) $\int_{0}^{\frac{\pi}{4}} \frac{1}{\sin t \cos t}\,dt$?

Hinweis: Die Existenz des Grenzwerts $\lim_{x\to 0}(x\ln x)$ dürfen Sie ohne Beweis benutzen.
Lösung siehe Seite: 303.

Aufgabe A57 (Logarithmus, Integral, Substitution, uneigentliches Integral)
(a) Beweisen Sie für alle $x,y \in \mathbb{R}$ mit $x > 0, y > 0$ die Gleichung $\ln(x\cdot y) = \ln x + \ln y$.
Hinweis: Benutzen Sie die Definition von $\ln x$ mit Hilfe eines Integrals! Führen Sie in dem zu
$\ln x$ gehörenden Integral (mit der Integrationsvariablen t) die Substitution $z = y\cdot t$ durch.

(b) Berechnen Sie das uneigentliche Integral $\int_{0}^{1} \frac{1}{\sqrt{x}}\,dx$!

Lösung siehe Seite: 304.

Aufgabe A58 (Substitution, partielle Integration, Sinus, Cosinus)
Lösen Sie das Integral $\int \sqrt{r^2 - x^2}\, dx$.   *Hinweis:* Substituieren Sie $x = r \cdot \sin t$.
Lösung siehe Seite: 304.

Aufgabe ANA59 (Potenzreihe, Integral, alternierende Reihe, Exponentialfunktionm)
Durch Entwicklung des Integranden in eine Potenzreihe berechne man das nicht elementar aus-
wertbare Integral $\int_0^1 e^{-x^6}\, dx$ bis auf einen Fehler, dessen Betrag kleiner als $\frac{1}{100}$ ist. Begründen Sie
jeweils kurz die Erlaubtheit der einzelnen Schritte ihres Vorgehens!
Bemerkung: Es genügt, den Näherungswert als Summe von Quotienten ganzer Zahlen anzuge-
ben, Umrechnung in einen Dezimalbruch wird nicht verlangt.
Lösung siehe Seite: 304.

Aufgabe A60 (Integral, Äquivalenzrelation)
F sei die Menge aller auf $[-1, 1]$ stetigen reellwertigen Funktionen. Zwei Funktionen $f \in F$ und
$g \in F$ sollen "integralgleich" heißen, in Zeichen $f \overset{i}{\approx} g$, wenn gilt: $\int_{-1}^1 f(x)\, dx = \int_{-1}^1 g(x)\, dx$.   Man
zeige (a) $\overset{i}{\approx}$ ist eine Äquivalenzrelation. (b) Jede Äquivalenzklasse von F enthält mindestens
zwei Elemente.
Lösung siehe Seite: 305.

Aufgaben zu 3.6 (Reelle und komplexe Zahlen)

Aufgabe A61 ($\mathbb{R}$, Ordnungsvollständigkeit)
Sei $f : \mathbb{R} \to \mathbb{R}$ gegeben durch die Vorschrift $f(x) = x^6 - 16x^3 + 65$. Ohne Verwendung der
Differentialgleichung löse man folgende Aufgaben:
(a) Man zeige, dass $f(x) > 0$ für alle $x \in \mathbb{R}$. (b) Man zeige, dass f auf $\mathbb{R}$ ein globales Minimum
$\mu := \min_{x \in \mathbb{R}} f(x)$ hat. (c) Man berechne μ und bestimme die Menge $\{\xi \in \mathbb{R} \mid f(\xi) = \mu\}$.
Lösung siehe Seite: 305.

Aufgabe A62 (Polynom, $\mathbb{C}$)
Man bestimme ein Polynom $P(x)$ möglichst kleinen Grades mit reellen Koeffizienten, das an den
Stellen $x = 1$ und $x = i$ verschwindet.
Hinweis: Die Menge $\{1, i\}$ darf echte Teilmenge der Menge aller Nullstellen des Polynoms sein.
Lösung siehe Seite: 306.

Aufgabe A63 ($\mathbb{R}$, Automorphismus)
Beweisen Sie, dass es außer der Identität keinen Automorphismus des Körpers $\mathbb{R}$ gibt!
Lösung siehe Seite: 306. (Vgl. auch Aufgabe A17 !)

Literaturhinweise zu Kap.3:

Heuser [Heu1], Forster [Fo1], Liedl/Kuhnert [LK], Behrends [Beh1], Rudin [Ru], Rautenberg
[Rau], Scheid/Schwarz [SS2], Simmons [Si].

Kapitel 4

Analysis II

Hinweis: Eventuell sind Teile Ihrer Vorlesung Analysis II schon in Kap. 3 behandelt worden.

4.1 Differenzierbarkeit von Abbildungen

Sei $\mathbf{E}$ offene Teilmenge von $\mathbb{R}^n$ und $\mathbf{f} : \mathbf{E} \to \mathbb{R}^m$ eine Abbildung. Geben Sie die Definition der Differenzierbarkeit von $\mathbf{f}$ im Punkt $\mathbf{x}_0 \in \mathbf{E}$ an und erläutern Sie sie !

Definition: $\mathbf{f} : \mathbf{E} \to \mathbb{R}^n$ heißt **differenzierbar** im Punkt $\mathbf{x}_0 \in \mathbf{E}$ genau dann, wenn gilt: Es existiert eine lineare Abbildung $\mathbf{l}$ von $\mathbb{R}^n$ in $\mathbb{R}^m$ mit

$$\lim_{\mathbf{x} \to \mathbf{x}_0} \frac{\mathbf{f}(\mathbf{x}) - \mathbf{f}(\mathbf{x}_0) - \mathbf{l}(\mathbf{x} - \mathbf{x}_0)}{||\mathbf{x} - \mathbf{x}_0||} = \mathbf{0} .$$

Ausführlicher: $\exists \, \mathbf{l} \in \mathrm{Hom}(\mathbb{R}^n, \mathbb{R}^m) : \forall \varepsilon > 0 \; \exists \delta > 0 \; \forall \mathbf{x} \in U_\delta(\mathbf{x}_0) :$

$$(*) \qquad ||\mathbf{f}(\mathbf{x}) - (\mathbf{f}(\mathbf{x}_0) + \mathbf{l}(\mathbf{x} - \mathbf{x}_0))|| < \varepsilon ||\mathbf{x} - \mathbf{x}_0||$$

Bezeichnung:
$D\mathbf{f}(\mathbf{x}_0) := \mathbf{f}'(\mathbf{x}_0) := \mathbf{l}$ heißt die **(totale) Ableitung** von $\mathbf{f}$ an der Stelle $\mathbf{x}_0$.

Erläuterung:
(i) Eine Funktion $\mathbf{g}$ der Form $\mathbf{g} : \mathbb{R}^n \to \mathbb{R}^m$ mit $\mathbf{x} \mapsto \mathbf{l}(\mathbf{x} - \mathbf{x}_0) + \mathbf{f}(\mathbf{x}_0) = \mathbf{l}(x) + \mathbf{c}$ ist affin-linear; außerdem gilt $\mathbf{g}(\mathbf{x}_0) = \mathbf{f}(\mathbf{x}_0)$. Bei $(*)$ handelt es sich also um eine **Approximation** von $\mathbf{f}$ in der Umgebung von $\mathbf{x}_0$ durch eine in den Punkt $(\mathbf{x}_0, \mathbf{f}(\mathbf{x}_0))$ "affin ,,verschobene" lineare Funktion: $\mathbf{f}(\mathbf{x}) \approx \mathbf{f}(\mathbf{x}_0) + \mathbf{l}(\mathbf{x} - \mathbf{x}_0)$ in einer genügend kleinen Umgebung von $\mathbf{x}_0$.

(ii) Für die Abweichung der Funktionen $\mathbf{f}$ und $\mathbf{g}$ voneinander gilt bei gegebenem ε definitionsgemäß in einer geeigneten (von ε abhängenden) Umgebung von $\mathbf{x}_0$:

$$||\mathbf{f}(\mathbf{x}) - \mathbf{g}(\mathbf{x})|| < \varepsilon ||\mathbf{x} - \mathbf{x}_0|| ;$$

d.h. $\mathbf{g}$ verläuft in einer Umgebung von $(\mathbf{x}_0, \mathbf{f}(\mathbf{x}_0))$ in einem "ε-Sektor" um $\mathbf{f}$ (für $m = n = 1$ s.Abb.3.12). Man sagt ,, $\mathbf{f}$ und $\mathbf{g}$ sind tangential in $\mathbf{x}_0$". Die Approximation ist also so gut, dass das Restglied $\mathbf{r}(\mathbf{x}) := \mathbf{f}(\mathbf{x}) - \mathbf{g}(\mathbf{x})$ selbst nach Division durch h mit $h = ||\mathbf{x} - \mathbf{x}_0||$ für h gegen 0 noch beliebig klein wird.
Beispiele: s. u.
Anmerkungen: 1.) Ist $\mathbf{f}$ differenzierbar in $\mathbf{x}_0$, so gilt : $D\mathbf{f}(\mathbf{x}_0)$ ist eindeutig bestimmt und $\mathbf{f}$ ist

stetig, sogar Lipschitz-stetig. Ferner gilt: $D(\alpha f + \beta g)(\mathbf{x}_0) = (\alpha D\mathbf{f} + \beta D\mathbf{g})(\mathbf{x}_0)$ (Linearität der Ableitung).

2.) Sei $\mathbf{f}$ eine $\mathbb{R}^n - \mathbb{R}^m$ – Funktion, also $\mathbf{f}: E \to \mathbb{R}^m$ mit $E \subseteq \mathbb{R}^n$, E offen, und $f_1, \ldots, f_m$ definiert durch $\mathbf{f}(\mathbf{x}) = (f_1(\mathbf{x}), f_2(\mathbf{x}), \ldots, f_m(\mathbf{x}))$. Dann ist $\mathbf{f}$ an der Stelle $\mathbf{a} \in E$ genau dann differenzierbar, wenn dort alle *Komponentenfunktionen* $f_i: \mathbb{R}^n \to \mathbb{R}$ differenzierbar sind. In diesem Fall gilt

$$\mathbf{f}'(\mathbf{a}) = \begin{pmatrix} f_1'(\mathbf{a}) \\ \vdots \\ f_m'(\mathbf{a}) \end{pmatrix}.$$

Erläutern Sie für $f: \mathbb{R}^1 \to \mathbb{R}^1$ den Zusammenhang zwischen $Df(x_0)$ und der in §3.4 definierten Ableitung $f'(x_0)$.

Wegen $|f(x) - t(x)| = |f(x) - f(x_0) - (x - x_0)f'(x_0)| < \varepsilon|x - x_0|$ (für gegebenes $\varepsilon > 0$ und für alle $x \in U_\delta(x_0)$ mit geeignetem δ; s.§3.4, Seite 95) gilt in diesem Fall $Df(x_0)(x) = f'(x_0) \cdot x$. $\square$

Wie sind die **partiellen Ableitungen** einer $\mathbb{R}^n - \mathbb{R}$ – Funktion $g: E \to \mathbb{R}$ (mit $\mathbf{E} \subseteq \mathbb{R}^n$ offen) im Punkt $\mathbf{a} = (a_1, \ldots, a_n)$ definiert, wie die **Richtungsableitung** von g in Richtung $\mathbf{v}$? Welcher Zusammenhang besteht zwischen diesen Ableitungsbegriffen?

(1) g heißt in $\mathbf{a}$ partiell nach x_j differenzierbar, falls die Funktion g_j mit
$$g_j(x_j) = g(a_1, \ldots, a_{j-1}, x_j, a_{j+1}, \ldots, a_n)$$
in a_j differenzierbar ist; deren Ableitung heißt j-te partielle Ableitung von g in $\mathbf{a}$.

Schreibweise: $\frac{\partial g}{\partial x_j}(\mathbf{a}) = g_{x_j}(\mathbf{a}) = D_j g(\mathbf{a}) := g_j'(x_j)|_{x_j = a_j}$ $(j = 1, \ldots, n)$.

(2) Ist $\mathbf{v} \in E \subseteq \mathbb{R}^n$ mit $||\mathbf{v}|| = 1$, so definiert man als Richtungsableitung
$$D_\mathbf{v} g(\mathbf{a}) := \frac{d}{dt} g(\mathbf{a} + t\mathbf{v})|_{t=0}.$$ Alternative Schreibweise: $\frac{\partial g(\mathbf{a})}{\partial \mathbf{v}}$

Geometrische Interpretation für $n = 2$: Man betrachtet im Punkt $\mathbf{a}$ die Steigung derjenigen Kurve, die man durch den Schnitt der Fläche $\{(\mathbf{x}, g(\mathbf{x}) \,|\, \mathbf{x} \in \mathbf{E}\}$ mit der Ebene durch $(\mathbf{a}, 0), (\mathbf{a}, g(\mathbf{a}))$ und $(\mathbf{a} + t\mathbf{v}, 0)$ erhält (s. Abb. 4.1 a).

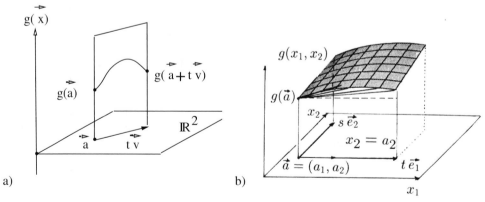

Abbildung 4.1: a) Zur Richtungsableitung b) Partielle Ableitung als Richtungsableitung

(3) Die partiellen Ableitungen von g sind genau die Richtungsableitungen in Richtung der Einheitsvektoren (s. Abb. 4.1 b). Im Falle der Differenzierbarkeit von g erhält man umgekehrt die

Richtungsableitung $D_{\mathbf{v}}g(\mathbf{a})$ aus dem **Gradienten** von g in $\mathbf{a}$, also aus

$$\operatorname{grad} g(\mathbf{a}) := \nabla g(\mathbf{a}) := g'(\mathbf{a}) = \left(\tfrac{\partial}{\partial x_1} g(\mathbf{a}), \ldots, \tfrac{\partial}{\partial x_n} g(\mathbf{a}) \right),$$

durch Anwendung (im Sinne der Ableitung) bzw. Multiplikation (als $1 \times n$-Matrix bzw. Skalarprodukt der Koordinatenvektoren) mit $\mathbf{v}$:

$$D_{\mathbf{v}} g(\mathbf{a}) = \operatorname{grad} g(\mathbf{a}) \cdot \mathbf{v}.$$

Beweisskizze: Durch affin-lineare Approximation (s. die Definition der Ableitung) erhält man

$$D_{\mathbf{v}} g(\mathbf{a}) = \lim_{t \to 0} \frac{g(\mathbf{a} + t\mathbf{v}) - g(\mathbf{a})}{t} = \lim_{t \to 0} \frac{g(\mathbf{a}) + g'(\mathbf{a}) \cdot (\mathbf{a} + t\mathbf{v} - \mathbf{a}) + r(t\mathbf{v}) - g(\mathbf{a})}{t}$$

$$= \lim_{t \to 0} \frac{t \cdot g'(\mathbf{a}) \cdot \mathbf{v} + r(t\mathbf{v})}{t} = g'(\mathbf{a}) \cdot \mathbf{v} + \lim_{t \to 0} \frac{r(t\mathbf{v})}{t \, \|\mathbf{v}\|} = g'(\mathbf{a}) \cdot \mathbf{v}.$$

Die Darstellbarkeit von $g'(\mathbf{a})$ durch $(\tfrac{\partial}{\partial x_i} g(\mathbf{a}))_{i=1,\ldots,n}$ ergibt sich aus dem allgemeinen Satz über die Darstellung der Ableitung (s.u.).

Anmerkungen: 1.) Falls alle partiellen Ableitungen von g in $\mathbf{a}$ existieren und stetig sind, so ist g differenzierbar, s. u. Daher ist g in diesem Fall in $\mathbf{a}$ in jede Richtung differenzierbar!

2.) Existieren in einer Umgebung von $\mathbf{a}$ alle zweiten Ableitungen $\frac{\partial^2 f}{\partial x_k \cdot \partial x_l}$ und sind dort stetig, so

gilt $$\frac{\partial^2 f}{\partial x_i \partial x_j} = \frac{\partial^2 f}{\partial x_j \partial x_i}.$$

Sei $g : \mathbf{E} \to \mathbb{R}$ (mit $\mathbf{E} \subseteq \mathbb{R}^n$ offen) im Punkt $\mathbf{a} \in \mathbf{E}$ differenzierbar. Zeigen Sie, dass der **Gradient** $\operatorname{grad} g(\mathbf{a})$ als Vektor in $\mathbb{R}^n$ gleich $\mathbf{0}$ ist oder in die "Richtung des maximalen Wachstums" von g zeigt.

Beweisskizze. Idee: Als Skalarprodukt ist die Richtungsableitung maximal, wenn beide Faktoren parallele Vektoren sind. *Genauer:* Da g differenzierbar in $\mathbf{a}$ ist, gilt für die Ableitung in Richtung eines Vektors $\mathbf{v}$ die Gleichung $D_{\mathbf{v}}g(\mathbf{a}) = \nabla g(\mathbf{a}) \cdot \mathbf{v} = \|\nabla g(\mathbf{a})\| \cdot \|\mathbf{v}\| \cdot \cos \triangleleft (\nabla g(\mathbf{a}), \mathbf{v})$. Ist $\nabla g(\mathbf{a}) \neq 0$, so ist also $D_v(\mathbf{a})$ maximal für den Einheitsvektor $\mathbf{v}_0 = \frac{\nabla g(\mathbf{a})}{\|\nabla g(\mathbf{a})\|}$ in Richtung von $\nabla g(\mathbf{a})$ und hat dann den Wert $\|\nabla g(\mathbf{a})\|$. Man spricht daher von $\mathbf{v}_0$ als der Richtung des stärksten Anstiegs von g im Punkt $\mathbf{a}$. $\square$

Man beachte, dass wegen $f(\mathbf{x}) = f(\mathbf{x}_0) + f'(\mathbf{x}_0)(\mathbf{x} - \mathbf{x}_0) + r(\mathbf{x})$ mit $|r(\mathbf{x})| < \varepsilon(\mathbf{x} - \mathbf{x}_0)$ in einer Umgebung von x_0 tatsächlich die Werte der Ableitungen in verschiedenen Richtungen die Größe der Anstiege bestimmen.

Anmerkungen:
1.) Die Richtung des stärksten Abstiegs ist $- \nabla g(\mathbf{a})$ ($\to$ Fall-Linien!).
2.) Man kann zeigen, dass für $\nabla g(\mathbf{a}) \neq 0$ gilt: $\nabla g(\mathbf{a})$ ist in $\mathbf{a}$ orthogonal zur *Niveau-Hyperfläche* $N = \{\mathbf{x} | g(\mathbf{x}) = g(\mathbf{a})\}$ (im Fall $n = 2$ Niveau-Linie genannt; s. Abbildung 4.2 !)
Beweisidee: [1] Jede Ableitung in einer Richtung tangential an die Niveau-Hyperfläche ist 0; (die Geraden durch die Punkte $(\mathbf{a}, g(\mathbf{a}))$ und $(\mathbf{b}, g(\mathbf{b}))$ mit $\mathbf{b} \in N$ haben Steigung 0); somit steht nach obiger Formel $\nabla g(\mathbf{a})$ senkrecht auf dieser Richtung. $\square$

Gegeben sei die durch die differenzierbare $\mathbb{R}^2 - \mathbb{R}$ – Funktion $f : \mathbf{E} \to \mathbb{R}$ (mit $\mathbf{E} \subseteq \mathbb{R}^2$ offen) gegebene Fläche[2] $\mathcal{F} = \{(\mathbf{x}, f(\mathbf{x})) | \mathbf{x} \in \mathbf{E}\}$ in $\mathbb{R}^3$. Wie bestimmt man die **Tangentialebene** an $\mathcal{F}$ im Punkt $(\mathbf{a}, f(\mathbf{a}))$?

---

[1] Genauer: Sei $\kappa : I \to E$ eine differenzierbare Kurve in der Niveauhyperfläche mit $\kappa(0) = \mathbf{a}$. Nach der Kettenregel (s.u.) gilt dann $0 = \frac{d}{dt} g(\kappa(t)) = \operatorname{grad} g(\kappa(t)) \cdot \kappa'(t)$, speziell für $t = 0$ also $0 = \operatorname{grad} g(\mathbf{a}) \cdot \kappa'(0)$. Hieraus folgt, dass $\operatorname{grad} g(a)$ an der Stelle a senkrecht zu jeder Kurve durch $\mathbf{a}$ in der Niveaufläche ist.

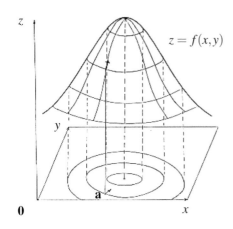

Abbildung 4.2: Gradient und
Niveaulinien

Im Punkt $\mathbf{a}$ wird f tangential approximiert durch die Funktion
$$g(\mathbf{x}) = f'(\mathbf{a})(\mathbf{x} - \mathbf{a}) + f(\mathbf{a}) = \operatorname{grad} f(\mathbf{a})(\mathbf{x} - \mathbf{a}) + f(\mathbf{a}).$$
Deren Graph $\mathcal{E}$ erfüllt die Gleichung $z = g(\mathbf{x})$, d. h. $\operatorname{grad} f(\mathbf{a})(\mathbf{x} - \mathbf{a}) - z + f(\mathbf{a}) = 0$ oder
$\frac{\partial f}{\partial x}(\mathbf{a})x + \frac{\partial f}{\partial y}(\mathbf{a})y - 1 \cdot z = \operatorname{grad} f(\mathbf{a})\mathbf{a} - f(\mathbf{a})$ und ist daher eine Ebene. Ein Normalenvektor von
$\mathcal{F}$ in $\mathbf{a}$ ist dabei
$$\mathbf{n} = \left(\frac{\partial f}{\partial x}(\mathbf{a}), \frac{\partial f}{\partial y}(\mathbf{a}), -1\right),$$

der Aufpunkt $(\mathbf{a}, f(\mathbf{a}))$. Man erhält somit als *Antwort:* Die Tangentialebene durch $(\mathbf{a}, f(\mathbf{a}))$ an
$\mathcal{F}$ ist gegeben durch die Gleichung $\mathbf{n}[(x, y, z) - (a_1, a_2, f(\mathbf{a}))] = 0$ ($\mathbf{n}$ wie oben definiert).

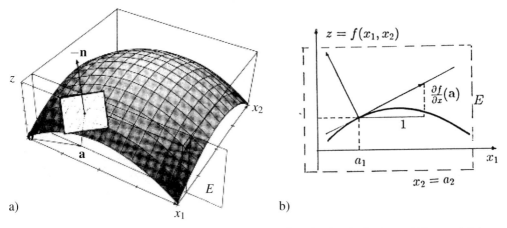

a)

b)

Abbildung 4.3: a) Tangentialebene an eine Fläche b) Schnitt durch Fläche und Tangentialebene

Anmerkungen:
1. Die Projektion von $\mathbf{n}$ auf die (x, y)-Ebene ist gleich dem Gradienten $\operatorname{grad} f(\mathbf{a})$.
2. Schneidet man Fläche und Tangentialebene mit der zur x, z-Ebene parallelen Ebene durch
$(\mathbf{a}, f(\mathbf{a}))$, so ergibt sich eine Tangente an eine Kurve (s. Abb. 4.3b); ein Vektor in Richtung der

---
[2]Bei $\mathcal{F}$ handelt es sich um den Graphen von f; s. Bild 4.3.

Tangente ist $(1, \frac{\partial f}{\partial x}(\mathbf{a}))$ (Richtungsableitung!), auf ihm steht $(\frac{\partial f}{\partial x}(\mathbf{a}), -1)$ senkrecht. Analoges gilt für einen Schnitt parallel zur (y, z)-Ebene.

3. Eine Verallgemeinerung auf $\mathbb{R}^n - \mathbb{R}$ – Funktionen liefert $(\operatorname{grad} f(\mathbf{a}), -1)$ als Normalenvektor einer *Tangentialhyperebene*.

4. *Folgerung:* Hat die differenzierbare $\mathbb{R}^n - \mathbb{R}$ – Funktion f an der Stelle $\mathbf{a}$ ein lokales Extremum, so gilt $\operatorname{grad} f(\mathbf{a}) = \mathbf{0}$ ($\to$ horizontale Tangentialhyperebene!).

Welche Matrixdarstellung hat die Ableitung einer in $\mathbf{a} \in \mathbf{E} \subseteq \mathbb{R}^n$ differenzierbaren Funktion $\mathbf{f} : \mathbf{E} \to \mathbb{R}^m$?

Satz *Seien* $\mathbf{E} \subseteq \mathbb{R}^n, \mathbf{E}$ *offen und* $\mathbf{f} : \mathbf{E} \to \mathbb{R}^m$ *differenzierbar in* $\mathbf{a} \in \mathbf{E}$; *die Funktion* $\mathbf{f}$ *habe die Komponenten* $(f_1, \dots, f_m)$, *gelte also* $\mathbf{f}(\mathbf{x}) = (f_1(\mathbf{x}), \dots, f_m(\mathbf{x}))$. *Dann folgt: Es existieren die partiellen Ableitungen* $\frac{\partial f_i}{\partial x_j}(\mathbf{a})$ *(für* $i = 1, \dots, m, j = 1, \dots, n$*), und* $\mathbf{f}'(\mathbf{a})$ *wird (bzl. der kanonischen Basen) dargestellt durch die* **Funktionalmatrix** *(auch* **Jacobi-Matrix** *genannt); diese wird oft mit* $\mathbf{f}'(\mathbf{a}) = D_{\mathbf{f}}(\mathbf{a})$ *identifiziert):*

$$\mathcal{J}_{\mathbf{f}}(\mathbf{a}) := \begin{pmatrix} \frac{\partial f_1(\mathbf{a})}{\partial x_1} & \cdots & \frac{\partial f_1(\mathbf{a})}{\partial x_n} \\ \vdots & & \vdots \\ \frac{\partial f_m(\mathbf{a})}{\partial x_1} & \cdots & \frac{\partial f_m(\mathbf{a})}{\partial x_n} \end{pmatrix}. \quad \textit{Es gilt:} \quad \mathbf{f}'(\mathbf{a})(\mathbf{x}) = \mathcal{J}_{\mathbf{f}}(\mathbf{a}) \cdot \mathbf{x} \quad \textit{für} \quad \mathbf{x} = \begin{pmatrix} x_1 \\ \vdots \\ x_n \end{pmatrix} \in \mathbb{R}^n.$$

Beweis-Idee: Differentiation der Projektionen der Komponenten mittels Kettenregel:[3]

Beweis-Skizze: Zunächst kann man zeigen, dass f genau dann differenzierbar in $\mathbf{a}$ ist, wenn dies die Komponenten $f_i (i = 1 \dots, m)$ sind, und dass $Df(\mathbf{a})(\mathbf{x}) = (Df_i(\mathbf{a})(\mathbf{x}))_{i=1\dots,m}$ gilt; die hier relevante Richtung folgt z. Bsp. mit Anwendung der *Kettenregel* auf $f_i = \pi_i \circ \mathbf{f}$ für die Projektion π_i auf die i-te Komponente. Sei nun $g = f_i$.

Unter Verwendung von $\mathbf{h}_j : \mathbb{R} \to \mathbb{R}^n$ mit $x \mapsto (a_1 \dots, a_{j-1}, x, a_{j+1}, \dots, a_n)$ folgt dann wegen Kettenregel, Linearität der Ableitung sowie $D\mathbf{h}_j(a_j)(x_j) = (0, \dots, 0, x_j, 0, \dots, 0)$ die Formel

$$\begin{aligned} Dg(\mathbf{a})(\mathbf{x}) &= \sum_{j=1}^{m} Dg(\mathbf{a})(0, \dots 0, x_j, 0, \dots 0) = \sum_{j=1}^{m} Dg(\mathbf{h}_j(a_j)) D\mathbf{h}_j(a_j)(x_j) \\ &= \sum_{j=1}^{m} D(g \circ \mathbf{h}_j(a_j))(x_j) = \sum_{j=1}^{m} D_j g(\mathbf{a}) x_j = \triangledown g(\mathbf{a}) \cdot \mathbf{x}. \quad \square \end{aligned}$$

Beispiel: $\mathbf{f} : \mathbb{R}^2 \to \mathbb{R}^2$ mit $\mathbf{x} = \binom{x}{y} \mapsto \binom{x+y}{x \cdot y}$ ist differenzierbar im Nullpunkt; denn mit $\mathcal{J}_{\mathbf{f}}(\mathbf{0}) = \left. \begin{pmatrix} 1 & 1 \\ y & x \end{pmatrix} \right|_{(x,y)=(0,0)}$ als Matrix von $\mathbf{l} = \mathbf{f}'(\mathbf{0})$ gilt tatsächlich:

$$\lim_{\mathbf{x} \to \mathbf{0}} \frac{\mathbf{f}(\mathbf{x}) - \mathbf{f}(\mathbf{0}) - \mathbf{l}(\mathbf{x} - \mathbf{0})}{\|\mathbf{x} - \mathbf{0}\|} = \lim_{\mathbf{x} \to \mathbf{0}} \frac{\binom{x+y}{x \cdot y} - \binom{0}{0} - \begin{pmatrix} 1 & 1 \\ 0 & 0 \end{pmatrix} \binom{x}{y}}{\sqrt{x^2 + y^2}} = \lim_{\mathbf{x} \to \mathbf{0}} \frac{\begin{pmatrix} x + y - (x + y) \\ x \cdot y \end{pmatrix}}{\sqrt{x^2 + y^2}}$$

$$= \lim_{(x,y) \to (0,0)} \begin{pmatrix} 0 \\ \frac{1}{\sqrt{\frac{1}{y^2} + \frac{1}{x^2}}} \end{pmatrix} = \binom{0}{0}.$$

Fortsetzung und weitere Beispiele s.u.

---

[3]Diese Regel besagt: Ist $\mathbf{g} \circ \mathbf{h}$ definiert und existieren die Ableitungen von $\mathbf{h}$ in $\mathbf{a}$ und von $\mathbf{g}$ in $\mathbf{h}(\mathbf{a})$, so gilt $D(\mathbf{g} \circ \mathbf{h})(\mathbf{a}) = (D\mathbf{g})(\mathbf{h}(\mathbf{a})) \circ D\mathbf{h}(\mathbf{a})$.

Anmerkungen:

1.) Eine Funktion $f : \mathbb{C} \to \mathbb{C}$ lässt sich (durch Identifizierung von $\mathbb{C}$ mit der Gaußschen Zahlenebene: $x + iy \stackrel{\wedge}{=} (x,y) \in \mathbb{R}^2$) als Abbildung von $\mathbb{R}^2$ in $\mathbb{R}^2$ auffassen und umgekehrt. Für eine solche Funktion gibt es daher zwei i.a. verschiedene Ableitungsbegriffe. Wie unterscheiden sich diese? Die Ableitung $D\mathbf{f}(\mathbf{a})$ von $\mathbf{f} : \mathbb{R}^2 \to \mathbb{R}^2$ liefert genau dann die Ableitung $f'(\mathbf{a})$ von $f : \mathbb{C} \to \mathbb{C}$, wenn die lineare Abbildung $D\mathbf{f}(\mathbf{a})$ durch Multiplikation mit einer komplexen Zahl (Drehstreckung in der Gaußschen Zahlenebe) gegeben ist; (vgl. dazu die Formel für die Differenzierbarkeit in $\mathbb{C}$: $|f(z) - f(z_\circ) - f'(z_\circ) \cdot (z - z_\circ)| < \varepsilon |z - z_\circ|$). Dies ist der Fall, wenn für die Jacobi-Matrix $\mathcal{J}_{\mathbf{f}} = \begin{pmatrix} \frac{\partial f_1}{\partial x} & \frac{\partial f_1}{\partial y} \\ \frac{\partial f_2}{\partial x} & \frac{\partial f_2}{\partial y} \end{pmatrix}$ gilt: $\mathcal{J}_{\mathbf{f}} \cdot \begin{pmatrix} x \\ y \end{pmatrix} \stackrel{\wedge}{=} (c+di)(x+iy)$, also (in Übereinstimmung mit einer weiteren möglichen Darstellung von $\mathbb{C}$): $\mathcal{J}_{\mathbf{f}} = \begin{pmatrix} c & -d \\ d & c \end{pmatrix}$. Es folgt als zur Regularität von f äquivalente Bedingung die Gültigkeit der **Cauchy-Riemannschen Differentialgleichungen**

$$\frac{\partial f_1}{\partial x} = \frac{\partial f_2}{\partial y} \wedge \frac{\partial f_1}{\partial y} = -\frac{\partial f_2}{\partial x}.$$

2.) Man beachte, dass die Existenz der partiellen Ableitungen zwar notwendig, aber i. a. nicht hinreichend für die Differenzierbarkeit von $\mathbf{f}$ ist.

Beispiel: Sei $f : \mathbb{R}^2 \to \mathbb{R}$ mit $(x,y) \mapsto \frac{xy}{x^2+y^2}$ für $(x,y) \neq (0,0)$ und $f(0,0) = 0$.

Dann ist $\lim\limits_{(x_n,y_n) \to (0,0)} \frac{x_n y_n}{x_n^2 + y_n^2}$ für $(x_n, y_n) = (\frac{1}{n}, \frac{1}{n})$ ungleich 0, also f nicht stetig und damit auch nicht differenzierbar. Aber die partiellen Ableitungen bei $(0,0)$ existieren:

$$\frac{\partial f}{\partial x}(\mathbf{0}) = \lim_{x \to 0} \left(\frac{xy/(x^2+y^2) - 0}{x - 0} \Big|_{y=0} \right) = 0 \text{ und analog } \frac{\partial f}{\partial y}(\mathbf{0}) = 0.$$

Welche Bedingungen an die partiellen Ableitungen sind notwendig und hinreichend für die **stetige Differenzierbarkeit** der Funktion $\mathbf{f} : \mathbf{E} \to \mathbb{R}^m$ (mit offenem $\mathbf{E} \subseteq \mathbb{R}^n$)?

Die Funktion $\mathbf{f}$ ist genau dann auf $\mathbf{E}$ stetig differenzierbar, d.h. $\mathbf{f}$ differenzierbar und $\mathbf{f}'(\mathbf{x})$ stetig von $\mathbf{x}$ abhängig, wenn die partiellen Ableitungen $\frac{\partial f_i}{\partial x_j}(\mathbf{x})$ für $\mathbf{x} \in \mathbf{E}$ existieren und auf $\mathbf{E}$ stetig sind. Beweis s. z.Bsp. Heuser [Heu2]!

Anmerkung: Die eine Richtung dieses Satzes liefert ein wichtiges Differenzierbarkeitskriterium. *Beispiel* (Fortsetzung): $\mathbf{f} : \mathbb{R}^2 \to \mathbb{R}^2$ mit $\mathbf{x} = \begin{pmatrix} x \\ y \end{pmatrix} \mapsto \begin{pmatrix} x+y \\ x \cdot y \end{pmatrix}$ ist differenzierbar in jedem Punkt von $\mathbb{R}^2$; denn wegen $\frac{\partial f_1}{\partial x} = 1 = \frac{\partial f_1}{\partial y}$ und $\frac{\partial f_2}{\partial x}(\mathbf{x}) = y$ sowie $\frac{\partial f_2}{\partial y}(\mathbf{x}) = x$ sind die partiellen Ableitungen 1. Ordnung stetig auf $\mathbb{R}^2$, und damit ist der obige Satz anwendbar.

Wie lässt sich die **Kettenregel** auf mehrdimensionale Funktionen verallgemeinern (ohne Beweis)?

Ist $\mathbf{h} : \mathbb{R}^n \supseteq \mathbf{E} \to \mathbb{R}^m$ differenzierbar in $\mathbf{a} \in \mathbf{E}$ und $\mathbf{g} : \mathbb{R}^m \supseteq \mathbf{F} \to \mathbb{R}^\ell$ in $\mathbf{h}(\mathbf{a}) \in \mathbf{F}$ differenzierbar, so ist auch $\mathbf{g} \circ \mathbf{h}$ in $\mathbf{a}$ differenzierbar, und die Funktionalmatrix von $\mathbf{g} \circ \mathbf{h}$ ist das Produkt der Funktionalmatrizen von $\mathbf{h}$ und $\mathbf{g}$, also

$$\mathcal{J}_{\mathbf{g} \circ \mathbf{h}}(\mathbf{a}) = \mathcal{J}_{\mathbf{g}}(\mathbf{h}(\mathbf{a})) \cdot \mathcal{J}_{\mathbf{h}}(\mathbf{a}).$$

Formulieren Sie (ohne Beweis) den Satz über **inverse Funktionen** und den Satz über **implizit definierte Funktion**!

1.) Seien $\mathbf{a} \in \mathbf{E} \subseteq \mathbb{R}^n$, $\mathbf{E}$ offen, $\mathbf{f} : \mathbf{E} \to \mathbb{R}^n$ stetig differenzierbar und $\det(D\mathbf{f})(\mathbf{a}) \neq \mathbf{0}$. Dann ist $\mathbf{f}$ *lokal invertierbar*, d. h. es existieren Umgebungen $\mathbf{V}$ von $\mathbf{a}$ und $\mathbf{W}$ von $\mathbf{f}(\mathbf{a})$ derart, dass $\mathbf{f}|_{\mathbf{V} \to \mathbf{W}}$ bijektiv ist mit Umkehrabbildung $\mathbf{g} : \mathbf{W} \to \mathbf{V}$ (s. Abb. 4.4). Auch $\mathbf{g}$ ist stetig differenzierbar und $D\mathbf{g}(\mathbf{y}) = [D\mathbf{f}(\mathbf{x})]^{-1}$ für alle $\mathbf{y} \in \mathbf{W}$ und $\mathbf{x}$ mit $\mathbf{x} = \mathbf{g}(\mathbf{y})$.

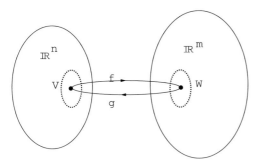

Abbildung 4.4:
Venndiagramm zur lokalen Umkehrbarkeit

2.) Seien $(\mathbf{a}, \mathbf{b}) \in \mathbf{A} \subseteq \mathbb{R}^n \times \mathbb{R}^m$, $\mathbf{A}$ offen, $\mathbf{f} : \mathbf{A} \to \mathbb{R}^m$ stetig differenzierbar, $\mathbf{f}(\mathbf{a}, \mathbf{b}) = \mathbf{0}$ und $\det\left(\frac{\partial f_i}{\partial x_{n+k}}(\mathbf{a}, \mathbf{b})\right)_{i,k=1,\dots,m} \neq 0$. Dann hat die Gleichung $\mathbf{f}(\mathbf{x}, \mathbf{y}) = \mathbf{0}$ *lokal für jedes $\mathbf{x}$ genau eine Lösung $\mathbf{y}$*, d.h. es existieren Umgebungen $\mathbf{V}$ von $\mathbf{a}$ und $\mathbf{W}$ von $\mathbf{b}$ und eine eindeutige stetige Abbildung $\mathbf{g} : \mathbf{V} \to \mathbf{W}$ mit $\mathbf{g}(\mathbf{a}) = \mathbf{b}$ und $\mathbf{y} = \mathbf{g}(\mathbf{x}) \Longleftrightarrow \mathbf{f}(\mathbf{x}, \mathbf{y}) = \mathbf{0} \wedge \mathbf{y} \in \mathbf{W}$ für jedes $\mathbf{x} \in \mathbf{V}$. $\mathbf{g}$ ist stetig differenzierbar mit

$$D\mathbf{g}(\mathbf{x}) = \left(\frac{\partial f_i}{\partial x_{n+k}}(\mathbf{x}, \mathbf{g}(\mathbf{x}))\right)^{-1}_{i,k=1,\dots,m} \cdot \left(\frac{\partial f_i}{\partial x_j}(\mathbf{x}, \mathbf{g}(\mathbf{x}))\right)_{\substack{i=1\dots m \\ j=1\dots n}}.$$

Beispiele:

(1) Zeigen Sie die lokale Invertierbarkeit von[4] $\mathbf{f} : \mathbf{E} = \mathbb{R}^+ \times \mathbb{R} \to \mathbb{R}^2$ mit $\mathbf{f}(r, \vartheta) = (r\cos\vartheta, r\sin\vartheta)$. (2) Untersuchen Sie die Gleichung $x^2 + y^2 - 1 = 0$ auf lokale Auflösbarkeit (mittels des Satzes über implizit definierte Funktionen)!

ad 1: Die partiellen Ableitungen von $\mathbf{f}$ sind stetig; damit ist $\mathbf{f}$ stetig differenzierbar mit Funktionalmatrix $\mathcal{J}_{\mathbf{f}} = \begin{pmatrix} \cos\vartheta & -r\sin\vartheta \\ \sin\vartheta & r\cos\vartheta \end{pmatrix}$. Wegen $\det\mathcal{J}_{\mathbf{f}} = r > 0$ ist $\mathbf{f}$ lokal invertierbar. Für (x, y) aus $\mathbf{W} = \mathbb{R}^+ \times \mathbb{R}^+$ und, z.Bsp., $\mathbf{V} = \mathbb{R}^+ \times (0, \frac{\pi}{2})$ ist $\mathbf{g} : \mathbf{W} \to \mathbf{V}$ mit $(x, y) \mapsto (\sqrt{x^2 + y^2}, \arcsin\frac{y}{\sqrt{x^2 + y^2}})$ lokale Inverse von $\mathbf{f}$; unter Beachtung von $\cos\vartheta = \sqrt{1 - \sin^2\vartheta} = \sqrt{1 - \frac{y^2}{r^2}}$ ergibt sich als Funktionalmatrix

$$\mathcal{J}_{\mathbf{g}} = \begin{pmatrix} \cos\vartheta & -r\sin\vartheta \\ \sin\vartheta & r\cos\vartheta \end{pmatrix}^{-1} \Bigg|_{\substack{r = \sqrt{x^2 + y^2} \\ \vartheta = \arcsin\frac{y}{r}}} = \begin{pmatrix} \frac{x}{r} & -y \\ \frac{y}{r} & x \end{pmatrix}^{-1} = \begin{pmatrix} \frac{x}{\sqrt{x^2+y^2}} & \frac{y}{\sqrt{x^2+y^2}} \\ \frac{-y}{x^2+y^2} & \frac{x}{x^2+y^2} \end{pmatrix}.$$

Anmerkung: $\mathbf{f}$ beschreibt die Zuordnung der **Polarkoordinaten** eines Punktes von $\mathbb{R}^2$ zu den kartesischen Koordinaten; s. Abb. 4.5 a.

ad 2: Setze $F : \mathbb{R}^2 \to \mathbb{R}$ mit $F(x, y) = x^2 + y^2 - 1$. Wegen der Stetigkeit der Ableitungen $\frac{\partial F}{\partial x} = 2x$ und $\frac{\partial F}{\partial y} = 2y$ ist F stetig differenzierbar, wegen $\det(\frac{\partial F}{\partial y}(a, b)) = 2b$ ist F in der

---

[4] $\mathbb{R}^+ := \{r \in \mathbb{R} | r > 0\}$

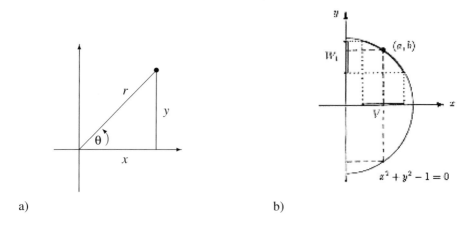

a)   b)

Abbildung 4.5: a) Polar- und kartesische Koordinaten in $\mathbb{R}^2$
              b) Beispiel einer implizit gegebenen Funktion

Umgebung eines Punktes (a,b) mit $a^2 + b^2 = 1$ und $(a,b) \neq (\pm 1, 0)$ lokal invertierbar; in der oberen Halbebene z.Bsp. ist $y = g(x) = \sqrt{1-x^2}$ mit $g'(x) = -(\frac{\partial F}{\partial y})^{-1} \cdot \frac{\partial F}{\partial x} = -\frac{x}{y}$; s. Abbildung 4.5 b.

4.2   Integration (Teil 2): Das Riemann-Integral

Wie ist das untere bzw. obere Riemann-Darboux-Integral einer beschränkten Funktion $f : [a,b] \to \mathbb{R}$ definiert, und wann heißt f integrierbar?

1. *Idee:* Die Fläche unter dem Graphen von f wird durch Rechtecksflächen von oben und unten approximiert; dies bedeutet, dass f durch obere und untere Treppenfunktionen genähert wird (s. Abb. 4.6).

2. *Definitionen bei fester Zerlegung P:* Eine *Zerlegung* (Partition) von $[a,b]$ ist eine endliche Punktfolge $P = x_0, \ldots, x_n$ mit $a = x_0 < x_1 < \ldots < x_n = b$. **Untersumme** und **Obersumme** von f bzgl. der Zerlegung P sind definiert durch $\underline{S}_{P,f} = \sum_{k=1}^{n} \inf_{x \in \mathfrak{I}_k} f(x) \cdot (x_k - x_{k-1})$ (wobei

$\mathfrak{I}_k := [x_{k-1}, x_k]$) und $\overline{S}_{P,f} = \sum_{k} \sup_{x \in \mathfrak{I}_k} f(x) \cdot (x_k - x_{k-1})$.

Geometrische Interpretation: Summe der (mit Vorzeichen versehenen) Rechtecksflächeninhalte ("Intervallbreite mal Inf. bzw. Sup. der Funktion").

Eigenschaften: Es gilt $(b-a) \inf_{x \in [a,b]} f(x) \leq \underline{S}_{P,f} \leq \overline{S}_{P,f} \leq (b-a) \sup_{x \in [a,b]} f(x)$. Diese Beschränktheit von $\underline{S}$ bzw. $\overline{S}$ erlaubt die folgende Definition (im Sinne eines allgemeinen **Mini-Max-Prinzips**):

3. *Definition und Eigenschaften von Ober- und Unterintegral:*
Ist $f \in \mathcal{B}([a,b], \mathbb{R})$, so existiert das *untere* und das *obere* **Riemann-Darboux-Integral**, d.h.
$$\underline{\int_a^b} f(t)\,dt := \sup\{\underline{S}_{P,f} | P \text{ Zerlegung von } [a,b]\} \quad \text{bzw.} \quad \overline{\int_a^b} f(t)\,dt := \inf\{\overline{S}_{P,f} | P \text{ Zerlegung von } [a,b]\},$$

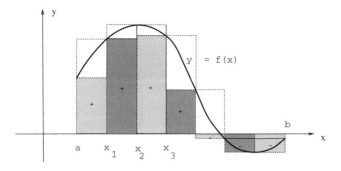

Abbildung 4.6:
Ober und Untersumme

und es gilt
$$\int_{\underline{a}}^{b} f(t)\, dt \le \int_a^{\overline{b}} f(t)\, dt.$$

4. *Integrierbarkeit:*
$f \in \mathcal{B}([a,b], \mathbb{R})$ heißt *Riemann-integrierbar (R-integrierbar)* auf $[a,b]$, falls Ober- und Unterintegral gleich sind; der gemeinsame Wert heißt dann das **Riemann-Integral** (R-Integral) über f von a bis b. *Bezeichnung:* $\int_a^b f(t)\, dt$.
(Zur Lebesgue-Integrierbarkeit von D s.u.).

Erste Beispiele:
(i) Für die Dirichlet-Funktion $D : [a,b] \to \mathbb{R}$ mit $D(x) = 1$ für $x \in [a,b] \cap \mathbb{Q}$ und $D(x) = 0$ sonst (sowie $a < b$) folgt aus der Dichtheit von $\mathbb{Q}$ und $\mathbb{R} \setminus \mathbb{Q}$ in $\mathbb{R}$ sofort $\underline{S}_{P,D} = 0$ und

$\overline{S}_{P,D} = \sum 1 \cdot (x_k - x_{k-1}) = b - a$ und damit $\int_{\underline{a}}^{b} D(t)\, dt = 0 \ne b - a = \overline{\int}_a^b D(t)\, dt$; es ist also D nicht R-integrierbar.

(ii) Ist $\hat{c} : [a,b] \to \mathbb{R}$ mit $\hat{c}(x) = c \in \mathbb{R}$ (konstante Funktion), so gilt für jede Zerlegung $\underline{S} = \overline{S} = \sum_k c \cdot (x_k - x_{k-1}) = c\,(b-a)$ und damit $\int_a^b c\, dt = c\,(b-a)$. (Verträglichkeit mit dem elementargeometrischen Inhalt von Rechtecken).

Geben Sie mehrere Klassen von Riemann-integrierbaren Funktionen an!

Es sind u.a. R-integrierbar:
  (i) die stetigen Funktionen $f : [a,b] \to \mathbb{R}$

  (ii) die monotonen[5] Funktionen $g : [a,b] \to \mathbb{R}$

  (iii) die stückweise stetigen Funktionen (nur endlich viele Unstetigkeitsstellen), z.B. die Treppenfunktionen, sowie

  (iv) die abschnittsweise monotonen beschränkten Funktionen auf $[a,b]$.

  (v) allgemeiner: die Regelfunktionen.

---

[5]*Anmerkung:* Da $g(a)$ und $g(b)$ existieren, folgt aus der Monotonie auch die Beschränktheit von g.

Beweisskizze für (i): *Idee:* Bei geeigneter Länge der Zerlegungsintervalle ist die Differenz zwischen Supremum und Infimum kleiner $\frac{\varepsilon}{b-a}$. Genauer:
f ist gleichmäßig stetig auf dem kompakten Intervall $[a,b]$. Zu $\varepsilon > 0$ existiert daher ein $\delta > 0$ mit $|x - y| < \delta \implies |f(x) - f(y)| < \frac{\varepsilon}{b-a}$. Für jede Zerlegung P mit $\max(x_k - x_{k-1}) < \delta$ gibt es $\overline{\xi}_k, \underline{\xi}_k \in \mathfrak{I}_k$ mit $\sup\limits_{x \in \mathfrak{I}_k} f(x) = f(\overline{\xi}_k)$ und $\inf\limits_{x \in \mathfrak{I}_k} f(x) = f(\underline{\xi}_k)$, so dass

$$\overline{S}_{P,f} - \underline{S}_{P,f} = \sum_k (f(\overline{\xi}_k) - f(\underline{\xi}_k))(x_k - x_{k-1}) < \varepsilon$$

ist. Daraus folgt dann die Behauptung mittels des *Riemannschen Integral-Kriteriums*: f ist R-integrierbar, g.d.w. gilt: $\forall \varepsilon > 0 \; \exists P : \overline{S}_{P,f} - \underline{S}_{P,f} < \varepsilon$.

Beweisidee für (ii): "Durchschieben der Rechtecke" aus Ober- und Untersumme. Genauer: Bei monotonen Funktionen wird das Supremum im Intervall $[x_{k-1}, x_k]$ in einem Randpunkt angenommen und ist gleichzeitig das Infimum in einem benachbarten Intervall (s. Abb. 4.7). Bei einer Zerlegung mit gleichlangen Teilintervallen ist daher, abgesehen vom ersten bzw. letzten, jeder Summand der Obersumme auch ein solcher der Untersumme und umgekehrt. Die Differenz sinkt bei genügend kleiner Intervallbreite unter ein gegebenes ε, ebenso beim oberen und unteren Integral. $\square$

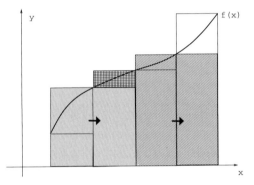

Abbildung 4.7:
"Durchschieben" bei monotoner Funktion

Beweisidee für (iii) und (iv): Additivität des Integrals bzgl. aneinanderstoßender Integrationsintervalle (s.u.).
Anmerkung. Es gilt das **Lebesguesche Integrabilitätskriterium:** *Eine reelle Funktion f auf dem Intervall $[a,b]$ ist genau dann Riemann-integrierbar, wenn sie dort beschränkt und fast überall stetig ist.*
(Hinweis: Abzählbare Mengen sind Nullmengen.)
Wir zitieren noch folgenden **Satz:**
Sind die Funktionen f und g Riemann-integrierbar auf $[a,b]$, und stimmen sie wenigstens auf einer Menge überein, die dort dicht liegt, so gilt bereits $\int\limits_a^b f(t)\, \mathrm{d}t = \int\limits_a^b g(t)\mathrm{d}t$.

> Nennen Sie (ohne Beweis) einige strukturelle Eigenschaften des Integrals, z.B. Verhalten bzgl. Linearkombinationen, Additivität bzgl. Integrationsintervallen, Abschätzung, Stetigkeit der Integralfunktion.

Seien f,g auf $[a,b]$ Riemann-integrierbare reelle Funktionen und $c \in \mathbb{R}$; dann sind auch $f + g$, $c \cdot g$, $f \cdot g$ und $|f|$ R-integrierbar, und es gilt:

(i) *Linearität:* $\int\limits_a^b (f + c \cdot g)(t)\,\mathrm{d}t = \int\limits_a^b \mathrm{f}(t)\,\mathrm{d}t + c \cdot \int\limits_a^b \mathrm{g}(t)\,\mathrm{d}t$

(ii) *Monotonie:* $f \le g \Longrightarrow \int\limits_a^b f(t)\,dt \le \int\limits_a^b g(t)\,dt$

(iii) *Additivität bzgl. Integrationsintervallen:* Für $c \in (a,b)$ ist f integrierbar auf $[a,c]$ sowie auf $[c,b]$, und es gilt $\int\limits_a^c f(t)\,\mathrm{d}t + \int\limits_c^b \mathrm{f}(t)\,\mathrm{d}t = \int\limits_a^b \mathrm{f}(t)\,\mathrm{d}t.$

(iv) *Abschätzungen:* a) Dreiecksungleichung für Integrale: $\left| \int\limits_a^b f(t)\,\mathrm{d}t \right| \le \int\limits_a^b |f|\,(t)\,\mathrm{d}t$

     b) $\inf\limits_{x \in [a,b]} f(x) \cdot (b - a) \le \int\limits_a^b f(t)\,\mathrm{d}t \le \sup\limits_{x \in [a,b]} \mathrm{f}(x) \cdot (\mathrm{b} - \mathrm{a})$

(v) *Stetigkeit der Integralfunktion:* Die *Integralfuktion*, also die Funktion $\mathcal{J} : [a,b] \to \mathbb{R}$ mit $\mathcal{J}(x) = \int\limits_a^x f(t)\,\mathrm{d}t$ für $x \in [a,b]$ ist Lipschitz-stetig auf $[a,b]$ (s.z.Bsp. Heuser [Heu1], Satz 86.1 p.479).

Hinweis: Bezüglich der Vertauschbarkeit von Integration und Folgen bzw. der Reihenkonvergenz vergleiche man Tabelle 3.1.

Was versteht man unter einer Stammfunktion von $f : [a,b] \to \mathbb{R}$? Geben Sie eine integrierbare Funktion an, die keine Stammfunktion besitzt!

(i) Eine auf $[a,b]$ differenzierbare reelle Funktion F heißt **Stammfunktion** von f, wenn für alle $x \in [a,b]$ gilt: $F'(x) = f(x)$.

(ii) Eine Treppenfunktion, z.B. $f : [-1,1] \to \mathbb{R}$ mit $f(x) = 0$ für $x < 0$ und $f(x) = 1$ sonst, ist R-integrierbar; die zugehörige Integralfunktion $\mathcal{J}$ ist an der Sprungstelle von f nicht differenzierbar (s. Abb. 4.8). Eine Stammfunktion von f könnte in $[-1,0]$ und in $[0,1]$ nur um Konstanten von $\mathcal{J}$ abweichen.

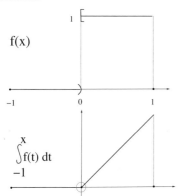

Abbildung 4.8:
Beispiel einer Integralfunktion, die keine Stammfunktion ist.

Anmerkung: Ein Beispiel einer Stammfunktion, die keine Integralfunktion ihrer Ableitung ist, erhält man durch $F(x) := x\sqrt{x}\sin\frac{1}{x}$ für $x > 0$ und $F(0) = 0$. Die Ableitung F' ist in der Umgebung von 0 unbeschränkt: $F'(x) = \frac{3}{2}\sqrt{x}\sin\frac{1}{x} - \frac{1}{\sqrt{x}}\cos\frac{1}{x}$ für $x > 0$; sie ist daher nicht R-integrierbar.

Im Gegensatz zu den oben angegebenen Beispielen ist im Falle der Stetigkeit von f das Verhältnis zwischen Integralfunktion und Stammfunktion übersichtlicher.

Formulieren Sie die beiden Hauptsätze der Differential- und Integralrechnung (Zusammenhang zwischen Integral- und Stammfunktion)[6] mit Beweisskizze.

1. Hauptsatz: *Besitzt die R-integrierbare Funktion $f : [a,b] \to \mathbb{R}$ eine Stammfunktion F, so gilt:*

$$\int_a^b f(t)dt = F(b) - F(a) =: F(x)\Big|_a^b$$

Merkformel: Die Gleichungen $\int_a^b F'(t)\,dt = F(b) - F(a)$ bzw. $\int_a^b f(t)\,dt = \left[\int f(t)\,dt\right]\Big|_a^b$ gelten immer dann, wenn alle in ihnen vorkommenden Ausdrücken existieren.

Beweisskizze: Idee: Anwendung des Mittelwertsatzes in jedem Intervall einer Zerlegung auf die Stammfunktion. Genauer:

Zu $\varepsilon > 0$ existiert eine Zerlegung P mit $\int_a^b f(t)\,dt - \varepsilon < \underline{S}_{P,f} \leq \overline{S}_{P,f} < \int_a^b f(t)\,dt + \varepsilon$. Anwendung des Mittelwertsatzes auf das Intervall $[x_{k-1}, x_k]$ liefert die Existenz eines ξ_k mit

$$F(x_k) - F(x_{k-1}) = F'(\xi_k)(x_k - x_{k-1}) = f(\xi_k) \cdot (x_k - x_{k-1})$$

und daher $\int_a^b f(t)\,dt - \varepsilon < \underline{S}_{P,f} \leq \sum_{k=1}^n (F(x_k) - F(x_{k-1})) = F(b) - F(a) \leq \overline{S}_{P,f} < \int_a^b f(t)\,dt + \varepsilon.$ $\quad\square$

2. Hauptsatz: *Ist f R-integrierbar auf $[a,b]$ und stetig in $x_0 \in [a,b]$, so gilt: Die Integralfunktion $\mathcal{J}$ mit $\mathcal{J}(x) = \int_a^x f(t)\,dt$ ist differenzierbar in x_0 und es gilt: $\mathcal{J}'(x_0) = f(x_0)$.*

Folgerung:

Eine stetige Funktion besitzt stets eine Stammfunktion, nämlich z. Bsp. die Inegralfunktion.

Interpretation: Die Integration glättet: Ist f integrierbar, so $\int_a^x f$ stetig, ist f stetig, so $\int_a^x f$ differenzierbar.

Beweisskizze zum 2.Hauptsatz. Idee: Betrachtung des Differenzenquotienten:

Zu $\varepsilon > 0$ existiert wegen der Stetigkeit von f in x_0 ein $\delta > 0$ mit $|f(t) - f(x_0)| < \varepsilon$ für alle $t \in U_\delta := U_\delta(x_0) \cap [a,b]$. Für $x \in U_\delta$ folgt

$$\left|\frac{\mathcal{J}(x) - \mathcal{J}(x_0)}{x - x_0} - f(x_0)\right| = \frac{1}{|x-x_0|}\left|\int_{x_0}^x f(t)\,dt - (x - x_0)f(x_0)\right|$$

$$= \frac{1}{|x-x_0|}\left|\int_{x_0}^x (f(t) - f(x_0))\,dt\right| \leq \frac{1}{|x-x_0|}\varepsilon \cdot |x - x_0| = \varepsilon.$$

Daraus folgt $\mathcal{J}'(x_0) = f(x_0)$. $\quad\square$

Beispiel: Für $x \geq 1$ gilt $\int_1^x \frac{1}{t}\,dt = \ln t\Big|_1^x = \ln x$ wegen der Stetigkeit von $\frac{1}{t}$ auf $[1,x]$ und wegen $(\ln)'(x) = \frac{1}{x}$. (Oft wird $\ln x$ mittels dieses Integrals definiert.)

Anmerkung: Ist F eine Stammfunktion von f, so ist $\{F + c | c \in \mathbb{R}\}$ die Menge aller Stammfunktionen von f. Ist f integrierbar, so bezeichnet man diese Menge als **unbestimmtes Integral** [7] von f und schreibt $\int f(t)\,dt = F(x) + c$ mit der sogenannten Integrationskonstanten $c \in \mathbb{R}$.

---

[6]Oft werden die beiden Hauptsätze zu "dem" Hauptsatz der Differential- und Integralrechnung zusammengefasst.

[7]Für unbestimmte Integrale gibt es Tabellen in Formelsammlungen.

Beispiel: $\int \frac{1}{t}\,dt = \ln|x| + c$. Das *bestimmte Integral* $\int\limits_a^b f(t)\,dt$ ergibt sich nach dem 1. Hauptsatz als $F(b) - F(a) = \ln|b| - \ln|a|$.

Wie lauten die **Mittelwertsätze** der Integralrechnung (mit Beweisskizze)?

(i) **1. MWS der Integralrechnung:**

Ist f stetig auf $[a,b]$, dann existiert ein $\xi \in (a,b)$ mit $\int\limits_a^b f(t)\,dt = f(\xi)\,(b-a)$.

Beweis: Nach dem 2. Hauptsatz existiert eine Stammfunktion F von f. Anwendung des Mittelwertsatzes der Differentialrechnung liefert die Existenz eines ξ mit

$$\int\limits_a^b f(t)\,dt = F(b) - F(a) = (b-a)F'(\xi) = (b-a)f(\xi). \qquad \Box$$

Geometrische Interpretation s.Abb. 4.9 .

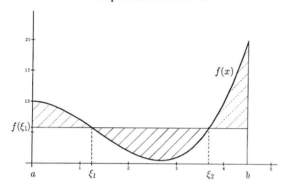

Abbildung 4.9:
Geometrische Interpretation des Integral-Mittelwertsatzes

(ii) **Verallgemeinerter 1. MWS** *Sind f,g stetig auf $[a,b]$, $g \geq 0$, dann existiert ein $\xi \in [a,b]$ mit*

$$\int\limits_a^b f(t)\,g(t)\,dt = f(\xi)\int\limits_a^b g(t)\,dt.$$

Beweisidee: Es gilt $\min f(x)\int\limits_a^b g(t)\,dt \leq \int\limits_a^b f(t)g(t)\,dt \leq \max f(x)\cdot\int\limits_a^b g(t)\,dt$. Aus dem Zwischenwertsatz folgt dann die Behauptung. $\qquad \Box$

(iii) **2. MWS der Integralrechnung**

Ist f monoton und g stetig differenzierbar auf $[a,b]$, dann existiert ein $\xi \in [a,b]$ mit

$$\int\limits_a^b f(t)\,g(t)\,dt = f(a)\int\limits_a^\xi g(t)\,dt + f(b)\int\limits_\xi^b g(t)\,dt.$$

Beweis-Idee: Partielle Integration und verallgemeinerter Mittelwertsatz.
Beweisskizze: Im Falle monoton wachsender Funktion f erhält man mit der Integralfunktion G von g durch partielle Integration und Anwendung von *(ii)* wegen $f' \geq 0$ die Existenz eines ξ mit

$$\int_a^b f(t)\,g(t)\,\mathrm{dt} = \mathrm{f(b)G(b)} - \mathrm{f(a)} \cdot 0 - \int_a^b \mathrm{f'(t)\,G(t)\,dt} = \mathrm{f(b)\,G(b)} - \mathrm{G}(\xi)\int_a^b \mathrm{f'(t)\,dt}$$
$$= \mathrm{f(a)\,G}(\xi) + \mathrm{f(b)\,[G(b)} - \mathrm{G}(\xi)]. \qquad \square$$

Beschreiben Sie kurz die Verallgemeinerung des Integralbegriffs 1.) auf höhere Dimensionen und 2.)** auf summierbare Funktionen.

1.) Sei f eine auf dem achsenparallelen Quader $\mathbf{Q} = \overset{n}{\underset{i=1}{\times}} (a_i, b_i)$ definierte reelwertige Funktion. Die Approximation des Volumens unterhalb des Funktionsgraphen $(x_1, \ldots, x_n, f(x_1, \ldots, x_n))$
kann wieder mittels *Treppenfunktionen* geschehen, d.h. diesmal durch Funktionen t, die auf einer Zerlegung von $\mathbf{Q}$ in endlich viele achsenparallele n-dimensionale Quader $\mathbf{Q}_i$ definiert und
auf jedem der Q_i konstant sind (s. Abb. 4.10). Der Inhalt des Treppenkörpers ist gleich
$\sum t(\mathbf{Q}_i)\,I(\mathbf{Q}_i) =: \int_\mathbf{Q} t(\mathbf{x})\mathrm{dx} = \int_\mathbf{Q} t\,\mathrm{dI}$ mit $I(\mathbf{Q}_i)$ als Volumen des Quaders Q_i.

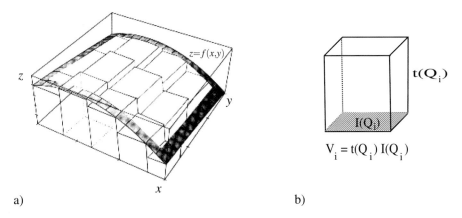

a)   b)

Abbildung 4.10: a) Approximation des Inhalts durch eine Treppenfunktion
                        b) Inhalt einer Treppenstufe

Wieder kann man Ober- und Unterintegral definieren und R-Integrierbarkeit von f im Falle der
Gleichheit dieser beiden.
Änderung des Integrationsbereiches: Ist der Definitionsbereiches $\mathbf{D}_f$ von f eine beschränkte Teilmenge von $\mathbb{R}^n$, so wählt man einen beschränkten achsenparallelen Quader $\mathbf{Q}$ mit $\mathbf{D}_f \subseteq \mathbf{Q}$ und
setzt (im Falle der Existenz) $\int_{\mathbf{D}_f} f(\mathbf{x})\mathrm{dx} := \int_\mathbf{Q} \tilde f(\mathbf{x})\mathrm{dx}$ mit $\tilde f|_{\mathbf{D}_f} = f$ und $\tilde f(\mathbf{x}) = 0$ für $\mathbf{x} \in \mathbf{Q} \setminus \mathbf{D}_f$;
ist hingegen $\mathbf{D}_f = \mathbb{R}^n$ und der Träger von f (d.h. die Menge der Punkte $\mathbf{x}$ mit $f(\mathbf{x}) \neq 0$) Teil-
menge eines beschränkten Quaders $\mathbf{Q}$, so definiert man $\int_{\mathbb{R}^n} f(\mathbf{x})\mathrm{dx} := \int_\mathbf{Q} f(\mathbf{x})\mathrm{dx}$.

2.)** Bei gegebenem Maß μ betrachtet man die Menge $\mathcal{T}$ aller Funktionen g auf $\mathbb{R}^n$, für die
eine fast-überall wachsende Folge $(t_\nu)_{\nu \in \mathbb{N}}$ von Treppenfunktionen mit beschränkter Integralfol-
ge ($\int_{\mathbb{R}^n} t_\nu \mathrm{d}\mu)_{\nu \in \mathbb{N}}$ (wie oben definiert mit Maß μ statt des elementargeometrischen Volumens I)
und $\lim_{\nu \to \infty} t_\nu(\mathbf{x}) = g(\mathbf{x})$ für fast alle $\mathbf{x}$ existiert. Für solche Funktionen definiert man
$\int g\mathrm{d}\mu := \lim_{\nu \to \infty} \int t_\nu \,\mathrm{d}\mu$. (Diese Definition stellt sich als unabhängig von der speziellen Folge $(t_\nu)_{\nu \in \mathbb{N}}$

heraus.) Jede Differenz $g_1 - g_2$ von Funktionen $g_i \in \mathcal{T}$ heißt dann **summierbar** und das (existierende) Integral $\int\limits_{\mathbb{R}^n} f \, d\mu := \int f_1 d\mu - \int f_2 \, d\mu$ das **Lebesgue-Integral** von f.

Anmerkung: Ist f R-intergierbar auf $[a,b]$, so auch Lebesgue-summierbar($- f$ wird dazu außerhalb $[a,b]$ mit Funktionswerten 0 angesetzt$-$), und es gilt $\int\limits_a^b f(t) \, dt = \int\limits_{[a,b]} f \, d\mu$. Ein Beispiel dafür, dass die Klasse der Lebesgue-summierbaren Funktionen größer als die der R-integrierbaren ist, liefert u.a. die Dirichletfunktion D (s.o., Bsp.5i); für diese gilt $D(x) = 0$ für fast alle x ($-$ wegen der Abzählbarkeit von $\mathbb{Q}$ gilt $I(\mathbb{Q}) = 0-$) und daher $\int D \, dI = 0$.

> Formulieren Sie (ohne Beweis) den Satz von Fubini über die **stufenweise Integration**!
> Bestimmen Sie mit ihm das Integral von $f_1 : \mathbb{R}^2 \to \mathbb{R}$ mit $f_1(x,y) = 1$ für $x^2 + y^2 \le r^2$ und 0
> sonst!

Satz von Fubini

Sei $f : \mathbb{R}^n = \mathbb{R}^p \times \mathbb{R}^q \to \mathbb{R}$ *mit* $(\mathbf{x},\mathbf{y}) \mapsto f(\mathbf{x},\mathbf{y})$ *eine R-integrierbare Funktion*[8] *(Außerdem verschwinde f außerhalb eines kompakten Quaders.) Dann gilt:*

$$\int\limits_{\mathbb{R}^n} f(\mathbf{x},\mathbf{y}) \, d(\mathbf{x},\mathbf{y}) = \int\limits_{\mathbb{R}^p} \left(\int\limits_{\mathbb{R}^q} f(\mathbf{x},\mathbf{y}) \, d\mathbf{y} \right) d\mathbf{x} = \int\limits_{\mathbb{R}^q} \left(\int\limits_{\mathbb{R}^p} f(\mathbf{x},\mathbf{y}) \, d\mathbf{x} \right) d\mathbf{y}.$$

Interpretation: Schichtweise Integration ($\to$ Prinzip von Cavalieri); Vertauschbarkeit der Integrationsreihenfolge.

2.) *Beispiel* (s. Abbildung 4.11): Volumen des geraden Kreiszylinders mit Höhe 1 und Radius r

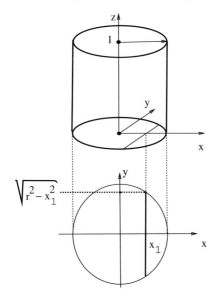

Abbildung 4.11:
Beispiel zum Satz von Fubini

---

[8]Eine Verallgemeinerung auf Lebesgue-summierbare Funktionen ist möglich.

$$\int_{\mathbb{R}^2} f_1(x,y)\mathrm{d}(x,y) \;=\; \int_{\mathbb{R}} \left(\int_{\mathbb{R}} f_1(x,y)\,\mathrm{d}y \right) \mathrm{d}x = \int_{-r}^{r} \left(\int_{-\sqrt{r^2-x^2}}^{\sqrt{r^2-x^2}} 1\,\mathrm{d}y \right) \mathrm{d}x =$$

$$= \; 2\int_{-r}^{r} \sqrt{r^2-x^2}\,\mathrm{d}x = \pi\,r^2 \quad \text{wegen}$$

$$\int_{\varepsilon-r}^{r-\varepsilon} \sqrt{r^2-x^2}\,\mathrm{d}x \;=\; \int_{\varepsilon-r}^{r-\varepsilon} \frac{r^2-x^2}{\sqrt{r^2-x^2}}\,\mathrm{d}x \qquad (\text{Substitution } x = r\cdot t).$$

$$= \; r^2\int_{\varepsilon^*-1}^{1-\varepsilon^*} \frac{r\,\mathrm{d}t}{r\sqrt{1-t^2}} + \int_{\varepsilon-r}^{r-\varepsilon} \left[\left(\sqrt{r^2-x^2}\cdot x\right)' - \sqrt{r^2-x^2} \right]\mathrm{d}x$$

$$= \; \underbrace{r^2 \arcsin t \Big|_{\varepsilon^*-1}^{1-\varepsilon^*}}_{\downarrow \atop r^2(\arcsin 1 - \arcsin(-1))} + \underbrace{\sqrt{r^2-x^2}\,x \Big|_{\varepsilon-r}^{r-\varepsilon}}_{\downarrow \atop 0} - \int_{\varepsilon-r}^{r-\varepsilon} \sqrt{r^2-x^2}\,\mathrm{d}x.$$

4.3   Differentialgleichungen

Wie lässt sich eine lineare Differentialgleichung $(*)$ $y' = a(x)y + s(x)$ erster Ordnung (mit auf dem Intervall J stetigen Funktionen a und s) lösen?

(i) Analog zu einem linearen Gleichungssystem ist eine Lösung die Summe einer Partikulärlösung y_p und einer Lösung y_0 des homogenen Systems $y' = \alpha(x)y$, denn es gilt

$$y_0' := (y - y_p)' = y' - y_p' = a(x)y + s(x) - [a(x)y_p + s(x)] = a(x)(y - y_p) = a(x)y_0;$$

umgekehrt ist jede solche Summe $y_p + y_0$ Lösung:

$$(y_p + y_0)' = y_p' + y_0' = a(x)y_p + s(x) + a(x)y_0 = a(x)(y_p + y_0) + s(x).$$

(ii) Das homogene System hat die Lösungen $y(x) = c\exp(A(x))$ mit einer Stammfunktion $A(x) = \int_{x_0}^{x} a(t)\,\mathrm{d}t$ der stetigen Funktion a, wie man durch Differenzieren feststellt. Dies sind aber schon *alle* Lösungen: Sind y_1, y_2 zwei homogene Lösungen, so folgt aus $\left(\frac{y_1}{y_2}\right)' = \frac{y_1'y_2 - y_1 y_2'}{y_2^2} = \frac{(a(x)y_1)y_2 - y_1(a(x)y_2)}{y_2^2} = 0$, dass $\frac{y_1}{y_2}$ konstant ist.

(iii) Eine Partikulärlösung erhält man z.Bsp. durch die Methode der **Variation der Konstanten**; dabei wird $y_p(x) = c(x)\exp(\int_{x_0}^{x} a(t)\,\mathrm{d}t) = c(x)e^{A(x)}$ in $(*)$ eingesetzt:

$$a(x)y_p + s(x) = y_p' = c'(x)\exp(A(x)) + c(x)\cdot e^{A(x)}\cdot a(x) = c'(x)\exp(A(x)) + a(x)y_p.$$

Aus $c'(x)\exp(A(x)) = s(x)$ folgt $c(x) = \int s(x)\exp(-\int a(t)\,\mathrm{d}t)\,\mathrm{d}x$ für $x \in J$; wegen der Stetigkeit von a und s auf J existiert diese Stammfunktion und genügt umgekehrt den Anforderungen.

(iv) Das Anfangswertproblem $y' = a(x)y + s(x)$ mit $y(x_0) = d$ besitzt genau eine Lösung, da durch Einsetzen von x_0 in die allgemeine Lösung der DGL die Konstante c eindeutig bestimmt werden kann: $d = y(x_0) = c \cdot \exp(\int_{x_0}^{x_0} a(t)\,dt) + y_p(x_0) = c + y_p(x_0)$. Zur Verallgemeinerung auf lineare DGL-Systeme s.u.!

Formulieren Sie den Eindeutigkeits- und den Existenzsatz von **Picard-Lindelöf** für die Differentialgleichung $\mathbf{y}' = \mathbf{f}(x, \mathbf{y})$ mit Anfangsbedingung $\mathbf{y}(a) = \mathbf{c}$, und gehen Sie auf die Beweis-*Ideen* ein!

Voraussetzungen $(*)$: Seien $\mathbf{G} \subseteq \mathbb{R} \times \mathbb{R}^n$ offen, $(a, \mathbf{c}) \in \mathbf{G}$ und $\mathbf{f} : \mathbf{G} \to \mathbb{R}^n$ mit $(x, \mathbf{y}) \mapsto \mathbf{f}(x, \mathbf{y})$ eine stetige, bzgl. der Variablen $\mathbf{y} = (y_1 \ldots, y_n)$ stetig partiell differenzierbare Funktion! Dann gelten:

(i) **Eindeutigkeitssatz:** Unter den Voraussetzungen $(*)$ gilt: *Sind φ und $\psi : J \to \mathbb{R}^n$ zwei Lösungen der Differentialgleichung $\mathbf{y}' = \mathbf{f}(x, \mathbf{y})$ über dem Intervall $J \subseteq \mathbb{R}$ mit $a \in J$ und gilt $\varphi(a) = \psi(a)$, so folgt $\varphi(x) = \psi(x)$ für alle $x \in J$.*

(i) **Lokaler Existenzsatz:** *Unter den Voraussetzungen $(*)$ gibt es ein $\varepsilon > 0$ und eine Lösung $\varphi : [a - \varepsilon, a + \varepsilon] \to \mathbb{R}^n$, der Differentialgleichung $\mathbf{y}' = \mathbf{f}(x, \mathbf{y})$ mit $\varphi(a) = \mathbf{c}$.*

Anmerkung: 1) Statt der stetigen partiellen Differenzierbarkeit von $\mathbf{f}$ reicht auch die Forderung, dass $\mathbf{f}$ einer lokalen Lipschitzbedingung in der 2. Variablen genügt, d.h. dass jeder Punkt $(x, \mathbf{y})$ aus $\mathbf{G}$ eine Umgebung $\mathbf{U}$ besitzt derart, dass $\mathbf{f}$ in $\mathbf{G} \cap \mathbf{U}$ einer Lipschitzbedingung

$$\|\mathbf{f}(x, \mathbf{y}) - \mathbf{f}(x, \widehat{\mathbf{y}})\| \le L \|\mathbf{y} - \widehat{\mathbf{y}}\| \text{ für alle } (x, \mathbf{y}), (x, \widehat{\mathbf{y}}) \in \mathbf{G} \cap \mathbf{U}$$

mit (evtl. von $\mathbf{U}$ abhängiger) Lipschitzkonstanten $L \in \mathbb{R}_+$ genügt.
2) Erfüllt $f : [a, b] \times E \to E$ im Banachraum E sogar eine globale Lipschitzbedingung bzgl. der 2. Variablen, so gibt es zu jedem $c \in E$ eine globale Lösung $y : [a, b] \to E$ des Anfangswertproblems.

Beweisidee zur 1. Anmerkung: Für eine kompakte Umgebung $\mathbf{V}$ von $(x_1, \mathbf{y}_1) \in \mathbf{G}$ existiert wegen der Stetigkeit $L := \sup_{(x, \mathbf{y}) \in \mathbf{V}} \{\|(\frac{\partial f_i}{\partial y_j}(x, \mathbf{y}))\|\} < \infty$. Der (mehrdimensionale) Mittelwertsatz impliziert dann die Behauptung.

Beweisidee zum Eindeutigkeitssatz:
Wegen der Stetigkeit von $\mathbf{f}$ erfüllt eine Lösung φ des Anfangswertproblems die Integralgleichung $\varphi(x) = \mathbf{c} + \int_a^x \mathbf{f}(t, \varphi(t))\,dt$ für alle $x \in J$. Aus der lokalen Lipschitzbedingung erhält man ein $L > 0$ und $\delta > 0$ derart, dass gilt: $\|\varphi(x) - \psi(x)\| = \|\int_a^x \mathbf{f}(t, \varphi(t)) - \mathbf{f}(t, \psi(t)\,dt\| \le LM|x - a| \le \frac{1}{2}M$ für alle $x \in J \cap U_\varepsilon(a)$ mit $M := \sup\{\|\varphi(t) - \psi(t)\| \mid t \in J \cap U_\delta(a)\}$ und $\varepsilon := \min\{\delta, 1/(2L)\}$; dies wäre für $M \ne 0$ ein Widerspruch zur Definition von M. Aus der Stetigkeit von φ und ψ folgert man nun aus der lokalen Gleichheit die globale.

Beweisidee zum Existenzsatz:
Für geeignete $\delta, r > 0$ genügt $\mathbf{f}$ in $\mathbf{Q} := \{(x, \mathbf{y}) \in \mathbb{R} \times \mathbb{R}^n \mid x \in U_\delta(a) \text{ und } \|\mathbf{y} - \mathbf{c}\| \le r\} \subseteq \mathbf{G}$ (bzgl. der Supremumsnorm) der Bedingung $\|\mathbf{f}(x, \mathbf{y})\| \le M$ und der Lipschitzbedingung mit Konstante L. Für $\varepsilon := \min\{\delta, \frac{r}{M}, \frac{1}{2L}\}$ ist $\mathbf{A} = \{\psi \in \mathcal{C}([a - \varepsilon, a + \varepsilon], \mathbb{R}^n) \mid \|\psi - \mathbf{c}\| \le r\}$ eine abgeschlossene Teilmenge des Banachraums $\mathcal{C}([a - \varepsilon, a + \varepsilon], \mathbb{R}^n)$. Man zeigt nun, dass die Abbildung $T : \mathbf{A} \to \mathbf{A}$

mit $\psi \mapsto \eta$ und $\eta(x) = \mathbf{c} + \int_a^x \mathbf{f}(t, \psi(t)) \, dt$ für $x \in [a - \varepsilon, a + \varepsilon]$ eine wohldefinierte Kontraktion ist. Nach dem Banachschen Fixpunktsatz (s. Seite 79 und 174!) gibt es daher ein $\varphi \in \mathbf{A}$ mit $T(\varphi) = \varphi$. Dieses φ ist eine Lösung des Anfangswertproblems.   □

Geben Sie eine Beweisskizze zum Satz über die Existenz und Eindeutigkeit der Lösung eines **linearen Differentialgleichungs-Systems mit Anfangsbedingung**.

Satz: *Seien $A = (\alpha_{ij}) : [a,b] \to \mathbb{R}^{(n,n)}$ und $\mathbf{b} : [a,b] \to \mathbb{R}^n$ stetige Abbildungen, also insbesondere die Funktionen $\alpha_{ij} : [a,b] \to \mathbb{R}$ stetig, ferner $x_0 \in [a,b]$ und $\mathbf{c} \in \mathbb{R}^n$. Dann existiert genau eine Lösung $\mathbf{y} : [a,b] \to \mathbb{R}^n$ des linearen DGL-Systems $\mathbf{y}' = A(x)\mathbf{y} + \mathbf{b}(x)$ mit Anfangsbedingung $\mathbf{y}(x_0) = \mathbf{c}$.*

Beweisskizze: Aus der Stetigkeit der linearen Abbildung folgt eine globale Lipschitzbedingung in der 2. Komponente mit Lipschitzkonstanten $L = \sup\limits_{x \in [a,b]} \{\|A(x)\|\}$, also

$$\|(A(x)\mathbf{y} + \mathbf{b}(x)) - (A(x)\widehat{\mathbf{y}} + \mathbf{b}(x))\| = \|A(x)(\mathbf{y} - \widehat{\mathbf{y}})\| \leq L |\mathbf{y} - \widehat{\mathbf{y}})|.$$

Analog zum oben zitierten Eindeutigkeitssatz folgt die Eindeutigkeit der Lösung. Die Existenz erhält man aus dem **Picard-Lindelöfschen Iterationsverfahren**. Man definiert rekursiv: $\mathbf{y}_0(x) := \mathbf{c}$ und $\mathbf{y}_{m+1}(x) := \mathbf{c} + \int [A(t)\mathbf{y}_m(t) + \mathbf{b}(t)] \, dt$. Man zeigt nun, dass $(\mathbf{y}_m)_{m \in \mathbb{N}}$ auf $[a,b]$ gleichmäßig gegen eine Lösung $\mathbf{y}$ der DGL konvergiert. Dabei weist man durch vollständige Induktion nach m nach, dass $\|\mathbf{y}_{m+1}(x) - \mathbf{y}_m(x)\| \leq K \frac{L^m |x - x_0|^m}{m!}$ mit $K := \sup\limits_{x \in [a,b]} \|\mathbf{y}_1(x) - \mathbf{y}_0(x)\|$

gilt, die Reihe $\sum\limits_{m=0}^{\infty} (\mathbf{y}_{m+1} - \mathbf{y}_m)$ wird auf $[a,b]$ durch die konvergente Reihe $\sum\limits_{m=1}^{\infty} \frac{L^m r^m}{m!} = K e^{Lr}$ majorisiert, konvergiert also gleichmäßig. (Siehe z.B. Forster [Fo2] §13.)

4.4   Anhang: Taylorreihen

Behandeln Sie die Approximation einer auf $\mathfrak{I} = [a,b]$ definierten $(n+1)$-mal differenzierbaren reellen Funktion durch ein **Taylorpolynom** vom Grad n bzw. einer beliebig oft differenzierbaren Funktion durch eine **Taylorreihe** (mit Beispielen)!

Satz von Taylor: Ist $f : \mathfrak{I} \to \mathbb{R}$ *n-mal stetig differenzierbar auf $\mathfrak{I}$ und $(n+1)$-mal differenzierbar auf (a,b), so gibt es für jedes $x \in \mathfrak{I} \setminus \{x_0\}$ ein $\xi \in (x, x_0)$ (bzw. $\xi(x_0, x)$) mit*

$$f(x) = \underbrace{\sum_{\nu=0}^{n} \frac{f^{(\nu)}(x_0)}{\nu!} (x - x_0)^\nu}_{\text{\textit{n}-tes Taylorpolynom } p_n} + \underbrace{\frac{1}{(n+1)!} f^{(n+1)}(\xi)(x - x_0)^{n+1}}_{\textit{Restglied } R_n(x)}$$

Anmerkungen: 1. Das n-te Taylorpolynom p_n approximiert $f(x)$; bis zur n-ten Ordnung stimmen alle Ableitungen von p_n und f an der Stelle x_0 überein. Das Polynom p_n ist in dem Sinne eine optimale Näherungsfunktion n-ten Grades, dass für die durch $r_n(x) = \frac{f(x) - p_n(x)}{(x - x_0)^\nu}$ auf $\mathfrak{I} \setminus \{x_0\}$ definierte Funktion $\lim\limits_{x \to x_0} r_n(x) = 0$ gilt. *Beweisidee:* Im Fall $n = 1$ gilt die Behauptung laut Definition von $f'(x_0)$, im Fall $n \geq 2$ durch mehrfache Anwendung der Regel von de l'Hospital.

2.   Für $n = 0$ erhält man für differenzierbare Funktionen die Existenz eines ξ aus (x, x_0) bzw. (x_0, x) mit $f(x) = f(x_0) + f'(\xi)(x - x_0)$, also den Mittelwertsatz, angewandt auf das Intervall mit den Grenzen x und x_0.

3. Für $n = 1$ ist das Taylorpolynom $f(x_0) + f'(x_0)(x - x_0)$, also gleich der affin-linearen Approximation von f im Punkt x_0 (**Tangentengleichung**)

4. Für das Restglied gilt auch $R_n(x) = \int\limits_{x_0}^{x} \frac{(x-t)^n}{n!} f^{(n+1)}(t)\, dt$ (**Integral-Restglied**).

Beweisskizze zum Satz von Taylor: Sei $R_n(x) := f(x) - p_n(x)$. Man betrachtet nun die die Funktion $g : \mathfrak{I} \to \mathbb{R}$ mit $t \mapsto g(t) = R_n(t) - \frac{R_n(x)}{(x-x_0)^{n+1}}(t - x_0)^{n+1}$. Für $t \in (a,b)$ erhält man

$$g^{(n+1)}(t) = f^{(n+1)}(t) - p_n^{(n+1)}(t) - \frac{R_n(x)}{(x-x_0)^{n+1}}(n+1)! = f^{(n+1)}(t) - \frac{R_n(x)}{(x-x_0)^{n+1}}(n+1)!\,.$$

Es reicht damit der Nachweis der Existenz eines $\xi \in (x, x_0)$ bzw. (x_0, x) mit $g^{(n+1)}(\xi) = 0$. Die Funktion g ist so gewählt, dass sich (neben der Berechenbarkeit von $R_n(x)$ aus $g^{(n+1)}(\xi) = 0$) der Satz von Rolle auf jede der Ableitungen $g^{(\ell)}$ anwenden lässt: $\forall \ell \in \{1, \ldots, n+1\}\ \exists x_\ell \in (x, x_0)$ (bzw. $x_\ell \in (x_0, x)$): $g^{(\ell)}(x_\ell) = 0$. (*Beweis* durch Induktion nach ℓ). $\qquad\square$

Korollar: **Entwicklung in eine Taylorreihe:** *Ist $f : \mathfrak{I} \to \mathbb{R}$ beliebig oft differenzierbar und gilt* $\lim\limits_{n \to \infty} R_n(x) = 0$ *für alle $x \in \mathfrak{I}$, so konvergiert die Potenzreihe* $\sum\limits_{\nu=0}^{\infty} \frac{f^{(\nu)}(x_0)}{\nu!}(x - x_0)^\nu$ *(Taylorreihe)*
auf $\mathfrak{I}$ und zwar gegen f.

Bedeutung: Im Falle $\lim\limits_{n \to \infty} R_n(x) = 0$ lässt sich also $f(x)$ beliebig genau approximieren, und zwar allein aus der Kenntnis der Ableitungen von f an der Stelle x_0.

Beispiele:

(i) $\mathfrak{I} = \mathbb{R}$, $f(x) = e^x$

$x_0 = 0$: $p_n(x) = \sum\limits_{\nu=0}^{n} \frac{e^0 x^\nu}{\nu!} \longrightarrow e^x = \sum\limits_{\nu=0}^{\infty} \frac{x^\nu}{\nu!}$ wegen $e^\xi x^{n+1}/(n+1)! \to 0$

$x_0 = 1$: $p_n(x) = \sum \frac{e^1}{\nu!}(x - 1)^\nu \longrightarrow e^x = \sum\limits_{\nu=0}^{\infty} \frac{e}{\nu!}(x - 1)^\nu$.

(ii) Auch die angegebenen Reihen von $\sin$ und $\cos$ stimmen mit den Taylorreihen dieser Funktionen überein.

(iii) $\mathfrak{I} = [0,1]$, $f(x) = \ln(1 + x)$, $x_0 = 0$: $p_n(x) = \sum\limits_{\nu=1}^{n} (-1)^{\nu-1}(\nu - 1)! \frac{x^\nu}{\nu!}$

$R_n(x) = \frac{1}{(n+1)!}(-1)^n n! \frac{1}{(1+\vartheta x)^{n+1}} x^{n+1}$ mit $0 < \vartheta = \vartheta(x) < 1$. Wegen $0 \leq \frac{x}{1+\vartheta x} \leq 1$ für $x \in [0,1]$ konvergiert $R_n(x)$ gegen 0. Also: $\forall x \in [0,1]$: $\ln(1 + x) = \sum\limits_{\nu=1}^{\infty} \frac{(-1)^{\nu-1}}{\nu} x^\nu$. Die Formel gilt sogar für $x \in (-1,1]$. Die Potenzreihe konvergiert für $x > 1$ nicht, obwohl dort $\ln(1 + x)$ definiert ist.

Anmerkung: Selbst wenn die Taylorreihe einer Funktion f im Punkt x konvergiert, braucht sie nicht gegen $f(x)$ zu streben. In diesem Fall ist $\lim\limits_{n \to \infty} R_n(x) \neq 0$.

Beispiel: Ist $f : \mathbb{R} \to \mathbb{R}$ mit $f(x) = e^{-\frac{1}{x^2}}$ für $x \neq 0$ und $f(0) = 0$, so gilt $f^{(n)}(0) = 0$ (Beweis durch vollständige Induktion). Die Taylorreihe ist also 0 und stellt daher f nicht dar.

4.5   Klausur-Aufgaben zur Analysis II

Aufgaben zu 4.1 (Differenzierbarkeit von Abbildungen)

Aufgabe A64 (partielle Ableitung, Richtungsableitung, Folgenstetigkeit)

Sei $f : \mathbb{R}^2 \to \mathbb{R}$ definiert durch $f(x,y) = \begin{cases} x+y & \text{für } x = 0 \text{ oder } y = 0 \\ 1 & \text{sonst} \end{cases}$.

Zeigen Sie: (a) f ist unstetig in $(0,0)$, aber $\frac{\partial f}{\partial x}$, $\frac{\partial f}{\partial y}$ existieren in $(0,0)$.

(b) Die Richtungsableitung von f in $(0,0)$ in Richtung $a = \frac{1}{\sqrt{2}}(1,1)$ existiert nicht.

Lösung siehe Seite: 306.

Aufgabe A65 (partielle Ableitung)

Sei für $a = (a_1, a_2)$ die reelle Funktion $f : \mathbb{R}^2 \to \mathbb{R}$ gegeben durch $f(x) = <a,x>^{1/3}$ (bzgl. des kanonioschen Skalarprodukts)! Zeigen Sie für x mit $<a,x> \neq 0$ die Aussage:

$$9(x_1 \frac{\partial}{\partial x_1} + x_2 \frac{\partial}{\partial x_2})^2 f(x) = f(x).$$

Lösung siehe Seite: 306.

Aufgabe A66 (Richtungsableitung, totale Differenzierbarkeit)

Sei $f : \mathbb{R}^2 \to \mathbb{R}$ definiert durch $\quad f(x,y) = \begin{cases} 0 & \text{für } (x,y) = (0,0) \\ \frac{xy^2}{x^2+y^4} & \text{für } (x,y) \neq (0,0). \end{cases}$

Zeigen Sie: Im Ursprung existieren alle Richtungsableitungen, aber f ist dort nicht differenzierbar.

Lösung siehe Seite: 307.

Aufgabe A67 (totale Differenzierbarkeit, Jacobi-Matrix)

Zeigen Sie, dass die Abbildung $f : \mathbb{R}^2 \to \mathbb{R}^2$ mit

$$f\left(\binom{x}{y}\right) = \begin{pmatrix} \frac{x^3 - 3xy^2}{x^2 + y^2} \\ \frac{3x^2 y - y^3}{x^2 + y^2} \end{pmatrix} \text{ für } \binom{x}{y} \neq \binom{0}{0} \text{ und } f\left(\binom{0}{0}\right) = \binom{0}{0}$$

im Punkt $\binom{0}{0}$ nicht differenzierbar ist.

Lösung siehe Seite: 308.

Aufgabe A68 (totale Differenzierbarkeit, Stetigkeit, partielle Ableitung, Richtungsableitung)

Sei $f : \mathbb{R}^2 \to \mathbb{R}$ definiert durch $f\left(\binom{x}{y}\right) := \frac{xy^2}{x^2 + y^4}$ für $x \neq 0$ und $f(0) = 0$.

(a) (i)   Ist f ist im Nullpunkt stetig?

    (ii) Ist f im Nullpunkt differenzierbar?

    (iii) Zeigen Sie: f besitzt im Nullpunkt alle partiellen Ableitungen.

(b) Bestimmen Sie die Ableitung von f in $\begin{pmatrix} 0 \\ 0 \end{pmatrix}$ in Richtung von $v = \frac{1}{\sqrt{2}} \begin{pmatrix} 1 \\ 1 \end{pmatrix}$.

Lösung siehe Seite: 309.

Aufgabe A69 (Stetigkeit, Funktionalmatrix, partielle Ableitung)

1.) In welchen Punkten $x \in \mathbb{R}^n$ ist die Funktion $f : \mathbb{R}^n \to \mathbb{R}$ mit $f(x) = \|x\|$ (euklidische Norm)
(a) stetig   (b) differenzierbar?
2.) Bestimmen Sie gegebenenfalls die Ableitung von f und die Funktionalmatrix!
Lösung siehe Seite: 309.

Aufgabe A70 (Gradient, Kettenregel)

Sei $f : \mathbb{R} \to \mathbb{R}$ differenzierbar, $r = \sqrt{x^2 + y^2 + z^2}$ und $v = \begin{pmatrix} x \\ y \\ z \end{pmatrix} \in \mathbb{R}^3 \setminus \{0\}$. Zeigen Sie:

$$\operatorname{grad} f(r) = \frac{f'(r)}{r} v.$$

Lösung siehe Seite: 309.

Aufgabe A71 (Differenzierbarkeit, Funktionalmatrix, Approximation)

Es sei $f : \mathbb{R}^2 \to \mathbb{R}^2$ definiert durch $f(\begin{pmatrix} x \\ y \end{pmatrix}) = \begin{pmatrix} x^3 - 3xy^2 \\ 3x^2y - y^3 \end{pmatrix}$.

1. Zeigen Sie: f ist differenzierbar.   2. Bestimmen Sie die Ableitung $f'(\begin{pmatrix} x \\ y \end{pmatrix})$.

3. Geben Sie mit Hilfe von f' eine Approximation für den folgenden Vektor an (ohne Fehlerabschätzung):

$$v := f(\begin{pmatrix} a + 0{,}01 \\ 1 + 0{,}03 \end{pmatrix}) - f(\begin{pmatrix} a \\ 1 \end{pmatrix}) \text{ (mit } a \in \mathbb{R} \text{ beliebig)}$$

Hinweis: Allgemeine Sätze über mehrdimensionale Differentialrechnung dürfen Sie hier ohne Beweis verwenden.
Lösung siehe Seite: 310.

Aufgabe A72 (totale Ableitung, Tangentialebene, Normalenvektor)

Stellen Sie die Gleichungen der Tangentialebenen und der Normalen für den Graphen der Funktion $f : \mathbb{R}^2 \to \mathbb{R}$ mit $f(x,y) = -\sqrt[3]{x}$ auf, und überlegen Sie, für welche Stellen (ξ, η) dies möglich ist (Schaubild!).
Lösung siehe Seite: 310.

Aufgabe A73 (Kettenregel, MWS)

Die Funktion $f : G \subseteq \mathbb{R}^2 \to \mathbb{R}$ (mit G offen) sei auf G differenzierbar, und $\mathbf{a}, \mathbf{b}$ seien zwei Punkte, die mitsamt ihrer Verbindungsstrecke in G liegen. Dann gibt es eine reelle Zahl $\delta \in (0,1)$, so dass gilt:

$$f(\mathbf{b}) - f(\mathbf{a}) = (\operatorname{grad} f)(\mathbf{a} + \delta(\mathbf{b} - \mathbf{a})) \cdot (\mathbf{b} - \mathbf{a}).$$

Lösungshinweis: Ohne Beweis dürfen Sie den „eindimensionalen" Mittelwertsatz und die Kettenregel anwenden: $(f \circ g)'(x) = f'(g(x)) \cdot g'(x)$ (für $g : G \subseteq \mathbb{R}^p \to \mathbb{R}^q$, $f : F \subseteq \mathbb{R}^q \to \mathbb{R}^n$, g in x und f in $g(x)$ differenzierbar.) Wählen Sie g mit $g(t) = \mathbf{a} + t(\mathbf{b} - \mathbf{a})$.
Lösung siehe Seite: 311.

Aufgabe A74 (lokales Extremum, Logarithmus dualis)

Sei $H(x_1, x_2, x_3) := \sum_{i=1}^{3} x_i \log_2 \frac{1}{x_i}$ definiert für $x_1, x_2, x_3 \in \mathbb{R}^+ \setminus \{0\}$ („Entropiefunktion"). Bestim-

men Sie ein lokales Extremum von H unter der Nebenbedingung $\sum_{i=1}^{3} x_i = 1$. (Die Existenz ist hier

nicht zu untersuchen.)
Lösung siehe Seite: 311.

Aufgabe A75 (Quader, Gradient, Hessematrix, lokales Extremum)

Eine quaderförmige nach oben offene Schachtel soll ein Volumen von 32 cm^3 haben. Welche Abmessungen muss sie haben, damit die Oberfläche minimal ist?
Lösung siehe Seite: 312.

Aufgabe A76 (Gradient, Kettenregel, MWS)

Sei $f : \mathbb{R}^3 \to \mathbb{R}$ differenzierbar. Gilt dann (mit dem kanonischen Skalarprodukt):
$\langle x, \operatorname{grad} f(x) \rangle = 0$ für alle $x \in \mathbb{R}^3$, so folgt: f ist konstant. Zeigen Sie dies!
Hinweis: Man betrachte für ein festes x die Abbildung $t \mapsto f(x \cdot t)$ und berechne die Ableitung!
Lösung siehe Seite: 312.

Aufgabe A77 (Niveau-Linien, Fall-Linien, Tangentialebene)

Sei $f : \mathbb{R}^2 \to \mathbb{R}$ definiert durch $f(x, y) = x^2 + y^2 - 4x - 4y + 6$.

(a) Berechnen Sie die Niveaulinien $f^{-1}(c)$ für $c \in \mathbb{R}$ und beschreiben Sie sie geometrisch.

(b) Wie sehen die Projektionen der Fall-Linien (Linien stärksten Gefälles des Graphen von f: $\{(x, y, z) \in \mathbb{R}^3 | z = f(x, y)\}$) auf die (x, y)-Ebene aus?

(c) Wie lautet die Gleichung der Tangentialebene im Punkt $(0, 0, 6)$ an den Graphen von f?

Lösung siehe Seite: 312.

Aufgabe A78 (Funktionalmatrix, Approximation)

Es sei $f : \mathbb{R}^3 \to \mathbb{R}^2$ definiert durch $f(x, y, z) = \begin{pmatrix} x^2 \\ xyz + 1 \end{pmatrix}$ Wie lautet die Jacobi-Matrix von f?
Berechnen Sie mit Hilfe der Jacobi-Matrix von f eine Approximation von $f(0,98; 2,02; 0,99)$.
Lösung siehe Seite: 313.

Aufgabe A79 (Stetigkeit, totale Differenzierbarkeit)

Sei $f : \mathbb{R}^2 \to \mathbb{R}$ mit $(x, y) \mapsto \sqrt{|xy|}$. (a) Ist f stetig in $(0, 0)$? (b) Zeigen Sie, dass f in $(0, 0)$ nicht differenzierbar ist!
Lösung siehe Seite: 314.

Aufgabe A80 (totale Differenzierbarkeit, Funktionalmatrix)

Zeigen Sie die totale Differenzierbarkeit der Funktion $f(x, y) = x^3 + yx^2 + y^3$, für $(x, y) \in \mathbb{R}^2$, und berechnen Sie die Ableitung!

Aufgabe A81 (totale Differenzierbarkeit, Funktionalmatrix, Approximation, totale Ableitung)

Es sei $f : \mathbb{R}^2 \leftrightarrow \mathbb{R}^2$ definiert durch $f(x, y) = \begin{pmatrix} e^{x+y} \\ x \cdot y \end{pmatrix}$!
(a) Zeigen Sie: f ist differenzierbar. (b) Bestimmen Sie die Ableitung $f'(x, y)$.

(c) Geben Sie mit Hilfe von $f'(0,0)$ für Vektoren (x,y) sehr kleiner Länge eine Approximation von $f(x,y)$ an!
Lösung siehe Seite: 314.

Aufgabe A82 (totale Differenzierbarkeit)

Für eine in der Umgebung von $(x_0, y_0, z_0) \in \mathbb{R}^3$ partiell stetig differenzierbare, reelle Funktion zeige man:

$$\lim_{h \to 0} \frac{f(x_0 + ah, y_0 + bh^2, z_0 + ch) - f(x_0, y_0, z_0)}{h} = a f_x(x_0, y_0, z_0) + c f_z(x_0, y_0, z_0).$$

Lösung siehe Seite: 314.

Aufgaben zu 4.2 (Integration – 2.Teil)

(Hinweis: Beachten Sie auch die Aufgaben zu §3.5)

Aufgabe A83 (Integral, ZWS, Stammfunktion, Hauptsatz der Differential- und Integralrechnung)

Die Funktion $f : [a,b] \to \mathbb{R}$ sei stetig. Beweisen Sie: Es existiert ein $\xi \in [a,b]$ mit $\int_a^\xi f(x)\,dx = \int_\xi^b f(x)\,dx$. Zeigen Sie durch ein Gegenbeispiel, dass ξ nicht notwendig aus (a,b) ist.
Lösung siehe Seite: 315.

Aufgabe A84 (Stammfunktion, MWS, Hauptsatz der Differential- und Integralrechnung)

Seien $f, g : [0,1] \to \mathbb{R}$ stetige Funktionen. Zeigen Sie: Es existiert ein $\xi \in (0,1)$ mit

$$\int_0^1 f(t)\,dt \cdot \int_0^1 g(t)\,dt = g(\xi) \int_0^\xi f(t)\,dt + f(\xi) \int_0^\xi g(t)\,dt \,.$$

Hinweis: Betrachten Sie $F \cdot G$ für geeignete Stammfunktionen F, G von f bzw. g !
Lösung siehe Seite: 315.

Aufgabe A85 (Integral, Monotonie)

Die Funktion f sei stetig in $[0,\infty)$, und mit einer Konstanten M gelte

$$\int_0^n x^n |f(x)|\,dx \leq M \quad \text{für alle } n \in \mathbb{N}.$$

Beweisen oder widerlegen Sie, dass dann $f(x) = 0$ für alle $x \in [0,\infty)$ gilt.
Lösung siehe Seite: 316.

Aufgabe A86 (Integral, Extremum)

Für welchen Wert von $a > 1$ begrenzt der Graph der Funktion $y = (\ln a) \cdot (\cos ax)$ mit der x-Achse Flächenstücke maximalen Inhalts? (vgl. B.Büktas: Aufg. Samml. Bd.2 Seite 22 Nr.141)
Lösung siehe Seite: 316.

Aufgabe A87 (Integral, Integral-Abschätzung, Monotonie)

1. Schätzen Sie das Integral $\int_a^b \frac{\sin t}{t^2}\,dt$ (mit $0 < a < b$) betragsmässig durch ein Integral mit nicht-negativem Integranden ab und berechnen Sie das Letztere.

2. Folgern Sie daraus, dass es für jedes $\varepsilon > 0$ ein s gibt derart, dass für $M > m > s$ gilt:

$$\left| \int_1^M \frac{\sin t}{t^2}\,dt - \int_1^m \frac{\sin t}{t^2}\,dt \right| < \varepsilon$$

(Nach dem Cauchy-Kriterium folgt daraus die Existenz von $\int_1^\infty \frac{\sin t}{t^2}\,dt$).

Lösung siehe Seite: 316.

Aufgabe A88 (Integral-Abschätzung, Integral Additivität)

Zeigen Sie: (a) Ist die reelle Funktion h stetig auf dem rellen Intervall $[a,b]$ und gilt $h(x) \geq 0$ für alle $x \in [a,b]$ sowie $\int_a^b h(t)\,dt = 0$, so folgt $h(x) = 0$ für alle $x \in [a,b]$.

(b) Ist die reelle Funktion $f : [a,b] \to \mathbb{R}$ stetig und gilt $\int_a^b f(t)g(t)\,dt = 0$ für alle auf $[a,b]$ stetigen reellen Funktionen g, so folgt $f(x) = 0$ für alle $x \in [a,b]$.

Lösungshinweis: Zu (a): Berücksichtigen Sie die Stetigkeit von h, wenn Sie $h(x_0) \neq 0$ für ein $x_0 \in [a,b]$ annehmen. Zu (b): Wählen Sie g so, dass Aufgabenteil (a) anwendbar wird.
Lösung siehe Seite: 317.

Aufgabe A89 (Integral-Zerlegungssumme)

Man bestimme den Grenzwert $\qquad \lim\limits_{n\to\infty} \sum\limits_{k=1}^{n} \dfrac{n}{n^2 + k^2}$.

Anleitung: Wegen $\frac{n}{n^2+k^2} = \frac{1}{1+(k/n)^2} \cdot \frac{1}{n}$ kann man die Summe als spezielle Riemannsche Zerlegungssumme eines auswertbaren bestimmten Integrals auffassen.
Lösung siehe Seite: 317.

Aufgabe A90 (Stetigkeit, trigonometrische Funktion, Substitution, uneigentliches Integral)

Die Funktion $f : [0, \frac{\pi}{2}] \to \mathbb{R}$ sei so erklärt: $f(x) \frac{1}{x} - \cot x$ für $x \in (0, \frac{\pi}{2}]$ und $f(0) = 0$. Zeigen Sie, dass diese Funktion stetig ist. Bestimmen Sie den Wert des uneigentlichen Integrals

$$\int_0^{\frac{\pi}{2}} f(x)\,dx.$$

Hinweis: Dass auf $\mathbb{R}$ die Funktionen sin und cos stetig sind, darf als bekannt vorausgesetzt werden.
Lösung siehe Seite: 317.

Aufgabe A91 (Taylorreihe, Exponentialfunktion, Potenzreihen-Integration, Leibnizkriterium)

Berechnen Sie durch Entwicklung des Integranden in eine Potenzreihe das nicht elementar auswertbare Integral $\int_0^1 \exp(-x^6)\,dx$ bis auf einen Fehler, dessen Betrag kleiner als $1/100$ ist.

Begründen Sie jeweils kurz die Erlaubtheit der einzelnen Schritte Ihres Vorgehens.
Lösung siehe Seite: 318.

Aufgaben zu 4.3 (Differentialgleichungen)

Aufgabe A92 (Lineares DGL-System, Eliminationsmethode, lineare DGL zweiter Ordnung, Anfangswertproblem)

Die reellen Funktionen y_1 und y_2 seien zweimal differenzierbar, und es gelte

$$(*) \begin{cases} y_1' = & -y_1 & + & 4y_2 \\ y_2' = & y_1 & - & y_2 \end{cases} \quad \text{mit den Angangswerten } y_1(0) = 0 \text{ und } y_2 = 1.$$

Bestimmen Sie y_1 und y_2 !
Lösung siehe Seite: 318.

Aufgabe A93 (lineare Differentialgleichung) Lösen Sie folgende Differentialgleichungen (über $\mathbb{R}$)
(i) $y' = x \cdot y$
(ii) (ii) $y' = xy + x$ mit Anfangsbedingung $y(0) = 0$.
Lösung siehe Seite: 319.

Aufgabe A94 (Differentialgleichung 2.Ordnung)
Sei $f : \mathcal{J} \longrightarrow \mathbb{R}$ eine reelle Funktion auf dem Intervall $\mathcal{J}$, besitze f eine stetig differenzierbare Stammfunktion F, und existiere eine stetig differenzierbare Stammfunktion Φ von F. Bestimmen Sie eine Lösung der Differentialgleichung $y'' = f(x)$ mit den Anfangswerten $y'(x_0) = c_1$ und $y(x_0) = c_2$.
Lösung siehe Seite: 319.

Aufgaben zu 4.4 (Taylorreihen)

Aufgabe A95 (Taylorpolynom, Taylorreihe, Satz von Taylor, Abschätzung)
(a) Geben Sie das n-te Taylorpolynom $p_n(x)$ zu $\ln(1+x)$ (Entwicklung um $x_0 = 0$) an.
(b) Schätzen Sie $\ln(1+x_1) - p_n(x_1)$ für $x_1 = -0,1$ ab
(c) Wie gross muss n bei der Näherung von $\ln(1+x_1)$ durch $p_n(x_1)$ sein, wenn eine Genauigkeit von $0,5 \cdot 10^{-4}$ erreicht werden soll?
Hinweis: Der Satz von Taylor darf unbewiesen benutzt werden.
Lösung siehe Seite: 319.

Aufgabe A96 (Taylorpolynom, Taylorreihe)
Bestimmen Sie zu $f : [-2, \frac{1}{2}] \to \mathbb{R}$ mit $x \mapsto \frac{1}{1-x}$ das n-te Taylorpolynom p_n (Entwicklung um den Nullpunkt) und untersuchen Sie das Konvergenzverhalten von $(f - p_n)(x)$ für $n \to \infty$ (ohne Verwendung des Satzes von Taylor). Welche Folgerung für die zugehörige (formale) Taylorreihe kann man aus dem Ergebnis ziehen?
Lösung siehe Seite: 320.

Aufgabe A97 (Taylorpolynom, Approximation)
Wie würden Sie versuchen, die Gleichung $\ln x = 1 + x - x^2$ näherungsweise zu lösen? (Siehe auch Aufgabe A37 !)
Lösung siehe Seite: 320.

Aufgabe A98 (Potenzreihenentwicklung, Sinus, Leibnizkriterium)

Lassen sich die für $x \in \mathbb{R} \setminus \{0\}$ erklärten reellwertigen Funktionen f_1, f_2 mit

1.) $f_1 : x \mapsto \dfrac{x - \sin x}{x^6}$

2.) $f_2 : x \mapsto \dfrac{x - \sin x}{x^3}$

für $x = 0$ so erklären, dass die entstehende Erweiterung stetig ist (hebbare Stetigkeit)?

Lösung siehe Seite: 320.

Literaturhinweise zu Kap.4:

Heuser [Heu1], [Heu2], [Heu3], Forster [Fo1], [Fo2], Liedl/Kuhnert [LK], Behrends [Beh1], [Beh2], Rudin [Ru], Rautenberg [Rau], Scheid/Schwarz [SS2], Simmons [Si].

Kapitel 5

Wahrscheinlichkeitstheorie / Stochastik

5.1 Diskrete Wahrscheinlichkeitsräume

(i) Was versteht man unter einem **endlichen Wahrscheinlichkeitsraum**? (ii) Geben Sie Beispiele solcher Räume an, dabei auch Modelle für Laplace-Experimente!

(i) *Definition:* Sei $\Omega \neq \emptyset$ endliche Menge und[1] $P : \mathfrak{P}(\Omega) \to \mathbb{R}$ Abbildung. Dann heißt (Ω, P) **(endlicher) Wahrscheinlichkeitsraum** , wenn gilt:
(1) $P(\Omega) = 1$ (2) $P(A) \geq 0$ für alle $A \in \mathfrak{P}(\Omega)$ sowie
(3) $P(A \,\dot\cup\, B) = P(A) + P(B)$ für alle $A, B \in \mathfrak{P}(\Omega)$ mit $A \cap B = \emptyset$.

Jedes Element ω von Ω heißt **Ergebnis** (Versuchs-Ausgang oder *Elementarereignis* [2]), jede Teilmenge von Ω heißt **Ereignis**, die Funktion P *Wahrscheinlichkeitsfunktion* oder *Wahrscheinlichkeitsmaß*; (vgl. auch Tabelle 5.1, Seite 146).

Anmerkung: Bei der wahrscheinlichkeitstheoretischen Auswertung eines Experiments kommt es darauf an, als Modell einen passenden Wahrscheinlichkeitsraum zu finden; die Elementarereignisse entsprechen dann den nicht mehr weiter aufzugliedernden möglichen Ausgängen eines Versuchs, die Ereignisse Kombinationen solcher Ausgänge, die Wahrscheinlichkeiten den "idealen relativen Häufigkeiten" dieser Ausgänge (s.u.). Das Ereignis $A \cup B$ steht für das Eintreten von "A oder B", der Schnitt $A \cap B$ für das Ereignis "A und B" und das Komplement $\complement_\Omega(A) = \{\omega \in \Omega \,|\, \omega \notin A\}$ für das Ereignis, dass A nicht eintritt (*Gegenereignis*).

(ii) *Beispiele:*
a) Würfeln mit einem "idealen" Würfel: Man wählt $\Omega = \{1, 2, 3, 4, 5, 6\}$ (Augenzahlen) und $P(\omega_i) = \frac{1}{6}$ für $\omega_i \in \Omega$. Das Ereignis "Würfeln einer gerade Augenzahl" ist $A = \{2, 4, 6\}$, und es gilt
$P(A) = P(2) + P(4) + P(6) = \frac{1}{2}$.
Verallgemeinerung: a) ist Spezialfall eines Laplace-Raumes:

---

[1] $\mathfrak{P}(\Omega)$ bezeichnet die Potenzmenge, also die Menge aller Teilmengen, von Ω.
[2] Dabei identifiziert man das Elementarereignis $\{\omega\}$ (also die Singleton-Menge) mit ihrem Element ω.

b) **Laplacescher Wahrscheinlichkeitsraum:** Diese Wahrscheinlichkeitsräume dienen als Modell für Versuche, deren mögliche Ausgänge alle gleichwahrscheinlich sind (Symmetrie-Forderung). Für sie gilt: $P(\omega_1) = P(\omega_2)$ für alle $\omega_1, \omega_2 \in \Omega$ (Gleichverteilung).

Folgerung: Aus $P(A) = \sum\limits_{\omega \in A} P(\omega) = \sum\limits_{\omega \in A} \frac{1}{|\Omega|}$ ergibt sich $P(A) = \frac{|A|}{|\Omega|}$.

Merkregel: Anzahl der günstigen durch Anzahl der möglichen Fälle.

c) **Urnenexperimente** (ebenfalls Modelle):

    α) *Entnahme einer Stichprobe vom Umfang n aus* $\mathbb{N}_N := \{1, \ldots, N\}$ *mit Zurücklegen und unter Beachtung der Reihenfolge* (bzw. Verteilung von n unterscheidbaren Kugeln auf N Urnen mit Mehrfachbesetzung): $\Omega = \{\,(a_1, \ldots, a_n) \mid a_i \in \{1, \ldots, N\}\,\} = (\mathbb{N}_N)^n$. Hierbei ist $P(\omega) = 1 \,/\, N^n$ für $\omega \in \Omega$.

    β) Entnahme einer Stichprobe vom Umfang n aus $\mathbb{N}_N$ *ohne Zurücklegen mit Beachtung der Reihenfolge* (n-Tupel ohne Wiederholung) $P(\omega) = 1 / \frac{N!}{(N-n)!}$.

    γ) Entnahme einer Stichprobe vom Umfang n aus $\mathbb{N}_N$ *ohne Zurücklegen ohne Beachtung der Reihenfolge* (mit $n \leq N$) (bzw. Verteilung von n nicht-unterscheidbaren Kugeln auf N Urnen ohne Mehrfachbesetzung):

$$\Omega = \{\{a_1, \ldots, a_n\} \mid a_i \in \{1, \ldots, N\}\,, \ a_i \neq a_j \text{ für } i \neq j\} =: \binom{\mathbb{N}_N}{n}.$$

Es gilt : $P(\omega) = 1 \,/\, \binom{N}{n}$ für $\omega \in \Omega$. (Hierbei bezeichnet $\binom{N}{n}$ den Binomialkoeffizenten $\frac{N!}{n!(N-n)!}$.)

Hinweis (Warnung): Bei einem Experiment mit Entnahme aus einer Urne mit mehreren nicht-unterscheidbaren Kugeln ohne Berücksichtigung der Reihenfolge erhält man (für die Multimengen!) keinen Laplace-Raum! (Die Wahrscheinlichkeiten kann man durch Nummerierung der ursprünglich ununterscheidbaren Kugeln und durch Beachtung der Reihenfolge der Ziehung berechnen.)

Beispiel: Die Urne enthalte 2 blaue und eine rote Kugel. Setze $U := \{b_1, b_2, r\}$. Bei zweimaligem Ziehen ohne Zurücklegen erhält man einen Laplace-Raum mit den folgenden 6 Ausgängen:

$(b_1, b_2), (b_2, b_1), (b_1, r), (b_2, r), (r, b_1), (r, b_2).$

Die ersten beiden ergeben die Multimenge $\{b, b\}$, die anderen vier die Menge $\{b, r\}$; diese haben die Wahrscheinlichkeiten $\frac{2}{6}$ bzw. $\frac{4}{6}$.

    δ) Spezialfall *Lotto*: Es werden $n = 6$ aus $N = 49$ Kugeln ohne Rücklegen und ohne Beachtung der Reihenfolge gezogen. Die Wahrscheinlichkeit für "6 Richtige"(ω gezogen = ω getippt) ist: $P(\omega) = 1/\binom{49}{6} = 1 : 13.983.816$

    ε) In einer Urne seien S schwarze und $W = N - S$ weiße Kugeln. Es werden n Kugeln ohne Rücklegen gezogen. Die Wahrscheinlichkeit, dass genau s schwarze und $w = n - s$ weiße Kugeln gezogen werden, ist (bei diesem Laplace-Experiment). $\binom{S}{s} \cdot \binom{W}{w} \,/\, \binom{S+W}{s+w}$. ($\rightarrow$ *Hypergeometrische Verteilung*)

Bestimmen Sie (unmittelbar aus den Axiomen) folgende Wahrscheinlichkeiten in einem endlichen Wahrscheinlichkeitsraum:

(i) $P(A)$ unter Verwendung der Wahrscheinlichkeiten der Elementarereignisse,

(ii) $P(\complement_\Omega A)$ aus $P(A)$ und (iii) $P(A \cup B)$ aus $P(A), P(B)$ und $P(A \cap B)$!

(i) Durch Induktion folgt aus Axiom (3): $\quad P(A) = \sum\limits_{\omega \in A} P(\omega)$ und $P(\emptyset) = 0$

Anmerkung: Umgekehrt wird bei gegebenen $P(\omega_i) \geq 0$ mit $\sum\limits_{i=1}^{|\Omega|} P(\omega_i) = 1$ durch diese Formel ein Wahrscheinlichkeitsmaß definiert.

(ii) Aus $1 = P(\Omega) = P(A \,\dot{\cup}\, C_\Omega(A)) = P(A) + P(C_\Omega(A))$ ergibt sich $P(C_\Omega A) = 1 - P(A)$.

(iii) Aus $A \cup B = (A \setminus (A \cap B)) \,\dot{\cup}\, (B \setminus (A \cap B)) \,\dot{\cup}\, (A \cap B)$ und (ii) erhält man

$$P(A \cup B) = P(A) + P(B) - P(A \cap B).$$

Wie lässt sich der Begriff des endlichen Wahrscheinlichkeitsraums zu dem des **diskreten Wahrscheinlichkeitsraums** erweitern?

In der Definition des endlichen Wahrscheinlichkeitsraums wird "Ω endlich" ersetzt durch "Ω endlich oder abzählbar unendlich" und Axiom (3) durch das folgende Axiom (die sogenannte **σ-Additivität**) (3') $P(\bigcup\limits_{i=0}^{\infty} A_i) = \sum\limits_{i=0}^{\infty} P(A_i)$ für jede Folge $(A_i)_{i \in \mathbb{N}}$ disjunkter Ereignisse $A_i \subseteq \Omega$. Aus diesem folgt die (einfache) Additivität unmittelbar.

Anmerkung: Ist $\Omega = \{\omega_i \mid i \in \mathbb{N}\}$, und (Ω, P) diskreter Wahrscheinlichkeitsraum, so muss gelten: $\sum\limits_{k=0}^{\infty} P(\omega_i)$ konvergiert gegen 1. Ist umgekehrt $\sum\limits_{k=0}^{\infty} p_k = 1$ und $(p_k)_{k \in \mathbb{N}}$ eine Folge nicht-negativer Zahlen, dann ist durch $P(A) := \sum\limits_{\omega_k \in A} p_k$ ein diskreter Wahrscheinlichkeitsraum definiert (s.z.Bsp. Rényi [Re]).

Definieren Sie den Begriff der **bedingten Wahrscheinlichkeit** eines Ereignisses B bei gegebenem Ereignis A (mit $P(A) \neq 0$). Interpretieren Sie sie als Wahrscheinlichkeitsfunktion.

Sei (Ω, P) diskreter Wahrscheinlichkeits-Raum. $P(B \mid A) := P(A \cap B)/P(A)$ heißt *bedingte Wahrscheinlichkeit* von B unter Voraussetzung des Eintretens von A. Die Funktion P_A mit $P_A(B) := P(B \mid A)$ ist ebenfalls Wahrscheinlichkeitsfunktion auf Ω (Beweis?). Bei dieser werden alle Wahrscheinlichkeiten von Teilmengen von A gerade derart proportional erhöht, dass $P_A(A) = 1$ ist. Die bedingte Wahrscheinlichkeit von B hängt dann nur von $A \cap B$ ab (s. Abb. 5.1).

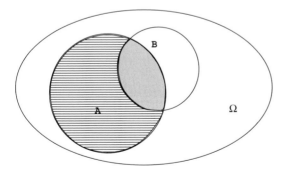

Abbildung 5.1:
$P(B|A) = \frac{P(A \cap B)}{P(A)}$

Beispiel: Würfeln mit einem idealen Würfel und $A = \{2, 4, 6\}$ (gerade Augenzahl)
$P(\{i\} \mid A) = \frac{1}{6} / \frac{1}{2} = \frac{1}{3}$ für $i \in A$ und $P(\{i\} \mid A) = 0$ für $i \notin A$.

Wie lauten die Formel von der totalen Wahrscheinlichkeit und die Regel von Bayes?

Sei (Ω, P) diskreter Wahrscheinlichkeitsraum; seien ferner $A_1, A_2, \ldots$ disjunkte Ereignisse mit $\dot{\bigcup} A_k = \Omega$.

Tabelle 5.1: Zur Sprache der Wahrscheinlichkeitstheorie

Versuchsorientierte Sprache	Mengen- bzw. maßtheoretische Sprache
(Einzel-) Ausgang eines Zufallsexperiments (Versuchs)	Ergebnis $\omega \in \Omega$, oft mit dem Elementarereignis $\{\omega\}$ identifiziert
Menge aller (Einzel-) Ausgänge	Ereignisraum Ω
Ereignis, (zusammengesetzter) Ausgang	$A \subseteq \Omega$
"beobachtbares" Ereignis	Element der Ereignisalgebra, messbare Menge (s.u.) $A \in \mathcal{A} \subseteq \mathfrak{P}(\Omega)$
sicheres Ereignis	Ω
unmögliches Ereignis	$\emptyset$
Nichteintreten des Ereignisses A	$C_\Omega A$
gemeinsames Vorkommen der Ereignisse A, B	$A \cap B, A \cdot B$
Vorkommen eines der Ereignisse A, B	$A \cup B, A + B$
Ereignis A impliziert Ereignis B	$A \subseteq B$
A und B schließen sich einander aus	$A \cap B = \emptyset$
Zufallsvariable	messbare Funktion

Die **Formel von der totalen Wahrscheinlichkeit** lautet: $P(B) = \sum_k P(A_k) \cdot P(B \mid A_k)$ für $B \subseteq \Omega$,

die **Regel von Bayes:**

$$Ist \quad P(B) > 0, \text{ so gilt } P(A_i \mid B) = \frac{P(A_i) \cdot P(B|A_i)}{\sum_k P(A_k) P(B|A_k)}.$$

Anmerkung zur Regel von Bayes: Eigentlich zielt man mit der Bayesschen Regel auf eine "zweidimensionale Verteilung" ab. Früher interpretierte man A_k als "vergangene" Ereignisse und versuchte, so aus den "a priori' Wahrscheinlichkeiten $P(A_k)$ und den bedingten Wahrscheinlichkeiten $P(B|A_k)$ die "a posteriori" Wahrscheinlichkeiten $P(A_i|B)$ zu bestimmen; vgl. Krengel [Kr] .

Behandeln Sie exemplarisch am Beispiel des dreimaligen Münzwurfs die Darstellung eines mehrstufigen Experiments mit Hilfe eines **Ereignisbaumes** bzw. **Wahrscheinlichkeitsbaumes.** Wie lauten die "Pfadregeln" zur Bestimmung der Wahrscheinlichkeiten eines Ereignisses?

a)   Die Ausgänge eines k-fachen Münzwurfs sind beschreibbar durch die Elemente von $\{W, Z\}^k$ mit $W :=$ Wappen und $Z :=$ Zahl. Für $k = 0, 1, 2, 3$ erhält man den *Ereignisbaum* von Abb. 5.2 (mit der Schreibeise $X_1 X_2 X_3 := (X_1, X_2, X_3)$).

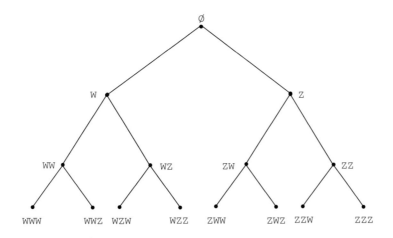

Abbildung 5.2: Ereignisbaum beim Experiment "Dreifacher Münzwurf"

Allgemein wird bei einem n-stufigen Experiment, beginnend mit $\emptyset$, auf der k-ten Stufe jeder bis dahin mögliche Ausgang $(x_1 \ldots, x_k)$ des Experiments als Knoten eines Baumes eingezeichnet und (für $k < n$) mit den Ausgängen $(x_1, \ldots, x_k, y)$ der $(k+1)$-ten Stufe durch eine Kante (Ast, Zweig) verbunden (s. Abb. 5.3 a).

Anmerkung: $(x_1, \ldots, x_k)$ ist auf der k-ten Stufe Bedingung für das Eintreten von $(x_1, \ldots, x_k, y)$ auf der folgenden Stufe. Ist $\{a_1, \ldots, a_m\}$ die Menge der möglichen Ausgänge des Einzelversuchs, so kommt für y jedes a_i in Frage. Unmögliche Ausgänge brauchen nicht eingezeichnet zu werden.

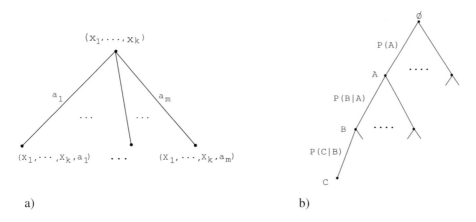

a)   b)

Abbildung 5.3: a) Verzweigung im Ereignisbaum
b) Markierung der (bedingten) Wahrscheinlichkeiten am Wahrscheinlichkeitsbaum

b)   Durch Markierung der bedingten Wahrscheinlichkeiten an den Ästen gemäß Abb. 5.3 b wird ein Ereignisbaum zum **Wahrscheinlichkeitsbaum**. Der Wahrscheinlichkeitsbaum zum 3-fachen Münzwurf ist in Abb. 5.4 dargestellt.

c)   **Pfadregel 1:** Die Wahrscheinlichkeit eines Ausgangs (Elementarereignisses) eines mehrstufigen Zufallsexperiments ist das Produkt aller Wahrscheinlichkeiten der Äste desjenigen Pfades,

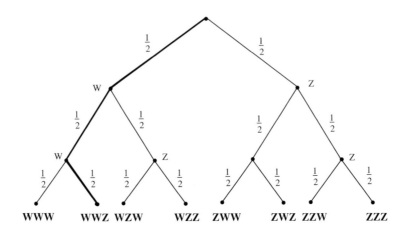

Abbildung 5.4: Wahrscheinlichkeitsbaum zum dreifachen Münzwurf (fett markiert ist der Pfad zum Ereignis WWZ mit $P(WWZ) = \frac{1}{2} \cdot \frac{1}{2} \cdot \frac{1}{2}$)

der zu diesem Ausgang führt. Beweisskizze: Wiederholte Anwendung der Formel
$$P(A \cap B) = P(A) \cdot P(B|A).$$
Pfadregel 2: Die Wahrscheinlichkeit eines Ereignisses E ist die Summe der Wahrscheinlichkeiten aller für E günstigen Ausgänge, also aller relevanten Blätter. Beweisskizze: $P(E) = \sum\limits_{\omega \in E} P(\omega)$.

d) *Weiteres Beispiel:* Die Wahrscheinlichkeit des Ziehens mindestens einer weißen Kugel bei zweimaligem Ziehen ohne Zurücklegen aus einer Urne mit 3 weißen und 6 schwarzen Kugeln ist $\frac{3}{9} \cdot \frac{2}{8} + \frac{3}{9} \cdot \frac{6}{8} + \frac{6}{9} \cdot \frac{3}{8} = \frac{7}{12} = 1 - P(SS)$ (s. Abbildung 5.5).

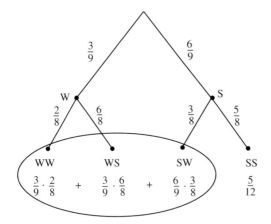

Abbildung 5.5: Anwendung der Pfadregeln auf ein Beispiel (Ziehen ohne Zurücklegen mindestens einer weißen Kugel aus einer Urne mit 3 weißen und 6 schwarzen Kugeln)

Was versteht man unter der **(stochastischen) Unabhängigkeit** zweier Ereignisse A und B eines Wahrscheinlichkeitsraumes bzw. einer Familie von Ereignissen, was unter der (stochastischen) Unabhängigkeit von Zufallsvariablen?

(a) Zwei Ereignisse A und B eines Wahrscheinlichkeitsraumes heißen *(stochastisch) unabhängig*, falls gilt $P(A \cap B) = P(A) \cdot P(B)$.

Anmerkungen: (i) Ist $P(A) \neq 0$, so sind A und B genau dann stochastisch unabhängig, wenn $P(B|A) = P(B)$ gilt; (Folgerung aus der Definition von $P(B|A)$).

(ii) Damit verträgt sich die Definition mit der intuitiven Vorstellung von Unabhängigkeit. Insbesondere bei mehrstufigen Experimenten geht man davon aus, dass unabhängige Wiederholungen von Teilexperimenten (z.B. Ziehen mit Zurücklegen) zu unabhängigen Ereignissen führen (s.u.).

(iii) Stochastische Abhängigkeit ist nicht mit kausaler Abhängigkeit zu verwechseln!

(b) Bei der Ausdehnung der Definition auf mehrere Ereignisse reicht es nicht, die paarweise stochastische Unabhängigkeit zu verlangen; vielmehr heißt eine Familie $(A_i)_{i \in \mathfrak{I}}$ von Ereignissen *stochastisch unabhängig*, falls $P(A_{i_1} \cap \ldots \cap A_{i_k}) = P(A_{i_1}) \cdot \ldots \cdot P(A_{i_k})$ für jede endliche Teilmenge $\{i_1, \ldots, i_k\}$ von $\mathfrak{I}$ gilt.

Anmerkung: Bei der Definition der Unabhängigkeit von mehrstufigen <u>Versuchen</u> fordert man $P(A_1 \times \ldots \times A_n) = P(\bigcap_{j} \Omega_1 \times \ldots \times A_j \times \ldots \times \Omega_n) = \prod_{j=1}^{n} P(A_j)$, also die Unabhängigkeit der Ereignisse jeden Teilversuchs; (s. auch unter "Produktraum"!).

(c) Die Zufallsvariablen $X_1, X_2, \ldots, X_m$ (s. §5.2) über einen (diskreten) Wahrscheinlichkeitsraum heißen (stochastisch) unabhängig, wenn für alle möglichen $A_1, A_2, \ldots, A_m$ gilt

$$P(X_1 \in A_1 \wedge \ldots \wedge X_m \in A_m) = \prod_{i=1}^{m} P(X_i \in A_i).$$

Anmerkung: (i) Manchmal beschränkt man sich bei dieser Definition auf *einelementige* Ereignisse $A_i = \{x_i\}$.

(ii) Die Unabhängigkeit von $X_1, \ldots, X_m$ ist äquivalent zur Unabhängigkeit der Ereignisse $X_i^{-1}(A_i)$, denn ungeformt lautet die obige Gleichung

$$P(X_1^{-1}(A_1) \cap \ldots \cap X_m^{-1}(A_m)) = \prod_{i=1}^{m} P(X_i^{-1}(A_i))$$

für alle möglichen A_i (insbesondere für $A_{i_1}, \ldots, A_{i_k}$ und $A_j = X_j(\Omega)$ für die übrigen j).

Definieren Sie den **Produktraum** von endlichen Wahrscheinlichkeitsräumen, und erläutern Sie kurz, für welche Zufallsexperimente er Modell sein kann.

(a) Sind $(\Omega_1, P_1), \ldots, (\Omega_n, P_n)$ endliche Wahrscheinlichkeitsräume, dann lässt sich auf dem kartesischen Produkt $\Omega = \Omega_1 \times \ldots \times \Omega_n$ (aller n-Tupel $(\omega_1, \ldots, \omega_n)$ mit $\omega_i \in \Omega_i$) wie folgt ein Wahrscheinlichkeitsmaß definieren $P((\omega_1, \ldots, \omega_n)) := \prod_{i=1}^{n} P_i(\omega_i)$.

Beweisskizze: Es gilt nämlich u.a.

$$P(\Omega_1 \times \ldots \times \Omega_n) = \sum_{(\omega_1, \ldots, \omega_n) \in \Omega} P(\omega_1, \ldots, \omega_n)$$

$$= \sum_{(\omega_1, \ldots, \omega_{n-1}) \in \Omega_1 \times \ldots \times \Omega_{n-1}} \sum_{\omega_n \in \Omega_n} \left(\prod_{i=1}^{n-1} P_i(\omega_i) \right) P_n(\omega_n) = P(\Omega_1 \times \ldots \times \Omega_{n-1}) \cdot 1,$$

woraus durch vollständige Induktion $P(\Omega) = 1$ folgt.

Definition: P heißt das *Produktmaß* und $(\Omega_1 \times \ldots \times \Omega_n, P)$ der **Produktraum** der (Ω_i, P_i).

Anmerkungen:

(i) Eine Verallgemeinerung auf diskrete Räume ist analog möglich; für beliebige Räume ist zuvor eine geeignete Ereignisalgebra zu definieren (s. Seite 157).

(ii) Ist P das Produktmaß auf $\Omega_1 \times \ldots \times \Omega_n$, so gilt $P_i(\omega_i) = P(\Omega_1 \times \ldots \times \{\omega_i\} \times \ldots \times \Omega_n)$; die P_i sind also die sogenannten *Randverteilungen* von P.

(b) Der Produktraum von $(\Omega_1, P_1)\ldots,(\Omega_n, P_n)$ dient als Modell für die *unabhängige* Hintereinanderausführung von Zufallsexperimenten, deren i-ter Teilversuch durch das Modell (Ω_i, P_i) beschrieben werden kann. Denn wie gesehen, ist die i-te Randverteilung gleich P_i; ferner ist auch in diesem Modell der Ausgang A_i des i-ten Versuchs unabhängig von den anderen Versuchen:

$$P(A_1 \times \ldots \times A_n) = P(\overset{\bullet}{\underset{\substack{\omega_i \in A_i \\ i=1,\ldots n}}{\bigcup}} \{(\omega_1,\ldots,\omega_n)\}) = \underset{\substack{\omega_i \in A_i \\ i=1,\ldots n}}{\sum} P_1(\omega_1)\ldots P_n(\omega_n)$$

$$= \prod_{i=1}^{n} \sum_{\omega_i \in A_i} P_i(\omega_i) = \prod_{i=1}^{n} P_i(A_i) = \prod_{i=1}^{n} P(\Omega_1 \times \ldots \times A_i \times \ldots \times \Omega_n).$$

Sind die Räume (Ω_i, P_i) alle gleich, so ist $(\prod_{i=1}^{n} \Omega_i, P) = (\Omega_1^n, P)$ auch Modell für das "n-fache Ziehen mit Zurücklegen".

> Was ist eine **Bernoulli-Kette**, welches Modell ist für eine solche üblich, und wie ist die Anzahl der Treffer (Erfolge) dabei verteilt? Wenden Sie die Ergebnisse auf das Galtonbrett an!

1. Eine *Bernoulli-Kette* der Länge n ist ein mehrstufiges Zufallsexperiment, das aus der n-fachen unabhängigen Wiederholung eines Teilexperiments mit zwei möglichen Ausgängen "Erfolg – Misserfolg" (Bernoulli-Experiment) besteht.

2. Jedes Teilexperiment wird beschrieben durch $\Omega_i = \{0,1\}$ und $P_i(1) = p$ (Treffer- oder Erfolgswahrscheinlichkeit), also $P_i(0) = 1 - p =: q$, das Gesamtexperiment durch den Produktraum (Ω_1^n, P).

Beispiele: ● n-facher Münzwurf ($1 \overset{\wedge}{=}$ Wappen, $0 \overset{\wedge}{=}$ Zahl), mit $p = q = \frac{1}{2}$.

● n-faches Würfeln mit einem idealen Würfel und $1 \overset{\wedge}{=} \{6\}\, 0 \overset{\wedge}{=} \{1,2,3,4,5\}$ mit $p = \frac{1}{6}$ und $q = \frac{5}{6}$.

● Galtonbrett s.u. Nr.4!

3. Ein Elementarereignis $(\omega_1,\ldots,\omega_n)$ mit Einsen an genau k festen Stellen hat die Wahrscheinlichkeit $p^k q^{n-k}$. Damit erhält man für die Zufallsvariable X, die diese Anzahl der Erfolge angibt[3], $P(X = k) = \binom{n}{k} p^k q^{n-k} =: B_{n,p}(k)$. Eine solche Verteilung heißt eine **Binomialverteilung**.
Anmerkung: Sind $X_1,\ldots,X_n$ stochastisch unabhängige Zufallsvariable und die X_i nach P_i verteilt, so heißt die Verteilung von $S = \sum_{i=1}^{n} X_i$ das **Faltungsprodukt** von $P_1,\ldots,P_n$, in Zeichen $P_1 * \ldots * P_n$. Sie ist die von dem Produktmaß und der folgenden Abbildung induzierte Verteilung: $(x_1,\ldots,x_n) \mapsto \sum_{i=1}^{n} x_i$. Es lässt sich nun zeigen, dass $B_{n,p} * B_{m,p} = B_{n+m,p}$ gilt, insbesondere also $B_{n,p} = B_{1,p} * \ldots * B_{1,p}$ mit n Faktoren (Reproduktivität der Binomial-Verteilung).

4. Beim **Galtonbrett**, einem didaktischen Veranschaulichungsmaterial, sind in mehreren Zeilen Hindernisse (Nägel) so angebracht, dass im Idealfall eine fallende Kugel jeweils mitten auf ein solches trifft und mit der gleichen Wahrscheinlichkeit nach rechts oder links an dem Hindernis zur nächsten Zeile vorbeiläuft (s. Abb. 5.6). In jeder Zeile wird also das Bernoulli-Experiment "Fallen nach links oder Fallen nach rechts" unabhängig von den vorigen Zeilen ausgeführt. Es handelt sich also um eine Bernoulli-Kette mit $p = \frac{1}{2} = q$ der Länge n (bei n Nagelreihen). Zum Fach Nr. k gelangt also eine Kugel mit Wahrscheinlichkeit $B_{n,\frac{1}{2}}(k) = \binom{n}{k}(\frac{1}{2})^n$. Hierbei ist $\binom{n}{k}$ die Zahl der unterschiedlichen Wege zum Fach k und 2^n die Anzahl aller möglichen Wege.

---

[3] $\binom{n}{k} = \frac{n!}{k!\,(n-k)!}$

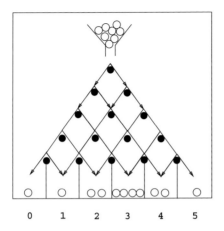

Abbildung 5.6: Galtonbrett (schematisch)

0   1   2   3   4   5

5.2 Zufallsvariable

Was versteht man unter einer Zufallsvariablen eines diskreten Wahrscheinlichkeitsraums, was unter ihrer (Wahrscheinlichkeits-) Verteilung? Behandeln Sie als Beispiel die Binomialverteilung.

(i) *Definition:* Sei (Ω, P) diskreter Wahrscheinlichkeitsraum, $\mathfrak{X}$ nicht-leere Menge (meist $\mathfrak{X} \subseteq \mathbb{R}$). Dann heißt jede Funktion $X : \Omega \to \mathfrak{X}$ eine ($\mathfrak{X}$-wertige) **Zufallsvariable** oder *Zufallsgröße*.

(ii) Definiert man $P_X(x) := P(X^{-1}(\{x\}))$ für $x \in$ Bild X, wobei $X^{-1}(\{x\})$ das volle Urbild von $\{x\}$ unter X bezeichnet, so ist P_X Wahrscheinlichkeitsfunktion auf Bild X. Da für die $x \in \mathfrak{X}$ mit $x \notin$ Bild X die (analog definierte) Wahrscheinlichkeit $P_X(x)$ gleich 0 ist, kann man P_X auch als Wahrscheinlichkeitsfunktion auf der (eventuell überabzählbaren) Menge $\mathfrak{X}$ auffassen, indem man definiert: $P_X(A) = P(X^{-1}(A))$ für $A \subseteq \mathfrak{X}$.

P_X heißt *Wahrscheinlichkeitsverteilung* von X. Üblicherweise schreibt man $P(X \in A)$ statt $P_X(A)$ und $P(X = x)$ für $P_X(\{x\})$ (s. Abb. 5.7).

Die Funktion F mit $\quad F(x) := P(X \le x) = P_X(\{y \mid y \le x\})\quad$ heißt **Verteilungsfunktion** von X.

Anmerkung: Zwei Zufallsgrößen X und Y auf Ω heißen **(stochastisch) unabhängig** , wenn die Ereignisse $X = x_i$ und $Y = y_j$ für alle i, j unabhängig sind, also

$$P(X = x_i \wedge Y = x_j) = P(X = x_i) \cdot P(Y = y_j) \quad \text{(für } x_i \in X(\Omega) \text{ und } y_j \in Y(\Omega) \text{ gilt.}$$

Eine dazu äquivalente Definition fordert die Unabhängigkeit der Ereignisse $X \le x$ und $Y \le y$ für alle $x \in X(\Omega)$ und $y \in X(\Omega)$. Letztere Definition ist nicht mehr an die Endlichkeit von Ω gebunden.

(iii) *Beispiel* **Binomialverteilung:**

Wie schon in §5.1 behandelt, heißt eine Zufallsvariable $X : \Omega \to \{0, \dots, n\}$ *binomialverteilt*, wenn gilt

$$P(X = k) = \binom{n}{k} p^k (1 - p)^{n-k} = B_{p,n}(k)\,.$$

Beispiele von Graphen spezieller Binomialverteilungen sind in Abb. 5.8 und ein Graph einer Verteilungsfunktion in Abb. 5.9 angegeben.

Anmerkungen:

1.) Bezeichnet X_i den Ausgang des i-ten Bernoulliexperiments einer Bernoullikette (s. § 5.1), so

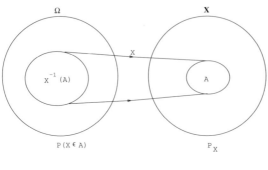

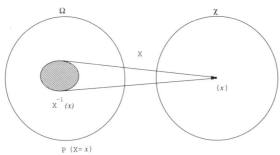

Abbildung 5.7: Zufallsvariable

ist $S = \sum\limits_{i=1}^{n} X_i$ binomialverteilt (s.o.).

2.) Zur Approximation der Binomialverteilung durch Normal- bzw. Poissonverteilung siehe §5.4 !

(1) Definieren Sie **Erwartungswert, Varianz** und **Standardabweichung** einer reellwertigen Zufallsvariablen X eines endlichen (bzw. diskreten) Wahrscheinlichkeitsraums

(2) Welche Rechenregeln gelten für Erwartungswerte von Zufallsvariablen? Ist der Erwartungswert linear, ist er multiplikativ? Wie lautet der "Verschiebungssatz" für die Varianz?

(3) Bestimmen Sie Erwartungswert und Varianz einer binomialverteilten Zufallsvariablen!

1a) Sei X eine Zufallsvariable, die die reellen Werte $x_1, \ldots, x_n$ (bzw. x_i mit i aus $\mathbb{N}^*$) annehmen kann. Dann ist der *Erwartungswert* von X definiert als

$$E(X) := \sum_{i=1}^{n} x_i P(X = x_i) \quad \text{(im endlichen Fall)}$$

$$E(X) := \sum_{i=1}^{\infty} x_i P(X = x_i), \quad \text{falls die Reihe absolut konvergiert (diskreter Fall).}$$

Anmerkungen: (i) Achtung, $E(X)$ muss nicht in der Nähe von Werten mit hoher Wahrscheinlichkeit liegen. Im diskreten Fall braucht $E(X)$ nicht zu existieren.

(ii) Wegen der absoluten Konvergenz kann folgendermaßen umgeformt werden:

$$E(X) = \sum_i x_i P(X = x_i) = \sum_i x_i \Big(\sum_{\substack{\omega \in \Omega \\ X(\omega)) = x_i}} P(\omega) = \sum_{\omega \in \Omega} X(\omega) P(\omega).$$

b) Ist X eine Zufallsvariable mit Erwartungswert $E(X)$, so heißt im Falle der Existenz

$$\operatorname{Var}(X) := E([X - E(X)]^2)$$

(also die mittlere quadratische Abweichung vom Erwartungswert) die **Varianz** von X und

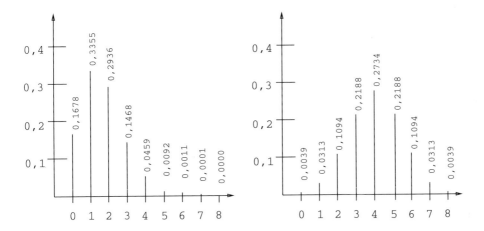

Abbildung 5.8: Binomialverteilungen a) $B_{8;0,2}$ b) $B_{8;0,5}$ (Zahlen nach Fillbrunn & Pahl)

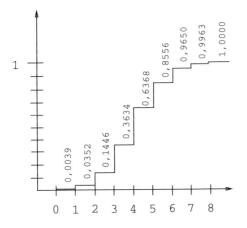

Abbildung 5.9: Verteilungsfunktion der Binomialverteilung $B_{8;0,5}$

$\sigma(X) := \sqrt{\mathrm{Var}\,X}$ die **Standardabweichung**. Beide Zahlen quantifizieren die Streuung um den Erwartungswert. Weitere Parameter der Verteilung sind die *Momente* bzw. *zentralen Momente* $E(X^n)$, $E([X-E(X)]^n)$.

2a) Sind X und Y reelle Zufallsvariablen, deren Erwartungswerte existieren, so gilt mit $a,b \in \mathbb{R}$:

(i) $E(aX+bY) = aE(X)+bE(Y)$ *Linearität*

(ii) $E(X+b) = E(X)+b$ *Translationsinvarianz*

(iii) *Sind X und Y unabhängig, so folgt $E(X \cdot Y) = E(X) \cdot E(Y)$ (im Falle der Existenz der* Erwartungswerte). *Die Umkehrung gilt i. a. nicht.*

Beweisskizzen:

(i) $E(aX+Y) = \sum_i [aX(\omega_i) + Y(\omega_i)] P(\omega_i) = a\sum X(\omega_i)P(\omega_i) + \sum Y(\omega_i)P(\omega_i)$.

(ii) folgt aus (i) mit Y als einer konstanten Zufallsvariablen: $Y(\omega_i) = b$

(iii) $E(X \cdot Y) = \sum_k z_k P(X \cdot Y = z_k) = \sum_k \sum_{x_i y_j = z_k} x_i y_j P(X = x_i \wedge Y = y_j) =$

$$\sum_{i,j} x_i y_j P(x_i) \cdot P(y_j) = \sum x_i P(x_i) \cdot \sum y_j P(y_j) = E(X) \cdot E(Y)$$

wegen der stochastischen Unabhängigkeit und wegen der absoluten Konvergenz der Reihen. Für die Unrichtigkeit der Umkehrung entnehmen wir dem DIFF Studienbrief MS3 folgendes *Beispiel*: X nehme die Werte $-1, 0, 1$ jeweils mit Wahrscheinlichkeit $\frac{1}{3}$ an; Y sei X^2. Dann gilt $E(X) = 0 = E(X^3) = E(X \cdot Y)$, also $E(XY) = E(X) \cdot E(Y)$; aber X und Y sind nicht unabhängig; z.Bsp. gilt $P(X = 1) \cdot P(Y = 1) = \frac{1}{3} \cdot \frac{2}{3} \neq \frac{1}{3} = P(X = 1 \wedge Y = 1)$.

2b) Existiert auch die Varianz Var(X) bzw. Var(Y), so gilt

(iv) $\text{Var}(aX + b) = a^2 \text{Var}(X)$ und damit $\sigma(aX) = |a| \sigma(X)$, ferner

(v) der **Verschiebungssatz** $\text{Var}(X) = E(X^2) - (E(X))^2$ sowie

(vi) ** $\text{Var}(X + Y) = \text{Var}(X) + \text{Var}(Y) + 2\text{Cov}(X, Y)$ mit der **Kovarianz**

$$E(XY) - E(X) \cdot E(Y) = E([X - E(X)] \cdot [Y - E(Y)]).$$

Beweisskizzen: (iv) ergibt sich aus der Definition und den Formeln (i) und (ii) durch Nachrechnen; (v) folgt ebenfalls aus der Definition und der Linearität von E:

$$E([X - E(X)]^2) = E(X^2 - 2E(X) \cdot X + E(X)^2) = E(X^2) - 2E(X)^2 + E(X)^2.$$

(vi) $\text{Var}(X + Y) \overset{(iv)}{=} E((X + Y)^2) - E(X + Y)^2$
$= E(X^2) + 2E(X \cdot Y) + E(Y^2) - (E(X) + E(Y))^2$
$= [E(X^2) - E(X)^2] + [E(Y^2) - E(Y)^2] + 2[E(XY) - E(X) \cdot E(Y)].$

Anmerkungen: Mit (vi) folgt auch (im Fall der Existenz der Varianzen)

$E(X \cdot Y) = E(X) \cdot E(Y) \iff \text{Cov}(X, Y) = 0$
$\iff \text{Var}(X + Y) = \text{Var}(X) + \text{Var}(Y).$

Unabhängige Zufallsvariablen, deren Varianzen existieren, sind "unkorreliert". Für solche Variable gilt also $\text{Var}(X + Y) = \text{Var}(X) + \text{Var}(Y)$.

$\rho(X, Y) := \dfrac{\text{Cov}(X, Y)}{\sqrt{\text{Var} X} \cdot \sqrt{\text{Var} Y}}$ heißt *Korrelationskoeffizient*[4] (**Korrelation**) von X und Y.

3) *Beispiel* **Binomialverteilung:**

Ist X eine $B_{n,p}$ – verteilte Zufallsvariable, so gilt $E(X) = n \cdot p$ und $\sigma(X) = \sqrt{npq}$.

Beweis:

$E(X) \quad = \sum_{i=0}^{n} i \cdot \binom{n}{i} p^i q^{n-i} = p \sum_{i=1}^{n} i \cdot \frac{n}{i} \binom{n-1}{i-1} p^{i-1} q^{n-i}$

$\quad = np \sum_{i=0}^{n-1} \binom{n-1}{i} p^i q^{n-1-i} = np.$

$\sigma(X)^2 \quad = \text{Var}(X) = E(X^2) - E(X)^2 = \sum_{i=0}^{n} i^2 \binom{n}{i} p^i q^{n-i} - (np)^2$

$\quad \underset{s.o.}{=} np \sum_{i=0}^{n-1} (i+1) \binom{n-1}{i} p^i q^{n-1-i} - n^2 p^2 = np \cdot [E(B_{n-1,p}) + 1] - n^2 p^2$

$\quad = np((n-1)p + 1) - n^2 p^2 = np(1 - p).$ $\qquad \square$

---

[4]Zur Bedeutung des Korrelationskoeffizienten s.z.Bsp. Henze [He]!

5.3 Wahrscheinlichkeitsmaße mit Dichten

Was versteht man unter einer σ-**Algebra**, was unter einem (nicht notwendig diskreten) Wahrscheinlichkeitsraum? Begründen Sie, warum man das W-Maß nun auf einer σ-Algebra definiert.

1.) *Definitionen*: a) Eine Teilmenge $\mathcal{A}$ der Potenzmenge $\mathfrak{P}(\Omega)$ von $\Omega \neq \emptyset$ heißt σ-*Algebra* über Ω und $(\Omega, \mathcal{A})$ *messbarer Raum*, falls gilt

(i) $\Omega \in \mathcal{A}$ (ii) $A \in \mathcal{A} \Longrightarrow C_\Omega A \in \mathcal{A}$ und   (iii) $A_1, A_2, \ldots \in \mathcal{A} \Longrightarrow \bigcup_{i=1}^{\infty} A_i \in \mathcal{A}$.

Beispiele (i) $\mathfrak{P}(\Omega)$ (ii) $\{\emptyset, \Omega\}$ (iii) Ist S ein Mengensystem über Ω, also $S \subseteq \mathfrak{P}(\Omega)$, $S \neq \emptyset$, dann gibt es eine kleinste S umfassende σ-Algebra $\mathcal{A}$, nämlich den Durchschnitt aller S enthaltenden σ-Algebren von Ω, und $\mathcal{A}$ heißt die von S *erzeugte σ-Algebra*.

Speziell: Die von dem System $S = \{(x, +\infty) \mid x \in \mathbb{R}\}$ erzeugte σ-Algebra $\mathcal{B}$ heißt **Borel-Algebra** (des $\mathbb{R}^1$), ihre Elemente heißen Borel-Mengen. $\mathcal{B}$ ist auch erzeugt von allen offenen bzw. von allen abgeschlossenen Mengen. Ein anderes Erzeugendensystem von $\mathcal{B}$ ist die Menge aller Intervalle, die links offen und rechts abgeschlossen sind.

b) *Definition:* Jede Abbildung $P : \mathcal{A} \to \mathbb{R}$ (nicht mehr unbedingt von $\mathfrak{P}(\Omega)$ in $\mathbb{R}$) mit
(1) $P(A) \geq 0$ für alle $A \in \mathcal{A}$ (2) $P(\Omega) = 1$ (3) σ-Additivität (s. §5.1 Seite 145)
heißt **Wahrscheinlichkeitsmaß** (W-Maß). In diesem Fall wird $(\Omega, \mathcal{A}, P)$ (Kolmogorovscher) **Wahrscheinlichkeitsraum** genannt.

2.) *Begründung:* Im endlichen oder diskreten Fall haben wir stets $\mathcal{A} = \mathfrak{P}(\Omega)$ gewählt. Ist Ω jedoch überabzählbar, so kann man nicht voraussetzen, dass Wahrscheinlichkeiten für alle Teilmengen von Ω definiert sind; z.B. lässt sich (unter Verwendung der Kontinuumshypothese) zeigen, dass für die Potenzmenge des Einheitsintervalls kein W-Maß existiert, das jeder einelementigen Menge das Maß 0 zuordnet. Daher beschränkt man sich hier auf σ–Algebren.

Was ist ein Wahrscheinlichkeitsmaß mit **Dichte**? Behandeln Sie einige wichtige Beispiele!

1.) Sei $\Omega = \mathbb{R}$ und $\mathcal{A} = \mathcal{B}$, die Borelalgebra des $\mathbb{R}^1$, ferner f eine nicht-negative uneigentlich R-integrierbare Funktion mit $\int\limits_{-\infty}^{\infty} f(t)\, dt = 1$. Dann existiert genau ein W-Maß P auf $\mathcal{B}$ mit

$$P([x, y]) = P((x, y)) = \int\limits_{x}^{y} f(t)\, dt = F(y) - F(x) \text{ für alle } x \leq y. \text{ Hierbei ist } F \text{ mit } F(x) = \int\limits_{-\infty}^{x} f(t)\, dt$$

die zugehörige *Verteilungsfunktion*. P heißt **stetiges W-Maß** mit *Dichte(funktion)* f.

2.) *Beispiel:* **Gleichverteilung** auf $[a, b]$ (*Rechteckverteilung*). Hierbei ist $f = \frac{1}{b-a} 1_{[a,b]}$ (mit charakteristischer Funktion $1_{[a,b]}$ auf dem Intervall $[a,b]$) (s. Abb. 5.10 a).

Für die Verteilungsfunktion gilt $F(x) = \begin{cases} 1 & \text{für } x \geq b \\ \frac{x-a}{b-a} & \text{für } x \in [a,b] \\ 0 & \text{für } x \leq a \end{cases}$

3.) *Beispiel:* **Normalverteilung** Ist $f = \varphi_{\mu, \sigma^2}$ mit $\varphi_{\mu, \sigma^2}(x) = \frac{1}{\sqrt{2\pi}\sigma} e^{-\frac{1}{2}\left(\frac{x-\mu}{\sigma}\right)^2}$, so spricht man von der *Normalverteilung* N_{μ, σ^2} mit Parametern μ und σ^2, im Fall $\mu = 0$ und $\sigma^2 = 1$ von der *Standard-Normalverteilung* (s. Abb. 5.10 b).

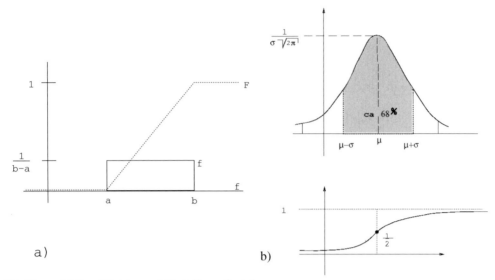

Abbildung 5.10:   Dichte- und Verteilungsfunktion
a) bei der Gleichverteilung auf $[a,b]$ b) der Normalverteilung

Die Verteilungsfunktion ist Φ_{μ,σ^2} mit

$$\Phi_{\mu,\sigma^2}(x) = \frac{1}{\sigma\sqrt{2\pi}} \int\limits_{-\infty}^{x} e^{-\frac{1}{2}(\frac{t-\mu}{\sigma})^2}\, \mathrm{d}t = \Phi_{0,1}\left(\frac{x-\mu}{\sigma}\right).$$

$\Phi = \Phi_{0,1}$ ist nicht geschlossen darstellbar, aber tabelliert. Es gilt u.a. :
$$P([\mu - \sigma, \mu + \sigma]) \approx 0,6827 \quad \text{und} \quad P(\mu - 2\sigma, \mu + 2\sigma) \approx 0,9545.$$

Anmerkung: Es gilt $E(N_{\mu,\sigma^2}) = \mu$, $\text{Var}(N_{\mu,\sigma^2}) = \sigma^2$ sowie $N_{\mu_1,\sigma_1^2} * N_{\mu_2,\sigma_2^2} = N_{\mu_1+\mu_2,\sigma_1^2+\sigma_2^2}$.
Bezüglich t-Verteilungen, χ^2-Verteilungen und mehrdimensionalen Verteilungen sei auf die Literatur verwiesen.

Verallgemeinern Sie den Begriff **Zufallsvariable** auf beliebige Wahrscheinlichkeitsräume!
Definieren Sie Erwartungswert und Varianz einer stetig verteilten Zufallsvariablen. Berechnen Sie Erwartungswert und Varianz einer gleichverteilten Zufallsgröße!

1.   Sei $(\Omega, \mathcal{A}, P)$ ein Wahrscheinlichkeitsraum und $(\Omega', \mathcal{A}')$ ein messbarer Raum. Dann heißt $X : \Omega \to \Omega'$ *Zufallsvariable* (Zufallsgröße oder messbare Abbildung), falls gilt

$$(*) : \forall A' \in \mathcal{A}' : X^{-1}(A') \in \mathcal{A}.$$

P_X mit $P_X(A') := P(X \in A')$ ist ein W-Maß auf $\mathcal{A}'$ (s. Abb. 5.7).
Anmerkung: Ist Ω abzählbar und $\mathcal{A} = \mathfrak{P}(\Omega)$, so ist $(*)$ trivialerweise erfüllt.

2.   Ist $(\Omega', \mathcal{A}') = (\mathbb{R}, \mathcal{B})$ die Borelalgebra, so nennen wir X eine **stetig verteilte Zufallsva-**
riable, falls P_X stetiges W-Maß mit Dichte f ist. Es gilt dann also $P(X \in [a,b]) = \int\limits_{a}^{b} f(t)\,\mathrm{d}t$.

Für solche Größen definieren wir **Erwartungswert** und **Varianz** durch $E(X) = \int\limits_{-\infty}^{\infty} t f(t)\,\mathrm{d}t$, falls

$\int\limits_{-\infty}^{\infty} |t| f(t)\,dt$ existiert, und $\mathrm{Var}(X) = \int\limits_{-\infty}^{\infty} [t - E(X)]^2 f(t)\,dt = E([X - E(X)]^2) = \sigma^2(X)$ (falls $E(X)$

und $E(X^2)$ existieren). Wie in §5.2 folgt aus der Linearität von E der **Verschiebungssatz**

$$\mathrm{Var}(X) = E(X^2) - E(X)^2.$$

3. *Beispiel:* Erwartungswert und Varianz der **Gleichverteilung**

$$E(X) = \int\limits_{-\infty}^{\infty} t \cdot \frac{1}{b-a} 1_{[a,b]}(t)\,dt = \frac{1}{b-a} \int\limits_{a}^{b} t\,dt = \frac{1}{2} \frac{b^2 - a^2}{b-a} = \frac{a+b}{2},$$

$$\mathrm{Var}(X) = \frac{1}{b-a} \int\limits_{a}^{b} t^2\,dt - \left(\frac{b+a}{2}\right)^2 = \frac{1}{3}\frac{b^3 - a^3}{b-a} - \left(\frac{b+a}{2}\right)^2 = \frac{1}{3}(a^2 + ab + b^2) - \frac{1}{4}(b+a)^2 = \frac{(b-a)^2}{12}.$$

4. *Anmerkung:* Sind $X_1, \ldots, X_n$ unabhängige Zufallsvariablen mit Verteilungsfunktionen $F_1, \ldots, F_n$, so gilt für die gemeinsame Verteilungsfunktion: $F(x_1, \ldots, x_n) = F_1(x_1) \cdots F_n(x_n)$.

** Definieren Sie den **Produktraum** abzählbar vieler Wahrscheinlichkeitsräume!

Seien $\mathcal{W}_i = (\Omega_i, \mathcal{A}_i, P_i)$ Wahrscheinlichkeitsräume ($i \in \mathbb{N}$). Auf $\Omega = \underset{i \in \mathbb{N}}{\times} \Omega_i$ wird eine σ-Algebra

$\mathcal{A} = \underset{i \in \mathbb{N}}{\times} \mathcal{A}_i$ von allen Mengen Form $A = A_0 \times \ldots \times A_n \times (\underset{i=n+1}{\overset{\infty}{\times}} \Omega_i)$ mit $A_i \in \mathcal{A}_i$ für

$i = 0, \ldots, n$ und $n \in \mathbb{N}$ (Zylinder-Mengen) erzeugt. Man kann in der Maßtheorie zeigen, dass

es dann genau ein W-Maß P auf $\mathcal{A}$ mit $P(A) = \prod\limits_{i=0}^{n} P_i(A_i)$ gibt; Bezeichnung $P := \underset{i \in \mathbb{N}}{\times} P_i$. Der

Raum $\mathcal{W} = (\Omega, \mathcal{A}, P)$ heißt *Produktraum* der $\mathcal{W}_i$.

Anmerkung: Diese Definition erweitert den in §5.1 eingeführten Begriff des Produktraums nicht nur auf beliebige W-Räume als Faktoren, sondern auch auf abzählbar viele Faktoren. Insbesondere bei der Betrachtung von (in der Theorie unbeschränkt langen) Folgen von Wiederholungen eines Teilexperiments hat man damit in $\mathcal{W}$ ein einziges Modell statt einer Folge von Modellen $((\Omega^n, P^n))_{n \in \mathbb{N}}$.

5.4 Approximation der Binomialverteilung

Beschreiben Sie die Approximation "der" Binomialverteilung durch die Normalverteilung.

Sei $X_1, \cdots, X_n$ eine Folge von n unabhängigen Zufallsvariablen mit $P(X_i = 1) = p$ und $P(X_i = 0) = 1 - p$. Dann ist $S_n := X_1 + \cdots + X_n$ binomialverteilt (nach $B_{n,p}$) mit (s.§5.2, Seite 154), damit

$$E(S_n) = np \quad \text{und} \quad \sigma_n := \sqrt{\sigma^2(S_n)} = \sqrt{n \cdot pq}.$$

Nach Standardisierung erhält man $S_n^* := (S_n - E(S_n))/\sigma_n$ mit Erwartungswert 0 und Varianz 1.

Für diese Zufallsvariablen gilt der **Satz von Moivre-Laplace**[5]

$$(\Diamond) \quad \forall a, b \in \mathbb{R}, a \le b : \lim_{n \to \infty} P^n(a \le S_n^* \le b) = \Phi(b) - \Phi(a).$$

Mit $a = (\alpha - np)/\sigma_n$ und $b = (\beta - np)/\sigma_n$ hat man daher für großes n auch

$$P^n(\alpha \le S_n \le \beta) \approx \Phi(b) - \Phi(a).$$

---

[5]Berücksichtigt man, dass der Graph von $\varphi(x)$ die Histogrammstufen etwa in der Mitte schneidet, lässt sich die Approximation durch Übergang zu den Grenzen $b' = b + \frac{1}{2}$ und $a' = a - \frac{1}{2}$ verbessern (**Stetigkeitskorrektur**).

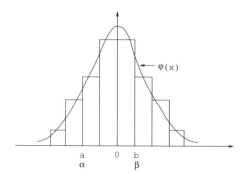

Abbildung 5.11: Approximation der Binomialverteilung durch die Normalverteilung
          (schematisch)

Anmerkungen: 1.) Die Aussage ($\Diamond$) gilt auch, wenn man irgendeine Folge S_n von binomialverteilten Zufallsvariablen mit festem p und $0 < p < 1$ betrachtet.

2.) Der erwähnte Satz ist ein Spezialfall des **Zentralen Grenzwertsatzes:**

Ist $X_1, X_2, \ldots$ eine Folge beliebiger unabhängiger Zufallsvariablen, die alle die gleiche Verteilung

(mit Erwartungswert μ und positiver endlicher Varianz σ^2) besitzen. Dann gilt mit $S_n := \sum\limits_{i=1}^{n} X_i$

und $S_n^* := (S_n - n\mu) / \sqrt{n}\sigma$, dass $\lim\limits_{n\to\infty} P(S_n^* < x) = \Phi(x)$ für alle $x \in \mathbb{R}$, d.h. dass S_n für

große n annähernd normalverteilt ist. In einer weiteren Version dieses Satzes kann auf die Bedingung verzichtet werden, dass alle X_i die gleiche Verteilung haben. Durch Normierung der Zufallsvariablen muss aber erreicht werden, dass alle X_i die gleiche Varianz haben. S_n ist dann anders zu normieren. (Hintergrund ist, dass die sogenanante Entropie von S_n^* mit wachsendedm n monoton gegen die Entropie der Standardnormalverteilung wächst, die maximal ist.)

Was versteht man unter einer **Poisson-Verteilung,** und wie lässt sich mit ihrer Hilfe "die"
Binomialverteilung approximieren?

Definition: Sei X eine Zufallsvariable, die die Werte $k \in \mathbb{N}$ mit Wahrscheinlichkeiten

$$P(X = k) = \frac{\lambda^k}{k!} e^{-\lambda}$$

annimmt (mit $\lambda > 0$ fest). Dann heißt X *Poisson-verteilt* mit Parameter λ. Erwartungswert und Varianz von X sind dann gleich λ.

Approximation der Binomialverteilung: Die Binomialverteilung B_{np} kann für sehr kleine p und große n durch die Poissonverteilung mit Parameter $\lambda = n \cdot p$ angenähert werden; unter diesen Voraussetzungen gilt: $\binom{n}{k} p^k (1-p)^{n-k} \approx \dfrac{\lambda^k}{k!} e^{-\lambda}$ für $k \in \mathbb{N}$.

Beweisskizze: Die Folge $(p_n)_{n \in \mathbb{N}^*}$ mit $p_n = \frac{\lambda}{n}$ konvergiert gegen 0. Daher strebt

$$\binom{n}{k} p_n^k (1-p_n)^{n-k} \cdot k! / \lambda^k = \frac{n \cdot (n-1) \cdots (n-k+1)}{k!} \cdot \frac{k!}{\lambda^k} \cdot \frac{\lambda^k}{n^k} \cdot \frac{1}{(1-p_n)^k} \cdot (1 - \frac{\lambda}{n})^n$$

für n gegen unendlich gegen $e^{-\lambda}$. $\square$

5.5 Gesetze der großen Zahlen

Wie lautet die **Ungleichung von Tschebyscheff** (Čebyšev)?

Sei X reellwertige (diskrete oder stetige) Zufallsvariable mit endlicher Varianz. Dann gilt für jedes $\varepsilon > 0$ die *Tschebyscheffsche Ungleichung* $P\left(\left|X - E(X)\right| \geq \varepsilon\right) \leq \frac{\text{Var}(X)}{\varepsilon^2}$.

Beweisskizze: Für diskrete Zufallsvariable X gilt mit $A := \{a \in \mathbb{R} \mid \frac{|a - E(X)|}{\varepsilon} \geq 1\}$ die Ungleichung

$$P(A) = \sum_{a \in A} 1 \cdot P(a) \underset{P(a) \geq 0}{\leq} \sum_{a \in A} \frac{(a - E(X))^2}{\varepsilon^2} \cdot P(a) \leq \frac{1}{\varepsilon^2} \sum_{x \in \mathbb{R}} (x - E(X))^2 P(x) = \frac{\text{Var}(X)}{\varepsilon^2}.$$

Der Beweis für stetige Zufallsvariable verläuft ähnlich. □

Formulieren Sie das **schwache Gesetz der großen Zahlen**, und leiten Sie es aus der Ungleichung von Tschebyscheff ab! Erläutern Sie die Bedeutung für das Verständnis der Wahrscheinlichkeit als ideale relative Häufigkeit.

a) Eine Formulierung des *schwachen Gesetzes der großen Zahlen* lautet:
Ist $(X_i)_{i \in \mathbb{N}^*}$ eine Folge unabhängiger Zufallsvariablen auf $(\Omega, \mathcal{A}, P)$ mit gleichem Erwartungswert M und gleicher endlicher Varianz σ^2, dann konvergiert $\overline{X} = \sum_{i=1}^{n} X_i$ stochachstisch gegen

M, d.h. es gilt für jedes $\varepsilon > 0$, dass $P\left(\left|\frac{1}{n}\sum_{i=1}^{n} X_i - M\right| < \varepsilon\right) \to 1$ für $n \to \infty$.

Beweisskizze: Für $\overline{X} := \frac{1}{n}(X_1 + \ldots + X_n)$ gelten wegen der Linearität des Erwartungswerts

$$E(\overline{X}) = \frac{1}{n}\sum_{i=1}^{n} E(X_i) = M \quad \text{und wegen der Unabhängigkeit von } X_i \text{ und } X_j \text{ auch}$$

$$\begin{aligned}
\text{Var}(\overline{X}) &= E(\overline{X}^2) - M^2 = E\left(\frac{1}{n^2}\sum_{i,j=1}^{n} X_i X_j\right) - M^2 = \frac{1}{n^2}\left[\sum_{i=1}^{n} E(X_i^2) + \sum_{i \neq j} E(X_i X_j)\right] - M^2 \\
&= \frac{1}{n^2}\sum E(X_i^2) + \frac{1}{n^2}\sum_{i \neq j} E(X_i) E(X_j) - M^2 \\
&= \frac{1}{n^2}\sum_{i=1}^{n} E(X_i^2) + \frac{n(n-1) - n^2}{n^2} M^2 = \frac{1}{n^2}\sum_{i=1}^{n}\left[E(X_i^2) - M^2\right] = \frac{1}{n^2}\sum_{i=1}^{n}\text{Var}(X_i) = \frac{n\sigma^2}{n^2} = \frac{\sigma^2}{n},
\end{aligned}$$

nach der Tschebyscheffschen Ungleichung folglich $P\left(\left|\overline{X} - M\right| \geq \varepsilon\right) \leq \frac{\sigma^2}{n\varepsilon^2}$. Für $n \to \infty$ streben die oberen Schranken von $P\left(\left|\overline{X} - M\right| \geq \varepsilon\right)$ gegen 0. □

b) *Zur Bedeutung:* Interpretiert man X_i als die i-te unabhängige Ausführung eines Alternativexperiments mit Erfolgswahrscheinlichkeit p (für $i = 1, 2, \ldots$) und $(\Omega, \mathcal{A}, P)$ als den zugehörigen Produktraum, so gibt $\overline{X}$ die *relative Häufigkeit* des Erfolges bei n Versuchen an; außerdem ist hierbei $M = p$. Das Gesetz der großen Zahlen rechtfertigt damit innerhalb der Theorie, dass die relative Häufigkeit als *Näherung für die Wahrscheinlichkeit eines Ereignisses* genommen wird bzw. die Wahrscheinlichkeit als ideale relative Häufigkeit gilt. Allgemeiner wird der Erwartungswert so als ideales arithmetisches Mittel motiviert.

Anmerkungen: 1.) Eine andere Formulierung des schwachen Gesetzes der großen Zahlen geht von einem Wahrscheinlichkeitsmaß auf der Borel-Mengenalgebra des $\mathbb{R}^1$ (s. o.) aus, das Erwartungswert $E(P)$ und endliche Varianz hat. Mit dem Produktmaß P^n gilt dann für jedes $c > 0$:

$$\lim_{n \to \infty} P^n \left\{ (x_1, \ldots, x_n) \in \mathbb{R}^n \;\middle|\; \left|\frac{1}{n}\sum_{i=1}^{n} x_i - E(P)\right| \geq c \right\} = 0.$$

2.) Die im schwachen Gesetz der großen Zahlen vorkommende **stochastische Konvergenz** einer Folge von Zufallsvariablen $Y_n \to Y$, definiert durch $P\left(\mid Y_n - Y \mid \geq \varepsilon\right) \to 0$, besagt nur, dass Y_n für großes n nahe bei Y liegt, aber $Y_n(\omega) \to Y(\omega)$ braucht für kein einziges Elementarereignis ω zu gelten.

Was versteht man unter **fast-sicherer Konvergenz** einer Folge von Zufallsvariablen?

Definition: Eine Folge (Y_n) von Zufallsvariablen auf $(\Omega, \mathcal{A}, P)$ konvergiert fast sicher gegen die Zufallsvariable Y, falls gilt: $P\left(\{\omega \in \Omega \mid \lim\limits_{n \to \infty} Y_n(\omega) = Y(\omega)\}\right) = 1$.

Anmerkung: Aus der fast-sicheren Konvergenz folgt die stochastische.

Wie unterscheidet sich das **starke Gesetz der großen Zahlen** vom entsprechenden schwachen Gesetz? (Ohne Beweis)

Der wesentliche Unterschied ist, dass beim starken Gesetz die fast-sichere Konvergenz behauptet wird.
Eine weitere mögliche Verstärkung ist die folgende Version (**Satz von Rajchman, vgl. Krengel [Kr]): *Sei $(X_i)_{i \in \mathbb{N}^*}$ eine Folge reellwertiger unkorrelierter[6] Zufallsvariablen auf $(\Omega, \mathcal{A}, P)$ mit* $\mathrm{Var}(X_i) \leq N < \infty$ *für alle i. Dann konvergiert* $S_n := \frac{1}{n} \sum\limits_{i=1}^{n} \left(X_i - E(X_i)\right)$ *fast sicher gegen* 0.

5.6   Anfänge der Beurteilenden Statistik

Geben Sie eine erwartungstreue **Schätzfunktion für den Erwartungswert** einer Zufallsgröße X an!

(i)   *Vorbemerkung:* Sei X_i die Zufallsvariable der i-ten unabhängigen Ausführung eines Experiments. X_i heißt *Kopie* der zu dem Experiment gehörenden Zufallsvariablen und hat die gleiche Wahrscheinlichkeitsverteilung wie X; insbesondere geht man von $E(X_i) = E(X)$ und $V(X_i) = V(X)$ aus. Eine **Stichprobe** $(x_i, \ldots, x_n)$ ist dann eine Realisierung der n unabhängigen Kopien $X_1, \ldots, X_n$ von X.

(ii)   Das *Stichprobenmittel* $\overline{X} := \frac{1}{n}(X_1 + \ldots + X_n)$ ist eine erwartungstreue Schätzfunktion für $E(X)$, d.h. es gilt $E(\overline{X}) = E(X)$.

Beweis: $E(\overline{X}) = E(\frac{1}{n} \sum\limits_{i=1}^{n} X_i) \underset{E \text{ linear}}{=} \frac{1}{n} \sum\limits_{i=1}^{n} E(X_i) = \frac{1}{n} \sum\limits_{i=1}^{n} E(X) = E(X)$. $\square$

(iii)   *Anmerkungen*   1). $\overline{X}$ ist nicht die einzige erwartungstreue Schätzfunktion für $E(X)$.

Beispiele: $\hat{X} := \dfrac{1}{\sum\limits_{i} \alpha_i} \sum\limits_{i=1}^{n} \alpha_i X_i$ mit $\sum\limits_{i=1}^{n} \alpha_i \neq 0$, (Beweis analog).

(Zur Varianz von $\hat{X}$ siehe Aufgabe W51 !)

2) Ist X normalverteilt, so auch $\overline{X}$. Bei großen Stichproben ist in den anderen Fällen $\overline{X}$ nach dem zentralen Grenzwertsatz annähernd normalverteilt.

3)   Bei einem Alternativexperiment (mit Erfolg "1" und Misserfolg "0") ist $\overline{X}$ die Zufallsvariable der relativen Häufigkeit des Erfolgs und Schätzfunktion für die Erfolgswahrscheinlichkeit p.

---

[6]d.h. Zufallsvariablen mit $E\left((X_i - E(X_i)) \cdot (X_j - E(X_j))\right) = 0$ für $i \neq j$ (vgl. §5.2). (Unabhängige Zufallsvariablen sind auch unkorreliert.)

Zeigen Sie, dass folgende **Schätzfunktionen für die Varianz** $V(X)$ einer Zufallsvariablen X erwartungstreu sind:

(i) $\frac{1}{n} \sum\limits_{i=1}^{n} (X_i - \mu)^2$ bei bekanntem Erwartungswert $\mu = E(X)$

(ii) $\overline{S}^2 := \frac{1}{n-1} \sum\limits_{i=1}^{1} (X_i - \overline{X})^2$ bei unbekanntem Erwartungswert

(i) $E(\frac{1}{n} \sum\limits_{i=1}^{n} (X_i - \mu)^2) = \frac{1}{n} \sum\limits_{i=1}^{n} E[(X_i - \mu)^2] = \frac{1}{n} \sum\limits_{i=1}^{n} E[(X - \mu)^2] = \frac{n}{n} V(X).$

(ii) $\quad E[(X_i - \overline{X})^2] \quad = E[(X_i - \mu - (\overline{X} - \mu))^2] = E[(X_i - \mu)^2 - 2(X_i - \mu)(\overline{X} - \mu) + (\overline{X} - \mu)^2]$
$\quad\quad\quad\quad\quad\quad\quad = E[(X_i - \mu)^2] - 2E[(X_i - \mu)(\overline{X} - \mu)] + E[(\overline{X} - \mu)^2]$

sowie

$$V(\overline{X}) = V(\frac{1}{n} \sum\limits_{i=1}^{n} X_i) \underset{X_i \text{ unabh.}}{=} \frac{1}{n^2} \sum\limits_{i=1}^{n} V(X_i) = \frac{1}{n^2} n \cdot V(X) = \frac{1}{n} V(X),$$

daher $\quad E[(\overline{S})^2)] \quad = \frac{1}{n-1} E[\sum\limits_{i=1}^{n} (X_i - \overline{X})^2] = \frac{1}{n-1} (nV(X) - 2E[(\overline{X} - \mu) \sum\limits_{i=1}^{n} (X_i - \mu)] + nE(\overline{X} - \mu)^2)$
$\quad\quad\quad\quad\quad\quad\quad = \frac{1}{n-1} (nV(X) - 2E(n(\overline{X} - \mu)^2) + nE(\overline{X} - \mu)^2)$
$\quad\quad\quad\quad\quad\quad\quad = \frac{1}{n-1} (nV(X) - nV(\overline{X})) = \frac{n}{n-1} (V(X) - \frac{1}{n} V(X)) = V(X).$

Was versteht man unter einem **Konfidenzintervall** (Vertrauensintervall) für einen zu schätzenden Parameter? Bestimmen Sie ein Konfidenzintervall zur Konfidenzwahrscheinlichkeit γ für den Erwartungswert μ einer normalverteilten Zufallsvariablen X mit bekannter Varianz σ^2.

(i)   Unter einem γ–Konfidenzintervall $[v_1, v_2]$ für einen zu schätzenden Parameter s der Verteilung einer Zufallsvariablen X versteht man eine Realisierung des "Intervalls" $[V_1, V_2]$ zweier Zufallsvariablen V_1, V_2 mit $P(V_1 \leq s \leq V_2) = \gamma$.

(ii)   Ist X normalverteilt mit unbekanntem Erwartungswert μ und bekannter Varianz σ^2, so sind dies auch die Stichprobenvariablen $X_1, \ldots, X_n$. Die normalisierte Zufallsvariable $\hat{X} = \frac{\overline{X} - \mu}{\sigma / \sqrt{n}}$ ist dann standardnormalverteilt. Man wählt nun z.Bsp. $c > 0$ so, dass gilt

$$\gamma = P(-c \leq \hat{X} \leq c) = \Phi(c) - \Phi(-c) = 2\Phi(c) - 1,$$

also $c = \Phi^{-1}(\frac{\gamma+1}{2})$. Man erhält nun V_1, V_2 aus $-c \leq \hat{X} = \frac{\overline{X} - \mu}{\sigma / \sqrt{n}} \leq c$,

$\quad\quad$ d.h. $V_1 = \overline{X} - d \leq \mu \leq \overline{X} + d = V_2$ mit $d = \frac{\sigma}{\sqrt{n}} \Phi^{-1}(\frac{\gamma+1}{2})$.

Anmerkung: Dieses Intervall ist nach dem zentralen Grenzwertsatz auch ein approximatives γ-Konfidenzintervall für eine beliebige Verteilung mit bekannter Varianz und bei großem Stichprobenumfang.

Beschreiben Sie die Grundidee eines **Signifikanztests** am Beispiel des **Testens von Hypothesen** über eine unbekannte Wahrscheinlichkeit (mit Hilfe der durch die Normalverteilungapproximierten Binomialverteilung).

(i)   Für die unbekannte Wahrscheinlichkeit p des "Treffers" (Erfolgs) bei einem Alternativexperiment soll die Behauptung $p \in H \subseteq (0,1)$ im Rahmen einer Stichprobe (Bernoulli-Kette) überprüft werden. Dabei soll die Gegenhypothese (**Nullhypothese**) $H_0 = [0,1] \setminus H$ verworfen werden, wenn die Anzahl a der Treffer (Stichprobenergebnis) wesentlich von der Anzahl abweicht, die man unter Annahme des Zutreffens von H_0 erwartet, wenn also im sogenannten Ablehnungsbereich $\mathcal{A}$ liegt. Dabei können folgende Fehler auftreten:

- Ablehnung von H_0, obwohl H_0 richtig ist (Fehler 1. Art) bzw.
- Annahme von H_0, obwohl H_0 falsch ist (Fehler 2. Art) (s. Abbildung 5.12).

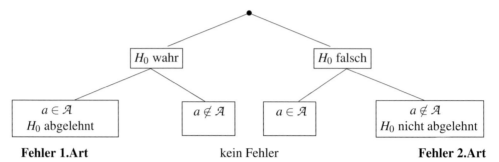

Abbildung 5.12: Fehlermöglichkeiten bei der Nullhypothese H_0 mit Ablehungsberechnung $\mathcal{A}$ und Stichprobenergebnis a

Die größtmögliche Wahrscheinlichkeit für einen Fehler 1. Art wir **Signifikanzniveau** genannt; sie wird mit α bezeichnet und zu Beginn des Tests vorgegeben.

(ii)   Wird als Hypothese $p > p_0$ und als Nullhypothese $p \leq p_o$ genommen (*einseitiger Test*), so kan man $\mathcal{A} = \{c, c+1, \ldots, n\}$ mit $c > np_0$ wählen).

Die Wahrscheinlichkeit eines Fehlers 1. Art hängt von der unbekannten Wahrscheinlichkeit p ab und ist am größten für $p = p_0$ (was man u.a. aus $\alpha = \sum\limits_{k=0}^{n} B(n,p,k)$ sieht). Daher gilt für das Signifikanzniveau (unter Verwendung der Approximation nach Moivre Laplace ohne Stetigkeitskorrektur)

$$\alpha = \sum_{k=c}^{n} B(n,p_0,k) \approx 1 - \Phi\left(\frac{c - np_0}{\sqrt{np_0(1-p_0)}}\right).$$

Bei gegebenem α lässt sich daraus der benötigte Stichprobenumfang n berechnen.

Anmerkungen:

1.)   Analog lässt sich auch ein einseitiger Test für die Hypothese $p < p_0$ konzipieren.

2.)   Für die Hypothese H: $p_1 < p < p_2$ lässt sich mit

$$H_0 : p \leq p_1 \vee p \geq p_2 \text{ und } \mathcal{A} := \{0, 1, \ldots, c_1\} \cup \{c_2, \ldots, c_n\}$$

für $c_1 \leq np_1$ und $c_2 \geq np_2$ ein **zweiseitiger** Test erstellen. Dabei wird n bei gegebenen α z.Bsp. so gewählt, dass $\sum\limits_{k=0}^{c_1} B(n,p_1,k) \leq \frac{\alpha}{2}$ und $\sum\limits_{k=c_2}^{n} B(n,p_2,k) \leq \frac{\alpha}{2}$ gilt.

5.7 Klausur-Aufgaben zur Wahrscheinlichkeitstheorie

Aufgaben zu 5.1 (Diskrete Wahrscheinlichkeitsräume)

Aufgabe W1 (Bernoulli-Kette, Binomialverteilung)

Ein Schütze hat die Treffsicherheit $\frac{1}{2}$. Wie groß ist die Wahrscheinlichkeit dafür, dass er bei zehn Schüssen mindestens drei Treffer erzielt?
Lösung siehe Seite: 321.

Aufgabe W2 (stochastisch unabhängig, komplementäres Ereignis)

Die Personen X, Y und Z treffen eine fliegende Tontaube mit den Wahrscheinlichkeiten $\frac{1}{2}, \frac{2}{3}$ und $\frac{3}{4}$. Eine Tontaube fliegt vorbei, und sie schießen gleichzeitig. Wie groß ist die Wahrscheinlichkeit, dass die Tontaube getroffen wird?
Lösung siehe Seite: 321.

Aufgabe W3 (Bernoulli-Kettte, Stichprobenraum, Ereignisraum)

Ein Würfel werde jeweils viermal hintereinander gewürfelt; die vier Augenzahlen seien in dieser Reihenfolge als Ergebnis der Stichprobe notiert.
(a) Man gebe einen geeigneten Stichprobenraum R an und bestimme $|R|$.
(b) Die Ereignisalgebra S sei die Menge aller Teilmengen von R. Man bestimme $|S|$.
(c) $A \in S$ sei das Ereignis 'Die Augenzahl ist bei jedem Wurf größer als beim Vorhergehenden'. Man gebe $P(A)$ an!
(d) $B \in S$ sei das Ereignis 'Die Augensumme ist größer als 20'. Man gebe $|B|$ an.
Lösung siehe Seite: 321.

Aufgabe W4 (totale Wahrscheinlichkeit)

In einem Großunternehmen soll vom Verwaltungsrat ein neuer Generaldirektor gewählt werden. Es stehen vier Direktoren D_1, D_2, D_3, D_4 in Konkurrenz, die Wahrscheinlichkeiten, dass sie gewählt werden, seien $P(D_1) = 0.3$, $P(D_2) = 0.2$, $P(D_3) = 0.4$, $P(D_4) = 0.1$.
Die erste Aufgabe des neuen Generaldirektors könnte die Einführung der Mitarbeiteraktie sein (Ereignis M). Die Wahrscheinlichkeit der Einführung der Mitarbeiteraktie ist je nach Wahlergebnis verschieden: $P(M|D_1) = 0.35$, $P(M|D_2) = 0.85$, $P(M|D_3) = 0.45$, $P(M|D_4) = 0.15$
Wie groß ist die Wahrscheinlichkeit dafür, dass man im Unternehmen die Mitarbeiteraktie einführt?
Lösung siehe Seite: 322.

Aufgabe W5 (Ereignisraum, Produktraum)

Eine Waschmittelfirma will für ihr neues Waschmittel „SOREIN" werben. Zu diesem Zweck wird jedem Paket ein Buchstabe des Wortes „SOREIN" beigefügt und zwar so, dass insgesamt jeder Buchstabe gleich häufig verteilt ist. Jedem Kunden, der den Namen des Waschmittels aus den den Paketen beiliegenden Buchstaben zusammensetzen kann, wird ein Gratispaket versprochen.
Wie groß ist die Wahrscheinlichkeit w dafür, dass ein Verbraucher nach dem Kauf von 7 Paketen das Wort „SOREIN" bilden kann?
Hinweis: Geben Sie auch den zugehörigen Wahrscheinlichkeitsraum (mit kurzer Begründung) an. Als Ergebnis für w reicht hier ein Bruch; eine Dezimaldarstellung ist nicht nötig.
Lösung siehe Seite: 322.

Aufgabe W6 (Laplace-Experiment, Produktraum)

Vier Kisten stehen nebeneinander in einer Reihe. Zwei verschiedenfarbige Bälle werden in die

Luft geworfen und jeder der Bälle landet – unabhängig von dem anderen – in einer der vier Kisten mit der Wahrscheinlichkeit $\frac{1}{4}$. Wie groß ist die Wahrscheinlichkeit, dass die beiden Bälle in zwei nebeneinander liegende Kisten fallen?
Lösung siehe Seite: 323.

Aufgabe W7 (Laplace-Experiment)

In einer Urne befinden sich 1000 Kugeln, dezimal dreistellig nummeriert der Reihe nach mit 000, 001, 002, 003, . . . , 997, 998, 999.

(a) Eine Kugel wird zufällig gezogen. Wie groß ist die Wahrscheinlichkeit p_1 dafür, dass in ihrer Nummer die Ziffer 7 nicht vorkommt?

(b) Die gezogene Kugel wird in die Urne zurückgelegt, und die Urne wird gut durchgeschüttelt. Nun werden zwei Kugeln gleichzeitig zufällig gezogen. Wie groß ist die Wahrscheinlichkeit p_2 dafür, dass in beiden Nummern die Ziffer 7 nicht vorkommt?

Lösung siehe Seite: 323.

Aufgabe W8 (Produktraum, Bernoulli-Kette, Laplace-Experiment)

Eine Lady behauptet, bei einer Tasse Tee mit Milch entscheiden zu können, ob zuerst Milch oder zuerst Tee in die Tasse gegeben wurde. Um ihre Behauptung zu testen, werden ihr 10 Tassen Tee mit Milch vorgesetzt, die sie nacheinander probiert. Sie soll mindestens 7 Tassen richtig klassifizieren.
Wie groß ist die Wahrscheinlichkeit w dafür, dass die Lady den Test besteht, wenn sie jeweils nur zufällig tippt?
Hinweis: Geben Sie auch den Wahrscheinlichkeitsraum an (mit kurzer Begründung).
Lösung siehe Seite: 323.

Aufgabe W9 (Bayessche Formel)

In einer Urne befinden sich zwei Münzen A und B. Münze A ist symmetrisch, so dass Wappen mit der Wahrscheinlichkeit $\frac{1}{2}$ fällt. Münze B ist so asymmetrisch, dass die Wahrscheinlichkeit für Wappen $\frac{1}{3}$ beträgt.
Wie groß ist die Wahrscheinlichkeit, dass es sich bei willkürlich gezogener und geworfener Münze mit dem Ergebnis „Wappen" um Münze A handelt? Konstruieren Sie das zugehörige wahrscheinlichkeitstheoretische Modell und berechnen Sie die Wahrscheinlichkeit.
Lösung siehe Seite: 323.

Aufgabe W10 (Bayessche Formel, totale Wahrscheinlichkeit)

In $n+1$ Urnen $U_0, U_1, \ldots, U_n$ liegen jeweils n Kugeln, die sich nur in der Farbe unterscheiden. In der Urne U_k mit $k \in \{0, \ldots, n\}$ liegen k rote und $n-k$ grüne Kugeln. Eine Urne wird zufällig ausgewählt und aus ihr eine Kugel gezogen.
(a) Wie groß ist die Wahrscheinlichkeit, dass die gezogene Kugel rot ist?
(b) Wenn eine rote Kugel gezogen wird, mit welcher Wahrscheinlichkeit stammt sie aus der Urne U_k?
Lösung siehe Seite: 324.

Aufgabe W11 (Laplace-Experiment, Erwartungswert)

$M = \{P_j \mid 1 \leq j \leq 10\}$ ist eine Menge von 10 Personen. Jede Person wählt zufällig zwei der anderen als 'Freunde' aus. Eine Person, die von niemandem ausgewählt wird, nennen wir einsam.
(a) Wie groß ist die Wahrscheinlichkeit dafür, dass P_7 einsam bleibt?

(b) Wie groß ist die mittlere Anzahl der Einsamen (d.h. der Erwartungswert der Anzahl der Einsamen)?

Wünschenswert ist die Angabe numerischer Näherungswerte für die gefragten Wahrscheinlichkeiten. Diese Näherungswerte berechnet man am besten mit einem Taschenrechner.
Lösung siehe Seite: 324.

Aufgabe W12 (Ereignisraum, Ziehen ohne Zurücklegen)

Aus einer Urne mit w weißen und s schwarzen Kugeln werden nacheinander solange Kugeln herausgenommen, bis eine weiße Kugel erscheint. Wie groß ist die Wahrscheinlichkeit p_k dafür, dass die Anzahl der dabei gezogenen schwarzen Kugeln gleich k ist ($k \in \{0, 1, \dots, s\}$)? Man prüfe die Beziehung $\sum_{k=0}^{s} p_k = 1$ auf direktem Wege nach.
Lösung siehe Seite: 324.

Aufgabe W13 (Hypergeometrische Verteilung)

In einer Kiste befinden sich 40 Bücher, davon 10 Mathematikbücher und 30 Romane. Wie groß ist die Wahrscheinlichkeit, genau ein Mathebuch zu bekommen, wenn man zufällig drei Bücher herausgreift?
Lösung siehe Seite: 325.

Aufgabe W14 (mehrstufiges Experiment, Pfadregel)

Einer Gruppe von 1000 Personen wird die Frage gestellt, ob sie jemals in ihrem Leben Ladendiebstahl begangen haben. Da bei einer direkten Frage keine ehrliche Antwort zu erwarten ist, werden die Testpersonen gebeten, aus einer Menge von 10 Karten eine Karte zu ziehen. Vier der 10 Karten stellen die Frage 'Haben Sie schon einmal Ladendiebstahl begangen?', die anderen sechs Karten stellen die Frage 'Haben Sie noch nie Ladendiebstahl begangen?'. Die Wahrscheinlichkeit für die Antwort 'Ja' ist 55%. Außerdem wird davon ausgegangen, dass alle Personen die Wahrheit sagen. Wie groß ist nun die Wahrscheinlichkeit dafür, dass eine willkürlich ausgewählte Person schon einmal Ladendiebstahl begangen hat?
Lösung siehe Seite: 325.

Aufgabe W15 (mehrstufiges Experiment, bedingte Wahrscheinlichkeit)

Die Wahrscheinlichkeit, dass in ihrem Lieblingssender an einem Sonntag Orgelmusik ertönt, beträgt 20%. An jedem anderen Wochentag beträgt sie 5%. Wenn Sie nicht wissen, welcher Wochentag ist: Wie groß ist die Wahrscheinlichkeit, dass Sonntag ist, wenn Sie anschalten und Orgelmusik ertönt?
Lösung siehe Seite: 325.

Aufgabe W16 (Laplace-Experiment, totale Wahrscheinlichkeit)

Eine unter einer Million Münzen hat fehlerhaft 'Zahl' auf beiden Seiten, die übrigen Münzen sind gut, d.h. sie haben nur auf einer Seite 'Zahl'. Eine zufällig ausgewählte Münze wird zwanzig mal geworfen und ergibt zwanzig mal 'Zahl'. Wie groß ist die Wahrscheinlichkeit dafür, dass sie trotzdem gut ist?
Es wird vorausgesetzt, dass jede Seite der Münze mit gleicher Wahrscheinlichkeit $\frac{1}{2}$ oben zu liegen kommt. Die Angabe eines numerischen Näherungswerts ist erwünscht.
Lösung siehe Seite: 326.

Aufgabe W17 (Bayessche Formel)

Die Produktion eines bestimmten Werkstücks wird in einer Fabrik von drei Maschinen M_1, M_2

und M_3 übernommen. Die Maschine M_k stellt $q_k\%$ der Gesamtproduktion her, alle $q_k > 0$ und $q_1 + q_2 + q_3 = 100$. Von der Produktion der Maschine M_k ist $\alpha_k\%$ Ausschuss. Aus der Gesamtproduktion werde zufällig ein Werkstück ausgewählt, das sich als fehlerhaft herausstellt. Wie groß ist die Wahrscheinlichkeit p_k, dass es von der Maschine M_k stammt ($k \in \{1,2,3\}$)? Berechnen Sie für den Fall $\quad q_1 = 10, \quad q_2 = 70, \quad q_3 = 20$ und $\alpha_1 = 1, \quad \alpha_2 = 2, \quad \alpha_3 = 4$ die numerischen Werte der Wahrscheinlichkeiten p_1, p_2, p_3.
Lösung siehe Seite: 326.

Aufgabe WTh18 (Polynomialverteilung)

n Kugeln werden zufällig in n Urnen verteilt. Wie groß ist die Wahrscheinlichkeit, dass genau eine Urne leer bleibt? Zeigen Sie, dass diese Wahrscheinlichkeit im Falle $n = 4$ größer, im Falle $n = 5$ kleiner als $\frac{1}{2}$ ist.
Lösung siehe Seite: 327.

Aufgabe W19 (Drei-Türen-Problem, Ziegenproblem)

Folgende Aufgabe ist als *3–Türen–Problem* (oder *Ziegenproblem*) bekannt: In einer Talkshow steht hinter einer von 3 verschlossenen Türen [7] als Hauptgewinn ein Auto, während hinter den beiden anderen je eine Ziege zu finden ist. Der Kandidat wählt auf gut Glück eine der 3 Türen. Der über die Position des Autos informierte Talkmaster öffnet eine der beiden anderen Türen[8], hinter der eine Ziege steht. Jetzt darf der Kandidat sich noch umentscheiden. Soll er das tun?
(Eine analoge Aufgabe ist das *"Bürgermeisterproblem"*, siehe H. WINTER: *Zur intuitiven Aufklärung probabilistischer Paradoxien*. JMD 13/1(1992) p. 23–53).
Lösung siehe Seite: 327.

Aufgabe W20 (Binomialverteilung, Kollision)

Zu einer Versammlung eines kleinen Vereins treffen die Teilnehmer nacheinander ein. Wie groß ist die Wahrscheinlichkeit, dass

(a) beim Eintreffen der dritten Person mindestens zwei der Anwesenden im betreffenden Jahr am gleichen Wochentag Geburtstag haben,

(b) beim Eintreffen der dritten Person mindestens zwei der Anwesenden im betreffenden Jahr am Sonntag Geburtstag haben?

Lösungshinweis: ad (a) Die $n = 7$ Wochentage können als n Fächer angesehen werden, in die sequentiell rein zufällig Kugeln verteilt werden.
ad (b): Teilerfolg ist die Besetzung des Fachs „Sonntag". Benötigt werden zwei oder mehr Teilerfolge. Die Wochentage pro Jahr dürfen Sie als gleichverteilt annehmen.
(Vgl. N. Henze: Stochastische Extremwertprobleme oder Wie banal ist die Sensation? Mitt. Math. Ges. Hamburg 17 (1998) 51-74.)
Lösung siehe Seite: 328.

Aufgabe W21 (Kollision, Geburtstagsparadoxon)

Zeigen Sie: Wenn sich 23 Personen zufällig treffen, dann kann man darauf wetten (d.h. die Wahrscheinlichkeit ist größer als 0,5), dass mindestens zwei davon am selben Tag des Jahres Geburtstag haben.

---

[7] mit gleicher Wahrscheinlichkeit für jede Tür
[8] Vorausgesetzt wird, dass der Talkmaster für den Fall, dass er überhaupt eine Wahl hat, sich für eine der beiden Türen mit Wahrscheinlichkeit 1/2 entscheidet.

Lösungshinweis: Es darf hier (unter Vernachlässigung der Schaltjahre) von 365 Tagen pro Jahr ausgegangen werden. Es wird weiter vorausgesetzt, dass jeder Tag des Jahres mit gleicher Wahrscheinlichkeit als Geburtstag in Frage kommt. Ohne Beweis dürfen sie die Ungleichung $\ln x \leq x - 1$ (für $x > 0$) und die Näherung $\exp(0,6931) \approx 0,499999$ verwenden.

Anmerkung: Es handelt sich bei dieser Aufgabe um das "Geburtstagsproblem" ("Geburtstagsparadoxon").

Lösung siehe Seite: 329.

Aufgabe W22 (Poissonverteilung, Binomialverteilung, Approximation, bedingte Wahrscheinlichkeit)

Eine radioaktive Quelle sendet in einer Zeiteinheit eine unbekannte Anzahl von α-Teilchen aus, und zwar genau n Teilchen mit der Wahrscheinlichkeit $p_n = e^{-\lambda} \frac{\lambda^n}{n!}$ für $n \geq 0$ (Poissonverteilung). Falls genau n Teilchen ausgesandt wurden, registriert ein Messgerät genau m davon mit Wahrscheinlichkeit $b_{n,m} = \binom{n}{m} p^m (1-p)^{n-m}$ für $m = 0, \ldots, n$ (Binomialverteilung).

Wie groß ist
(a) die Wahrscheinlichkeit, dass in der Zeiteinheit genau m α-Teilchen registriert werden?
(b) die bedingte Wahrscheinlichkeit, dass n α-Teilchen ausgesandt wurden unter der Bedingung, dass m registriert wurden?
(c) Wo benutzen Sie die σ-Additivität?

Hinweis: Sie dürfen ohne Beweis voraussetzen, dass ein (σ-additiver) Wahrscheinlichkeitsraum auf $\Omega = \{(n \text{ Teilchen gesandt}; m \text{ Teilchen registriert})\}$ existiert, der den angegebenen Voraussetzungen genügt.

Lösung siehe Seite: 329.

Aufgaben zu 5.2 (Zufallsvariable)

Aufgabe W23 (geometrische Verteilung)

Sei die Zufallsvariable X geometrisch verteilt, d.h. $P(X = k) = (1-p)^{k-1} \cdot p$ für $k \in \mathbb{N}$. Zeigen Sie, dass die geometrische Verteilung die sogenannte „Markoffeigenschaft" für diskrete Verteilungen besitzt, d.h. dass gilt: $P(X > k + m | X > k) = P(X > m)$ für alle $k, m \in \mathbb{N}_0$.

Lösung siehe Seite: 330.

Aufgabe W24 (Erwartungswert)

Eine Zielscheibe ist mit 3 konzentrischen Kreisen vom Radius 1, 3 und 5cm versehen. Man erhält 10, 5 bzw. 3 Punkte, wenn man die innere Kreisscheibe, den mittleren bzw. den äußeren Kreisring trifft. Die Wahrscheinlichkeit die große Kreisscheibe zu treffen sei gleich $\frac{1}{2}$. Jeder Punkt der Scheibe sei dabei mit gleicher Chance zu treffen. Berechnen Sie den Erwartungswert der bei einem Schuss erreichten Punktezahl!

Lösung siehe Seite: 330.

Aufgabe W25 (Erwartungswert)

Sie werfen einen roten und einen blauen Spielwürfel (sechsseitiger Würfel) und bekommen die Summe der beiden Würfelwurfergebnisse in Cents ausbezahlt. Wie groß sollte Ihr Einsatz sein, damit dies ein gerechtes Spiel ist (d.h. damit ihre Nettogewinnerwartung gleich 0 Cents ist)?

Lösung siehe Seite: 330.

Aufgabe W26 (Bernoulli-Kette,Erwartungswert, Standardabweichung, geometrische Verteilung)

Wie oft muss man 'im Durchschnitt' mit einem idealen Würfel würfeln, bis erstmals die Sechs erscheint? Berechnen Sie hierzu die Wahrscheinlichkeit p_n dafür, dass die Sechs beim n-ten Wurf erstmals erscheint, und bestimmen Sie anschließend den Erwartungswert dieser zufälligen Anzahl n. Welche Standardabweichung hat n?
Lösung siehe Seite: 330.

Aufgabe W27 (Erwartungswert)

An einer Würfelbude wird mit 3 Würfeln unter folgenden Bedingungen gespielt: Ein Spieler erhält Euro 100,- für drei Sechsen und Euro 1,- für zwei Sechsen, sonst nichts. Wie groß ist der Mindesteinsatz, ab dem das Spiel für den Würfelbudenbesitzer (von den Unkosten abgesehen) rentabel ist?
Lösung siehe Seite: 331.

Aufgabe W28 (Laplace-Experiment, Zufallsvariable)

Aus der Menge der natürlichen Zahlen $\{1, 2, 3, \ldots, n\}$ werden nacheinander willkürlich ohne Zurücklegen zwei Zahlen gezogen. Wie groß ist die Wahrscheinlichkeit dafür, dass der Absolutbetrag der Differenz zwischen den beiden gezogenen Zahlen nicht kleiner als m ist $(n > m > 0)$?
Lösung siehe Seite: 331.

Aufgabe W29 (Erwartungswert, Bernoulli-Kette)

Bei einem Spiel an einer Jahrmarktsbude wird eine nicht-gezinkte Münze so lange geworfen, bis zum ersten Mal „Zahl" erscheint. Ist dies beim k-ten Wurf der Fall, wird der Betrag $W_k = 2^{k-1}$ [Euro] ausgezahlt. Das Spiel endet nach höchstens 6 Würfen. Ist 6-mal „Kopf" eingetreten, wird nichts ausgezahlt. Der Einsatz pro Spiel beträgt Euro 4.–. Vergleichen Sie diesen Einsatz mit dem Erwartungswert E des Gewinns!

(Man vgl. dazu J. Pfanzagl: Elementare Wahrscheinlichkeitsrechnung, Berlin etc. 1991[2], Bsp. 6.7.4!)
Lösung siehe Seite: 332.

Aufgabe W30 (Erwartungswert, totale Wahrscheinlichkeit)

Ein fairer Würfel wird sieben Mal unabhängig geworfen; die Resultate seien $N, X_1, X_2, \ldots, X_6$. Anschließend bildet man die zufällige Summe $Z = X_1 + \cdots + X_N$. Beachte, dass die „Länge" dieser Summe auch zufällig ist und durch das Ergebnis des ersten Würfelwurfs bestimmt ist (lauten die sieben Würfe etwa 3, 4, 2, 2, 1, 6, 5, so ist $Z = 4 + 2 + 2 = 8$). Was ist der Erwartungswert der Zufallsvariablen Z? *Hinweis:* Es empfiehlt sich, die Wahrscheinlichkeit $P(Z = z)$ durch Bedingen nach N zu berechnen.
Lösung siehe Seite: 332.

Aufgabe W31 (Zufallsvariable, Erwartungswert)

Seien $X_1, X_2, \ldots, X_n$ unabhängige Zufallsvariablen mit gleichem Erwartungswert $E(X_i) = \mu$ und gleicher Varianz σ^2. Sei ferner $\overline{X} := \frac{1}{n} \sum_{i=1}^{n} X_i$. Zeigen Sie:

(a) $\mathrm{Var}(\overline{X}) := E([\overline{X} - \mu]^2) = \frac{1}{n} \sigma^2$

(b) Für $T := \frac{1}{n-1} \sum i = 1^n (X_i - \mu)^2 - \frac{n}{n-1} (\overline{X} - \mu)^2$ gilt $E(T) = \sigma^2$, (d.h.: T ist erwartungstreuer Schätzer für σ^2 bei bekanntem Erwartungswert μ.

Lösung siehe Seite: 333.

Aufgabe W32 (Zufallsvariable, stochastische Unabhängigkeit)

Eine ideale Münze wird zweimal geworfen. Man betrachte folgende Zufallsvariablen:
X gibt an, wie oft „Wappen" auftritt, Y gibt an, wie oft „Zahl" auftritt, $V = |X - Y|$ und

$$W = \begin{cases} 0 & \text{falls beim ersten Wurf „Wappen" aufritt} \\ 1 & \text{sonst.} \end{cases}$$

Sind X, V bzw. X, W bzw. V, W unabhängig?
Lösungshinweis: Stellen Sie zunächst eine Wertetabelle der Zufallsvariablen X, V und W in Abhängigkeit von den Elementarereignissen $(ww), (z, w), (w, z)$ und (z, z) auf.
Lösung siehe Seite: 333.

Aufgabe W33 (Zufallsvariable, stochastische Unabhängigkeit)

Auf $\Omega = \{1, 2, \dots 8\}$ mit der Gleichverteilung betrachte man

$$X(\omega) = \begin{cases} 1 & \text{falls } \omega \text{ gerade} \\ 0 & \text{sonst} \end{cases} \quad \text{und} \quad Y(\omega) = \begin{cases} 1 & \text{falls } \omega \in \{4, 8\} \\ 0 & \text{sonst} \end{cases}$$

Sind X und Y unabhängig?
Lösung siehe Seite: 334.

Aufgabe W34 (geometrische Verteilung, Erwartungswert)

Die diskrete Zufallsvariable X sei geometrisch verteilt mit dem Parameter $p \in (0, 1]$, d.h.
Bild $X = \mathbb{N} \setminus \{0\}$ und $P(X = k) = p(1 - p)^{k-1}$ für $k \in \mathbb{N} \setminus \{0\}$. Zeigen Sie:

(a) p_X, definiert durch $p_X(k) = P(X = k)$, ist eine diskrete Dichte, d.h. es gilt $\sum\limits_{k=1}^{\infty} p_X(k) = 1$.

(b) Berechnen Sie den Erwartungswert von X.

Lösung siehe Seite: 334.

Aufgabe W35 (Binomialverteilung, Tschebyscheff-Ungleichung)

Bei einer Werbeaktion eines Versandhauses sollen die ersten 1000 Einsender einer Bestellung eine Damen– bzw. Herrenarmbanduhr als Geschenk erhalten. Nehmen Sie an, dass sich beide Geschlechter gleichermaßen von dem Angebot angesprochen fühlen. Benutzen Sie die Chebyshevsche Ungleichung, um abzuschätzen, wie viele Damen– bzw. Herrenuhren das Kaufhaus vorrätig haben sollte, damit mit einer Wahrscheinlichkeit von mindestens 98% alle 1000 Einsender eine passende Uhr erhalten.
Lösung siehe Seite: 335.

Aufgaben zu 5.3 (Wahrscheinlichkeitsmaße mit Dichten)

Aufgabe W36 (Dichte, Gleichverteilung, Erwartunswert, Varianz)
Eine Zufallsgröße X sei im Intervall $[0, b] \subset \mathbb{R}$ gleichverteilt ($0 < b$). Bestimmen Sie ihren Erwartungswert und ihre Standardabweichung.
Lösung siehe Seite: 335.

Aufgabe W37 (Gleichverteilung, Erwartunswert, Varianz)

X sei eine stetige Zufallsvariable mit Dichtefunktion $\quad f(x) = \begin{cases} \frac{1}{b-a} & \text{für } x \in [a, b], a < b \\ 0 & \text{sonst}. \end{cases}$

Bestimmen Sie ihren Erwartungswert und ihre Standardabweichung!
Lösung siehe Seite: 335.

Aufgabe W38 (Gleichverteilung, Verteilungsfunktion, Erwartungswert, Varianz)

Sei X eine stetig verteilte Zufallsvariable, deren Dichte f auf dem Intervall $[a,b]$ (mit $a \neq b$)

konstant sei (gleichförmige Verteilung): $\quad f(t) = \begin{cases} k & \text{für } t \in [a,b] \\ 0 & \text{sonst.} \end{cases}$

(a) Bestimmen Sie k. (b) Welchen Erwartungswert hat X? (c) Bestimmen Sie die Verteilungsfunktion $F(t) := P(X \leq t)$ von X. (d) Welche Varianz und welche Standardabweichung hat X im Falle $[a,b] = [0,1]$?
Lösung siehe Seite: 336.

Aufgabe W39 (Gleichverteilung, Erwartunswert, Varianz)

X sei eine Zufallsvariable, deren Dichte f gegeben ist durch: $\quad f(x) = \begin{cases} \frac{1}{x \ln 3} & \text{falls } x \in [1,3] \\ 0 & \text{falls } x \in \mathbb{R} \setminus [1,3]. \end{cases}$

Berechnen Sie den Erwartungswert und die Varianz der Zufallsvariablen X.
Lösung siehe Seite: 336

Aufgabe W40 (Normalverteilung, Zufallsvariable)

In einem Fabrikationsprozess werden Schrauben hergestellt, deren Länge normalverteilt sei mit Mittelwert $\mu = 5\text{cm}$ und Standardabweichung $\sigma = 0,5\text{mm}$. Eine Schraube muss als Ausschussstück angesehen werden, wenn ihre Länge um mehr als 1mm vom Mittelwert (=Sollwert) μ abweicht. Wie groß ist die Wahrscheinlichkeit, dass eine Schraube kein Ausschussstück ist?
Lösung siehe Seite: 337.

Aufgabe W41 (Normalverteilung, Erwartunswert, Varianz)

Welche normalverteilten Zufallsvariablen haben die Eigenschaft, dass ihr Wert mit Wahrscheinlichkeit 0.95 betragsmäßig um weniger als 1 von ihrem Erwartungswert abweicht? (Näherungsrechnung ist erlaubt!)
Lösung siehe Seite: 337.

Aufgabe W42 (Normalverteilung, Erwartunswert, Tschebyscheff-Ungleichung)

Die Zufallsvariable X sei normalverteilt mit dem Erwartungswert μ und der Varianz σ^2.
(a) Berechnen Sie $P(|X - \mu| \geq 2\sigma)$ und geben Sie zum Vergleich eine Abschätzung nach der Tschebyscheff-Ungleichung an.
(b) Warum unterscheiden sich diese beiden Abschätzungen?
Lösung siehe Seite: 337.

Aufgabe W43 (Normalverteilung, $\sigma-$Additivität)

Sei X eine normalverteilte Zufallsvariable mit Erwartungwert 0. Ist es dann wahrscheinlicher, dass der Wert von X in eines der Intervalle $[0,1],[2,3],[4,5]$ etc. fällt, oder ist es wahrscheinlicher, dass der Wert von X in eines der Intervalle $[1,2],[3,4],[5,6]$ etc. fällt?
Lösung siehe Seite: 338.

Aufgabe W44 (Gleichverteilung, Verteilungsfunktion, Dichte))

In einem Kreis vom Radius 1 wird zufällig eine Sehne gelegt, wobei der Mittelpunkt der Sehne auf der Fläche der Kreisscheibe gleichverteilt sei. Bestimmen Sie Verteilungsfunktion und Dichte des Abstands X der Sehne vom Kreismittelpunkt.
Lösung siehe Seite: 338.

Aufgaben zu 5.4 (Approximation der Binomialverteilung)

Aufgabe W45 (Satz von Moivre-Laplace, Normalverteilung, Binomialverteilung)

Durch Befragen von n „repräsentativen" Wählern soll der Prozentsatz p der Wähler einer Partei A geschätzt werden. Die Wahrscheinlichkeit eines Irrtums um mehr als 1 Prozentpunkt soll nicht größer sein als 0,05. Die Gesamtzahl der Wähler sei „sehr groß". Geben Sie eine Näherung für ein hinreichend großes n an! Was setzen Sie bei der Berechnung über die Stichproben voraus?
Hinweis: Den Satz von Moivre-Laplace dürfen Sie ohne Beweis verwenden. Eine Fehlerbetrachtung ist hier nicht verlangt. Erwartungswert und Standardabweichung der Binomialverteilung dürfen als bekannt vorausgesetzt werden, ebenso Eigenschaften der Verteilungsfunktion ϕ der Standardnormalverteilung. $\phi^{-1}(0,975) \approx 1,96$. Beachten Sie auch $p \cdot (1-p) \leq \frac{1}{4}$.
Lösung siehe Seite: 338.

Aufgabe W46 (Satz von Moivre-Laplace, Normalverteilung, Binomialverteilung)

Wie groß ist näherungsweise die Wahrscheinlichkeit w, bei 600 Würfen mit einem idealen Würfel zwischen 90 und 100-mal eine Sechs zu erhalten?
Hinweis: Sie dürfen den Satz von Moivre-Laplace sowie Erwartungswert und Varianz der Binomialverteilung ohne Beweis verwenden. In dem Ergebnis für w darf ein(!) Ausdruck der Form $\phi(a)$ enthalten sein, wobei ϕ die Verteilungsfunktion der Standard-Normalverteilung bezeichnet und a durch eine Wurzel dargestellt ist.
Lösung siehe Seite: 339.

Aufgabe W47 (Poissonverteilung, Binomialverteilung, Approximation)

In einer kleinen Großstadt gibt es im Mittel pro Jahr zwei Brände. Wie groß ist die Wahrscheinlichkeit dafür, dass im nächsten Jahr mehr als vier Brände ausbrechen?
Lösung siehe Seite: 339.

Aufgabe W48 (Satz von Moivre-Laplace, Normalverteilung, Binomialverteilung, Tschebyscheff-Ungleichung)

Die Wahrscheinlichkeit, dass ein Ereignis in einem Experiment eintritt, sei $\frac{1}{2}$. Ist die Wahrscheinlichkeit, dass dieses Ereignis in 900 unabhängigen Versuchen zwischen 405 und 495 Malen eintritt, größer als 0.88? Benutzen Sie für die Antwort

(a) die Tschebyscheff-Ungleichung.

(b) den Satz von Moivre-Laplace (Approximation der Binomialverteilung durch die Normalverteilung).

Lösung siehe Seite: 340.

Aufgabe W49 (Poissonverteilung, Binomialverteilung, Approximation)

In einem Café verwendet ein Konditor (idealerweise) für eine Kirschtorte mit 12 Stücken gleichmäßig verteilt 180 Kirschen Es ist damit zu rechnen, dass jede 50. Kirsche die Entsteinmaschine durchläuft, ohne entsteint zu werden.

(a) Finden Sie die Wahrscheinlichkeiten, dass das ein Stück Kirschtorte keine bzw. eine bzw. zwei Kirschsteine enthält.

(b) An einem Tag werden 60 Stücke Kirschtorte in dem Café bestellt. Finden Sie die Wahrscheinlichkeit, dass keines drei oder mehr Kirschsteine enthält.

Hinweis: Sie dürfen auch Näherungswerte für die gesuchten Wahrscheinlichkeiten angeben.
Lösung siehe Seite: 340.

Aufgaben zu 5.5 (Gesetze der großen Zahlen)

Aufgabe W50 (Gesetz der großen Zahlen, Gleichverteilung, Dichte)

(a) Sei X eine auf $[0,1]$ gleichverteilte Zufallsvariable. Bestimmen Sie die Verteilungsfunktion und eine Wahrscheinlichkeitsdichte für die Zufallsvariable X^2.

(b) Seien $X_1, X_2, \ldots$ unabhängige auf $[0,1]$ gleichverteilte Zufallsvariable. Bestimmen Sie den (fast sicheren) Grenzwert $\displaystyle\lim_{n\to\infty} \frac{1}{n} \sum_{k=1}^{n} X_k^2$.

Lösung siehe Seite: 341.

Aufgaben zu 5.6 (Beurteilende Statistik)

Aufgabe 51 (erwartungstreue Schätzfunktion)

Sei $\hat{X} := \sum_{i=1}^{n} \alpha_i X_i$ mit $\alpha_1, \ldots, \alpha_n \in \mathbb{R}$ und $\sum_{i=1}^{n} \alpha_i = 1$ eine Schätzfunktion für den Erwartungswert einer Zerfallsvariablen X (mit voneinander unabhängigen Kopien X_i von X)!
(i) Zeigen Sie, dass $\hat{X}$ erwartungstreu ist.
(ii) Bestimmen Sie die α_i so, dass die Varianz $V(\hat{X})$ minimal (bzgl. aller Wahlen von $\alpha_1, \ldots, \alpha_n$) ist!
Lösung siehe Seite: 341.

Aufgabe W52

(nach G. Fillbrunn P. Pahl, vgl. Cremer, Kühler, Pehl: Statistik für Sie, Bd. 3, Hüber-Holzmann V., München 1975.)
Der Blutzuckergehalt von gesunden Menschen kann durch eine $N(\mu, \sigma)$-Normalverteilung mit Erwartungswert $\mu = 100$ (mg%) und Varianz $\sigma^2 = 400$ beschrieben werden. Eine Stichprobe von 16 Messungen an erkrankten Menschen ergibt $90, 111, 88, 120, 104, 117, 104, 102, 129, 134, 122, 118, 140, 76, 123, 98$. Muss die Nullhypothese H_0, dass die Krankheit den Erwartungswert des Blutzuckergehalts (i) nicht vergrößert (und die Streuung gleich bleibt) bzw. (ii) nicht verändert auf den 5% Signifikanzniveau abgelehnt werden?
Lösungshilfe: $\Phi(1,645) \approx 0,96$ und $\Phi(1,960) \approx 0,975$.
Lösung siehe Seite: 342.

Literaturhinweise zu Kap.5:

Krengel [Kr], Henze [He], Bosch [BK], Rényi [Re], Behrends et.al. [BGZ], v.Randow [Ra].

Kapitel 6

Computerorientierte Mathematik/ Anfänge der Numerik

Ich danke Herrn Prof. Dr. Ralf Kornhuber und Herrn Prof. Dr. Christof Schütte für den Einblick in ihr Skript zur Vorlesung Computerorientierte Mathematik II (s. [KS]), das ich dadurch in diesem Kapitel mit verarbeiten konnte.

6.1 Nullstellenbestimmung und Fixpunkt-Iteration

Führen Sie die Lösung eines (nicht-notwendig linearen) Gleichungssystems $f(x) = 0$ mit $f : G \to G'$ für abgeschlossene Teilmengen G, G' von $\mathbb{R}^d$ (bzw. allgemeiner eines Banachraumes B) auf ein Fixpunktproblem zurück!

Ziel ist die Lösung von $f(x) = 0$. Setzt man $g(x) := f(x) + x$, so gilt $g(x) = x$ genau für die Lösungen x von $f(x) = 0$. Falls g nicht kontrahierend (s.u.) ist, was z.Bsp. bei linearen Gleichungssystemen $(*)$ $Ax - b = 0$ oft der Fall ist, so kann man auch die (zu $(*)$ äquivalente) Fixpunktgestalt $Mx = (M - A)x + b$ bzw. $g(x) = (E_n - M^{-1}A)x + M^{-1}b$ für eine geeignete Matrix M wählen; Beispiele sind $M =$ diag(A) beim **Jacobi-Verfahren** bzw. $M = (m_{ij})$ mit $m_{ij} = \alpha_{ij}$, falls $i \geq j$, $m_{ij} = 0$ sonst (unterer Dreiecksteil von A) beim **Gauß-Seidel-Verfahren**. Ob dann g kontrahierend ist, hängt immer noch von A ab.

Anmerkung: Eine anschauliche exemplarische Darstellung von Konvergenz bzw. Divergenz einer Fixpunktiteration $x_{k+1} = g(x_k)$ im 1-dimensioanlen Falle zeigt Abbildung 6.1.

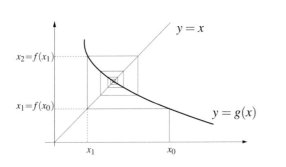 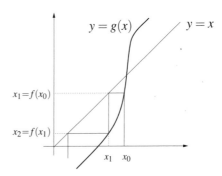

Abbildung 6.1: Zu Konvergenz und Divergenz der Fixpunktiteration

Geben Sie hinreichende Bedingungen an eine Abbildung $g : U \to U$ mit abgeschlossener Teilmenge U eines Banachraums B dafür an, dass g genau einen Fixpunkt ξ besitzt und die **Fixpunktiteration** $x_{k+1} = g(x_k)$ für jeden Startwert $x_0 \in U$ gegen ξ konvergiert (mit Fehlerabschätzung für $\|\xi - x_k\|$) !

Hinreichende Bedingungen liefert die folgende Varianate des **Banachschen Fixpunktsatzes** (vgl. auch §3.2, Seite 79):
Sei B ein Banachraum mit Norm $\|\cdot\|$, abgeschlossener Teilmenge U von B und $g : U \to B$ eine Abbildung mit folgenden Eigenschaften: (i) $g(x) \in U$ *für alle* $x \in U$ *und* (ii) *Es existiert ein* $L \in [0,1)$ *(sogenannte Lipschitz-Konstante) mit*

$$\forall x, y \in U : \|g(x) - g(y)\| \le L\|x - y\|,$$

*d.h. g sei **kontrahierend** (kontraktiv). Dann besitzt g genau einen Fixpunkt $\xi \in U$, und jede Folge* $(x_k)_{k \in \mathbb{N}}$ *mit* $x_0 \in U$ *und* $x_{k+1} := g(x_k)$ *konvergiert gegen ξ. Es gelten die Fehlerabschätzungen*
$\|\xi - x_k\| \le \frac{L^k}{1-L}\|x_1 - x_0\|$ *(a priori) und* $\|\xi - x_{k+1}\| \le \frac{L}{1-L}\|x_{k+1} - x_k\|$ *(a posteriori).*

Beweisskizze: Konvergenz und Fixpunkteigenschaft folgen wie in §3.2. Wie dort gilt:

$$\|x_s - x_k\| \le L^{k-1}\frac{1 - L^{s-k}}{1-L}\|x_2 - x_1\| \le \frac{L^k(1 - L^{s-k})}{1-L}\|x_1 - x_0\|.$$

Fehlerabschätzungen a priori: Aus diesen Ungleichungen, aus
$\|\xi - x_k\| - \|x_s - \xi\| \le \|\xi - x_k + x_s - \xi\| \le \|\xi - x_k\| + \|x_s - \xi\|$ und aus $0 \le L < 1$ ergibt sich wegen $\|x_s - \xi\| \to 0$ dann $\|\xi - x_k\| \le \lim_{s \to \infty}\|x_s - x_k\| \le \frac{L^k}{1-L}\|x_1 - x_0\|$;

a posteriori: $\|\xi - x_{k+1}\| \le \|g(\xi) - g(x_{k+1})\| + \|g(x_{k+1}) - g(x_k)\| \le L \cdot \|\xi - x_{k+1}\| + L\|x_{k+1} - x_k\|$.

Anmerkung:

(i) Ist f eine monoton wachsende und stetige reelle Funktion, so konvergiert $(x_n)_{n \in \mathbb{N}}$ mit $x_{n+1} := f(x_n)$ gegen einen Fixpunkt, s. Aufgabe A6 in §3.7. Auch wenn $f([a,b]) \subseteq [a,b]$ gilt und f stetig ist, existiert mindestens ein Fixpunkt (vgl. Aufgabe A15!).

(ii) Ist $g \in C_2[a,b]$ (also reelle Funktion auf $[a,b]$ und zweimal stetig differenzierbar) und gilt $\max_{x \in [a,b]} |g'(x)| = L < 1$, so existiert zu gegebenen $x, y \in [a,b]$ nach dem Mittelwertsatz ein x_0 mit $|g(x) - g(y)| = |g'(x_0)| \cdot |x - y| < L \cdot |x - y|$. Damit ist die Lipschitzbedingung erfüllt und das Iterationsverfahren ist mindestens linear konvergent; im Falle $g'(\xi) = 0$ erhält man mit der Taylorformel $g(x_k) = g(\xi) + \frac{1}{2}(x_k - \xi)^2 g''(\xi + \theta(x_k - \xi))$ mit $\theta \in (0,1)$ und daraus $\lim_{k \to \infty} \frac{x_{k+1} - \xi}{\|x_k - \xi\|^2} = \frac{1}{2}g''(\xi)$, d.h. die Fixpunkte-Iteration $x_{n+1} = g(x_n)$ konvergiert sogar mindestens quadratisch gegen ξ.

(iii) Es ist also sinnvoll, g so zu variieren, dass $g'(\xi) = 0$ ist. Setzt man $g(x) = x + h(x)f(x)$ für $h \in C_1[a,b]$ und $h(x) \neq 0$ für alle $x \in [a,b]$, so ist wieder $f(x) = 0 \Leftrightarrow g(x) = x$. Ist $f'(x) \neq 0$, so kann man wegen

$$g'(\xi) = 1 + h'(\xi)\underbrace{f(\xi)}_{0} + h(\xi)f'(\xi) = 1 + h(\xi)f'(\xi)$$

die Wahl $h(x) = -\frac{1}{f'(x)}$ treffen (- aus der sich $g'(\xi) = 0$ ergibt -), also $g(x) = x - \frac{f(x)}{f'(x)}$ setzen.

Beschreiben Sie die Bestimmung von Nullstellen einer auf dem reellen Intervall $[a,b]$ stetig differenzierbaren reellen Funktion 1.) mittels des Newton-Verfahrens und 2.) mittels der Regula falsi! Interpretieren Sie die Verfahren geometrisch!

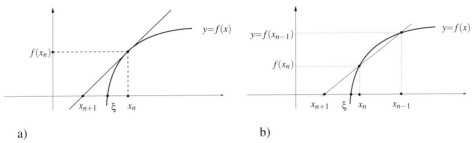

a)   b)

Abbildung 6.2: Zum Iterationsschritt a) beim Newtonverfahren und b) bei der Regula falsi

1a) Mit **Newton-Verfahren** bezeichnet man die Fixpunktiteration $x_{n+1} := x_n - \frac{f(x_n)}{f'(x_n)}$.

Anmerkung:
(i) Das Verfahren ist motiviert sowohl durch die letzte Anmerkung als auch durch die in b)
folgende geometrische Interpretation der Approximation von f.
(ii) Nach Anmerkung (ii) zur vorigen Frage konvergiert das Newtonverfahren für alle Startwerte,
wenn $f \in C_2[a,b]$ und $f'(x) \neq 0$ ist sowie $|g'(x)| < 1$ gilt, also $\max\limits_{x \in [a,b]} \left| \frac{f(x)f''(x)}{f'(x)^2} \right| < 1$.

1b) Die Tangente im Punkt $(x_n, f(x_n))$ hat die Gleichung $y = f(x_n) + f'(x_n)(x - x_n)$, die im Falle
$f'(x) \neq 0$ für alle $x \in [a,b]$ eine Nullstelle genau für x_{n+1} mit $x_{n+1} = x_n - \frac{f(x_n)}{f'(x_n)}$ hat, s. Abb.6.2a!

2.) Ersetzt man $f'(x_n)$ näherungsweise durch den Differenzenquotienten $\frac{f(x_n) - f(x_{n-1})}{x_n - x_{n-1}}$, d.h. die
Tangente durch eine Sehne, so erhält man die **Regula falsi** :

$$x_{n+1} = x_n - \frac{(x_n - x_{n-1})f(x_n)}{f(x_n) - f(x_{n-1})} = \frac{x_{n-1}f(x_n) - x_n f(x_{n-1})}{f(x_n) - f(x_{n-1})}$$

(Schnitt der Sehne mit der x-Achse, s.Abb. 6.2 b).

6.2   Polynom-Interpolation

Beschreiben Sie kurz Möglichkeit und Ziel der Polynom-Interpolation!

Unter den Polynomen von höchstens n-tem Grad gibt es genau eins, das an $n + 1$ paarweise
verschiedenen Stützstellen $x_0, \ldots, x_n$ die zugeordneten Stützwerte $y_0, \ldots, y_n$ annimmt (s. Seite 26
und Aufgabe L52, S. 36). Damit ist die folgende **Interpolationsaufgabe** grundsätzlich lösbar:
Man finde zu einer Funktion $f \in C[a,b]$ und $n + 1$ Stützstellen ein Polynom p_n mit Grad $p_n \leq n$
und $p_n(x_i) = f(x_i)$ für alle $i = 1, \ldots, n$. Ziel ist es hierbei, eine gute *Annäherung* für f durch eine
einfachere Funktion p_n zu erhalten (und damit u.a. auch für die **Approximation** von $\int\limits_a^b f(t)dt$,
s.u. §6.3) .

Amerkung: Überraschenderweise kann es vorkommen, dass der Fehler bei der Approximation
durch Interpolationspolynome p_n bei wachsendem Grad n größer statt kleiner wird.

Geben Sie die Lagrange-Darstellung des Interpolationspolynoms mit Fehlerabschätzung und
Kondition (ohne Beweis) an!

(i) Die **Lagrange-Polynome** L_i mit $L_i(x) = \prod\limits_{j=0, j \neq i}^{n} \frac{x - x_j}{x_i - x_j}$ erfüllen $L_i(x_j) = \delta_{ij}$ $(i, j = 0, \ldots, n)$

und bilden daher eine von $(x^i)_{i=0,\ldots,n}$ verschiedene Basis von $\mathbb{R}_n[x]$, dem Vektorraum der reellen Polynome vom Grad $\leq n$. Durch Einsetzen von $x_0, \ldots, x_n$ sieht man, dass $\Phi_n(f) := p_n$ mit

$$p_n(x) = \sum_{i=0}^{n} f(x_i) L_i(x) \text{ das gesuchte Interpolationspolynom ist.}$$

(ii) Man kann zeigen, dass für $f \in C^{n+1}[a,b]$ mit $|f^{(n+1)}(x)| \leq M$ der **Interpolationsfehler**

durch $|f(x) - p_n(x)| \leq \frac{M}{(n+1)!} \prod\limits_{k=0}^{n} (x - x_k)$ abgeschätzt werden kann.

(iii) Zur **Kondition** (d.h. dem Verhalten bei Störung der Eingangsdaten): Der Interpolationsoperator Φ_n (siehe (i) !) ist linear, und es gilt:

$$\sup_{f \in C[a,b], f \neq 0} \frac{\|\Phi_n(f)\|_\infty}{\|f\|_\infty} = \Lambda_n$$

mit der Maximumsnorm $\|f\|_\infty = \max\limits_{x \in [a,b]} |f(x)|$ und der sogenannten Lebesgues-Konstanten

$$\Lambda_n := \max \sum_{k=0}^{n} |L_k(x)|.$$

Anmerkung: Die Berechnung der Lagrange-Koeffizienten ist umständlich und bei Hinzunahme neuer Stützstellen neu zu leisten. Im Gegensatz zur Auswertung des Lagrangepolynoms an einer Stelle x mit $(n+1)^2$ Punktoperationen erfordert die Newton-Darstellung (s.u.) nur n Punktoperationen.

Wie lautet die Newtonsche Darstellung des Interpolationspolynoms, wie kann man seine Koeffizienten berechnen, und wie lässt es sich an der Stelle x mit dem Hornerschema auswerten?

(i) Der Ansatz nach Newton hat die folgende Form (mit noch zu bestimmenden Koeffizienten a_i):

$$p_n(x) = a_0 + a_1(x - x_0) + a_2(x - x_0)(x - x_1) + \ldots + a_n \prod_{k=0}^{n-1} (x - x_k).$$

(ii) Die Interpolationsbedingungen $(p_n(x_i) = f(x_i))$ liefern folgende Berechnungsvorschriften für die Koeffizienten:

$$a_0 = p_n(x_0) = f(x_0) =: f[x_0]$$

und $f(x_{j+1}) = p_n(x_{j+1}) = p_j(x_{j+1}) + a_{j+1} \prod\limits_{i=0}^{j} (x_{j+1} - x_i) + 0$, woraus sich

$$a_{j+1} = \frac{f(x_{j+1}) - p_j(x_{j+1})}{(x_{j+1} - x_0) \ldots (x_{j+1} - x_j)} =: f[x_0, \ldots, x_j]$$

(die sogenannten **Newtonschen dividierten Differenzen** und damit die rekursive Berechnungsmöglichkeiten

$$f[x_i] = f(x_i) \ (i = 0, \ldots, m) \text{ und } f[x_i, \ldots, x_k] = \frac{f[x_{i+1}, \ldots, x_k] - f[x_i, \ldots, x_{k-1}]}{x_k - x_i}$$

$(0 \leq i < k \leq n)$ ergibt, die auf das **Dreiecksschema von Neville** führt:

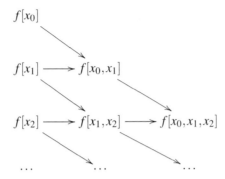

Die Bestimmung von p_n erfordert damit $\frac{n(n+1)}{2}$ Punktoperationen.

(iii) Durch Ausklammern erhält man für die Newton-Darstellung die Form

$$p_n(x) = a_0 + (x-x_0)(a_1 + (x-x_1)(a_2 + (\ldots + (x-x_{n-1})a_n)\ldots)),$$

die die Auswertung von p_n an der Stelle x als Iteration mittels **Hornerschema** ermöglicht:
$S_n := a_n$, $S_k := S_{k+1}(x-x_k) + a_k$ $(k = n-1, \ldots, 0)$ und $p_n(x) = S_0$. Hierzu sind nur n Punktoperationen nötig.

6.3 Numerische Integration

Abweichend vom theoretischen Vorgehen (s. §4.2) approximiert man bei der näherungsweisen numerischen Berechnung des Riemannintegrals $\mathcal{I}(f) = \int_a^b f(t)\,dt$ die Funktion $f \in C[a,b]$ nicht durch Treppenfunktionen, sondern durch ein Interpolationspolynom p_n zu den Stützstellen
$$a =: x_0 < x_1 < \ldots < x_n := b.$$

Beschreiben Sie die Herleitung der allgemeinen Newton-Côtes-Formeln (für $n+1$ äquidistante Stützstellen)!

Das Integral $\mathcal{I}(f) = \int_a^b f(t)\,dt$ lässt sich durch Ersetzen von f durch ein Interpolationspolynom (in Lagrange Darstellung) $p_n = \sum_{i=0}^{n} f(x_k)L_k$ approximieren; man erhält $\mathcal{I}_n(f) = (b-a)\sum_{i=0}^{n} f(x_i)\lambda_i$ mit von f unabhängigen $\lambda_i = \frac{1}{b-a}\int_a^b L_i(t)\,dt$ und $L_i(t) = \prod_{j=0, j\neq i}^{n} \frac{t-x_j}{x_i-x_j}$ (s.o.). Bei äquidistanten Stützstellen $x_k = a + kh$ mit $h = \frac{b-a}{n}$ und $k = 0, \ldots, n$ erhält man für die als **Newton-Côtes-Formeln** zur Schrittweite h bezeichneten Quadraturformeln (u.a. durch die Substitution $t = a + sh$) die Gewichte

$$\lambda_i = \frac{1}{b-a}\int_a^b \prod_{k\neq i} \frac{t-(a+kh)}{ih-kh}\,dt = \frac{1}{n}\int_0^n \prod_{k=0, k\neq i}^{n} \frac{s-k}{i-k}\,ds \text{ (unabhängig von } f, \text{ von } a, b).$$

Speziell ergeben sich die **Trapezregel** (für $n=1$, $\lambda_0 = \lambda_1 = \frac{1}{2}$), die **Simpson-Regel**, für $n=2$, $\lambda_0 = \frac{1}{6} = \lambda_2$, $\lambda_1 = \frac{4}{6}$), die **Newtonsche 3/8 Regel** (für $n=3$, $\lambda_0 = \frac{1}{8} = \lambda_3$, $\lambda_1 = \frac{3}{8} = \lambda_2$).

Anmerkungen. 1.) Ab $n = 8$ treten negative Gewichte auf, und die Newton-Côtes-Formeln werden ungeeignet. 2.) Die Aufgabe, zu jedem $\varepsilon > 0$ eine Näherung $\tilde{J}(f)$ mit $|J(f) - \tilde{J}(f)| < \varepsilon$ zu finden, ist allerdings mit den globalen Newton-Côtes-Formeln nicht immer möglich.

Gehen Sie auf das Vorgehen bei summierten Quadraturformeln ein!

Man zerlegt das Intervall $[a,b]$ in Teilintervalle $[a,b] = \bigcup\limits_{i=0}^{m-1} V_i$ mit $V_i = [z_i, z_{i+1}]$ und dementspre-

chend das Integral: $J(f) = \int\limits_a^b f(t)\,dt = \sum\limits_{i=0}^{m-1} \int\limits_{V_i} f(t)\,dt$. **Summierte Newton-Côtes-Formeln** erhält man nun durch Anwendung von Newton-Côtes-Formeln auf die Teilintegrale und Aufsummieren. Zum Beispiel liefert die Trapezregel (s.auch Abb. 6.3) bei äquidistanten Stützstellen auf V_i die Teilintegrale $\int\limits_{V_i} f(t)\,dt \approx \frac{h}{2}(f(z_i) + f(z_{i+1}))$ mit $h = \frac{b-a}{m}$ und als **summierte Trapezregel:**

$$\int\limits_a^b f(t)\,dt \approx \frac{h}{2}[f(a) + f(b)] + h \sum\limits_{i=1}^{m-1} f(x_i) = S_m^{(1)}(f).$$

Anmerkung. Für die summierte Trapezregel und Funktionen $f \in C^2[a,b]$ gilt die Fehlerabschätzung

$$|J(f) - S_m^{(1)}(f)| \leq \frac{h^2}{12}(b-a)\|f''\|_\infty.$$

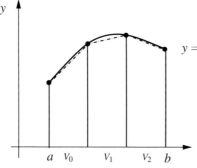

$y = f(x)$

Abbildung 6.3: Zur summierten Trapezregel (im vereinfachten Fall m=3)

6.4 Anfänge der Numerik von Differentialgleichungen

Beschreiben Sie das explizite und implizite Eulerverfahren zur Bestimmung einer Näherungslösung der linearen Differentialgleichung $(*)$ $x'(t) = \lambda x(t) + f(t)$ für $f \in C[0,\infty]$ und $0 < t < T$.

Vorbemerkung. Die Gleichung $(*)$ hat $x(t) = \alpha e^{\lambda t} + \int\limits_0^t f(u) e^{\lambda(t-u)}\,du$ mit $\alpha \in \mathbb{R}$ als exakte Lösungen; hierbei ist $\alpha = x(0)$ der evtl. vorgegebene Anfangswert des zu $(*)$ gehörenden Anfangswertproblems.

Zur Bestimmung einer Näherungslösung wählt man z.Bsp. ein äquidistantes Gitter $\Delta : 0 = t_0 < t_1 < \ldots < t_n = T$ mit konstanter Schrittweite $\tau = t_{k+1} - t_k$ $(k = 0, \ldots, n-1)$. Lässt sich $(*)$ auf $t = 0$ fortsetzen, so hat die Tangente an den Graphen von $x(t)$ im Punkt $(t_0, x(t_0)) = (0, x_0)$ die Gleichung $g(s) = x_0 + s\,x'(0) = x_0 + s(\lambda x_0 + f(t_0))$. Der Wert der Tangente am Ende des esten Gitterintervalls dient als Näherungslösung $x_1 = g(\tau) = x_0 + \tau(\lambda x_0 + f(t_0)) \approx x(t_1)$. So fortfahrend erhält man das **explizite Eulersche Polygonverfahren**

$$x(t_{k+1}) \approx x_{k+1} = x_k + \tau(\lambda x_k + f(t_k)) \quad (k = 0, \dots, n-1).$$

Dieses Verfahren lässt sich auch interpretieren als Ersetzen der Ableitung $x'(t_k)$ im Gitterpunkt t_k durch den Differenzenquotienten: $\frac{x_{k+1}-x_k}{t_{k+1}-t_k}$ und Einsetzen in $(*)$. Verwendet man stattdessen für die Ableitung im Punkt t_{k+1} den rückwärts gewonnenen Differenzenquotienten $\frac{x_{k+1}-x_k}{t_{k+1}-t_k}$, so erhält man das **implizite Euler-Verfahren**:

$$x_{k+1} = x_k + \tau(\lambda x_{k+1} + f(t_{k+1})) \quad (k = 0, \dots, n-1).$$

Literaturhinweise zu Kap.6:
Kornhuber/Schütte [KS], Deuflhard/Hohmann [DH], Hämmerlin/Hoffmann [HH], Stoer/Burlisch [SB].

6.5   Beispiel-Klausur[1] zur Computerorientierten Mathematik

Freie Universität Berlin
Fachbereich Mathematik und Informatik
Prof. Dr. I. Horenko
L. Putzig, O. Kaiser

Computerorientierte Mathematik II
Erste Klausur

Wichtige Hinweise:

- Diese Klausur besteht aus insgesamt fünf Aufgaben. Sie können maximal 36 Punkte erreichen. Zum Bestehen der Klausur sind 18 Punkte notwendig.

- ......(einige technische Hinweise)

- Zugelassene Hilsmittel sind:
    - das Vorlesungsskript zur *Computerorientierten Mathematik II*
    - die *freundliche Matlab-Einführung*
    - Ihre Mitschriebe aus der Vorlesung und dem Tutorium
    - alle ausgegebenen Aufgabenblätter

  Die Benutzung von **programmierbaren Taschenrechnern** ist **nicht erlaubt**.

Aufgabe 1 (Newton-Verfahren)   [9 Punkte]

Für ein $z \in \mathbf{R}_{>0}$ sei x definiert als:

$$x := \sqrt{z + \sqrt{z + \sqrt{z + \ldots}}}$$

(a) Geben Sie eine Iterationsvorschrift zur Berechnung von x an und bestimmen Sie ein $a \in \mathbf{R}$, so dass die Iterationsvorschrift $\forall x \in [a, \infty)$ konvergiert.

(b) Betrachten Sie die folgende Funktion $f(x) = \exp(x) - c \quad \forall x \in [0,1]$ und $c \in \mathbf{R}$. Stellen Sie eine Iterationsvorschrift zur Bestimmung der Nullstelle auf und berechnen Sie mit Hilfe der a priori Abschätzung die Anzahl der Iterationen, die notwendig sind, um eine Genauigkeit von 0,015 zu erreichen, ausgehend von dem Startwert $x_0 = \frac{1}{2}$ und $c = 2{,}5$

---

[1] Herrn Prof. Dr. Illia Horenko gilt mein herzlicher Dank für die Erlaubnis zum Abdruck der folgenden Klausur.

Aufgabe 2 (Interpolation) [6 Punkte]

Gegeben sei die Funktion $f(x) = \exp\left(-\frac{1}{2}x\right)$ auf dem Intervall $[-1,1]$.

1. Berechnen Sie für diese Funktion das Interpolationspolynom p_2 zu den Daten

k	0	1	2
x_k	-1	0	1
f_k	1.6487	1	0.6065

   mit der Newtonschen Interpolationsformel und dividierten Differenzen. Bringen Sie Ihre Lösung in die Form $p_2(x) = ax^2 + bx + c$ mit Koeffizienten $a, b, c \in \mathbf{R}$.

2. Zeigen Sie nun, dass die folgende Abschätzung für den Interpolationsfehler gilt:

$$\max_{x \in [-1,1]} |f(x) - p_2(x)| \leq \frac{0.3849}{48} \exp\left(\frac{1}{2}\right).$$

Aufgabe 3 (Quadraturformeln) [7 Punkte]

Das Integral $\int\limits_{\pi}^{2\pi} \cos(x)\, dx$ soll mit der summierten Simpson-Regel $S_m^{(2)}(f)$ mit $m = 10$ Teilintervallen approximiert werden. Dazu steht ein MATLAB-Programm zur Verfügung, das jedoch einige Fehler enthält:

```
clear;

a=0;
b=pi;
m=10;
h=(b-a)/m
simp=0;

for k=1:m
    zk=a+k*(b-a);
    simp=h*(cos(zk)+2*cos(zk-h/2)+cos(zk+h))/6;
    ergebnis=simp
end
```

Unterstreichen Sie jeweils die Zeile, die den Fehler enthält und geben Sie in der rechten Spalte die korrigierte Zeile an. Sie müssen Ihre Antwort nicht begründen. Für falsche Antworten werden keine Punkte abgezogen.

Aufgabe 4 (Differentialgleichungen)   [8 Punkte]

Seien $\lambda < 0$ und $y_0 > 0$. Dann ist die Lösung $y(t)$ des Anfangswertproblems

$$\text{(AWP)} \quad \left\{ \begin{array}{rcll} \dot{y}(t) & = & \lambda y(t) & \text{für } t > 0, \\ y(0) & = & y_0 \end{array} \right.$$

eine positive, streng monoton fallende Funktion. Die Lösung soll mit dem Verfahren von Heun approximiert werden:

$$y_{k+1} \quad = \quad y_k + h\lambda y_k + \frac{(h\lambda)^2}{2} y_k.$$

(a) Zeigen Sie, dass die Approximationen y_k für jede beliebige Schrittweite $h > 0$ positiv bleiben, wenn $y_0 > 0$ gilt.

Hinweis: $\left(\dfrac{h\lambda}{\sqrt{2}} + 1 \right)^2 \geq 0.$

(b) Welche Bedingung muss die Schrittweite $h > 0$ erfüllen, damit die Approximationen y_k eine streng monoton fallende Folge bilden?

Aufgabe 5 (Multiple Choice)   [6 Punkte]

Sind die folgenden Aussagen wahr oder falsch? Kreuzen Sie das entsprechende Feld an. Für falsche Antworten werden keine Punkte abgezogen.

wahr	falsch	Aussage
		Der Interpolationsfehler ist kleiner, wenn man die Newton'sche Darstellung des Interpolationspolynoms anstelle der Lagrange-Darstellung verwendet.
		Die Lebesgue-Konstante Λ_n hängt von der Wahl der Stützstellen ab.
		Das Interpolationspolynom $p_n = \phi_n(f)$ der Nullfunktion $f(x) = 0$ ist immer die Nullfunktion $(0 < n \in \mathbb{N})$.
		Die Gewichte der Newton-Côtes-Quadraturformeln hängen von der Funktion ab, die integriert werden soll.
		Jede Fixpunktiteration konvergiert.
		Wendet man beide Euler-Verfahren auf das Anfangswertproblem $$\text{(AWP)} \quad \left\{ \begin{array}{rcll} \dot{y}(t) & = & -100 \cdot y(t) & \text{für } t > 0, \\ y(0) & = & 100 \end{array} \right.$$ an, so ist nur das implizite Verfahren unbedingt stabil.

Kapitel 7

Elementargeometrie (synthetische Geometrie)

Worin unterscheidet sich "die" synthetische Geometrie von der analytischen ?

Im Rahmen der analytischen Geometrie werden die Objekte und Relationen *Punkt, Gerade, Ebene, Inzidenz, Anordnung, Kongruenz* oder *Orthogonalität* mit Mitteln der linearen Algebra konkret definiert, so die *Punkte* als die Vektoren eines Vektorraumes V (z.Bsp. $V = \mathbb{R}^3$), die *Geraden* und *Ebenen* als 1- bzw.2-dimensionale affine Unterräume, die *Indizenz* als Enthaltensein, die *Anordnung* auf einer *Geraden* durch die lexikographische Ordnung der Koordinatenvektoren, die *Länge* einer Strecke bzw. *Orthogonalität* mittels Skalarprodukt.

Demgegenüber sind bei der **synthetischen Geometrie**[1] die erwähnten Begriffe nicht konkret angegeben, sondern Grundbegriffe, die lediglich durch gewisse Eigenschaften und Beziehungen untereinander, also axiomatisch beschrieben sind.

7.1 Affine Geometrie

Wie lässt sich der Begriff des 3–dimensionalen affinen Raumes axiomatisch definieren?

Unter einem 3-dimensionalen affinen Raum versteht man
 – eine Menge $\mathcal{P}$, deren Elemente "Punkte" heißen,
 – eine Menge $\mathcal{G}$, deren Elemente "Geraden" heißen,
 – eine Menge $\mathcal{E}$, deren Elemente " Ebenen" heißen

und zwei Indizenzrelationen $I_1 \subseteq \mathcal{P} \times \mathcal{G}$ sowie $I_2 \subseteq \mathcal{P} \times \mathcal{E}$ derart, dass gilt
  (1) *Existenz und Eindeutigkeit der Verbindungsgeraden und Verbindungsebenen:*

   Zu $P, Q \in \mathcal{P}$ mit $P \neq Q$ existiert genau ein $g \in \mathcal{G}$: $P, Q \, I_1 \, g$ (Bezeichnung : $g = PQ$)

   Zu $P, Q, R \in \mathcal{P}$ mit P, Q, R nicht *kollinear* (d. h. nicht auf einer Geraden liegend) existiert genau eine Ebene $E \in \mathcal{E}$ mit $P, Q, R \, I_2 \, E$ (Bezeichnung $E = PQR$).

---

[1] Aus der Vielzahl der möglichen Definitionen eines euklidischen Raumes geben wir hier ein Axiomensystem an, das sich an das Hilbertsche anlehnt, aber (unter Aufgabe der Unabhängigkeit der Axiome) etwas vereinfacht ist.

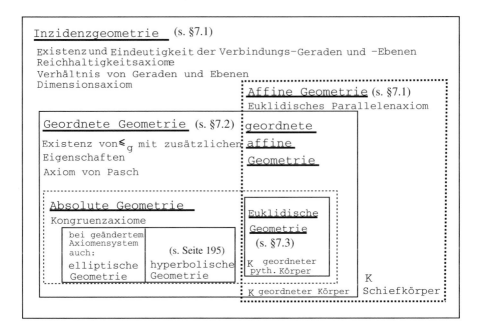

Tabelle 7.1: Übersicht über einen Aufbau der Geometrie

(2) *Reichaltigkeitsaxiome:* Auf jeder Geraden liegen mindestens 2 Punkte. Jede Ebene enthält ein Dreieck (drei nicht–kollineare Punkte) [2]. Es existiert eine Ebene. Es existieren vier nicht in einer Ebene liegende (nicht–*komplanare*) Punkte.

Anmerkung: Aufgrund von (1) und (2) ist $g \in G$ durch $\hat{g} := \{R \in \mathcal{P} \,|\, R I_1 g\}$ und $E \in \mathcal{E}$ durch $\hat{E} := \{R \in \mathcal{P} \,|\, R I_2 E\}$ eindeutig bestimmt. Man kann daher G durch $\hat{G} := \{\hat{g} \,|\, g \in G\}$ und $\hat{\mathcal{E}} := \{\hat{E} \,|\, E \in \mathcal{E}\}$ ersetzen und I_1 bzw. I_2 durch die Menge-Element Relation " $\in$ ", eingeschränkt auf $\mathcal{P} \times \hat{G}$ bzw. $\mathcal{P} \times \hat{\mathcal{E}}$. Dies werden wir hier i.Allg. tun. Geraden und Ebenen sind also jetzt gewisse Punktmengen.

(3) *Verhältnis von Geraden und Ebenen:* Für $g = PQ$ und $P, Q \in E$ folgt $g \subseteq E$; (s. Abb. 7.1 a).

(4) *Beschränkung auf "Dimension" 3:* Zwei verschiedene Ebenen sind entweder disjunkt oder enthalten mindestens zwei gemeinsame Punkte; (d.h. nach (3) und (1), dass sie sich dann in einer Geraden schneiden).

(5) **Euklidisches Parallelenaxiom:** Zu jeder Geraden $g \in G$ und jedem Punkt $P \in \mathcal{P}$ gibt es genau eine Gerade $h \in G$ durch P, die zu g parallel ist; (s. Abb. 7.1 b).

Dabei heißen zwei Geraden **parallel**, wenn sie entweder gleich sind oder in einer Ebene liegen[3] und sich nicht schneiden.

---

[2]Es reicht die Forderung mindestens eines Punktes in jeder Ebene.

[3]Dadurch werden windschiefe Geraden als Parallelen ausgeschlossen.

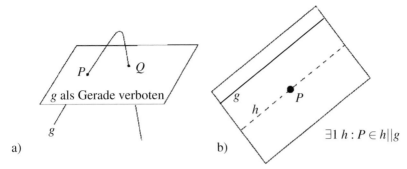

Abbildung 7.1:   a) Zu Gerade und Ebene $(P, Q \in E \Rightarrow PQ \subseteq E)$ b) Zum Parallelenaxiom

Beispiele 3-dimensionaler affiner Räume: Die affine Geometrie $AG(3, K)$ (vgl. §1.5) ist für jeden Körper K mit den Vektoren von K^3 als Punkten, den 1– und 2–dimensionalen affinen Unterräumen als Geraden bzw. Ebenen und der folgenden Definition der Parallelität ein 3-dimensionaler affiner Raum: $$p_1 + U_1 \parallel p_2 + U_2 \ :\Longleftrightarrow\ U_1 = U_2 .$$

Anmerkungen: 1. Man kann zeigen, dass die **Parallelität** von Geraden im 3-dimensionalen affinen Raum eine Äquivalenzrelation ist.

2. Definiert man für Ebenen des 3-dimensionalen affinen Raums $\mathcal{A}$ eine Parallelität durch $E_1 \parallel E_2$ genau dann, wenn $E_1 = E_2 \vee E_1 \cap E_2 = \emptyset$, so kann man zeigen, dass es zu jedem Punkt P und jeder Ebene E genau eine zu E parallele Ebene E' durch P gibt. Daraus folgt auch, dass die Parallelität von Ebenen eine Äquivalenzrelation ist.
Für eine Gerade g und eine Ebene E von $\mathcal{A}$ gilt: $$g \parallel E :\Longleftrightarrow g \subseteq E \wedge g \cap E = \emptyset \Longleftrightarrow \exists h \subseteq E : g \parallel h.$$

3. **Jede Äquivalenzklasse paralleler Geraden wird ein **uneigentlicher Punkt** genannt: $P_g = \{h \in \mathcal{G} \,|\, h \parallel g\}$ (s. Abb. 7.2); die Gerade h inzidiert mit P_g genau dann, wenn $h \in P_g$ oder, mit anderen Worten, $h \parallel g$ gilt.
Motivation u.a.: Bildpunkte der "Verschwindungsgeraden" und Urbildpunkte der "Fluchtgeraden" bei der "Zentralprojektion" (s.u.).

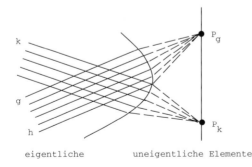

Abbildung 7.2:
Zur projektiven Erweiterung

Vorteile 1.: Die Fallunterscheidung zwischen parallelen Geraden und sich schneidende Geraden ist nicht mehr nötig. 2.: Die algebraische Darstellung wird einfacher (Unterräume statt affine Unterräume).
Analog heißen die Parallelenklassen von Ebenen *uneigentliche Geraden* (Ferngeraden); der uneigentliche Punkt P_h inzidiert mit der uneigentlichen Geraden f_E definitionsgemäss genau dann, wenn $h \parallel E$ ist. Alle uneigentlichen Punkte zu Geraden einer Ebene E inzidieren mit g_E. Al-

le uneigentlichen Punkte zusammen bilden *die* uneigentliche Ebene des 3-dimensionalen affinen Raums, alle eigentlichen und uneigentlichen Elemente die **projektive Erweiterung** von $\mathcal{A}$ ($\to$ Projektive Geometrie).

Beschreiben Sie elementargeometrisch die **Parallelprojektion** des affinen Raumes $\mathcal{A}$ auf eine Ebene F längs einer Geraden g (mit $g \nparallel F$) und die **Zentralprojektion** mit Zentrum Z von einer Ebene E auf eine sie schneidende Ebene F!

(i) Jedem Punkt X von $\mathcal{A}$ wird bei der Parallelprojektion als Bild $\pi(X)$ der Schnittpunkt der Parallelen h zu g durch X mit der Ebene F zugeordnet; dieser Schnittpunkt existiert, da die Ebene durch g und h die Ebene F in einer Geraden schneidet, die nicht zu h parallel sein kann (s. Abb. 7.3). Alle Punkte von h werden auf einen Punkt, jede nicht zu g parallele Gerade auf eine Gerade abgebildet. Gilt $u \parallel v \nparallel g$, so folgt $\pi(u) \parallel \pi(v)$.

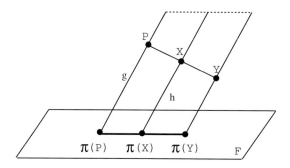

Abbildung 7.3:
Parallelprojektion π des Raumes auf eine Ebene

Anmerkungen: 1.) Einschränkung des Definitionsbereichs auf eine zu g nicht parallele Ebene führt zu einer bijektiven Abbildung, der *Parallelprojektion von E auf F*.
2.) [**] In der darstellenden Geometrie werden $\to$ Grund- und $\to$ Aufriss eines Körpers durch zwei (senkrechte) Parallelprojektionen auf Koordinatenebenen gewonnen; durch die entsprechenden Koordinaten ist dann jeder Urbildpunkt bestimmt.
3.) Mittels Parallelprojektion sieht man leicht ein: Je zwei Geraden eines 3-dimensionalen affinen Raumes $(\mathcal{P}, \mathcal{G}, \mathcal{E})$ sind gleichmächtig, für jede Ebene F und jede Gerade g gilt $|F| = |g|^2$, ferner $|\mathcal{P}| = |g|^3$.
4.) In einem *geordneten* 3-dimensionalen affinen Raum (s. § 7.2) bleibt bei Parallelprojektion einer Geraden auf eine andere die Zwischenrelation erhalten. Damit geht die Ordnung der einen Geraden in die Ordnung oder in die entgegengesetzte Ordnung der Bildgeraden über. Insbesondere werden Strecken wieder auf Strecken abgebildet. Im *metrischen* Fall bleiben zusätzlich Teilverhältnisse erhalten.
5.) Eine Parallelprojektion lässt sich auch auch auffassen als Zentralprojektion mit uneigentlichem Zentrum.

(ii) Seien E und F sich in g schneidende Ebenen und $Z \notin E \cup F$. Zu einem Punkt P aus E, der nicht auf der Schnittgeraden von E mit der zu F parallelen Ebene durch Z (**Verschwindungsgerade** v) liegt, wird als Bildpunkt $\zeta(P)$ der "Durchstoßpunkt" der Geraden PZ mit F zugeordnet (s. Abb. 7.4 a). Bezeichnet f die Schnittgerade von F mit der zu E parallelen Ebene durch Z ("**Fluchtgerade**"), so ist ζ eine bijektive Abbildung von $E \backslash v$ auf $F \backslash f$, die sogenannte *Zentralprojektion von E auf F* mit *Projektionszentrum (Augenpunkt) Z*. Das Geradenbündel durch einen Punkt $R \in v$ wird unter ζ auf ein Büschel paralleler Geraden abgebildet. Ähnlich sind die Urbilder der Geraden eines Bündels durch $S' \in f$ parallel (s. Abb. 7.4 b).
[**]Damit entsprechen den Punkten von v als Bilder unter ζ die uneigentlichen Punkte von F

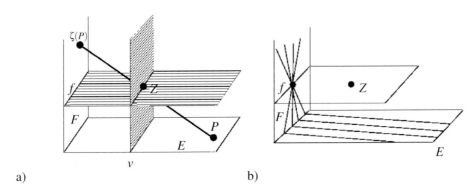

Abbildung 7.4: a) Zentralprojektion ζ von $E \smallsetminus v$ auf $F \smallsetminus f$ (mit Verschwindungsgerade v und Fluchtgerade f)   b) Urbild eines Geradenbüschels durch einen Punkt der Fluchtgeraden

(s.o.), und f hat als Urbild unter ζ die uneigentliche Gerade von E. Unter ζ werden also die (um den Fernpunkt erweiterten) eigentlichen Geraden und die Ferngerade von E auf solche von F abgebildet.

Formulieren Sie für einen 3-dimensionalen affinen Raum $\mathcal{A}$ den *Satz von Desargues*, geben Sie im affinen Fall eine Beweisskizze an, und erläutern Sie kurz die Bedeutung dieses Satzes.

(a) **Satz von Desargues:**   *Seien a, b, c drei parallele oder durch einen Punkt Z gehende Geraden von $\mathcal{A}$, ferner ABC und $A'B'C'$ zwei Dreiecke mit $A, A' \in a$, $B, B' \in b$ und $C, C' \in c$, die Z nicht enthalten; dann liegen die (eigentlichen oder uneigentlichen) Schnittpunkte $AB \cap A'B'$, $AC \cap A'C'$ und $BC \cap B'C'$ auf einer (eigentlichen oder unmeigentlichen) Geraden.*   (Im sogenannten affinen Fall folgt also aus $AB \parallel A'B'$ und $AC \parallel A'C'$ auch $BC \parallel B'C'$, s. Abb. 7.5 a,b).

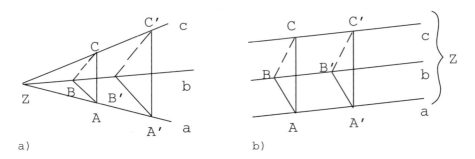

Abbildung 7.5: a) Affiner Satz von Desargues mit eigentlichem Zentrum b) Kleiner affiner Satz

Beweisskizze für den affinen Fall:
Idee: Schnitt zweier Ebenen im räumlichen Fall, Projektion einer geeigneten räumlichen Desargues-Figur auf die gegebene Figur im ebenen Fall.
(i) *Räumlicher Fall:* a, b, c liegen nicht in einer Ebene. Dann sind die Ebenen ABC und $A'B'C'$ verschieden; sie sind daher parallel oder schneiden sich in einer eigentlichen Geraden. Die gemeinsame uneigentliche oder eigentliche Gerade heiße h. Die Parallelen AB und $A'B'$ bestimmen einen uneigentlichen Punkt, der uneigentlicher Punkt von ABC und $A'B'C'$ und damit von h ist. Analoges gilt für die Geraden AC und $A'C'$. Daher ist h uneigentlich und es gilt

$ABC \| A'B'C'$. Die um den Fernpunkt erweiterten Geraden BC und $B'C'$ liegen in einer Ebene, besitzen folglich einen gemeinsamen Punkt Q, der wegen der Parallelität von ABC und $A'B'C'$ nur uneigentlich sein kann.

(ii) Ebener Fall: a, b, c liegen in einer Ebene E. Es existiert eine zu E nicht parallele Gerade g; zu $X \in E$ sei g_X die Parallele zu g durch X (Existenz gemäß Parallelenaxiom). Wählt man einen Punkt B_1 auf $g_B \setminus \{B\}$, so gilt $B_1 \notin E$ und[4] $g_B \subseteq ZB'B_1$; dann ist auch $g_{B'}$ in $ZB'B_1$. Nun definiert man $B'_1 := g_{B'} \cap ZB_1$ (dieser Punkt existiert) und zeigt, dass die Punkte Z, A, B_1, C, A', B'_1 und C' eine räumliche Desargues-Figur bilden (s. Abb. 7.6). Die Bilder der parallelen Geraden B_1C und B'_1C' unter der Parallelenprojektion des Raums auf E längs g, also BC und $B'C'$, sind ebenfalls parallel. $\qquad\square$

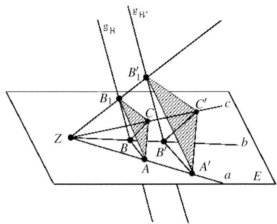

Abbildung 7.6: Ebene Desargues-Konfiguration als Grundriss einer räumlichen

(b)   Der affine Satz von Desargues garantiert die Existenz aller "möglichen" *Dehnungen* (s.u.) von $\mathcal{A}$. Genauer: Zu gegebenen Punkten Z, A, A' einer Geraden $g \in G$ mit $Z \neq A, A'$ gibt es genau eine zentrische Streckung δ, welche Z festlässt und A auf A' abbildet (vgl. Abb. 7.5 a), und zu A, A' gibt es genau eine Translation, die A auf A' abbildet; wir bezeichnen sie mit $\tau_{AA'}$ (s. Abb. 7.5 b). Die Existenz (und Eindeutigkeit) dieser Dehnungen wiederum ermöglicht eine Darstellung von $\mathcal{A}$ als affine Geometrie eines 3-dimensionalen Vektorraums über einen Schiefkörper K (s.u.), also die Einführung von *Koordinaten* aus K.

Es gibt eine Reihe von Beispielen *affiner Ebenen* (d.h. einer Struktur $(\mathcal{P}, \mathcal{G}, I_1)$ mit Existenz und Eindeutigkeit der Verbindungsgeraden, euklidischem Parallelaxiom und Existenz eines Dreiecks), in denen der Satz von Desargues nicht gilt und die demzufolge auch nicht isomorph zu $AG(K^2)$ sind. Beispiel: $\rightarrow$ Moultonebene.

> (i) Was ist unter einer **Translation** eines 3-dimensionalen affinen Raums $\mathcal{A}$ zu verstehen? Beschreiben Sie die Parallelogrammkonstruktion eines Bildpunktes.
>
> (ii) Was ist ein **Ortsvektor**? Gehen Sie auf die Beschreibung von $\mathcal{A}$ durch die Menge der Translationen ein!

(i) Eine *Translation* ist eine *fixpunktfreie Dehnung* oder die Identität. Dabei heißt eine Bijektion φ der Punktmenge eines affinen Raumes auf sich **Dehnung** (Dilatation, affin-axiale Kollineation), wenn gilt $\varphi(A)\varphi(B) \| AB$ für alle Punkte A, B mit $A \neq B$.

---

[4] Im Falle des kleinen Satzes von Desargues bezeichnet Z den uneigentlichen Punkt von a, b, c.

Ist τ eine Translation, so ist jede Gerade $X\tau(X)$ Fixgerade (*Spur* genannt): $X\tau(X)$ wird auf die ebenfalls durch $\tau(X)$ gehende Parallele $\tau(X)\tau^2(X)$, also auf sich abgebildet. Alle diese Geraden $X\tau(X)$ bilden ein Parallelenbüschel, die *Richtung* von τ. Sind nun ein Punkt A und sein Bildpunkt $\tau(A) \neq A$ gegeben, so ist das Bild $\tau(X)$ eines Punktes $X \notin A\tau(A)$ durch die Eigenschaften $AX \| \tau(A)\tau(X)$ und $X\tau(X) \| A\tau(A)$ eindeutig festgelegt und damit als 4. Punkt eines Parallelogramms (s. Abb. 7.7 a) konstruierbar (Punkte auf $A\tau(A)$ konstruiert man mittels Hilfspunkten).

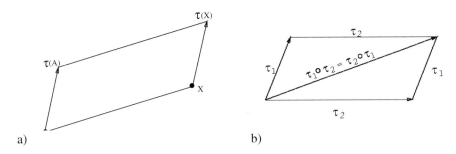

Abbildung 7.7: Translationen
        a) Parallelogrammkonstruktion   b) Kommutieren zweier Translationen

(ii) Die **Pfeile** $\overrightarrow{X\tau(X)}$ sind alle gleichgerichtet und gehen durch die beschriebene Parallelogrammkonstruktion auseinander hervor; im euklidischen Raum sind sie damit von gleicher Richtung, Orientierung und Länge. Jede Translation (als Relation $\{(X, \tau(X)) | X \in \mathcal{P}\}$) ist daher ein Vektor (im Sinne von "Klasse vektorgleicher Pfeile"). Nach Auszeichnung eines Punktes O als Ursprung lässt sich jedem Punkt P der Vektor $\mathbf{p} = \tau_{OP}$ (also die O auf P abbildende Translation) zuordnen; $\mathbf{p}$ heißt **Ortsvektor** von P; (es ist derjenige Vektor, zu dem der Pfeil $\overrightarrow{OP}$ gehört).
Die Menge T aller Translationen von $\mathcal{A}$ ist scharf transitiv auf der Punktmenge $\mathcal{P}$; d.h. zu $A, B \in \mathcal{P}$ gibt es, wie erwähnt, genau eine Translation τ_{AB}, die A auf B abbildet; daher ist die Zuordnung $P \mapsto \tau_{OP}$ eine Bijektion von $\mathcal{P}$ auf T und eine Beschreibung von $\mathcal{A}$ mittels T möglich.

Anmerkung (Skizze der weiteren Algebraisierung):
1. Die Menge aller Dehnungen von $\mathcal{A}$ bildet bzgl. Hintereinanderausführung eine Gruppe; in dieser ist die Menge T aller Translationen ein Normalteiler. Ferner ist T kommutativ – dies folgt für Translationen verschiedener Richtung aus der Parallelogrammkonstruktion (s. Abb. 7.7 b); im anderen Fall führen ein Hilfspunkt und geschicktes Rechnen zum Ziel.
2. **Der *Skalarbereich:* Jede *zentrische Streckung* δ, d.h. jede Dehnung mit Fixpunkt, induziert durch $\delta^* : \mathbf{p} \mapsto \delta \circ \mathbf{p} \circ \delta^{-1}$ einen Endomorphismus von T, der jeden Vektor auf einen Vektor paralleler Richtung abbildet. (Motivation: Multiplikation von $\mathbf{p}$ mit dem Streckungsfaktor von δ). Man kann zeigen, dass die Menge K all dieser Endomorphismen zusammen mit der Nullabbildung bzgl. der durch $(k_1 + k_2)(\mathbf{x}) = k_1(\mathbf{x}) \circ k_2(\mathbf{x})$ und $(k_1 \cdot k_2)(\mathbf{x}) = k_1(k_2(\mathbf{x}))$ definierten Operationen einen Schiefkörper bildet; über diesem ist die Gruppe T der Translationen ein 3-dimensionaler (Links-) Vektorraum. Verwendet man die oben erwähnte Beschreibung von $\mathcal{A}$, so lässt sich also jedem Punkt von $\mathcal{A}$ genau ein Vektor dieses Vektorraums zuordnen. Dabei werden die Geraden von $\mathcal{A}$ auf die 1-dimensionalen und die Ebenen von $\mathcal{A}$ auf die 2-dimenionalen affinen Unterräume des Vekorraums T abgebildet: $\mathcal{A}$ ist isomorph zu $AG(K^3)$.
3. **Der in 2.) konstruierte Schiefkörper K ist genau dann kommutativ, wenn der **Satz von Pappos** (oder Pappus) gilt, s. Abb. 7.8.

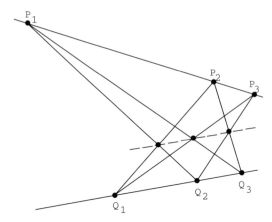

Abbildung 7.8:   Satz von Pappos: Die Punkte $P_iQ_j \cap P_jQ_i$ für $i \neq j$ sind kollinear.

7.2   Geordnete Geometrie

In diesem Abschnitt betrachten wir **geordnete (3-dimensionale) affine Räume** $\mathcal{A}$; damit meinen wir (3-dimensionale) affine Räume $(\mathcal{P}, \mathcal{G}, \mathcal{E})$, bei denen für jede Gerade $g \in \mathcal{G}$ eine Relation $\leq_g$ definiert ist mit folgenden Eigenschaften:

(1) Für jedes $g \in G$ ist $\leq_g$ eine lineare Ordnung.

(2) Zu je zwei Punkten $A, B \in \mathcal{P}$ gibt es einen Punkt $C \in \mathcal{P}$ derart, dass B zwischen A und C liegt (also einen Punkt C "jenseits" B).

(3) Es gilt das Axiom von Pasch (s.u.).

> (i) Beschreiben Sie die Beziehung der **Zwischenrelation** auf $\mathcal{P}$ mit den Ordungsrelationen $\leq_g$ der Geraden $g \in \mathcal{G}$.
>
> (ii)   Beweisen Sie, dass zwischen je zwei Punkten einer Geraden eines geordneten 3-dimensionalen affinen Raums unendlich viele weitere Punkte liegen.
>
> (iii) Formulieren Sie das **Axiom von Pasch**!   Zeigen Sie, dass keine Gerade alle drei Seiten eines Dreiecks schneiden kann.

(i) Auf $\mathcal{P}$ lässt sich eine ternäre Relation Z definieren durch:

$(*)$ $(A,B,C) \in Z$ genau dann, wenn A,B,C verschiedene Punkte einer Geraden g sind und $A \leq_g B \leq_g C$ oder $C \leq_g B \leq_g A$ gilt.

Für diese Zwischenrelation folgt (Beweis?):

$(**)$ Ist $(A,B,C) \in Z$, so sind A,B,C verschiedene kollineare Punkte und es gilt $(C,B,A) \in Z$ sowie $(A,C,B) \notin Z$.

Anmerkung: Bei Hilbert ist die Zwischenrelation als Grundbegriff gewählt und (statt (1)) dann $(**)$ als Axiom gefordert. Daraus wird dann für jede Gerade g die Existenz zweier Ordnungsrelationen $\leq_g$ mit $(*)$ gefolgert. Wir können hier als zweite Ordnungsrelation die zu $\leq_g$ entgegengesetzte wählen: $A \leq'_g B :\Longleftrightarrow B \leq_g A$.

(ii) Zu zwei Punkten A und B kann man (nach dem Reichhaltigkeitsaxiom) einen Punkt C mit $C \notin AB$ wählen, dann D und E mit (A,C,D), $(B,D,E) \in Z$. Es ist $C \notin EB$, da andernfalls $A \in CD = BD = EB$ gelten würde. Nach dem Axiom von Pasch (s.u.) liegt $EC \cap AB$ zwischen A und B (s. Abb. 7.10 a). Zwischen je zwei Punkten liegt also stets ein weiterer. Die Annahme endlich vieler Punkte zwischen A und B führt nun zum Widerspruch.   □

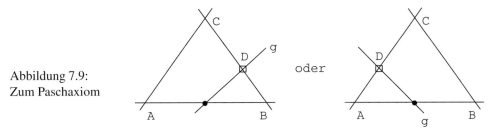

Abbildung 7.9:
Zum Paschaxiom

oder

(iii) Das **Axiom von Pasch** lautet: *Seien A, B, C Eckpunkte eines Dreiecks und g eine nicht durch diese Punkte gehende Gerade der Ebene A, B, C. Enthält dann g einen Punkt, der zwischen A und B liegt, so enthält g auch einen Punkt D zwischen A und C oder einen Punkt zwischen B und C* (s. Abb. 7.9).

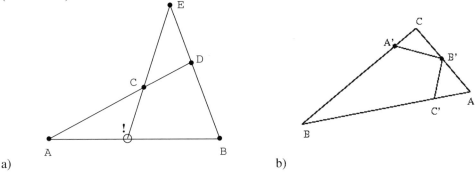

a)   b)

Abbildung 7.10:   a) Nachweis der Existenz eines Punktes zwischen A und B
                       b) Schneidet eine Gerade 3 Seiten eines Dreiecks?

Ergänzung: Keine Gerade schneidet alle drei Seiten $]A, B[,]B, C[,]A, C[$ eines Dreiecks $\triangle ABC$
Beweis: Würde eine Gerade die Dreiecksseiten in den Punkten A', B', C' schneiden, so läge ein Punkt, etwa B', zwischen den anderen. Das Pasch-Axiom, angewandt auf das Dreieck $\triangle A'BC'$ (s. Abb. 7.10 b), und die Gerade AC liefert einen Widerspruch.   □

Führen Sie folgende **Begriffe der geordneten Geometrie** ein:
1.) Offenes Intervall, abgeschlossenes Intervall, Strecke 2.) Halbgerade, Halbebene, Halbraum
3.) Winkel, Winkelfeld, Scheitelwinkel, Nebenwinkel   4.) konvexe Menge, konvexe Hülle

1. Sei $\mathcal{A}$ geordnete affine Geometrie! Zu $P, Q \in \mathcal{P}$ heißt $]P, Q[:= \{X \in \mathcal{P} \mid X$ zwischen P und $Q\}$ das *offene* und $[P, Q] :=]P, Q[\cup \{P, Q\}$ das *abgeschlossene* Intervall mit Randpunkten P und Q. Oft spricht man auch von einer Strecke statt von einem Intervall. Jedoch wird unter einer **Strecke** $\overset{\vdash\!\!\dashv}{PQ}$ auch das (ungeordnete) Paar (P, Q) verstanden.

2.) Ist $P \neq Q$, so heißt $\overset{\vdash\!\!-}{PQ} = PQ^{+} := [P, Q] \cup \{X \in \mathcal{P} \mid ; Q$ zwischen P und $X\}$ **Halbgerade** (Strahl, Speer) mit Scheitel P und Trägergeraden PQ. Ist R aus $PQ \setminus PQ^{+}$, so ist $PQ^{-} := PR^{+}$. Also gilt $PQ = PQ^{+} \cup PQ^{-}$ und $PQ^{+} \cap PQ^{-} = \{P\}$.
Sei E eine Ebene von $\mathcal{A}$ und g eine Gerade in E. Dann ist die Relation $\sim$ mit $A \sim B :\Longleftrightarrow [A, B] \cap g = \emptyset$ für $A, B \in E \setminus g$ eine Äquivalenzrelation (mit genau zwei Äqui-

valenzklassen): Für nicht kollineare Punkte von E folgt die Transitivität unmittelbar aus dem Pasch-Axiom, für kollineare Punkte durch Einführung zweier Hilfspunkte Q und R mit Q zwischen A und R (s. Abb. 7.11 a) und Betrachten der Dreiecke $\triangle ABR$ und $\triangle BCR$. (Beweis für die Existenz genau zweier Klassen?). Jede der beiden Äquivalenzklassen heißt **offene Halbebene** (Seite) mit Randgerade g. Ist R Punkt der Halbebene E_1 mit Randgerade $g = PQ$, so schreibt man $E_1 = PQR^+$.

Analog werden zu einer Ebene E von $\mathcal{A}$ zwei *offene Halbräume* definiert durch die Relation $\approx$ mit $A \approx B : \Longleftrightarrow [A,B] \cap E = \emptyset$ für $A,B \in \mathcal{P} \setminus E$.

3.)   Unter einem orientierten (bzw. unorientierten) **Winkel** versteht man ein geordnetes (bzw. ungeordnetes) Paar $p = OP^+$ und $q = OQ^+$ von Strahlen (den *Schenkeln* des Winkels) mit demselben "*Scheitel*" O. Bezeichnung $\sphericalangle(p,q), \sphericalangle POQ$. Oft unterscheidet man nicht zwischen $\sphericalangle POQ$ und dem *inneren Winkelfeld* Inn$\sphericalangle POQ := OPQ^+ \cap OQP^+$ (für nicht kollineare Punkte O,P,Q), s. Abb. 7.11 b. Der Winkel $\sphericalangle(OP^-, OQ^-)$ heißt *Scheitelwinkel* und die Winkel $\sphericalangle(OP^+, OQ^-)$ und $\sphericalangle(OP^-, OQ^+)$ *Nebenwinkel* zum Winkel $\sphericalangle(OP^+, OQ^+)$.

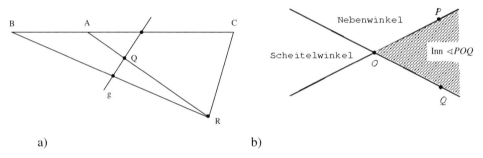

a)   b)

Abbildung 7.11:
a) Zur Definition von Halbebenen: $A \not\sim C \Rightarrow (C \sim R \wedge B \not\sim R) \Rightarrow B \not\sim C$ b) Inneres Winkelfeld

4.)   Eine Punktmenge M aus $\mathcal{A}$ heißt *konvex*, falls mit $A,B \in M$ auch $[A,B] \subseteq M$ ist.
Beispiele: Einpunktige Mengen, Intervalle, Halbgeraden, Geraden, Halbebenen, Ebenen, Halbräume und Durchschnitte konvexer Mengen, z.B. Dreiecksflächen, sind konvex. Jede Punktmenge $L \subseteq \mathcal{P}$ ist in einer kleinsten konvexen Menge enthalten, nämlich in
conv $(L) := \bigcap \{B \,|\, L \subseteq B \subseteq \mathcal{P}$ und B konvex$\}$;   conv (L) heißt die **konvexe Hülle** von L.
Beispiele: 1. conv$\{A,B\} = [A,B]$ 2. In AG$(3,K)$ mit angeordnetem Schiefkörper K (s.u.) ist

$$\text{conv}(L) = \{ \sum_{i=1}^{n} k_i x_i \,|\, x_1, \ldots, x_n \in L,\, k_i \geq 0,\, \sum_{i=1}^{n} k_i = 1,\, n \in \mathbb{N}^* \}\,.$$

Zeigen Sie, dass bei einer Parallelprojektion (oder Translation) einer Geraden g auf eine Gerade h die *Zwischenrelation* erhalten bleibt. Schildern Sie kurz die Konsequenzen a) für die Ordnungsrelationen $\leq_h$ und b)** für den Koordinatenbereich K von $\mathcal{A} \cong$ AG(K^3).

Beweisskizze: Wendet man das Paschaxiom auf Abb. 7.12 a) an, so folgt aus $B \in\,]A,C[$ sofort $B'' \in\,]A,C'[$ und daraus $B' \in\,]A'C'[$. Die Wirkung einer Translation auf eine Gerade lässt sich durch eine Parallelprojektion oder durch das Produkt zweier Parallelprojektionen beschreiben.$\square$
Anmerkung: Eine Translation erhält die Orientierung einer Fixgeraden. (Beweis? Lösungshinweis siehe Abbildung 7.12 b! Vgl. auch Aufgabe E6 !)

Folgerungen:

a) Da sich zwei beliebige Geraden g und h eines 3-dimensionalen affinen Raumes durch Verkettung zweier Parallelprojektionen aufeinander abbilden lassen, ist $\leq_h$ durch $\leq_g$ schon bis auf den Übergang zur entgegengesetzten Ordnungsrelation festgelegt. Jede Gerade h hat damit genau zwei mögliche **Orientierungen**.

b) Ist $\mathcal{A} \cong AG(K^3)$ mit einer Ordnung versehen, so kann der Schiefkörper so geordnet werden (s.u.), dass für jede Gerade $\mathbf{g} = \mathbf{a} + K\mathbf{m}$ die eine der beiden Ordnungsrelationen durch

$(*)$ $\qquad \mathbf{a} + x_1\mathbf{m} < \mathbf{a} + x_2\mathbf{m} \iff x_1 < x_2$ $\qquad$ beschrieben wird. Ist umgekehrt K ein geordneter Schiefkörper, so wird $AG(K^3)$ durch $(*)$ zu einem geordneten affinen Raum.

Beweisskizze: Nach Übergang zu den Ortsvektoren sei $g = K\mathbf{n}$ und $\mathbf{n} >_g \mathbf{o}$. Durch

$$a \leq_K b :\iff a\mathbf{n} \leq_g b\mathbf{n}$$

wird auf K eine lineare Ordnungsrelation definiert. Die Translation $\mathbf{v} \mapsto \mathbf{v} + c\mathbf{n}$, eingeschränkt auf g, lässt die Ordnung von g fix (s.o.); daher gilt: (i) $a < b \implies a + c < b + c$ für alle $a, b, c \in K$. Außerdem ergibt sich (ii) $a > 0 \wedge b > 0 \implies a \cdot b > 0$ für alle $a, b \in K$ durch Auffassen der Multiplikation (Ausführung einer zentrischen Streckung) mit a bzw. b als zwei Parallelprojektionen (s. Abb. 7.12 c), die ja nach a) die Ordnung umdrehen oder, wie im vorliegenden Fall, wegen $0 < 1$ und $b \cdot 0 < b \cdot 1$) erhalten. Ein Schiefkörper mit linearer Ordnungsrelation, die (i) und (ii) erfüllt, heißt *geordneter Schiefkörper*. Die Aussage $(*)$ ergibt sich durch Anwendung einer Parallelprojektion und einer Translation. Die Rückrichtung folgt durch Nachrechnen in $AG(K^3)$.

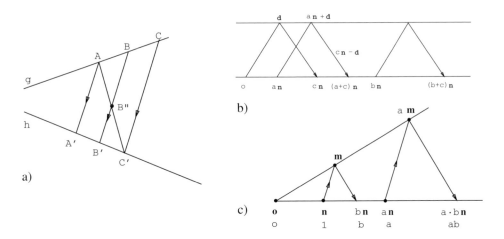

Abbildung 7.12: Zur Ordnungsrelation der Ebene und des Koordinatenkörpers

7.3   Kongruenzgeometrie

Beschreiben Sie mit Hilfe von Kongruenzaxiomen, was man unter einem 3-dimensionalen *euklidischen affinen Raum* versteht.

Ein (verallgemeinerter) **euklidisch-affiner Raum** (kurz nur *euklidischer Raum*) der Dimension 3 ist ein geordneter 3-dimensionaler affiner Raum $\mathcal{A}$, in dem zusätzlich auf der Menge der Strecken von $\mathcal{A}$ und auf der Menge der (nicht-orientierten) Winkel [5] von $\mathcal{A}$ je eine binäre den folgenden Kongruenzaxiomen genügende Relation definiert ist; ohne große Gefahr der Verwechslung heißen beide *Kongruenzrelation* und werden mit dem Symbol $\equiv$ (kongruent) oder $\overset{\wedge}{=}$ bezeichnet.[6]

A) *Axiome der Streckenkongruenz*

(1) Die Streckenkongruenz ist eine *Äquivalenzrelation*.

(2) *Möglichkeit des Streckenabtragens:* Zu jeder Strecke $\overset{\mapsto}{PQ}$ und jeder Halbgeraden RS^+ (mit $R \neq S$) gibt es genau einen Punkt $T \in RS^+$ mit $\overset{\mapsto}{PQ} \equiv \overset{\mapsto}{RT}$.

(3) *Axiom der Streckenaddition:* Liegt Q zwischen P und R sowie T zwischen S und U, so folgt aus $\overset{\mapsto}{PQ} \equiv \overset{\mapsto}{ST}$ und $\overset{\mapsto}{QR} \equiv \overset{\mapsto}{TU}$ auch $\overset{\mapsto}{PR} \equiv \overset{\mapsto}{SU}$ (s. Abb. 7.13 a).

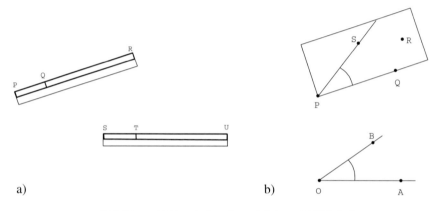

a)　　　　　　　　　　　　　　　　　　b)

Abbildung 7.13: a) Streckenaddition　b) Winkelantragen

B) *Axiome der Winkelkongruenz*

(4) Die Winkelkongruenz ist eine *Äquivalenzrelation*[7].

(5) *Axiom des Winkelantragens:* Zu jedem Winkel $\sphericalangle AOB$, jeder Halbgeraden PQ^+ und jeder Halbebene PQR^+ gibt es genau eine Halbgerade PS^+ mit $S \in PQR^+$ und $\sphericalangle AOB \equiv \sphericalangle QPS$ (s. Abb. 7.13 b).

C) *Axiom der Dreieckskongruenz*

(6) Sind für zwei Dreiecke $\triangle ABC$ und $\triangle A'B'C'$ die Seiten $\overset{\mapsto}{AB}$, $\overset{\mapsto}{A'B'}$ und die Seiten $\overset{\mapsto}{AC}$,

---

[5]Da keine Ordnung auf den Halbgeraden des Winkels festgelegt ist, stelle man sich einen Winkel zwischen $0°$ und $180°$ vor!

[6]Wesentlich einfacher (allerdings auf Kosten der Elementarität der Axiome) kann man es sich machen, wenn man 1. ein *Streckenmaßaxiom* fordert, d.h. die Existenz einer "Streckenmaßfunktion" $d : \mathcal{P} \times \mathcal{P} \to \mathbb{R}_0^+$ mit $d(P,Q) = d(Q,P)$ und $d(P,Q) = d(P,R) + d(R,Q)$ für $R \in \overset{\mapsto}{PQ}$ und der Eigenschaft, dass auf jeder Halbgeraden das Abtragen einer Strecke vom Maß a eindeutig möglich ist, und

2. in einem "Winkelmaßaxiom" die Existenz einer *Winkelmaßfunktion* $|\cdot|$ von der Menge der Winkel in das reelle Intervall $[0, 180]$ verlangt mit

(i) $w = w_1 + w_2 \Longrightarrow |w| = |w_1| + |w_2|$ (Additivität)

(ii) Möglichkeit des Abtragens eines Winkels w mit $|w| = \alpha$ (für jedes $\alpha \in [0, 180]$) an jede Halbgerade in eine Halbebene. Die *Kongruenz von Strecken* bzw. *Winkeln* wird dann mittels Gleichheit des Strecken- bzw. Winkelmaßes eingeführt; s. DIFF [Di]. Als weitere Axiome werden dort gefordert: 3. Halbebenenaxiom 4. Spiegelsaxiom 5. Streckungsaxiom.

[7]Hilbert fordert bei (4) nur die Reflexivität.

$\overset{\longmapsto}{A'C'}$ sowie die eingeschlossenen Winkel ⊲*BAC*, ⊲*B'A'C'* kongruent, so gilt ⊲*ABC* ≡ ⊲*A'B'C'* (und damit aus Symmetriegründen auch ⊲*ACB* ≡ ⊲*A'C'B'*).

Anmerkungen: 1. Das Axiom (6) ist bis auf die beweisbare Aussage $\overset{\longmapsto}{BC} \equiv \overset{\longmapsto}{B'C'}$ der *Kongruenz-satz* "SWS": Sind bei zwei Dreiecken 2 Seitenpaare und die eingeschlossenen Winkel kongruent, so sind die Dreiecke kongruent. Hierbei heißen zwei Dreiecke kongruent, wenn die entsprechenden Seiten und Innenwinkel kongruent sind.

2. Ob das euklidische Parallelenaxiom unabhängig von den übrigen Axiomen Euklids ist, war lange Zeit eine offene Frage, die von Bolyai, Lobatschewski und Gauß bejahend beantwortet werden konnte. Verzichtet man bei der Definition des euklidisch-affinen Raums der Dimension *n* auf dieses Parallelenaxiom, hält aber bis auf das Dimensionsaxiom alle anderen Axiome bei, so spricht man von einer *absoluten* (oder *metrischen*) *Geometrie* ; diese umfasst die *Euklidische Geometrie* (bei Gültigkeit des Parallelenaxioms) und die *hyperbolische Geometrie*, in der die Existenz von (mindestens) zwei "hyperbolischen" Parallelen zu einer Geraden durch einem Punkt außerhalb gefordert wird. Ändert man die Definition einer metrischen Ebene etwas ab, so kommen als *Nichteuklidische Ebene* neben der hyperbolischen und weiteren Ebenen noch die elliptische Ebene in Frage, bei der keine Parallelen existieren.

3. ** Klassisch sind die folgenden *Modelle Nichteuklidischer Ebenen* (jeweils mit geeigneter Definition der Kongruenzrelationen und Ordnungen):

Elliptische Ebene: *Punkte* sind die Paare von Gegenpunkten (antipodischen Punkten) auf einer Sphäre [8] von EG($\mathbb{R}^3$) (bzw. die Geraden durch den Nullpunkt mit diesen Durchstoßpunkten); *Geraden* sind die Großkreise (bzw. die Nullpunktebenen). Bei Beschränkung auf die Halbsphäre erhält man Abb. 7.14 a.

Hyperbolische Ebene: 1. *sog. Kleinsches Modell: Punkte* sind die Punkte im Innern einer Kreisscheibe. *Geraden* sind die Sekantenabschnitte (s. Abb. 7.14 b).

2. *Poincarésches Halbebenenmodell: Punkte* sind die Punkte einer Halbebene (ohne Randgerade *k*); *Geraden* sind die zu *k* senkrechten Halbgeraden und Halbkreise der Halbebene (s. Abb. 7.14 c).

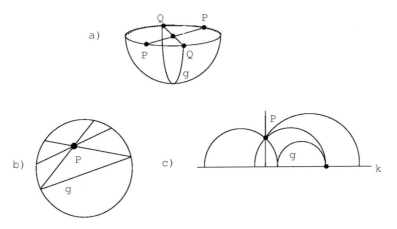

Abbildung 7.14: a) Modell der elliptischen Ebene   b/c) Hyperbolische Ebene: b) Kleinsches Modell c) Poincarésches Modell

---

[8]d.h. Kugeloberfläche

Geben Sie ein **Beispiel** eines 3-dimensionalen euklidischen Raumes an (mit Hilfe von Koordinatenkörper und Skalarprodukt, ohne Nachrechnen der Axiome).

Auf $\mathbb{R}^3$ sei $\mathbf{x} \cdot \mathbf{y} = \sum_{i=1}^{3} x_i y_i$ das kanonische Skalarprodukt und $||\mathbf{x}|| := \sqrt{\mathbf{x} \cdot \mathbf{y}}$. In dem mit der lexikographischen Ordnung [9] versehenen 3-dimensionalen affinen Raum AG$(3, \mathbb{R})$ definieren wir zwei Kongruenzrelationen durch

$(*)$ $\overset{\sqcap}{\mathbf{uv}} \equiv \overset{\sqcap}{\mathbf{rs}} \iff ||\mathbf{v} - \mathbf{u}|| = ||\mathbf{s} - \mathbf{r}||$ (für alle $\mathbf{u}, \mathbf{v}, \mathbf{r}, \mathbf{s} \in \mathbb{R}^3$)

$(**)$ $\triangleleft \mathbf{vuw} \equiv \triangleleft \mathbf{srt} \iff \frac{(\mathbf{v} - \mathbf{u})}{||\mathbf{v} - \mathbf{u}||} \cdot \frac{(\mathbf{w} - \mathbf{u})}{||\mathbf{w} - \mathbf{u}||} = \frac{(\mathbf{s} - \mathbf{r})}{||\mathbf{s} - \mathbf{r}||} \cdot \frac{(\mathbf{t} - \mathbf{r})}{||\mathbf{t} - \mathbf{r}||}$ (für alle $\mathbf{u}, \mathbf{v}, \mathbf{w}, \mathbf{s}, \mathbf{r}, \mathbf{t} \in \mathbb{R}^3$,
$\mathbf{v}, \mathbf{w} \neq \mathbf{u}, \mathbf{s}, \mathbf{t} \neq \mathbf{r}$).

Der so definierte Raum ist ein 3-dimensionaler euklidischer Raum, Bezeichnung EG$(\mathbb{R}^3)$; er heißt 3-dimensionaler reeller (oder klassischer) euklidischer Raum. Analoge Definitionen auf $\mathbb{R}^2$ führen über AG$(\mathbb{R}^2)$ zur reellen euklidischen Ebene EG$(\mathbb{R}^2)$.

Anmerkungen: 1.) **In Verallgemeinerung kann man statt mit $K = \mathbb{R}$ die obige Konstruktion mit einem beliebigen geordneten pythagoräischen (s.u.) Körper K durchführen und erhält den euklidischen Raum EG(K^3) bzw. die euklidische Ebene EG(K^2). (K heißt pythagoräisch, falls in K die Summe zweier Quadrate stets wieder ein Quadrat ist.)

2.) **Umgekehrt lässt sich zeigen, dass der einem 3-dimensionalen euklidischen Raum $\mathcal{R}$ zugrundeliegende Koordinatenschiefkörper ein geordneter pythagoräischer Körper sein muss und die Kongruenzrelationen (und davon induzierten metrischen Strukturen) durch ein Skalarprodukt des zugehörigen Vektorraums bestimmt sind. Analoges gilt für die desarguesschen euklidischen Ebenen.

Hinweise zum Beweis: $\mathcal{R}$ ist ein geordneter affiner Raum und damit als affiner Raum über dem geordneten Schiefkörper K darstellbar, s. §7.1 und §7.2. Dass K kommutativ ist, sieht man z. Bsp. nach R. BAER durch Anwenden des Höhenschnittpunktsatzes auf das Dreieck mit den Ecken $(-r, 0, 0), (-s, 0, 0)$ und $(0, t, 0)$, (s. Degen/Profke [DP]). Die Forderung "pythagoräisch" ergibt sich aus dem Satz des Pythagoras. Ein Skalarprodukt Φ erhält man nach Einführung eines Längenmaßes (s.u.) durch folgende Definition: $\Phi(\mathbf{x}, \mathbf{x}) := |\overset{\sqcap}{\mathbf{ox}}|^2$ für $x \in V$ und $\Phi(\mathbf{x}, \mathbf{y}) := \frac{1}{2}[\Phi(\mathbf{x} + \mathbf{y}, \mathbf{x} + \mathbf{y}) - \Phi(\mathbf{x}, \mathbf{x}) - \Phi(\mathbf{y}, \mathbf{y})]$ Abkürzend schreiben wir $\mathbf{x} \cdot \mathbf{y} := \Phi(\mathbf{x}, \mathbf{y})$. Es gilt $\mathbf{x} \cdot \mathbf{y} = \mathbf{x} \cdot \mathbf{y}_\mathbf{x}$ für die *Orthogonalprojektion* $\mathbf{y}_\mathbf{X}$ von $\mathbf{y}$ auf $g = \mathbf{ox}$; hiermit zeigt man die Bilinearität von Φ. Aussage $(*)$ folgt nun wegen $|\overset{\sqcap}{\mathbf{uv}}| = ||\mathbf{v} - \mathbf{u}||$; der Beweis von $(**)$ ist etwas aufwendiger.

3.) **Erst durch die Hinzunahme von sogenannten Stetigkeitsaxiomen (geometrische Fassung des Archimedischen Axioms, s. §3.6, und das Axiom der linearen Vollständigkeit, das garantiert, dass jede Gerade maximal ist und somit keine Löcher enthält) wird $K = \mathbb{R}$ erzwungen.

Es folgen nun erste Beispiele zur Beweisführung in der Kongruenzgeometrie. Abbildungsgeometrische Beweise dieser Sätze findet man in §7.5.

Formulieren und beweisen Sie folgende Sätze der absoluten Geometrie
1. *Existenz und Eindeutigkeit des* **Lots**
2. *Existenz und Eindeutigkeit des* **Mittelpunktes** *einer Strecke.*

Dabei dürfen Sie unbewiesen benutzen, dass freie Schenkel kongruenter Stufenwinkel parallel sind und dass Scheitelwinkel kongruent sind. Auch den Additionssatz für Winkel und den Kongruenzsatz WSW können Sie voraussetzen.

---

[9]$(\xi_1, \xi_2, \xi_3) < (\eta_1, \eta_2, \eta_3)$ g.d.w. $(\xi_1 < \eta_1$ oder $\xi_1 = \eta_1 \wedge \xi_2 < \eta_2$ oder $\xi_1 = \eta_1 \wedge \xi_2 = \eta_2 \wedge \xi_3 < \eta_3)$

1. *Existenz und Eindeutigkeit des* Lots : *Für einen Punkt P und eine Gerade g gibt es in der Ebene durch P und g (im Falle $P \notin g$) bzw. in jeder Ebene durch g (für $P \in g$) genau eine zu g senkrechte Gerade h mit $P \in g$.* Dabei heißen $g = QR$ und $h = QS$ senkrecht zueinander, falls die Halbgeraden QR^+ und QS^+ einen *rechten Winkel*, also einen zu seinen Nebenwinkeln kongruenten Winkel bilden, in Zeichen $g \perp h$.

Beweisskizze: (Idee: Konstruktion eines gleichseitigen Dreiecks mit Höhe g.)   Ist $P \notin g = OA$, so wird der Winkel $\sphericalangle POA$ in die Halbebene OAP^- angetragen und auf dem freien Schenkel die Strecke $\overset{\vdash\dashv}{OP}$ von O aus abgetragen. Die Gerade durch P und den konstruierten Punkt P' schneidet g, denn P und P' liegen in verschiedenen Halbebenen. Liegt der Punkt $F = PP' \cap g$ auf $OA^+ \setminus \{O\}$ (s. Abb. 7.15 a) oder auf $OA^- \setminus \{O\}$, so ist $\triangle OPF \equiv \triangle OP'F$ und daher $\sphericalangle OFP$ ein rechter Winkel. Ist $F = O$, so folgt die Behauptung ebenfalls. Für $P \in g$ erhält man ein Lot durch Antragen eines rechten Winkels, dessen Existenz aus dem 1. Teil und der Tatsache folgt, dass jeder zu einem rechten Winkel kongruente Winkel ein rechter ist. Die Eindeutigkeit folgt im Fall $P \notin g$ aus der Parallelität der freien Schenkel kongruenter Stufenwinkel (s. Abb. 7.15 b), im Fall $P \in g$ aus der Eindeutigkeit des Antragens rechter Winkel.

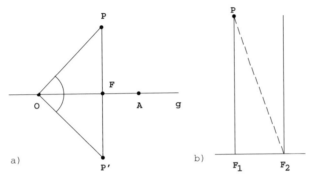

Abbildung 7.15: a) Zum Fällen des Lots von P auf g b) Zur Eindeutigkeit des Lots

2. *Zu jeder Strecke $\overset{\vdash\dashv}{PQ}$ mit $P \neq Q$ existiert genau ein* **Mittelpunkt M.**

Beweisskizze: (Idee: Konstruktion eines Parallelogramms mit Diagonale PQ und Diagonalschnittpunkt M (s. Abb. 7.16)).   Nach Wahl von R mit $R \notin PQ$ trägt man einen zu $\sphericalangle PQR$ kongruenten Winkel an PQ^+ in PQR^- an und bestimmt auf dem freien Schenkel einen Punkt S mit $\overset{\vdash\dashv}{PS} \equiv \overset{\vdash\dashv}{QR}$. Da R und S in verschiedenen Halbebenen liegen, existiert $M = [R,S] \cap PQ$. Da der Scheitelwinkel zu $\sphericalangle PQR$ zu diesem kongruent ist und damit kongruenter Stufenwinkel zu $\sphericalangle QPS$, sind QR und PS parallel; daher liegen S und folglich M in RQP^+. Es ist also $M \in QP^+$ und aus Symmetriegründen $M \in]P,Q[$. Aus dem Kongruenzsatz SWS ergibt sich $\triangle QPS \equiv \triangle PQR$ und daraus

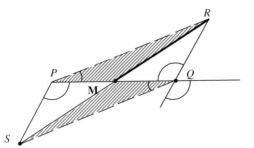

Abbildung 7.16:
Parallelogramm-Konstruktion des Mittelpunktes einer Strecke

$QS \equiv PR$ sowie $\sphericalangle QPR \equiv \sphericalangle PQS$. Da $PQ^+ \smallsetminus \{P\}$ im Innern von $\sphericalangle SPR$ liegt ($M \in]S,R[$) und analog $QP^+ \smallsetminus \{Q\}$ im Innern von $\sphericalangle RQS$, folgt $\sphericalangle RQS \equiv \sphericalangle SPR$ aus dem Additionssatz für Winkel. Erneute Anwendung des Kongruenzsatzes SWS liefert $\triangle RQS \equiv \triangle SPR$, der Kongruenzsatz WSW nun $\triangle PRM \equiv \triangle QSM$, insbesondere $\overline{PM} \equiv \overline{QM}$. Daher ist M Mittelpunkt von $\overline{PQ}$. Gäbe es zwei Mittelpunkte M, N von $\overline{PQ}$; man wählt dann $R \in QP^-$ und $S \in RP^-$ mit $\overline{QR} \equiv \overline{MN} \equiv \overline{RS}$. Nun folgt $\overline{MR} \equiv \overline{PN} \equiv \overline{NQ}$ und daraus $\overline{MS} = \overline{MR} + \overline{RS} \equiv \overline{NQ} + \overline{MN} = \overline{MQ}$, ein Widerspruch. $\square$

Anmerkung: Aus den beiden behandelten Sätzen folgt für jede Strecke $\overline{AB}$ und jede sie enthaltende Ebene H die Existenz und Eindeutigkeit der *Mittelsenkrechten* m_{AB} von $\overline{AB}$ in H, d.h. des Lots in H auf AB im Mittelpunkt S von $\overline{AB}$. Mit den Kongruenzsätzen SWS und SSS (s. §7.4) kann man dann zeigen: $m_{AB} = \{P \in H \mid \overline{AP} \equiv \overline{BP}\}$. Abb. 7.17 zeigt eine sich daraus ergebende Konstruktionsmöglichkeit für m_{AB}.

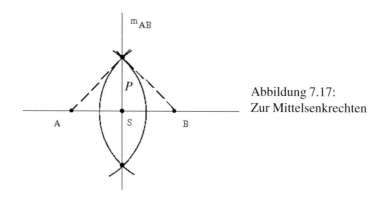

Abbildung 7.17:
Zur Mittelsenkrechten

Definieren Sie *Strecken- und Winkelgrößen* und führen Sie im 3-dimensionalen euklidischen Raum $\mathcal{R}$ ein Längen- und Winkelmaß ein!

1.) **Streckengrößen** [10] (i) *Definition:* Die Äquivalenzklasse aller zu einer Strecke $\overline{PQ}$ kongruenten Strecken heißt *Größe* oder *Länge* der Strecke $\overline{PQ}$, im Zeichen $\ell(\overline{PQ})$. Insbesondere gilt $\ell(\overline{PQ}) = \ell(\overline{QS}) \Longleftrightarrow \overline{PQ} \equiv \overline{RS}$. Die Menge aller Streckengrößen des Raums bezeichnen wir mit $\mathcal{L}$. (ii) *Vergleich von Streckengrößen:* Sei $p = OE^+$ eine fest gewählte Halbgerade mit $E > O$ (Bezugsstrahl). Für $a, b \in \mathcal{L}$ definiert man $a < b$ genau dann, wenn für die eindeutigen Punkte $A, B \in p$ mit $\ell(\overline{OA}) = a$ und $\ell(\overline{OB}) = b$ gilt: $A < B$. Es lässt sich zeigen, dass die Relation $\leq$ auf $\mathcal{L}$ unabhängig von p und eine lineare Ordnungsrelation ist.

(iii) *Addition auf* $\mathcal{L}$: Für $a, b \in \mathcal{L}$ wird als Summe $a + b := \ell(\overline{OB})$ definiert, wobei $A, B \in p$ mit $A \leq B$ und $\ell(\overline{OA}) = a$ sowie $\ell(\overline{AB}) = b$ gewählt ist. Aufgrund des Streckenadditionsaxioms gilt dann für $Q \in [P,R]$ die Gleichung $\ell(\overline{PR}) = \ell(\overline{PQ}) + \ell(\overline{QR})$.

---

[10]Siehe auch die Fußnote zu den Kongruenzaxiomen!

(iv) **Längenmaß** (*Idee:* Vergleich mit einem Maßstab) Im euklidischen Raum $\mathcal{R}$ mit Koordinatenkörper K (s.u.) seien O und E gewählt und die Punkte von $\mathcal{R}$ mit ihren Ortsvektoren bzgl. O identifiziert. Zu jeder Strecke $\overset{\vdash\!\dashv}{AB}$ gibt es eine kongruente Strecke $\overset{\vdash\!\dashv}{OB'}$ auf $\overset{\vdash\!\dashv}{OE}{}^{+}$; ist $E = 1 \cdot e$ und $B' = ke$, so ordnen wir der Klasse $\ell(\overset{\vdash\!\dashv}{AB}) = \ell(\overset{\vdash\!\dashv}{OB'})$ als Maßzahl das Element $k \in K$ zu, (also den Endomorphismus, der E auf B' abbildet); Schreibweise: $|\overset{\vdash\!\dashv}{AB}| := |\ell(\overset{\vdash\!\dashv}{AB})| := k$. So wird p zum Maßstab mit Einheitsstrecke $\overset{\vdash\!\dashv}{OE}$. Man kann zeigen, dass sich die Ordnung und die Addition von $\mathcal{L}$ und von K dabei entsprechen:

$$|\overset{\vdash\!\dashv}{AB}| < |\overset{\vdash\!\dashv}{CD}| \Longleftrightarrow \ell(\overset{\vdash\!\dashv}{AB}) < \ell(\overset{\vdash\!\dashv}{CD}) \quad \text{und} \quad |\overset{\vdash\!\dashv}{AB}| + |\overset{\vdash\!\dashv}{CD}| = \ell(\overset{\vdash\!\dashv}{AB}) + \ell(\overset{\vdash\!\dashv}{AC}).$$

Nach fester Auswahl von $|\overset{\vdash\!\dashv}{OE}|$ wird daher oft $\mathcal{L}$ mit K_0^+ identifiziert.

2.) **Winkelgrößen**[11] (i) *Definition:* Analog zu 1. heißt die Kongruenzklasse von $\sphericalangle AOB$ die *Größe des Winkels* $\sphericalangle AOB$. Zwei Winkel haben also dann die gleiche Größe, wenn sie kongruent sind. $\mathcal{W}$ bezeichne die Menge aller Winkelgrößen von $\mathcal{R}$, und R die Klasse der rechten Winkel.
(ii) *Vergleich von Winkelgrößen:* Nach Auswahl einer Halbgeraden $p = OE^+$ und einer Halbebene OER^+ gilt für zwei Winkelgrößen α und β die Beziehung $\alpha < \beta$ genau dann, wenn für den Winkel $\sphericalangle EOS$ aus α und $\sphericalangle EOT$ aus β mit $S, T \in OER^+ \cup OE^+$ gilt: OS^+ liegt im Innern von $\sphericalangle EOT$. Man kann zeigen, dass dadurch eine lineare Ordnungsrelation auf $\mathcal{W}$ definiert ist, die von p und OER^+ unabhängig ist.
(iii) Die *Winkeladdition* für ungerichtete wie gerichtete Winkelgrößen ist etwas komplizierter; vgl. auch §7.5.
(iv) *Winkelmaß* (*Idee:* Vergleich mit dem Bogen eines Winkelmessers) Eine Möglichkeit, Winkel zu messen, ist durch bijektive Abbildung der Winkelgrößen auf die Punkte des Einheitshalbkreises (durch einen geeigneten Repräsentanten, s. Abb. 7.18). Unter mehreren Möglichkeiten der Zuordnung von Zahlen zu diesen Punkten ist für die reelle euklidische Geometrie neben dem *Gradmaß* [°] das *Bogenmaß* [rad] das bekannteste: Für $\sphericalangle EOA \in \alpha$ ist $|\alpha|$ die Länge x des Bogens $\overset{\frown}{EA}$; im Gradmaß ist $|\alpha|\,[°] = x\,[\text{rad}] \cdot \frac{180}{\pi}$. Es gilt $|R| = \frac{\pi}{2}\,[\text{rad}] = 90\,[°]$.

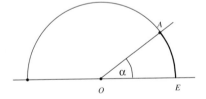

Abbildung 7.18:   Zum Winkelmaß

Welche Axiome fordert man für eine Flächeninhaltsfunktion in der Elementargeometrie?

Definition: Eine *Flächeninhaltsfunktion* ist eine Abbildung $\mathfrak{I}$ von der Menge der Polygonflächen der reellen euklidischen Ebene $\mathcal{E}$ in $\mathbb{R}$, für die gilt
1. $\mathfrak{I}(\mathcal{F}) > 0$ für jede Polygonfläche $\mathcal{F}$ (Positivität)
2. Ist $\mathcal{F}$ in $\mathcal{F}_1$ und $\mathcal{F}_2$ zerlegt, so folgt $\mathfrak{I}(\mathcal{F}) = \mathfrak{I}(\mathcal{F}_1) + \mathfrak{I}(\mathcal{F}_2)$ (Additivität)
3. $\mathcal{F}_1 \equiv \mathcal{F}_2$ impliziert $\mathfrak{I}(\mathcal{F}_1) = \mathfrak{I}(\mathcal{F}_2)$ (Bewegungsinvarianz)[12]
4. $\mathfrak{I}(Q) = 1$ für jede Quadratfläche der Seitenlänge 1 (Normierung)

---

[11] Siehe auch die Fußnote zu den Kongruenzaxiomen!
[12] Zur Kongruenz von Figuren s.u.!

Anmerkungen 1. Man kann zeigen, dass es (nach der Normierung (4)) genau eine Flächenin-haltsfunktion auf der Menge der Polygonflächen gibt. 2. Es gelten folgende Formeln:

a) für *Dreiecksflächen* mit Länge der Grundseite c und der Höhe h_c: $\Im(\Delta) = \frac{c \cdot h_c}{2}$

b) für *Trapezflächen* mit Seitenlängen a, c, Länge der Mittelparallelen m und der Höhe h:
$$\Im(T) = m \cdot h = \frac{a+c}{2}h.$$

c) für *Parallelogramme* mit Grundseitenlänge g und Höhenlänge h ist $\Im(P) = g \cdot h$ (s. auch §7.4), insbesondere für *Rechtecksflächen* $\Im(R) = a \cdot b$. Man beachte, dass die Flächeninhaltsde-finition für Parallelogramme mittels Determinante (s. §1.6) zum gleichen Ergebnis führt.

3. *Zerlegungsgleiche* Polygonflächen (d.h. solche, die in paarweise kongruente Figuren zerlegt werden können) und *ergänzungsgleiche* Polygonflächen (die also durch Hinzufügen paarweiser kongruenter Figuren zu kongruenten Figuren ergänzt werden können) haben jeweils gleichen Flächeninhalt.

4. Eine Ausweitung der Definition von der Menge $\mathcal{P}$ der Vereinigungen endlich vieler Poly-gonflächen auf die Menge der sogenannten *Jordan-messbaren* beschränkten Punktmengen er-hält man im Falle der Gleichheit von äußerem und innerem Jordanschen Inhalt einer Fläche A:
$$\inf_{U \in \mathcal{P} \wedge A \subseteq U} \Im(U) = \sup_{V \in \mathcal{P} \wedge V \subseteq A} \Im(V) =: \mathcal{J}(A).$$

Beispiel: Für den Kreis vom Radius r erhält man unter Verwendung der Umfangsformel $U = 2\pi r$ die Flächeninhaltsformel $\mathcal{J}(A) = \pi r^2$ durch eine Folge ein- und umbeschriebener n-Ecke (Archimedisches Verfahren) oder durch eine Folge von Trapezen (wie bei der Integration).

7.4   Weitere Sätze der Euklidischen Geometrie

Vorausgesetzt sei stets eine reelle euklidische Ebene; für einige Aussagen lassen sich diese Vor-aussetzungen abschwächen , z.B. auf desarguessche euklidische Ebenen.

A) Sätze für parallele Geraden und Parallelogramme

Zitieren Sie Sätze, bei denen parallele Geraden eine Rolle spielen!

1. (i) *Freie Schenkel von kongruenten* **Stufenwinkeln** *sind parallel (dies ist sogar ein Satz der absoluten Geometrie) und (im euklidischen Fall) auch umgekehrt:* (ii) *Stufenwinkel paralleler Geraden sind kongruent.*

Beweisidee: Aus der Annahme eines Schnittpunktes der freien Schenkel von kongruenten Stu-fenwinkeln ergibt sich ein Widerspruch zur Tatsache, dass kein Außenwinkel eines Dreiecks zu einem nicht anliegenden Innenwinkel kongruent ist. Umgekehrt: Antragen von kongruenten Stu-fenwinkeln führt, wie eben gesehen, zu Parallelen. Nach dem euklidischen Parallelenaxiom folgt die Behauptung.

Anmerkung: a) Tatsache (i) reflektiert die Konstruktionsmöglichkeit von parallelen Geraden mit-tels Verschieben einer Reißschiene oder eines Zeichendreiecks; (s. Abb. 7.19 a).

b) Aus (ii) folgt mittels Scheitelwinkeln eine entsprechende Aussage für Wechselwinkel.

2. *Gegenüberliegende Seiten eines* **Parallelogramms** *sind kongruent.*

Beweisidee: Eine Diagonale zerlegt das Parallelogramm in zwei Dreiecke, die nach 1. und dem Kongruenzsatz *WSW* kongruent sind; s. Abb. 7.19 b.

Folgerung: Translationen erhalten Streckenlängen und Winkelgrößen.

3. *Der Diagonalschnittpunkt Z eines Parallelogramms halbiert die Diagonalen.* Beweis s.o. (bei der Mittelpunktskonstruktion). *Folgerung:* Die **Punktspiegelung** σ_Z mit Zentrum Z, z.Bsp. definiert als eine zentrische Streckung, die das Parallelogramm auf sich abbildet, hat Streckungs-faktor -1; sie ist damit nur von Z abhängig und längentreu. (So ergibt sich eine alternative

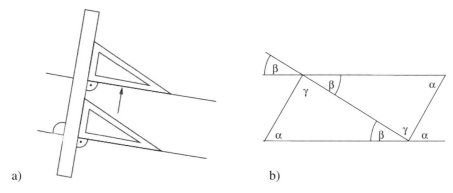

a)   b)

Abbildung 7.19: a) Stufenwinkel mit parallelen freien Schenkeln b) Winkel im Parallelogramm

Definitionsmöglichkeit).

Anmerkung: Die Symmetriegruppe (s. §7.5) eines echten Parallelogramms (also eines, das kein Rechteck und keine Raute ist) mit Diagonalschnittpunkt Z ist $\{id, \sigma_Z\}$.

4. *Parallelogrammflächen mit gleichlangen Grundseiten und Höhen sind zerlegungsgleich, d.h. in paarweise kongruente Figuren zerlegbar.*

Folgerung: Für den Flächeninhalt eines Parallelogramms gilt $\Im(\mathcal{P}) = g \cdot h$.

5. *Strahlensätze,* z.Bsp. **1.Strahlensatz** (s. Abb. 7.20): *Sind* g_1, g_2 *Geraden mit Schnittpunkt* R *und* $P_i, Q_i \in g_i \smallsetminus \{R\}$, *so gilt* $P_1 P_2 \parallel Q_1 Q_2 \iff TV(R, P_1, Q_1) = TV(R, P_2, Q_2)$. Hierbei ist $TV(R, P_1, Q_1) := k = |\overset{\frown}{RP_1}| / |\overset{\frown}{RQ_1}|$ *das* Teilverhältnis *von* Q_1, R, P_1 *im Falle* $Q_1 \in RP_1^+$, andernfalls $TV(R, P_1, Q_1) = -k$.

Beweisidee: Beide Teilaussagen sind äquivalent dazu, dass die zentrische Streckung mit Zentrum R und Streckfaktor k bzw. $-k$ die Punkte P_i auf Q_i ($i = 1, 2$) abbildet.

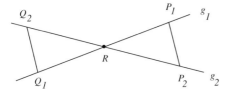

                                        Abbildung 7.20: Strahlensatz

B) **Sätze für beliebige Dreiecke**

Zum Satz von Pasch s. §7.2 "Pasch-Axiom".

> Gehen Sie für ein beliebiges Dreieck der reellen euklidischen Ebene ein 1.) auf einen Außenwinkel (im Vergleich zu den Innenwinkeln) 2.) auf die **Winkelsumme** im Dreieck 3.) auf die Basiswinkel im gleichschenkligen Dreieck 4.) auf den Gegenwinkel der größeren Seite.

1.) *Die Größe jedes Außenwinkels ist gleich der Summe der Größen der beiden nicht-anliegenden Innenwinkel.*

Beweisidee: Addition von Stufen- und Wechselwinkel α bzw. β lt. Abb. 7.21 a.

2.) *In einem Dreieck ist die Winkelsumme gleich* $2R$. *Beweisidee:* Verwendung von 1. und Addition des anliegenden Innenwinkels.

3.) *In einem gleichschenkligen Dreieck sind die Basiswinkel kongruent (und umgekehrt).*

Beweis: Die Behauptung folgt aus dem Axiom der Dreieckskongruenz bzw. dem Kongruenzsatz WSW.

4.) *Der größeren Seite eines Dreiecks liegt der größere Winkel gegenüber. Beweisidee:* Abtragen der kürzeren Seite a auf der längeren c ergibt ein gleichschenkliges Dreieck (s. Abb. 7.21 b). Es gilt $\alpha < \delta < \gamma$, denn δ ist Außenwinkel von $\triangle ACD$. □

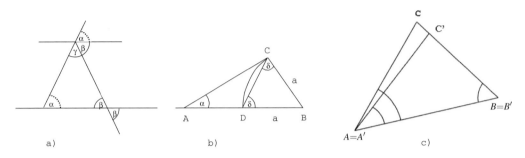

Abbildung 7.21: Winkel im Dreieck
a) Zur Winkelsumme b) Zum Beweis von 4. c) Zum Kongruenzsatz WSW

Formulieren Sie die **Kongruenz-** und **Ähnlichkeitssätze** für Dreiecke.

Vorbemerkung: Jede Ähnlichkeitsabbildung ist Produkt einer zentrischen Streckung (mit der man von Längen<u>verhältnis</u>gleichheit zu Längengleichheit von Strecken bei Invarianz der Winkelgrößen kommen kann) und einer Bewegung, mit der ein Dreieck auf ein beliebiges kongruentes abgebildet werden kann. So gehört zu jedem Kongruenzsatz ein Ähnlichkeitssatz.

(i) **Kongruenzsatz SWS:** (s. Anmerkung zum Axiom der Dreieckskongruenz in §7.3.)
Ähnlichkeitssatz zu SWS: Zwei Dreiecke sind ähnlich, wenn sie übereinstimmen in den Längenverhältnissen zweier Seiten und in der Größe des eingeschlossenen Winkels.

(ii) **Kongruenzsatz WSW:** *Zwei Dreiecke sind kongruent, wenn sie übereinstimmen in den Größen einer Seite und der beiden anliegenden Winkel.*
Beweisidee (s. Abb. 7.21 c): Erfüllen die Dreiecke $\triangle ABC, \triangle A'B'C'$ die Voraussetzungen, so konstruiert man ein Dreieck $\triangle ABC''$ mit $\triangle ABC'' \equiv \triangle A'B'C'$ mittels Kongruenzsatz *SWS*, ein Widerspruch im Falle $BC \not\equiv B'C''$.
Ähnlichkeitssatz zu WSW: Zwei Dreiecke sind ähnlich, wenn sie in der Größe zweier Winkel übereinstimmen.

(iii) **Kongruenzsatz SSS:** *Zwei Dreiecke sind kongruent, wenn sie in der Größe aller drei Seiten übereinstimmen.*
Beweisidee: Konstruktion eines Drachenvierecks (s.u.) mit Hilfe des Konguenzsatzes SWS und Anwendung des folgenden Satzes. **Satz vom Drachenviereck** (s. Abb. 7.22): *Liegen in einer Ebene die Punkte C und D in verschiedenen Halbebenen zu AB und gilt $AC \equiv AD$ und $BC \equiv BD$, so folgt $\triangle ABC \equiv \triangle ABD$.*
Diesen wiederum beweist man z.Bsp. mit dem Kongruenzsatz SWS unter Beachtung der Basiswinkel gleichschenkliger Dreiecke.
Ähnlichkeitssatz zu SSS: Zwei Dreiecke sind ähnlich, wenn sie in den Längenverhältnissen aller Seiten übereinstimmen: $a : b : c = a' : b' : c'$.

(iv) **Kongruenzsatz SsW:** *Zwei Dreiecke sind kongruent, wenn sie in den Größen zweier Seiten und der Größe des Gegenwinkels der längeren Seite übereinstimmen.*
Beweisskizze: Mit dem Kongruenzsatz *SWS* erreicht man die Situation von Abb. 7.23 a). Es folgt

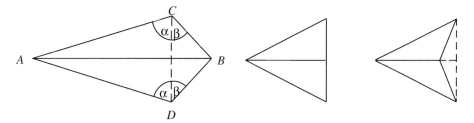

Abbildung 7.22: Zum Satz vom Drachenviereck

$\beta = \delta$ (Basiswinkel eines gleichschenkligen Dreiecks) und $\gamma > \beta$ (Gegenwinkel der größeren Seite) sowie $\delta > \gamma$ (nicht-anliegender Außenwinkel), ein Widerspruch im Falle $B \neq B'$. □

Ähnlichkeitssatz zu SsW: Zwei Dreiecke sind ähnlich, wenn sie in den Längenverhältnissen zweier Seiten und in der Größe des der längeren Seite gegenüberliegenden Winkels übereinstimmen.

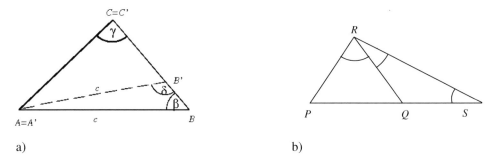

a) b)

Abbildung 7.23:
a) Zum Beweis des Kongruenzsatzes SsW   b) Zum Beweis der Dreiecksungleichung

Beweisen Sie die **Dreiecksungleichung**!

Für jedes (nicht-ausgeartete) Dreieck $\triangle PQR$ gilt $|\overset{\vdash\dashv}{PR}| < |\overset{\vdash\dashv}{PQ}| + |\overset{\vdash\dashv}{QR}|$.

Beweisskizze: Sei $S \in QP^-$ mit $|\overset{\vdash\dashv}{QS}| = |\overset{\vdash\dashv}{QR}|$ (s. Abb. 7.23 b); der Winkel $\sphericalangle PRS$ ist größer als $\sphericalangle QRS \equiv \sphericalangle PSR$, die ihm gegenüberliegende Seite $\overset{\vdash\dashv}{PS}$ also länger als $\overset{\vdash\dashv}{PR}$, s.o. Nr.4. Die Behauptung folgt dann aus $|\overset{\vdash\dashv}{PS}| = |\overset{\vdash\dashv}{PQ}| + |\overset{\vdash\dashv}{QR}|$. □

Anmerkung: Allgemein gilt somit die Ungleichung $|\overset{\vdash\dashv}{PR}| \leq |\overset{\vdash\dashv}{PQ}| + |\overset{\vdash\dashv}{QR}|$ mit Gleichheit im Falle der Kollinearität der Punkte P, Q, R.

Behandeln Sie den Mittellotensatz, den Höhenschnittpunktsatz und die Sätze über den Schnittpunkt der Winkelhalbierenden bzw. der Seitenhalbierenden im Dreieck!

Mittellotensatz: *Die Mittelsenkrechten der Seiten eines Dreiecks schneiden sich in einem Punkt M. Dieser ist der Mittelpunkt des Umkreises.*

Beweisskizze: Die Mittelsenkrechten des Dreiecks $\triangle ABC$ können nicht parallel sein; daher schneiden sich m_{AB} und m_{AC} in einem Punkt M. Nach Eigenschaften der Mittelsenkrechten (s. §7.3) erhält man $|\overset{\vdash\dashv}{MB}| = |\overset{\vdash\dashv}{MA}| = |\overset{\vdash\dashv}{MC}|$ und damit auch $M \in m_{BC}$. □

Höhenschnittpunktsatz: *Die Höhen eines Dreiecks schneiden sich in einem Punkt H.*

Beweisidee: Man konstruiert ein Dreieck, in dem die Höhen des ursprünglichen Dreiecks Mittelsenkrechte sind (s. Abb. 7.24). *Beweisskizze:* Man zieht Parallelen zu den Dreiecksseiten durch die gegenüberliegenden Eckpunkte des Dreiecks. Aus der Kongruenz von Wechselwinkeln an Parallelen folgt die Kongruenz der Dreiecke $\triangle AB'C$, $\triangle BCA$ und $\triangle C'AB$ und damit $|\overset{\frown}{AB'}| = |\overset{\frown}{AC'}|$. Die Höhe h_{BC} ist somit gleich $m_{B'C'}$. Entsprechendes gilt für die anderen Höhen. Anwendung des Mittellotensatzes zeigt die Behauptung.   □

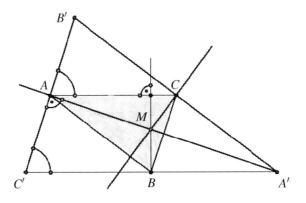

Abbildung 7.24:   Zum Höhenschnittpunkt

Satz vom **Schnittpunkt der Winkelhalbierenden:** *Die Winkelhalbierenden eines Dreiecks schneiden sich in einem Punkt W. Dieser ist Mittelpunkt des Inkreises des Dreiecks.*

1. Beweismöglichkeit (s. Abb. 7.25 a): Der Abstand von $W = w_\alpha \cap w_\beta$ zu AC und AB sowie zu BA und BC ist gleich; daher gilt $W \in w_\gamma$.

2. Beweismöglichkeit: Anwendung des Dreispiegelungssatzes $\gamma_{w_\alpha} \circ \gamma_h \circ \gamma_{w_\beta} = \gamma_{WC}$ (s.u.!)

Satz vom **Schnittpunkt der Seitenhalbierenden:** *Die Seitenhalbierenden eines Dreiecks schneiden sich in einem Punkt S, und zwar im Verhältnis zwei zu eins.*

Beweisidee: Das aus den Seitenmittelpunkten gebildete Dreieck ist zum ursprünglichen perspektiv-ähnlich mit Ähnlichkeitszentrum S. Beweis?

Anmerkung: Nach dem *Satz von Euler* liegen die Punkte M, H und S auf einer Geraden, der **"Eulergeraden"** des Dreiecks. Auf dieser liegt auch der Mittelpunkt des **"Feuerbachkreises"** , des Kreises durch die Seitenmitten und Höhenfußpunkte (s.z.Bsp. [Sch] p. 135, [MG]p.210 oder [SS]p.25).

Aus der Trigonometrie behandeln wir noch den Sinussatz:

Geben Sie einen Beweis für den **Sinussatz** für Dreiecke an!

Idee: Berechnung des Flächeninhalts des Dreiecks $\triangle$ mittels der Sinusfunktion (s. Abb. 7.25 b).
Beweisskizze: Aus $\Im(\triangle) = \frac{1}{2}c \cdot b\sin\alpha = \frac{1}{2}ca\sin\beta = \frac{1}{2}ab\sin\gamma$ folgt der *Sinussatz*

$$\frac{a}{\sin\alpha} = \frac{b}{\sin\beta} = \frac{c}{\sin\gamma} .$$

Weitere Sätze am Dreieck: Satz von Menelaos (s.Aufg. E17) und Satz von Ceva.

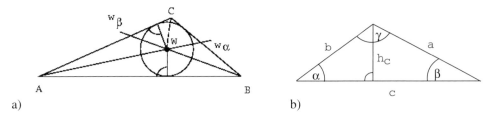

a)　　　　　　　　　　　　　　　b)

Abbildung 7.25: a) Der Schnittpunkt der Winkelhalbierenden
b) Zum Beweis des Sinussatzes: $\mathfrak{I}(\triangle) = \frac{1}{2}ch_c = \frac{1}{2}c \cdot b\sin\alpha = \frac{1}{2}c \cdot a\sin\beta$

C) Klassische Sätze am rechtwinkligen Dreieck

Formulieren und beweisen Sie aus der **Satzgruppe des Pythagoras** folgende Sätze:

1. Kathetensatz　2. Satz des Pythagoras und seine Umkehrung　3. Höhensatz

1.) **Kathetensatz** (Euklid) *In jedem rechtwinkligen Dreieck genügen die Länge b einer Kathete, die Länge c der Hypothenuse und die Länge q des anliegenden Hypothenusenabschnitts der Gleichung $b^2 = cq$ (s. Abb. 7.26 a).*
Beweisidee (s. Abb. 7.26 b): Konstruktion einer Figur, auf die der erste Strahlensatz angewendet werden kann: $c : b = b : q$. Dazu zeigt man $c > b$, $\triangle ABC \equiv \triangle AFE$ (Kongruenzsatz SWS) sowie $EF \parallel CC^*$. *Alternative:* Anwendung des Tangentensatzes, s.u. .

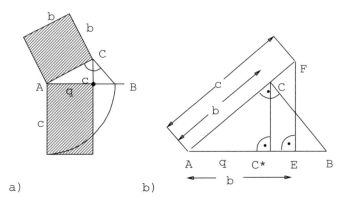

a)　　　　　　　　　b)

Abbildung 7.26: Kathetensatz a) Interpretation mit Flächeninhalten b) Zum Beweis

2.a) **Satz des Pythagoras:** *Im rechtwinkligen Dreieck gilt $a^2 + b^2 = c^2$.*
Beweisidee (zu einem von über 100 Beweisen): Zweimalige Anwendung des Kathetensatzes (s. Abb. 7.27 a).   *Anmerkung:* Dieser Satz ist Spezialfall des Cosinussatzes für beliebige Dreiecke (vgl. §2.2)　　　　　　　$c^2 = a^2 + b^2 + 2ab\cos\gamma.$
2.b) **Umkehrung des Satzes von Pythagoras:**
Gilt für ein Dreieck $a^2 + b^2 = c^2$, so ist es rechtwinklig.
Beweisidee: Kongruenzsatz SSS, angewandt auf das vorliegende und ein geeignetes rechtwinkliges Dreieck.
3.) **Höhensatz:** *Im rechtwinkligen Dreieck gilt für die Länge h_c der Hypothenusenhöhe und die Längen der Hypothenusenabschnitte p, q die Gleichung　$h_c^2 = p \cdot q$ (s. Abb. 7.27 b).*

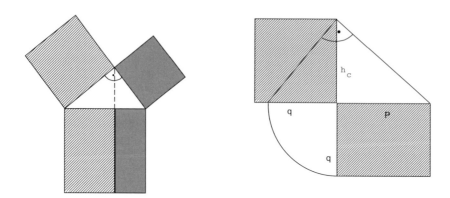

Abbildung 7.27: a) Satz des Pythagoras b) Zum Beweis des Höhensatzes

Beweisskizze: $h_c^2 \underset{\text{Pythagoras}}{=} a^2 - p^2 \underset{\text{Kathetensatz}}{=} cp - p^2 = p(c - p)$. Alternative: Anwendung des Sehnensatzes (s.u.).

Anmerkung: In der reellen euklidischen Ebene werden Katheten- und Höhensatz zur Flächen-umwandlung eines Rechtecks benutzt (s. Abb. 7.28). Die Größe des Flächeninhalts bleibt dabei unverändert $(F_{\text{Rechteck}} = a \cdot b)$.

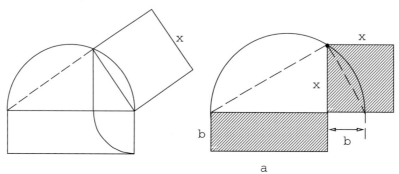

Abbildung 7.28: "Quadratur" eines Rechtecks (2 Möglichkeiten)

D) Sätze am Kreis

Formulieren und beweisen Sie den **Satz des Thales** und seine Umkehrung!

Thalessatz: *Jeder Umfangswinkel im Halbkreis ist ein rechter Winkel.*

Beweisidee: Zerlegung des zugehörigen Dreiecks in zwei gleichschenklige Dreiecke und An-wendung des Winkelsummensatzes (s. Abb. 7.29 a) : $(\alpha + \beta) + \alpha + \beta = 2R$. *Alternative Idee:* Thalessatz als Spezialfall des Umfangswinkelsatzes (s.u.).

Umkehrung des Thalessatzes: *Ist in einem Dreieck $\triangle ABC$ der Winkel bei C ein rechter Winkel, so liegt C auf dem Kreis mit $\overline{AB}$ als Durchmesser.*

Beweisidee: Widerspruchsbeweis durch Schnitt (zur Existenz s.u.) von AC mit dem Halbkreis über AB (s. Abb. 7.29 b); Anwendung des Thalessatzes und des Winkelsummensatzes. *Anmer-kung:* Bei dem zuletzt angedeuteten Beweis wird zum Nachweis der Existenz des Schnittpunktes

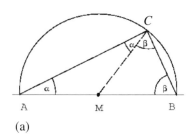 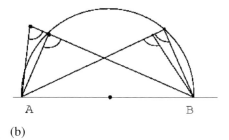

(a)   (b)

Abbildung 7.29: Zum Beweis des Thalessatzes (a) und seiner Umkehrung (b)

benutzt, dass jede Tangente, also eine den Kreis in genau einem Punkt schneidende Gerade, auf dem zugehörigen Durchmesser senkrecht steht.

Zeigen Sie, dass 1.) jede Tangente an einen Kreis senkrecht auf der zugehörigen "Durchmessergeraden" steht und 2.) die Mittelsenkrechte jeder Sehne durch den Kreismittelpunkt geht.

1.) *Beweisidee:* Eine Spiegelung am Lot von M auf die Tangente t würde andernfalls P auf einen zweiten Kreispunkt abbilden (s. Abb. 7.30 a).

2.) *Beweisidee:* Genau jeder Punkt der Mittelsenkrechten von $\overline{AB}$ hat von A und B gleichen Abstand.

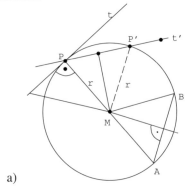 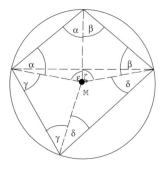

a)   b)

Abbildung 7.30: a) Tangenten, Sehnen und Sekanten am Kreis
b) Zum Beweis des Umfangswinkelsatzes (**Satz vom Sehnenviereck**)

Anmerkung: Die zur Durchmessergeraden durch P senkrechte Gerade t durch P (s. Abb. 7.30 a) ist umgekehrt Tangente (die Hypothenuse von $\triangle PMP'$ müsste länger als jede Kathete sein).

Geben Sie eine Beweisskizze für den *Umfangswinkelsatz*!

Satz vom Umfangswinkel (Peripheriewinkel, Randwinkel): *Alle Umfangswinkel über einem festen Kreisbogen sind gleich groß, nämlich halb so groß wie der zugehörige* **Mittelpunktswinkel (Zentriwinkel)**, *(s. Abb. 7.31)*

Beweisidee: 1. Möglichkeit: Man zeigt (mittels der Winkelsummen in 4 Dreiecken) den Satz vom Sehnenviereck (s. Abb. 7.30 b): $\alpha + \beta + \gamma + \delta = \pi$. Mit $\varepsilon + \zeta = 2\pi - 2(\alpha + \beta)$ ergibt sich die zweite Behauptung.

2. Möglichkeit: Mit Spiegelungen. Seien a, b die Mittelsenkrechten der auf den Schenkeln des Umfangswinkels liegenden Sehnen; sie bilden einen Winkel vom Maß α. Nun betrachtet man

$\gamma_b \circ \gamma_a$; dies ist die Drehung δ_{AB} vom Maß 2α (s. §7.5), die MA auf MB abbildet.

Anmerkung: Bezeichnet γ das Maß des Sehnentangentenwinkels, so gilt $\gamma + \frac{1}{2}(\pi - 2\alpha) = \frac{\pi}{2}$ (Abb. 7.31 a) bzw. $\gamma = \frac{\pi}{2} + \frac{1}{2}(\pi - (2\pi - 2\alpha)) = \alpha$ (im Fall b). *Ein Umfangswinkel und sein zugehöriger Sehnentangentenwinkel sind also gleich groß.*

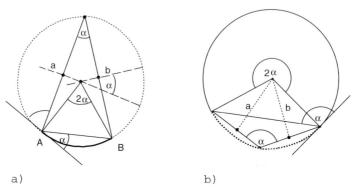

a)   b)

Abbildung 7.31: Umfangs-, Mittelpunkts- und Sehnentangentenwinkel (2 Fälle)

Gehen Sie ohne Beweis auf den **Potenzsatz am Kreis** und seine Spezialfälle (*Sehnen-, Sekanten-* und *Tangentensatz*) ein!

Potenzsatz: *Schneiden zwei Geraden durch einen Punkt P einen (nicht durch P gehenden) Kreis K, so ist das Produkt der von P aus gemessenen Längen der Sekanten- bzw. Sehnenabschnitte gleich groß, (s. Abb. 7.32), nämlich gleich $|m^2 - r^2|$ für den Mittelpunkt M, den Radius r von K und* $m := |\overset{\vdash\dashv}{PM}|$. Je nach Lage von P spricht man auch vom **Sekantensatz** (Abb. 7.32 a) oder vom **Sehnensatz** (Abb. 7.32 b). Der Satz gilt auch, wenn eine (oder beide) Geraden Tangenten sind (*Sekanten-Tangenten-Satz* bzw. **Tangentensatz** ; s. ebenfalls Abb. 7.32 a).

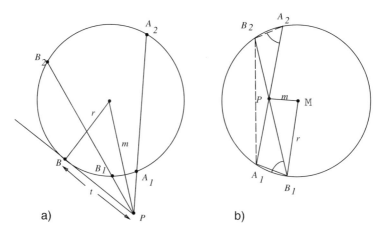

a)   b)

Abbildung 7.32: Potenzsatz am Kreis: $|\overset{\vdash\dashv}{PA_1}| \cdot |\overset{\vdash\dashv}{PA_2}| = |m^2 - r^2| \overset{.}{=} |\overset{\vdash\dashv}{PB_1}| \cdot |\overset{\vdash\dashv}{PB_2}| = t^2$

Beweisidee: Anwendung des Umfangswinkelsatzes zeigt die Ähnlichkeit der Dreiecke $\triangle A_1 P B_2$

und $\triangle B_1 P A_2$ (in Abb. a) bzw. $\triangle B_2 A_2 P$ und $\triangle A_1 B_1 P$ (in Abb. b). Die Größe von t^2 und von $|m^2 - r^2|$ erhält man im Spezialfall $A_1, A_2 \in PM$.

Anmerkung: Der *Höhensatz* ist Spezialfall des *Sehnensatzes* (s. Abb. 7.33 a), der *Kathetensatz* folgt aus dem *Tangentensatz* (s. Abb. 7.33 b). Zum Beweis wird der Satz des *Thales* benutzt.

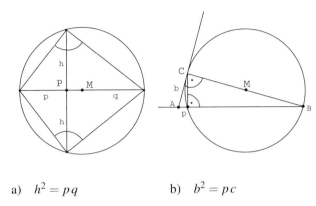

a) $h^2 = pq$ b) $b^2 = pc$

Abbildung 7.33: a) Höhensatz und b) Kathetensatz als Spezialfälle des Potenzsatzes

7.5 Abbildungsgeometrie

Was ist eine ebene Bewegung, was eine räumliche Bewegung?

Vorbemerkung: Die Definitionen variieren; je nach Voraussetzung über die zugrunde liegende Geometrie sind die Forderungen stärker oder schwächer, synthetisch oder analytisch. Ziel sind jedoch stets folgende Eigenschaften: • *Bijektivität:* Die Inverse ist ebenfalls Bewegung. • *Geradentreue:* Das Bild einer Geraden ist eine Gerade und umgekehrt. • *Anordnungstreue:* Strecken werden auf Strecken abgebildet, Halbgeraden auf Halbgeraden, Halbebenen auf Halbebenen. • *Längentreue:* Jede Strecke wird auf eine Strecke gleicher Länge abgebildet. • *Winkelgrößentreue:* Jedes Winkelfeld wird auf ein Winkelfeld gleicher Größe abgebildet. • *Ebenentreue:* Das Bild einer Ebene ist eine Ebene (im räumlichen Fall).

1. *Ebene Bewegungen in der Elementargeometrie*:

Definition (unter der Voraussetzung der Hilbertschen Axiome): Eine **ebene Bewegung** des euklidischen Raumes $\mathcal{R} = EG(3, K)$ oder einer euklidischen Ebene $\mathcal{E}$ ist eine Bijektion φ einer Ebene $\mathcal{E}$ von $\mathcal{R}$ auf eine Ebene $\mathcal{E}'$ bzw. von $\mathcal{E}$ auf sich mit $\overline{\varphi(A)\varphi(B)} \equiv \overline{AB}$ für alle $A, B \in E$.

Eigenschaften: Die Invarianz der Zwischenrelation und die Geradentreue folgen dann (mit der Dreiecksungleichung) wegen $X \in \overline{PQ} \Longleftrightarrow |\overline{PX}| + |\overline{XQ}| = |\overline{PQ}|$ (vgl. §7.3), die Winkeltreue mit dem Kongruenzsatz *SSS*, siehe auch die Anmerkung unter 3.

2. *Räumliche Bewegungen in der Elementargeometrie*:

Definition: Eine **Bewegung (Kongruenzabbildung)** eines euklidischen Raumes ist definiert als längentreue Kollineation, also eine längen–, geraden– und ebenentreue Bijektion der Punktmenge. *Eigenschaften:* Die in manchen Definitionen geforderte Anordnungs- und Winkelgrößentreue folgt beim Hilbertschen Axiomensystem wie oben bei den ebenen Bewegungen angedeutet.

3. *Zusammenhang mit der analytischen Definition:* Jede Kollineation des reellen euklidischen Raums $EG(\mathbb{R}^n)$ (mit $n \geq 2$) ist eine Affinität (s. §1.5); damit ist jede Bewegung dieses Raums im Sinne der Elementargeometrie auch eine Bewegung im Sinne der Analytischen Geometrie (s. §2.5) und umgekehrt. Man kann daher die in §2.3 und §2.5 behandelten Eigenschaften und Klassifikationen anwenden [13]: Die Bewegungen der reellen euklidischen Ebenen sind genau die Translationen, die Geradenspiegelungen, Drehungen (einschließlich Punktspiegelungen) und Gleitspiegelungen (auch Schubspiegelungen genannt); die Bewegungen des 3-dimensionalen reellen euklidischen Raums sind Schraubungen (einschließlich Drehungen und Verschiebungen), Drehspiegelungen (einschließlich Punktspiegelungen) und Gleitspiegelungen (einschließlich Ebenenspiegelungen). (Literatur: z.Bsp. Quaisser [Qu].)

Was versteht man unter der *"Freien Beweglichkeit"* in der reellen euklidischen Ebene $\mathcal{E}$? Gehen Sie kurz auf die Stellung dieser Aussage im axiomatischen Aufbau ein!

Vorbemerkung: Ein Paar (p, H) heißt Fahne von $\mathcal{E}$, falls $p = AB^+$ Halbgerade ist und $H = ABC^+$ Halbebene von $\mathcal{E}$ mit Randgerade AB; s. Abb. 7.34 a.

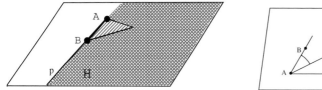 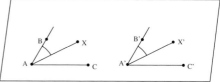

Abbildung 7.34: a) Eine Fahne b) Zum Beweis der freien Beweglichkeit

1.) Unter **"freier Beweglichkeit"** in $\mathcal{E}$ versteht man folgende Eigenschaft:
Zu zwei Fahnen $\mathcal{F} = (p, H)$ und $\mathcal{F}' = (p', H')$ von $\mathcal{E}$ gibt es genau eine ebene Bewegung φ von $\mathcal{E}$, die $\mathcal{F}$ auf $\mathcal{F}'$ abbildet, d.h. für die gilt $\varphi(p) = p'$ und $\varphi(H) = H'$.
2.) *Zur Bedeutung:* Die freie Beweglichkeit lässt sich im Hilbertschen Axiomensystem u.a. mit Hilfe der Kongruenzsätze beweisen (s.u.). Beim Aufbau der Geometrie mittels Bewegungen ("Abbildungsgeometrie") wird die freie Beweglichkeit manchmal als Axiom gefordert und daraus und aus anderen Axiomen die Kongruenzgeometrie hergeleitet. Die behandelte Eigenschaft beschreibt den Grad der Transitivität der Gruppe Bew ($\mathcal{E}$) aller Bewegungen von $\mathcal{E}$, also die "Symmetrie" von $\mathcal{E}$; insbesondere lässt sich jedes *rechtwinklige Achsenkreuz* (p, h) mit $p \perp h$ von $\mathcal{E}$ mittels eines Elements von Bew ($\mathcal{E}$) auf jedes andere rechtwinklige Achsenkreuz (p', h') von $\mathcal{E}$ abbilden. In diesem Sinne sind alle solchen Achsenkreuze gleichwertig.

3.) *Beweisidee:* Bezüglich einer Fahne $\mathcal{F} = (AB^+, ABC^+)$ ist ein Punkt X durch $|\overset{\vdash}{AX}|$ und $|\sphericalangle(BAX)|$ sowie eine der Angaben $X \in AB^+$, $X \in AB^-$, $X \in ABC^+$ oder $X \in ABC^-$ eindeutig bestimmt. Dadurch und durch $\varphi(\mathcal{F})$ liegt dann auch $\varphi(X)$ fest (s. Abb. 7.34 b). Zum Nachweis der Existenz muss man dann zeigen, dass φ eine Bewegung induziert.

Definieren Sie die Begriffe *Geradenspiegelung* und *Drehung* der reellen euklidischen Ebene $\mathcal{E}$ abbildungsgeometrisch, also als spezielle Bewegungen.

1.) *Definition:* Eine Bewegung von $\mathcal{E}$ auf sich heißt **Geradenspiegelung**, falls sie zwei Punkte A, B festlässt und von der Identität verschieden ist.

---

[13]Vgl. aber auch die abbildungsgeometrische Klassifikation, s.u.!

Eigenschaften: Zu je zwei Punkten A, B von $\mathcal{E}$ existiert (wegen der Eindeutigkeit der Wirkung von Bewegungen auf den Fahnen) genau eine Geradenspiegelung mit Fixpunkten A, B ; Bezeichnung γ_{AB}. Jeder Punkt der *Achse* $g = AB$ bleibt fest unter γ_{AB}, und es gilt $(\gamma_{AB})^2 = \mathrm{id}$.

2.) Eine Bewegung von $\mathcal{E}$ heißt **Drehung**, wenn sie sich als Produkt zweier Geradenspiegelungen darstellen lässt, deren Achsen sich in einem Punkt Z schneiden. Z heißt Drehzentrum.

3.) *Spezialfall:* Ist $g \perp h$, so ist $\sigma_Z := \gamma_g \circ \gamma_h = \gamma_h \circ \gamma_g$ die **Punktspiegelung** mit Zentrum $Z = g \cap h$, also zentrische Streckung mit Streckfaktor -1. Insbesondere gilt $(\sigma_Z)^2 = \mathrm{id}$.

Anmerkung: Man beachte die alternativen Definitionsmöglichkeiten in der Linearen Algebra und in der Kongruenzgeometrie.

> Skizzieren Sie Beweise mittels Spiegelungen für die Existenz (i) des *Lots* vom Punkt P auf die Gerade g, (ii) des *Mittelpunktes* und der *Mittelsenkrechten* einer Strecke $\overline{AB}$ und (iii) der *Winkelhalbierenden* eines Winkels $\sphericalangle AOB$ (für $A \notin OB$) in der reellen euklidischen Ebene $\mathcal{E}$.

(i) **Lot fällen:** Ist $P \notin g$, dann existiert die Geradenspiegelung γ_g (s.o.), und die Gerade $P\gamma(P)$ ist Lot von P auf g. **Lot errichten:**[14] Sei $P \in g$. Wähle R in $\mathcal{E}$ mit $R \notin g$. Fälle das Lot von R auf g (s.o.); der Fußpunkt dieses Lots sei F, s. Abb. 7.35 a. Die Bewegung φ, die die Fahne (PF^+, PFR^+) auf die Fahne (PF^-, PFR^+) abbildet, lässt die Gerade g und den Punkt P fest. Ist R kein Fixpunkt von φ (und damit $F \neq P$), so bleibt $S = \varphi(R)F \cap R\varphi(F)$ wegen $\varphi^2(R) = R$ und $\varphi^2(F) = F$ fest. Daher ist $\varphi = \gamma_{PS}$ und SP das Lot in P. $\qquad\square$

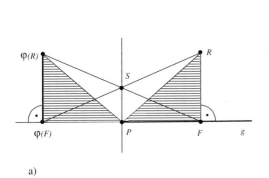

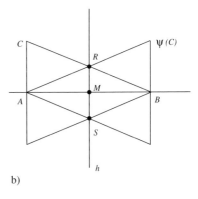

a)   b)

Abbildung 7.35: a) Existenz des zu errichtenden Lots   b) Existenz von Mittellot und Mittelpunkt

(ii) **Mittellot:** Für C in $\mathcal{E}$ mit $AC \perp AB$ ist die Bewegung ψ, die (AB^+, ABC^+) auf (BA^+, ABC^+) abbildet, involutorisch (d.h. $\psi^2 = \mathrm{id} \neq \psi$) und hat $R = A\psi(C) \cap BC$ als Fixpunkt. Ähnlich erhält man einen Fixpunkt S von ψ in ABC^-. Die Gerade $h = RS$ ist Achse von $\psi =: \gamma_h$ und daher senkrecht auf $AB = A\psi(A)$. Ferner ist $M := AB \cap h$ der **Mittelpunkt** von $\overline{AB}$ (s. Abb. 7.35 b). $\qquad\square$

(iii) **Winkelhalbierende:** Man betrachte die Bewegung γ, die (OA^+, OAB^+) auf (OB^+, OBA^+) abbildet. Sie ist eine Spiegelung[15], deren Achse gerade die Winkelhalbierende von $\sphericalangle AOB$ ist. $\square$

---

[14]Anmerkung: Die Möglichkeit zur Errichtung des Lots kann, je nach Aufbau der Geometrie, auch durch das Axiom des Winkelantragens (Hilbertscher Aufbau), das Winkelmaßaxiom (z.Bsp DIFF[Di] p.27) oder ein Orthogonalitätsaxiom gesichert werden.

[15]Ist $B' \in OB^+$ mit $\overline{OA} \equiv \overline{OB'}$, so gilt $\gamma(A) = B'$ und, wegen der Eigenschaften des Winkelantragens, $\gamma(B') = A$; daher bleibt außer O auch der Mittelpunkt von $\overline{AB'}$ fix.

Formulieren Sie den *Darstellungssatz* für Bewegungen (Darstellung mittels Spiegelungen) und Folgerungen daraus, insbesondere den *Dreispiegelungssatz*!

Darstellungssatz: *Jede Bewegung der reellen euklidischen Ebene $\mathcal{E}$ ist als Produkt von höchstens drei Geradenspiegelungen darstellbar.*

Beweisskizze: Bildet die Bewegung φ die Fahne $\mathcal{F}_1 = (O_1 P_1^+, H_1)$ auf $\mathcal{F}_2 = (O_2 P_2^+, H_2)$ ab, so verkettet man die Spiegelung γ, die O_1 auf O_2 abbildet (bzw. im Fall $O_1 = O_2$ die Identität) mit der Spiegelung, die $O_2\gamma(P_1)^+$ auf $O_2 P_2^+$ abbildet, und das Produkt gegebenenfalls mit der Spiegelung, die $(O_2 P_2^+, H_2^-)$ in $(O_2 P_2^+, H_2)$ überführt. Wie φ bildet die so definierte Bewegung $\mathcal{F}_1$ auf $\mathcal{F}_2$ ab und ist daher gleich φ. $\qquad\square$

Unmittelbare Folgerung: Besteht das Produkt aus einem Faktor, so ist es eine Geradenspiegelung; bei 2 Faktoren können die Achsen g, h parallel sein; dann ergibt sich eine *Translation* in Richtung senkrecht zu g und h mit dem doppelten Abstand der Geraden als Länge des Translationsvektors (s. Abb. 7.36 a). Schneiden sich hingegen die Achsen in Z (im Winkel vom Maß α), so erhält man eine *Drehung* um Z (s.o.) vom Maß 2α (Abb. 7.36 b).

Man kann zeigen, dass jedes Produkt von drei Geradenspiegelungen (Dreifachspiegelung) eine *Gleitspiegelung* ist, das heißt ein Produkt der Form $\gamma_g \circ \tau$ mit Translation τ in Richtung von g.

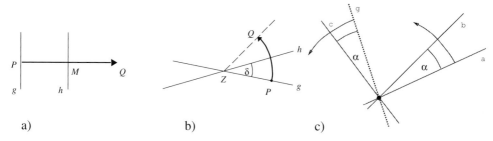

Abbildung 7.36:
a) Translation $\gamma_h \circ \gamma_g$ b) Drehung $\gamma_h \circ \gamma_g$ c) Zum Dreispiegelungssatz $\gamma_b \circ \gamma_a = \delta_{2\alpha} = \gamma_c \circ \gamma_g$

Einen wichtigen Spezialfall behandelt dabei der **Dreispiegelungssatz:** *Jedes Produkt von drei Geradenspiegelungen von $\mathcal{E}$, deren Achsen parallel sind oder sich alle in einem Punkt schneiden, ist eine Geradenspiegelung.*

Beweisidee: Ist $P \in a$ und $a \| b \| c$, so setzt man $\tau = \gamma_c \circ \gamma_b$ und wählt g als die Parallele zu a durch den Mittelpunkt der Strecke $P\tau(P)$, also so, dass $\gamma_g \circ \gamma_a$ gleich τ ist. Im Fall $a \cap b \cap c = \{Z\}$ wählt man g als die Winkelhalbierende eines der durch a und $\varphi(a)$ mit $\varphi = \gamma_c \circ \gamma_b \circ \gamma_a$ begrenzten Winkels . Man zeigt dann, dass φ und γ_g eine Fahne mit Träger a auf dieselbe Bildfahne abbilden und daher gleich sind. Setzt man die Kenntnis der Eigenschaften einer Drehung voraus, so kann man alternativ auch, wie in Abb. 7.36 c angedeutet, vorgehen. $\qquad\square$

Anwendungsbeispiel:

Beweisen Sie den Satz über den Schnittpunkt der **Mittelsenkrechten eines Dreiecks** von $\mathcal{E}$ mit Hilfe des Dreispiegelungssatzes.
Lösungshilfe: Betrachten Sie $\gamma = \gamma_{m_a} \circ \gamma_g \circ \gamma_{m_b}$ für eine geeignete Gerade g.

Beweisskizze: Die Mittelsenkrechten m_a und m_b sind nicht parallel(!); wähle g und M wie in Abb. 7.37, und betrachte $\gamma = \gamma_{m_a} \circ \gamma_g \circ \gamma_{m_b}$. Nach dem Dreispiegelungssatz ist γ eine Spiegelung; diese lässt M fest und bildet A auf B ab. Die Achse von γ ist Mittellot zu $\overset{\vdash}{AB}$ und geht durch M .   □

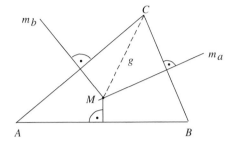

Abbildung 7.37: Zum Mittellotensatz

Was wissen Sie über **gleichsinnige** und **gegensinnige Bewegungen** der reellen euklidischen Ebene (ohne Beweis)?

(i) *Definition:* Eine ebene Bewegung heißt *gleichsinnig*, falls sie sich als Produkt einer geraden Anzahl von Geradenspiegelungen darstellen lässt, andernfalls gegensinnig.

(ii) Eine gleichsinnige Bewegung kann kein Produkt einer ungeraden Anzahl von Geradenspiegelungen sein. Sie ist eine Translation oder eine Drehung. Die ungleichsinnigen Bewegungen von $\mathcal{E}$ sind genau die Gleitspiegelungen (einschließlich der Geradenspiegelungen).

(iii) Die gleichsinnigen Bewegungen von E bilden eine Untergruppe $\mathrm{Bew}^{+}(\mathcal{E})$ von $\mathrm{Bew}(\mathcal{E})$ mit $\mathrm{Bew}\,(\mathcal{E})=\mathrm{Bew}^{+}(\mathcal{E})\cup\mathrm{Bew}^{+}(\mathcal{E})\circ\gamma$ für eine Geradenspiegelung γ. Die Menge der Drehungen um einen Punkt Z bildet eine kommutative Untergruppe von $\mathrm{Bew}^{+}(\mathcal{E})$, die auf der Menge der Halbgeraden mit Scheitel Z scharf transitiv operiert.

(iv) Definitionsgemäß wird durch eine gleichsinnige Bewegung jede Figur auf eine zu ihr *gleichsinnig – kongruente* Figur abgebildet und jede Fahne auf eine ebenfalls gemäß Definition *gleichorientierte*.

Beispiele: Die Fahnen (AB^{+}, ABC^{+}) und (AB^{-}, ABC^{-}) sind gleichorientiert (vermöge der Punktspiegelung an A).

Die Relation "gleichorientiert" ist eine Äquivalenzrelation auf der Menge der Fahnen mit genau zwei Äquivalenzklassen.

Anmerkungen: 1. Die Ebene zusammen mit einer ausgezeichneten der beiden Äquivalenzklassen heißt **orientierte Ebene**, jede Fahne aus dieser Klasse *positiv orientiert*. Damit kann man auch definieren, was Abtragen eines Winkels im positiven Sinne bedeutet.

2. Jeder Drehung δ ist dann als *Drehwinkelgröße* die mit Vorzeichen versehene[16] Winkelgröße $\sphericalangle AZ\delta(A)$ zuordenbar; diese ist unabhängig von der Wahl von $A(\neq Z)$. Statt $-\alpha$ kann man auch $2\pi - \alpha$ betrachten. Es gilt dann $\delta_{\phi}\circ\delta_{\psi}=\delta_{\eta} \iff \eta \equiv \phi + \psi \,(\mathrm{mod}\,2\pi)$.

Bestimmen Sie die **Symmetrieachsen** folgender Figuren der reellen euklidischen Ebene:

(a) eines Punkt–Geraden–Paares (P,g) mit $P \notin g$ (b) einer Strecke $\overset{\vdash}{AB}$ mit $A \neq B$ (c) eines Winkels. Bestimmen Sie die *Symmetriegruppe* (d) eines gleichseitigen Dreiecks (e) eines Quadrats!

Unter einer *Symmetrieachse* einer Figur $\mathcal{F}$ der Ebene $\mathcal{E}$ versteht man die Achse einer Geradenspiegelung γ mit $\gamma(\mathcal{F}) = \mathcal{F}$.

Die Menge aller **Deckabbildungen** von $\mathcal{F}$, d.h. aller Bewegungen κ von $\mathcal{E}$ mit $\kappa(\mathcal{F}) = \mathcal{F}$, bildet eine Untergruppe von $\mathrm{Bew}(\mathcal{E})$, die *Symmetriegruppe* von $\mathcal{F}$.

---

[16]bei Abtragen im Uhrzeigersinne $-|\alpha|$, andernfalls $+|\alpha|$.

(a) Als ausgezeichneter Punkt ist P Fixpunkt jeder Deckabbildung, außerdem g Fixgerade. Da g nicht Achse sein kann, steht diese senkrecht auf ihr. Das Lot von P auf g ist Symmetrieachse und damit einzige Symmetrieachse.

(b) Entweder sind A und B Fixpunkte einer Deckabbildung oder werden durch sie vertauscht. Damit sind g und m_{AB} die einzigen Symmetrieachsen.

(c) Ist der Winkel nicht gestreckt, so ist die Winkelhalbierende (Existenznachweis s.o.) einzige Symmetrieachse; ist er gestreckt und gilt der Scheitel S als ausgezeichneter Punkt, so ist die Trägergerade und das Lot in S Symmetrieachse.

(d) Die Symmetriegruppe eines gleichseitigen Dreiecks enthält die Spiegelungen an den Mittelloten – diese sind gleichzeitig die Höhen- und Seitenhalbierenden – sowie die Drehungen um deren Schnittpunkt um $0°$, $120°$, $240°$. Da es insgesamt genau 6 Permutationen der 3 Eckpunkte gibt, folgt: $D_3 = \{\mathrm{id}, \gamma_{m_a}, \gamma_{m_b}, \gamma_{m_c}, \delta_{120°}, \delta_{240°}\}$ (s. Abb. 7.38 a).

(e) "Das" Quadrat erlaubt genau 8 Deckabbildungen $D_4 = \{\mathrm{id}, \gamma_a, \gamma_b, \gamma_c, \gamma_d, \delta_{90°}, \delta_{180°}, \delta_{270°}\}$; (zu den Bezeichnungen s. Abb. 7.38 b!).

Mit $\delta = \delta_{90°}$ und $\gamma = \gamma_a$ ist $D_4 = \langle \gamma, \delta \mid \delta^4 = \mathrm{id} = \gamma^2, \delta\gamma = \gamma\delta^{-1} \rangle$ (wie D_3) eine "**Diedergruppe**".

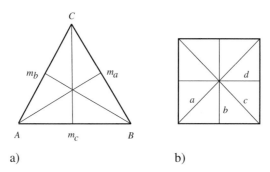

a)   b)

Abbildung 7.38: Symmetrieachsen des regelmäßigen Dreiecks und des Quadrats

Anmerkung: Die Untergruppen von D_4 sind verbunden mit bestimmten Vierecksarten, deren Symmetriegruppe sie sind; z.Bsp. $\{\mathrm{id}, \delta_{180°}, \gamma_b, \gamma_d\}$ Symmetriegruppe des echten Rechtecks, $\{\mathrm{id}, \delta_{180°}, \gamma_a, \gamma_c\}$ die der echten Raute, $\{\mathrm{id}, \delta_{180°}\}$ die des echten Parallelogramms, $\{\mathrm{id}, \gamma_a\}$ die des echten Drachenvierecks, $\{\mathrm{id}, \gamma_b\}$ die des gleichschenkligen Trapezes, $\{\mathrm{id}\}$ des allgemeinen Vierecks ($\rightarrow$ "Haus der Vierecke").

Kollineationen: inzidenzerhaltende Bijektionen

(dargestellt durch Translationen verknüpft mit bijektiven semilinearen Abbildungen)

im reellen Fall gleich den

Affinitäten

(dargestellt durch affin−lineare Bijektionen , also Translationen verknüpft mit linearen bijektiven Abbildungen)

Ähnlichkeitsabbildungen:

längenverhältnis− und winkelgrössentreue Kollineationen
(zentrische Streckungen verknüpft mit Kongruenzabbildungen)

Kongruenzabbildungen(Bewegungen):

längentreue Kollineationen
(dargestellt durch Translationen verknüpft mit orthogonalen Abbildungen)

Ebene Bewegungen: *(längentreue Bijektionen einer Ebene* E *auf eine Ebene* E' *)*

gegensinnig	*gleichsinnig*
Gleitspiegelungen	Translationen
(einschl. Geradenspiegelungen)	Drehungen *(einschl. Punktspiegelungen)*

Tabelle 7.2: Übersicht über Abbildungen des n-dim reellen euklidischen Raumes (für $n = 2$ fallen die ebenen Bewegungen mit den Kongruenzabbildungen zusammen)

7.6   Klausur-Aufgaben zur Elementargeometrie

Aufgaben zu 7.1 (Affine Geometrie)

Aufgabe E1 (parallel, Translation)
Es seien N, P, Q nicht-kollineare Punkte eines 3-dim affinen Raumes! Zeigen Sie:
(a) Jede Translation bildet eine Ebene auf eine dazu parallele Ebene ab.
(b) Die Translation τ_{NP} und die Translation $\tau_{NP} \circ \tau_{NQ}$ lassen die Ebene NPQ fest.
Lösung siehe Seite: 346.

Aufgabe E2 (Translation, Parallelogramm)
Zeigen Sie: Im 3-dimensionalen affinen Raum ist genau dann keine Translation involutorisch, wenn sich die Diagonalen jedes nicht-ausgearteten Parallelogramms schneiden.
Hinweis: Ohne Beweis dürfen Sie sonstige Eigenschaften von Translationen verwenden, u.a., dass die Spuren parallel und Fixgeraden sind und Bildpunkte durch Parallelogrammm-Konstruktionen bestimmbar sind.
Lösung siehe Seite: 346.

Aufgabe E3 (Satz von Desargues)
In der Zeichenebene seien zwei nicht zusammenfallende nichtparallele Geraden a und b gegeben, deren Schnittpunkt S außerhalb der Zeichenebene liegt. Wie kann man allein mit dem Lineal die Verbindungsgerade eines im Zeichenblatt liegenden Punktes Q mit dem unzugänglichen Punkt S konstruieren?
Lösung siehe Seite: 346.

Aufgabe E4 (Zentralprojektion, Euklidisches Parallelenaxiom)
Seien $\mathcal{A}$ eine affine Ebene und g und h zwei verschiedene Geraden von $\mathcal{A}$, ferner Z ein Punkt von $\mathcal{A}$ mit $Z \notin g \cup h$.
Betrachten Sie die Zuordnung $\varphi : Q \mapsto QZ \cap h$ für $Q \in g$. Definiert φ eine Bijektion von g auf h? (Begründete Antwort mit Fallunterscheidung!)
Lösungshinweis:
Eine entscheidende Frage ist, ob sich die betrachteten Geraden jeweils schneiden.
Lösung siehe Seite: 347.

Aufgabe E5 (projektive Ebene, Dimensionsformel)
Es sei K ein Körper. Beweisen Sie für die projektive Ebene $PG(2, K)$ über diesem Körper die Aussagen:
(a) Auf jeder Geraden liegen mindestens drei Punkte.
(b) Je zwei Geraden haben mindestens einen gemeinsamen Punkt.
Lösung siehe Seite: 347.

Klausur-Aufgaben zu 7.2 (Geordnete Geometrie)

Aufgabe E6 (Axiom von Pasch, Parallelprojektion, Ordnungsrelation, Zwischenrelation)
Seien g und h verschiedene Geraden eines 3-dimensionalen geordneten affinen Raumes und π eine Parallelprojektion von g auf h. Zeigen Sie:
a) Die Zwischenrelation bleibt unter π erhalten.

b) Es gilt (evtl. nach Übergang zur entgegengesetzten Ordnungsrelation von h):

$$A \underset{g}{\leq} B \Longleftrightarrow \pi(A) \underset{h}{\leq} \pi(B) \text{ für alle } A, B \in g.$$

Hinweis: Es dürfen ohne Beweis andere Eigenschaften der Parallelprojektion, der Zwischenrelation bzw. der Ordungsrelation und das Axiom von Pasch verwendet werden Lösung siehe Seite: 347.

Aufgaben zu 7.3/7.4 (Kongruenzgeometrie/Euklidische Geometrie)

Aufgabe E7 (Gleichschenkliges Dreieck, Kongruenzsätze)
Zeigen Sie: Ein Dreieck ist genau dann gleichschenklig, wenn es zwei kongruente Winkel besitzt.
Lösung siehe Seite: 347.

Aufgabe E8 (Nebenwinkel,Kongruenzsätze, Streckenaddition)
Zeigen Sie: Nebenwinkel kongruenter Winkel sind kongruent.
Hinweis: Sie dürfen die Möglichkeit des Streckenabtragens, die Addition von Streckenlängen und die Kongruenzsätze verwenden.
Lösung siehe Seite: 348.

Aufgabe E9 (Kongruenzsätze, Parallelogramm, Rechteck)
Beweisen Sie mit Hilfe von Kongruenzbetrachtungen den Satz: In der euklidischen ebene ist ein Parallelogramm genau dann ein Rechteck, wenn seine beiden Diagonalen gleich lang sind.
Lösung siehe Seite: 348.

Aufgabe E10 (Ähnlichkeit, Stufenwinkel, gleichschenkliges Dreieck, Quadrat, Rechteck, Raute)
Unter welchen Bedingungen sind folgende Figuren der reellen euklidischen Ebene ähnlich?
(a) zwei Quadrate (b) zwei Rechtecke (c) zwei Parallelogramme (d) zwei Rauten (c) zwei regelmäßige n-Ecke. Begründen Sie Ihre Aussagen! (Sätze über Dreiecke oder zentrische Streckungen dürfen ohne Beweis verwendet werden.)
Lösung siehe Seite: 348.

Aufgabe E11 (Rhombus, gleichschenkliges Dreieck, Mittelsenkrechte, Kongruenzsätze)
Zeigen Sie: Die Diagonalen eines Rhombus (Raute, Viereck mit 4 gleich langen Seiten) stehen aufeinander senkrecht, halbieren sich und die Winkel des Rhombus!
Lösung siehe Seite 349.

Aufgabe E12 (Umkehrung des Satzes von Desargues, Satz von Desargues, Parallelogramm)
Zeigen Sie: Im 3-dimensionalen euklidischen Raum schneiden sich die vier räumlichen Diagonalen eines Quaders in einem Punkt.
Lösung siehe Seite: 349.

Aufgabe E13 (Dreieck, Kongruenzsatz, Strahlensatz, Ähnlichkeitssatz)
Zeigen Sie für ein Dreick $\triangle ABC$ der euklidischen Ebene mit den Seitenlängen $a = |\overline{BC}|$, $c = |\overline{AB}|$ und den Höhenlängen h_a, h_c (ohne Benutzung des Flächeninhalts) die Beziehung $ah_a = ch_c$.
Lösung siehe Seite: 349.

Aufgabe E14 (Mittelsenkrechte, gleichschenkliges Dreieck, Winkelhalbierende)
Wie kann man mit Zirkel und Lineal Winkel von $60°, 30°$ und $90°$ konstruieren? Begründen

Sie ihre Aussagen über Winkelgrößen! (Dabei dürfen Sie Sätze der Elementargeometrie über Mittelsenkrechte bzw. über gleichschenklige Dreiecke unbewiesen benutzen.)
Lösung siehe Seite: 349.

Aufgabe E15 (Außenwinkel, gleichschenkliges Dreieck)
Zeigen Sie: In der reellen euklidischen Ebene liegt der größeren Seite eines Dreiecks der größere Winkel gegenüber.
Lösung siehe Seite: 350.

Aufgabe E16 (Winkelsumme im Dreieck, Scheitelwinkel)
Seien a und b zwei sich schneidende Geraden der reellen euklidischen Ebene, die auf den Schenkeln eines Winkels $|\sphericalangle ASB|$ vom Maß kleiner π senkrecht stehen, gelte also $a \perp SA^+$ mit Fußpunkt A und $b \perp SB^+$ mit Fußpunkt B. Beweisen Sie, dass dann a und b einen Winkel gleichen Maßes bilden wie $\sphericalangle ASB$.
Lösungshinweis: Der Schnittpunkt $Z := a \cap b$ kann innerhalb oder außerhalb des inneren Winkelfeldes von $\sphericalangle ASB$ liegen (Fallunterscheidung). Aussagen über Winkelgrößen im Dreieck dürfen Sie unbewiesen benutzen.
Lösung siehe Seite: 350.

Aufgabe E17 (Strahlensätze)
In der reellen euklidischen Ebene teile ine Gerade zwei Seiten eines Dreiecks echt innen und eine Seite außen. Für jede Seite bilde man – zyklisch vorgehend – das Verhältnis der vom Teilpunkt zu den beiden Ecken gemessenen Entfernungen. Man beweise: Das Produkt dieser drei Zahlen hat den Wert 1 (Satz von Menelaos).
Hinweis: Man fälle von den Ecken Lote auf die „Menelaosgerade".
Lösung siehe Seite: 351.

Aufgabe E18 (Ähnlichkeitssätze, Kongruenzsätze, Fläche)
Beweisen Sie (a) den Höhensatz, (b) den Kathetensatz und (c) den Satz des Pythagoras mit Ähnlichkeitsüberlegungen, sowie (d) den Satz des Pythagoras mit Ergänzungs- oder Zerlegungsgleichheit.
Lösung siehe Seite: 351.

Aufgabe E19 (Mittelsenkrechte, Thalessatz, Dreiecksfläche, Höhensatz)
Gegeben seien die positiven Längen p und q. Beschreiben Sie, wie man mit Zirkel und Lineal die Länge $\sqrt{pq}$ konstruieren kann. Benutzen Sie diese Methode, um zu einem Rechteck mit den Seitenlängen p und q ein flächengleiches Quadrat zu konstruieren. Beschreiben Sie dann, wie man mit Zirkel und Lineal ein zu einem Dreieck flächengleiches Quadrat konstruieren kann.
Lösung siehe Seite: 352.

Aufgabe E20 (Gleichschenkliges Dreieck, Stufenwinkel, Wechselwinkel, Winkeladdition)
Beweisen Sie den „Satz von Thales": Jeder Winkel im Halbkreis (einer euklidischen Ebene) ist ein rechter.
Hinweis: Sie dürfen Eigenschaften von gleichschenkligen Dreiecken, von Stufen- und Wechselwinkeln benutzen. Vermeiden Sie den Satz über die Winkelsumme im Dreieck, der im Beweis in §7.4 D verwendet wurde..
Lösung siehe Seite: 353.

Aufgabe E21 (Thalessatz, Ähnlichkeitsverfahren, Zentrische Steckung)
In der reellen euklidischen Ebene konstruiere man (ohne Berechnung von Koordinaten) ein rechtwinkliges Dreieck, bei dem die Länge der einen Kathete b ist und für das Verhältnis von Hypo-

tenusenlänge zur Länge der Hypotenusenhöhe gilt : $\frac{h_c}{c} = \frac{1}{3}$.
Lösung siehe Seite: 353.

Aufgabe E22 (rechtwinkeliges Dreieck, Lot, Zentrische Streckung, Hypotenuse, Kathete)

In der reellen euklidischen Ebene sei $\triangle ABC$ ein rechtwinkliges Dreieick (mit rechtem Winkel bei C). Von einem Punkt D der Strecke $\overline{BC}$ fällen wir das Lot auf die Gerade AB; der Lotfußpunkt heiße E. Zeige, dass die Strecke $\overline{AC}$ länger ist als die Strecke $\overline{DE}$!

Hinweis: Sie dürfen unbewiesen Eigenschaften von zentrischen Streckungen (oder die Strahlensätze) und von Hypotenuse und Katheten eines rechtwinkligen Dreiecks verwenden.
Lösung siehe Seite: 353.

Aufgabe E23 (rechtwinkliges Dreieck, Höhensatz, Kathetensatz)

Zeigen Sie, dass im rechtwinkligen Dreieck gilt $h_c = \frac{ab}{c}$, wobei a, b die Länge der Katheten, h_c die Länge der Höhe durch C und c die Länge der Hypotenuse bezeichnet.
Hinweis: Klassische Sätze der euklidischen Geometrie dürfen ohne Beweis verwandt werden.
Lösung siehe Seite 353.

Aufgabe E24 (Satz von Pythagoras, Winkelantragen, Streckungabtragen, rechter Winkel, Kongruenzsätze)

In einem dreidimensionalen euklidischen Raum sei ein Dreieck mit den Seiten der Länge a, b bzw. c gegeben, und es sei $a^2 + b^2 = c^2$. Zeigen Sie, dass dann die Seiten der Länge a und b einen rechten Winkel einschließen. (Umkehrung des Satzes von Pythagoras.)

Hinweis: Ohne Beweis benutzt werden dürfen die Möglichkeit des Streckenabtragens und des Winkelantragens, die Satzgruppe des Pythagoras und die Kongruenzsätze.
Lösung siehe Seite: 354.

Aufgabe E25 (Sehnensatz, Randwinkelsatz, Ähnlichkeitssätze)

Beweisen Sie elementargeometrisch durch eine Ähnlichkeitsbetrachtung: Schneiden sich innerhalb eines Kreises zwei Sehnen $\overline{PQ}$ und $\overline{RT}$ in einem Punkt S, so gilt:

$$|\overline{PS}| \cdot |\overline{SQ}| = |\overline{RS}| \cdot |\overline{ST}|.$$

Hinweis: Sie dürfen ohne Beweis Winkelsätze am Kreis und die Ähnlichkeitssätze für Dreiecke benutzen.
Lösung siehe Seite: 354.

Aufgabe E26 (Kreis, gleichschenkliges Dreieck, rechtwinkliges Dreieck, Mittelsenkrechte, Kongruenzsätze)

(a) Definieren sie den Begriff eines Kreises K (um den Mittelpunkt M mit Radius $r > 0$) in der euklidischen Ebene E.

(b) Zeigen Sie dann (unter der Voraussetzung $K \neq \emptyset$):

   (i)   Jede Gerade durch M schneidet K in genau zwei Punkten.

   (ii) Jede Gerade der Ebene schneidet K in höchstens zwei Punkten.

   (iii) Die Mittelsenkrechte jeder Sehne von K geht durch M.

Hinweis: Folgendes dürfen Sie ohne Beweis verwenden: Eigenschaften des Streckenabtragens, der Winkel im gleichschenkligen Dreieck, Aussagen über die Länge von Hypotenuse und Kathete im rechtwinkligen Dreieck, Eigenschaften der Kongruenz von Winkeln bzw. Strecken sowie die

Existenz und die Eigenschaften von Mittelpunkt und Mittelsenkrechter einer Strecke.
Lösung siehe Seite: 354.

Aufgabe E27 (Umkreis, Flächeninhalt,Ähnlichkeitssatz, Umfangswinkelsatz, Thalessatz)
Sei $\Delta = \Delta ABC$ ein Dreieck der reellen euklidischen Ebene mit Seitenlängen a, b und c. Bezeichnet $\mathcal{F}(\Delta)$ den Flächeninhalt von Δ, so gilt für den Radius R des Umkreises von Δ die Gleichung

$$R = \frac{a \cdot b \cdot c}{4 \cdot \mathcal{F}(\Delta)}.$$

Beweisen Sie dies!

Lösungshilfe: Sei D der Fußpunkt der Höhe von Δ durch C (der Länge h_C) und E der zweite Schnittpunkt des Umkreises mit der Geraden CM durch C und den Umkreismittelpunkt M von Δ; (s. Abbildung 7.39 !) Zeigen Sie die Ähnlichkeit der Dreiecke ΔACD und ΔBCE.

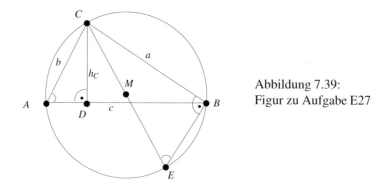

Abbildung 7.39:
Figur zu Aufgabe E27

Hinweis: Ohne Beweis dürfen Sie benützen: die Existenz der in der Lösungshilfe angegebenen Konstruktion, den Satz des Thales, den Umfangswinkel- oder Randwinkel-Satz, die Ähnlichkeitssätze, Eigenschaften ähnlicher Dreiecke und die Formel $\mathcal{F}(\Delta) = \frac{c \cdot h_C}{2}$.
Lösung siehe Seite: 355.

Aufgaben zu 7.5 (Abbildungsgeometrie)

Aufgabe E28 (Bewegung, Geradenspiegelung, Mittelsenkrechte, Winkelhalbierende)
Beweisen Sie elementargeometrisch, dass sich jede Kongruenzabbildung (ebene Bewegung) der reellen euklidischen Ebene E als Produkt von höchstens drei Geradenspiegelungen darstellen lässt.
Lösungshinweis: Ohne Beweis dürfen Sie Eigenschaften von Bewegungen benutzen, insbesondere dass eine Bewegung schon durch die Wirkung auf eine Fahne festgelegt ist, ferner die Existenz von Mittelsenkrechten und Winkelhalbierenden sowie geeigneter Geradenspiegelungen.
Lösung siehe Seite: 355.

Aufgabe E29 (Geradenspiegelung, Translation, Bewegung)
Seien g und h zwei parallele Geraden der reellen euklidischen Ebene E. Zeigen Sie ohne Verwendung der Kongruenzsätze, dass die Komposition $\gamma_g \circ \gamma_h$ der Geradenspiegelungen γ_g, γ_h mit Achse g bzw. h eine Translation ist. *Hinweise:* (i) Unter einer Translation verstehen wir hier

eine fixpunktfreie Dilatation (Dehnung) oder die Identität. (ii) Sie dürfen grundlegende Eigenschaften von Geradenspiegelungen ohne Beweis verwenden, z.B. dass γ_g und γ_h Bewegungen sind, also winkel- und längentreue Kollineationen, und dass $\gamma_g^2 = \text{id}$. (iii) Beim Nachweis, dass kein Fixpunkt F existiert, betrachte man $|\overline{FG}|$ und $|\overline{\tau(F)\tau(G)}|$ für den Fußpunkt G des Lots von F auf h.
Lösung siehe Seite: 356.

Aufgabe E30 (Drehung, Dreispiegelungssatz)
Zeigen Sie: Die Menge der Drehungen um Z bildet bzgl. der Hintereinanderausführung eine Gruppe.
Lösung siehe Seite: 356.

Aufgabe E31 (Randwinkel, Doppelspiegelung, gleichschenkeliges Dreieck)
Beweisen Sie (unter Verwendung einer Doppelspiegelung): Peripheriewinkel (Umfangswinkel, Randwinkel) im Kreis über demselben Bogen sind kongruent.
Lösung siehe Seite: 357.

Aufgabe E32 (Punktspiegelung, Translation)
Sei E eine desarguessche euklidische Ebene.
In E sei φ Produkt zweier verschiedener Punktspiegelungen π_P und π_Q. Zeigen Sie, dass φ eine Translation entlang der Geraden PQ ist. *Hinweis:* Sonstige Eigenschaften von Spiegelungen und von deren Kompositionen dürfen unbewiesen benutzt werden.
Lösung siehe Seite: 357.

Aufgabe E33 (Geradenspiegelung, Winkelsumme im Dreieck)
(a) Zeigen Sie mittels Spiegelungen: Zwei Geraden der reellen euklidischen Ebene E, die auf einer dritten Geraden senkrecht stehen, sind parallel.
(b) Zeigen Sie: Sind g und h zwei Geraden von E mit $g \cap h = \{T\}$, so ist $\delta := \gamma_g \circ \gamma_h$ (wobei γ_g bzw. γ_h die Spiegelung an der Geraden g bzw. h bezeichnet) eine Bewegung mit genau einem Fixpunkt. Um welche Bewegung handelt es sich bei δ? (Ohne Beweis.)
(c) Spezialfall $g \perp h$: Seien g und h zwei Geraden von E mit $g \perp h$! Um welche Abbildung handelt es sich bei $\delta = \gamma_h \circ \gamma_g$? Geben Sie eine Beweisskizze für Ihre Aussage!
Hinweis: Ohne Beweis benutzt werden darf die Existenz einer Geradenspiegelung γ_g zu jeder Geraden g von E sowie die Winkel– und Längentreue von Spiegelungen und die Eindeutigkeit des Lots.
Lösung siehe Seite: 357.

Aufgabe E34 (Bewegung, Mittelpunkt)
Beweisen Sie mit Hilfe von Bewegungen die Existenz der Winkelhalbierenden eines Winkels $\triangleleft(p, q)$ einer reellen euklidischen Ebene.
Hinweis: Benutzt werden darf die „freie Beweglichkeit", die Möglichkeit des Strecken- bzw. Winkelabtragens, die Existenz und Eindeutigkeit des Mittelpunkts einer Strecke, Eigenschaften von Bewegungen, insbesondere Spiegelungen.
Lösung siehe Seite: 358.

Aufgabe E35 (Geradenspiegelung, Winkelhalbierende, Dreispiegelungssatz)
Man beweise mit Hilfe von Spiegelungen , dass sich in der reellen euklidischen Ebene die Winkelhalbierenden eines Dreiecks in einem Punkt schneiden.
Lösung siehe Seite: 358.

Aufgabe E36 (Symmetrieachse, Geradenspiegelung)

(a) Bestimmen Sie die Anzahl von Symmetrieachsen für regelmäßige n-Ecke.

(b) Es sei $3 \leq n$ mit $n \in \mathbb{N}$. Bestimmen Sie die Anzahl $d(n)$ der Diagonalen eines konvexen n-Ecks.

Lösung siehe Seite: 359.

Aufgabe E37 (Symmetrieachse, Geradenspiegelung) Bestimmen Sie alle Symmetrieachsen folgender Figuren der euklidischen Ebene (mit Begründung):

(a) $F_1 = \overline{AB}$ (Strecke) für zwei Punkte A und B mit $A \neq B$. (b) ein Quadrat.

(c) $F_2 = \sphericalangle(p,q)$ (Winkel) für zwei nicht-kollineare Halbgeraden p und q mit gleichem Scheitelpunkt. (d) $F_3 = g \cup h$ für zwei nichtparallele Geraden g und h. (e) ein nicht-quadratisches Rechteck.

Lösung siehe Seite: 359.

Aufgabe E38 (Kongruenzsatz, Bewegung, Lot, Scheitelwinkel)

In der reellen euklidischen Ebene sei M der Mittelpunkt einer Strecke $\overline{AB}$ und g eine Gerade durch M. Dann gilt: Der Abstand des Punkts A von g ist gleich dem Abstand des Punktes B von g (siehe Skizze). Beweisen Sie dies (a) mit Hilfe eines Kongruenzsatzes (b) mit Hilfe einer Bewegung (Kongruenzabbildung)!

Hinweis: Benützt werden dürfen hier ohne Beweis: die Möglichkeit des Lotfällens, allgemeine Eigenschaften von Lot, Mittelsenkrechten, Winkeln und Bewegungen sowie die Kongruenzsätze. (S. auch Abbildung 7.40.)

Lösung siehe Seite: 360.

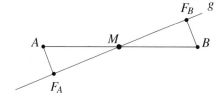

Abbildung 7.40:
Skizze zu Aufgabe E38

Literaturhinweise zu Kapitel 7:

Müller/Philipp/Gorski [MG], Agricola/Friedrich [AF], Scheid/Schwarz [SS], Schupp [Sch], Degen/Profke [DP], DIFF-Studienbriefe [Di], Wellstein/Kirsche [WK]

Kapitel 8

Einführung in die Algebra/Zahlentheorie

8.1 Algebraische Strukturen

Geben Sie eine Definition und Beispiele an für folgende Begriffe: 1.) Gruppe 2.) Ring 3.) Körper 4.) Algebra.

1. *Definition: Gruppe* (s. auch §8.8 !)

		G Menge, $G \neq \emptyset$
	$(G, *)$ Halbgruppe	$* : G \times G \to G$
		$(a,b) \mapsto a * b$ (innere Verknüpfung)
$(G, *)$ **Gruppe** mit neutralem Element e		Assoziativgesetz $\forall a,b,c \in G : a*(b*c) = (a*b)*c$
	$e \in G$ neutrales Element	$\forall a \in G : a*e = a = e*a$
	Existenz der Inversen	$\forall a \in G \; \exists b \in G : b*a = e = a*b$

Beispiele von Gruppen: • additive Gruppen von Ringen, Körpern, Vektorräumen • $(S_M, \circ)$, Gruppe aller bijektiven Abbildungen von M auf sich mit der Hintereinanderausführung $\circ$ als Verknüpfung, speziell $S_n := (S_{\{1,\dots,n\}}, \circ)$ (*symmetrische Gruppe* mit $|S_n| = n!$) • Gruppe D_m der Deckabbildungen eines regelmäßigen m-Ecks in der reellen euklidischen Ebene (*Diedergruppe* mit $|D_m| = 2m$). 2. *Definition: Ring*

	R Menge, "+" $R \times R \to R$, "·" : $R \times R \to R$
	$(R, +)$ kommutative Gruppe, d.h.
$(R, +, \cdot)$ **Ring**	Gruppe mit $\forall a,b \in R : a+b = b+a$
	$(R, \cdot)$ Halbgruppe
	Distributivgesetze: $\forall a,b,c \in R : (a+b) \cdot c = a \cdot c + b \cdot c$
	und $a \cdot (b+c) = a \cdot b + a \cdot c$

Beispiele von Ringen: • $(\mathbb{Z}, +, \cdot)$ Ring der ganzen Zahlen;• Körper (s.u.) • $(K[X], +, \cdot)$, Ring der Polynome über dem Körper K • $(\text{End}_K V, +, \circ)$, der Endomorphismenring eines Vektorraums

• $\mathbb{Z}/m\mathbb{Z} =: \mathbb{Z}_m$ (s.Faktorstrukturen)

Anmerkung: Die Elemente eines Ringes mit 1, die eine multiplikative Inverse besitzen, sogenannte *Einheiten*, bilden eine Gruppe (bzgl. der induzierten Multiplikation)

3. *Definition: Körper*

		K Menge, + , · innere Verknüpfungen
$(K,+,\cdot)$	$(K,+,\cdot)$	$(K,+)$ kommutative Gruppe
Körper	Schiefkörper	$(K \setminus \{0\}, \cdot)$ Gruppe[1]
		Distributivgesetze (wie bei Ringen)
	kommutativ	

Beispiele: • $(\mathbb{Q},+,\cdot)$ • $(\mathbb{R},+,\cdot)$ • $(\mathbb{C},+,\cdot)$, • $\mathrm{GF}(p) := (\mathbb{Z}/p\mathbb{Z},+,\cdot)$ für p Primzahl (s.u.)
• $K[X]/(P)$ für irreduzibles Polynom $P \in K[X]$ vom Grad n über dem Körper $K = \mathrm{GF}(p)$.

Anmerkung: Man kann zeigen, dass es zu jedem $n \in \mathbb{N}^*$ ein solches irreduzibles Polynom über
$\mathrm{GF}(p)$ gibt, dass damit ein Körper mit p^n Elementen existiert, und dass je zwei Körper mit p^n
Elementen zueinander isomorph sind; Bezeichnung für einen solchen Körper: **Galoisfeld** p^n ,
kurz $\mathrm{GF}(p^n)$ (existiert genau für Primzahlpotenzen p^n); vgl. §8.7.

4. *Definition:* **Algebra** $((V,+,_K,\cdot)$ heißt *K-Algebra*, wenn $(V,+,_K)$ ein K-Vektorraum und
$(V,+,\cdot)$ ein Ring ist und folgende Verträglichkeitsbedingungen gelten:

$$\forall a,b \in V \ \forall \lambda \in K : \lambda(a \cdot b) = (\lambda a) \cdot b = a \cdot (\lambda b)$$

Beispiele: $(\mathrm{End}_K V,+,_K,\circ)$, $K^{(n,n)}$, $K[X]$, $\mathbb{R}$ (z.Bsp. als $\mathbb{Q}-$ Algebra).

> Beschreiben Sie die Bildung von **Faktorstrukturen** bei Gruppen, kommutativen Ringen bzw.
> Vektorräumen!

Zu den Antworten siehe Tabelle 8.1

ad 1 : Anmerkung
Die Faktorisierung nach einer beliebigen Untergruppe führt nicht immer zu einer Gruppe; denn
aus $gU \cdot hU = ghU$ (für alle $g,h \in U$) folgt die Normalteilereigenschaft von U, nämlich $Uh = hU$
für alle $h \in G$. Für abelsche Gruppen ist jede Untergruppe auch Normalteiler.
Beispiele:
(i) $\mathbb{Z}/m\mathbb{Z}$ ergibt sich mit $G = (\mathbb{Z},+)$ und $N = m\mathbb{Z}$ (für $m \in \mathbb{N}^*$)
Elemente von $\mathbb{Z}/m\mathbb{Z}$ sind die Zahlenmengen $\bar{r} = \{r+mz|z \in \mathbb{Z}\}$ mit Rest r (für $r < m$), also die
Restklassen $\bar{0}, \bar{1}, \bar{2}, \ldots, \overline{m-1}$. Statt $s \in \bar{r}$ schreibt man auch $s \equiv r \pmod{m}$. Bei festem Modul m
ist "$\equiv$" eine Äquivalenzrelation.
(ii) Sei $G = (\mathrm{GL}(n,K),\circ)$ die Gruppe aller regulären $n \times n$-Matrizen über K; dann ist
det: $G \to K^*$ ein surjektiver Homomorphismus mit $N = \mathrm{SL}(n,K)$ als Kern, also dem Normalteiler der Elemente von G mit Determinante 1; nach dem Homomorphiesatz (s.u.) ist $G/N \cong K^*$;
(vgl. §1.6 Seite 27 !).

ad 2 : Beispiele:
(i) $\mathbb{Z}_m = (\mathbb{Z}/m\mathbb{Z},+,\cdot)$ ergibt sich mit $R = (\mathbb{Z},+,\cdot)$ und $\mathfrak{I} = m\mathbb{Z}$; Elemente und Addition wie
unter Nummer 1(i) ; Multiplikation siehe Tabelle 8.1 (bzw. in Kongruenzschreibweise
$$r_1 \equiv r \pmod{m} \wedge s_1 \equiv s \pmod{m} \Longrightarrow r_1 \cdot s_1 \equiv r \cdot s \pmod{m}).$$
(ii) $R = (K[X],+,\cdot)$ und $\mathfrak{I} = P \cdot K[X] =: (P)$ mit Polynom $P \in K[X]$ führen zu $K[X]/(P)$; Elemente sind $\bar{Q} = Q + P \cdot K[X]$; speziell ist $\mathbb{R}[X]/(X^2+1) \cong \mathbb{C}$ (s. Tabelle 8.2, vgl.§8.5 Bsp.1).

---

[1]Die Multiplikation "·" sei hierbei auf $K \setminus \{0\}$ beschränkt.

Tabelle 8.1: Faktorstrukturen

Struktur S	Faktor U	Faktorstruktur S/U (Quotientenstruktur)
1. Gruppe G	Normalteiler $N \lhd G$ (Untergruppe mit $gN = Ng$ für alle $g \in G$)	Faktorgruppe G/N Elemente: $\bar{g} = gN = Ng$ mit $g \in G$ (Nebenklassen von N) Operation: $\bar{g} \cdot \bar{h} = \overline{g \cdot h}$
2. kommutativer Ring R	Ideal $\mathfrak{I} \leq R$, d.h. Untergruppe von $(R,+)$ mit $\mathfrak{I}R = R\mathfrak{I} \subseteq \mathfrak{I}$	Faktorring $R/\mathfrak{I}$ Elemente: $\bar{r} = r + \mathfrak{I}$ Operation: $\bar{r} + \bar{h} = \overline{r + h}$ $\bar{r} \cdot \bar{h} = \overline{r \cdot h}$
3. Vektorraum V	Unterraum $U \leq V$ (d.h. $U + U \subseteq U$ $UK \subseteq U$)	Faktorraum V/U Elemente: $\bar{v} = v + U$ Operationen: $\bar{v} + \bar{w} = \overline{v + w}$ und $\lambda \bar{v} = \overline{\lambda v}$

(iii) $C/\mathcal{N} \cong \mathbb{R}$ s. Tabelle 8.2.

ad 3 : siehe §1.3.

Wie lautet der **Homomorphiesatz** für Gruppen, für kommutative Ringe, für Vektorräume?

Sei $h : S_1 \longrightarrow S_2$ ein Homomorphismus, d.h. eine Abbildung mit

$-S_1, S_2$ Gruppen und	$h(g_1 g_2) = h(g_1) \cdot h(g_2)$	(im Gruppenfall)
$-S_1, S_2$ kommutative Ringe,	$h(r + s) = h(r) + h(s)$	und
	$h(r \cdot s) = h(r) \cdot h(s)$	(im Ringfall) bzw.
$-S_1, S_2$ Vektorräume,	$h(v + w) = h(v) + h(w)$	(im Vektorraumfall)
	$h(\lambda v) = \lambda h(v)$	(vgl. auch §1.3).

Dann besagt der Homomorphiesatz: $h(S_1) \cong S_1/\operatorname{Kern}(h)$, d.h. bis auf Isomorphie sind zu einer Struktur alle homomorphen Bilder durch die Faktorstrukturen bestimmt. Die Elemente von $S_1/\operatorname{Kern}(h)$ sind gerade die vollen Urbilder der Elemente von $h(S_1)$ unter h.

Beweisidee: Man definiert $i : S_1/\operatorname{Kern}(h) \to h(S_1)$ durch $s + \operatorname{Kern}(h) \mapsto h(s)$ und zeigt, dass i bijektiv und mit den Operationen verträglich ist. $\square$

Anmerkung: Kern(h) ist im Gruppenfall Normalteiler, im Ringfall Ideal, im Vektorraumfall Unterraum.

Anwendungsbeispiel: sgn : $\mathcal{S}_n \to \{-1, +1\}$ mit $g \mapsto (-1)^m$ für $g = \prod_{i=1}^m \tau_i$ mit Transpositionen τ_i (vgl. §1.6) ist ein Gruppenhomomorphismus mit Kern(sign) = $\mathcal{A}_n$ und $\mathcal{S}_n/\mathcal{A}_n \cong (\{-1, 1\}, \cdot)$.

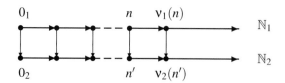

Abbildung 8.1: Isomorphie zweier Peanostrukturen

8.2 Zum Aufbau des Zahlensystems

Was versteht man unter einer **Peano-Struktur** $\mathbb{N}$? Geben Sie die Peano-Axiome an, definieren Sie Addition, Multiplikation und Ordnungsrelation auf $\mathbb{N}$ (ohne Beweis, aber mit Angabe der Eigenschaften)! Gehen Sie auf Existenz und Eindeutigkeit ein!

Vorbemerkung: Ziel ist die axiomatische Einführung der **natürlichen Zahlen**.
(a) *Definition* **Peanostruktur** (Zählreihe, Dedekindstruktur):
Sei $\mathbb{N}$ nicht-leere Menge, $0 \in \mathbb{N}$ ausgezeichnetes Element ("Null") und $\nu : \mathbb{N} \to \mathbb{N}$ (Nachfolgerfunktion); dann heißt $(\mathbb{N}, 0, \nu)$ eine Peano-Struktur, falls gilt
(P1) $\nu(n) \neq 0$ für alle $n \in \mathbb{N}$ (P2) ν ist injektiv
(P3) $[0 \in T \subseteq \mathbb{N} \wedge \forall x : (x \in T \Longrightarrow \nu(x) \in T)] \Longrightarrow T = \mathbb{N}$
  (d.h. die kleinste ν-abgeschlossene und 0 enthaltende Teilmenge ist schon ganz $\mathbb{N}$).
Anmerkung: Auf (P3) beruht das Beweisprinzip der *vollständigen Induktion*.
Definition Addition, Multiplikation, Ordnungsrelation:
(1) $k + 0 := k$ und $k + \nu(l) =: \nu(k + l)$ (rekursive Definition; s.u.)
(2) $k \cdot 0 := 0$ und $k \cdot \nu(l) = k \cdot l + k$ (rekursive Definition)
(3) $k \leq \lambda :\Longleftrightarrow \exists j \in \mathbb{N} : k + j = l$.
Anmerkung: Durch die Funktionalgleichungen (1) ist genau eine Operation + definiert; durch die Gleichungen (2) genau eine Multiplikation. Diese Tatsachen sind Spezialfälle von folgendem **Rekursionssatz** (Dedekind) *Sei A eine Menge, $a_0 \in A$, $g : A \to A$. Dann existiert genau eine Funktion $f : \mathbb{N} \to A$ mit $f(0) = a_0$ und $f(\nu(l)) = g(f(l))$ für alle $l \in \mathbb{N}$.*

(b) *Monomorphie:* Man kann zeigen: *Je zwei Peanostrukturen sind isomorph* (d.h. es existiert eine mit den Nachfolgerfunktionen verträgliche Bijektion, die Null auf Null abbildet.) *Beweisidee:* s. Abb. 8.1
Aufgrund der Eindeutigkeit nennen wir eine gegebene Menge $\mathbb{N}$ mit (P1)–(P3) *die Menge der natürlichen Zahlen*. Die Existenz eines Modells sei angedeutet durch: $0 := \emptyset$ und $\nu(l) = l \cup \{l\}$, also $0 = \emptyset, \ 1 = \{\emptyset\}, \ 2 = 1 \cup \{1\} = \{\emptyset, \{\emptyset\}\}, \dots$

(c) *Eigenschaften*
(i) $(\mathbb{N}, +)$ ist eine kommutative reguläre Halbgruppe mit 0 als neutralem Element; *"regulär"* bedeutet hierbei die Gültigkeit der **Kürzungsregel** $a + c = b + c \Longrightarrow a = b$.
(ii) $(\mathbb{N} \setminus \{0\}, \cdot)$ ist eine kommutative reguläre Halbgruppe mit 1 als neutralem Element.
(iii) $(\mathbb{N}, \leq)$ ist eine *Wohlordnung*, d.h. eine total geordnete Menge, in der jede nicht-leere Teilmenge ein kleinstes Element besitzt.

Beschreiben Sie kurz die Zahlbereichserweiterungen von $\mathbb{N}$ über $\mathbb{Z}$, $\mathbb{Q}$ und $\mathbb{R}$ zu $\mathbb{C}$ (ohne Beweise)!

Siehe Tabelle 8.2, vgl. auch Abbildung 8.2. *Anmerkungen* zu Tabelle 8.2:
(i) $\mathbb{N} \rightsquigarrow \mathbb{Z}$:   Mit $\mathbb{N} \times \mathbb{N}/ \sim$ wird die Menge der Äquivalenzklassen bzgl. der Relation $\sim$ be-

Tabelle 8.2: Zahlbereichserweiterungen

	$\mathbb{N} \rightsquigarrow \mathbb{Z}$	$\mathbb{Z} \rightsquigarrow \mathbb{Q}$	$\mathbb{Q} \rightsquigarrow \mathbb{R}$
Eigenschaften der Ausgangs- struktur	$(\mathbb{N}, +)$ reguläre Halbgruppe	$(\mathbb{Z}, +, \cdot)$ Integritätsbereich (nullteilerfreier kom- mutativer Ring mit $1 \neq 0$)	$(\mathbb{Q}, +, \cdot, \leq)$ archimedisch geord- neter Körper
Grund für die Erweiterung	die additiven Inversen fehlen	die multiplikativen Inversen fehlen	keine Ordnungs-Voll- ständigkeit keine Cauchyfolgen- Vollständigkeit
neue Menge	$\mathbb{N} \times \mathbb{N} / \sim$	$\mathbb{Z} \times (\mathbb{Z} \setminus \{0\}) / \sim$	$C/\mathcal{N}$ mit Ring C der Cauchy- Folgen ratio- naler Zahlen und $\mathcal{N}$ Ideal der rationalen Null- Folgen
Äquivalenzen	$(a,b) \sim (c,d) :\Longleftrightarrow$ $a+d = b+c$	$(a,b) \sim (c,d) :\Longleftrightarrow$ $ad = bc$	$(x_n) \sim (y_n) :\Longleftrightarrow$ $(x_n - y_n) \in \mathcal{N}$
Operationen auf Klassen	$\overline{(a,b)} + \overline{(c,d)} =$ $\overline{(a+c, b+d)}$	$\overline{(a,b)} \cdot \overline{(c,d)} =$ $\overline{(ac, bd)}$ $\overline{(a,b)} + \overline{(c,d)} =$ $\overline{(ad + bc, bd)}$	$\overline{(x_n)} + \overline{(y_n)} = \overline{(x_n + y_n)}$ $\overline{(x_n)} \cdot \overline{(y_n)} = \overline{(x_n \cdot y_n)}$
Ergebnis	$(\mathbb{Z}, +)$ Differenzengruppe	$(\mathbb{Q}, +, \cdot)$ Quotientenkörper	$(\mathbb{R}, +, \cdot)$ Faktorring modulo maximalem Ideal (CF-Abschluss)
Verallgemeine- rungen	Einbettung einer kommutativen regulären Halbgruppe in die Quotientengruppe	Einbettung eines Integritätsbe- reiches in seinen Quotientenkörper	Einbettung eines geordneten Körpers in CF-vollständigen Körper

Fortsetzung von Tabelle 8.2

$\mathbb{R} \rightsquigarrow \mathbb{C}$	$\mathbb{Q} \rightsquigarrow \mathbb{Q}(\sqrt[3]{2})$	$\mathbb{Q} \rightsquigarrow \mathbb{Q}(\pi)$
$\mathbb{R}$ Körper (vollständig angeordnet bzw. archimedisch geordnet und Cauchyfolgen-vollständig)	$\mathbb{Q}$ Körper	$\mathbb{Q}$ Körper
Algebraische Gleichungen zum Teil nicht lösbar, z.B. $X^2 + 1 = 0$	Gleichung $X^3 - 2 = 0$ hat keine Lösung	$\pi \notin \mathbb{Q}$
$\mathbb{R}[X]/(X_2 + 1)$ *)	$\mathbb{Q}[X]/(X^3 - 2)$	Quotientenkörper von $\mathbb{Q}[X]$ mit π substituiert für X (unendlich–dimensionale Erweiterung)
$P \equiv Q :\Longleftrightarrow$ $X^2 + 1$ teilt $P - Q$	Elemente von der Form $a + b\sqrt[3]{2} + c\sqrt[3]{4}$ mit $\sqrt[3]{2} = \overline{X}$	
repräsentantenweise	repräsentantenweise	
Erweiterungskörper hier sogar (algebraisch) abgeschlossen.	Erweiterungskörper, in dem die Gleichung $y^3 - \overline{2} = \overline{0}$ eine Lösung hat	
einfache algebraische Erweiterung eines Körpers	einfache algebraische Erweiterung eines Körpers	einfache transzendente Körpererweiterung

*) alternativ mit $\mathbb{R}^2$ und $a + ib := (a, b)$ sowie geeigneter Multiplikation mit $i^2 = -1$, vgl. §3.6.

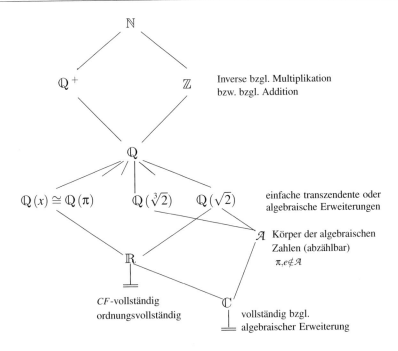

Abbildung 8.2: Diagramm einiger üblicher Zahlbereichserweiterungen

zeichnet; jede Klasse $\overline{(a,b)}$ steht dabei stellvertretend für die evtl. negative und damit in $\mathbb{N}$ nicht vorhandene Differenz $a-b$;

Beispiel: $\overline{(0,2)} = \overline{(1,3)} = \overline{(2,4)} = \ldots = -\overline{(2,0)} \overset{\triangle}{=} -2$

Zunächst ist $\mathbb{N}$ in $\mathbb{Z}$ nur durch ein isomorphes Bild vorhanden (statt n die Klasse $\overline{(n,0)}$). Man hat dann zwei Möglichkeiten:

1. das *Ersetzungsverfahren:* Man ersetzt $\overline{(n,0)}$ durch n für alle $n \in \mathbb{N}$.

2. die *isomorphe Einbettung* (auch "Wegwerfmethode"): Von dem ursprünglichen Modell $\mathbb{N}$ der natürlichen Zahlen geht man über zu dem isomorphen Modell auf der Menge

$$\{\, \overline{(n,0)} \mid n \in \mathbb{N}\}.$$

Schließlich sind noch die Multiplikation und Ordnungsrelation von $\mathbb{N}$ auf $\mathbb{Z}$ auszudehnen: Definition der Multiplikation: $\overline{(a,b)} \cdot \overline{(c,d)} := \overline{(ac+bd, ad+bc)}$.

(*Heuristik:* $(a-b) \cdot (c-d) = ac+bd - (ad+bc)$; zu zeigen ist neben den Rechengesetzen insbesondere die Wohldefiniertheit von Addition und Multiplikation) und Definition der Ordnungsrelation ... Ergebnis ist der geordnete Integritätsbereich $(\mathbb{Z}, +, \cdot, \leq)$.

(ii) $\mathbb{Z} \rightsquigarrow \mathbb{Q}$: Dieser Spezialfall der Einbettung eines Integritätsbereiches in den (bis auf Isomorphie) eindeutigen Quotientenkörper führt zum (archimedisch geordneten) Körper der rationalen Zahlen. Das Paar (a,b) entspricht dabei dem Bruch $\frac{a}{b}$ (als Schreibfigur), die Klasse $\overline{(a,b)}$ dem Wert des Bruchs $\frac{a}{b}$ (als Zahl). (Definition von Addition und Multiplikation s. Tabelle 8.2; wieder darf der Nachweis der Wohldefiniertheit dieser Definitionen neben dem der Rechengesetze nicht vergessen werden.)

(iii) $\mathbb{Q} \rightsquigarrow \mathbb{R}$ (1. Möglichkeit): Der Körper $(\mathbb{Q}, +, \cdot, \leq)$ ist nicht ordnungsvollständig: Zum Beispiel ist die Menge $\{x \in \mathbb{Q} \mid x^2 < 2\}$ nicht leer, nach oben beschränkt, besitzt aber kein Supremum. Mittels der Dedekindschen Schnitte (vgl. §3.6) kann $(\mathbb{Q}, \leq)$ in eine ordnungsvollständige

Ordnung $(\mathbb{R}, \leq)$ eingebettet werden.

(iv) $\mathbb{Q} \rightsquigarrow \mathbb{R}$ (2. Möglichkeit): Der geordnete Körper $(\mathbb{Q}, +, \cdot, \leq)$ ist nicht CF-vollständig (vgl. Seite 73: Konstruktion einer Cauchyfolge in $\mathbb{Q}$, die in $\mathbb{Q}$ nicht konvergiert, mittels des HERON-Verfahrens). Der Ring der rationalen Cauchyfolgen, faktorisiert (vgl. §8.1) nach dem (maxima-len) Ideal der rationalen Nullfolgen, führt zu einem (wie man zeigen kann) vollständig geordne-ten Körper; bis auf Isomorphie existiert genau ein solcher Körper.

(v) $\mathbb{R} \rightsquigarrow \mathbb{C}$ (s. §3.6).

Anmerkungen Ein alternativer Weg von $\mathbb{N}$ zu $\mathbb{Q}$ führt über die Einbettung von $(\mathbb{N} \setminus \{0\}, \cdot)$ in die Quotientengruppe $(\mathbb{Q}^+, \cdot)$ der positiven rationalen Zahlen. Eine andere Möglichkeit, von $\mathbb{Z}$ zu $\mathbb{R}$ zu gelangen, führt über den Bereich **D** der endlichen Dezimalbrüche. (Zu Dezimalbrüchen s. §3.6.)

8.3   Teilbarkeit in $\mathbb{N}$, Kongruenzen

Wie ist die Teiler-Relation in $\mathbb{N}$ definiert, wie der größte gemeinsame Teiler und das kleinste gemeinsame Vielfache zweier Zahlen?

1.) Auf $\mathbb{N}$ definiert man eine Relation "$|$"(ist Teiler von) durch
$$a \mid b \Longleftrightarrow \exists c \in \mathbb{N}: \ b = a \cdot c \qquad (\Longleftrightarrow b\mathbb{Z} \subseteq a\mathbb{Z}).$$
Diese Relation ist eine (teilweise) Ordnungsrelation mit größtem Element 0 und kleinstem Ele-ment 1.

2.) Mit T_a bezeichnen wir die Menge aller Teiler von a. Die größte Zahl[2] in $T_a \cap T_b$ heißt größter gemeinsamer Teiler ggT (a,b) von a und b (a,b nicht beide Null). Mit dem euklidischen Algo-rithmus (s. §8.4) zeigt man $T_a \cap T_b = T_{\text{ggT}(a,b)}$. Konkret berechnet man ggT(a,b) mittels

Primfaktorzerlegung von $a = \prod p_i^{\alpha_i}$ und $b = \prod p_i^{\beta_i}$ als $\prod p_i^{\gamma_i}$ mit $\gamma(i) = \min\{\alpha(i), \beta(i)\}$ oder eben-falls mit dem euklidischen Algorithmus (s.u.).

3.) Die Menge $a \cdot \mathbb{N}^*$ heißt Vielfachmenge V_a von a. Die kleinste Zahl in $V_a \cap V_b$ heißt kleinstes gemeinsames Vielfaches kgV(a,b). Es gilt:

$$V_a \cap V_b = V_{\text{kgV}(a,b)} \quad \text{sowie} \quad \text{kgV}(a,b) = \frac{a \cdot b}{\text{ggT}(a,b)} \ .$$

Beispiel: Im Hasse-Diagramm für T_{60} von Abb. 8.3 ist ggT$(10,12) = 2$ hervorgehoben.

Beschreiben Sie kurz die Struktur von $(\mathbb{N}, |)$!

Die geordnete Menge $(\mathbb{N}, |)$ hat die Eigenschaft, dass je 2 Elemente eine obere und untere Gren-ze besitzen: $a \wedge b := \inf(a,b) = \text{ggT}(a,b)$ und $a \vee b := \sup(a,b) = \text{kgV}(a,b)$, ist also ein **Verband**. Dieser ist distributiv $(a \wedge (b \vee c) = (a \wedge b) \vee (a \wedge c)$ und $a \vee (b \wedge c) = (a \vee b) \wedge (a \vee c))$, vollständig (*jede* Teilmenge des Verbandes besitzt ein Supremum und Infimum), aber nicht komplementär (zu 2 existiert kein y mit ggT$(2,y) = 1 \wedge$ kgV$(2,y) = 0$).

Begründen Sie die Richtigkeit der Dreier-, Neuner- und Elferprobe!

Sei $m = a_n \dots a_0 = \sum\limits_{i=0}^{n} a_i 10^i$ die Dezimaldarstellung von m. Dann gilt $m = \sum\limits_{i=0}^{n} a_i 10^i \equiv \sum a_i \cdot 1^i \equiv$

$\sum\limits_{i=0}^{n} a_i \pmod 9$ bzw. (mod 3) und $\sum\limits_{i=0}^{n} a_i 10^i \equiv \sum\limits_{i=0}^{n} a_i(-1)^i \pmod{11}$. Eine natürliche Zahl m ist daher

---

[2] In $\mathbb{Z}$ (und in anderen Ringen) wählt man als ggT diejenigen Teiler, die bzgl. der Relation "ist Teiler von" die größten sind; so ist dort auch -ggT(a,b) ein größter gemeinsamer Teiler.

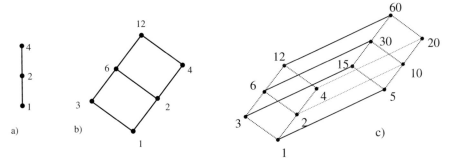

Abbildung 8.3: Hasse-Diagramme von T_{2^2}, $T_{2^2 \cdot 3}$ und $T_{2^2 \cdot 3 \cdot 5}$

durch 3 bzw. 9 teilbar, wenn es die Quersumme von m ist; m ist durch 11 teilbar, wenn es die alternierende Quersumme ist.

Zu weiteren Eigenschaften von $\mathbb{N}$ siehe §8.2 und (als Teilmenge von $\mathbb{Z}$) §8.4.

> Unter welcher Bedingung ist die Kongruenz $a \cdot x \equiv b \,(\bmod m)$ lösbar? Welche Folgerung lässt sich für die Einheitengrupe von $\mathbb{Z}/m\mathbb{Z}$ ziehen?

(i) *Die lineare Kongruenz $a \cdot x \equiv b \,(\bmod m)$ ist genau dann lösbar, wenn $d := ggT(a,m)$ auch Teiler von b ist. In diesem Fall lösen die Elemente von genau d Restklassen* $\bmod m$ *die Kongruenz. Beweisskizze*: Ist $ax \equiv b \,(\bmod m)$, so gilt $ax + m \cdot s = b$ für geeignetes s, woraus $d \mid b$ folgt. Für die Umkehrung garantiert der **Vielfachsummen-Satz von Bachet**[3] (auch Lemma von Bézout[4] genannt) die Darstellung $ax + my = \mathrm{ggT}(a,m)$ mit $x, y \in \mathbb{Z}$, die man z.Bsp. mit den sogenannten **erweiterten Euklidischen Algorithmus** erhält. Die Lösungen von $\frac{a}{d} \cdot x = \frac{b}{d} \,(\bmod \frac{m}{d})$ bilden dabei eine eindeutige Restklasse $(\bmod \frac{m}{d}$; sie hat die Lösungen der *Ausgangs*-Kongruenz als Urbilder unter dem Ringhomomorphismus $\mathbb{Z}/m\mathbb{Z} \to \mathbb{Z}/\frac{m}{d}\mathbb{Z}$ mit $\bar{x} \to \overline{x(\bmod \frac{m}{d})}$.

(ii) Für jede Einheit $\bar{a}$ von $\mathbb{Z}/m\mathbb{Z}$ existiert genau eine Restklasse $\bar{x}(\bmod m)$ mit $a \cdot x = 1 \,(\bmod m)$. Die Elemente der Einheitengruppe $(\mathbb{Z}/m\mathbb{Z})^*$ entsprechen daher den primen Restklassen $\bmod m$. *Folgerungen*: (i) Die Ordnung (Elementeanzahl) von $(\mathbb{Z}/m\mathbb{Z})^*$ ist also gleich $\varphi(m)$. Hierbei bezeichnet $\varphi(m)$ die Anzahl der zu m teilerfremden natürlichen Zahlen zwischen 1 und m (**Eulersche φ-Funktion**).

(ii) Nach dem Satz von Lagrange (s.§8.8) ist die Ordnung jeden Elements einer endlichen Gruppe ein Teiler der Gruppenordnung. Daher folgt aus (i) auch der Satz von Euler (s.u.).

> Formulieren Sie die Aussage des Chinesischen Restsatzes (ohne Beweis).

Chinesischer Restsatz. *Seien $m_1, \ldots, m_r$ paarweise teilerfremde natürliche Zahlen, $m = \prod_{i=1}^{r} m_i$ und $a_1, \ldots, a_r \in \mathbb{Z}$. Dann ist das System linearer Kongruenzen*

$$\begin{cases} x \equiv a_1 & (\bmod m_1) \\ \quad \vdots \\ x \equiv a_r & (\bmod m_r) \end{cases}$$

durch die Elemente genau einer Restklasse $\bar{x} \bmod m$ lösbar.

---

[3] nach Claude Gaspard Bachet de Méziriac (1581-1638)
[4] nach Étienne Bézout (1730-1783)

Folgerungen:

1) Sind $m_1,\ldots,m_r$ paarweise teilerfremde natürliche Zahlen, und ist $m = \prod_{i=1}^{r} m_i$. Dann ist
$$\mathbb{Z}/m\mathbb{Z} \cong \mathbb{Z}/m_1\mathbb{Z} \oplus \ldots \oplus \mathbb{Z}/m_r\mathbb{Z}$$ vermöge $\bar{a} \mapsto (a \bmod m_1,\ldots,a \bmod m_r)$. (Beweis der Bijektivität mittels chinesischem Restsatz.)

2) Es gilt $\varphi(m) = m \prod_{p|m,\ p\,\text{prim}} (1 - \frac{1}{p})$ wegen $(\mathbb{Z}/m\mathbb{Z})^* \cong \overset{r}{\underset{i=1}{\times}} (\mathbb{Z}/p_i^{k_i}\mathbb{Z})^*$ für die Primfaktorzerlegung $m = \prod_{i=1}^{r} p_i^{k_i}$ von m.

Lösen Sie das folgende System linearer Kongruenzen: $x \equiv 1 \pmod 5$ und $x \equiv 2 \pmod 7$.

Aus $1 = \text{ggT}(5,7) = (3\cdot 5) + (-2\cdot 7) =: e_2 + e_1$ erhält man für x mit $x \equiv a_1 \pmod 5$ und $x \equiv a_2 \pmod 7$ die Lösung $x := a_1 e_1 + a_2 e_2 = 1\cdot(-2\cdot 7) + 2\cdot(3\cdot 5) = 16 \pmod{35}$.

Formulieren Sie den **Satz von Euler** und geben Sie eine kurze Beweisskizze.

Satz von Euler: *Es ist $a^{\varphi(m)} \equiv 1$ (mod m) für alle $m \in \mathbb{N}^*$ und $a \in \mathbb{Z}$ mit $\text{ggT}(a,m) = 1$ (mit der Eulerschen φ-Funktion, s.o.).*
Beweis: Ist $\text{ggT}(a,m) = 1$, so ist $f_a : (\mathbb{Z}/m\mathbb{Z})^* \to (\mathbb{Z}/m\mathbb{Z})^*$ mit $\bar{b} \mapsto \bar{a}\cdot\bar{b}$ wegen $\bar{a} \in (\mathbb{Z}/m\mathbb{Z})^*$ bijektiv. Somit ist $\bar{b}_1 \cdots \bar{b}_{\varphi(m)} = f_a(\bar{b}_1) \cdots f_a(\bar{b}_{\varphi(m)}) = \bar{a}^{\varphi(m)}(\bar{b}_1 \cdots \bar{b}_{\varphi(m)})$. Da die multiplikative Inverse von $\bar{b}_1 \cdots \bar{b}_{\varphi(m)}$ existiert, folgt $\bar{a}^{\varphi(m)} = \bar{1}$. $\square$
Anmerkungen: 1. Ein alternativer Beweis ergibt sich aus der Ordnung $\varphi(m)$ der Einheitengruppe $\mathbb{Z}_m^*$ mit Hilfe des Satzes von Lagrange (s.§8.8)
2. Der Satz von Euler ist eine Verallgemeinerung des **kleinen Satzes von Fermat:**
Es gilt $a^{p-1} \equiv 1 \pmod p$ für jede Primzahl p mit $\text{ggT}(a,p) = 1$. (Zur Folgerung für die Elemente von GF(p) siehe Seite 240 !)
3. Der Satz von Euler bzw. Fermat ist von Bedeutung für das RSA-Verschlüsselungs-System in der Kryptographie.)

8.4 Euklidische Ringe, Hauptidealringe, ZPE-Ringe

Was versteht man unter einem **euklidischen Ring**? Geben Sie Beispiele an!

1. *Definition:* Unter einem euklidischen Ring R versteht man einen Integritätsbereich (nullteilerfreier kommutativer Ring mit $1 \neq 0$, auch Integritätsring genannt) zusammen mit einer Abbildung $g : R \setminus \{0\} \to \mathbb{N}$ derart, dass für alle $a,b \in R$, $b \neq 0$ gilt:

$$(*) \quad \exists q,r \in R: \quad a = qb + r \quad \text{mit} \quad r = 0 \quad \text{oder } g(r) < g(b).$$

Dabei heißt g **Grad-Funktion** (grad) und $(*)$ die Möglichkeit der **"Division mit Rest"**.
2. *Beispiele*
a) $R = \mathbb{R}[X]$, $g(P(X)) = \text{Grad } P(X)$. Seien $a = X^4 - 1$ und $b = X^3 - X^2 + X + 1$; aus

$(X^4 \qquad\qquad -1) : (X^3 - X^2 + X + 1) = X + 1 + R$

$$
\begin{array}{rrrr}
X^4 & -X^3 & +X^2 & +X \\
\hline
& X^3 & -X^2 & -X & -1 \\
& X^3 & -X^2 & +X & +1 \\
\hline
& & -2X & -2
\end{array}
$$

folgt $(X^4 - 1) = (X + 1)(X^3 - X^2 + X + 1) + \underbrace{(-2X - 2)}_{r}$

b) $R = \mathbb{Z}$, $g(x) = |x|$

c) $R = \mathbb{Z}[i] = \{a + bi \in \mathbb{C} \,|\, a,b \in \mathbb{Z}\}$ (Ring der ganzen Gaußschen Zahlen)
$g(a+bi) := N(a+bi) := a^2 + b^2$ (Norm); es gilt $N(x \cdot y) = N(x) \cdot N(y)$.

d) $R = \mathbb{Z}[\sqrt{2}]$ und $g(a + b\sqrt{2}) := N(a + b\sqrt{2}) := |a^2 - 2b^2|$ (ebenfalls Norm genannt.)

Anmerkung:
Euklidische Ringe sind unter anderem deswegen von Bedeutung, weil es in ihnen eindeutige Primfaktorenzerlegung gibt und die Idealstruktur bekannt ist (s.u.), aber insbesondere wegen des Euklidischen Agorithmus, mit dem z.B. größte gemeinsame Teiler bestimmt werden können.

Erläutern Sie die Bestimmung eines ggT mittels **Euklidischem Algorithmus!**

Berechnen Sie $ggT(X^4 - 1, X^3 - X^2 + X + 1)$ in $\mathbb{R}[X]$ mit Hilfe des Euklidischen Algorithmus. Gibt es im vorliegenden Fall ein schnelleres Verfahren?

1. Seien R euklidischer Ring, $a_1, a_2 \in R \setminus \{0\}$ und $\text{grad}(a_1) > \text{grad}(a_2)$; dann besteht der Euklidische Algorithmus aus der fortgesetzten Division mit Rest der folgenden Form:

$$a_1 = q_1 a_2 + a_3$$
$$a_2 = q_2 a_3 + a_4 \qquad \text{mit } \text{grad}\, a_i > \text{grad}\, a_{i+1}$$
$$\vdots$$
$$a_{m-1} = q_{m-1} a_m + a_{m+1}$$
$$a_m = q_m a_{m+1}$$

Da $\text{grad}\, a_i (i = 1, 2, \ldots)$ eine streng monoton fallende Folge in $\mathbb{N}$ bilden, muss diese bei 0 abbrechen; im vorliegenden Fall ist $a_{m+2} = 0$. Es gilt nun: a_{m+1} ist in $\text{ggT}(a_1, a_2)$; denn jeder Teiler von a_1 und a_2 teilt $a_3, a_4, \ldots, a_{m+1}$; Betrachtung der Gleichungen von unten nach oben zeigt umgekehrt: a_{m+1} teilt $a_m, a_{m-1}, \ldots, a_3, a_2, a_1$.

Anmerkung:
Diese Überlegung zeigt die Existenz mindestens eines größten gemeinsamen Teilers, also eines gemeinsamen Teilers, der von allen anderen gemeinsamen Teilern geteilt wird; dieser ist nur "bis auf Assoziierte" (d.h. bis auf das Produkt mit Einheiten, also invertierbaren Elementen) eindeutig bestimmt: $c \,|\, d \wedge d \,|\, c \implies d = q_1 c \wedge c = q_2 d \implies d(1 - q_1 q_2) = 0 \implies q_1 \cdot q_2 = 1$.

Die größten gemeinsamen Teiler von a, b bilden also eine Menge $\text{ggT}(a,b)$. In $\mathbb{Z}$ gilt z.Bsp. $\text{ggT}(4,6) = \{2, (-1) \cdot 2\}$.

2. a) Wie oben gesehen, gilt in $\mathbb{R}[X]$: $\underbrace{X^4 - 1}_{a_1} = \underbrace{(X + 1)}_{q_1} \underbrace{(X^3 - X^2 + X + 1)}_{a_2} + \underbrace{(-2X - 2)}_{a_3}$. Aus

$$
\begin{array}{llll}
(X^3 & -X^2+ & X & +1) \quad : (-2X-2) = -\tfrac{1}{2}X^2 + X - \tfrac{3}{2} = q^2 + \cdots \\
X^3 & +X^2 \\
\hline
& -2X^2+ & X & +1 \\
& -2X^2- & 2X \\
\hline
& & 3X & +1 \\
& & 3X & +3 \\
\hline
& & & -2
\end{array}
$$

ergibt sich $X^3 - X^2 + X + 1 = q_2 \cdot (-2X - 2) - 2$ und $-2X - 2 = (X + 1)(-2)$ also $\text{ggT}(a_1, a_2) = 1 \cdot (\mathbb{R} \setminus \{0\})$.

b) Alternativ schließt man wie folgt auf die Teilerfremdheit von a_1 und a_2: in $\mathbb{R}[X]$ ist $X^4 - 1 = (X^2 + 1)(X + 1)(X - 1)$ eine Zerlegung von a_1 in irreduzible Faktoren. Andererseits wird $a_2 = X^3 - X^2 + X + 1$ nicht durch $X - 1, X + 1$ oder $X^2 + 1$ geteilt, da (in $\mathbb{C}[X]$) $1, -1, i, -i$ keine Nullstellen von a_2 sind. *Anmerkung:* Bei diesem Schluss wird die Eindeutigkeit der Primfaktorzerlegung verwendet.

> Was ist ein **Hauptidealring**, was ein **ZPE-Ring** (faktorieller Ring)? Geben Sie Beispiele für Ringe an, die diese Eigenschaft haben, und auch für solche, die sie nicht haben!
> Welcher Zusammenhang besteht zwischen euklidischen, Hauptideal- und faktoriellen Ringen?

1. Ein *Hauptidealring R* ist ein Integritätsring, dessen Ideale sämtlich Hauptideale sind, also von der Gestalt $\mathfrak{J} = (m) := mR$ mit $m \in R$.

Beispiele:

(a) *Jeder euklidische Ring ist auch Hauptidealring.*

Beweisidee: Division mit Rest durch ein Ideal-Element minimalen nicht-negativen Grades.

Beweisskizze: Sei $\mathfrak{J}$ Ideal, $\mathfrak{J} \neq \{0\}$ und $m \in \mathfrak{J} \smallsetminus \{0\}$ mit $\operatorname{grad} m$ minimal in $\mathfrak{J} \setminus \{0\}$. Für $b \in \mathfrak{J}$ gilt $b = qm + r$ mit $\operatorname{grad} r < \operatorname{grad} m$. Da $r = b - qm \in \mathfrak{J}$ ist, folgt aus der Minimalität von $\operatorname{grad} m$ sofort $r = 0$, also $b \in (m)$. □

Anwendungsbeispiel: Existenz des Minimalpolynoms einer quadratischen Matrix A (bzw. eines VR-Endomorphismus) als erzeugendes Element des Ideals aller A annulierenden Polynome aus $K[X]$, s. Kap.1.

(b)** Beispiel eines Ringes, der Hauptidealring ist, aber kein euklidischer Ring:
$R_{19} = \{a + \frac{b}{2}(1 + \sqrt{-19}) \mid a, b \in \mathbb{Z}\}$ (lt. KÖRNER s. z.B. HASSE: Zahlentheorie).

2. Ein Integritätsring R heißt *ZPE-Ring* ("Zerlegung in Primfaktoren ist eindeutig") oder *faktorieller Ring*, falls eine (und damit alle) der folgenden äquivalenten Bedingungen gilt: (Zur Definition von "Primelement" s.u.).

(i) Jede Nicht-Einheit aus $R \smallsetminus \{0\}$ ist Produkt[5] unzerlegbarer Elemente, die bis auf Einheiten (Assoziierte) und die Reihenfolge eindeutig bestimmt sind.

(ii) Jede Nicht-Einheit aus $R \smallsetminus \{0\}$ ist Produkt von Primelementen.

(iii) Jede Nicht-Einheit aus $R \smallsetminus \{0\}$ ist Produkt von unzerlegbaren Elementen und jedes unzerlegbare Element ist Primelement.

Beweis ...

Beispiele: (a) *Jeder Hauptidealring ist ZPE-Ring.*

Beweisskizze: 1. Aus der Annahme der Existenz eines Elements a_1, das kein Produkt von unzerlegbaren Elementen, insbesondere selbst nicht unzerlegbar ist, erhält man eine nicht-triviale Zerlegung $a_1 = a_2 b_2$, wobei o.B.d.A. a_2 zu a_1 nicht assoziiert[6] und kein Produkt unzerlegbarer Elemente ist. Durch Induktion konstruiert man so eine unendliche Folge von Elementen (a_i) mit a_{i+1} teilt a_i echt. Das von $\{a_i \mid i \in \mathbb{N}\}$ erzeugte Ideal $\mathfrak{J}$ wird von einem b erzeugt, das andererseits als endliche Summe $b = g_1 a_1 + \ldots + g_j a_j$ dargestellt werden kann. Aus $a_j \mid a_{j-1}$ usw. folgt $a_j \mid b$ und daraus $a_j \mid a_{j+1}$; es existieren also $s, t \in \mathbb{N}$ mit $a_{j+1} = s a_j = s(t a_{j+1})$; es sind also s und t Einheiten, ein Widerspruch zur Konstruktion.

2. Ist p unzerlegbar und gilt $p \mid ab$, $p \nmid a$, so ist $\operatorname{ggT}(a, p) = 1$. Daraus folgt $1 = g_1 p + g_2 a$ (Vielfachsummensatz, Lemma von Bachet/Bézout, s. Seite 231) und damit $p \mid (bg_1 p + g_2 ab)$, also $p \mid b$. □

Anmerkung: Es gilt die folgende Verallgemeinerung des Vielfachsummensatzes von Bachet: In einem Hauptidealring gibt es zu den Elementen $a_1, \ldots, a_n \in R$ stets einen ggT d, und dieser lässt sich als $d = r_1 a_1 + \ldots + r_n a_n$ mit $r_i \in R$ darstellen.

---

[5] Hier sind auch "Produkte" mit nur <u>einem</u> Faktor zugelassen.

[6] Ringelemente a und b heißen assoziiert, wenn es ein e gibt mit $a = b \cdot e$ und e eine Einheit des Ringes ist, also eine Inverse im Ring besitzt.

(b) Beispiel eines Ringes, der kein ZPE-Ring ist: $R_5 = \{a + b\sqrt{-5} \mid a, b \in \mathbb{Z}\} = \mathbb{Z}[\sqrt{-5}]$.
Beweisskizze: Es gilt $(1 + i\sqrt{5})(1 - i\sqrt{5}) = 2 \cdot 3$, aber $2, 3, 1 + i\sqrt{5}, 1 - i\sqrt{5}$ sind unzerlegbar;
letzteres sieht man mittels der Norm $N(a + bi\sqrt{5}) = a^2 + 5b^2$: Es ist $N(1 \pm i\sqrt{5}) = 6, N(2) = 4$
und $N(3) = 9$. Wegen der Multiplikativität von N müsste ein Teiler $z \in R_5$ die Norm 2 oder 3
haben; aber $2, 3$ sind keine Elemente der Menge $\{a^2 + 5b^2 \mid a, b \in \mathbb{Z}\}$. □
Insbesondere ist 2 unzerlegbar, aber wegen $2 \mid (1 + i\sqrt{5})(1 - i\sqrt{5})$ und $2 \nmid (1 \pm i\sqrt{5})$ kein Primelement Jedes Element von R_5 ist aber Produkt unzerlegbarer Elemente. Beweis ...
(c) Beispiel eines Ringes, der ZPE-Ring ist, aber kein Hauptidealring: $\mathbb{R}[X, Y]$.
Beweisidee: X und Y sind teilerfremd, aber es gibt kein Paar $f, g \in \mathbb{R}[X, Y)]$ mit $1 = xf + yg$
(vgl. dazu den Satz von Bachet, s.o.).
Zusammenfassung: **R euklidischer Ring** $\Longrightarrow$ **R Hauptidealring** $\Longrightarrow$ **R ZPE-Ring.**
Die Implikationen in umgekehrter Richtung sind im allgemeinen falsch (s.o.).

Wie hängen die Begriffe "unzerlegbares Element" und "Primelement" in Integritätsringen zusammen? (Ohne Beweise).

1. Definitionen: Ein Element $u \neq 0$ eines Integritätsrings heißt a) **unzerlegbar** (*irreduzibel*), falls
gilt: $u = ab \Longrightarrow (a$ oder b sind Einheiten) b) **Primelement**, wenn gilt: u ist keine Einheit und
$(u \mid ab \Longrightarrow u \mid a \vee u \mid b)$ *Beispiele:* In $\mathbb{Z}$ sind die Primelemente von der Form $\pm p$, p Primzahl.
2. Eigenschaften
(i) Ein unzerlegbares Element erzeugt ein maximales Hauptideal[7], ein Primelement ein *Prim-
ideal* (d.h. ein Ideal mit $a \cdot b \in \Im \Longrightarrow a \in \Im \vee b \in \Im$). Genau dann ist $\Im$ Primideal in R, wenn $R/\Im$
Integritätsring ist. **Achtung:** Es gilt zwar der Satz "*Genau dann ist $\Im$ maximales Ideal, wenn
$R/\Im$ Körper ist.*"; aber daraus kann man für ein durch ein unzerlegbare Elemenet erzeugtes Ideal
nur in einem Hauptidealring auf die Körperstruktur des Faktorringes schließen, da ein unzerlegbares Element ein maximales <u>Haupt</u>ideal ungleich 0 erzeugt, und ein solches (nur ?) in einem
Hauptidealring maximales <u>Ideal</u> sein muss.
(ii) Ist u Primelement, so ist es unzerlegbar. (Beweis?) In einem ZPE-Ring gilt auch die Umkehrung. Beweis (mit Definition (i) für ZPE-Ringe): Gilt $u \mid (a \cdot b)$ und ist u unzerlegbar, so folgt
aus $u \cdot q = a \cdot b$, dass das unzerlegbare Element u unter den unzerlegbaren Faktoren von a oder b
vorkommt.

8.5 Endliche Körpererweiterungen

1. Was versteht man unter einer **Körpererweiterung**, was unter einer Adjunktion einer Teilmenge? 2. Wie lautet die Gradformel für Körpererweiterungen?

1. *Definitionen* a) Der Körper k heißt *Teilkörper* der Körpers K, falls $k \subseteq K$ gilt und die Addition
und Multiplikation von k die Einschränkungen der betreffenden Verknüpfungen von K sind. K
heißt nun *Körpererweiterung* von k, wenn k Teilkörper von K ist, in Zeichen $K : k$. Es kann
dann K auch als Vektorraum über k aufgefaßt werden (– Nachprüfen der VR-Gesetze!); dessen
Dimension heißt **Grad** der Körpererweiterung; Bezeichnung: $[K : k]$. Ist dieser endlich, so spricht
man von einer *endlichen Körpererweiterung*.
b) Ist K ein gegebener Erweiterungskörper von k, so bezeichnet $k[A]$ den Durchschnitt aller
Teilringe von K, die k und A enthalten (den kleinsten k und A enthaltenden <u>Teilring</u> von K),
und $k(A)$ den Durchschnitt aller Teilkörper von K, die k und A enthalten (den kleinsten k und

---

[7]maximal bezieht sich hier auf **Haupt**-Ideale.

A enthaltenden Teilkörper). Man spricht von *Ring- bzw. Körperadjunktion* von *A*. Ist $A = \{x\}$, so schreibt man $K = \overline{k(x)}$ für die Körperadjunktion von $\{x\}$ und spricht von einer **einfachen Körpererweiterung**; *x* heißt dann ein *primitives Element* von $K : k$.

Beispiele: (i) $\mathbb{C} = \mathbb{R}(i)$ ist einfache Körpererweiterung von $\mathbb{R}$ vom Grad 2 .

(ii) $\mathbb{Q}(\sqrt{2}) = \{a + b\sqrt{2} \,|\, a, b \in \mathbb{Q}\}$ (Grad 2 über $\mathbb{Q}$)

(iii) $\mathbb{Q}(\sqrt[3]{2}) = \{a + b\sqrt[3]{2} + c(\sqrt[3]{2})^2 \,|\, a, b, c \in \mathbb{Q}\}$ Grad 3 über $\mathbb{Q}$).

Anmerkung: Der Durchschnitt aller Teilkörper von *K* heißt **Primkörper** $P(K)$ von *K*. Ist char $K = p \neq 0$ (also $\overset{p}{\underset{1}{\sum}} 1 = 0$ und *p* minimal), so ist *p* Primzahl und $P(K) \cong \mathbb{Z}_p = \mathrm{GF}(p)$, andernfalls char $K = 0$ und $P(K) \cong \mathbb{Q}$. Jeder Körper ist also entweder Erweiterung von $\mathbb{Q}$ oder von $\mathbb{Z}_p$ für geeignetes *p*.

2. Gradformel

Sind $K : L$ und $L : k$ Körpererweiterungen und ist $K : k$ endlich, so gilt (vgl. Abb. 8.4):

$$[K : k] = [K : L] \cdot [L : k]$$

Beweisidee: a) $[K : L]$ und $[L : k]$ sind endlich, da jedes Erzeugendensystem von *K* über *k* auch eines von *K* über *L* ist bzw. jeder Unterraum eines endlich-dimensionalen Raumes endlich-dimensional ist. b) Für Basen $\{b_1, \ldots, b_n\}$ des VR's *K* über *L* und $\{c_1, \ldots, c_m\}$ von *L* über *k* zeigt man: $\{b_i c_j \,|\, i = 1, \ldots, n, j = 1, \ldots, m\}$ ist Basis von *K* als VR über *k*.

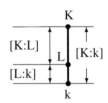

Abbildung 8.4:
Diagramm zum Gradsatz

Anwendungsbeispiel: Konstruktionen mit Zirkel und Lineal, s. §8.6.

Welche wichtigen Typen einfacher Körpererweiterungen kennen Sie?

Sei $K : k$ einfach, also $K = k(a)$ mit $a \in K$. Dann unterscheidet man:

1.) *a* ist **transzendent** über *k* bzw. 2.) *a* ist **algebraisch** über *k*.

Dazu betrachtet man den surjektiven Homomorphismus (*Substitutions-Abbildung*, **Einsetzungshomomorphismus**) $\tau : k[X] \to k[a]$ mit $P(X) \mapsto P(a)$. Nach dem Homomorphiesatz für Ringe folgt die Aussage $k[X]/\mathfrak{J}_a \cong k[a]$ mit

$$\mathfrak{J}_a = \mathrm{Kern}\,\tau = \{P(X) \in k[X] \,|\, P(a) = 0\}$$

1. Fall: $\mathfrak{J}_a = 0$. Dann ist τ injektiv, $k[a] \cong k[X]$ und damit (durch kanonische Fortsetzung) $k(a)$ isomorph zum Quotientenkörper $k(X)$ von $k[X]$. In diesem Fall heißt *a transzendent* und *K* transzendente Erweiterung von *k*; ferner ist $\{a^i \,|\, i \in \mathbb{N}\}$ linear unabhängig über *k*, also $[K : k] \geq \aleph_0$. *Beispiele:* π und *e* sind transzendent über $\mathbb{Q}$.

2. Fall: $\mathfrak{J}_a \neq 0$. In diesem Fall heißt *a* **algebraisch** über *k* und *K* algebraische Erweiterung von *k*. Es ist $\mathfrak{J}_a$ Ideal des Hauptidealrings $k[X]$ und damit von einem Polynom $m(X)$ erzeugt, das o.B.d.A. als normiert gewählt werden kann. $m(X)$ ist ein Polynom minimalen positiven Grades in $\mathfrak{J}_a$; es ist irreduzibel (aus $m(X) = g(X) \cdot h(X)$ folgt $g(a) = 0$ oder $h(a) = 0$ im Widerspruch zur Minimalität von *m*). Das Polynom $m(X)$ heißt *Minimalpolynom* von *a*. Es gilt:

$$k(a) = k[a] \cong k[X]/m(X) \cdot k[X] \quad \text{und} \quad [k(a) : k] = \mathrm{Grad}\,m(X).$$

Beweisskizze: $\mathfrak{J}_a$ ist maximal, da $m(X)$ als irreduzibles Polynom ein maximales Hauptideal erzeugt und dieses im Hauptidealring $k[X]$ maximales Ideal ist; jeder Faktorring nach einem maximalen Ideal, hier also $k[a] \cong k[X]/m(X)k[X]$, ist ein Körper. Es folgt $k[a] = k(a)$. Die Menge $B = \{1, a, a^2, \ldots, a^{n-1}\}$ ist für $n = \operatorname{Grad} m(X)$ linear unabhängig über k; denn $\sum_{i=0}^{n-1} l_i a^i = 0$ mit $l_j \neq 0$ für ein j lieferte ein annullierendes Polynom kleineren Grads als $m(X)$; auch wird $k[a]$ durch B erzeugt, da a^n sich mittels $m(a) = 0$ als Linearkombination von B darstellen lässt. $\quad\square$

Anmerkung: Die Struktur von $k(a)$ ist schon durch die Angabe des Minimalpolynoms festgelegt. Tatsächlich gilt: Sind a und b algebraisch über k und besitzen dasselbe Minimalpolynom, so folgt $k(a) \cong k(b)$. Umgekehrt liefert ein irreduzibles Polynom $f(X)$ über k einen Körper $K = k[X]/f(X)k[X]$, der nach isomorpher Einbettung von k algebraischer Erweiterungskörper von k ist.

Beispiele: 1.) $\mathbb{C} \cong \mathbb{R}[X]/(X^2+1)\mathbb{R}$; denn i hat über $\mathbb{R}$ das Minimalpolynom $X^2 + 1$.

2.) Das Minimalpolynom von $\sqrt[3]{2}$ über $\mathbb{Q}$ ist $m_1(X) = X^3 - 2$. Weitere Nullstellen von $m_1(X)$ sind $\sqrt[3]{2}\,\xi$ und $\sqrt[3]{2}\,\xi^2$ mit dritter Einheitswurzel ξ, z.Bsp. $\xi = \cos\frac{2\pi}{3} + i\sin\frac{2\pi}{3} = -\frac{1}{2} + i\frac{1}{2}\sqrt{3}$ (s. Abb. 8.5),. Die Körper $\mathbb{Q}(\sqrt[3]{2})$, $\mathbb{Q}(\sqrt[3]{2}\,\xi)$ und $\mathbb{Q}(\sqrt[3]{2}\,\xi^2)$ sind zueinander isomorph, als Unterkörper von $\mathbb{C}$ jedoch verschieden; (s. auch Tabelle 8.2 !)

Weitere Anmerkungen:

a) Unter einer *algebraischen Zahl* a versteht man eine Zahl $a \in \mathbb{C}$, die algebraisch über $\mathbb{Q}$ ist (analog für transzendente Zahlen). Die *Menge $\mathcal{A}$ aller algebraischen Zahlen* bildet einen Körper. Dieser ist abzählbar (da $\mathbb{Q}[X]$ abzählbar ist und jedes Polynom vom Grad m höchstens m Nullstellen besitzt). So folgt auch sofort die Existenz transzendenter reeller Zahlen.

b) Jede endliche Erweiterung eines Körpers ist algebraisch. Umgekehrt ist für ein irreduzibles Polynom $m(X) \in k(X)$ die Menge $\{\overline{1}, \overline{X}, \overline{X^2}, \ldots, \overline{X}^{(\operatorname{Grad} m)-1}\}$ eine Basis von $K = k[X]/(m(X))$ und damit $K : k$ eine endliche einfache Erweiterung.

Die Gleichung $Y^2 - 2 = 0$ hat in $\mathbb{Q}$ keine Lösung. Wie lässt sich $\mathbb{Q}$ so zu einem minimalen Körper K erweitern, dass nun eine Lösung existiert? (Unterscheiden Sie, ob $\sqrt{2} \in \mathbb{R}$ benutzt werden darf oder nicht. Geben Sie im letzten Fall die Lösung konkret an!)

1. Wird $\sqrt{2} \in \mathbb{R}$ als gegeben vorausgesetzt, so ist $\{\sqrt{2}, -\sqrt{2}\}$ Lösungsmenge von $Y^2 - 2 = 0$. Dann ist $K = \mathbb{Q}(\sqrt{2}) = \{a + b\sqrt{2} \mid a, b \in \mathbb{Q}\}$. 2. Andernfalls bildet man $\mathbb{Q}[X]/(X^2 - 2)$ und bettet darin $\mathbb{Q}$ mittels $q \mapsto \overline{q}$ mit $\overline{q} = q + (X^2-2)\mathbb{Q}[X]$ ein. Lösungen von $Y^2 - \overline{2} = \overline{0}$ sind nun $Y_1 = \overline{X}$ und $Y_2 = -\overline{X}$, also die Nebenklassen $\pm X + (X^2-2)\mathbb{Q}[X]$. (Beweis durch Nachrechnen!)

** Was versteht man unter dem **Zerfällungskörper** eines Polynoms?

1. *Definition:* Ein Erweiterungskörper L von k heißt Zerfällungskörper des Polynoms $f(X)$ aus $k[X]$, wenn $f(X)$ in L in Linearfaktoren zerfällt und L minimal ist mit dieser Eigenschaft.

2. *Eigenschaften:* L ist Zerfällungskörper von f genau dann, wenn es Elemente $\alpha_1, \ldots, \alpha_n \in L$ gibt mit $f(X) = c(X - \alpha_1) \ldots (X - \alpha_n)$ und $L = K(\alpha_1, \ldots, \alpha_n)$. Zu einem nicht-konstanten Polynom $f \in k[X]$ gibt es mindestens einen Zerfällungskörper, und je zwei solcher Zerfällungskörper sind isomorph.

Beweisidee zur Existenz: Konstruktion einer Nullstelle α_1 zu einem irreduziblen Faktor $g(X)$ von $f(X)$ durch Übergang zu einem geeigneten Oberkörper von k und vollständige Induktion.

Beispiele: (i) Wegen $X^3 - 2 = (X - \sqrt[3]{2})(X + \frac{1}{2}\sqrt[3]{2} + \frac{1}{2}\sqrt[3]{2}\sqrt{-3})(X + \frac{1}{2}\sqrt[3]{2} - \frac{1}{2}\sqrt[3]{2}\sqrt{-3})$ ist $\mathbb{Q}(\sqrt[3]{2}, \sqrt{-3})$ Zerfällungskörper von $X^3 - 2$ über $\mathbb{Q}$.

(ii) Ein Zerfällungskörper von $X^n - 1$ über k wird n-ter **Kreisteilungskörper** genannt; jede Wurzel von $X^n - 1 = 0$ heißt n-te **Einheitswurzel**. Im Fall $k = \mathbb{C}$ wird der Einheitskreis in n Stücke gleicher Bogenlänge geteilt (s. Abb. 8.5).

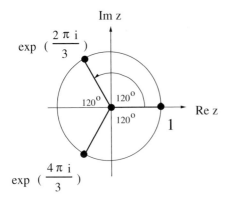

Abbildung 8.5:
Dritte Einheitswurzeln über $\mathbb{C}$

Wann heißt ein Körper *algebraisch abgeschlossen*? Geben Sie Beispiele von algebraischen Abschlüssen an (ohne Beweis)!

1. *Definition:* Ein Körper K heißt **algebraisch abgeschlossen**, wenn er keine echte algebraische Erweiterung besitzt; dies bedeutet, dass jedes nicht konstante Polynom über K zerfällt. Eine Erweiterung K von k heißt *algebraischer Abschluss* von k, falls K ein minimaler algebraisch abgeschlossener Oberkörper von k ist.

(ii) *Beispiele:* a) $\mathbb{C}$ ist algebraischer Abschluss von $\mathbb{R}$ (**Fundamentalsatz der Algebra**).
b) $\mathcal{A}$ (Körper der algebraischen Zahlen) ist algebraischer Abschluss von $\mathbb{Q}$.

8.6 Konstruierbarkeit mit Zirkel und Lineal

Wann heißt ein Punkt, wann eine reelle Zahl mit Zirkel und Lineal konstruierbar? Nennen Sie einige erlaubte Konstruktionen!

(a) Bei vorgegebener Einheitsstrecke der reellen euklidischen Ebene (zum Beispiel $\overline{(0,0)(1,0)}$) beschränkt man sich (gemäss den "*Spielregeln*") auf die Konstruktion von • Verbindungsgeraden, • Kreisen, deren Radius von bereits konstruierten Strecken abgegriffen wird und • Schnitte von Geraden bzw. Kreisen mit Geraden und Kreisen. Daraus ergibt sich u.a. auch die Möglichkeit des Errichtens von Senkrechten, des Halbierens von Strecken und des Ziehens von Parallelen (s. Abbildungen 7.15, 7.17 und 7.35). Jeder so konstruierte Punkt heißt mit Zirkel und Lineal konstruierbar.
(b) $a \in \mathbb{R}$ heißt *konstruierbar*, falls der Punkt $(a,0)$ in endlich vielen Schritten konstruierbar ist. Sei $K := \{a \in \mathbb{R} | a \text{ konstruierbar}\}$. Mit $a, b \in K$ ist (a, b) konstruierbar und umgekehrt. Zu $a, b \in K$ lassen sich konstruieren: $-a$, $a+b$, $a \cdot b$ und (für $a > 0$) $\frac{b}{a}$ sowie $\sqrt{a}$ (s. Abb. 8.6). K ist damit Teilkörper von $\mathbb{R}$; wie jeder solcher enthält K den Primkörper $\mathbb{Q}$ von $\mathbb{R}$, also $\mathbb{Q} \subseteq K \subseteq \mathbb{R}$.

Geben Sie notwendige Bedingungen für die Konstruierbarkeit von $a \in \mathbb{R}$ an!

Es gilt: $a \in \mathbb{R}$ ist genau dann konstruierbar, wenn es einen endlichen Körperturm der folgenden Form gibt: $\mathbb{Q} = L_0 \subseteq L_1 \subseteq \ldots \subseteq L_n \subset \mathbb{R}$ gibt mit $a \in L_n$ und $[L_{i+1} : L_i] \leq 2$.
Beweisidee: Ist a konstruierbar, so ist der Punkt $(a,0)$ durch endlich viele Schnitte von (Verbindungs-) Geraden und Kreisen konstruierbar. Beim Schnitt zweier Geraden bleibt der Bereich des durch die bisher konstruierten Zahlen erzeugten Körpers L_i gleich, beim Schnitt eines Krei-

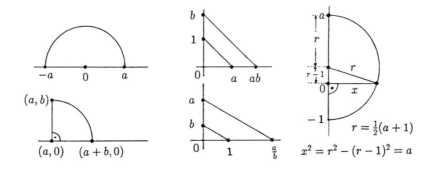

Abbildung 8.6: Zur Konstruktion mit Zirkel und Lineal aus a, b
(i) $-a$ (ii) $a+b$ (iii) $a \cdot b$ (iv) b/a (v) $\sqrt{a}$ für $a > 0$

ses mit einer Geraden oder zweier Kreise genügen die Schnittpunkte einer Gleichung zweiten Grades über L_i. Umgekehrt sahen wir bereits, dass zu $b \in L_i$ auch $\sqrt{b}$ und damit die Lösungen quadratischer Gleichungen über L_i konstruierbar sind.

Korollare:
1. Ist $a \in \mathbb{R}$ konstruierbar, so existiert ein Teilkörper L von $\mathbb{R}$ mit $a \in L$ und $[L : \mathbb{Q}] = 2^k$; (mehrfache Anwendung des Gradsatzes). 2. Ist a transzendent oder algebraisch von einem Grad, der keine 2-er Potenz ist, so ist a nicht konstruierbar.

Behandeln Sie als Anwendung das Delische Problem der Würfel-Verdopplung, die Quadratur des Kreises und die Winkeldreiteilung!

1. **Delisches Problem:** Die Verdopplung des Inhalts des Einheitswürfels erfordert die Konstruktion von $a \in \mathbb{R}$ mit $a^3 = 2$. Als Wurzel des irreduziblen Polynoms $X^3 - 2 \in \mathbb{Q}[X]$ hat a ein Minimalpolynom vom Grad 3 und ist daher nicht (mit Zirkel und Lineal!) konstruierbar.
2. **Quadratur des Kreises:** Gesucht ist eine Lösung x der Gleichung $\pi \cdot 1^2 = x^2$ (d.h. die Maßzahl der Seitenlänge eines Quadrats mit dem Inhalt π des Einheitskreises). Als transzendente Zahl ist $x = \sqrt{\pi}$ nicht konstruierbar.
3. **Winkeldreiteilung (Trisektion):** Es gibt Winkel, die in 3 gleichgroße Winkel teilbar sind, z.B. die von $180°$ und die von $135°$ ($60°$ durch gleichseitige, $45°$ durch rechtwinklige gleichschenklige Dreiecke). *Behauptung* Ein Dreieck mit Winkel $\alpha = 20°$ ist nicht konstruierbar und damit ein Winkel von $60°$ nicht dreiteilbar.
Beweisskizze: Durch Betrachtung des Realteils von $\cos 3\alpha + i \sin 3\alpha = e^{3i\alpha} = (\cos \alpha + i \sin \alpha)^3$ erhält man mit $\sin^2 \alpha + \cos^2 \alpha = 1$ die Formel $\cos 3\alpha = 4\cos^3 \alpha - 3\cos \alpha$ und daraus für $a = \cos 20°$ die Gleichung $\frac{1}{2} = 4a^3 - 3a$. Das Polynom $h(X) = 8X^3 - 6X - 1$ ist (wie $h(\frac{X+1}{2}) = X^3 + 3X^2 - 3$ nach dem Eisenstein'schen Kriterium, s. Literatur) irreduzibel. Daher sind a und folglich α (siehe die Definition von cos im Einheitskreis) nicht konstruierbar.
Anmerkung: Eine Verallgemeinerung befasst sich mit der Konstruktion "des" **regelmäßigen n-Ecks** (und damit von $\frac{2\pi}{n}$ bzw. einer n-ten primitiven Einheitswurzel ξ). Es gilt der folgende Satz (GAUSS): Genau dann ist das regelmäßige n-Eck mit Zirkel und Lineal kontruierbar, wenn $n = 2^m p_1 \ldots p_r$ ist mit verschiedenen (Fermatschen) Primzahlen $p_i = 2^{s_i} + 1$ mit $s_i = 2^{k_i}$.
*Beweisidee**:* Ist ξ konstruierbar, so ist $[\mathbb{Q}(\xi) : \mathbb{Q}] = \text{Grad } \Phi_n = \varphi(n)$ eine 2-er Potenz (mit n-tem Kreisteilungspolynom Φ_n). Die Umkehrung folgt aus der Galoistheorie: Ist der Erweiterungsgrad eine 2-Potenz, so ist die Galoisgruppe G eine 2-Gruppe; es gibt dann eine Kette $1 \unlhd_2 U_1 \unlhd_2 \ldots \unlhd_2 G$ von Untergruppen U_i von G; diese entspricht einem konstruierbaren

Körperturm.

Beispiele: Die n-Ecke mit $n \in \{3,4,5,6,8,10,12,15,16,17,\ldots\}$ sind konstruierbar, die mit $n \in \{7,9,11,13,14,\ldots\}$ sind nicht mit Zirkel und Lineal konstruierbar.

8.7 **Endliche Körper

> Welche Ordnung (Elementeanzahl) können endliche Körper (Galoisfelder) haben?

Ist K endlicher Körper, so gilt $|K| = p^m$ für geeignete Primzahl p und $m \in \mathbb{N}^*$.
Beweisidee: Man betrachtet K als VR über seinem Primkörper. *Beweisskizze:* Die Charakteristik von K (Char K, die additive Ordnung von 1 und damit jeden Elements $\neq 0$) ist eine Primzahl p. Der Primkörper (kleinster Teilkörper) von K ist daher isomorph zu $\mathbb{Z}_p$; über ihm ist K ein Vektorraum notwendigerweise endlicher Dimension m; daher ist $|K| = p^m$.
Ist umgekehrt $q = p^m$ Primzahlpotenz, so betrachtet man den Zerfällungskörper L von $X^q - X$ über $\mathbb{Z}_p$ und die Menge K aller Nullstellen dieses Polynoms; K ist Unterkörper von L; damit gilt $K = L$. Da in $\mathbb{Z}_p$ die Ableitung von $X^q - X$ gleich -1 ist, hat $X^q - X$ nur einfache Nullstellen. Folglich ist $|K| = q$, und es existiert ein Körper der Ordnung q.(Jeder solche Körper wird mit GF(q), Galoisfeld q, bezeichnet.)
Beispiel der Konstruktion von GF(4), eines Körpers mit 4 Elementen, durch algebraische Körpererweiterung: $X^2 + X + 1$ ist irreduzibles Polynom über $\mathbb{Z}_2$; mit einer Wurzel $\alpha = \overline{X}$ von $\mathbb{Z}_2/(X^2 + X + 1)$ erhält man den Körper $\{0, 1, \alpha, \alpha^2\}$ mit $\alpha^2 = \alpha + 1$.
Anmerkung: Es gilt $X^4 - X = X(X - 1)(X^2 + X + 1)$.

> Zeigen Sie, dass es bis auf Isomorphie zu jeder Primzahlpotenz $q = p^m$ genau einen Körper dieser Ordnung gibt.

Die Existenz eines Körpers K mit $|K| = p^m$ wurde oben gezeigt. Nach dem Satz von Lagrange (s. §8.8) folgt aus $|K \setminus \{0\}| = q - 1$ sofort $a^{q-1} = 1$ für alle $a \in K \setminus \{0\}$. Aus Anzahlgründen ist also K Zerfällungskörper von $X^q - X$ über dem Primkörper.
Sind nun K_1 und K_2 Körper der Ordnung q, so sind die Primkörper P_i von K_i ($i = 1,2$) isomorph zu $\mathbb{Z}_p$. Als Zerfällungskörper von $X^q - X$ über P_i sind dann auch die Körper K_i isomorph.   □
Anmerkung:
Im Spezialfall GF(p) folgt $a^{p-1} = 1$ für alle $a \in$ GF(p) (**kleiner Satz von Fermat**) , einem Spezialfall des Satzes von von Euler; (vgl. auch Seite 232!).

> Beschreiben Sie die additive und die multiplikative Struktur von $K =$ GF(p^m)!

(a) $(K, +)$ ist elementarabelsche Gruppe,d.h. abelsche Gruppe, deren Elemente ungleich 0 alle Ordnung p haben; also $(K, +) \cong \mathbb{Z}_p \times \ldots \times \mathbb{Z}_p$.
Beweisskizze: $p \cdot a = (1 + \ldots + 1)a = 0a = 0$ für $p =$ Char(K).   □
(b) $K^* = (K \setminus \{0\}, \cdot)$ ist eine zyklische Gruppe[8]. *Beweisidee:* K^* als direktes Produkt zyklischer Sylowuntergruppen. *Beweisskizze:* Als abelsche Grupe ist K^* direktes Produkt von Sylowgruppen; es reicht zu zeigen, dass diese zyklisch sind. (Man betrachte dann das Produkt der Erzeugenden teilerfremder Ordnung!) Sei also U r-Sylowgruppe von K^*; sei $a \in U$ ein Element maximaler Ordnung $t = r^s$ in U. Dann gilt $u^t = 1$ für alle $u \in U$; alle Elemente von U sind damit

---

[8]Es gilt sogar: Jede endliche Untergruppe der multiplikativen Gruppe eines (nicht-notwendig endlichen) Körpers ist zyklisch.
Spezialisierung: Die Gruppe der $n-$ten Einheitswurzeln in $(\mathbb{C}, +, \cdot)$ ist zyklisch.

Nullstellen von $X^t - 1$; dieses hat aber höchstens t Nullstellen, unter diesen $a^0, a^1, \ldots, a^{t-1}$. Es folgt $U = \langle a \rangle$. $\qquad \square$

Anmerkungen: 1.) K^* ist die Gruppe der $(q-1)$-ten Einheitswurzeln über K. (Daraus ergibt sich ein weiterer Beweis dafür, dass K^* zyklisch ist.)

2.) Die Existenz eines erzeugenden Elements zeigt, dass $GF(p^m)$ einfache algebraische Erweiterung von $GF(p)$ ist.

3.) Es gilt der **Satz von Wedderburn:** *Jeder endliche Schiefkörper ist ein Galoisfeld, hat also eine kommutative multiplikative Gruppe.*

8.8 Anfänge der Gruppentheorie

Wie lautet der Satz von Lagrange?

Satz von Lagrange: *Ist U Untergruppe der endlichen Gruppe G, so gilt* $|G| = |U| \cdot |G : U|$.
Insbesondere sind $|U|$ und $|G : U|$ (die Anzahl der verschiedenen Rechts- bzw. Links- Nebenklassen) Teiler von $|G|$.

Beweisidee: $\{Ux | x \in G\}$ liefert eine Partition von G in Rechtsnebenklassen. *Bedeutung:* Bei gegebenem G sind nur gewisse Zahlen als Ordnungen von Untergruppen bzw. als Faktorgruppen möglich.

Anmerkung: Ist $g \in G$, so gibt es ein minimales $m \in \mathbb{N}$ mit $< g > = \{1, g, g^2, g^3, \ldots, g^{m-1}\}$; es ist also m die kleinste positive Zahl mit $g^m = 1$; diese heißt *Ordnung* von g, in Zeichen $o(g) = m$. Nach dem Satz von Lagrange ist $|U| = | < g > |$ und damit $m = o(g)$ ein Teiler von $|G| =: o(G)$.

Was versteht man unter einer p–Sylowgruppe einer Gruppe, und was besagen die Sätze von Sylow (ohne Beweis)?

1. *Definition:* Eine **p-Sylowgruppe** S einer Gruppe G ist eine maximale p-Untergruppe von G (für p prim).

2. **Sylowsätze:**
Ist G endliche Gruppe und p^t die höchste p-Potenz, die $|G|$ teilt, und $t \geq 1$. Dann gilt
(a) *Die p-Sylowgruppen von G sind genau die Untergruppen der Ordnung p^t von G. Jede p– Untergruppe von G ist in einer p–Sylowgruppe von G enthalten.*
(b) *Die p-Sylowgruppen sind zueinander konjugiert, d.h. für Sylowgruppen S_1 und S_2 existiert ein $g \in G$ mit $S_1^g := g^{-1}S_1 g = S_2$. Insbesondere ist die Anzahl der p-Sylowgruppen von G gleich dem Index des Normalisators $|G : N_G(S)|$.*
(c) *Die Anzahl der p-Sylowgruppen von G ist kongruent 1 modulo p.*

Beschreiben Sie alle zyklischen und alle endlichen abelschen Gruppen!

1. **Zyklische Gruppen:** Eine *zyklische Gruppe* $C = \langle c \rangle$ wird definitionsgemäß von einem Element c erzeugt. $(\mathbb{Z}, +)$ ist Beispiel einer solchen Gruppe (erzeugt von 1). Jede Untergruppe einer zyklischen Gruppe ist wieder zyklisch, so die zu $\mathbb{Z}$ isomorphen Untergruppen $(n\mathbb{Z}, +)$ von $\mathbb{Z}$. Weitere zyklische Gruppen sind $\mathbb{Z}_n = (\mathbb{Z}/n\mathbb{Z}, +), n = 1, 2, \ldots$, die neben $(\mathbb{Z}, +)$ bis auf Isomorphie die einzigen zyklischen Gruppen sind; das zeigt der Homomorphiesatz zusammen mit dem surjektiven Homomorphismus $\varphi : \mathbb{Z} \to C$ mit $i \to c^i$, von $(\mathbb{Z}, +)$ auf die zyklische Gruppe $(C, \cdot)$; es gilt nämlich $C \cong \mathbb{Z}/\text{Kern}\varphi$ mit Kern $\varphi = n\mathbb{Z}$ für das kleinste $n \in \mathbb{N} \setminus \{0\}$ mit $c^n = 1$ bzw., wenn kein solches n existiert, mit $n = 0$.

2. **Abelsche Gruppen (kommutative Gruppen):** Ist A endliche abelsche Gruppe, so ist A direktes Produkt[9] ihrer p-Sylowgruppen. Jede endliche abelsche p-Gruppe ist direktes Produkt

---
[9]Das direkte Produkt $G_1 \times \ldots \times G_n$ von Gruppen G_i ist definiert als die Gruppe auf der Menge $G_1 \times \ldots \times G_n$ mit

von zyklischen Gruppen, die bis auf die Reihenfolge eindeutig bestimmt sind.

Anmerkung: Für beliebige endlich erzeugte abelsche Gruppen gilt die folgende Verallgemeinerung:

Fundamentalsatz für endlich erzeugte abelsche Gruppen:

Eine abelsche Gruppe G ist genau dann endlich erzeugt, wenn es Primzahlpotenzen $q_1,\ldots,q_m$ ($m \geq 0$) und eine Zahl $r \in \mathbb{N}$ gibt mit $G \cong \mathbb{Z}_{q_1} \times \ldots \times \mathbb{Z}_{q_m} \times \underbrace{(\mathbb{Z} \times \ldots \times \mathbb{Z})}_{r \; mal}$. Die Zahlen $q_1,\ldots,q_m,r$

sind eindeutig bestimmt. Beweis...

Beispiel: Bis auf Isomorphie gibt es folgende 4 abelsche Gruppen der Ordnung $100 = 2^2 \cdot 5^2$: $\mathbb{Z}_2 \times \mathbb{Z}_2 \times \mathbb{Z}_5 \times \mathbb{Z}_5$, $\mathbb{Z}_2 \times \mathbb{Z}_2 \times \mathbb{Z}_{25}$, $\mathbb{Z}_4 \times \mathbb{Z}_5 \times \mathbb{Z}_5$ und $\mathbb{Z}_4 \times \mathbb{Z}_{25}$.

Definieren Sie den Begriff "Auflösbarkeit einer endlichen Gruppe" G mittels Kompositionsreihe bzw. mittels Kommutatorreihe. Geben Sie ein Beispiel an!

(i) Unter einer **Kompositionsreihe** von G versteht man eine endliche Reihe

$$1 := G_k \lneqq G_{k-1} \lneqq \ldots G_i \lneqq G_{i-1} \ldots \lneqq G_0 := G$$

von Untergruppen von G derart, dass G_i ein maximaler Normalteiler von G_{i-1} ist $(i = 1,\ldots,k)$; die einfachen Gruppen G_{i-1}/G_i heißen Faktoren.

Anmerkung: Nach dem **Satz von Jordan-Hölder** sind k und die Faktoren (bis auf deren Reihenfolge) eindeutig durch G bestimmt.

(ii) G heißt **auflösbar**, falls die Faktoren einer Kompositionsreihe von G zyklische Gruppen (dann von Primzahlordnung) sind.

(iii) G ist auch genau dann auflösbar, wenn die *Kommutatorreihe* bei $\{1\}$ endet:

$$G \geq G' \geq G'' \geq \ldots \geq G^{(n)} = \{1\}.$$

Hierbei sind definiert: $G' = G^{(1)} = \langle x^{-1}y^{-1}xy \,|\, x,y \in G \rangle$ (**Kommutator-Untergruppe** von G) und $G^m := (G^{m-1})'$.

(iv) *Beispiel:* Für die symmetrische Gruppe S_4, die alternierende Gruppe $A_4 = S_4'$ und die Kleinsche Vierergruppe $K_4 = A_4' \cong \mathbb{Z}_2 \times \mathbb{Z}_2$ (Symmetriegruppe eines Rechtecks, das kein Quadrat ist) haben wir die Kommutatorreihe $S_4 \underset{2}{\rhd} A_4 \underset{3}{\geq} K_4 \underset{4}{\geq} 1$, die durch $K_4 > \mathbb{Z}_2 > 1$ zu einer Kompositionsreihe erweitert werden kann.

Anmerkung: 1.) In der Galoistheorie (s. §8.9) erklärt die Auflösbarkeit von S_4 die Existenz einer Lösungsformel für Gleichungen 4. Grades.

2.) S_n ist für $n \geq 5$ nicht auflösbar, das allgemeine Polynom n-ten Grades daher nicht durch Radikale lösbar (s. §. 8.9).

8.9 Anfänge der Galoistheorie

Wann heißt eine Körpererweiterung normal, wann separabel?

(a) Sei $L : K$ eine Erweiterung des Körpers K zum Körper L. Dann heißt $L : K$ **normal**, wenn es zu jedem $x \in L$ ein über L zerfallendes Polynom $f \in K[X]$, $f \neq 0$, gibt mit $f(x) = 0$.

---

der Operation $(g_1,g_2,\ldots,g_n)(h_1,h_2,\ldots,h_n) := (g_1h_1,g_2h_2,\ldots,g_nh_n)$. Sind die G_i Normalteiler einer Gruppe G mit $\prod G_i = G$ und $G_j \cap \prod_{i \neq j} G_i = 1 (j = 1,\ldots,n)$, so liefert $G_1 \times \ldots \times G_n \longrightarrow G$ mit $(g_1,\ldots,g_n) \mapsto \prod g_i$ einen Isomorphismus. Auch G heißt direktes Produkt der G_i.

Beispiele: (i) Jeder endliche Körper L ist normal über jedem Unterkörper: $L = GF(q)$ ist Nullstellenmenge des über L zerfallenden Polynoms f mit $f(X) = X^q - X$. (ii) Eine endliche Körpererweiterung $L : K$ ist genau dann normal, wenn es ein über L zerfallendes Polynom $f \in K[X] \setminus \{0\}$ gibt, dessen Nullstellen L über K erzeugen.

(b) Ein Polynom $f \in K[X]$ heißt **separabel**, wenn jeder irreduzible Faktor von f nur einfache Wurzeln hat. (Dies ist genau dann der Fall, wenn $\mathrm{ggT}(f, f') = 1$ ist.)

Anmerkung: Jedes Polynom über einem Körper der Charakteristik 0 ist separabel.

(c) $L : K$ heißt **separabel**, falls jedes Element $a \in L$ Wurzel eines separablen Polynoms aus $K[X]$ ist. *Beispiele:* Jede algebraische Erweiterung eines Körpers der Charakteristik 0 und jede algebraische Erweiterung eines endlichen Körpers ist separabel.

Wann heißt eine endliche Körpererweiterung **galoissch**? Was versteht man unter einer Galoisgruppe?

Sei $L : K$ eine endliche Körpererweiterung des Grades $n = [L : K] = \dim_K L$, ferner

$$G(L : K) = \{\sigma \in \mathrm{Aut}\, L \,|\, \sigma(k) = k \text{ für alle } k \in K\}$$

sowie $\mathrm{Fix}_H(L) := \{x \in L \,|\, \sigma(x) = x \text{ für alle } \sigma \in H\}$ für eine Untergruppe H von $G(L : K)$. Dann sind folgende Aussagen äquivalent. **(Satz von Artin):**

(1) $L : K$ ist normal und separabel.
(2) L ist minimaler Zerfällungskörper eines separablen Polynoms aus $K[X]$.
(3) $|G(L : K)| = \mathrm{Grad}(L : K)$.
(4) $\mathrm{Fix}_{G(L:K)}(L) = K$.
(5) $L : K$ ist Zerfällungskörper eines über K separablen Polynoms.

Beweis...

Erfüllt $L : K$ diese äquivalenten Bedingungen, so heißt $L : K$ **Galoiserweiterung** und $G(L : K)$ die **Galoisgruppe** von $L : K$.

Formulieren Sie den **Hauptsatz der Galoistheorie** für endliche Körpererweiterungen!

Satz: Ist $L : K$ eine galoissche endliche Körpererweiterung, dann sind die Abbildungen $\Phi : F \to G(L : F)$ und $\Psi : H \to \mathrm{Fix}_H(L)$ (Galoiskorrespondenzen) zueinander inverse bijektive Abbildungen von der Menge der Zwischenkörper von $L : K$ auf die Menge der Untergruppen von $G(L : K)$ bzw. umgekehrt.

Beweislinie: Ist F Zwischenkörper von $L \supseteq K$; dann ist die Erweiterung $L : F$ ebenfalls galoisch und $\mathrm{Fix}_{G(L:F)}(L) = F$. Umgekehrt zeigt man, dass $G(L : \mathrm{Fix}_H(L)) = H$ gilt.

Welche Eigenschaften haben diejenigen Untergruppen der Galoisgruppe, die bei der Galoiskorrespondenz den normalen Zwischenkörpern entsprechen?

Bei der Galoiskorrespondenz entsprechen den über K normalen Zwischenkörpern F genau die Normalteiler von $G(L : K)$ und es gilt: $G(F : K) \cong G(L : K)/G(L : F)$.

Beweisidee: Für $\sigma \in G(L : K)$ und beliebigen Zwischenköprer F von $L : K$ und beliebige Untergruppe H von G gilt: $G(L : \sigma(F)) = \sigma G(L : F)\sigma^{-1}$ und $\sigma(\mathrm{Fix}_H(L)) = \mathrm{Fix}_{\sigma H \sigma^{-1}}(L)$.

Was versteht man unter der Galoisgruppe eines Polynoms f (bzw. der Gleichung $f(x) = 0$) ?
Behandeln Sie als Beispiel das Polynom $f_1(x) = x^3 - 2$ über $\mathbb{Q}$!

(i) Ist $f \in K[X]$ nicht-konstantes Polynom und L der Zerfällungskörper von f über K. Dann heißt die Galoisgruppe $G(f, k) := G(L : K)$ die Galoisgruppe von f bzw. $f(x) = 0$.

Anmerkung: Die Galoisgruppe eines Polynoms mit r verschiedenen Wurzeln ist isomorph zu einer Untergruppe der symmetrischen Gruppe S_r.

(ii) f_1 hat die Nullstellen $\sqrt[3]{2}$, $\sqrt[3]{2}\xi$ und $\sqrt[3]{2}\xi^2$ für $\xi = e^{2\pi i/3}$. Daher ist $L = \mathbb{Q}(\sqrt[3]{2}, \xi)$ der Zerfällungskörper von f_1. Er ist galoisch; daher und weil $(x^3 - 1)/(x - 1) = x^2 + x + 1$ das Minimalpolynom von ξ über $\mathbb{Q}$ ist, gilt $|G(L : \mathbb{Q})| = [L : \mathbb{Q}] = [L : \mathbb{Q}(\sqrt[3]{2})] \cdot [\mathbb{Q}(\sqrt[3]{2}) : \mathbb{Q}] = 2 \cdot 3 = 6$, also $G(L, \mathbb{Q}) \cong S_3$. Die Elemente der Galoisgruppe werden erzeugt von $\varphi_{k\ell}$ mit $\varphi_{k\ell}(\xi) = \xi^\ell$ und $\varphi_{k\ell}(\sqrt[3]{2}) = \sqrt[3]{2}\xi^k$ $(k = 0, 1, 2, \ell = 1, 2)$.

> Wann heißt eine Körpererweiterung $L : K$ eine Radikalerweiterung, wann ein Polynom $f \in K[X]$ über K durch Radikale lösbar?

(i) $L : K$ heißt **Radikalerweiterung**, wenn es Körper $K_1, \ldots, K_m$ gibt mit
$$K =: K_0 \subseteq K_1 \subseteq \ldots \subseteq K_{m+1} = L$$
derart, dass $K_{i+1} = K_i(a_i)$ mit $a_i^{n_i} \in K_i$ gilt, also K_{i+1} durch Adjunktion einer n_i-ten Wurzel eines Elementes aus K_i entsteht.

(ii) $f \in K[X]$ heißt über K **durch Radikale lösbar**, wenn es eine Radikalerweiterung $L : K$ gibt, die den Zerfällungskörper von f enthält (d.h., dass man die Nullstellen durch rationale Operationen und durch Wurzelziehen berechnen kann).

> Geben Sie eine äquivalente Bedingung an die Galoisgruppe $G(f, K)$ dafür an, dass ein Polynom $f \in K[X]$ (für char $K = 0$) durch Radikale lösbar ist. Was folgt daraus für die Lösbarkeit des allgemeinen Polynoms vom Grad n durch Radikale?

(i) *Satz: Genau dann ist $f \in K[X]$ durch Radikale lösbar, wenn die Galois-Gruppe $G(f, K)$ auflösbar* (s. §8.8) *ist.*

Beweisgang: Sei F Zerfällungskörper von f über K. Ist f durch Radikale lösbar, so ist F in einer galoischen Radikalerweiterung $L : K$ enthalten. Die Galoisgruppe einer solchen Erweiterung ist auflösbar. Nach dem Hauptsatz der Galoistheorie ist $G(f, K) = G(F : K) \cong G(L, K)/G(L : F)$ und damit ebenfalls auflösbar. Umgekehrt ist F als Zerfällungskörper mit auflösbarer Galoisgruppe $G(M, K)$ in einer Radikalerweiterung enthalten, also f durch Radikale lösbar.

(ii) **Satz von Abel-Ruffini:** *Das allgemeine Polynom vom Grad n ist für $n \geq 5$ nicht durch Radikale lösbar, für $n \in \{2, 3, 4\}$ ist es lösbar.*

Beweisidee: Die Galoisgruppe $G(p, K(a_1, \ldots, a_n))$ des allgemeinen Polynoms
$$p(X) = X^n + a_1 X^{n-1} + \ldots + a_{n-1}X + a_n$$
ist die symmetrische Gruppe S_n. Diese ist für $n \geq 5$ nicht auflösbar; aber S_2, S_3, S_4 sind auflösbar.

8.10 Klausur-Aufgaben zur Algebra/Zahlentheorie

Aufgaben zu 8.1 (Algebraische Strukturen)

Aufgabe AZ 1 (Ring, Schiefkörper)

Zeigen Sie: Ein endlicher Ring R mit 1 ist Schiefkörper genau dann, wenn R nullteilerfrei ist.
Lösungshinweis: Betrachten Sie zu $r \in R$ die Abbildungen

$$f_r : \longrightarrow R \text{ mit } x \longmapsto x \cdot r \quad \text{und} \quad g_r : \longrightarrow R \text{ mit } y \longmapsto r \cdot y.$$

Sind sie bijektiv? Welche Urbilder gehören zu 1?
Lösung siehe Seite: 361.

Aufgabe AZ 2 (abelsche Gruppe)

Zeigen Sie: Eine Gruppe $(G, \cdot)$ ist abelsch, wenn eine der folgenden Bedingungen erfüllt ist:

(a) $\forall x \in G : x \cdot x = 1$

(b) $\forall x, y \in G : (x \cdot y)^2 = x^2 \cdot y^2$

(c) $\forall x, y \in G : y^{-1} \cdot x^{-1} \cdot y \cdot x = 1$.

Lösung siehe Seite: 361.

Aufgaben zu 8.3 (Teilbarkeit, Kongruenzen)

Aufgabe AZ 3 (lineare Kongruenz, Chinesischer Restsatz, Euklidischer Algorithmus)

Lösen Sie die folgeden linearen Kongruenzen! $x \equiv 3 \,(\mathrm{mod}\, 17) \wedge x \equiv 2 \,(\mathrm{mod}\, 19)$.
Lösungshinweis: Chinesischer Restsatz und Euklidischer Algorithmus.
Lösung siehe Seite 361.

Aufgabe AZ 4 (Kongruenz, kleiner Satz von Fermat)

Seien $n = p \cdot q$ Produkt zweier Primzahlen p und q, ferner $e, d \in \mathbb{N}$ mit

$$e \cdot d \equiv 1 (\mathrm{mod}\,(p-1)(q-1)).$$

Beim RSA-Verfahren der Kryptographie wird die "Nachricht" $m \in \mathbb{N}$ mit $1 < m < n$ zu $c \equiv m^e (\mathrm{mod}\, n)$ verschlüsselt. Zeigen Sie, dass man mit dem geheimen Schlüssel d die codierte Nachricht mittels

$$c^d \equiv m \,(\mathrm{mod}\, n)$$

entschlüsseln kann. (Literaturhinweis: R.-H.Schulz: Codierungstheorie. Eine Einführung. Vieweg V., 2003[2], p. 207).
Hinweis: Ohne Beweis dürfen Sie den kleinen Satz von Fermat oder den Satz von Euler verwenden.
Lösung siehe Seite: 361.

Aufgaben zu 8.4 (Euklidische Ringe, . . .)

Aufgabe AZ 5 (ggT von Polynomen über $\mathbb{C}$)

Im Polynomring $\mathbb{C}[x]$ seien folgende Polynome P_1, P_2 gegeben (mit $i^2 := -1$):

$$P_1(x) = x^2 - ix - x + i \quad \text{und} \quad P_2(x) = x^2 + \frac{2}{(i+1)} x - i.$$

(a) Bestimmen Sie einen größten gemeinsamen Teiler von P_1 und P_2!

(b) Wieviele gemeinsame Nullstellen haben P_1 und P_2?

Lösung siehe Seite: 361.

Aufgabe AZ 6 (Teilerfremdheit in Polynomringen)

Seien $g(x) = x^4 - 1$ und $h(x) = x^3 + x + 3$ Elemente des Polynomrings $K[x]$ über dem Körper K.

(a) Zeigen Sie, dass im Falle $K = \mathbb{R}$ die Polynome $g(x)$ und $h(x)$ teilerfremd sind.

(b) Bestimmen Sie im Falle $K = GF(5)$ einen größten gemeinsamen Teiler von $g(x)$ und $h(x)$.

Lösung siehe Seite: 362.

Aufgabe AZ 7 (Zerlegbarkeit in einem Ring, Norm)

Sei $D := \{a + bi\sqrt{5} \in \mathbb{C} \,|\, a, b \in \mathbb{Z}\}$ und $N(a + bi\sqrt{5}) := a^2 + 5b^2$; dann ist bekanntlich $(D, +, \cdot)$ ein Ring, und es gilt $N(x \cdot y) = N(x) \cdot N(y)$ für alle $x, y \in D$. Zeigen Sie:

(a) $N(a + bi\sqrt{5}) = 1 \Longrightarrow a + bi\sqrt{5} \in \{1, -1\}$ für $a, b \in \mathbb{Z}$.

(b) Es existiert kein $a \in D$ mit $N(x) = 2$ oder $N(x) = 3$.

(c) Es gilt $(1 + i\sqrt{5})(1 - i\sqrt{5}) = 2 \cdot 3$.

(d) Die Element $1 + i\sqrt{5}$, $1 - i\sqrt{5}$, 2, 3 sind in D unzerlegbar, (d.h. besitzen außer Einheiten und assoziierten Elementen keine Teiler). *Anmerkung:* D ist also kein ZPE-Ring.

Lösung siehe Seite: 362.

Aufgabe AZ 8 (Hauptidealring)

Beweisen Sie: Im Ring $\mathbb{Z}$ der ganzen Zahlen ist jedes Ideal I ein Hauptideal.
Lösungshinweis: Betrachten Sie in I ein Element minimalen Betrags ungleich 0.
Lösung siehe Seite: 363.

Aufgabe AZ 9 (Primideal)

(a) Beweisen Sie, dass in einem Hauptidealring R jedes Primideal $I \neq 0$ von R ein maximales Ideal von R ist.

(b) Ist ein maximales Ideal auch Primideal? (Ohne Beweis!)
Lösung siehe Seite: 363.

Aufgaben zu 8.5 (Endliche Körpererweiterungen)

Aufgabe AZ 10 (irrationale Zahlen)

Bekanntlich sind die Zahlen e und π irrational. Zeigen Sie, daß wenigstens eine der beiden Zahlen $\pi + e$ und $\pi - e$ irrational ist. Sie brauchen nicht zu ermitteln welche.
Lösung siehe Seite: 363.

Aufgabe AZ 11 (transzendente Elemente)

Sei $k \subset K$ eine Körpererweiterung und $a \in K$ transzendent über k.
Zeigen Sie: (i) a^2 ist transzendent über k.   (ii) $k(a^2) \subsetneq k(a)$.   (iii) Die Körpererweiterung $k(a) \supset k$ besitzt unendlich viele Zwischenkörper.
Lösungshinweis zu (ii): Ohne Beweis dürfen Sie hier verwenden, dass aus $a \in k(a^2)$ die Existenz

von Polynomen $f, g \in k[x]$ mit $a = \frac{f(a^2)}{g(a^2)}$ folgt. Betrachten Sie das Polynom h mit $h(X) = Xg(X^2) - f(X^2)$.
Lösung siehe Seite: 363.

Aufgabe AZ 12 (Adjunktion bei Ring/Körper)

Sei $d \in \mathbb{N}$ nicht Quadrat einer Zahl $z \in \mathbb{Z}$. Durch Adjunktion von $\sqrt{d}$ zu $\mathbb{Z}$ bzw. von $\sqrt{-d}$ zu $\mathbb{Q}$ erhält man den Oberring $\mathbb{Z}[\sqrt{d}]$ von $\mathbb{Z}$ und den Oberkörper $\mathbb{Q}(\sqrt{d})$ von $\mathbb{Q}$. Zeigen Sie:
(a) Jedes Element $c \in \mathbb{Z}[\sqrt{d}]$ lässt sich darstellen in der Form $c = a + b\sqrt{d}$ mit $a, b \in \mathbb{Z}$.
(b) Jedes Element $c \in \mathbb{Q}[\sqrt{-d}]$ lässt sich darstellen in der Form $c = a + b\sqrt{-d}$ mit $a, b \in \mathbb{Q}$.
Lösung siehe Seite: 363.

Aufgaben zu 8.8 (Endliche Körper)

Aufgabe AZ 13 (Körpererweiterung, Polynom, irreduzibel, Faktorring, endlicher Körper)

Seien $K = \mathbb{Z}_2$ der Körper mit 2 Elementen und $P \in K[x]$ mit $P(x) := x^2 + x + 1$. Zeigen Sie:
(i) $P(X)$ hat keine Nullstelle in K.
(ii) $P(X)$ is irreduzibel.
(iii) $P(X) \cdot K[X]$ is maximales Ideal in $K[X]$.
(iv) $F := K[X]/(P(X) \cdot K[X])$ ist ein Körper mit 4 Elementen.
Anmerkung: Allgemeine Sätze der Algebra dürfen Sie ohne Beweis verwenden!
Lösung siehe Seite: 364.

Aufgabe AZ 14 (Körpererweiterung, Polynom, irreduzibel, Faktorring, endlicher Körper)

Sei $K = GF(3)$ der Körper mit 3 Elementen und $R(X) = X^2 + 1$ Polynom aus dem Polynomring $K[X]$ über K. Zeigen Sie:
(i) $R(X)$ hat keine Nullstelle in K.
(ii) $X^2 + 1$ ist irreduzibel.
(iii) $(X^2 + 1)K[X]$ ist maximales Ideal in $K[X]$.
(iv) $K[X]/(X^2 + 1)K[X]$ ist ein Körper mit 9 Elementen.
(v) Wäre die entsprechende Konstruktion auch mit $P(X) := X^2 + X + 1$ (vgl. die vorige Aufgabe) möglich gewesen?
Lösungshinweis: Sie dürfen hier allgemeine Sätze der Algebra ohne Beweise verwenden.
Lösung siehe Seite: 364.

Aufgaben zu 8.8 (Gruppentheorie)

Aufgabe AZ 15 (Permutationen)

(a) In der Gruppe S_5 der Permutationen der Elemente der Menge $\{1, 2, 3, 4, 5\}$ berechne man

$$\begin{pmatrix} 1 & 2 & 3 & 4 & 5 \\ 2 & 3 & 1 & 5 & 4 \end{pmatrix}^{1202}.$$

(b) Berechnen Sie die Permutation $\begin{pmatrix} 1 & 2 & 3 & 4 & 5 & 6 & 7 \\ 7 & 5 & 1 & 2 & 4 & 3 & 6 \end{pmatrix}^{1111} \in S_7$.

Lösung siehe Seite: 365.

Aufgabe AZ 16 (Normalteiler)

Zeigen Sie: Jede Untergruppe U einer Gruppe G mit $[G:U] = 2$ ist Normalteiler in G.
Lösung siehe Seite: 361.

Aufgabe AZ 17 (Homomorphiesatz, zyklische Gruppe)

Zeigen Sie, dass eine Gruppe G genau dann zyklisch ist, wenn es einen Gruppenhomomorphismus von $(\mathbb{Z}, +)$ auf G gibt. (Vgl. auch Karpfinger/Meyberg [KM] !)
Lösung siehe Seite: 365.

Aufgabe AZ 18 ($\mathbb{Z}$, Untergruppe)

Zeigen Sie: Jede additive Untergruppe U von $\mathbb{Z}$ ist von der Form $\quad U = n\mathbb{Z}$.
(Vgl. auch Aufgabe AZ 8 !)
Lösung siehe Seite: 365.

Aufgabe AZ 19 (endliche abelsche Gruppen)

Sei A eine endliche abelsche Gruppe der Ordnung n, ferner $t \in \mathbb{N}$ ein Teiler von n. Zeigen Sie: Es gibt mindestens eine Untergruppe U von A mit $|U| = t$.
Hinweis: Sie dürfen den Hauptsatz über endliche abelsche Gruppen oder die Sätze von Sylow hier ohne Beweis verwenden!
Lösung siehe Seite: 365.

Aufgabe AZ 20 (Sylowsätze, alternierende Gruppe),

Bestimmen Sie alle Sylowgruppen von $\mathcal{A}_4$, der alternierenden Gruppe auf 4 Elementen!
Lösung siehe Seite: 366.

Aufgabe AZ 21 (Sylowsätze, Normalteiler)

Bestimmen Sie bis auf Isomorphie alle Gruppen der Ordnung 15.
Lösung siehe Seite: 366.

Aufgabe AZ 22 (Auflösbarkeit einer Gruppe, Sylowsätze)

Zeigen Sie (ohne Verwendung des Satzes von Burnside), dass eine Gruppe G der Ordnung $p \cdot q$ (mit Primzahlen p und q) auflösbar ist. (Dabei dürfen Sie Sätze über Sylowgruppen und über Aufösbarkeit von p-Gruppen unbewiesen benutzen).
Lösung siehe Seite: 366.

Aufgaben zu 8.9 (Galoistheorie)

Aufgabe AZ23 (Galoisgruppe)

Bestimmen Sie die Galoisgruppe $G(L:K)$ für $L = \mathrm{GF}(p^n)$ und den Primkörper $K = \mathrm{GF}(p)$ von L.
Lösung siehe Seite: 366.

Literaturhinweise zu Kap.8:

Artin[Ar], Bewersdorff [Be], Bosch [BK], Fischer [Fi3], Karpfinger/Meyberg [KM], Kramer [Kra], Kurzweil/Stellmacher [KuS], Lüneburg [Lu], Oberschelp[Ob], Scheja/Storch [SSt], Stein [Ste], Stroth [St].

Kapitel 9

Lösungen der Aufgaben

9.1 Lösungen zu Kap. 1 und 2: Lineare Algebra

Lösungsskizze zu Aufgabe L1:

Die zweite Beziehung ist korrekt: Wenn $u \in U$ und $v \in V$ beide in W sind, dann ist auch $u + v \in W$ und natürlich $u + v \in U + V$, also $u + v \in (U + V) \cap W$.

Die erste Beziehung ist falsch: dazu braucht man nur drei paarweise verschiedene eindimensionale Unterräume in $\mathbb{R}^2$ zu wählen. Dann ist $U + V = \mathbb{R}^2$, also $(U + V) \cap W = W$, dagegen sind $U \cap W$ und $V \cap W$ beide nulldimensional, also besteht auch ihre Summe nur aus dem Nullvektor.

Lösungsskizze zu Aufgabe L2:

Sei $\lambda_1 c_1 + \lambda_2 c_2 + \mu_1 s_1 + \mu_2 s_2 + \mu_3 s_3 = 0$. Einsetzen von $x = 0$ und $x = \pi$ ergibt

$$\begin{cases} \lambda_1 & + & \lambda_2 & = 0 \\ -\lambda_1 & + & \lambda_2 & = 0 \end{cases},$$

also $\lambda_1 = \lambda_2 = 0$. Einsetzen von $x = \pi/2$, von $x = \pi/4$ und $x = 3\pi/4$ zeigt $\mu_1 + 0 - \mu_3 = 0$ und $\mu_1 \frac{\sqrt{2}}{2} \pm \mu_2 + \mu_3 \frac{\sqrt{2}}{2} = 0$ und damit, dass auch die μ_i gleich 0 sind.

Alternative: Mehrfache Ableitung der Gleichung und Einsetzen von $x = 0$ und $x = \pi$.

Lösungsskizze zu Aufgabe L3:

Der Vektorraum $\mathbb{R}[x]$ der Polynome über den reellen Zahlen (oder allgemeiner über jedem Körper) ist ein unendlich dimensionaler Vektorraum, denn die Monome $\{x^n : n \in \mathbb{N}\}$ sind linear unabhängig.

Beweis: $\lambda_i = 0$ für $i = 1 \ldots n$ folgt induktiv aus $\sum_{k=0}^n \lambda_k x^k = 0 \implies \lambda_0 = 0$ und $x \sum_{k=1}^n \lambda_k x^{k-1} = 0$ usw. (Man beachte: Nach Definition der linearen Unabhängigkeit brauchen wir nur endliche Summen zu betrachten.)

Alternativ: $C[a,b]$ (vgl. Aufgabe L4), oder $\mathbb{R}$ bzw. $\mathbb{C}$ als $\mathbb{Q}$-VR (vgl. Aufgabe L11 !)

Lösungsskizze zu Aufgabe L4:

Lineare Unabhängigkeit heißt, dass jede endliche Teilmenge linear unabhängig ist. Annahme: Es exitiert eine endliche linear abhängige Teilmenge, d.h. es existieren paarweise verschiedene $\lambda_{a_1}, \ldots, \lambda_{a_n}$, nicht alle 0, mit $\sum \lambda_{a_i} e_{a_i} = 0$. Durch $n - 1$-maliges Ableiten und Einsetzen von $x = 0$

erhält man ein lineares Gleichungssystem:

$$\begin{pmatrix} 1 & \cdots & 1 \\ a_1 & \cdots & a_n \\ \vdots & & \vdots \\ a_1^{n-1} & \cdots & a_n^{n-1} \end{pmatrix} \begin{pmatrix} \lambda_1 \\ \vdots \\ \lambda_n \end{pmatrix} = \begin{pmatrix} 0 \\ \vdots \\ 0 \end{pmatrix}.$$

Da alle a_i verschieden sind, hat die Koeffezientenmatrix (diese ist Vandermonde-Matrix) vollen Rang, d.h. alle λ_i sind 0, im Widerspruch zur Annahme. □

Lösungsskizze zu Aufgabe L5:

(a) Da $|B_1| = |B_2| = 3 = \dim V$ ist, müssen wir nur zeigen, dass die drei Vektoren aus B_2 linear unabhängig sind. Dies folgt z.Bsp. aus

$$\begin{vmatrix} -1 & 1 & -1 \\ -4 & 3 & -2 \\ 2 & -1 & 2 \end{vmatrix} = 1 \cdot (6-2) - (-8+4) - (4-6) = 2 \neq 0.$$

(b) Es ist $\vec{x} = \vec{a} + \vec{b} - \vec{c} = \begin{pmatrix} 1 \\ 1 \\ -1 \end{pmatrix}_{B_1}$. Wir berechnen

$$\begin{pmatrix} 1 \\ 1 \\ -1 \end{pmatrix}_{B_2} = \vec{u} + \vec{v} - \vec{w} = \begin{pmatrix} -1 \\ -4 \\ 2 \end{pmatrix}_{B_1} + \begin{pmatrix} 1 \\ 3 \\ -1 \end{pmatrix}_{B_1} + \begin{pmatrix} -1 \\ -2 \\ 2 \end{pmatrix}_{B_1} = \begin{pmatrix} 1 \\ 1 \\ -1 \end{pmatrix}_{B_1}.$$

Lösungsskizze zu Aufgabe L6:

(a) A spannt U nach Definition auf. Zu zeigen ist nur, dass A linear unabhängig ist.

$$\lambda_1 \vec{a_1} + \lambda_2 \vec{a_2} + \lambda_3 \vec{a_3} = \begin{pmatrix} 2\lambda_1 \\ \lambda_2 - \lambda_1 \\ \lambda_2 + \lambda_3 \\ \lambda_2 - \lambda_3 \end{pmatrix}_B = \vec{0} \implies \lambda_1 = \lambda_2 = \lambda_3 = 0.$$

(b) Aus $\vec{x} = \begin{pmatrix} 6 \\ -5 \\ 0 \\ -4 \end{pmatrix}_B = \begin{pmatrix} 2\lambda_1 \\ \lambda_2 - \lambda_1 \\ \lambda_2 + \lambda_3 \\ \lambda_2 - \lambda_3 \end{pmatrix}_B$ folgt $\lambda_1 = 3, \lambda_2 = -2, \lambda_3 = 2$. So erhält man $\vec{x} = \begin{pmatrix} 3 \\ -2 \\ 2 \end{pmatrix}_A$.

(c) Wegen $\dim V > \dim U$ können nicht alle Vektoren aus B in A sein. Z.Bsp. ist $b_4 \notin A$. Daher ist $A \cup \{b_4\}$ Basis von V.

Lösungsskizze zu Aufgabe L7:
Zu zeigen ist aus Dimensionsgründen (s.u.) nur die lineare Unabhängigkeit:

$$a \cdot 1 + b \cdot (x-1) + c \cdot (x-1)(x-2) = 0 \implies a = b = c = 0$$

Nun folgt aus $\dim(\langle A \rangle) = 3 = \dim P$ und $\langle A \rangle \subseteq P$, dass $\langle A \rangle = P$ gilt.

Lösungsskizze zu Aufgabe L8:

Es ist $\begin{vmatrix} r & 1 & 0 \\ 1 & r & 1 \\ 0 & 1 & r \end{vmatrix} = r(r^2 - 2) \neq 0$ für (i) $r \notin \{0, \sqrt{2}, -\sqrt{2}\}$ im Fall $K = \mathbb{R}$ und (ii) $r \neq 0$ für

$K = \mathbb{Q}$. (iii) Es gibt kein solches r: Die Dimension eines Vektorraums, also die Mächtigkeit einer Basis, ist die maximale Anzahl linear unabhängiger Vektoren und $\dim_{\mathbb{R}} \mathbb{R}^3 = 3$.

Lösungsskizze zu Aufgabe L9:

Es gilt $\dim_K(U_1) = 1$, da $U_1 = < \overbrace{(1,1,\ldots,1)}^{\neq 0} >$.

$$U_2 = \left\{ (a_1, a_2, \ldots, a_n) \in V \,|\, a_i \in K, \sum_{i=1}^{n} a_i = 0 \right\} = \left\{ (a_1, a_2, \ldots, -\sum_{i=0}^{n-1} a_i) \in V \,|\, a_1, \ldots, a_{n-1} \in K \right\}$$

$= \{ a_1(1, 0, \ldots, 0, -1) + a_2(0, 1, \ldots, 0, -1) + \cdots + a_{n-1}(0, \ldots, 0, 1, -1) \,|\, a_i \in K \}$.

Jeder Vektor aus U_2 lässt sich somit als Linearkombination von $(n-1)$ Vektoren beschreiben. Da diese Vektoren U_2 erzeugen und linear unabhängig sind, bilden sie eine Basis von U_2. Damit folgt $\dim_k(U_2) = n - 1$. Ferner gilt:

$v \in (U_1 \cap U_2) \Longleftrightarrow \exists a \in K : v = (a, a, \ldots, a)$ und $\sum_{i=1}^n a = 0 \Longleftrightarrow \exists a \in K : v = (a, a, \ldots, a)$ und $n \cdot a = 0$.

1. Fall $\mathrm{char}(K) \nmid n$ $\mathrm{char}(K) \nmid n \Longrightarrow (U_1 \cap U_2) = \vec{0} \Longrightarrow \dim_K(U_1 \cap U_2) = 0$.

2. Fall $\mathrm{char}(K) | n$ $\mathrm{char}(K) | n \Longrightarrow (U_1 \subseteq U_2) \Longrightarrow \dim_K(U_1 \cap U_2) = 1$

$$\dim_K(U_1 + U_2) = \dim_K(U_1) + \dim_K(U_2) - \dim_K(U_1 \cap U_2) = 1 + (n-1) - \begin{cases} 0 & \text{für Fall 1} \\ 1 & \text{für Fall 2} \end{cases}$$

$$= \begin{cases} n & \text{für Fall 1} \\ n-1 & \text{für Fall 2.} \end{cases} \qquad \square$$

Lösungsskizze zu Aufgabe L10:

Da $V \cong W$, existiert ein Isomorphismus $f : V \to W$. Seien $A = (v_i)_{i \in I}$ Basis von V und $B = (w_j)_{j \in J}$ Basis von W, d.h. also $\dim V = |I|$ und $\dim W = |J|$ für Indexmengen I und J. Zu zeigen ist $|I| = |J|$. Es gilt

$$f\left(\sum_{i \in I} \lambda_i v_i \right) = 0 \underset{f \text{ injektiv}}{\Longrightarrow} \sum_{i \in I} \lambda_i v_i = 0 \underset{\text{da } (v_i)_{i \in I} \text{ Basis von } V}{\Longrightarrow} \lambda_i = 0 \ (\text{für alle } i \in I)$$

sowie gleichzeitig $f\left(\sum_{i \in I} \lambda_i v_i \right) = 0 \Longleftrightarrow \sum_{i \in I} \lambda_i f(v_i) = 0$, da f linear. Insgesamt folgt also aus der linearen Unabhängigkeit der Familie $(v_i)_{i \in I}$, dass auch die Familie $(f(v_i))_{i \in I}$ linear unabhängig ist. Da $f(v_i) \in W$, folgt $\dim W = |J| \geq |I| = \dim V$.

Weil $f : V \to W$ ein Isomorphismus ist, existiert die zu f inverse Abbildung $f^{-1} : W \to V$, die wiederum ein Isomorphismus ist. Mit diesem kann man $\dim V = |I| \geq |J| = \dim W$ zeigen, womit dann insgesamt $\dim V = \dim W$ folgt. $\qquad \square$

Lösungsskizze zu Aufgabe L11:

Jeder Körper L ist ein Vektorraum über jedem seiner Unterkörper K (mit auf $L \times K$ eingeschränkter Multiplikation). Aus $\dim_K K = 1$ für jeden Körper K folgt $\dim_{\mathbb{C}} \mathbb{C} = 1$. Es sind 1 und i über $\mathbb{R}$ linear unabhängig. Jede komplexe Zahl $z \in \mathbb{C}$ lässt sich mit reellen a, b durch $z = a \cdot 1 + b \cdot i$ darstellen. Also ist $B = \{1, i\}$ eine Basis von $\mathbb{C}$ über $\mathbb{R}$ und damit $\dim_{\mathbb{R}} \mathbb{C} = 2$.

Zuletzt zeigen wir, dass $\dim_\mathbb{Q} \mathbb{C} = \infty$. Angenommen es gilt $\dim_\mathbb{Q} \mathbb{C} = n \in \mathbb{N}$. Dann gibt es eine Basis $\{z_1, z_2, \ldots, z_n\}$ in $\mathbb{C}$, so dass jedes $z \in \mathbb{C}$ die Darstellung

$$z = q_1 z_1 + q_2 z_2 + \cdots + q_n z_n$$

mit rationalen Koeffizienten q_i hat. Da aber $\mathbb{Q}$ abzählbar ist, kann es jedoch nur abzählbar viele derartige Linearkombinationen geben. Bekanntermaßen ist jedoch $\mathbb{R}$ überabzählbar ($\rightarrow$ Cantorsches Diagonalverfahren) und $\mathbb{R} \subset \mathbb{C}$, so dass auch $\mathbb{C}$ überabzählbar ist. Also ergibt dies einen Widerspruch, weshalb $\dim_\mathbb{Q} \mathbb{C} = \infty$. $\qquad\Box$

Lösungsskizze zu Aufgabe L12:

Zu zeigen ist, dass folgendes LGS nur die triviale Lösunmg besitzt:

$$\begin{pmatrix} 1 & \cdots & 1 \\ \lambda_1 & \cdots & \lambda_n \\ \vdots & & \vdots \\ \lambda_1^{n-2} & \cdots & \lambda_n^{n-2} \\ \lambda_1^{n-1} & \cdots & \lambda_n^{n-1} \end{pmatrix} \begin{pmatrix} a_1 \\ a_2 \\ \vdots \\ a_{n-1} \\ a_n \end{pmatrix} = 0 = A \cdot \vec{a}.$$

Gezeigt werden muss, dass die Koeffizientenmatrix A vollen Rang hat. Als Vandermonde-Matrix (mit $\lambda_1, \ldots, \lambda_n$ paarweise verschieden) hat A die Determinante $\det A = \prod\limits_{1 \le i < j \le n-1} (x_j - x_i)$ und damit vollen Rang. $\qquad\Box$

Lösungsskizze zu Aufgabe L13:

(a) Stimmt nicht: Ist z.B. K endlich, V 3-dim und Kern f 2-dimensional, so ist Kern $f + a$ endlich und linear abhängig; aber für $a \notin \mathrm{Kern}(f)$ ist die Bildmenge $\{f(a)\}$ linear unabhängig. (Anders sieht es bei der **Familie** der Bilder aus.)

(b) Falsch: Sei z.B. f die Nullabbildung oder eine Projektion.

(c) Richtig: Falls f bijektiv ist, so existiert die Umkehrabbildung f^{-1} von f und ist linear. Zu jedem $w_i \in W$ existiert genau ein $v_i \in V$ mit $f(v_i) = w_i$ $(i = 1, \ldots, n)$.

Ist $\{w_i : i = 1, \ldots, n\}$ linear abhängig, so existieren $\lambda_i \in K$, nicht alle 0, mit $\sum\limits_{i=1}^{n} w_i \lambda_i = 0$.

Da f linear ist, ergibt sich $0 = \sum\limits_{i=1}^{n} w_i \lambda_i = \sum\limits_{i=1}^{n} f(v_i) \lambda_i = f(\sum\limits_{i=1}^{n} v_i \lambda_i)$. Da f injektiv ist, folgt $\sum\limits_{i=1}^{n} v_i \lambda_i = 0$, wobei ja nicht alle λ_i gleich 0 waren. Daher ist $v_1, \ldots, v_n$ linear abhängig. Aus $v_i \ne v_j$ (wegen $w_i \ne w_j$) ergibt sich, dass auch $\{v_i : i = 1, \ldots, n\} = \{f^{-1}(w_i) : i = 1, \ldots, n\}$ linear abhängig ist.

(d) Stimmt: $\hat{f} : V \to f(V)$ ist bijektive lineare Abbildung. Wäre $\{f(v_i) : i = 1, \ldots, n\}$ linear abhängig, so nach Teil c) auch $\{\hat{f}^{-1}(f(v_i)) : i = 1, \ldots, n\} = \{v_i : i = 1, \ldots, n\}$, im Widerspruch zur Voraussetzung. Dies zeigt die Kontraposition der Aussage, die zu zeigen war.

Lösungsskizze zu Aufgabe L14:

Zu $b \in B$ und $c \in C$ definiert man $\hat{f}_{b,c} : B \to W$ durch $\hat{f}_{b,c}(b') = 0$, für $b' \ne b$ und $\hat{f}_{b,c}(b') = c$ für $b' = b$. Zu jedem $\hat{f}_{b,c}$ existiert die lineare Fortsetzung $f_{b,c} : V \to W$. Dann ist $F = \{f_{b,c} : b \in B, c \in C\}$ eine Basis von $\mathrm{Hom}_K(V, W)$.

Alternativ: Bei der Darstellung mittels Matrizen bzgl. Basis B und C wählt man die kanonische Basis von $K^{(m,n)}$ (Matrizen mit einem Eintrag 1 und sonst Nullen).

Lösungsskizze zu Aufgabe L15:

(a) $v \in \text{Bild}\, p \Longrightarrow \exists w : p(w) = v$. Also ist $p(v) = p^2(w) = p(w) = v$.

(b) $p(v - p(v)) = p(v) - p^2(v) = 0$.

(c) "$\supseteq$" ist klar   "$\subseteq$"; $v \in V \Longrightarrow v = \underbrace{v - p(v)}_{\in \text{Kern}\, p} + \underbrace{p(v)}_{\in \text{Bild}\, p}$

"$\oplus$": $\text{Kern}\, p \cap \text{Bild}\, p = \{0\}$: Sei $v \in \text{Kern}\, p \cap \text{Bild}\, p$. Dann ist $p(v) = 0$ und $p(v) = v$, also $v = 0$.

(d) $p(v) = p(u + w) = p(u) + p(w) = p(u) = u$.

(e) $\subseteq$: $v \in \text{Kern}\, p \Longrightarrow v = v - p(v) = (\text{id} - p)(v) \Longrightarrow v \in \text{Bild}(\text{id} - p)$
$\supseteq$: $v \in \text{Bild}(\text{id} - p) \Longrightarrow \exists w : v = w - p(w) \Longrightarrow p(v) = p(w) - p^2(w) = 0 \Longrightarrow v \in \text{Kern}\, p$.

(f) $\text{id} - p$ ist ein Endomorphismus. Außerdem ist

$(\text{id} - p)^2(v) = (\text{id} - p)(v - p(v)) = v - p(v) - p(v) + p^2(v) = (\text{id} - p)(v)$ für alle $v \in V$, also
$(\text{id} - p)^2 = (\text{id} - p)$.

Lösungsskizze zu Aufgabe L16:
(a) Man zeigt: $(\mathcal{C}, +)$ ist abelsche Gruppe (d.h. $\mathcal{C} \neq \emptyset$, $+ : \mathcal{C} \times \mathcal{C} \to \mathcal{C}$ ist Abbildung; Existenz der Null; Existenz der Inversen; Assoziativität; Kommutativität), ferner: $\mathcal{C} \setminus \{0\}, \cdot)$ ist abelsche Gruppe und die Distributivgesetze gelten. (Multiplikatives Inverses: $\begin{pmatrix} \frac{a}{a^2+b^2} & -\frac{b}{a^2+b^2} \\ \frac{b}{a^2+b^2} & \frac{a}{a^2+b^2} \end{pmatrix}$; die

Rechenregeln folgen –bis auf die Existenz der multiplikativen Inversen– aus $\mathcal{C} \subseteq \mathbb{R}^{(2,2)}$).
(b) $\mathcal{C}$ ist isomorph zum Körper $\mathbb{C}$ der komplexen Zahlen. Ein Isomorphismus ist $\phi : \mathcal{C} \to \mathbb{C}$

mit $\phi \begin{pmatrix} a & b \\ -b & a \end{pmatrix} = a + bi$. Zu zeigen ist, (i) dass ϕ Homomorphismus ist, also mit $+$ und $\cdot$ verträglich ist: $\phi(A + B) = \phi(A) + \phi(B)$ und $\phi(A \cdot B) = \phi(A) \cdot \phi(B)$ und (ii), dass ϕ bijektiv ist, also injektiv und surjektiv.

Lösungsskizze zu Aufgabe L17:
(a) Durch Nachrechnen sieht man $A(\lambda p + q) = \lambda A(p) + A(q)$ für alle $\lambda \in \mathbb{R}$ und alle $p, q \in \mathbb{R}[x]$.
(b) $p \in \text{Kern}\, A \iff \forall x \in \mathbb{R} : A(p)(x) = 0 \iff \forall x \in \mathbb{R} : p(x + 1) = p(x)$. Also gilt für $p \in \text{Kern}\, A : p(0) = p(1) = p(2) = p(k)$ für alle $k \in \mathbb{N}$. Ein Polynom n-ten Grades ist aber durch $n + 1$ Funktionswerte eindeutig bestimmt, also muss p ein konstantes Polynom sein. Umgekehrt liegen die konstanten Polynome sicher im Kern von A.

Lösungsskizze zu Aufgabe L18:

(a) Sei $\sum\limits_{i=0}^{k-1} \lambda_i T^i(z) = 0$. Zu zeigen ist $\lambda_i = 0$ für alle i. Es ist

$$0 = T^{k-1}(0) = T^{k-1}\left(\sum_{i=0}^{k-1} \lambda_i T^i(z)\right) = \sum_{i=0}^{k-1} \lambda_i T^{k-1+i}(z) = \lambda_0 T^{k-1}(z),$$

woraus $\lambda_0 = 0$ folgt. Betrachte dann $0 = T^{k-2}(0) = \lambda_1 T^{k-2}(z) \Longrightarrow \lambda_1 = 0$! Induktiv erhält man $\lambda_i = 0$; also ist B linear unabhängig.

(b) Zu zeigen ist: $x \in U \Longrightarrow T(x) \in U$. Sei also $x = \sum\limits_{i=0}^{k-1} \lambda_i T^i(z)$. Dann ist

$$T(x) = \sum_{i=0}^{k-1} \lambda_i T^{i+1}(z) = \sum_{i=0}^{k-2} \lambda_i T^{i+1}(z) \in U.$$

(c) B ist Basis von U. Sei $b_i = T^i(z)$, also $B = (b_0, \ldots, b_{k-1})$. Es gilt $T(b_i) = b_{i+1}$ für $i = 0, \ldots, k-2$, ferner $T(b_{k-1}) = 0$. Das bedeutet aber, dass die Matrix von $T|_U$ bezüglich B wie folgt aussieht:

$$\begin{pmatrix} 0 & 0 & \cdots & 0 & 0 \\ 1 & 0 & \cdots & 0 & 0 \\ 0 & 1 & \cdots & 0 & 0 \\ \vdots & \vdots & \ddots & \vdots & \vdots \\ 0 & 0 & \cdots & 1 & 0 \end{pmatrix}.$$

Lösungsskizze zu Aufgabe L19:

Sei $\dim V = n = \dim H + 1 = \dim H' + 1$. Da $a \neq 0$, ist $\{a\}$ linear unabhängig. Nach dem Basisergänzungssatz existiert eine Basis B von H mit $\{a\} \subseteq B \subseteq H$; weil $b \notin H$, ist $C = B \cup \{b\} = \{a = a_1, a_2, a_3, \ldots, a_{n-1}, b\}$ eine Basis von V. Analog definieren wir eine Basis $C' = \{a' = a_1', a_2', a_3', \ldots, a_{n-1}', b'\}$ von V. Nach dem Satz von der linearen Fortsetzung gibt es nun eine lineare Abbildung $\alpha : V \to V$ mit $\alpha(a_i) = a_i'$, insbesondere $\alpha(a) = a'$, und $\alpha(b) = b'$. Da α linear ist, wird $H = \text{Spann}(a_1, \ldots, a_{n-1})$ auf $H' = \text{Spann}(\alpha(a_1), \ldots, \alpha(a_{n-1}))$ abgebildet.

Lösungsskizze zu Aufgabe L20:

(a) Zwei K–Vektorräume sind genau dann isomorph, wenn sie die gleiche Dimension (Kardinalzahl einer Basis) haben. Es gilt also

$$\dim V_1 + \dim V_2 = \dim(V_1 \oplus V_2) = \dim(W_1 \oplus W_2) = \dim W_1 + \dim W_2.$$

Wegen $V_1 \cong W_1$ gilt $\dim V_1 = \dim W_1$ und der Endlichkeit der Dimensionen folgt aus dem Vorigen nun $\dim V_2 = \dim W_2$ und daher $V_2 \cong W_2$.

(b) Ein mögliches Beispiel: $V = \mathbb{R}^2$, $V_1 = W_1 = \langle \begin{pmatrix} 1 \\ 0 \end{pmatrix} \rangle$, $V_2 = \langle \begin{pmatrix} 0 \\ 1 \end{pmatrix} \rangle$, $W_2 = \langle \begin{pmatrix} 1 \\ 1 \end{pmatrix} \rangle$.

(c) Sei V der Vektorraum der reellen Polynome, V_1 der Unterraum der Polynome mit konstantem Glied 0, V_2 der Unterraum der konstanten Polynome, W_1 der Unterraum der Polynome ohne linearen und absoluten Anteil und W_2 der Unterraum der Polynome vom Grad kleiner gleich 1. Dann ist $V = V_1 \oplus V_2 = W_1 \oplus W_2$ und $V_1 \cong W_1 \cong \mathbb{R}^{(\mathbb{N})}$, aber V_2 und W_2 sind (als Unterräume verschiedener Dimension) nicht isomorph.

(d) Eine lineare Abbildung ist durch die Funktionswerte auf einer Basis eindeutig bestimmt. Sei B_1 Basis von V_1, B_2 Basis von V_2. Dann ist $B = B_1 \cup B_2$ Basis von $V_1 \oplus V_2$. Wir können also für $b \in B$ bestimmen, dass $f(b) = \begin{cases} f_1(b) & \text{falls } b \in B_1 \\ f_2(b) & \text{falls } b \in B_2 \end{cases}$ sein soll, und definieren damit einen eindeutigen Endomorphismus auf $V_1 \oplus V_2$. Umgekehrt müssen wir auch $f(b) = \begin{cases} f_1(b) & \text{falls } b \in B_1 \\ f_2(b) & \text{falls } b \in B_2 \end{cases}$ verlangen, wenn $f|_{V_i} = f_i$ $(i = 1, 2)$ sein soll.

Lösungsskizze zu Aufgabe L21:

Da $\left\{ \begin{pmatrix} 1 \\ 0 \\ 0 \\ 0 \end{pmatrix}, \begin{pmatrix} 0 \\ 1 \\ 0 \\ 0 \end{pmatrix}, \begin{pmatrix} 0 \\ 0 \\ 1 \\ 0 \end{pmatrix}, \begin{pmatrix} 1 \\ 1 \\ 1 \\ 1 \end{pmatrix} \right\}$ eine Basis von $\mathbb{Q}^4$ ist, sichert der Satz von der linearen

Fortsetzung Existenz und Eindeutigkeit von f.

Zur Rangbestimmung: Allgemein gilt für $f \in \mathrm{Hom}_K(V, W)$ (mit V und W endlichdimensional): $\mathrm{rg}\, f = \mathrm{rg}\, M(f)$, wobei $M(f)$ eine Matrix von f (bezüglich beliebiger Basen von V und W) ist. Daher ist (mit elemenmtaren Zeilenumformungen):

$$\mathrm{rg}\, f = \mathrm{rg} \begin{pmatrix} 2 & 1 & 2 & 6 \\ 0 & 3 & 1 & 5 \\ -2 & -1 & -1 & -3 \\ -2 & 2 & 0 & 3 \end{pmatrix} = \mathrm{rg} \begin{pmatrix} 2 & 1 & 2 & 6 \\ 0 & 3 & 1 & 5 \\ 0 & 0 & 1 & 3 \\ 0 & 0 & 0 & 1 \end{pmatrix} = 4$$

Lösungsskizze zu Aufgabe L22:

$\left\{ \begin{pmatrix} 1 \\ 2 \\ -1 \end{pmatrix}, \begin{pmatrix} 2 \\ 1 \\ 4 \end{pmatrix}, \begin{pmatrix} 0 \\ 0 \\ 1 \end{pmatrix} \right\}$ bilden eine Basis (Der dritte Vektor ist fast beliebig, er muss nur linear

unabhängig von den anderen beiden sein). Nach dem Satz von der linearen Fortsetzung ist f eindeutig bestimmt, wenn wir $f(0, 0, 1)$ beliebig vorgeben. Damit sind Existenz und Mehrdeutigkeit gezeigt.

Nun soll noch eine Lösung angegeben werden. Wir setzen an: $f(x) = \begin{pmatrix} a_{11} & a_{12} & a_{13} \\ a_{21} & a_{22} & a_{23} \end{pmatrix} \begin{pmatrix} x_1 \\ x_2 \\ x_3 \end{pmatrix}$.

Durch Einsetzen erhalten wir daraus vier Gleichungen in sechs Unbekannten; setzen wir $a_{13} = a_{23} = 0$, so ergibt sich z.Bsp. als Lösung:

$$f(x) = \begin{pmatrix} -1/3 & 2/3 & 0 \\ 2/3 & -1/3 & 0 \end{pmatrix} \begin{pmatrix} x_1 \\ x_2 \\ x_3 \end{pmatrix}$$

Lösungsskizze zu Aufgabe L23:

Wähle eine Basis B_k von U und ergänze diese durch eine linear unabhängige Teilmenge B_{n-k} zu einer Basis $B_n = B_k \cup B_{n-k}$ von V.

Definiere nun $\bar{\varphi}, \bar{\psi} : B_n \to V$ mit: $\bar{\varphi}(b) := \begin{cases} 0 & \text{für } b \in B_{n-k} \\ b & \text{für } b \in B_k \end{cases}$ und $\bar{\psi}(b) := \begin{cases} b & \text{für } b \in B_{n-k} \\ 0 & \text{für } b \in B_k \end{cases}$.

Nach dem Satz von der linearen Fortsetzung lassen sich $\bar{\varphi}$ und $\bar{\psi}$ eindeutig zu linearen Abbildungen φ und ψ auf ganz V fortsetzen. Nun gilt:

(i) $\varphi(V) = U$: "$\subseteq$": Sei $v \in V$. Dann ist $v = \lambda_1 b_1 + \ldots + \lambda_k b_k + \lambda_{k+1} c_1 + \ldots + \lambda_n c_{n-k}$ mit $c_i \in B_{n-k}$, $b_j \in B_k$. Es folgt $\varphi(v) = \sum \lambda_j b_j \in U$.
"$\supseteq$": Sei $u \in U$. Dann existieren λ_j mit $u = \sum \lambda_j b_j$. Dann ist aber $u = \varphi(u) \in \varphi(V)$.

(ii) $(\psi \circ \varphi)(V) = \{0\}$: Wegen (i) reicht es, $\psi(U) = \{0\}$ zu zeigen. "$\supseteq$" ist klar.
"$\subseteq$": Sei $u \in U$, d.h. $u = \sum \lambda_j b_j$ mit $b_j \in B_k \implies \psi(u) = \sum \lambda_j \psi(b_j) = 0$.

(iii) $\mathrm{rg}\, \psi = n - k$ gilt, da $\mathrm{Bild}\, \psi = \mathrm{Spann}\,(B_{n-k})$. Es ist $\mathrm{Kern}\, \psi = U$ notwendig, da wegen (ii) notwendigerweise $U = \varphi(V) \subseteq \mathrm{Kern}\, \psi$ gilt. Gäbe es nun ein $x \in \mathrm{Kern}\, \psi$, das nicht in U liegt, folgte ein Widerspruch aus der Darstellung $x = \sum \lambda_i b_i + \sum \mu_j c_j$, mit $c_j \in B_{n-k}$, $b_i \in B_k, c_s \neq 0$ für mindestens ein $s \in \{1, \ldots, n-k\}$; daher $0 = \psi(x) = \sum \mu_j c_j$, folglich $\mu_j = 0$ für alle μ_j, also $x \in U$.

Lösungsskizze zu Aufgabe L24:

1. Aus der Dimensionformel für lineare Abbildungen folgt

$$4 = \dim \mathbb{R}^4 = \dim \text{Bild } f + \dim \text{Kern } f \overset{(*)}{=} \dim \text{Bild } f + \dim \text{Bild } f \text{ und damit } \dim \text{Bild } f = 2.$$

Es gilt $f(\begin{pmatrix} 1 \\ 0 \\ 0 \\ 0 \end{pmatrix}) = \begin{pmatrix} 1 \\ 0 \\ 0 \\ 1 \end{pmatrix}$ und $f(\begin{pmatrix} 0 \\ 1 \\ 0 \\ 0 \end{pmatrix}) = \begin{pmatrix} 0 \\ 1 \\ 1 \\ 0 \end{pmatrix}$. Diese beiden Vektoren liegen im Bild

und sind linear unabhängig. Somit spannen sie aus Dimensionsgründen den gesamten Bildraum auf.

2. Die beiden Basisvektoren liegen im Bild und somit im Kern. Damit gilt

$$f(\begin{pmatrix} 1 \\ 0 \\ 0 \\ 1 \end{pmatrix}) = \begin{pmatrix} 1+b_1 \\ b_2 \\ b_3 \\ 1+b_4 \end{pmatrix} = \begin{pmatrix} 0 \\ 0 \\ 0 \\ 0 \end{pmatrix} \quad \text{und} \quad f(\begin{pmatrix} 0 \\ 1 \\ 1 \\ 0 \end{pmatrix}) = \begin{pmatrix} a_1 \\ 1+a_2 \\ 1+a_3 \\ a_4 \end{pmatrix} = \begin{pmatrix} 0 \\ 0 \\ 0 \\ 0 \end{pmatrix}.$$

Es folgt $a_1 = a_4 = b_2 = b_3 = 0$ und $a_2 = a_3 = b_1 = b_4 = -1$.

3. Die Existenz der Abbildung folgt sofort, da wir eine Matrix angeben können, nämlich

$$\begin{pmatrix} 1 & 0 & 0 & -1 \\ 0 & 1 & -1 & 0 \\ 0 & 1 & -1 & 0 \\ 1 & 0 & 0 & -1 \end{pmatrix},$$

welche eine lineare Abbildung der geforderten Eigenschaften definiert. Da außerdem die Abbildung bezüglich einer konkreten Basis angegeben ist und die zugehörende Matrix nach 2. festlegt, ist die Abbildung auch eindeutig.

Lösungsskizze zu Aufgabe L25:

Da f ein Homomorphismus und damit linear ist, gilt:
(1) $f(b_1) + f(b_2) = c_1$ (2) $f(b_1) - f(b_2) + 2f(b_3) = c_2$ sowie (3) $2f(b_2) - f(b_3) = c_1 + c_2$.
Die Gleichungen (1) und (3) lassen sich umformen zu $f(b_1) = -f(b_2) + c_1$ bzw. zu $f(b_3) = 2f(b_2) - c_1 - c_2$. Ersetzt man nun $f(b_1)$ und $f(b_3)$ in Gleichung (2), so erhält man $f(b_2) = \frac{1}{2}c_1 + \frac{3}{2}c_2$. Dies ergibt $f(b_1) = \frac{1}{2}c_1 - \frac{3}{2}c_2$ und $f(b_3) = 2c_2$. Da die Spalten der Matrix $M_C^B(f)$ gleich den Koordinatenvektoren bzgl. C der Bilder der Basisvektoren aus B sind, folgt

$$M_C^B(f) = \begin{pmatrix} 12 & \frac{1}{2} & 0 \\ -\frac{3}{2} & \frac{3}{2} & 2 \end{pmatrix}.$$

□

Lösungsskizze zu Aufgabe L26:

(1) Z.z.: $f_1(V) \cap f_2(V) = \{0\}$. Sei $x \in f_1(V) \cap f_2(V)$; dann existieren u_1, u_2 mit $x = f_1(u_1) = f_2(u_2)$. Mit (i) und (ii) folgt einerseits $f_1(x) = f_1(f_1(u_1)) = f_1(u_1) = x$ und andererseits $f_1(x) = f_1(f_2(u_2)) = f_1 \circ f_2(u_2) = 0$. Also ist $f_1(V) \cap f_2(V) = \{0\}$.
(2) Z.z. : $V \subseteq f_1(V) \oplus f_2(V)$. Sei $v \in V$, dann folgt mit (ii)
$$v = \text{id}_V(v) = (f_1 + f_2)(v) = f_1(v) + f_2(v) \in f_1(V) + f_2(V)$$
und damit die Behauptung.

□

Lösungsskizze zu Aufgabe L27:

"$\Longrightarrow$": $\dim \operatorname{Bild} f \leq 1 \Rightarrow \operatorname{Bild} f = \{\lambda \begin{pmatrix} \alpha_1 \\ \vdots \\ \alpha_m \end{pmatrix}_C \mid \lambda \in \mathbb{R}\} \Rightarrow M_C^B(f) = (\beta_1 \begin{pmatrix} \alpha_1 \\ \vdots \\ \alpha_m \end{pmatrix} \cdots \beta_n \begin{pmatrix} \alpha_1 \\ \vdots \\ \alpha_m \end{pmatrix}).$

"$\Longleftarrow$": $M_C^B(f) = (\alpha_i \beta_j) = (\beta_1 \begin{pmatrix} \alpha_1 \\ \vdots \\ \alpha_m \end{pmatrix} \cdots \beta_n \begin{pmatrix} \alpha_1 \\ \vdots \\ \alpha_m \end{pmatrix}) \Rightarrow \operatorname{Bild} f = \operatorname{Spann} \begin{pmatrix} \alpha_1 \\ \vdots \\ \alpha_m \end{pmatrix}.$ Es folgt

$\dim \operatorname{Bild} f \leq 1$.

Lösungsskizze zu Aufgabe L28:

Sei zunächst $\dim_K V = 1$. Dann ist $V = <v> = \{\lambda v \mid \lambda \in K\}$. Da nach Voraussetzung $f(v) \in <v>$, existiert ein $\lambda \in K$ mit $f(v) = \lambda \cdot v = \lambda \cdot \operatorname{id}_V$. Sei nun $\dim_K V > 1$, seien $v_1, v_2 \in V$ zwei Basisvektoren und $f(v_1) \in <v_1>$, $f(v_2) \in <v_2>$ sowie $f(v_1 + v_2) \in <v_1 + v_2>$. Es gibt daher $\lambda_1, \lambda_2, \lambda_3 \in K$ mit $f(v_1) = \lambda_1 v_1$ und $f(v_2) = \lambda_2 v_2$ sowie $f(v_1 + v_2) = \lambda_3(v_1 + v_2)$. Da $f(v_1) + f(v_2) = f(v_1 + v_2)$, folgt $\lambda_1 v_1 + \lambda_2 v_2 = \lambda_3 v_1 + \lambda_3 v_2$. Wegen der Eindeutigkeit der Basisdarstellung folgt daraus $\lambda_1 = \lambda_2 = \lambda_3 =: \lambda$. Im endlich-dimensionalen Fall erhält man:

$$M_B^B(f) = \begin{pmatrix} \lambda & \cdots & 0 \\ \vdots & \ddots & \vdots \\ 0 & \cdots & \lambda \end{pmatrix}$$

$\square$

Lösungsskizze zu Aufgabe L29:

Für eine beliebige lineare Abbildung $f : V \to W$ gilt die Dimensionsformel

$$\dim_K(\operatorname{Kern} f) + \dim_K(\operatorname{Bild} f) = \dim_K V.$$

Für $\operatorname{Kern} f = X$ und $\operatorname{Bild} f = Y$ folgt als notwendige Bedingung:

$$(*) \quad \dim_K X + \dim_K Y = n.$$

Diese Bedingung ist auch hinreichend. Beweis: Es gelte $(*)$. Nach dem Basisexistenzsatz existiert eine Basis B_X von X; dabei ist $|B_X| = \dim_K X$. Nach dem Basisergänzungssatz kann man diese Basis zu einer Basis $B = B_X \,\dot\cup\, D$ von V ergänzen. Aus $(*)$ folgt, dass

$$r := |D| = |B| - |B_X| = n - \dim_K X = \dim_K Y$$

ist. Eine Basis C_Y von Y hat ebenfalls die Mächtigkeit r; wir setzten $D = (d_1, \ldots, d_r)$ und $C_Y = (c_1, \ldots, c_r)$. Damit definieren wir eine Abbildung $\tilde{f} : B \to C_y$ durch $\tilde{f}(B_X) := \{0_W\}$ und $\tilde{f}(d_i) := c_i$ für $i = 1, \ldots, r$. Nach dem Fortsetzungssatz existiert eine lineare Abbildung $f : f \to W$ mit $f|_B = \tilde{f}$. Die so konstruierte lineare Abbildung f erfüllt $\operatorname{Kern} f = X$ und $f(V) = Y$. $\square$

Lösungsskizze zu Aufgabe L30:

(i) Da $B := \{e_1, e_2, e_3\}$ Basis von $\mathbb{R}^3$ ist, garantiert der Fortsetzungssatz für lineare Abbildungen, dass f_1 existiert und eindeutig bestimmt ist.

(ii) Weil f_1 die Basis B auf sich abbildet, ist f_1 surjektiv, daher (z.B. aus Dimensionsgründen) injektiv, folglich $\operatorname{Kern} f_1 = \{0\}$.

(Alternativ: $0 = f_1(\sum\limits_{i=1}^{3} e_i\lambda_i) = \sum\limits_{i=1}^{3} f(e_i)\lambda_i = e_1\lambda_1 + e_3\lambda_2 + e_2\lambda_3$ impliziert $\lambda_1 = \lambda_2 = \lambda_3 = 0$.)

(iii) Aus der Additivität von f_1 folgt: $f_1(v_1) = f_1(e_2 + e_3) = f_1(e_2) + f_1(e_3) = e_3 + e_2 = v_1$ und $f_1(w_1) = f_1(e_2 - e_3) = f_1(e_2) - f_1(e_3) = e_3 - e_2 = -w_1$.

(iv) Nach Definition von f_1 und nach Teilaufgabe (iii) sind e_1 und $v_1 = e_2 + e_3$ Fixpunkte von f_1. Wegen der Linearität von f_1 bleibt dann jede Linearkombination dieser Elemente fest:
$$f_1(e_1\lambda_1 + v_1\lambda_2) = f_1(e_1)\lambda_1 + f_1(v_1)\lambda_2 = e_1\lambda_1 + v_1\lambda_2.$$
Also bleibt $E_1 := \text{Spann}(\{e_1, e_2 + e_3\})$ punktweise fest; E_1 hat Dimension 2; also ist E_1 die gesuchte Fixpunktebene.

(v) f_1 ist eine Ebenen-Spiegelung (mit Achse E_1). *Anmerkung:* Jeder Vektor $w = w_1\lambda$ der (zu E_1 senkrechten) Geraden Spann $(\{w_1\})$ wird auf $-w$ abgebildet. Bei einer nicht-trivialen Drehung bleibt nur eine Gerade punktweise fest, bei einer nicht-trivialen zentrischen Streckung nur ein Punkt. Eine Parallelprojektion des Raumes auf eine Ebene ist nicht bijektiv.)

(vi) Z.Bsp. ergibt die Wahl von $B_1 := (e_1, e_2, e_3)$ als Basis die Matrix $M_{B_1}(f_1) = \begin{pmatrix} 1 & 0 & 0 \\ 0 & 0 & 1 \\ 0 & 1 & 0 \end{pmatrix}$;

ein weiteres Beispiel liefert die Basis $B_2 := (e_1, e_2 + e_3, e_2 - e_3)$; die zugehörige Matrix ist dann
$M_{B_2}(f_1) = \begin{pmatrix} 1 & 0 & 0 \\ 0 & 1 & 0 \\ 0 & 0 & -1 \end{pmatrix}$.   (Aus $\det f_1 = -1$ sieht man erneut, dass f_1 keine Drehung ist.)

Lösungsskizze zu Aufgabe L31:

(i) Sei $\sum\limits_{i=0}^{2} \alpha_i x^i = 0$ für alle $x \in \mathbb{R}$. Setzt man $x = 0$, so sieht man $\alpha_0 = 0$ und daher $(\alpha_1 + \alpha_2 x)x = 0$. Für $x \neq 0$ gilt $\alpha_1 + \alpha_2 x = 0$. Wäre $\alpha_2 \neq 0$, so $x = -\frac{\alpha_1}{\alpha_2}$ und nicht x beliebig aus $\mathbb{R} \setminus \{0\}$.
(*Alternativ:* Polynomfunktion von Grad n hat höchstens n Nullstellen.)

(ii) $[f \in \text{Kern}\,\varphi \Longleftrightarrow \varphi(f) = 0 \Longleftrightarrow f + f' = 0 \Longleftrightarrow \forall x \in \mathbb{R}: \sum_{i=0}^{2} \alpha_i x^i + \sum_{i=1}^{2} i\alpha_i x^{i-1} = 0 \Longleftrightarrow$
$\forall x \in \mathbb{R}: \alpha_0 + \alpha_1 + x(\alpha_1 + 2\alpha_2) + x^2\alpha_2 = 0 \overset{(i)}{\Longleftrightarrow} 0 = a_0 + \alpha_1 = \alpha_1 + 2\alpha_2 = \alpha_2 \Longleftrightarrow$
$\alpha_0 = \alpha_1 = \alpha_2 = 0] \Rightarrow \text{Kern}\,\varphi = \{0\}$.
Alternativ: Verweis auf die Regularität von M (siehe Teile iv/v/vi !)

(iii) Seien $f_0 : x \longmapsto 1$ und $f_1 : x \longrightarrow x$ sowie $f_2 : x \longrightarrow x^2$ und $\sum\limits_{i=0}^{2} \alpha_i f_i = 0$. Dann gilt
$$(\sum\limits_{i=0}^{2} \alpha_i f_i)(x) = \sum\limits_{i=0}^{2} \alpha_i x^i = 0 \text{ für alle } x \in \mathbb{R}.$$
Nach (i) folgt $\alpha_0 = \alpha_1 = \alpha_2 = 0$. Also ist $B := (f_0, f_1, f_2)$ linear unabhängig. Als Erzeugendensystem ist daher B Basis von $\mathcal{P}_2$.
Alternativ: $\mathcal{P}_2$ ist Unterraum des Vektorraums aller Polynomfunktionen, und f_0, f_1, f_2 sind Elemente der Standardbasis.

(iv) Es gilt $\varphi(f_0) = f_0 + 0 = f_0$ und $\varphi(f_1) = f_1 + f_1' = f_1 + 1 = f_1 + f_0$ sowie
$\varphi(f_2) = f_2 + f_2' = f_2 + 2f_1$. Damit ist $M_B^B(\varphi) = \begin{pmatrix} 1 & 1 & 0 \\ 0 & 1 & 2 \\ 0 & 0 & 1 \end{pmatrix}$.

(v) Da $M_B^B(\varphi)$ obere Dreiecksmatrix ist, folgt: $\det M$ ist Produkt der Diagonalelemente von M, also 1.

(vi) Da Kern $\varphi = 0$, ist φ injektiv und aus Dimensionsgründen eine Bijektion.

   Alternativ: $\det M \neq 0 \Longrightarrow M$ regulär $\Longrightarrow \varphi$ reguär.

Lösungsskizze zu Aufgabe L32:

W F W W F F

Anmerkung: Die Wahrheitswerte erhält man z.B. folgendermaßen:

(i) Ist die Spalte, die mit einer Konstanten $k \in K$ multipliziert werden soll, Summand in einer Linearkombination von Spalten der Matrix, so lässt sich durch Multiplikation des Koeffizienten mit k^{-1} eine Linearkombination mit der veränderten Spalte erreichen, die den gleichen Wert darstellt.

(ii) Die letzte Spalte der Matrix ist die $\mathbb{F}_2-$Summe der ersten beiden Spalten. Daher ist die Matrix nicht regulär.

(iii) Da $F \neq 0$ gilt, gibt es Elemente $v_1 \in V$ und $w_1 \in \mathbb{K} \setminus \{0\}$ mit $F(v_1) = w_1$. Ist nun $w \in \mathbb{K}$, so wegen der Linearität $F(\frac{w}{w_1}v_1) = \frac{w}{w_1}F(v_1) = \frac{w}{w_1}w_1 = w$, also F surjektiv.

(iv) Sei V ein Vektorraum mit Basis $B = (b_n)_{n \in \mathbb{N}_0}$ mit $\mathbb{N}_0 := \mathbb{N} \cup \{0\}$, z.B. der Vektorraum $\mathbb{R}^{(\mathbb{N}_0)}$ der rellen Folgen mit endlichem Träger; sei ferner φ eine Bijektion von $\mathbb{N}_0$ auf $\mathbb{N}$, z.Bsp. mit $\varphi(n) := n + 1$. Dann lässt sich die Abbildung $\hat{F} : B \to \{b_n|_{n \in \mathbb{N}}\}$ mit $b_n \mapsto b_{\varphi(n)}$ nach dem Fortsetzungssatz zu einem Endomorphismus fortsetzen; dieser ist injektiv, aber nicht surjektiv.

(v) Besitzt A eine Linksinverse, so ist das LGS *eindeutig* lösbar. Ist $b = 0$, so existiert stets die triviale Lösung.

Lösungsskizze zu Aufgabe L33:

Zu zeigen sind zwei Dinge:

(i) $w_1 + U, \ldots, w_m + U$ sind linear unabhängig und   (ii) $< w_1 + U, \ldots, w_m + U > = V/U$.

ad (i): Seien $\lambda_i \in K$, $i = 1, \ldots, m$. Es gilt:

$\lambda_1(w_1 + U) + \ldots + \lambda_m(w_m + U) = \overline{0} \in V/U \quad \Leftrightarrow \quad \lambda_1 w_1 + U + \ldots + \lambda_m w_m + U = \overline{0} \in V/U$

$\hfill$ (da $\lambda_i \in K$ und U $K-$Vekorraum)

$\Leftrightarrow (\lambda_1 w_1 + \ldots + \lambda_m w_m) + U = 0 + U$ (gemäß den Rechenregeln im Faktorraum)

$\Leftrightarrow (\lambda_1 w_1 + \ldots + \lambda_m w_m) \in U \quad \Leftrightarrow (\lambda_1 w_1 + \ldots + \lambda_m w_m) \in U \cap W = \{0\}$ (da $w_i \in W$ und W Unterraum)

$\Leftrightarrow \lambda_i = 0$ für $i = 1, \ldots, m$ (da $w_1, \ldots, w_m$ linear unabhängig in W).

ad (ii): "$\subseteq$" klar, da $w_i + U \in V/U$ f.a. $i = 1, \ldots, m$.

"$\supseteq$" Sei $\overline{v} \in V/U$, d.h. $\overline{v} = v + U$ für ein $v \in U$. Wegen $V = W + U$ folgt $v = w + u$ mit geeignetem $w \in W$ und $u \in U$, somit $\overline{v} = w + u + U = w + U$ (wegen $u \in U$)

$= \mu_1 w_1 + \ldots + \mu_m w_m + U$ (wegen $w \in W = < w_i >$)

$= \mu_1(w_1 + U) + \ldots \mu_m(w_m + U) \in < w_1 + U, \ldots, w_m + U >$. $\square$

Lösungsskizze zu Aufgabe L34:

Es ist $\dim \operatorname{Kern} g + \dim \operatorname{Bild} g = \dim \mathbb{R}^3$ und $\mathbb{R}^3/\operatorname{Kern} g \cong \operatorname{Bild} g = \mathbb{R}$ hat Dimension 1. Deshalb ist $\dim \operatorname{Kern} g = 2$, also $\operatorname{Kern} g$ eine Nullpunktsebene. Eine Basis ist z.B. $\left\{ \begin{pmatrix} 1 \\ 1 \\ 0 \end{pmatrix} \begin{pmatrix} -1 \\ 1 \\ 1 \end{pmatrix} \right\}$. Die Elemente von $\mathbb{R}^3/\operatorname{Kern} g$ haben die Form $v + \operatorname{Kern} g$, $v \in \mathbb{R}^3$, anschaulich sind das alle Ebenen parallel zu $\operatorname{Kern} g$. $\left\{ \begin{pmatrix} 1 \\ -1 \\ 2 \end{pmatrix} + \operatorname{Kern} g \right\}$ ist eine Basis von $\mathbb{R}^3/\operatorname{Kern} g$.

Lösungsskizze zu Aufgabe L35:

(i) Die erweiterte Koeffizientenmatrix von $(*)$ ist $A_{\text{erw}} = \begin{pmatrix} 1 & 0 & 2 & | & 1 \\ 3 & 2 & 8 & | & 5 \\ 0 & 1 & 1 & | & 1 \end{pmatrix}$.

(ii) A_{erw} hat den gleichen Rang wie die Koeffizientenmatrix A von $(*)$. (Dies folgt z.B. daraus, dass die letzte Spalte von A_{erw} gleich der Summe der beiden ersten Spalten ist, sodass die Erweiterung nicht den Rang erhöht.) Nach dem bekannten Lösbarkeitskriterium ergibt sich die Lösbarkeit von $(*)$ aus Rang $A = $ Rang A_{erw}.

(iii) Zum Beispiel: $A_{\text{erw}} = \begin{pmatrix} 1 & 0 & 2 & | & 1 \\ 3 & 2 & 8 & | & 5 \\ 0 & 1 & 1 & | & 1 \end{pmatrix} \rightsquigarrow \begin{pmatrix} 1 & 0 & 2 & | & 1 \\ 0 & 2 & 2 & | & 2 \\ 0 & 1 & 1 & | & 1 \end{pmatrix}$ $(\overline{z_2} = z_2 - 3z_1)$

$\rightsquigarrow \begin{pmatrix} 1 & 0 & 2 & | & 1 \\ 0 & 1 & 1 & | & 1 \\ 0 & 0 & 0 & | & 0 \end{pmatrix}$ $(\overline{\overline{z_2}} = \frac{1}{2}\overline{z_2} \text{ und } \overline{\overline{z_3}} = \overline{z_3} - \overline{\overline{z_2}}).$

(iv) Da elementare Zeilenumformungen den Lösungsraum nicht verändern, sind die Lösungen von $(*)$ genau die Lösungen von

$$(*_1) \begin{cases} x_1 & +2x_3 & = & 1 \\ & x_2 & + x_3 & = & 1 \end{cases}.$$

Setzt man nun $x_3 = 0$, so sieht man, dass z.B. $x_p = (1,1,0)$ eine Lösung von $(*_1)$ und damit von $(*)$ ist.

(v) Der Lösungsraum L_0 des zu $(*)$ gehörenden homogenen Systems ist gleich dem Lösungsraum des zu $(*_1)$ gehörenden homogenen Systems, also von

$$(*_1') \begin{cases} x_1 & +2x_3 & = & 0 \\ & x_2 & + x_3 & = & 0 \end{cases}.$$

Es folgt $L_0 = \{(-2x_3, -x_3, x_3) | x_3 \in \mathbb{R}\} = \{(-2,-1,1) \,|\, x \in \mathbb{R}\} = (-2,-1,1)\mathbb{R}$.
(*Alternativ* kann man $x_3 = 1$ in $(*_1')$ setzen und so $(-2,-1,1) \in L_0$ sehen. Das obige Ergebnis ergibt sich dann z.Bsp. aus Dimensionsgründen.)
(vi) Der Lösungsraum von $(*_1)$ und damit von $(*)$ ist nach einem Satz gleich $x_P + L_0$, also

$$L = (1,1,0) + (-2,-1,1)\mathbb{R} = \{(1-2x, 1-x, x) | x \in \mathbb{R}\}.$$

Lösungsskizze zu Aufgabe L36:

Die Polynomfunktionen $f : \mathbb{R} \to \mathbb{R}$ der gegebenen Eigenschaften, also f mit
$$f(x) = c_0 + c_1 x + c_2 x^2 + c_3 x^3 \text{ und } (-1,4),(1,6) \in \{(x,f(x)) | x \in \mathbb{R}\} \text{ führen zu}$$
$$\text{(I) } c_0 - c_1 + c_2 - c_3 = 4 \text{ und (II) } c_0 + c_1 + c_2 + c_3 = 6.$$
Es folgt aus (I)+(II): $2c_0 + 2c_2 = 10$ bzw. aus (II)−(I): $2c_1 + 2c_3 = 2$, somit $c_2 = 5 - c_0$ bzw. $c_3 = 1 - c_1$. Mit $a := c_0$ und $b := c_1$ ergibt sich: $f(x) = a + bx + (5-a)x^2 + (1-b)x^3$ für $a,b \in \mathbb{R}$.
Sei umgekehrt f durch $(*)$ definiert; dann ist
$$f(1) = \underline{a} + \underline{b} + 5 - \underline{a} + 1 - \underline{b} = 6 \text{ und } f(-1) = \underline{a} - \underline{b} + 5 - \underline{a} - 1 + \underline{b} = 4.$$
Also genau die Funktionen $f : \mathbb{R} \to \mathbb{R}$ mit $(*)$ haben die geforderten Eigenschaften.

Lösungsskizze zu Aufgabe L37:

Zu (a): Mögliche Beispiele sind in Matrixform

(i) $\begin{pmatrix} 1 & 1 & 1 \\ 1 & 1 & 1 \\ 1 & 1 & 1 \end{pmatrix} \cdot \begin{pmatrix} x \\ y \\ z \end{pmatrix} = \begin{pmatrix} 0 \\ 0 \\ 1 \end{pmatrix}$. (ii) $\begin{pmatrix} 1 & 0 & 0 \\ 0 & 1 & 0 \\ 0 & 0 & 1 \end{pmatrix} \cdot \begin{pmatrix} x \\ y \\ z \end{pmatrix} = \begin{pmatrix} 0 \\ 0 \\ 0 \end{pmatrix}$.

(iii) $\begin{pmatrix} 1 & 0 & 0 \\ 0 & 1 & -1 \\ 0 & 1 & -1 \end{pmatrix} \cdot \begin{pmatrix} x \\ y \\ z \end{pmatrix} = \begin{pmatrix} 0 \\ 0 \\ 0 \end{pmatrix}$. (iv) $\begin{pmatrix} 0 & 0 & 0 \\ 0 & 0 & 0 \\ 0 & 0 & 1 \end{pmatrix} \cdot \begin{pmatrix} x \\ y \\ z \end{pmatrix} = \begin{pmatrix} 0 \\ 0 \\ 0 \end{pmatrix}$. (v) $\begin{pmatrix} 0 & 0 & 0 \\ 0 & 0 & 0 \\ 0 & 0 & 0 \end{pmatrix} \cdot \begin{pmatrix} x \\ y \\ z \end{pmatrix} = \begin{pmatrix} 0 \\ 0 \\ 0 \end{pmatrix}$.

In Fall (i) existiert keine Lösung, die Lösungsmenge ist leer. Interpretiert man die Matrizen A_i als darstellende Matrizen linearer Funktionen, so kann man in den Fällen (ii) bis (v) jeweils die Dimension des Lösungsraums $\dim L_i = \dim \operatorname{Kern} A_i$ mit der Formel $\dim \operatorname{Kern} A_i = 3 - \operatorname{rg} A_i$ bestimmen. Man erhält bei (ii) eine lineare Abbildung, deren darstellende Matrix Rang 3 hat, also eine Bijektion von $\mathbb{R}^3$ nach $\mathbb{R}^3$, weshalb der Nullvektor auf sich selbst abgebildet werden muss. Der Nullvektor ist einzige Lösung des LGS. Bei (iii) hat die Matrix Rang 2, der Raum aller Lösungen hat daher Dimension 1 und entspricht einer Ursprungsgeraden. Bei (iv) hat die Matrix Rang 1, der Raum aller Lösungen hat daher Dimension 2 und entspricht einer Ursprungsebene. Bei (v) hat die Matrix Rang 0, der Raum aller Lösungen hat daher Dimension 3 und ist somit der ganze $\mathbb{R}^3$.

zu (b): Die Frage ist mit ja zu beantworten. Dies ist immer dann der Fall, wenn bei folgendem Gleichungssystem

$$\begin{pmatrix} a_1 & b_1 & c_1 \\ a_2 & b_2 & c_2 \end{pmatrix} \cdot \begin{pmatrix} x \\ y \\ z \end{pmatrix} = \begin{pmatrix} d_1 \\ d_2 \end{pmatrix}$$

der Vektor $d = \begin{pmatrix} d_1 \\ d_2 \end{pmatrix}$ keine Linearkombination von $a = \begin{pmatrix} a_1 \\ a_2 \end{pmatrix}$, $b = \begin{pmatrix} b_1 \\ b_2 \end{pmatrix}$ und $c = \begin{pmatrix} c_1 \\ c_2 \end{pmatrix}$ ist, wenn also $\operatorname{rg}(A|d) > \operatorname{rg}(A)$ gilt. (Beispiel: $a = b = c = \begin{pmatrix} 1 \\ 1 \end{pmatrix}$ und $d = \begin{pmatrix} 1 \\ 2 \end{pmatrix}$.) Die geometrische Interpretation besagt, dass durch die beiden Zeilen des Gleichungssystems je eine Ebene des $\mathbb{R}^3$ dargestellt wird. Sind die Ebenen zueinander echt parallel, dann gibt es keinen Punkt im $\mathbb{R}^3$, der auf beiden Ebenen gleichzeitig liegt.

Lösungsskizze zu Aufgabe L38:

Beschreiben wir das gegebene LGS durch die Koeffizientenmatrix, so bekommen wir die Matrix

$$(A|b) = \left(\begin{array}{ccc|c} 1 & -4 & 5 & 8 \\ 3 & 7 & -1 & 3 \\ -1 & -15 & 11 & \alpha \end{array} \right).$$

Durch die elementaren Zeilenumformungen $[2]' := (-3) \cdot [1] + [2]$ und $[3]' := [1] + [3]$ bekommen wir die Matrix

$$(A'|b') = \left(\begin{array}{ccc|c} 1 & -4 & 5 & 8 \\ 0 & 19 & -16 & -21 \\ 0 & -19 & 16 & 8 + \alpha \end{array} \right).$$

Für $\alpha = 13$ gilt $\operatorname{rg}(A') = \operatorname{rg}(A'|b') = 2$ (zwei Zeilen sind linear abhängig); aus der Dimensionsformel folgt $\dim \operatorname{Kern} A' = 1$. Der Lösungsraum des LGS hat also Dimension 1 und ist damit eine Gerade.

Für $\alpha = 14$ gilt $\operatorname{rg}(A'|b') > \operatorname{rg}(A')$, woraus folgt, dass das LGS keine Lösung hat. Der Lösungsraum des LGS ist leer. $\quad\square$

Lösungsskizze zu Aufgabe L39:

Wir betrachten die Koeffizientenmatrix $A = \begin{pmatrix} 2 & 2 \\ 5 & -3 \\ -1 & 4 \\ 2 & 3 \end{pmatrix}$ des LGS und sehen, dass Rang $A = 2$,

da die zweite Spalte kein Vielfaches der ersten Spalte ist. Die um den Lösungsvektor $\vec{b}$ des LGS erweiterte Matrix $(A|b)$ hat jedoch Rang 3, wie man z.Bsp. durch elementare Zeilenumformungen sieht:

$$(A|b) = \begin{pmatrix} 2 & 2 & | & -3 \\ 5 & -3 & | & 1 \\ -1 & 4 & | & -2 \\ 2 & 3 & | & 4 \end{pmatrix} \rightsquigarrow \begin{pmatrix} 2 & 2 & | & -3 \\ 5 & -3 & | & 1 \\ -1 & 4 & | & -2 \\ 0 & 1 & | & 7 \end{pmatrix}.$$

alternativ: $\det(A|b) = -29 \neq 0$.

Also ist das Gleichungssystem unlösbar; es gibt keinen Punkt im $\mathbb{R}^2$, der auf allen vier Geraden gleichzeitig liegt. □

Lösungsskizze zu Aufgabe L40:

Es gilt (vgl. Aufgabe L27!): $\operatorname{rg} M = \begin{cases} 1 & \text{wenn } \vec{a} \neq \vec{0} \text{ und } \vec{b} \neq \vec{0} \\ 0 & \text{wenn } \vec{a} = \vec{0} \text{ oder } \vec{b} = \vec{0} \text{ (Nullmatrix)} \end{cases}$

Aus der Dimensionsformel folgt: $\dim \operatorname{Kern} f = \begin{cases} n-1 & \text{wenn } \vec{a} \neq \vec{0} \text{ und } \vec{b} \neq \vec{0} \\ n & \text{wenn } \vec{a} = \vec{0} \text{ oder } \vec{b} = \vec{0} \end{cases}$.

Im 2.Fall ($M = 0$) ist ganz $\mathbb{R}^n$ Lösung, im 1.Fall bedeutet $\dim L_0 = \dim \operatorname{Kern} f = n-1$, dass L_0 eine Hyperebene im $\mathbb{R}^n$ ist. □

Lösungsskizze zu Aufgabe L41:

Sei $b_{\ell+1}, \ldots, b_n$ eine Basis von W. Ergänze diese zu einer Basis $b_1, \ldots, b_n$ von K^n! Sei A die Matrix der linearen Abbildung, die $b_1, \ldots, b_\ell$ auf die kanonische Basis $e_1, \ldots, e_\ell$ des K^ℓ abbildet und $b_{l+1}, \ldots, b_n$ auf 0. Dann ist Kern $f_A = W$ und W Lösung des linearen homogenen Gleichungssystems $Ax = 0$. □

Alternative:

Wegen der endlichen Dimension n von K^n gilt $W = (W^\perp)^\perp$ und $\dim W^\perp = n - \dim W = \ell$. Ist $(b_1^*, \ldots, b_\ell^*)$ Basis von $W^\perp$, so folgt (u.a. wegen $< b_1^*, \ldots, b_\ell^* > \perp W$), dass W Lösungsraum des folgenden linearen Gleichungssystems ist:

$$\begin{cases} b_1^* \cdot x & = & 0 \\ \cdots & & \cdots \\ b_\ell^* \cdot x & = & 0 \end{cases}.$$

Lösungsskizze zu Aufgabe L42:

Wird das "Wort" $\mathbf{c} \in C$ gesendet und $\mathbf{y} \in K^n$ empfangen, so entdeckt man den Fehler nicht, wenn $S_H(\mathbf{y}) - H\mathbf{c} = 0$ gilt. Bei bis zu $d - 1$ Fehlern enthält e bis zu $d - 1$ Einsen, d.h. $H \cdot e$ ist Summe von bis zu $d - 1$ Spalten von H. Diese kann nur 0 sein, wenn diese $d - 1$ Spalten im Gegensatz zur Voraussetzung linear abhängig sind.

Lösungsskizze zu Aufgabe L43:

(a) Die Zweipunkteform für Geraden durch Punkte A und B mit Ortsvektoren $\vec{a}$ und $\vec{b}$ lautet:
$$g : \vec{x} = \vec{a} + \lambda(\vec{b} - \vec{a}), \lambda \in \mathbb{R}.$$

Also ist hier $g : \vec{x}_g = \begin{pmatrix} 1 \\ 0 \\ 0 \end{pmatrix} + \lambda \begin{pmatrix} 0 \\ 1 \\ 1 \end{pmatrix}$ und $h : \vec{x}_h = \begin{pmatrix} 0 \\ -1 \\ 1 \end{pmatrix} + \mu \begin{pmatrix} 1 \\ 0 \\ 0 \end{pmatrix}$.

(b) Die Geraden sind windschief, d.h. liegen nicht in einer Ebene; denn
(i) g und h sind nicht parallel, d.h. die Richtungsvektoren sind linear unabhängig, und
(ii) g und h schneiden sich auch nicht, d.h. die Gleichung $\vec{x}_g = \vec{x}_h$ hat keine Lösung.

Lösungsskizze zu Aufgabe L44:

Seien g_1 und g_2 windschief. Dann sind $\vec{v}$ und $\vec{w}$ linear unabhängig und damit $\vec{v} \times \vec{w} \neq 0$. Wir müssen zeigen, dass daraus $\langle \vec{a} - \vec{b}, \vec{v} \times \vec{w} \rangle \neq 0$ folgt. Angenommen es gilt $\langle \vec{a} - \vec{b}, \vec{v} \times \vec{w} \rangle = 0$. Dann folgt entweder $\vec{a} - \vec{b} \perp \vec{v} \times \vec{w}$ oder $\vec{a} - \vec{b} = 0$. Wenn $\vec{a} - \vec{b} = 0$, dann gilt $\vec{a} = \vec{b}$, womit beide Geraden den Punkt mit Ortsvektor $\vec{a}$ enthalten würden. Dies ist ein Widerspruch zur Windschiefheit der Geraden. Also muss $\vec{a} - \vec{b} \perp \vec{v} \times \vec{w}$ gelten.
Da $\vec{v} \times \vec{w}$ senkrecht auf allen durch $\vec{v}$ und $\vec{w}$ aufgespannten Ebenen steht, muss $\vec{a} - \vec{b}$ in der durch $\vec{v}$ und $\vec{w}$ aufgespannten Ebene durch den Ursprung liegen. Also gibt es $\lambda, \mu \in \mathbb{R}$ mit $\vec{a} - \vec{b} = \mu \vec{w} - \lambda \vec{v}$. Dies ist jedoch gleichbedeutend mit $\vec{a} + \lambda \vec{v} = \vec{b} + \mu \vec{w}$. Da g_1 und g_2 windschief sind, gibt es jedoch keinen Schnittpunkt der beiden Geraden und damit auch keine $\lambda, \mu \in \mathbb{R}$ mit $\vec{a} + \lambda \vec{v} = \vec{b} + \mu \vec{w}$. Also folgt $\langle \vec{a} - \vec{b}, \vec{v} \times \vec{w} \rangle \neq 0$.

Sei nun $\langle \vec{a} - \vec{b}, \vec{v} \times \vec{w} \rangle \neq 0$. Zu zeigen ist, dass g_1 und g_2 windschief sind, d.h. dass $\vec{v}$ und $\vec{w}$ linear unabhängig sind und dass $g_1 \cap g_2 = \emptyset$. Wären $\vec{v}$ und $\vec{w}$ linear abhängig, so wäre $\vec{v} \times \vec{w} = 0$ und damit auch $\langle \vec{a} - \vec{b}, \vec{v} \times \vec{w} \rangle = 0$. Also müssen $\vec{v}$ und $\vec{w}$ linear unabhängig sein. Angenommen es gibt einen Schnittpunkt von g_1 und g_2. Dann muss es $\lambda, \mu \in \mathbb{R}$ geben, die der Gleichung $\vec{a} + \lambda \vec{v} = \vec{b} + \mu \vec{w}$ genügen. Dies ist gleichwertig zu $\vec{a} - \vec{b} = \mu \vec{w} - \lambda \vec{v}$. Also liegt $\vec{a} - \vec{b}$ in der Ebene durch den Nullpunkt, die von $\vec{v}$ und $\vec{w}$ aufgespannt wird. Da jedoch $\vec{v} \times \vec{w}$ senkrecht auf dieser Ebene steht, folgt $\langle \vec{a} - \vec{b}, \vec{v} \times \vec{w} \rangle = 0$. Dies ist ein Widerspruch zur Voraussetzung, so dass es keinen Schnittpunkt von g_1 und g_2 geben kann. Also sind g_1 und g_2 windschief. $\square$

Lösungsskizze zu Aufgabe L45:

(a) Wir wählen den Nullpunkt 0 und einen Basisvektor $\mathbf{b_1}$ auf g.

Es folgt: $\begin{pmatrix} t_1 \\ t_2 \end{pmatrix} = \alpha(\mathbf{O}) = \begin{pmatrix} 0 \\ 0 \end{pmatrix}$ sowie (wegen $\alpha(\mathbf{b_1}) = \mathbf{b_1}$ und der Bijektivität)   dann

$$\alpha(\mathbf{x}) = \begin{pmatrix} 1 & a \\ 0 & b \end{pmatrix} \mathbf{x} \quad \text{mit } b \neq 0.$$

(b) Für X mit Koordinatenvektor $\mathbf{x} = \begin{pmatrix} \xi_1 \\ \xi_2 \end{pmatrix}$ hat die Gerade $X\alpha(X)$ die Gleichung

$$\mathbf{x} + \left[\begin{pmatrix} 1 & a \\ 0 & b \end{pmatrix} \mathbf{x} - \mathbf{x} \right] \mathbb{R} = \mathbf{x} + \left[\begin{pmatrix} 0 & a \\ 0 & b-1 \end{pmatrix} \mathbf{x} \right] \mathbb{R}$$

und damit den Richtungsvektor $\begin{pmatrix} a \\ b-1 \end{pmatrix} \xi_2$. Zu verschiedenen Punkten sind damit die Richtungsvektoren linear abhängig, die Geraden also parallel. $\square$

Lösungsskizze zu Aufgabe L46:

zu (a) Nein. Wähle z.Bsp. A als Punkt im Raum $\mathbb{R} \setminus \{0\}$ und p so, dass die Verbindungsgerade (als einziges Element von W) keine Nullpunktsgerade ist.

zu (b) Ja. Schreibe $A = v + U$ mit U Unterraum. Dann ist

$$W = \{x \mid x = p + t(v + u - p), t \in \mathbb{R}, u \in U\} = p + \underbrace{\mathbb{R}(v - p) + U}_{\text{Unterraum als Summe von Unterräumen}} .$$

Lösungsskizze zu Aufgabe L47:

(i) Die erste und dritte Spalte von A_1 sind gleich, die zweite ist von diesen linear unabhängig. Also folgt

$$\text{Rang } A_1 = 2. \text{ Ferner gilt: Rang}(A_1 - E_3) = \text{Rang} \begin{pmatrix} 0 & 0 & 1 \\ 0 & 0 & 0 \\ 1 & 1 & 0 \end{pmatrix} = 2.$$

(ii) Es gilt $\det A_1 = \det(A_1 - E_3) = 0$, da beide Matrizen keinen vollen Rang haben.

(iii) Die Elemente von Fix f_{A_1} sind die Lösungen von $A_1 x = x$, also des linearen homogenen Gleichungssystems $(A_1 - E_3)x = 0$. Daher ist Fix f_{A_1} ein Unterraum von $\mathbb{R}^{(3,1)}$ der Dimension $3 - \text{Rang}(A_1 - E_3) = 1$. Dieser ist erzeugt von einer nicht-trivialen Lösung von

$$\begin{pmatrix} 0 & 0 & 1 \\ 0 & 0 & 0 \\ 1 & 1 & 0 \end{pmatrix} \begin{pmatrix} \xi_1 \\ \xi_2 \\ \xi_3 \end{pmatrix} = \begin{pmatrix} 0 \\ 0 \\ 0 \end{pmatrix}; \quad \text{also gilt} \quad \text{Fix } f_{A_1} = \begin{pmatrix} 1 \\ -1 \\ 0 \end{pmatrix} \mathbb{R}.$$

(iv) Genau dann ist $x \in \mathbb{R}^{(3,1)}$ Fixpunkt von g, wenn x Lösung des Gleichungssystems $g(x) = A_1 x + b = x$ ist, das zum LGS $\quad (*) \ (A_1 - E_3)x = -b \quad$ äquivalent ist. Koeffizientenmatrix von $(*)$ ist also $A_1 - E_3$.

(v) Das zu $(*)$ gehörende homogene lineare Gleichungssystem $(A_1 - E_3)x = 0$ hat nach (iii) Fix f_{A_1} als Lösungsraum.

(vi) Nach einem Satz der Linearen Algebra ist der Lösungsraum eines lösbaren linearen Gleichungssystems über einem Körper ein affiner Unterraum (lineare Mannigfaltigkeit), nämlich Nebenklasse nach dem Lösungsraum des zugehörigen homogenen Systems.

Die beiden hier fraglichen Fälle betreffen daher die Frage, ob $(*)$ lösbar ist oder nicht, also ob ein Fixpunkt von g existiert oder nicht. Das System $(*)$ ist lösbar genau dann, wenn $-b$ im Spaltenraum von $A_1 - E_3$ liegt, also wenn eine zusätzliche Spalte $-b$ nicht den Rang von $A_1 - E_3$ erhöht .
Ist z.Bsp. $b = 0$, so hat g den Fixpunkt 0 (und g ist linear). Ist z.Bsp. $b = e_2$, so

$$-b \notin \{(A_1 - E_3)x \mid x \in \mathbb{R}^{(3,1)}\} = \left\{ \begin{pmatrix} \xi_3 \\ 0 \\ \xi_1 + \xi_2 \end{pmatrix} \mid \xi_i \in \mathbb{R} \right\} \text{ (vgl. } (i))$$

und $(*)$ nicht lösbar. Beide Fälle kommen also vor.

Lösungsskizze zu Aufgabe L48:

$$\begin{vmatrix} r & \lambda & \cdots & & \lambda \\ \lambda & \ddots & \ddots & & \vdots \\ \vdots & \ddots & \ddots & & \lambda \\ \lambda & \cdots & & \lambda & r \end{vmatrix} = \begin{vmatrix} r & \lambda & \cdots & \cdots & \lambda \\ \lambda - r & r - \lambda & 0 & \cdots & 0 \\ \vdots & 0 & \ddots & \ddots & \vdots \\ \vdots & \vdots & \ddots & \ddots & \vdots \\ \lambda - r & 0 & \cdots & \cdots & r - \lambda \end{vmatrix}$$
(Subtraktion der ersten Zeile von allen anderen)

$$= \begin{vmatrix} r + (n-1)\lambda & \lambda & \cdots & & \lambda \\ 0 & r - \lambda & 0 & & 0 \\ \vdots & & \ddots & \ddots & \vdots \\ 0 & & \cdots & \cdots & r - \lambda \end{vmatrix}$$
(Addition aller Spalten zur ersten)

$$= [r + (n-1)\lambda](r - \lambda)^{n-1}.$$

Lösungsskizze zu Aufgabe L49:
Die durch A bestimmte lineare Abbildung ist genau dann bijektiv, wenn A vollen Rang hat, d.h. wenn $\det A \neq 0$ ist. Es ist $\det A = 1 - 4 = -3$ für $K = \mathbb{R}$ und $\det A = 0$ für $K = \mathbb{F}_3$.

Lösungsskizze zu Aufgabe L50:
(a) Die Aussage ist klar, da die Matrizenmultiplikation distributiv ist und $\lambda \cdot B = B \cdot \lambda$ für $\lambda \in K$ gilt:
$$B(\lambda_1 A_1 + \lambda_2 A_2) = \lambda_1 B A_1 + \lambda_2 B A_2.$$
(b) Sei E_{ij} die Matrix mit Eintrag 1 an der Position (i,j) und 0 sonst. Es ist $B \cdot E_{ij}$ eine Matrix, die nur in der j-ten Spalte von 0 verschiedene Einträge hat, und in dieser Spalte steht die i-te Spalte von B. Also ist $B \cdot E_{ij} = \sum_{r=1}^{n} b_{ri} \cdot E_{rj}$. Somit ist die Matrix von f_B bzgl. der Basis $(E_{11}, E_{21}, \ldots, E_{n1}, E_{12}, E_{22}, E_{n2}, \ldots, E_{nn})$ gleich

$$M_B^B = \begin{pmatrix} B & & & \\ & B & & \mathbf{0} \\ & & \ddots & \\ \mathbf{0} & & & B \end{pmatrix}.$$

Mit Hilfe der Kästchen–Regeln für Determinanten folgt $\det f_B = (\det B)^n$.

Lösungsskizze zu Aufgabe L51:
Angenommen $\det A = 0$. Dann hat das LGS $Ax = 0$ eine nicht-triviale Lösung $(\xi_1, \ldots, \xi_k)$. Wir setzen $v := \sum_{j=1}^{k} \xi_j a_j$ und zeigen $v = 0$ (dann ist die lineare Abhängigkeit der a_i bewiesen.) Für alle $i = 1, \ldots k$ ist die Gleichung $\langle a_i, v \rangle = \sum_{i=1}^{k} \langle a_i, a_j \rangle \xi_j = 0$ erfüllt. Das heißt: v steht senkrecht auf allen a_j, also auch auf Spann $(\{a_1, \ldots, a_k\})$, damit auf sich selbst; es folgt $v = 0$.
Für die Umkehrung sei $\det A \neq 0$ und $\sum_{j=1}^{n} \lambda_j a_j = 0$. Wir zeigen, dass alle $\lambda_j = 0$ sein müssen.
Für jedes i ist aber $0 = \langle a_i, 0 \rangle = \sum_{j=1}^{k} \lambda_j \langle a_i, a_j \rangle$. D.h. der Vektor $x = (\lambda_1, \ldots, \lambda_k)$ löst $Ax = 0$.
Wegen $\det A \neq 0$, hat das System aber nur die triviale Lösung.

Lösungsskizze zu Aufgabe L52:

Lösung des Interpolations-Problems ist jedes Polynom g mit $g(x) = \sum\limits_{i=0}^{n} a_i x^i$, für das gilt:

$g(x_j) = \sum\limits_{i=0}^{3} a_i x_j^i = y_j$. Koeffizientenmatrix des entsprechenden linearen Gleichungssystems ist

$$A = \begin{pmatrix} 1 & x_0 & x_0^2 & \cdots & x_0^n \\ 1 & x_1 & x_1^2 & \cdots & x_1^n \\ 1 & x_2 & x_2^2 & \cdots & x_2^n \\ \vdots & & & & \vdots \\ 1 & x_n & x_n^2 & \cdots & x_n^n \end{pmatrix}.$$

Dies ist eine Vandermonde-Matrix. Deren Determinante ist gleich $\prod\limits_{i>j}(x_i - x_j)$. Wegen $x_i \neq x_j$ ist in vorliegendem Fall $\det A \neq 0$, also A regulär. Somit existiert g und ist eindeutig bestimmt.

Lösungsskizze zu Aufgabe L53:

Gemäß Lösungshinweis setzen wir $f(v) = \lambda(v)v$. Wegen der Linearität von f folgt

$$\lambda(v_1 + v_2)(v_1 + v_2) = f(v_1 + v_2) = f(v_1) + f(v_2) = \lambda(v_1)v_1 + \lambda(v_2)v_2.$$

Sind v_1 und v_2 linear unabhängig, so zeigt dies: $\lambda(v_1) = \lambda(v_1 + v_2) = \lambda(v_2)$; sind v_1 und v_2 linear abhängig, so liegen sie im gleichen Eigenraum. In jedem Fall ist also λ eine konstante Funktion. Also sind die Abbildungen f_λ mit $f(v) = \lambda v$ die einzigen in Frage kommenden Abbildungen. Umgekehrt hat jedes f_λ (zentrische Streckung) die geforderte Eigenschaft. $\square$

Lösungsskizze zu Aufgabe L54:

(a) $\chi(A) = \det(A - \lambda E) = -\lambda^3 + \lambda(1 + t)$. Eigenwerte sind also $\lambda_1 = 0$, $\lambda_2 = \sqrt{t+1}$ und $\lambda_3 = -\sqrt{t+1}$.

(b) Wenn $t > -1$ ist, dann sind die drei Eigenwerte verschieden, also gibt es drei zugehörige Eigenvektoren, die den Raum $\mathbb{R}^3$ aufspannen (A ist diagonalisierbar). Ist $t = -1$, dann fallen die drei Eigenwerte zusammen; gäbe es weiterhin eine Eigenbasis, so wäre A zur Nullmatrix ähnlich, ein Widerspruch zur Tatsache, dass es ein v gibt mit $Av \neq 0$.

Lösungsskizze zu Aufgabe L55:

Das charakteristische Polynom ist

$$\chi(X) = (1 - X)^3 + 1 = -X^3 + 3X^2 - 3X + 2 = (X - 2)(-X^2 + X - 1);$$

die Zerlegung in Faktoren erhält man dabei z.Bsp. durch Erraten der Lösung 2 und Division des Polynoms durch $(X - 2)$. Da der zweite Faktor zu keiner reellen Lösung führt, ist der einzige Eigenwert 2, die einzige Nullstelle von $\chi(X)$. Der dazu gehörige Eigenraum wird vom Eigenvektor $\begin{pmatrix} 1 \\ 1 \\ 1 \end{pmatrix}$ erzeugt. A ist als reelle Matrix nicht diagonalisierbar, weil andernfalls χ in Linearfaktoren zerfiele.

Lösungsskizze zu Aufgabe L56:

(i) Bezüglich der Standardbasis hat die Matrix von T folgende Gestalt: $A = \begin{pmatrix} 2 & 1 & 0 \\ 0 & 1 & -1 \\ 0 & 2 & 4 \end{pmatrix}$

(ii) Das charakteristische Polynom ist $(2-X)^2(3-X)$.

(iii) Bis auf Vielfache ist $\begin{pmatrix} 1 \\ 0 \\ 0 \end{pmatrix}$ der einziger Eigenvektor zum Eigenwert 2; (denn aus

$$\begin{pmatrix} 2-2 & 1 & 0 \\ 0 & 1-2 & -1 \\ 0 & 2 & 4-2 \end{pmatrix} \begin{pmatrix} \xi \\ \eta \\ \zeta \end{pmatrix} = 0$$

folgt $\eta = 0 = \zeta$). Also hat der Eigenwert 2 algebraische Vielfachheit 2, aber geometrische Vielfachheit 1; deshalb ist die Matrix A nicht diagonalähnlich.

Lösungsskizze zu Aufgabe L57:

Annahme: $f(U) \subseteq U$. Man wähle ein $x \in U$ mit $x \neq 0$. Ein solches x existiert, da $U \oplus W = V$ ist, aber $V \neq W$ wegen $f \neq 0$. Laut Annahme gilt $f(x) \in U$ und $f(x) \neq 0$, da sonst $x \in W$ wäre. Induktiv folgt nun $f^m(x) \in U$ und $f^m(x) \neq 0$ für alle $m \in \mathbb{N}$, ein Widerspruch zu $f^n = 0$. Somit folgt, dass U nicht f-invariant ist. □

Alternative Lösung:
Es ist $W = \operatorname{Kern} f$ und $\dim U = \dim V - \dim W = \dim V - \dim \operatorname{Kern} f = \dim \operatorname{Bild} f$. Wäre $f(U) \subseteq U$, so $f(U) = U$ und damit $f^n(U) = U \neq 0$, ein Widerspruch.

Lösungsskizze zu Aufgabe L58:

Man zeigt: Es existiert eine Orthonormalbasis B mit $M_B^B(f) = \begin{pmatrix} 1 & 0 \\ 0 & -1 \end{pmatrix}$. Dafür bestimmt man zunächst die Eigenwerte von A:

$$\chi_A(x) = \det \left(-\cos\varphi - x \quad -\sin\varphi \; -\sin\varphi \quad \cos\varphi - x \right) = -x^2 + \cos^2\varphi + \sin^2\varphi = -x^2 + 1.$$

Als Eigenwerte ergeben sich damit $\lambda_{1/2} = \pm 1$. Somit ist f diagonalisierbar mit einer Eigenbasis B bzgl. der f die oben angegebene Matrixdarstellung hat. Da die darstellende Matrix symmetrisch ist, sind nach Aufgabe L64 die Basisvektoren sogar orthogonal, was alles zeigt. □

Lösungsskizze zu Aufgabe L59:

1.Fall: $k \leq n$. Dann ist $A^n = A^k \cdot A^{n-k} = 0 \cdot A^{n-k} = 0$.

2.Fall $k > n$.; Es ist $A^k = 0$, also annulliert X^k die Matrix A. Das Minimalpolynom ist aber dasjenige kleinsten nicht-negativen Grades, das A annulliert; es teilt X^k und hat genau die Eigenwerte von A als Nullstellen. Also kann nur 0 Eigenwert sein. Da also das charakteristische Polynom χ_A ebenfalls nur 0 als Nullstelle haben kann, aber vom Grad n ist, gilt

$$\chi_A(X) = (-1)^n x^n \underset{\text{Satz v.H.Caley}}{\Longrightarrow} A^n = 0.$$ □

Lösungsskizze zu Aufgabe L60:

Wir betrachten jeweils das charakteristische Polynom und bestimmen die zugehörigen Nullstellen. Diese sind die Eigenwerte der Matrizen.

$$P_A(x) = \begin{vmatrix} 2-x & -1 & -1 \\ 3 & 4-x & -1 \\ -3 & -1 & 4-x \end{vmatrix} = (2-x)(5-x)(3-x) = -H_A \quad \text{(Minimalpolynom)}.$$

Da das Minimalpolynom in lauter verschiedene Linearfaktoren zerfällt, ist A diagonalisierbar. Um eine Eigenbasis zu bestimmen, muss zu jedem Eigenwert ein dazugehöriger Eigenvektor gefunden werden. Dies geschieht durch das Lösen des Gleichungssystems $(A - \lambda E_n) \cdot \vec{x} = \vec{0}$. Die jeweils erhaltenen Eigenvektoren spannen dann einen Unterraum $V_{A,\lambda}$ von V auf, den sogenannten Eigenraum von A zu λ.

$$\lambda_1 = 2 \Longrightarrow (A - \lambda_1 E_n) = \begin{pmatrix} 0 & -1 & -1 \\ 3 & 2 & -1 \\ -3 & -1 & 2 \end{pmatrix} \qquad \Longrightarrow V_{A,2} = \left\langle \begin{pmatrix} 1 \\ -1 \\ 1 \end{pmatrix} \right\rangle.$$

$$\lambda_2 = 5 \Longrightarrow (A - \lambda_2 E_n) = \begin{pmatrix} -3 & -1 & -1 \\ 3 & -1 & -1 \\ -3 & -1 & -1 \end{pmatrix} \qquad \Longrightarrow V_{A,5} = \left\langle \begin{pmatrix} 0 \\ 1 \\ -1 \end{pmatrix} \right\rangle.$$

$$\lambda_3 = 3 \Longrightarrow (A - \lambda_3 E_n) = \begin{pmatrix} -1 & -1 & -1 \\ 3 & 1 & -1 \\ -3 & -1 & 1 \end{pmatrix} \qquad \Longrightarrow V_{A,3} = \left\langle \begin{pmatrix} 1 \\ -2 \\ 1 \end{pmatrix} \right\rangle.$$

Die zu den Eigenwerten $\lambda_1, \lambda_2, \lambda_3$ gehörenden drei Eigenvektoren sind linear unabhängig und bilden daher eine Eigenbasis $C = \left(\begin{pmatrix} 1 \\ -1 \\ 1 \end{pmatrix}, \begin{pmatrix} 0 \\ 1 \\ -1 \end{pmatrix}, \begin{pmatrix} 1 \\ -2 \\ 1 \end{pmatrix} \right)$ von V. Es ist A also ähnlich zu

$M_C^C(f) = \begin{pmatrix} 2 & 0 & 0 \\ 0 & 5 & 0 \\ 0 & 0 & 3 \end{pmatrix}$, wobei f der durch A gegebene Endomorphismus ist. Wir betrachten nun

B. Es gilt $P_B(x) = \begin{vmatrix} -3-x & 5 & 0 \\ 0 & -3-x & 5 \\ 0 & 0 & -3-x \end{vmatrix} = (-3-x)^3$. Angenommen B ist diagonalisierbar. Da nach der Charakterisierung von Diagonalisierbarkeit einer Matrix das Minimalpolynom in lauter verschiedene Linearfaktoren zerfällt, wäre dann $H_B = x + 3$. Jedoch ist

$$H_B(B) = \begin{pmatrix} 3 & 0 & 0 \\ 0 & 3 & 0 \\ 0 & 0 & 3 \end{pmatrix} + \begin{pmatrix} -3 & 5 & 0 \\ 0 & -3 & 5 \\ 0 & 0 & -3 \end{pmatrix} = \begin{pmatrix} 0 & 5 & 0 \\ 0 & 0 & 5 \\ 0 & 0 & 0 \end{pmatrix} \neq 0.$$

Dies ist ein Widerspruch zur Definition des Minimalpolynoms (als das die Matrix annullierende normierte Polynom kleinsten positiven Grades). Daher ist B nicht diagonalisierbar. $\square$

Alternative Argumentation: Der klassische Weg sieht folgendermaßen aus: Zur Bestimmung der Eigenvektoren setzten wir den (einzigen) Eigenwert $\lambda = -3$ in das homogene lineare Gleichungssystem $(B - \lambda E_n) \cdot \vec{x} = 0$ ein und lösen dies nach $\vec{x}$ auf. Im vorliegenden Fall ist $B - \lambda E_n = \begin{pmatrix} 0 & 5 & 0 \\ 0 & 0 & 5 \\ 0 & 0 & 0 \end{pmatrix}$, daher jeder Eigenvektor von der Form $\vec{x} = \begin{pmatrix} \xi \\ 0 \\ 0 \end{pmatrix}$ (mit $\xi \in \mathbb{R}$). Folglich ist $\dim V_{B,-3} \neq 3$, und es existiert keine Eigenbasis von B. Also ist B nicht diagonalisierbar.

Lösungsskizze zu Aufgabe L61:

Sei A eine Matrix mit den Eigenwerten 1, 2 und 3. Als 3×3–Matrix mit 3 verschiedenen Eigenwerten ist sie ähnlich zu $A_1 = \begin{pmatrix} 1 & 0 & 0 \\ 0 & 2 & 0 \\ 0 & 0 & 3 \end{pmatrix}$. Umgekehrt hat jede zu dieser Matrix ähnliche Matrix die Eigenwerte 1, 2 und 3. Die gesuchte Menge M ist damit

$$M = \{ S^{-1} A_1 S \in R^{(3,3)} \mid S \in \mathbb{R}^{(3,3)} \text{ mit } S \text{ regulär.} \qquad \square$$

Lösungsskizze zu Aufgabe L62:

Zu (a): Sei $A = M(f)$. Dann gilt:

$A^2 = E_2 \Longrightarrow \det(A) \cdot \det(A) = \det(A^2) = \det(E_2) = 1 \Longrightarrow |\det(A)| = 1$ und

$$\det(A - E_2) \cdot \det(A + E_2) = \det(A^2 - E_2) = \det(E_2 - E_2) = 0.$$

Zu (b):   Sei $f(x) = \lambda \cdot x$ für $x \in \mathbb{R}^2 \setminus \{0\}$. Dann gilt

$$x = \mathrm{id}(x) = f^2(x) = f(f(x)) = f(\lambda x) = \lambda f(x) = \lambda^2 x.$$

Damit ergibt sich sofort (da $x \neq 0$): $\lambda^2 = 1$ bzw. $\lambda = \pm 1$.

Zu (c) $X^2 - 1$ annulliert f; das Minimalpolynom H_f von f ist daher Teiler von $X^2 - 1$ und annulliert f ebenfalls. Bezüglich einer Eigenbasis können folgende Matrizen die darstellenden Matrizen von Abbildungen f der geforderten Eigenschaften sein.

1.Fall: $H_f(X) = (X - 1)$; dann ist f ist die Identität: $A = \begin{pmatrix} 1 & 0 \\ 0 & 1 \end{pmatrix}$,

2.Fall: $H_f(X) = (X + 1)$; dann ist f ist eine Punktspiegelung: $A = \begin{pmatrix} -1 & 0 \\ 0 & -1 \end{pmatrix}$

3.Fall: $H_f(X) = (X - 1)(X + 1)$ nun ist f eine Schrägspiegelung:

$$A = \begin{pmatrix} 1 & 0 \\ 0 & -1 \end{pmatrix} \quad \text{oder} \quad A = \begin{pmatrix} -1 & 0 \\ 0 & 1 \end{pmatrix} \qquad \qquad \square$$

Lösungsskizze zu Aufgabe L63:

Das charakteristische Polynom P_A von A hat die Gestalt
$$\chi_A(\lambda) = \det(A - \lambda E_n) = a_0 + a_1\lambda + a_2\lambda^2 + \cdots + a_n\lambda^n.$$
Angenommen $a_0 = 0$, dann wäre $\lambda = 0$ Nullstelle von P_A und 0 ein Eigenwert von A. Es gäbe also einen Vektor $\vec{x} \in K^n$, $\vec{x} \neq \vec{0}$ mit $A\vec{x} = 0\vec{x} = \vec{0}$. Also wäre $\dim \mathrm{Kern}\, A \geq 1$ und damit nach der Dimensionsformel $\mathrm{rg}\, A \leq n - 1$, insbesondere wäre A nicht mehr regulär, im Widerspruch zur Voraussetzung. Also ist $a_0 \neq 0$ und $\lambda = 0$ kein Eigenwert von A. Der Satz von Cayley-Hamilton besagt $\chi_A(A) = 0$. Es gilt also

$\chi_A(A) = a_0 E_n + a_1 A + a_2 A^2 + \cdots + a_n A^n = 0 \iff a_0 E_n = -a_1 A - a_2 A^2 - \cdots - a_n A^n \iff$
$A^{-1} = -\frac{a_1}{a_0} E_n - \frac{a_2}{a_0} A - \cdots - \frac{a_n}{a_0} A^{n-1} \iff A^{-1} = b_0 + b_1 A + \cdots + b_{n-1} A^{n-1}$, wobei $b_{i-1} = -\frac{a_i}{a_0}$
für $i \in \{1, 2, \ldots, n\}$ gesetzt ist. $\square$

Lösungsskizze zu Aufgabe L64:

(a): Da λ Eigenwert von A ist, gibt es einen Vektor $\vec{v} \neq \vec{0}$ mit $A\vec{v} = \lambda\vec{v}$. Es folgt
$$A\vec{v} = \lambda\vec{v} \Longrightarrow \overline{A\vec{v}} = \overline{\lambda\vec{v}} \Longrightarrow \overline{A} \cdot \overline{\vec{v}} = \overline{\lambda} \cdot \overline{\vec{v}} \Longrightarrow A \cdot \overline{\vec{v}} = \overline{\lambda} \cdot \overline{\vec{v}},$$

da A reelle Matrix ist. Also ist auch $\overline{\lambda}$ Eigenwert von A mit Eigenvektor $\overline{\vec{v}}$.

Alternative Lösung: Die Eigenwerte von A sind gerade die Nullstellen des charakteristischen Polynoms χ_A von A; daher folgt aus $\chi_A(\overline{\lambda}) = \sum a_i \overline{\lambda}^i = \sum \overline{a_i \lambda^i} = \overline{\chi_A(\lambda)} = \overline{0} = 0$, (weil $a_i \in \mathbb{R}$), dass auch $\overline{\lambda}$ Eigenwert von A ist.

(b): Für A als symmetrische Matrix gilt $A = A^T$. Seien $\lambda \neq \mu$ zwei verschiedene Eigenwerte von A. Dann gibt es zwei Vektoren $\vec{v} \neq \vec{0}$ und $\vec{w} \neq \vec{0}$ mit $A\vec{v} = \lambda\vec{v}$ und $A\vec{w} = \mu\vec{w}$. Es gilt (mit dem kanonischen Skalarprodukt):

$$\lambda\langle\vec{v},\vec{w}\rangle = \lambda\vec{v}^T\vec{w} = (\lambda\vec{v})^T\vec{w} = (A\vec{v})^T\vec{w} = \vec{v}^T A^T\vec{w} = \vec{v}^T A\vec{w} = \vec{v}^T(\mu\vec{w}) = \mu\vec{v}^T\vec{w} = \mu\langle\vec{v},\vec{w}\rangle.$$

Aus $\lambda \neq \mu$ folgt $\langle\vec{v},\vec{w}\rangle = 0$.

(c): Sei $\lambda \in \mathbb{C}$ Eigenwert von $A \in \mathbb{R}^{(n,n)} \subseteq \mathbb{C}^{(n,n)}$. Dann gibt es einen Vektor $\vec{v} \in \mathbb{C}^{(n,1)} \setminus \{\vec{0}\}$
mit $A\vec{v} = \lambda\vec{v}$. Mit diesem gilt (da A symmetrisch und reell):

$$\lambda\langle\vec{v},\vec{v}\rangle = \lambda\vec{v}^T\overline{\vec{v}}, = (\lambda\vec{v})^T\overline{\vec{v}} = (A\vec{v})^T\overline{\vec{v}} = \vec{v}^T A^T\overline{\vec{v}} = \vec{v}^T A\,\overline{\vec{v}}, = \vec{v}^T\overline{A}\,\overline{\vec{v}} = \vec{v}^T\overline{A\vec{v}}$$

$$= \vec{v}^T(\overline{\lambda}\,\overline{\vec{v}}) = \overline{\lambda}\vec{v}^T\overline{\vec{v}} = \overline{\lambda}\langle\vec{v},\vec{v}\rangle.$$

Wegen $<\vec{v},\vec{v}> \neq 0$ folgt $\lambda = \overline{\lambda}$; also ist $\lambda \in \mathbb{R}$. $\square$

Lösungsskizze zu Aufgabe L65:

(a) $f^2(v) = f(v) \Longleftrightarrow f(f(v)) = f(v) \Longleftrightarrow f(v) \in V_{f,1} \Longleftrightarrow v \in f^-(V_{f,1})$.

(b) Definitionsgemäß gilt für eine Projektion f die Gleichung $f^2 = f$. Aus Teil (a) folgt
$V = f^-(V_{f,1})$, d.h. $X = f(V) = V_{f,1}$.

Lösungsskizze zu Aufgabe L66:

Da $(1, 0, -7)$ und $(1, 1, 1)$ für jeden Körper linear unabhängig sind, ist in allen Fällen $Rg\,A \geq 2$.
Ist eine Linearkombination der drei Zeilenvektoren von A gleich 0, so muss (wegen der Einträge
in der 2. Spalte von A) der Koeffizient des zweiten Zeilenvektors 0 sein, und für die Koeffizienten
λ und μ des ersten und dritten Zeilenvektors gilt: $\lambda + 2\mu = 0$, $\quad -7\lambda + \mu = 0$. Also gilt $15\mu = 0$
und $\lambda = -2\mu$.
Umgekehrt erhält man mit Koeffizienten, die diesen Gleichungen genügen, eine Linearkombination der Zeilen von A, die 0 ist.

(a) Ist $k = \mathbb{Q}$, so folgt $\mu = 0$ und $\lambda = 0$. Also gilt im Fall $k = \mathbb{Q}$ die Gleichung $Rang\,A = 3$.

(b) Ist $k = \mathbb{F}_5$, so löst jedes μ und $\lambda = -2\mu$ unser Gleichungssystem. Somit ist Rang $A = 2$.

(c) Man berechne die Eigenwerte als Nullstellen des charakteristischen Polynoms:

$$(1 - \lambda)((1 - \lambda)^2 + 14)$$

Für $k = \mathbb{Q}$ erhalten wir somit, nach Zählen mit Vielfachheit, nur einen Eigenwert, und A ist nicht
diagonalisierbar.
Ist $k = \mathbb{F}_5$ so ist $(1 - \lambda)((1 - \lambda)^2 - 1) = (1 - \lambda)(-\lambda)(2 - \lambda)$ das charakteristische Polynom. Da
$0, 1$ und 2 in $\mathbb{F}_5$ verschieden sind, existiert eine Eigenbasis zu A, und A ist ähnlich zu

$$\begin{pmatrix} 0 & 0 & 0 \\ 0 & 1 & 0 \\ 0 & 0 & 2 \end{pmatrix}.$$

Lösungsskizze zu Aufgabe L67:

Zu einem Automorphismus existiert die Inverse und ist ebenfalls linear. Wäre $\lambda = 0$ Eigenwert
von f, so wäre Kern $f = \{v \in \mathbb{R}^2 | f(v) = 0v\}$ nicht-trivial, ein Widerspruch zur Injektivität. Nun
gilt:

$$f(v) = \lambda v \overset{f,f^{-1}\ \text{linear}}{\Longleftrightarrow} v = \lambda f^{-1}(v) \Longleftrightarrow f^{-1}(v) = \lambda^{-1}v.$$

Die Eigenwerte von f^{-1} sind also genau die Inversen der Eigenwerte von f.

Lösungsskizze zu Aufgabe L68:

Wegen $\det(A) = \lambda_1 \cdot \lambda_2 \cdot \lambda_3$ folgt $\lambda_3 = -\frac{1}{4}$. Da die Eigenvektoren zu verschiedenen Eigenwerten
einer symmetrischen Matrix paarweise orthogonal sind, braucht $\vec{v}_2$ nur senkrecht zu den beiden
anderen gewählt zu werden, z.Bsp. als $\vec{v}_3 = \vec{v}_1 \times \vec{v}_2 = \begin{pmatrix} -1 \\ 1 \\ 4 \end{pmatrix}$.

Lösungsskizze zu Aufgabe L69:

1. Sei $Q(X) = X^2 - X$. Dann gilt $Q(p) = p^2 - p = 0$; daher ist H_p als erzeugendes Polynom aller p annulierenden Polynome ein Teiler von Q. Aus $H_p \mid (X^2 - X)$ folgt dann $H_p \in \{X, (X-1), (X^2 - X)\}$. Die beiden ersten Fälle scheiden wegen $p \neq 0$ und $p \neq \mathrm{id}$ aus.

2. Die Eigenwerte von p sind genau die Nullstellen des Minimalpolynoms H_p, also $\lambda_1 = 1$ und $\lambda_2 = 0$.

3. Ist H_p Produkt verschiedener Linearfaktoren, so ist p diagonalisierbar.

4. Da p diagonalisierbar ist und als Eigenwerte 0 und 1 hat, ist eine Darstellungsmatrix von p bzgl. einer Eigenbasis B eine Diagonalmatrix mit Nullen und Einsen in der Diagonalen, dabei mindestens einer 1 und mindestens einer 0, also von der Form

$$M_B^B(p) = \begin{pmatrix} 1 & 0 & .. & 0 \\ 0 & 1 & .. & 0 \\ .. & .. & .. & .. \\ .. & .. & .. & .. \\ 0 & .. & 0 & 0 \end{pmatrix}$$

mit k Einsen und $n - k$ Nullen auf der Diagonalen und $k \geq 1$.

5. Aus 4.) folgt $\chi_p(X) = (1 - X)^k X^{n-k}$ mit $k \in \{1, .., n-1\}$ geeignet.

Lösungsskizze zu Aufgabe L70:

(a) $\sum_{i=1}^{r} a_i u_i = 0 \implies 0 = \langle 0, u_j \rangle = \langle \sum_{i=1}^{r} a_i u_i, u_j \rangle = \sum_{i=1}^{r} a_i \langle u_i, u_j \rangle = a_j$ (für alle $j = 1, \ldots, r$).

Daher ist U linear unabhängig.

(b) Sei $v \in V$. Für jedes $u_j \in U$ gilt

$\langle w, u_j \rangle = \langle v - \sum_{i=1}^{r} \langle v, u_i \rangle u_i, u_j \rangle = \langle v, u_j \rangle - \langle \sum_{i=1}^{r} \langle v, u_i \rangle u_i, u_j \rangle = \langle v, u_j \rangle - \sum_{i=1}^{r} \langle v, u_i \rangle \langle u_i, u_j \rangle$

$= \langle v, u_j \rangle - \sum_{i=1}^{r} \langle v, u_i \rangle \delta_{ij} = \langle v, u_j \rangle - \langle v, u_j \rangle = 0$ (da $\langle u_i, u_j \rangle \neq 0$ nur für $i = j$ gilt.)

Also ist der Vektor w orthogonal zu u_j $(j = 1, \ldots, r)$. $\square$

Lösungsskizze zu Aufgabe L71:

Allgemein gilt für eine symmetrische Bilinearform $g((x_1, y_1), (x_2, y_2)) = \begin{pmatrix} x_1 & y_1 \end{pmatrix} \begin{pmatrix} a & c \\ c & b \end{pmatrix} \begin{pmatrix} x_2 \\ y_2 \end{pmatrix}$,

wobei $\begin{pmatrix} a & c \\ c & b \end{pmatrix}$ die zugehörige Fundamentalmatrix ist. Es gilt:

$(1,0) \perp_g (0,1) \iff 0 = g((1,0),(0,1)) = \begin{pmatrix} 1 & 0 \end{pmatrix} \begin{pmatrix} a & c \\ c & b \end{pmatrix} \begin{pmatrix} 0 \\ 1 \end{pmatrix} \iff c = 0$, ferner mit $c = 0$ dann

$(2,-3) \perp_g (-1,1) \iff 0 = \begin{pmatrix} 2 & -3 \end{pmatrix} \begin{pmatrix} a & c \\ c & b \end{pmatrix} \begin{pmatrix} -1 \\ 1 \end{pmatrix} \iff b = -\frac{2}{3}a$. Wäre g Skalarprodukt, dann

müsste die zugehörige Fundamentalmatrix $\begin{pmatrix} a & 0 \\ 0 & b \end{pmatrix}$ positiv definit sein.

1.Fall: $a \leq 0$; dann ist $\begin{pmatrix} 1 & 0 \end{pmatrix} \begin{pmatrix} a & 0 \\ 0 & b \end{pmatrix} \begin{pmatrix} 1 \\ 0 \end{pmatrix} = a \leq 0$; Widerspruch zu $g(\vec{x}, \vec{x}) > 0$ für $\vec{x} \neq 0$.

2.Fall: $a > 0$; dann ist $b < 0$ und $\begin{pmatrix} 0 & 1 \end{pmatrix} \begin{pmatrix} a & 0 \\ 0 & b \end{pmatrix} \begin{pmatrix} 0 \\ 1 \end{pmatrix} = b < 0$; Widerspruch zu $g(\vec{x}, \vec{x}) \geq 0$

für $\vec{x} \neq 0$.

Also ist die Matrix nicht positiv definit und g daher kein Skalarprodukt.   □

Alternative Lösung: Eine symmetrische Matrix $\begin{pmatrix} a & c \\ c & b \end{pmatrix} = A$ ist genau dann positiv definit, wenn $a > 0$ und $\det A > 0$. (S. z.Bsp. Heuser [Heu2] p.309) . 2. *Alternative:* Eine symmetrische reelle Matrix A ist ähnlich zu einer Diagonalmatrix $\hat{A}$. Auf der Diagonalen von $\hat{A}$ stehen die Eigenwerte von $\hat{A}$ (und damit von A). Die reelle Matrix $\hat{A}$ und damit A ist also genau dann positiv definit, wenn alle Eigenwerte positiv sind.

Lösungsskizze zu Aufgabe L72:

Ein Skalarprodukt hat die Koordinatendarstellung $\langle x,y \rangle = \begin{pmatrix} x_1 & x_2 \end{pmatrix} \begin{pmatrix} a & b \\ b & c \end{pmatrix} \begin{pmatrix} y_1 \\ y_2 \end{pmatrix}$, da es sich in $\mathbb{R}$ um eine symmetrische Bilinearform handelt. Wir setzen die gegebenen Bedingungen in die Gleichung ein und bekommen

$$1 = \begin{pmatrix} 1 & 0 \end{pmatrix} \begin{pmatrix} a & b \\ b & c \end{pmatrix} \begin{pmatrix} 1 \\ 0 \end{pmatrix} \Longrightarrow a = 1,$$

$$0 = \begin{pmatrix} 1 & 0 \end{pmatrix} \begin{pmatrix} 1 & b \\ b & c \end{pmatrix} \begin{pmatrix} -1 \\ 1 \end{pmatrix} \Longrightarrow b = 1,$$

$$1 = \begin{pmatrix} -1 & 1 \end{pmatrix} \begin{pmatrix} 1 & 1 \\ 1 & c \end{pmatrix} \begin{pmatrix} -1 \\ 1 \end{pmatrix} \Longrightarrow c = 2,$$

Als Fundamentalmatrix des Skalarprodukts bzgl. der kanonischen Basis kommt also höchstens die Matrix $M = \begin{pmatrix} 1 & 1 \\ 1 & 2 \end{pmatrix}$ in Frage. Zu zeigen bleibt, dass M positiv definit ist. Es gilt

$$\begin{pmatrix} x_1 & x_2 \end{pmatrix} \begin{pmatrix} 1 & 1 \\ 1 & 2 \end{pmatrix} \begin{pmatrix} x_1 & x_2 \end{pmatrix} = x_1^2 + 2x_1x_2 + 2x_2^2 = (x_1 + x_2)^2 + x_2^2 \geq 0, \text{ sowie}$$

$$\begin{pmatrix} x_1 & x_2 \end{pmatrix} \begin{pmatrix} 1 & 1 \\ 1 & 2 \end{pmatrix} \begin{pmatrix} x_1 & x_2 \end{pmatrix} = (x_1 + x_2)^2 + x_2^2 = 0 \Longrightarrow x_1 = x_2 = 0.$$

Als *Alternativlösung* hätte man auch die Basis $B = (b_1, b_2) = \left\{ \begin{pmatrix} 1 \\ 0 \end{pmatrix}, \begin{pmatrix} -1 \\ 1 \end{pmatrix} \right\}$ wählen können, bzgl. der

die Fundamentalmatrix die Form $M = \begin{pmatrix} \langle b_1, b_1 \rangle & \langle b_1, b_2 \rangle \\ \langle b_2, b_1 \rangle & \langle b_2, b_2 \rangle \end{pmatrix} = \begin{pmatrix} 1 & 0 \\ 0 & 1 \end{pmatrix}$ hat. Dass M positiv definit ist, sieht man sofort.

Lösungsskizze zu Aufgabe L73:

zu (a): Seien $x, y \in V$. Dann existieren wegen $U \oplus U^\perp = V$ Vektoren $u_1, u_2 \in U$ und $w_1, w_2 \in U^\perp$ mit $u_1 + w_1 = x$ und $u_2 + w_2 = y$. Also ist $p_u(x) \cdot y = p_u(u_1 + w_1) \cdot (u_2 + w_2) = u_1(u_2 + w_2) = u_1 u_2 + \underbrace{u_1 w_2}_{=0} = u_1 u_2 = u_1 u_2 + \underbrace{u_2 w_1}_{=0} = (u_1 + w_1)u_2 = x p_u(u_2 + w_2) = x \cdot p_u(y)$.

zu (b) "$\subseteq$": Seien $x \in \operatorname{Kern} p$ und $u \in U$. Da $p(V) = U$, existiert $y \in V$ mit $p(y) = u$. Wegen $x \in \operatorname{Kern} p$ folgt $0 = p(x)y = xp(y) = x \cdot u$ und somit $x \in U^\perp$.
"$\supseteq$": Sei $x \in U^\perp$, $y \in U$. Also ist $0 = xp(y) = p(x)y$. Wegen $y \in U$ ist $p(x) \in U \cap U^\perp$ und damit $p(x) = 0$.

Lösungsskizze zu Aufgabe L74:

zu (a): Aus $f(x) = 0$ folgt wegen $\varphi(f(x), f(x)) = \varphi(x, x) = 0$ aus der positiven Definitheit $x = 0$ und damit $\operatorname{Kern} f = \{0\}$. Also ist f injektiv und da $\dim V < \infty$ auch bijektiv.

zu b) Wir zeigen: $f(U^\perp) \subseteq U^\perp \wedge U \cap U^\perp = \{0\}$:

(i) Sei U f-invariant. Dann ist $f(U) \subseteq U$ und nach a) aus Dimensionsgründen auch $f(U) = U$.

$$f(U^\perp) = \{f(v)|\varphi(v,U) = 0\} = \{f(v)|\varphi(f(v),f(U)) = 0\}$$
$$= \{\underbrace{f(v)}_{=:w}|\varphi(f(v),U) = 0\} = \{w|\varphi(w,U) = 0\} = U^\perp$$

(ii) Sei $v \in U \cap U^\perp$, nach Definition von $U^\perp$ also $\varphi(v,v) = 0$ und somit $v = 0$.

Lösungsskizze zu Aufgabe L75:

1. Sei $x \in U^\perp \cap W^\perp$, d.h. $\forall u \in U : \varphi(u,x) = 0$ und $\forall w \in W : \varphi(w,x) = 0$, also
$$\forall u \in U, \forall w \in W : \varphi(u,x) + \varphi(w,x) = \varphi(u+w,x) = 0.$$
Das bedeutet aber $x \in (U+W)^\perp$ und somit $(U+W)^\perp \supseteq U^\perp \cap W^\perp$. Weil die Umformungen alle Äquivalenzumformungen waren (aus $\varphi(u,x) + \varphi(w,x) = 0$ folgt $\varphi(u,x) = 0$ mit $w = 0$), gilt sogar Gleichheit.

2. Sei $x \in U^\perp + W^\perp$, d.h. $x = \tilde{u} + \tilde{w}$ mit $\tilde{u} \in U^\perp, \tilde{w} \in W^\perp$. Daher gilt:
$$\forall v \in U \cap W : \varphi(x,v) = \varphi(\tilde{u}+\tilde{w},v) = \varphi(\tilde{u},v) + \varphi(\tilde{w},v) = 0.$$

3. Wir zeigen: $(U^\perp)^\perp \supseteq U$ und $\dim(U^\perp)^\perp = \dim U$. Es gilt:
$$u \in U \implies \forall w \in U^\perp : \varphi(u,w) = 0 \implies u \in (U^\perp)^\perp.$$
Sei C eine Orthonormalbasis von U und $B \supseteq C$ eine Erweiterung zu einer Orthonormalbasis von V (diese ist mit Hilfe des Orthonormalisierungsverfahrens von Gram-Schmidt konstruierbar). Seien nun $v \in U^\perp$ und $v = (\sum_{c_i \in C} \lambda_i c_i + w)$ mit $w \in \mathrm{Spann}(B \setminus C)$; dann folgt $\lambda_j = c_j(\sum_{c_i \in C} c_i \lambda_i + w) = 0$;
dies liefert $U^\perp \subseteq \langle B \setminus C \rangle$.
Nach Konstruktion gilt umgekehrt $\mathrm{Spann}(B \setminus C) \subseteq U^\perp$. Es folgt: $\dim U^\perp = n - \dim U$ und
genauso $\dim(U^\perp)^\perp = n - \dim U^\perp$, also $\dim(U^\perp)^\perp = n - \dim U^\perp = \dim U$.

4. folgt aus dem ersten und dritten Aufgabenteil:
$$(U \cap W)^\perp = (U^\perp)^\perp \cap (W^\perp)^\perp = ((U^\perp + W^\perp)^\perp)^\perp = U^\perp + W^\perp .$$

Lösungsskizze zu Aufgabe L76:

Das gegebene LGS lässt sich durch $A\vec{x} = \vec{0}$ beschreiben, wobei A die darstellende Matrix einer linearen Funktion $f : \mathbb{R}^4 \to \mathbb{R}^2$ ist. Wir bekommen

$$Ax = \begin{pmatrix} 1 & 0 & 1 & 0 \\ 0 & 1 & 0 & -1 \end{pmatrix} \cdot \begin{pmatrix} x_1 \\ x_2 \\ x_3 \\ x_4 \end{pmatrix} = \begin{pmatrix} 0 \\ 0 \end{pmatrix}.$$

Es ist Rang $A = 2$, woraus nach der Dimensionsformel $\dim \mathrm{Kern}\, f = 2$ folgt. U ist gleich $\{\vec{x} \in \mathbb{R}^4 | A \cdot \vec{x} = \vec{0}\}$; daher erhalten wir $\dim U = 2$. Nun suchen wir zwei linear unabhängige Vektoren $\vec{v}, \vec{w} \in \mathbb{R}^4$, die beide das LGS erfüllen. Dann gilt $U = <\vec{v}, \vec{w}>$.

Beispielsweise wählt man $\vec{v} = \begin{pmatrix} 1 \\ 0 \\ -1 \\ 0 \end{pmatrix}$ und $\vec{w} = \begin{pmatrix} 0 \\ 1 \\ 0 \\ 1 \end{pmatrix}$.

Man sieht sofort, dass $\vec{v}$ und $\vec{w}$ linear unabhängig sind. Weiterhin gilt $\vec{v} \perp \vec{w}$ bezüglich des kanonischen Skalarprodukts. Um zu einer Orthonormalbasis von U zu gelangen, müssen wir nur noch $\vec{v}$ und $\vec{w}$ normieren und bekommen als Orthonormalbasis von U

$$B = \left(\frac{1}{\sqrt{2}}\vec{v}, \frac{1}{\sqrt{2}}\vec{w} \right).$$

Lösungsskizze zu Aufgabe L77:

Zu (a): Sei $\lambda_1\vec{v}_1 + \lambda_2\vec{v}_2 + \cdots + \lambda_n\vec{v}_n = \vec{0}$, eine Linearkombination des Nullvektors. Dann gilt $0 = \langle\vec{0},\vec{v}_j\rangle = \langle\lambda_1\vec{v}_1 + \lambda_2\vec{v}_2 + \cdots + \lambda_n\vec{v}_n, \vec{v}_j\rangle = \lambda_1\langle\vec{v}_1,\vec{v}_j\rangle + \lambda_2\langle\vec{v}_2,\vec{v}_j\rangle + \cdots + \lambda_n\langle\vec{v}_n,\vec{v}_j\rangle = \lambda_j$ für $j = 1,\ldots,n$.

Zu (b): Wir verwenden die Eigenschaft, dass $\langle\vec{u},\vec{v}\rangle = |\vec{u}|\cdot|\vec{v}|\cdot\cos\sphericalangle(\vec{u},\vec{v})$ ist. Es gilt (für $\vec{u},\vec{v}\neq 0$):

$$\det G = 0 \iff \langle\vec{u},\vec{u}\rangle\cdot\langle\vec{v},\vec{v}\rangle - \langle\vec{u},\vec{v}\rangle\cdot\langle\vec{u},\vec{v}\rangle = 0 \iff \langle\vec{u},\vec{u}\rangle\cdot\langle\vec{v},\vec{v}\rangle = (\langle\vec{u},\vec{v}\rangle)^2$$

$$\iff |\vec{u}|^2\cdot|\vec{v}|^2 = |\vec{u}|^2\cdot|\vec{v}|^2\cdot\cos\sphericalangle(\vec{u},\vec{v})^2 \iff |\cos\sphericalangle(\vec{u},\vec{v})| = 1$$

$$\iff \sphericalangle(\vec{u},\vec{v}) \in \{0,\pi\} \iff \vec{u} \text{ und } \vec{v} \text{ sind linear abhängig.}$$

Auch für $\vec{u} = 0$ oder $\vec{v} = 0$ sind die erste und die letzte Aussage äquivalent. Es folgt die Behauptung nun durch Kontraposition. $\square$

Lösungsskizze zu Aufgabe L78:

Zu (a): Es gilt:

$$
\begin{aligned}
\lambda_1 <a_1,a_2> &= <\lambda_1\cdot a_1,a_2> && (<.,.> \text{ ist bilinear})\\
&= <\varphi(a_1),a_2> && (\lambda_1 \text{ ist Eigenwert von } \varphi \text{ zu } a_1)\\
&= <a_1,\varphi(a_2)> && (\varphi \text{ ist selbstadjungiert})\\
&= <a_1,\lambda_2\cdot a_2> && (\lambda_2 \text{ ist Eigenwert von } \varphi \text{ zu } a_2)\\
&= \lambda_2 <a_1,a_2> && (<.,.> \text{ ist bilinear})
\end{aligned}
$$

Es folgt $(\lambda_1 - \lambda_2) <a_1,a_2> = 0$, damit $<a_1,a_2> = 0$ (da $\lambda_1 \neq \lambda_2$), also $\quad a_1 \perp a_2$.

Zu (b): Seien $v,w \in V$ und $M := M_{\mathcal{B}}^{\mathcal{B}}(\varphi)$! Da φ nach Voraussetzung selbstadjungiert ist, gilt

$$<\varphi(v),w> = <v,\varphi(w)> \iff (M\vec{v})^T\,\vec{w} = \vec{v}^T M\vec{w} \iff \vec{v}^T M^T\,\vec{w} = \vec{v}^T M\vec{w}.$$

Da $v,w \in V$ beliebig, also z.B. als Einheitsvektoren, gewählt werden können, folgt $M^T = M$.

Lösungsskizze zu Aufgabe L79:

Sei $A = \begin{pmatrix} a & b \\ b & c \end{pmatrix}$. Für $b = 0$ ist A diagonal; sei also $b \neq 0$; wir zeigen, dass dann A zwei verschiedene Eigenwerte λ und μ und damit eine Eigenbasis besitzt. A kann dann zu $A_1 = \begin{pmatrix} \lambda & 0 \\ 0 & \mu \end{pmatrix}$ diagonalisiert werden). Dazu beachten wir, dass die Eigenwerte Nullstellen des charakteristischen Polynoms $\chi(A) = (a-x)(c-x) - b^2$ sind, und erhalten $\lambda,\mu = \frac{a+c}{2} \pm \frac{1}{2}\sqrt{(a+c)^2 - 4(ac-b^2)}$. Für den Nachweis der Existenz zweier verschiedenen Eigenwerte ist nur noch zeigen, dass der Ausdruck unter der Wurzel gleich $(a-c)^2 + 4b^2$ und damit größer als Null ist.

Lösungsskizze zu Aufgabe L80:

Wir berechnen zunächst das charakteristische Polynom von A:

$$\chi_A = \det(A - \lambda E_3) = \det\begin{pmatrix} \frac{3}{2}-\lambda & \frac{1}{2} & 0 \\ \frac{1}{2} & \frac{3}{2}-\lambda & 0 \\ 0 & 0 & 2-\lambda \end{pmatrix} = \left(\frac{3}{2}-\lambda\right)^2(2-\lambda) - \frac{1}{4}(2-\lambda)$$

$$= (2-\lambda)\left(\left(\frac{3}{2}-\lambda\right)^2 - \frac{1}{4}\right).$$ Also ist $\lambda_1 = 2$ Eigenwert von A. Mit der pq-Formel folgt, dass $\lambda_2 = 2$ und $\lambda_3 = 1$ Eigenwerte von A sind. $\lambda_1 = \lambda_2 = 2$ ist also eine doppelte Nullstelle des charakteristischen Polynoms χ_A.

Wir bestimmen nun die Eigenräume $V_{A,\lambda_{1/2}}$ und V_{A,λ_3}; dazu stellen wir folgendes Gleichungssystem auf:

$$\begin{pmatrix} \frac{3}{2} - 2 & \frac{1}{2} & 0 \\ \frac{1}{2} & \frac{3}{2} - 2 & 0 \\ 0 & 0 & 0 \end{pmatrix} \begin{pmatrix} x_1 \\ x_2 \\ x_3 \end{pmatrix} = \begin{pmatrix} 0 \\ 0 \\ 0 \end{pmatrix}.$$

Auflösen des Systems ergibt für $\vec{x}$ als einzige Bedingung $x_1 = x_2$. Damit sind

$$\vec{p}_1 = \begin{pmatrix} 1 \\ 1 \\ 1 \end{pmatrix} \in V_{A,\lambda_{1/2}} \text{ und } \vec{p}_2 = \begin{pmatrix} 1 \\ 1 \\ 0 \end{pmatrix} \in V_{A,\lambda_{1/2}} \text{ linear unabhängige Eigenvektoren zum Eigenwert}$$

$\lambda_{1/2} = 2$ und bilden damit eine Basis des Eigenraums $V_{A,\lambda_{1/2}}$. Analog erhält man durch Auflösen des Gleichungssystems

$$\begin{pmatrix} \frac{3}{2} - 1 & \frac{1}{2} & 0 \\ \frac{1}{2} & \frac{3}{2} - 1 & 0 \\ 0 & 0 & 1 \end{pmatrix} \begin{pmatrix} x_1 \\ x_2 \\ x_3 \end{pmatrix} = \begin{pmatrix} 0 \\ 0 \\ 0 \end{pmatrix}$$

als Bedingungen $x_1 = -x_2$ und $x_3 = 0$. Daher wird der Eigenraum V_{A,λ_3} von $\vec{p}_3 = \begin{pmatrix} 1 \\ -1 \\ 0 \end{pmatrix}$ aufgespannt.

Man sieht sofort, dass $\vec{p}_1, \vec{p}_2$ und $\vec{p}_3$ linear unabhängig sind. Also ist $B = (\vec{p}_1, \vec{p}_2, \vec{p}_3)$ eine aus Eigenvektoren von A bestehende Basis von V. Allerdings bilden diese drei Vektoren bzgl. des kanonischen Skalarprodukts Φ keine Orthonormalbasis, da z.Bsp. $\vec{p}_1 \not\perp_\Phi \vec{p}_2$. Um eine Orthonormalbasis zu erhalten, wenden wir das Gram-Schmidtsche Orthonormalisierungsverfahren an. Dieses transformiert die Menge $\{\vec{p}_1, \vec{p}_2, \vec{p}_3\}$ linear unabhängiger Vektoren in eine ebensoche Menge $\{\vec{e}_1, \vec{e}_2, \vec{e}_3\}$, wobei die Vektoren zusätzlich zueinander orthonormal sind. Die Vektoren $\vec{e}_i$ lassen sich dabei nach folgender Regel berechnen:

$$\vec{e}_1 := \frac{\vec{p}_1}{||\vec{p}_1||}, \vec{e}_{j+1} := \frac{\vec{b}_{j+1}}{||\vec{b}_{j+1}||} \text{ mit } \vec{b}_{j+1} := \vec{p}_{j+1} - \sum_{i=1}^{j} \Phi(\vec{p}_{j+1}, \vec{e}_i)\vec{e}_i. \text{ Damit folgt nun zunächst}$$

$\vec{e}_1 := \frac{1}{\sqrt{3}} \begin{pmatrix} 1 \\ 1 \\ 1 \end{pmatrix}$. Weiterhin ergibt sich :

$$\vec{b}_2 = \vec{p}_2 - \Phi(\vec{p}_2, \vec{e}_1)\vec{e}_1 = \begin{pmatrix} 1 \\ 1 \\ 0 \end{pmatrix} - \Phi\left(\begin{pmatrix} 1 \\ 1 \\ 0 \end{pmatrix}, \frac{1}{\sqrt{3}} \begin{pmatrix} 1 \\ 1 \\ 1 \end{pmatrix}\right) \frac{1}{\sqrt{3}} \begin{pmatrix} 1 \\ 1 \\ 1 \end{pmatrix} = \begin{pmatrix} 1 \\ 1 \\ 0 \end{pmatrix} - \frac{2}{3} \begin{pmatrix} 1 \\ 1 \\ 1 \end{pmatrix} = \frac{1}{3} \begin{pmatrix} 1 \\ 1 \\ -2 \end{pmatrix}.$$

Da $||\vec{b}_2|| = \frac{1}{3}\sqrt{6}$, folgt $\vec{e}_2 := \frac{1}{\sqrt{6}} \begin{pmatrix} 1 \\ 1 \\ -2 \end{pmatrix}$.

Schließlich gilt $\vec{b}_3 = \vec{p}_3 - \Phi(\vec{p}_3, \vec{e}_1)\vec{e}_1 - \Phi(\vec{p}_3, \vec{e}_2)\vec{e}_2$. Da $\Phi(\vec{p}_3, \vec{e}_1) = 0$ und $\Phi(\vec{p}_3, \vec{e}_2) = 0$ (Eigenvektoren zu verschiedenen Eigenwerten einer reellen symmetrischen Marterix), folgt $\vec{b}_3 = \vec{p}_3$

und damit $\vec{e}_3 := \frac{1}{\sqrt{2}} \begin{pmatrix} 1 \\ -1 \\ 0 \end{pmatrix}$. Man sieht sofort, dass $\vec{e}_1, \vec{e}_2 \in V_{A,\lambda_{1/2}}$ und $\vec{e}_3 \in V_{A,\lambda_3}$. Also bilden

$\vec{e}_1, \vec{e}_2, \vec{e}_3$ eine Orthonormalbasis C von V aus Eigenvektoren von A.

Sei B die kanonische Basis und $S = M_B^C(\text{id}_V)$, also $S = \begin{pmatrix} \frac{1}{\sqrt{3}} & \frac{1}{\sqrt{6}} & \frac{1}{\sqrt{2}} \\ \frac{1}{\sqrt{3}} & \frac{1}{\sqrt{6}} & -\frac{1}{\sqrt{2}} \\ \frac{1}{\sqrt{3}} & -\frac{2}{\sqrt{6}} & 0 \end{pmatrix}$, dann gilt:

$$S^T A S = D = \begin{pmatrix} 2 & 0 & 0 \\ 0 & 2 & 0 \\ 0 & 0 & 1 \end{pmatrix}.$$

Dabei ist D eine Diagonalmatrix mit den Eigenwerten von A in der Diagonalen.

Lösungsskizze zu Aufgabe L81:

Zu (a): Zu zeigen ist $||P_0|| = ||P_1|| = 1$ und $\langle P_0, P_1 \rangle = 0$. Es gilt

$$||P_0|| = \sqrt{\langle P_0, P_0 \rangle} = \sqrt{\int\limits_{-1}^{1} \tfrac{\sqrt{2}}{2} \mathrm{id}^0(x) \cdot \tfrac{\sqrt{2}}{2} \mathrm{id}^0(x)\, dx} = \sqrt{\int\limits_{-1}^{1} \tfrac{1}{2}\, dx} = \sqrt{\tfrac{x}{2}\Big|_{-1}^{+1}} = 1.$$

$$||P_1|| = \sqrt{\langle P_1, P_1 \rangle} = \sqrt{\int\limits_{-1}^{1} \tfrac{\sqrt{6}}{2} \mathrm{id}^1(x) \cdot \tfrac{\sqrt{6}}{2} \mathrm{id}^1(x)\, dx} = \sqrt{\int\limits_{-1}^{1} \tfrac{3}{2} x^2\, dx} = \sqrt{\tfrac{x^3}{2}\Big|_{-1}^{+1}} = 1.$$

$$\langle P_0, P_1 \rangle = \int\limits_{-1}^{1} P_0(x) P_1(x)\, dx = \int\limits_{-1}^{1} \tfrac{\sqrt{2}}{2} \cdot \tfrac{\sqrt{6}}{2} x\, dx = \int\limits_{-1}^{1} \tfrac{\sqrt{3}}{2} x\, dx = \tfrac{\sqrt{3}x^2}{4}\Big|_{-1}^{+1} = 0.$$

Zu (b): Wir verwenden das Gram-Schmidtsche Orthonormalisierungsverfahren, um einen Vektor P_2 zu bestimmen, so dass $\langle P_2, P_0 \rangle = 0$ und $\langle P_2, P_1 \rangle = 0$ sowie $||P_2|| = 1$. P_0, P_1, P_2 bilden dann eine Orthonormalbasis von U. Es gilt

$$\hat{P}_2 = \mathrm{id}^2 - P_0 \cdot \langle P_0, \mathrm{id}^2 \rangle - P_1 \cdot \langle P_1, \mathrm{id}^2 \rangle = x^2 - \tfrac{\sqrt{2}}{2} \cdot \int\limits_{-1}^{1} \tfrac{\sqrt{2}}{2} x^2\, dx - \tfrac{\sqrt{6}}{2} x \cdot \int\limits_{-1}^{1} \tfrac{\sqrt{6}}{2} x^3\, dx = x^2 - \tfrac{1}{3}.$$

Um P_2 zu bekommen müssen wir nur noch $\hat{P}_2$ normieren. Es gilt

$$||\hat{P}_2|| = \sqrt{\langle \hat{P}_2, \hat{P}_2 \rangle} = \sqrt{\int\limits_{-1}^{1} \left(x^2 - \tfrac{1}{3}\right)^2 dx} = \tfrac{4}{3\sqrt{10}}.$$

Also ist $P_2 = \frac{(\mathrm{id}^2 - \frac{1}{3}) \cdot 3\sqrt{10}}{4} = \frac{3\sqrt{10}}{4} \mathrm{id}^2 - \frac{\sqrt{10}}{4}$ der gesuchte Vektor. $\square$

Lösungsskizze zu Aufgabe L82:

Zu (a): $\mathbb{C}$ ist ein Vektorraum über sich selbst, und der Betrag $|z| := \sqrt{z \cdot \bar{z}}$ ist über das Skalarprodukt $< z_1, z_2 > = z_1 \cdot \overline{z_2}$ definiert. Daher folgt die Behauptung aus (b).

Zu (b): Für eine durch ein Skalarprodukt Φ definierte Norm $||.||$ gilt $||a|| = \sqrt{\Phi(a,a)}$ für alle $a \in V$. Damit ergibt sich

$||a+b||^2 = \Phi(a+b, a+b) = \Phi(a,a) + \Phi(a,b) + \Phi(b,a) + \Phi(b,b)$, und da Φ additiv ist.
Weiterhin gilt $||a-b||^2 = \Phi(a-b, a-b) = \Phi(a,a) + \Phi(a,-b) + \Phi(-b,a) + \Phi(-b,-b)$
$= \Phi(a,a) - \Phi(a,b) - \Phi(b,a) + \Phi(b,b)$.   Also folgt $||a+b||^2 + ||a-b||^2 =$
$\Phi(a,a) + \Phi(a,b) + \Phi(b,a) + \Phi(b,b) + \Phi(a,a) - \Phi(a,b) - \Phi(b,a) + \Phi(b,b)$
$$= 2(\Phi(a,a) + 2\Phi(b,b)) = 2(||a||^2 + ||b||^2).$$

Zu (c) Sind die Vektoren a und b linear unabhängig, so bilden Repräsentanten von a und b ein Parallelogramm. Die geometrische Interpretation der bewiesenen Gleichung ist die, dass die Summe der Quadrate der Längen der vier Seiten eines Parallelogramms gleich der Summe der Quadrate der Längen der beiden Diagonalen des Parallelogramms ist. $\square$

Lösungsskizze zu Aufgabe L83:

(a) Da $W = \langle u, v \rangle$ und u, v linear unabhängig sind, folgt $\dim W = 2$; nach der Dimensionsformel für orthogonale Unterräume gilt $\dim W^\perp = \dim \mathbb{R}^4 - \dim W = 4 - 2 = \underline{2}$. (b) Wir suchen Vektoren $x = (\xi_1, \xi_2, \xi_3, \xi_4)$ aus $W^\perp$:

$$x \in W^\perp \iff u \cdot x = 0 = v \cdot x \iff \begin{pmatrix} 1 & 0 & -1 & 2 \\ 2 & 0 & 2 & -1 \end{pmatrix} x^T = 0$$

$$\iff \begin{pmatrix} 1 & 0 & -1 & 2 \\ 0 & 0 & 4 & -5 \end{pmatrix} (\xi_1, \xi_2, \xi_3, \xi_4)^T = 0 \iff \begin{cases} \xi_1 - \xi_3 + 2\xi_4 = 0 \\ 4\xi_3 - 5\xi_4 = 0 \end{cases}$$

Wir erhalten z.Bsp. $w_1 = (0,1,0,0)$ und $w_2 = (-3,0,5,4) \in W^\perp$ (Probe?[1]), sodass (w_1, w_2) eine Basis von $W^\perp$ ist.

(c) Es gilt $w_1 = (0,1,0,0) \perp (-3,0,5,4) = w_2$; durch Normierung folgt, dass

$$B = \left((0,1,0,0), \tfrac{1}{5\sqrt{2}}(3,0,5,49) \right)$$

eine Orthonormalbasis von $W^\perp$ ist.   □

Anmerkung: Bei ungünstiger Wahl von w_2 kann man analog zu folgendem Beispiel vorgehen: Es sind $w_1 = (0,1,0,0)$ und $w_2' = (-3,1,5,4)$ Elemente von $W^\perp$. Wir suchen einen Vektor aus $W^\perp$, der senkrecht zu w_1 ist. Sei daher $[(-3,1,5,4)\lambda + (0,1,0,0)\mu] \cdot (0,1,0,0) = 0$, und damit $\lambda + \mu = 0$, also z. Bsp. $\lambda = 1 = -\mu$. Man erhält somit $B' = \{(0,1,0,0), (-3,0,5,4)\}$. als Basis und kann dann wie in Teil (c) fortfahren.

Eine *Alternative* dazu ist die Anwendung des Gram-Schmidtschen Orthonormierungs-Verfahrens.

Lösungsskizze zu Aufgabe L84:

Die Linearität der Abbildung folgt aus der Linearität des Skalarprodukts in der 1. Komponente. Die Injektivität ergibt sich wie folgt: Wenn $\vec{v}$ auf den Nullvektor abgebildet wird, so steht $\vec{v}$ auf jedem Basisvektor senkrech, dann aber auch auf der linearen Hülle der Basisvektoren, also auch auf sich selbst. Daher ist $\vec{v} = \vec{0}$ (strenge Positivität des Skalarprodukts). Wegen der Dimensionsformel ist die injektive lineare Abbildung auch surjektiv.

Lösungsskizze zu Aufgabe L85:

Seien $x_1, x_2 \in V$ Eigenvektoren und $\lambda_1, \lambda_2 \in \mathbb{R}$ die zugehörigen Eigenwerte mit $\lambda_1 \neq \lambda_2$. Dann gilt: $\varphi(x_1, x_2) = \varphi(f(x_1), f(x_2)) = \varphi(\lambda_1 x_1, \lambda_2 x_2) = \lambda_1 \lambda_2 \varphi(x_1, x_2),$
da f lineare Isometrie ist und φ bilinear. Also gilt $\varphi(x_1, x_2)(1 - \lambda_1 \lambda_2) = 0$, woraus wiederum folgt: $\varphi(x_1, x_2) = 0$ **oder** $\lambda_1 \lambda_2 = 1$. Da lineare Isometrien nur Eigenwerte ± 1 besitzen und nach Voraussetzung $\lambda_1 \neq \lambda_2$ ist, gilt $\lambda_1 \lambda_2 \neq 1$. Also erhalten wir $\varphi(x_1, x_2) = 0$.   □

Lösungsskizze zu Aufgabe L86:

Bezüglich der kanonischen Basis $(e_1, \ldots, e_n)$ ist M die Matrix von m, und jeder Vektor u hat u^T als Koordinatenvektor. Sei F die Fundamentalmatrix des Skalarprodukts ψ bezüglich der kanonischen Basis, also $F = (\psi(e_i, e_j))_{i,j=1,\ldots n}$; es gilt dann $\psi(u,v) = uFv^T$ für alle $u, v \in \mathbb{R}^n$. Man erhält damit

$$(*) \quad \psi(u,v) = \psi(m(u), m(v)) \Leftrightarrow uFv^T = (Mu^T)^T F (Mv^T) = uM^T F M v^T$$

für alle $,u, v \in \mathbb{R}^n$. Einsetzen von (e_i, e_j) für (u,v) liefert den Eintrag von Stelle (i,j), nämlich
$e_i F e_j^T = e_i M^T F M e_j^T$; dies zeigt die Notwendigkeit von $F = M^T F M$. Diese Bedingung ist wegen $(*)$ auch hinreichend.

Lösungsskizze zu Aufgabe L87:

(a) Zunächst zeigen wir, dass f einen Eigenvektor v_1 zum Eigenwert $+1$ und einen Eigenvektor v_2 zum Eigenwert -1 besitzt: Sei $\begin{pmatrix} a & b \\ c & d \end{pmatrix}$ die Matrix von f bezüglich der Standardbasis.

---

[1]Sind nicht, wie hier, alle Umformungen Äuivalenzumformungen, so ist (wegen der Beweisrichtung) die Probe unerlässlich.

Das charakteristische Polynom von f ist dann $\lambda^2 - (a+d)\lambda + ad - bc$. Dessen Nullstellen sind $\frac{a+d}{2} \pm \frac{1}{2}\sqrt{(a+d)^2 - 4(ad-bc)}$. Da $ad - bc < 0$ ist, besitzt f zwei verschiedene reelle Eigenwerte λ_1, λ_2. Da $f^n = \mathrm{id}_{\mathbb{R}^2}$ ist, also $\lambda_i^n = 1$, haben die Eigenwerte den Betrag 1. Folglich ist ein Eigenwert $+1$ der andere -1.

(b) Da v_1 und v_2 als Eigenvektoren zu verschiedenen Eigenwerten linear unabhängig sind, ist $B = (v_1, v_2)$ Basis von $\mathbb{R}^2$. Das Skalarprodukt, das bzgl. der Koordinatenvektoren zur Basis B das kanonische Skalarprodukt ist, hat die gewünschten Eigenschaften. (Z.Bsp. ist B dann eine orthonormale Eigenbasis und f Spiegelung.)

Alternative zu (a): Hätte f über $\mathbb{C}$ den Eigenwert $\lambda \in \mathbb{C} \setminus \mathbb{R}$, so wäre auch $\overline{\lambda}$ Eigenwert von f; damit würde für das charakteristische Polynom gelten: $\chi_f(x) = (x-\lambda)(x-\overline{\lambda})$; das absolute Glied genügte dann $\det f = \lambda \cdot \overline{\lambda} = |\lambda|^2 > 0$, ein Widerspruch. Also sind die Eigenwerte λ_1 und λ_2 von f beide reell, haben wegen $f^n = \mathrm{id}$ den Betrag 1 und sind wegen $\det f = \lambda_1 \cdot \lambda_2$ verschieden.

Lösungsskizze zu Aufgabe L88:

(a) V^* ist der Vektorraum der linearen Funktionale (Linearformen) $\varphi : V \to \mathbb{R}$. Für $k = 1 \ldots n$ sei b_k^* das lineare Funktional, das b_k auf 1 abbildet und alle b_i mit $i \neq k$ auf 0:

$$b_k^*(b_i) = \delta_{ki} = \begin{cases} 1 & \text{falls } i = k \\ 0 & \text{sonst} \end{cases}$$

Damit ist b_k^* eindeutig auf ganz V definiert (Satz von der linearen Fortsetzung).

(b) B^* ist linear unabhängig ; denn für jedes k gilt:

$$\sum_{i=1}^n \lambda_i b_i^* = 0 \implies (\sum_{i=1}^n \lambda_i b_i^*)(b_k) = \lambda_k = 0 \quad \text{für } k = 1, \ldots, n.$$

(c) Jede Linearform $f \in V^*$ ist durch die Bilder $(f(b_i))_{i=1,ldotsn}$ der Basisvektoren aus B festgelegt.

Wegen $\left(\sum_{i=1}^n f(b_i)b_i^*\right)(b_j) = \sum_{i=1}^n f(b_i)b_i^*(b_j) = f(b_j)$ für $j = 1, \ldots, n$ ist f Linearkombination der Vektoren von B^*.

Lösungsskizze zu Aufgabe L89:

(i) Es gilt: $L_{\lambda v + w}(x) = \varphi(\lambda v + w, x) = \varphi(\lambda v, x) + \varphi(w, x) = \lambda\varphi(v, x) + \varphi(w, x) = \lambda L_v(x) + L_w(x)$. Wegen $\alpha(\lambda v + w) = L_{\lambda v + w} = \lambda \cdot L_v + L_w = \lambda \cdot \alpha(v) + \alpha(w)$ ist damit α linear.

(ii) Um zu zeigen, dass α bijektiv ist, reicht wegen der endlichen Dimension von V und wegen $\dim V = \dim V^*$ der Nachweis, dass $\mathrm{Kern}\,\alpha = \{0\}$. Sei also $v \in \mathrm{Kern}\,\alpha$, d.h. $\alpha(v) = 0$. Nach Definition von α ist dann $L_v(w) = \varphi(v, w) = 0$ für alle $w \in V$. Insbesondere ist also auch $\varphi(v, v) = 0$ und damit $v = 0$.

Lösungsskizze zu Aufgabe L90:

Zu (a): Zunächst ist zeigen, dass τ linear ist, also $\tau(\lambda \vec{v} + \vec{w}) = \lambda\tau(\vec{v}) + \tau(\vec{w})$ für alle $v, w \in V$ und alle $\lambda \in K$ gilt. Dabei benutzt man die Linearität von μ.

Wir bestimmen nun $\mathrm{Kern}\,\tau$: Sei $\vec{v} \in \mathrm{Kern}\,\tau$, so gilt $\vec{0} = \tau(\vec{v}) = \vec{v} - \mu(\vec{v})\vec{a}$, . Da $\mu(\vec{v}) \in K$ und $\vec{a} \in \mathrm{Kern}\,\mu$ ist, folgt $\vec{v} = \mu(\vec{v})\vec{a} \in \mathrm{Kern}\,\mu$ und daraus $\mu(\vec{v}) = \vec{0}$ sowie $\vec{v} = \vec{0}$, d.h. $\mathrm{Kern}\,\tau = \{\vec{0}\}$. Dies zeigt die Injektivität von τ; da $\dim V < \infty$, ist τ auch surjektiv, also τ bijektiv.

Zu (b): Sei nun $v \in \mathrm{Kern}\,\mu$. Dann gilt $\tau(\vec{v}) = \vec{v} - \mu(\vec{v})\vec{a} = \vec{v} - 0\vec{a} = \vec{v}$. Also ist $\tau|_H = id$.

Zu (c): Sei nun $v \notin \mathrm{Kern}\,\mu$, also $\mu(\vec{v}) \neq 0$. Dann gilt: $\tau(\vec{v}) = \vec{v} - \mu(\vec{v})\vec{a} \neq \vec{v}$, da $\mu(\vec{v})\vec{a} \neq \vec{0}$, wegen $\vec{a} \neq \vec{0}$ und $\mu(\vec{v}) \neq 0$. Also hat τ außerhalb von H keinen Fixpunkt. $\qquad\square$

Lösungsskizze zu Aufgabe L91:

Zu (a): Es gilt $\vec{x} \in \text{Fix}\, g \Longleftrightarrow g(\vec{x}) = \vec{x} \Longleftrightarrow A\vec{x} + \vec{b} = \vec{x} = E_n \cdot \vec{x} \Longleftrightarrow (A - E_n)\vec{x} = -\vec{b}$.

Es ist also $\vec{x}$ Lösung des evtl. inhomogenen LGS $(A - E_n)\vec{x} = -\vec{b}$. Die Menge aller Vektoren $\vec{x}$, die diese Bedingung erfüllen, ist ein affiner Unterraum von E.

Zu (b) Es gilt:

1 ist kein Eigenwert von $A \Longleftrightarrow \det(A - 1 \cdot E_n) \neq 0 \Longleftrightarrow A - E_n$ ist regulär $\Longleftrightarrow \text{rg}(A - E_n) = n$.

Ist 1 kein Eigenweret von A, so ist $A - E_n$ daher regulär, und das LGS $(A - E_n)\vec{v} = -b$ besitzt genau eine Lösung. Nach Teil (a) ist diese ein Fixpunkt von g. $\qquad \Box$

Lösungsskizze zu Aufgabe L92:

Es sind $\vec{u}$ und $\vec{v}$ Richtungsvektoren von g und h. Wir versuchen nun, $s,t \in \mathbb{R}$ so zu bestimmen, dass für $\vec{x}(s) = \vec{a} + s\vec{u} \in g$ und $\vec{y}(t) = \vec{b} + t\vec{v} \in h$ die Verbindungsgerade senkrecht zu g und h ist, also $\langle \vec{y}(t) - \vec{x}(s), \vec{u} \rangle = 0$ und $\langle \vec{y}(t) - \vec{x}(s), \vec{v} \rangle = 0$ gilt.

Es ist $\vec{y}(t) - \vec{x}(s) = \vec{b} + t\vec{v} - \vec{a} - s\vec{u} = \vec{b} - \vec{a} + t\vec{v} - s\vec{u}$. Es gilt also zum einen

$$\langle \vec{y}(t) - \vec{x}(s), \vec{u} \rangle = 0 \Longleftrightarrow \langle \vec{b} - \vec{a} + t\vec{v} - s\vec{u}, \vec{u} \rangle = 0 \Longleftrightarrow \langle \vec{b} - \vec{a}, \vec{u} \rangle = s\langle \vec{u}, \vec{u} \rangle - t\langle \vec{v}, \vec{u} \rangle$$

sowie zum anderen $\langle \vec{y}(t) - \vec{x}(s), \vec{v} \rangle = 0 \Longleftrightarrow \langle \vec{b} - \vec{a}, \vec{v} \rangle = s\langle \vec{u}, \vec{v} \rangle - t\langle \vec{v}, \vec{v} \rangle$. Gesucht ist also eine Lösung $(s,t) \in \mathbb{R}^2$ des LGS

$$(*) \quad \begin{pmatrix} \langle \vec{u}, \vec{u} \rangle & \langle \vec{u}, \vec{v} \rangle \\ \langle \vec{u}, \vec{v} \rangle & \langle \vec{v}, \vec{v} \rangle \end{pmatrix} \cdot \begin{pmatrix} s \\ -t \end{pmatrix} = \begin{pmatrix} \langle \vec{b} - \vec{a}, \vec{u} \rangle \\ \langle \vec{b} - \vec{a}, \vec{v} \rangle \end{pmatrix}.$$

Wir stellen fest, dass die Koeffizientenmatrix des LGS die Gramsche Matrix ist. Da nach Voraussetzung $g \nparallel h$, d.h. u und v linear unabhängig sind, gilt nach Aufgabe L77 $\det G \neq 0$. Also ist das lineare Gleichungssystem $(*)$ eindeutig lösbar. Ist $(s^*, t^*) \in \mathbb{R}^2$ die eindeutige Lösung des LGS $(*)$, so hat die gesuchte Gerade die Gestalt $\vec{x}(s^*) + \mathbb{R}(\vec{y}(t^*) - \vec{x}(s^*))$. Der Richtungsvektor $\vec{y}(t^*) - \vec{x}(s^*)$ ist dabei ungleich 0, da andernfalls $\vec{y}(t^*) = \vec{x}(s^*)$ in $g \cap h$ wäre. $\qquad \Box$

Lösungsskizze zu Aufgabe L93:

zu (a): Man wähle als Nullpunkt den Schnittpunkt der Geraden g_1, g_2, als ersten Basisvektor b_1 einen auf g_1 liegenden Vektor und als b_2 einen auf g_1 senkrecht stehenden Vektor gleicher Länge. Dann ist $\varphi_1(b_1) = b_1$ und $\varphi_1(b_2) = -b_2$. Also erhält man als Matrix von φ bzgl. $B = \{b_1, b_2\}$ sofort: $M_B(\varphi_1) = \begin{pmatrix} 1 & 0 \\ 0 & -1 \end{pmatrix}$.

Ist α der Schnittwinkel der beiden Geraden, so ist $\varphi_2 \circ \varphi_1$ eine Drehung um den Nullpunkt um den Winkel 2α. Aus $\varphi_2(b_1) = \varphi_2 \circ \varphi_1(b_1) = \cos 2\alpha \cdot b_1 + \sin 2\alpha \cdot b_2$ und

$\varphi_2(b_2) = \varphi_2 \circ \varphi_1(-b_2) = \sin 2\alpha \cdot b_1 - \cos 2\alpha \cdot b_2$ ergibt sich $M_B(\varphi_2) = \begin{pmatrix} \cos 2\alpha & \sin 2\alpha \\ \sin 2\alpha & -\cos 2\alpha \end{pmatrix}$.

zu b) $\varphi_1 \circ \varphi_2 = \varphi_2 \circ \varphi_1 \Longleftrightarrow M(\varphi_1) \cdot M(\varphi_2) = M(\varphi_2) \cdot M(\varphi_1)$

$$\Longleftrightarrow \begin{pmatrix} \cos 2\alpha & \sin 2\alpha \\ -\sin 2\alpha & \cos 2\alpha \end{pmatrix} = \begin{pmatrix} \cos 2\alpha & -\sin 2\alpha \\ \sin 2\alpha & \cos 2\alpha \end{pmatrix} \Longleftrightarrow \sin 2\alpha = -\sin 2\alpha \Longleftrightarrow \alpha = k \cdot \frac{\pi}{2}.$$

Da die Geraden verschieden sind, kann man o.B.d.A. $0 < \alpha < \pi$ wählen, und dies heißt

$$\varphi_1 \circ \varphi_2 = \varphi_2 \circ \varphi_1 \Longleftrightarrow \alpha = \frac{\pi}{2}.$$

ad c) Das Ergebnis aus b) besagt, dass die Geraden senkrecht aufeinander stehen müssen. Dies erhält man auch, wenn man weiß, dass $\varphi_1 \circ \varphi_2$ bzw. $\varphi_2 \circ \varphi_1$ Drehungen um das doppelte des eingeschlossenen Winkels sind. Da genau bei einem Schnittwinkel von 90 Grad der Winkel zwischen erster und zweiter bzw. zweiter und erster Gerade gleich sind, ergibt sich nur bei diesem Schnittwinkel die gleiche Drehung und damit die Kommutativität.

Lösungsskizze zu Aufgabe L94:

zu (a) Zum einen liegt der Punkt D mit Ortsvektor d auf g, zum anderen sind d und v orthogonal, da gilt:
$$vd = v(p - \tfrac{vp}{v^2}v) = vp - \tfrac{vp}{v^2}v^2 = 0.$$

zu (b) $d^2 = p^2 - \tfrac{2vp}{v^2}vp + \tfrac{(vp)^2v^2}{v^4} = p^2 - \tfrac{(vp)^2}{v^2} \Longrightarrow |d| = \sqrt{p^2 - \tfrac{(vp)^2}{v^2}}.$

zu (c) Ja, da genau eine Ebene durch 0 und g existiert. Man wendet dort a) und b) an.

Lösungsskizze zu Aufgabe L95:

Die Hessesche Normalenformen (HNF) der gegebenen Ebenen haben die Form

$$E_1 : \frac{1}{\sqrt{3}} \begin{pmatrix} 1 \\ 1 \\ 1 \end{pmatrix} \cdot \begin{pmatrix} x \\ y \\ z \end{pmatrix} - \frac{2}{\sqrt{3}} = 0 \text{ und } E_2 : \frac{1}{\sqrt{3}} \begin{pmatrix} 1 \\ 1 \\ 1 \end{pmatrix} \cdot \begin{pmatrix} x \\ y \\ z \end{pmatrix} - \frac{3}{\sqrt{3}} = 0.$$

Sei f_1 der Stützabstand von E_1 und f_2 der Stützabstand von E_2. Es gilt $f_1 = \frac{2}{\sqrt{3}}$ und $f_2 = \frac{3}{\sqrt{3}}$. Für den Abstand zwischen E_1 und E_2 gilt $d(E_1, E_2) = |f_2 - f_1| = \frac{1}{\sqrt{3}}$. $\qquad\square$

Lösungsskizze zu Aufgabe L96:

Die gegebene Ebene $E_1 : x + 2y - z = -1$ hat den Normalenvektor $\vec{n} = \frac{1}{\sqrt{6}} \begin{pmatrix} 1 \\ 2 \\ -1 \end{pmatrix}$; damit ist die

HNF von E_1 gleich $\frac{1}{\sqrt{6}} \begin{pmatrix} 1 \\ 2 \\ -1 \end{pmatrix} \cdot \begin{pmatrix} x \\ y \\ z \end{pmatrix} + \frac{1}{\sqrt{6}} = 0.$ Der Abstand $d(K, E_1)$ eines beliebigen Punktes

K von E_1 lässt sich nun ermitteln, indem der Ortsvektor $\vec{k}$ von K anstelle von $\vec{x}$ in die HNF der Ebene E_1 eingesetzt wird. Also folgt

$$d(T, E_1) = \frac{1}{\sqrt{6}} \begin{pmatrix} 1 \\ 2 \\ -1 \end{pmatrix} \cdot \begin{pmatrix} -1 \\ 2 \\ 0 \end{pmatrix} + \frac{1}{\sqrt{6}} = \frac{4}{\sqrt{6}}.$$

Um den Spiegelpunkt S von T zu bestimmen, müssen wir zunächst den Schnittpunkt X der Geraden durch S und T und der Ebene E_1 ermitteln. Je nach der Orientierung von $\vec{n}$ muss entweder $\vec{x} = \vec{t} + \frac{4}{\sqrt{6}}\vec{n}$ oder $\vec{x} = \vec{t} - \frac{4}{\sqrt{6}}\vec{n}$ (mit dem Ortsvektor $\vec{t}$ von T) gelten. Welche Variante die richtige ist, kann man überprüfen, indem man den gewonnenen Punkt in die Ebenengleichung einsetzt: Liegt der Punkt auf der Ebene, so erfüllt er die Ebenengleichung. Wir erhalten die Punkte $X_1 = \frac{1}{3}(-1, 10, -2)$ und $X_2 = \frac{1}{3}(-5, 2, 2)$ und stellen fest, dass $X_2 \in E_1$. Insbesondere gilt nun $\vec{t} = \vec{x_2} + \frac{4}{\sqrt{6}}\vec{n}$. Da S Spiegelpunkt von T sein soll, muss der Ortsvektor $\vec{s}$ von S folgende Gleichung erfüllen $\vec{s} = \vec{x_2} - \frac{4}{\sqrt{6}}\vec{n}$. Wir bekommen für $\vec{s}$ die Gleichung

$$\vec{s} = \vec{x_2} - \frac{4}{\sqrt{6}}\vec{n} = \frac{1}{3}\begin{pmatrix} -5 \\ 2 \\ 2 \end{pmatrix} - \frac{4}{\sqrt{6}} \cdot \frac{1}{\sqrt{6}}\begin{pmatrix} 1 \\ 2 \\ -1 \end{pmatrix} = \frac{1}{3}\begin{pmatrix} -5 \\ 2 \\ 2 \end{pmatrix} - \frac{2}{3}\begin{pmatrix} 1 \\ 2 \\ -1 \end{pmatrix} = \frac{1}{3}\begin{pmatrix} -7 \\ -2 \\ 4 \end{pmatrix}.$$

Also ist der gesuchte Punkt $S = \frac{1}{3}(-7, -2, 4)$. $\qquad\square$

Lösungsskizze zu Aufgabe L97:

(a) Die Geradengleichung lässt sich auch $\begin{pmatrix} 5 \\ -12 \end{pmatrix} \vec{x} - 10 = 0$ schreiben; das ist bis auf Normali-

sierung schon die Hessesche Normalform: $\frac{1}{13}\begin{pmatrix} 5 \\ -12 \end{pmatrix} \vec{x} - \frac{10}{13} = 0$. Setzt man die Koordinaten eines Punktes in die Hessesche Normalform einer Geraden ein, so erhält man eine Zahl (in diesem Fall $d = \frac{1}{13}\begin{pmatrix} 5 \\ -12 \end{pmatrix} \cdot \begin{pmatrix} 5 \\ -2 \end{pmatrix} - \frac{10}{13} = +3$), deren Betrag der Abstand zwischen Punkt und Gerade ist, und deren Vorzeichen darüber Auskunft gibt, auf welcher Seite der Geraden der Punkt liegt.

(b) Der Richtungsvektor von h ist senkrecht zu dem von g, also lautet die Gleichung z.Bsp. $\begin{pmatrix} 12 \\ 5 \end{pmatrix} \vec{x} + c = 0$. Um c zu berechnen müssen wir nur einen Punkt einsetzen, von dem wir wissen, dass er auf h liegt, also P: Damit ergibt sich für h die Gleichung: $\begin{pmatrix} 12 \\ 5 \end{pmatrix} \vec{x} - 50 = 0$.

(c) Q liegt auf h; setzt man die Koordinaten von Q in die Hessesche Normalform von g ein, so muss dies -3 ergeben. Ein Punkt auf h mit 1. Koordinate x hat y-Koordinate $10 - \frac{12}{5}x$, wir setzen also $Q = (x, 10 - \frac{12}{5}x)$ an. Einsetzen in die Hessesche Normalform von g ergibt $x = 35/13$. Umgekehrt ist $Q = \frac{1}{13}\begin{pmatrix} 35 \\ 46 \end{pmatrix}$ auf h mit $d(Q,g) = -3$.

Lösungsskizze zu Aufgabe L98:

Gegeben sei die Ebene E im $\mathbb{R}^3$ mit der Gleichung $-3x + 2y - 6z = -14$. Der Normalenvektor von E ist $(-3, 2, -6)$ und hat die Länge $\sqrt{9 + 4 + 36} = 7$. Die Hessesche Normalform der Ebenengleichung lautet daher $-\frac{3}{7}x + \frac{2}{7}y - \frac{6}{7}z + 2 = 0$ Der Nullpunkt hat den Abstand $+2$. Die gesuchte Menge ist $M = \{(x,y,z) \mid -\frac{3}{7}x + \frac{2}{7}y - \frac{6}{7}z + 2 = 1\} = \{(x,y,z) \mid -\frac{3}{7}x + \frac{2}{7}y - \frac{6}{7}z = -1\}$. M ist die Punktmenge einer zu E parallelen Ebene mit Normalenvektor $(-\frac{3}{7}, \frac{2}{7}, -\frac{6}{7})$ und Abstand 1 von E. Sie liegt auf der gleichen Seite zu E wie der Nullpunkt und hat von diesem ebenfalls den Abstand 1. $\qquad\square$

Lösungsskizze zu Aufgabe L99:

Die Hessesche Normalform von g' lautet: $\frac{1}{\|(a,b)\|}(a,b)\begin{pmatrix} x \\ y \end{pmatrix} + \frac{c}{\|(a,b)\|} = 0$.

Jede Parallele g zu g' mit den gesuchten Eigenschaften hat den gleichen Normalenvektor und somit als Geradengleichung $\frac{1}{\|(a,b)\|}(a,b)\begin{pmatrix} x \\ y \end{pmatrix} + \tilde{c} = 0$ mit geeignetem $\tilde{c} \in \mathbb{R}$. Da P den Abstand d haben soll, ergibt sich als Bedingung für

$$\tilde{c}: \frac{1}{\|(a,b)\|}(a,b)\begin{pmatrix} p \\ q \end{pmatrix} + \tilde{c} = \pm d \implies \tilde{c} = \pm d - \frac{1}{\|(a\,b)\|}(a\,b)\begin{pmatrix} p \\ q \end{pmatrix}.$$

Also ergeben sich genau zwei Geraden $g_{1/2}$ mit den gesuchten Eigenschaften und den folgenden Geradengleichungen: $g_{1/2}: \frac{1}{\|(a,b)\|}(a,b)\begin{pmatrix} x - p \\ y - q \end{pmatrix} \pm d = 0$

Lösungsskizze zu Aufgabe L100:

zu (a): Die Richtungsvektoren zweier windschiefer Geraden sind linear unabhängig und spannen daher eine Ebene auf. Man betrachtet nun die Ebenen

$$E_1: \vec{x} = \vec{a} + \lambda_1\vec{v} + \lambda_2\vec{w}, \quad E_2: \vec{y} = \vec{b} + \mu_1\vec{v} + \mu_2\vec{w} \text{ mit } \lambda_1, \lambda_2, \mu_1, \mu_2 \in \mathbb{R}.$$

Diese Ebenen sind parallel, denn sie haben den gleichen zugehörigen linearen Unterraum; E_1 enthält g_1 (für $\lambda_2 = 0$), und E_2 inzidiert mit g_2. Wären beide Ebenen gleich, so $\vec{a} - \vec{b} = \lambda\vec{v} + \mu\vec{w}$ für geeignete Elemente $\lambda, \mu \in \mathbb{R}$, also $\vec{a} - \lambda\vec{v} = \vec{b} + \mu\vec{w} \in g_1 \cap g_2$, ein Widerspruch zur Windschiefheit.

zu (b): Ein Normalenvektor zu E_1 und E_2 ist $\vec{n} = \frac{\vec{v} \times \vec{w}}{|\vec{v} \times \vec{w}|}$. Die Hessesche Normalform von E_1 lautet damit $(\vec{x} - \vec{a})\vec{n} = 0$. Der Abstand d von E_2 zu E_1 ist gleich dem Abstand des Punktes mit Ortsvektor $\vec{b}$ von E_1, also $d = (\vec{b} - \vec{a})\frac{\vec{v} \times \vec{w}}{|\vec{v} \times \vec{w}|}$.

Lösungsskizze zu Aufgabe L101:

Der kürzeste Abstand zwischen g und h wird zwischen den Fußpunkten F_g und F_h des gemeinsamen Lotes angenommen. Ein Richtungsvektor des gemeinsamen Lotes ist das Vektorprodukt (Kreuzprodukt) der Richtungsvektoren der beiden Geraden: $\vec{n} = \begin{pmatrix} 0 \\ 1 \\ 1 \end{pmatrix} \times \begin{pmatrix} 1 \\ 0 \\ 0 \end{pmatrix} = \begin{pmatrix} 0 \\ 1 \\ -1 \end{pmatrix}$.

Gesucht sind also λ, μ und ν, so dass

$$\underbrace{\begin{pmatrix} 1 \\ 0 \\ 0 \end{pmatrix} + \lambda \begin{pmatrix} 0 \\ 1 \\ 1 \end{pmatrix}}_{\vec{f}_g} + \nu \begin{pmatrix} 0 \\ 1 \\ -1 \end{pmatrix} = \underbrace{\begin{pmatrix} 0 \\ -1 \\ 1 \end{pmatrix} + \mu \begin{pmatrix} 1 \\ 0 \\ 0 \end{pmatrix}}_{\vec{f}_h}$$

Man errechnet $\lambda = 0, \mu = 1, \nu = -1$, also $F_g = (1, 0, 0), F_h = (1, -1, 1)$, und der Abstand zwischen den beiden Geraden ist gleich der Länge des Vektors $\vec{n}$, also $\sqrt{2}$.

9.2 Lösungen zu Kap. 3 und 4: Analysis

Lösungsskizze zu Aufgabe A1:

zu (a) Behauptung: Es gilt $c_n = (-\frac{1}{2})^{n-1}$ für $n \geq 1$.

Der Beweis wird induktiv geführt: Induktionsverankerung: $n = 1$: $(-\frac{1}{2})^0 = 1 = a_1 - a_0$.

Induktionsvoraussetzung: Gelte $c_n = (-\frac{1}{2})^{n-1}$ für $n \in \mathbb{N}$.

Induktionsschluss: $c_{n+1} = a_{n+1} - a_n = \frac{1}{2}(a_n + a_{n-1}) - a_n = \frac{1}{2}(a_{n-1} - a_n) = -c_n \frac{1}{2} = (-\frac{1}{2})^n$.

zu (b) $a_{2n+1} > a_{2n} \iff a_{2n+1} - a_{2n} > 0 \iff c_{2n+1} > 0 \iff (-\frac{1}{2})^{2n+1-1} = \frac{1}{2^{2n}} > 0$.

zu (c) (i) Es ist zu zeigen: $a_{2n} \leq a_{2n+2}$.

Beweis: $a_{2n+2} = \frac{1}{2}a_{2n+1} + \frac{1}{2}a_{2n} > \frac{1}{2}a_{2n} + \frac{1}{2}a_{2n} = a_{2n}$ nach (b).

(ii) Analog erhält man $a_{2n-1} \geq a_{2n+1}$.

zu (d) Wir zeigen zunächst per Induktion $a_n = \sum_{i=1}^{n} c_i$.

Induktionsanfang: $a_1 = 1 = c_1$. Induktionsvoraussetzung: Gelte $a_n = \sum_{i=1}^{n} c_i$ für $n \in \mathbb{N}$.

Induktionsschluss: Wegen der Definition von c_n gilt:

$$a_{n+1} = c_{n+1} + a_n = c_{n+1} + \sum_{i=1}^{n} c_i = \sum_{i=1}^{n+1} c_i.$$

Damit folgt: $\lim_{n \to \infty} a_n = \sum_{i=1}^{\infty} c_i = \sum_{i=1}^{\infty} (-\frac{1}{2})^i = \frac{1}{1-(-\frac{1}{2})} = \frac{2}{3}$.

Lösungsskizze zu Aufgabe A2:

Gegeben ist die Folge $(a_n)_{n \in \mathbb{N}}$ mit $a_1 = \sqrt{2}$ und $a_{n+1} = \sqrt{2 + \sqrt{a_n}}$.

(a) (i) Behauptung: $(a_n)_{n \in \mathbb{N}}$ ist nach oben beschränkt: $a_n < 2$.

Induktionsverankerung: Die Behauptung ist wegen $\sqrt{2} < 2$ richtig für a_1.

Induktionsschritt: Sei die Behauptunmg richtig für a_n ! Dann folgt aus der Monotonie der Wurzelfunktion:

$$a_{n+1} = \sqrt{2 + \sqrt{a_n}} \leq \sqrt{2 + \sqrt{2}} < \sqrt{2 + 2} = 2.$$

Anmerkung: Die betrachtete Folge ist auch nach unten beschänkt: $a_{n+1} = \sqrt{2 + \sqrt{a_n}} \underset{\sqrt{a_n} \geq 0}{\geq} \sqrt{2}$.

(ii) Behauptung: $(a_n)_{n \in \mathbb{N}}$ ist streng monoton steigend, also $a_n < a_{n+1}$ für alle n.

Induktionsverankerung: Für $n = 1$ gilt : $a_1 = \sqrt{2} < \sqrt{2 + \sqrt{a_1}} = a_2$.

Induktionsschritt: Sei die Behauptung richtig für n ! Wegen der strengen Monotonie der Wurzelfunktion gilt

$a_n < a_{n+1} \Rightarrow \sqrt{a_n} < \sqrt{a_{n+1}} \Rightarrow 2 + \sqrt{a_n} < 2 + \sqrt{a_{n+1}}$. Daraus folgt:

$$a_{n+1} = \sqrt{2 + \sqrt{a_n}} < \sqrt{2 + \sqrt{a_{n+1}}} = a_{n+2}.$$

(iii) Aus (i) und (ii) folgt die Behauptung.

(b) U.a. wegen der Folgenstetigkeit der Wurzelfunktion und der Additivität der Limes-Bildung

erhält man $a = \lim_{n \to \infty} a_{n+1} = \lim_{n \to \infty} \sqrt{2 + \sqrt{a_n}} = \sqrt{2 + \sqrt{\lim_{n \to \infty} a_n}} = \sqrt{2 + \sqrt{a}}$, d.h.

$$a^2 - \sqrt{a} - 2 = 0.$$

Lösungsskizze zu Aufgabe A3:

(i) (a_n) konvergiert nicht, da $(|a_n|)$ keine Nullfolge ist:

$$\sqrt{n}(\sqrt{n+1} - \sqrt{n}) = \sqrt{n} \frac{n+1-n}{\sqrt{n+1} + \sqrt{n}} = \frac{n}{\sqrt{n+1} + \sqrt{n}} = \frac{1}{\sqrt{1 + \frac{1}{n}} + 1} \longrightarrow \frac{1}{2} \qquad \text{für } n \to \infty.$$

(ii) Auch (b_n) ist nicht konvergent; wegen $\sum_{i=1}^{n}(2i-1)=n^2$ (Beweis durch vollständige

Induktion) gilt $\frac{1}{n+2}\sum_{j=1}^{n}\left(j-\frac{1}{2}\right)=\frac{\frac{1}{2}+\frac{3}{2}+...+\frac{2n-1}{2}}{n+2}=\frac{n^2}{2n+4}=\frac{n}{2+\frac{4}{n}}\to\infty.$

Lösungsskizze zu Aufgabe A4:

1. Man wähle z.Bsp. $f:(0,1]\to\mathbb{R}$ mit $f(x):=\frac{1}{x}$ und $(x_n)_{n\in\mathbb{N}}:=\left(\frac{1}{n}\right)_{n\in\mathbb{N}}$, eine Nullfolge. Dann gilt $f\left(\frac{1}{n}\right)=n$, und alle Funktionswerte haben mindestens den Abstand 1. Somit gibt es für $\varepsilon<1$ kein N_0, so dass $\forall i,j>N_0:d'(f(x_i),f(x_j))<\varepsilon$.

2. Aus der gleichmäßigen Stetigkeit von f folgt bei gegebenem $\varepsilon>0$: Es exisiert ein $\delta>0$ mit $d(x_i,x_j)<\delta\implies d'(f(x_i),f(x_j))<\varepsilon$. Da $(x_n)_{n\in\mathbb{N}}$ Cauchyfolge ist, gilt für dieses δ: $\exists N_0\forall i,j>N_0\ d(x_i,x_j)<\delta$.

   Somit folgt $\forall\varepsilon>0\ \exists N_0\ \forall i,j>N_0:\ d'(f(x_i),f(x_j))<\varepsilon$. Daher ist $(f(x_n))_{n\in\mathbb{N}}$ Cauchyfolge.

Lösungsskizze zu Aufgabe A5:

(a) Man kann zur Lösung folgende Sätze verwenden:

Satz A: Konvergieren $(a_n)_{n\in\mathbb{N}}$ und $(b_n)_{n\in\mathbb{N}}$ mit $\lim_{n\to\infty}a_n=a$ und $\lim_{n\to\infty}b_n=b$, dann gilt $\lim_{n\to\infty}(a_n+b_n)_{n\in\mathbb{N}}=a+b$.

Beweis: Sei also $\varepsilon>0$ beliebig gegeben. Dann ist auch $\frac{\varepsilon}{2}>0$. Da (a_n) und (b_n) konvergieren, existieren $N_1,N_2\in\mathbb{N}$ mit $|a_n-a|<\frac{\varepsilon}{2}$ für $n\geq N_1$, und $|b_n-b|<\frac{\varepsilon}{2}$ für $n\geq N_2$. Mit der Dreiecksungleichung gilt für alle $n\geq N:=\max\{N_1,N_2\}$, dass

$$|(a_n+b_n)-(a+b)|\leq|a_n-a|+|b_n-b|<\frac{\varepsilon}{2}+\frac{\varepsilon}{2}=\varepsilon.$$

Satz B: Wenn (a_n) und (b_n) konvergente Folgen sind mit $\lim_{n\to\infty}a_n=a$ und $\lim_{n\to\infty}b_n=b$, dann gilt $\lim_{n\to\infty}(a_n\cdot b_n)=a\cdot b$. Beweis ...

Setzt man $b_n=\lambda$ für alle $n\in\mathbb{N}$, so folgt $\lim_{n\to\infty}(a_n\cdot\lambda)=a\cdot\lambda$. Daraus wiederum folgt mit Satz A und $\lambda=-1$ $\lim_{n\to\infty}(a_n+\lambda b_n)=\lim_{n\to\infty}(a_n+(-b_n))=\lim_{n\to\infty}(a_n-b_n)=a+(-b)=a-b$. *Umgekehrt:* Wenn (a_n+b_n) und (a_n-b_n) konvergieren, dann konvergieren nach Satz A und Satz B auch $((a_n+b_n)+(a_n-b_n))=(2a_n)=2(a_n)$ bzw. $((a_n+b_n)-(a_n-b_n))=(2b_n)=2(b_n)$. Also konvergieren auch (a_n) und (b_n).

(b)   Diese Aussage gilt nicht: Seien (a_n) und (b_n) beide divergent und $(b_n)=(-a_n)$ für alle $n\in\mathbb{N}$, so ergibt sich $\lim_{n\to\infty}(a_n+b_n)=(a_n-a_n)=0$. Gilt $a_n=b_n$ für alle $n\in\mathbb{N}$, so folgt $\lim_{n\to\infty}(a_n-b_n)=(a_n-a_n)=0$. In diesen Fällen sind (a_n+b_n) und (a_n-b_n) konvergent, obwohl (a_n) und (b_n) beide divergent sind.

(c) Wenn $(a_n^2)_{n\in\mathbb{N}}$ gegen c konvergiert, dann gilt $\lim_{n\to\infty}a_n^2=\lim_{n\to\infty}|a_n|^2=c$. Insbesondere ist $c\geq0$, da $|a_n|\geq0$ für alle $n\in\mathbb{N}$. Da die Wurzelfunktion stetig und damit auch folgenstetig ist, gilt $\sqrt{c}=\sqrt{\lim_{n\to\infty}|a_n|^2}=\lim_{n\to\infty}\sqrt{|a_n|^2}=\lim_{n\to\infty}|a_n|$. Also konvergiert auch $(|a_n|)_{n\in\mathbb{N}}$.

Konvergiere umgekehrt $(|a_n|)_{n\in\mathbb{N}}$ gegen a, also $\lim_{n\to\infty}|a_n|=a$. Aus den Rechenregeln für konvergente Folgen folgt

$$\lim_{n\to\infty}a_n^2=\lim_{n\to\infty}|a_n|^2=\lim_{n\to\infty}(|a_n|\cdot|a_n|)=\lim_{n\to\infty}|a_n|\cdot\lim_{n\to\infty}|a_n|=a\cdot a=a^2.$$

Also konvergiert auch $(a_n^2)_{n \in \mathbb{N}}$.

(d) Betrachtet man die Folge $(a_n)_{n \in \mathbb{N}} = (\sum_{k=1}^{n} \frac{1}{n})_{n \in \mathbb{N}}$, so gilt $(a_n)_{n \in \mathbb{N}}$ ist divergent (Harmonische Reihe); aber wegen

$$\lim_{n \to \infty} (a_{n+1} - a_n) = \lim_{n \to \infty} \left(\sum_{k=1}^{n+1} \frac{1}{n} - \sum_{k=1}^{n} \frac{1}{n} \right) = \lim_{n \to \infty} \frac{1}{n+1} = 0,$$

ist $(a_{n+1} - a_n)_{n \in \mathbb{N}}$ eine Nullfolge. $\qquad \square$

Lösungsskizze zu Aufgabe A6:

(a): Sei $x_0 \in [a,b]$ beliebig. *1. Fall:* $f(x_0) > x_0$.

Wir wollen mit Induktion beweisen, dass $x_{n+1} \geq x_n$ für alle $n \in \mathbb{N}$. Zunächst gilt $x_1 = f(x_0) > x_0$. Sei nun $n_0 \in \mathbb{N}$ mit $x_{n_0+1} \geq x_{n_0}$. Dann folgt $f(x_{n_0+1}) \geq f(x_{n_0})$, da f monoton steigt, also $x_{n_0+2} \geq x_{n_0+1}$. Also steigt auch $(x_n)_{n \in \mathbb{N}}$ monoton.

2. Fall: $f(x_0) \leq x_0$. Wir wollen mit Induktion beweisen, dass $x_{n+1} \leq x_n$ für alle $n \in \mathbb{N}$. Zunächst gilt $x_1 = f(x_0) \leq x_0$. Sei $n_0 \in \mathbb{N}$ mit $x_{n_0+1} \leq x_{n_0}$. Dann gilt $f(x_{n_0+1}) \leq f(x_{n_0})$, da f monoton steigt, d.h. $x_{n_0+2} \leq x_{n_0+1}$. Also fällt $(x_n)_{n \in \mathbb{N}}$ monoton.

In jedem Fall folgt also die Monotonie von $(x_n)_{n \in \mathbb{N}}$.

(b): Da $f(x) \in [a,b]$ für alle $x \in [a,b]$ ist die Folge $(x_n)_{n \in \mathbb{N}}$ mit $x_{n+1} := f(x_n)$ wohldefiniert. Insbesondere gilt $x_n \in [a,b]$ für alle $n \in \mathbb{N}$. Die Folge ist also nach oben und unten beschränkt. Nach dem Monotoniekriterium konvergiert eine beschränkte monotone Folge. Es existiert also ein $\xi \in [a,b]$ mit $\lim\limits_{n \to \infty} x_n = \xi$.

(c): Es gilt $\xi = \lim\limits_{n \to \infty} x_{n+1} = \lim\limits_{n \to \infty} f(x_n) = f(\lim\limits_{n \to \infty} x_n) = f(\xi)$, da f stetig und damit auch folgenstetig ist. $\qquad \square$

Lösungsskizze zu Aufgabe A7:

Sei $\varepsilon > 0$ vorgegeben. Dann existiert ein $n_1 \in \mathbb{N}$, so dass für alle $n \geq n_1$ und für alle $x \in [a,b]$ gilt: $|f_n(x) - f(x)| < \frac{\varepsilon}{2}$, da f_n eine gleichmässig konvergente Funktionenfolge ist. Weiterhin existiert ein $n_2 \in \mathbb{N}$, so dass für alle $n \geq n_2$ gilt: $|f_n(x_n) - f_n(c)| < \frac{\varepsilon}{2}$, da f_n stetig und damit folgenstetig ist. Wir wählen $n_0 := \max\{n_1, n_2\}$. Dann gilt für alle $n \geq n_0$: $|f_n(x_n) - f(c)| = |f_n(x_n) - f_n(c) + f_n(c) - f(c)| \leq |f_n(x_n) - f_n(c)| + |f_n(c) - f(c)| < \frac{\varepsilon}{2} + \frac{\varepsilon}{2} = \varepsilon$. Also gilt $\lim\limits_{n \to \infty} f_n(x_n) = f(c)$. $\qquad \square$

Lösungsskizze zu Aufgabe A8:

Wir zeigen, dass für beliebiges $x_0 \in D_{r,a}$ eine ε-Kugel um x_0 existiert, die in $D_{r,a}$ enthalten ist. Da $||x_0 - a|| > r$, existiert ein $\varepsilon_0 > 0$ mit $\varepsilon_0 + r = ||x_0 - a||$. Mit diesem ε gilt aber $B_{\frac{\varepsilon_0}{2}}(x_0) \subseteq D_{r,a}$.
Beweis: Sei $x \in B_{\frac{\varepsilon_0}{2}}(x_0)$. Dann gilt:
$$r = ||x_0 - a|| - \varepsilon_0 = ||x_0 - x + x - a|| - \varepsilon_0 \leq ||x_0 - x|| + ||x - a|| - \varepsilon_0 \leq \frac{\varepsilon_0}{2} + ||x - a|| - \varepsilon_0 < ||x - a||$$
und damit $x \in D_{r,a}$.

Lösungsskizze zu Aufgabe A9:

(i) Positivität: $d(x,y) \geq 0$ gilt wegen der Eigenschaften des Betrags auf $\mathbb{R}$.
$d(x,y) = 0 \iff |\varphi(x) - \varphi(y)| = 0 \iff \varphi(x) = \varphi(y) \iff x = y$, da arctan injektiv auf $\overline{\mathbb{R}}$ ist.
(ii) Symmetrie: $d(x,y) = |\varphi(x) - \varphi(y)| = |\varphi(y) - \varphi(x)| = d(y,x)$.

(iii) Dreiecksungleichung: $d(x,z) = |\varphi(x) - \varphi(z)| = |\varphi(x) - \varphi(y) + \varphi(y) - \varphi(z)| \leq$
$$|\varphi(x) - \varphi(y)| + |\varphi(y) - \varphi(z)| = d(x,y) + d(y,z).$$
Da φ streng monoton steigend auf der kompatken Menge $\overline{\mathbb{R}}$ ist, ist der maximale Abstand:
$$d(-\infty, \infty) = |-\tfrac{\pi}{2} - \tfrac{\pi}{2}| = \pi.$$

Lösungsskizze zu Aufgabe A10:

"$\Longleftarrow$" Sei $\varepsilon > 0$. Zu $\frac{\varepsilon}{\sqrt{3}}$ existieren dann n_1, n_2, n_3 und $x, y, z \in \mathbb{R}$ mit $\quad |x_n - x| \leq \frac{\varepsilon}{\sqrt{3}}$ für $n > n_1$,
$|y_n - y| \leq \frac{\varepsilon}{\sqrt{3}}$ für $n > n_2$, und $\quad |z_n - z| \leq \frac{\varepsilon}{\sqrt{3}}$ für $n > n_3$. Mit $n_0 := \max\{n_1, n_2, n_3\}$ ist für $n \geq n_0$

$$||(x_n, y_n, z_n) - (x, y, z)|| = \sqrt{(x_n - x)^2 + (y_n - y)^2 + (z_n - z)^2} \leq \sqrt{(\frac{\varepsilon}{\sqrt{3}})^2 + (\frac{\varepsilon}{\sqrt{3}})^2 + (\frac{\varepsilon}{\sqrt{3}})^2} = \varepsilon.$$

"$\Longrightarrow$" Sei $\varepsilon > 0$. Dann existieren $n_0 \in \mathbb{N}$ und $(x, y, z) \in \mathbb{R}^3$, derart dass für alle $n \geq n_0$ gilt:

$$||(x_n, y_n, z_n) - (x, y, z)|| = \sqrt{(x_n - x)^2 + (y_n - y)^2 + (z_n - z)^2} \leq \varepsilon.$$

Da Quadrate aber nicht-negativ sind und die Wurzelfunktion streng monoton steigt, folgt
$$|x_n - x| = \sqrt{(x_n - x)^2} \leq \sqrt{(x_n - x)^2 + (y_n - y)^2 + (z_n - z)^2} \leq \varepsilon \quad \text{für alle } n \geq n_0.$$
Damit ist aber die Folge $(x_n)_{n \in \mathbb{N}}$ gegen x konvergent und ganz analog zeigt man, dass auch die
Folgen $(y_n), (z_n)$ gegen y bzw. z konvergieren. $\qquad\square$

Lösungsskizze zu Aufgabe A11:

Es gilt $\quad M(x) = \max\{f(x), g(x)\} = \frac{f+g+|f-g|}{2}(x)$. $\quad$ Da f und g stetig bei a und $|\cdot|$ stetig auf
ganz $\mathbb{R}$ sind, ist M als Vielfaches einer Komposition dieser Abbildungen ebenfalls stetig bei a.

Lösungsskizze zu Aufgabe A12:

zu a): Für $a \in \mathbb{R}$ ist: $f(a) = f(a+0) = f(a) + f(0)$, daher $f(0) = 0$.
zu b) Seien $x \in \mathbb{R}$ und $(x_n)_{n \in \mathbb{N}}$ eine beliebige Folge mit Grenzwert x gegeben. Damit ist $(x_n - x)$
Nullfolge und wegen der Stetigkeit von f bei 0 gilt: $\lim\limits_{n \to \infty} f(x_n - x) = f(0) = 0$. Es folgt:
$f(x) = 0 + f(x) = \lim\limits_{n \to \infty} f(x_n - x) + f(x) = \lim\limits_{n \to \infty} (f(x_n) - f(x)) + \lim\limits_{n \to \infty} f(x)$ [nach Def. von f], daher $f(x) = \lim\limits_{n \to \infty} (f(x_n) - f(x) + f(x))$, [da beide Grenzwerte existieren,] und so $f(x) = \lim\limits_{n \to \infty} f(x_n)$.
Da $(x_n)_{n \in \mathbb{N}}$ und x beliebig waren, zeigt dies die (Folgen-)Stetigkeit von f auf ganz $\mathbb{R}$.

Lösungsskizze zu Aufgabe A13:

Zunächst vereinfachen wir den gegebenen Bruch durch Division von Nenner und Zähler durch

$x - 3$; es folgt $\qquad\qquad f(x) = \frac{x^3 - 27}{x^2 - 9} = \frac{x^2 + 3x + 9}{x + 3}$.

Für $x = 3$ kann die relle Zahl a durch Einsetzen bestimmt werden: $f(3) = \frac{9}{2}$. Somit ist f bei $x = 3$
durch $a = 4,5$ stetig ergänzbar.
(*Alternativ:* Anwendung des Satzes von de l'Hospital.)
Bei $x = -3$ ist f nicht hebbar stetig: Zum Beweis betrachte man zum Beispiel die Folge
$(x_n)_{n \in \mathbb{N}} = (-3 + \frac{1}{n})_{n \in \mathbb{N}}$. Für diese gilt:

$$\lim_{n \to \infty} \frac{x_n^3 - 27}{x_n^2 - 9} = \lim_{n \to \infty} \frac{x_n^2 + 3x_n + 9}{x_n + 3} = \lim_{n \to \infty} (9n - 3 + \frac{1}{n}) = \infty.$$

Somit ist f bei $x = -3$ nicht folgenstetig und damit nicht stetig ergänzbar. Insgesamt ist f also
für jede Wahl von a und b nicht auf ganz $\mathbb{R}$ stetig.

Lösungsskizze zu Aufgabe A14:

(i) Genau dann hat $x^2 + ax + b = 0$ keine reelen Lösungen, wenn $\frac{a^2}{4} - b < 0$ gilt

(„p-q-Formel"). Wir definieren $f : \begin{cases} \mathbb{R}^2 \to \mathbb{R} \\ (x,y) \mapsto \frac{x^2}{4} - y. \end{cases}$ f ist als Polynom stetig, das reele In-

tervall $]-\infty, 0[$ ist offen; nun ist das Urbild dieses Intervalls unter stetigem f wieder offen, und es gilt $f^{-1}(]-\infty, 0[) = \{(a,b) \in \mathbb{R}^2 | \frac{a^2}{4} - b < 0\} = A$. Also ist A offen. A ist nicht abgeschlossen und damit auch nicht kompakt, da z.Bsp. $(0, \frac{1}{n})$ eine Folge in A ist, deren Grenzwert nicht in A liegt.

(ii) Die Extremwertbedingung für Elemente von $B \subseteq \mathbb{R}^3$ führt zu folgender Umformulierung der Menge $B = \{(a,b,c) | 3 + 2a + b = 0 \wedge 6 + 2a \neq 0\}$. Zunächst sieht man, dass B nicht abgeschlossen ist, da jedes Glied der Folge $(-3 + \frac{1}{n}, 3 - \frac{2}{n}, 0)_{n \in \mathbb{N}}$ in B liegt, der in $\mathbb{R}^3$ existierende Grenzwert $(-3, 3, 0)$ wegen $6 + 2(-3) = 0$ aber nicht. Dies wäre für die Abgeschlossenheit allerdings notwendig. Somit kann B auch nicht kompakt sein, da kompakte Teilmengen des $\mathbb{R}$ notwendigerweise abgeschlossen sind.

B ist aber auch nicht offen. Dazu betrachte man $(0, -3, 0) \in B$. Zu jeder ε-Umgebung von $(0, -3, 0)$ existiert aber ein $\delta > 0$ mit $(\delta, -3, 0) \in U_\varepsilon((0, -3, 0))$. Wegen $3 + 2\delta - 3 = 2\delta > 0$ ist $(\delta, -3, 0) \notin B$, also auch $U_\varepsilon((0, -3, 0)) \not\subseteq B$. Damit ist B auch nicht offen.

Lösungsskizze zu Aufgabe A15:

Falls $f(a) = a$ oder $f(b) = b$ gilt, ist nichts zu zeigen. Ist dies nicht der Fall folgt aus der Voraussetzung $\quad (*) \quad f(a) > a$ und $f(b) < b >$

Man definiert nun die auf $[a,b]$ stetige Funktion g mittels $g(x) := f(x) - x$. Aus der Gleichung $(*)$ folgt $g(a) = f(a) - a > 0$ und $g(b) = f(b) - b < 0$. Da g stetig ist, folgt aus dem Zwischenwertsatz, dass $\xi \in (a,b)$ existiert mit $g(\xi) = 0 \Longrightarrow f(\xi) = \xi$. Also ist ξ Fixpunkt von f. $\square$

Lösungsskizze zu Aufgabe A16:

(i) Für alle $n \in \mathbb{N}$ gilt $|f_n(x)| = |\frac{x^2}{x^2 + (1-nx)^2}| = \frac{1}{1 + (\frac{1}{x} - n)^2} \leq 1$ für; $x \neq 0$

[da: $\forall M \in \mathbb{N} \, \exists N \in \mathbb{N} \, \forall n \geq N : (\frac{1}{a} - n)^2 > M$] und $f_n(0) = 0 \leq 1$. Die Funktionenfolge $(f_n)_{n \in \mathbb{N}}$ ist daher auf $[0,1]$ beschränkt.

(ii) Es gilt $\lim_{n \to \infty} f_n(a) = \frac{1}{1 + (\frac{1}{a} - n)^2} = 0$ für alle $a \in]0,1]$ und $\lim_{n \to \infty} f_n(0) = 0$ für $a = 0$. Daher konvergiert $(f_n)_{n \in \mathbb{N}}$ punktweise gegen die Nullfunktion.

(iii) Man betrachtet

$$f_n(\frac{1}{n}) = \frac{(\frac{1}{n})^2}{(\frac{1}{n})^2 + (1 - \frac{n}{n})^2} = \frac{\frac{1}{n^2}}{\frac{1}{n^2} + 0} = 1 \text{ (für alle } n \in \mathbb{N}\text{)}.$$

Wäre eine Teilfolge $(f_n)_{n \in \mathbb{N}}$ gleichmäßig konvergent, dann gegen die punktweise Grenzfunktion. Wählt man aber $0 < \varepsilon < 1$, dann gilt $\forall n_i \, \exists x = \frac{1}{n_i} : |f_n(x)| = 1 > \varepsilon$, ein Widerspruch. $\square$

Anmerkung: Ist eine Funktionenfolge $(f_n)_{n \in \mathbb{N}}$ gleichmäßig konvergent, so konvergiert sie gegen die Funktion, gegen die sie punktweise konvergiert. In diesem Fall gilt $f_n \longrightarrow 0$, aber $f_n(\frac{1}{n}) = 1$ (f.a. $n \in \mathbb{N}$) und damit ist f_n nicht im ε-Schlauch ($\varepsilon < 1$) um die Nullfolge, d.h. nicht gleichmäßig konvergent.

Alternative Formulierung:
$\lim\limits_{n\to\infty}\|f_n\|_\infty = 0 \Longleftrightarrow f_n$ konvergiert gleichmäßig gegen 0, aber $\|f_n\| \geq |f_n(\frac{1}{n})| = 1$.

Lösungsskizze zu Aufgabe A17:

(i) Beachte zunächst, dass $h(0) = 0$ gilt, was sofort aus $h(0) = h(0+0) = h(0) + h(0)$ folgt.
Setze nun $k := h(1)$. Per Induktion zeigt man nun, dass $h(n) = kn$ für alle $n \in \mathbb{N}$ gilt
Induktions-Anfang: $h(1) = k = k \cdot 1$
Induktions-Voraussetzung: Gelte $h(n-1) = k \cdot (n-1)$ für $n \in \mathbb{N}$.
Induktions-Schluss: $h(n) = h(n-1+1) = h(n-1) + h(n) = k(n-1) + k = k \cdot n$.

(ii) Betrachte $h(-n)$ für $n \in \mathbb{N}$: $0 = h(0) = h(-n+n) = h(-n) + h(n) = h(-n) + kn$. Damit folgt sofort: $h(-n) = k \cdot (-n)$ und damit die Gültigkeit der Behauptung für $\mathbb{Z}$.

(iii) Seien nun $m \in \mathbb{N}$ und $n \in \mathbb{Z}$. Dann: $m \cdot h(\frac{n}{m}) = \underbrace{h(\frac{n}{m}) + \ldots + h(\frac{n}{m})}_{m\ \text{mal}} = h(m \cdot \frac{n}{m}) = h(n) = k \cdot n$.

Es folgt $h(\frac{n}{m}) = k\frac{n}{m}$, also die Gültigkeit der Behauptung für ganz $\mathbb{Q}$.

(iv) Sei nun zuletzt $x \in \mathbb{R}$ beliebig. Falls x rational ist, ist man wegen (iii) fertig. Bei irrationalem x wählt man eine Folge $(q_n)_{n\in\mathbb{N}}$ mit $\lim\limits_{n\to\infty} q_n = x$ und allen $q_n \in \mathbb{Q}$ (dies geht, da $\mathbb{Q}$ dicht in $\mathbb{R}$ liegt). Da h als stetig vorausgesetzt wurde folgt nun:

$$h(x) = h(\lim_{n\to\infty} q_n) = \lim_{n\to\infty} h(q_n) = \lim_{n\to\infty} k \cdot q_n = k \cdot \lim_{n\to\infty} q_n = k \cdot x. \qquad \square$$

Lösungsskizze zu Aufgabe A18:
Für $x < 0$ und für $x > 0$ ist f stetig (denn $x^x = e^{x\ln x}$, und $\exp$ sowie $\ln$ sind für $x > 0$ stetig.) f ist nicht stetig bei 0.
Beweis: Wählt man eine Folge $(x_n)_{n\in\mathbb{N}}$ mit positiven Folgengliedern und $\lim\limits_{n\to\infty} x_n = 0$. Dann gilt:

$$\lim_{x\to 0} f(x) = \lim_{x\to 0} x^x = \lim_{x\to 0} e^{x\ln x} = e^{\lim_{x\to 0}(x\ln x)} = e^0 = 1 \qquad (\text{da } \exp \text{ stetig ist}).$$

Wäre f stetig, müsste aber gelten $1 = \lim_{x\to 0} f(x) = f(\lim_{x\to 0} x) = f(0) = 0$, was nicht stimmt.

Lösungsskizze zu Aufgabe A19:
Es gilt $\quad f(x) = \lim\limits_{n\to\infty} \dfrac{1}{1+x^{2n}} = \begin{cases} 0 & \text{für } |x| > 1 \\ \frac{1}{2} & \text{für } |x| = 1 \ ; \\ 1 & \text{für } |x| < 1 \end{cases} \quad f$ ist damit unstetig bei $x = 1$ und $x = -1$, sonst überall stetig. Aufgrund der gefundenen Darstellung von f kann der Graph (dieser Treppenfunktion) leicht skizziert werden. $\qquad \square$

Lösungsskizze zu Aufgabe A20:
Sei $f : (a,b) \to \mathbb{R}$ eine gleichmäßig stetige Funktion. Für $\varepsilon = 1$ zum Beispiel gibt es dann ein $\delta_1 > 0$ derart, das für alle $x \in (a,b)$ gilt: $f(U_{\delta_1}(x)) \subseteq U_1(f(x))$.
Für $k \in \mathbb{N}$ mit z.B. $k > \frac{|b-a|}{2\delta_1}$ existiert dann eine Überdeckung von (a,b) durch $2k$ offene Intervalle der Länge $2\delta_1$; diese Intervalle können als δ_1–Umgebungen von $2k$ Punkten $x_1, \ldots, x_{2k}$ aufgefasst werden; die Bilder dieser das Intervall (a,b) überdeckenden Umgebungen sind enthalten in den $2k$ Intervallen $U_1(f(x_i))$ $(i = 1, \ldots, 2k)$ der Länge 2. Damit kann f keine surjektive reelle Funktion von (a,b) <u>auf</u> $\mathbb{R}$ sein.

Lösungsskizze zu Aufgabe A21:

ad (a) Wir nehmen an, dass f nicht streng monoton ist. Dann existieren $x_1, x_2, x_3 \in \mathbb{R}$ mit
$f(x_1) \leq f(x_2) \geq f(x_3)$ oder $f(x_1) \geq f(x_2) \leq f(x_3)$. Dann existieren Werte η mit
$f(x_1) \leq \eta \leq f(x_2) \wedge f(x_3) \leq \eta \leq f(x_2)$ oder $f(x_1) \geq \eta \geq f(x_2) \wedge f(x_3) \geq \eta \geq f(x_2)$.
Nach dem Zwischenwertsatz existieren dann ξ_1 und ξ_2 mit $\xi_1 \neq \xi_2$ und $f(\xi_1) = \eta = f(\xi_2)$, ein
Widerspruch zur Injektivität von f.

ad (b) Ein Beispiel ist die Funktion $f : \mathbb{R} \to \mathbb{R}$ mit $f(x) = x$ für $x \in \mathbb{R} \setminus \{0, 1\}$ und $f(0) = 1$
sowie $f(1) = 0$; sie ist injektiv, unstetig und nicht monoton.

Lösungsskizze zu Aufgabe A22:

(a) Partialbruchzerlegung ergibt $\frac{1}{n(n+1)} = \frac{1}{n} - \frac{1}{n+1}$. Damit folgt:

$$\sum_{n=1}^{\infty} \frac{1}{n(n+1)} = \lim_{k \to \infty} \left(\sum_{n=1}^{k} \frac{1}{n} - \sum_{n=1}^{k} \frac{1}{n+1} \right) = \lim_{k \to \infty} \left(\sum_{n=1}^{k} \frac{1}{n} - \sum_{n=2}^{k+1} \frac{1}{n} \right) = \lim_{k \to \infty} \underbrace{\left(1 - \frac{1}{k+1} \right)}_{k\text{-te Partialsumme}} = 1.$$

(b) Nach Teil (a) ist $\sum_{n=1}^{\infty} \frac{1}{n(n+1)}$ wegen der Positivität der Reihenglieder absolut konvergent.

Wegen $\left| \frac{1}{(n+1)^2} \right| = \left| \frac{1}{n^2 + 2n + 1} \right| \leq \left| \frac{1}{n^2 + n} \right|$ folgt nach dem Majorantenkriterium für Reihen also

auch die Konvergenz von $\sum_{n=1}^{\infty} \frac{1}{(n+1)^2}$. Also ist auch $\sum_{n=1}^{\infty} \frac{1}{n^2} = \sum_{n=1}^{\infty} \frac{1}{(n+1)^2} + 1$ konvergent. $\square$

Lösungsskizze zu Aufgabe A23:

(a) und (b): Für $|q| < 1$: gilt $\sum_{k=0}^{\infty} q^k = \frac{1}{1-q}$ (geometrische Reihe). Daher ist

$$\sum_{0}^{\infty} \frac{1}{2^k} = \frac{1}{1 - \frac{1}{2}} = 2 \quad \text{und} \quad \sum_{0}^{\infty} \frac{(-1)^k}{3^k} = \frac{1}{1 + \frac{1}{3}} = \frac{3}{4}.$$

(c) $\sum_{k=0}^{\infty} \left(\frac{1}{2^k} + \frac{-1^k}{3^k} \right) = \sum \frac{1}{2^k} + \sum \frac{(-1)^k}{3^k} = 2 + \frac{3}{4} = \frac{11}{4}$ (nach dem Satz über die Summe zweier
konvergenter Reihen).

(d) $(\frac{1}{k})_{k \in \mathbb{N}}$ ist eine beschränkte Folge, und $\sum_{k=0}^{\infty} \left(\frac{1}{2^k} + \frac{(-1)^k}{3^k} \right)$ konvergiert wegen $\frac{1}{2^k} > \frac{1}{3^k}$ absolut. Nach einem Satz dürfen Glieder einer absolut konvergenten Reihe mit beschränkten
Faktoren multipliziert werden (vgl. Heuser [Heu1], p. 195 Aufg. 5).

Anmerkung: (i) Eine alternative Argumentation benutzt das Majorantenkriterium (s. §3.3):
Sind $\sum_{k}^{\infty} c_k$ konvergent, alle $c_k \geq 0$, und gilt $|a_k| \leq c_k$ für fast alle k, so konvergiert $\sum_{k}^{\infty} a_k$

absolut. In unserem Fall ist $\left| \frac{1}{k} \left(\frac{1}{2^k} + \frac{(-1)^k}{3^k} \right) \right| \leq \left| \frac{1}{2^k} + \frac{(-1)^k}{3^k} \right| \leq \frac{1}{2^k} + \frac{1}{3^k}$.

(ii) Eine weitere Beweismöglichkeit bietet das *Abelsche Kriterium*: Konvergiert $\sum c_k$ und
ist (b_k) eine monotone und beschränkte Folge, so konvergiert $\sum a_k b_k$.

(e) $\sum_{k=1}^{\infty} \frac{k^2}{2^k}$ konvergiert nach dem Quotientenkriterium, denn

$$\left| \frac{a_{k+1}}{a_k} \right| = \frac{(k+1)^2}{2^{k+1}} \cdot \frac{2^k}{k^2} = \frac{(1 + \frac{1}{k})^2}{2} \to \frac{1}{2} < 1,$$

bzw. nach dem Wurzelkriterium ($\sqrt[k]{\frac{k^2}{2^k}} = \frac{1}{2} \left(\sqrt[k]{k} \right)^2 \to \frac{1}{2} < 1$). $\square$

Lösungsskizze zu Aufgabe A24:

1. Die Folge der Reihenglieder divergiert, da $\sqrt[n]{n} \to 1$ gilt und damit die Folge $(\frac{(-1)^n}{\sqrt[n]{n}}$ die beiden Häufungswerte ± 1 hat. Daraus folgt, dass die Reihe nicht konvergent sein kann; (ansonsten müssten die Reihenglieder notwendigerweise gegen 0 gehen).

2. (i) Da im Falle $a > 1$ die Folge der Reihengleider monoton fallend und positiv ist, lässt sich das Cauchysche Verdichtungskriterium für Reihen anwenden. Betrachte also die Reihe:

$$\sum_{n=2}^{\infty} 2^n \frac{1}{2^n \log_a(2^n)} = \sum_{n=2}^{\infty} \frac{1}{n \cdot \log_a 2} = \frac{1}{\log_a 2} \sum_{n=2}^{\infty} \frac{1}{n}.$$

Da diese Reihe nicht konvergiert, divergiert auch $\sum_{n=2}^{\infty} \frac{1}{n \log_a n}$.

(ii) Im Fall $0 < a < 1$ kann man wegen $\log_a(x) = \frac{1}{\log_{1/a}(a)} \log_{1/a}(x)$ in den Partialsummen den konstanten Faktor $\log_{\frac{1}{a}}(a) = -1$ ausklammern; so erhält man analog zu Teil (i) die Divergenz.

3. Nach dem Minorantenkriterium divergiert auch diese Reihe: Es gilt
$$\frac{1}{\sqrt{n(n+1)}} = \frac{1}{\sqrt{n^2+n}} > \frac{1}{\sqrt{n^2+2n+1}} = \frac{1}{\sqrt{(n+1)^2}} = \frac{1}{n+1},$$ und die Minorante $\sum \frac{1}{n+1}$ divergiert.

Lösungsskizze zu Aufgabe A25:

Wir berechnen den Konvergenzradius um den Entwicklungspunkt 1 mit dem Quotientenkriterium:

$$R = \lim_{n\to\infty} \left| \frac{\frac{1}{2^n}}{\frac{1}{2^{n+1}}} \right| = 2$$

Alternativ mittels Wurzelkriterium: $R = \frac{1}{\lim \sqrt[n]{\frac{1}{2^n}}} = 2.$

Konvergenzverhalten an den Rändern:

$$x = -1: \qquad \sum \frac{1}{2^n}(-2)^n = \sum(-1)^n \qquad \text{und damit nicht konvergent;}$$

$$x = 3: \qquad \sum \frac{1}{2^n}(2)^n = \sum 1 \qquad \text{und auch nicht konvergent.}$$

Also konvergiert die Potenzreihe nur für $x \in (-1, 3)$.

Lösungsskizze zu Aufgabe A26:

Man skizziere den Graphen von $y = \frac{1}{x}$ für $x > 0$ und denke an Ober- und Untersumme! Es gilt:

$$\ln(n+1) = \int_1^{n+1} \frac{1}{x}\,dx < \sum_{k=1}^{n} \frac{1}{k} \quad \text{und} \quad \sum_{k=1}^{n} \frac{1}{k} = 1 + \sum_{k=2}^{n} \frac{1}{k} < 1 + \int_1^{n} \frac{1}{x}\,dx = 1 + \ln x \Big|_1^n = 1 + \ln n.$$

Lösungsskizze zu Aufgabe A27:

Wir verwenden die binomische Reihe: Für $\alpha \in \mathbb{R}$ und $x \in (-1, 1)$ gilt (vgl. [LK] 5.2.87):
$(1+x)^{\alpha} = \sum\limits_{k=0}^{\infty} \binom{\alpha}{k} x^k$. Weiterhin ist $(1+x)^{\alpha} \cdot (1+x)^{\beta} = (1+x)^{\alpha+\beta}$. Damit erhalten wir

$$(1+x)^{\alpha} \cdot (1+x)^{\beta} = \sum\limits_{k=0}^{\infty} \binom{\alpha}{k} x^k \cdot \sum\limits_{k=0}^{\infty} \binom{\beta}{k} x^k = \sum\limits_{k=0}^{\infty} \binom{\alpha+\beta}{k} x^k = (1+x)^{\alpha+\beta}.$$

Potenzreihen konvergieren im Innern ihres Konvergenzbereichs absolut. Daher hat man die Möglichkeit, das Produkt der beiden Reihen in Form des Cauchyprodukts zu schreiben:

$$\sum\limits_{k=0}^{\infty} \binom{\alpha}{k} x^k \cdot \sum\limits_{k=0}^{\infty} \binom{\beta}{k} x^k = \sum\limits_{n=0}^{\infty} \sum\limits_{k=0}^{n} \left(\binom{\alpha}{k} \binom{\beta}{n-k} \right) x^n.$$

Nach dem Identitätssatz für Potenzreihen folgt für zwei auf einem Intervall $X = (-\delta, \delta)$ übereinstimmende Potenzreihen $\sum a_n x^n$ und $\sum b_n x^n$ die Gleichheit der Koeffizienten: $a_i = b_i$ für alle $i \in \mathbb{N}$. Durch Vergleich der Koeffizienten von x^n ergibt sich daher:

$$\sum\limits_{k=0}^{n} \binom{\alpha}{k} \binom{\beta}{n-k} = \binom{\alpha+\beta}{n}.$$

Mit dem soeben Bewiesenen erhalten wir für $\alpha = \beta = n$ die Formel $\sum\limits_{k=0}^{n} \binom{n}{k} \binom{n}{n-k} = \binom{2n}{n}$. Nach Definition des Binomialkoeffizienten gilt $\binom{n}{k} = \frac{n!}{k!(n-k)!} = \frac{n!}{(n-k)!(n-(n-k))!} = \binom{n}{n-k}$. Damit erhält man

$$\sum\limits_{k=0}^{n} \binom{n}{k} \binom{n}{n-k} = \sum\limits_{k=0}^{n} \binom{n}{k}^2 = \binom{2n}{n}.$$

Lösungsskizze zu Aufgabe A28:

(a) Die Reihe konvergiert nach dem Quotientenkriterium, da

$$\lim\limits_{k \to \infty} \left| \frac{\frac{(k+1)^2}{(k+1)!}}{\frac{k^2}{k!}} \right| = \lim\limits_{k \to \infty} \left| \frac{k^2 + 2k + 1}{(k+1)k^2} \right| = \lim\limits_{k \to \infty} \left(\frac{1 + \frac{2}{k} + \frac{1}{k^2}}{k+1} \right) = 0 < 1.$$

(b) Wir bestimmen den Konvergenzradius um die Entwicklungsstelle $x = 1$:

$$R = \frac{1}{\overline{\lim}\limits_{n \to \infty} \sqrt[n]{\left| \frac{1}{n} \right|}} = \frac{1}{\overline{\lim}\limits_{n \to \infty} \frac{1}{\sqrt[n]{n}}} = 1.$$

Am Randpunkt $x = 2$ divergiert die Reihe (harmonische Reihe), bei $x = 0$ konvergiert sie nach dem Leibnizkriterium. Die Reihe konvergiert also für $x \in [0, 2)$.

Lösungsskizze zu Aufgabe A29:

Es ist $101 = 100 \cdot (1 + 0.01)$, also $\sqrt{101} = 10 \cdot (1 + 0.01)^{\frac{1}{2}} = 10 \cdot (1 + x)^{\frac{1}{2}}$ mit $x = 10^{-2}$.
Die binomische Reihe für $x \in (-1, 1)$ und $\alpha \in \mathbb{R}$ lautet (vgl. [LK] 5.2.87 !):
$$(1+x)^{\alpha} = 1 + \binom{\alpha}{1} x + \binom{\alpha}{2} x^2 + \binom{\alpha}{3} x^3 + \cdots,$$
wobei $\binom{\alpha}{n} = \prod\limits_{k=1}^{n} \frac{\alpha-k+1}{k}$. Mit $\alpha = \frac{1}{2}$ folgt

$$(1+x)^{\frac{1}{2}} = 1 + \frac{1}{2}x + \frac{\frac{1}{2} \cdot \left(-\frac{1}{2}\right)}{1 \cdot 2} x^2 + \frac{\frac{1}{2} \cdot \left(-\frac{1}{2}\right) \cdot \left(-\frac{3}{2}\right)}{1 \cdot 2 \cdot 3} x^3 + \cdots.$$

Man sieht nun, dass für $x \in (0,1)$ ab dem zweiten Glied die Vorzeichen alternieren und betraglich monoton gegen Null fallen. Der Fehler der Partialsumme (wenn diese mindestens einen Summanden hat) ist also dem Betrage nach kleiner als das erste vernachlässigte Glied. Der Wert der Reihe liegt stets zwischen zwei aufeinanderfolgenden Partialsummen. Also gilt

$$\sqrt{101} = 10(1 + 10^{-2})^{\frac{1}{2}} = 10(1 + \tfrac{1}{2} \cdot 10^{-2} - \tfrac{1}{8} \cdot 10^{-4} + \tfrac{1}{16} \cdot 10^{-6} - \ldots)$$
$$= 10 + \tfrac{1}{2} \cdot 10^{-1} - \tfrac{1}{8} \cdot 10^{-3} + \tfrac{1}{16} \cdot 10^{-5} - \ldots .$$

Man sieht, dass $\tfrac{1}{16} \cdot 10^{-5} < 10^{-6}$ ist. Also ist

$$10 + \frac{1}{2} \cdot 10^{-1} - \frac{1}{8} \cdot 10^{-3} < \sqrt{101} < 10 + \frac{1}{2} \cdot 10^{-1} - \frac{1}{8} \cdot 10^{-3} + \frac{1}{16} \cdot 10^{-5}.$$

$\sqrt{101}$ liegt also im Intervall $(10.049875, 10.049875625)$.
Die Länge des Intervalls beträgt $0.000\,000\,625 = \tfrac{1}{16} \cdot 10^{-5} < 10^{-6}$. $\qquad\qquad\square$

Lösungsskizze zu Aufgabe A30:

Das Quotientenkriterium besagt, dass eine Reihe $\sum\limits_{i=1}^{\infty} k_n$ absolut konvergiert, wenn $\lim\limits_{n \to \infty} \left| \frac{k_{n+1}}{k_n} \right| < 1$.
Sei $k_n = c_n x^n$. Dann folgt:

$$\lim_{n \to \infty} \left| \frac{c_{n+1} x^{n+1}}{c_n x^n} \right| = \lim_{n \to \infty} \left| \frac{c_{n+1}}{c_n} \right| \cdot |x| \overset{!}{<} 1 \implies |x| \overset{!}{<} \frac{1}{\lim_{n \to \infty} \left| \frac{c_{n+1}}{c_n} \right|} \implies R = \lim_{n \to \infty} \left| \frac{c_n}{c_{n+1}} \right|.$$

Also gilt für alle Potenzreihen $\sum\limits_{i=1}^{\infty} c_n x^n$ (mit $c_i \neq 0$ für fast alle $i \in \mathbb{N}$), dass der Konvergenzradius der Potenzreihe $R = \lim\limits_{n \to \infty} \left| \frac{c_n}{c_{n+1}} \right|$ ist, sofern dieser Grenzwert existiert.
Für $a_n = \sum\limits_{n=1}^{\infty} n x^n$ bzw. $b_n = \sum\limits_{n=1}^{\infty} n^2 x^n$ folgt daher

$$R_a = \lim_{n \to \infty} \left| \frac{n}{n+1} \right| = 1, \quad R_b = \lim_{n \to \infty} \left| \frac{n^2}{(n+1)^2} \right| = 1.$$

An den Randstellen von $I = (-1,1)$ sind a_n und b_n jeweils divergent. Es gilt nämlich:
Für $x = 1$ ist $a_n = \sum_{n=1}^{\infty} n = \infty$ und $b_n = \sum_{n=1}^{\infty} n^2 = \infty$.
Für $x = -1$ ist $a_n = \sum n(-1)^n = (-1+2) + (-3+4) + (-5+6) + \ldots = 1 + 1 + 1 + \ldots$; die Folge der Partialsummen besitzt also eine divergente Teilfolge. Analoges gilt für
$b_n = \sum n^2 (-1)^n = (-1^2 + 2^2) + (-3^2 + 4^2) + (-5^2 + 6^2) + \ldots$. Auf $I = (-1,1)$ ist

$$\sum_{n=1}^{\infty} n x^n = x \sum_{n=1}^{\infty} n x^{n-1} = x \frac{d}{dx} \left(\sum_{n=1}^{\infty} x^n \right) = x \frac{d}{dx} \left(\sum_{n=0}^{\infty} x^n - 1 \right) = x \frac{d}{dx} \left(\frac{1}{1-x} - 1 \right) = \frac{x}{(1-x)^2}.$$

Auf $I = (-1,1)$ ist

$$\sum_{n=1}^{\infty} n^2 x^n = x \sum_{n=1}^{\infty} n^2 x^{n-1} = x \frac{d}{dx} \left(\sum_{n=1}^{\infty} n x^n \right) \overset{\text{s.o.}}{=} x \frac{d}{dx} \left(\frac{x}{(1-x)^2} \right) = \frac{x + x^2}{(1-x)^3}.$$

Also gilt $f_a(x) = \frac{x}{(1-x)^2}$ und $f_b(x) = \frac{x+x^2}{(1-x)^3}$ $\qquad\qquad\qquad\qquad\qquad\qquad\qquad\square$

Lösungsskizze zu Aufgabe A31:

(a): Der Konvergenzradius R einer Potenzreihe $\sum\limits_{n=0}^{\infty} a_n x^n$ (mit $a_i \neq 0$, für fast alle $i \in \mathbb{N}$) genügt, falls der Grenzwert in eigentlichem oder uneigentlichem Sinne vorhanden ist, folgender Bedingung: $R = \lim\limits_{n \to \infty} \left| \frac{a_n}{a_{n+1}} \right|$. Also folgt für den Konvergenzradius R_S der Potenzreihe S:

$$R_S = \lim_{n \to \infty} \left| \frac{n^2}{n!} \cdot \frac{(n+1)!}{(n+1)^2} \right| = \lim_{n \to \infty} \left| \frac{n^2(n+1)}{(n+1)^2} \right| = \lim_{n \to \infty} \left| \frac{n^2}{n+1} \right| = \infty.$$

Es gilt $\sum\limits_{n=0}^{\infty} \frac{x^n}{n!} = e^x \Longleftrightarrow \sum\limits_{n=1}^{\infty} \frac{x^n}{n!} = e^x - 1 \Longrightarrow \frac{d}{dx}\left(\sum\limits_{n=1}^{\infty} \frac{x^n}{n!} \right) = \frac{d}{dx}(e^x - 1)$

$\Longleftrightarrow \sum\limits_{n=1}^{\infty} \frac{n}{n!} \cdot x^{n-1} = e^x \Longrightarrow \sum\limits_{n=1}^{\infty} \frac{n}{n!} \cdot x^n = x \cdot e^x \Longrightarrow \frac{d}{dx}\left(\sum\limits_{n=1}^{\infty} \frac{n}{n!} \cdot x^n \right) = \frac{d}{dx}(x \cdot e^x)$

$\Longrightarrow \sum\limits_{n=1}^{\infty} \frac{n^2}{n!} \cdot x^{n-1} = e^x + x \cdot e^x \Longrightarrow \sum\limits_{n=1}^{\infty} \frac{n^2}{n!} \cdot x^n = x \cdot (e^x + x \cdot e^x).$

Damit erhalten wir also für alle $x \in \mathbb{R}$ die Aussage $S(x) = \sum\limits_{n=1}^{\infty} \frac{n^2}{n!} x^n = x \cdot (e^x + x \cdot e^x).$ $\quad\square$

(b): Für den Konvergenzradius R_T der Potenzreihe $T(x)$ gilt

$$R_T = \lim_{n \to \infty} \left| \frac{n-1}{n!} \cdot \frac{(n+1)!}{n} \right| = \lim_{n \to \infty} \left| \frac{(n-1)(n+1)}{n} \right| = \lim_{n \to \infty} \left| \frac{n^2-1}{n} \right| = \infty.$$

Sei $x \neq 0$. Dann gilt

$\sum\limits_{n=0}^{\infty} \frac{x^n}{n!} = e^x \Longleftrightarrow \sum\limits_{n=2}^{\infty} \frac{x^n}{n!} = e^x - 1 - x \Longleftrightarrow \sum\limits_{n=2}^{\infty} \frac{x^{n-1}}{n!} = \frac{1}{x} \cdot (e^x - 1 - x)$

$$\Longrightarrow \frac{d}{dx}\left(\sum\limits_{n=2}^{\infty} \frac{x^{n-1}}{n!} \right) = \frac{d}{dx}\left(\frac{1}{x} \cdot (e^x - 1 - x) \right) \Longleftrightarrow \sum\limits_{n=2}^{\infty} \frac{n-1}{n!} \cdot x^{n-2} = \frac{(x-1)e^x+1}{x^2}.$$

Für $x = 0$ gilt $T(0) = \sum\limits_{n=2}^{\infty} \frac{n-1}{n!} 0^{n-2} = \frac{2-1}{2} \cdot 1 = \frac{1}{2}$.

Damit erhalten wir für alle $x \in \mathbb{R}$, dass $\quad T(x) = \begin{cases} \frac{(x-1)e^x+1}{x^2} & \text{für } x \neq 0 \\ \frac{1}{2} & \text{für } x = 0 \end{cases}$

Anmerkung: Es folgt mit den Regeln von de L'Hospital

$\lim\limits_{x \to 0} \frac{(x-1)e^x+1}{x^2} = \lim\limits_{x \to 0} \frac{(x-1)e^x+e^x}{2x} = \lim\limits_{x \to 0} \frac{(x-1)e^x+e^x+e^x}{2} = \lim\limits_{x \to 0} \frac{e^x(x-1+2)}{2} = \frac{1}{2}$.

T ist also sgtetig im Nullpunkt.

(c): Es gilt $U(x) = \sum\limits_{n=0}^{\infty} \frac{x^{2n+1}}{2^{\frac{n}{2}}} = x \cdot \sum\limits_{n=0}^{\infty} \left(\frac{x^2}{\sqrt{2}} \right)^n$. Die geometrische Reihe $\sum\limits_{n=0}^{\infty} x^n$ konvergiert genau für $|x| < 1$. Daraus folgt: $\sum\limits_{n=0}^{\infty} \left(\frac{x^2}{\sqrt{2}} \right)^n$ konvergiert genau für $\left| \frac{x^2}{\sqrt{2}} \right| < 1$. Also erhalten wir $R_U = \sqrt[4]{2}$, wobei $U(x)$ divergent ist für $|x| = \sqrt[4]{2}$. Weiterhin gilt

$$\sum_{n=0}^{\infty} x^n = \frac{1}{1-x} \quad \Longrightarrow \quad U(x) = x \cdot \sum_{n=0}^{\infty} \left(\frac{x^2}{\sqrt{2}} \right)^n = \frac{x}{1 - \frac{x^2}{\sqrt{2}}}.$$

Lösungsskizze zu Aufgabe A32:

(a) Für alle $x_1, x_2 \in \mathbb{R}$ gilt:

$$|\varphi(x_1) - \varphi(x_2)| \leq |x_1 - x_2|^{1+\alpha} \implies \left| \frac{\varphi(x_1) - \varphi(x_2)}{x_1 - x_2} \right| \leq |x_1 - x_2|^{\alpha}$$

$$\implies -|x_1 - x_2|^{\alpha} \leq \frac{\varphi(x_1) - \varphi(x_2)}{x_1 - x_2} \leq |x_1 - x_2|^{\alpha}$$

$$\implies 0 \underset{\alpha > 0}{=} - \lim_{x_2 \to x_1} |x_1 - x_2|^{\alpha} \leq \lim_{x_2 \to x_1} \frac{\varphi(x_1) - \varphi(x_2)}{x_1 - x_2} \leq \lim_{x_2 \to x_1} |x_2 - x_1|^{\alpha} = 0$$

$$\implies \varphi'(x_1) \text{ existiert und } \varphi'(x_1) = 0.$$

(b) φ ist konstant, da $\varphi' = 0$ (z.Bsp. nach dem Mittelwertsatz : $\frac{\varphi(x_1) - \varphi(x_2)}{x_1 - x_2} = f'(\zeta) = 0$).

Alternativlösung:
Man kann auch ohne den Mittelwertsatz zeigen, dass φ konstant ist, und zwar wie folgt: Sei
o.B.d.A. $x > 0$, es wird nun $\varphi(x) = \varphi(0)$ gezeigt.
Sei dazu $n \in \mathbb{N}$ beliebig und $h = h_n = x/n$. Dann ist $|\varphi(h) - \varphi(0)| \leq h^{1+\alpha}$ nach Voraussetzung
sowie $|\varphi(2h) - \varphi(0)| \leq |\varphi(2h) - \varphi(h)| + |\varphi(h) - \varphi(0)| \leq h^{1+\alpha} + h^{1+\alpha} = 2h^{1+\alpha}$.

Durch Induktion folgt für $k \in \mathbb{N}$ $|\varphi(kh) - \varphi(0)| \leq k h^{1+\alpha}$.
Speziell ist $|\varphi(x) - \varphi(0)| \leq n h^{1+\alpha} = n \left(\frac{x}{n} \right)^{1+\alpha} = \frac{x^{1+\alpha}}{n^{\alpha}}$. Da die rechte Seite mit $n \to \infty$ gegen 0
strebt, folgt $\varphi(x) = \varphi(0)$.

Lösungsskizze zu Aufgabe A33:

(a) Es handelt sich bei f um eine Treppenfunktion, die auf einer gewissen Zerlegung des Intervalls $[-1, 1]$ definiert ist. Da nach Definition $f(x) = f(-x)$ gilt, ist f eine gerade Funktion, so
dass wir im folgenden nur noch das Intervall $[0, 1]$ betrachten müssen. Wir zerlegen das Intervall $[0, 1]$ in die abzählbar unendlich vielen disjunkten Teilintervalle
$I_n = \left(\frac{1}{n+1}, \frac{1}{n} \right]$ für $n \in \mathbb{N}$, d.h. es gilt

$$[0, 1] = \bigcup_{n=1}^{\infty} \left(\frac{1}{n+1}, \frac{1}{n} \right] = \left(\frac{1}{2}, 1 \right] \cup \left(\frac{1}{3}, \frac{1}{2} \right] \cup \left(\frac{1}{4}, \frac{1}{3} \right] \cup \ldots \cup \{0\} \quad .$$

Für $x \in \left(\frac{1}{n+1}, \frac{1}{n} \right]$ gilt nach Definition $f(x) = \frac{1}{n^2}$, d.h. f ist für alle $n \in \mathbb{N}$ jeweils auf I_n
konstant und damit im Inneren von I_n stetig. Interessant sind also nur die jeweils rechten
Randpunkte der Intervalle I_n. Für $n \geq 2$ ist $f \left(\frac{1}{n} \right) = \frac{1}{n^2}$. Andererseits gilt aber
$\lim_{x \to \frac{1}{n}^+} f(x) = \frac{1}{(n-1)^2} \neq \frac{1}{n^2}$. Also ist f auf $U^+ = \left\{ \frac{1}{n+1} | n \in \mathbb{N} \right\}$ unstetig. Da f eine gerade
Funktion ist, ist f achsensymmetrisch zur y-Achse, also auch auf $U^- = \left\{ -\frac{1}{n+1} | n \in \mathbb{N} \right\}$ un-
stetig. Wegen $f(1) = \lim_{x \to 1^-} f(x) = 1$, ist f am Rand seines Definitionsbereichs stetig. Wegen
$x \in \left(\frac{1}{n+1}, \frac{1}{n} \right]$ muss $n \to \infty$ gehen, wenn $x \to 0$ geht. Also folgt $\lim_{x \to 0^+} f(x) = \lim_{n \to \infty} \frac{1}{n^2} = 0$. Es ist
f also im Nullpunkt folgenstetig und damit stetig. Insgesamt ist die Menge aller Unstetig-
keitsstellen $U = U^+ \cup U^-$. Damit gilt $S = [-1, 1] \setminus U$.

(b) Eine Funktion f heißt in einem Punkt ξ differenzierbar, wenn der linksseitige und der rechtsseitige Differentialquotient existieren und gleich sind. Eine notwendige Bedingung für die Differenzierbarkeit in einem inneren Punkt ξ ist die Stetigkeit von f in ξ. Also ist in diesem Fall f höchstens auf S differenzierbar. Da f auf jedem Intervall I_n konstant ist, und konstante Funktionen überall differenzierbar sind, ist f im Inneren von I_n für alle $n \in \mathbb{N}$ differenzierbar. Für $x = 1$ ist der rechtsseitige Differentialquotient, für $x = -1$ ist der linksseitige Differentialquotient von f nicht definiert. In $(\frac{1}{2}, 1]$ ist f konstant, daher f in 1 (einseitig) differenzierbar. Analoges gilt in -1.

Weil f eine gerade Funktion ist, ist sie an der Stelle $x = 0$ genau dann differenzierbar, wenn sie dort rechtsseitig differenzierbar mit Wert der rechtsseitigen Ableitung $= 0$ ist. Seien hierfür also $x \in (0, 1]$ und $n \in \mathbb{N}$ so gewählt, dass $\frac{1}{n+1} < x \leq \frac{1}{n}$. Dann ist

$$0 < \frac{f(x) - f(0)}{x - 0} = \frac{f(x)}{x} \leq \frac{\frac{1}{n^2}}{\frac{1}{n+1}} = \frac{n+1}{n^2} = \frac{1}{n} + \frac{1}{n^2}.$$

Geht nun $x \to 0$, so geht $n \to \infty$, weil $\frac{1}{n+1} < x \leq \frac{1}{n}$. Also folgt

$$\lim_{x \to 0} \frac{f(x) - f(0)}{x - 0} \leq \lim_{n \to \infty} \left(\frac{1}{n} + \frac{1}{n^2} \right) = 0.$$

Damit ist f bei $x = 0$ differenzierbar, folglich f in allen Punkten von S differenzierbar.

(c) Speziell gilt $f'(0) = 0$, da der rechtsseitige und wegen der Eigenschaft von f als gerade Funktion auch der linksseitige Grenzwert des Differentialquotienten jeweils 0 ist.

Lösungsskizze zu Aufgabe A34:

Wir können f auch in folgender Form angeben: $f(x) = \begin{cases} x^2 & \text{für } x \in (0, 2] \\ 0 & \text{für } x = 0 \\ -x^2 & \text{für } x \in [-2, 0) \end{cases}$

Es gilt für $x \in (0, 2]$

$$\lim_{h \to 0} \frac{f(x+h) - f(x)}{h} = \lim_{h \to 0} \frac{(x+h)^2 - x^2}{h} = \lim_{h \to 0} \frac{x^2 + 2hx + h^2 - x^2}{h} = \lim_{h \to 0} (2x + h) = 2x.$$

Ebenso gilt für $x \in [-2, 0)$

$$\lim_{h \to 0} \frac{f(x+h) - f(x)}{h} = \lim_{h \to 0} \frac{-(x+h)^2 + x^2}{h} = \lim_{h \to 0} \frac{-x^2 - 2hx - h^2 + x^2}{h} = \lim_{h \to 0} (-2x - h) = -2x.$$

Schliesslich gilt für $x = 0$, dass $\lim\limits_{h \to 0+} \frac{f(0+h) - f(0)}{h} = \lim\limits_{h \to 0} \frac{h^2}{h} = \lim\limits_{h \to 0} h = 0$ und

$$\lim_{h \to 0-} \frac{f(0+h) - f(0)}{h} = \lim_{h \to 0} \frac{-h^2}{h} = \lim_{h \to 0} -h = 0.$$

Also existiert für alle $x \in [-2, 2]$ jeweils der linksseitige und der rechtsseitige Differentialquotient, wobei diese jeweils gleich sind. Damit ist f auf dem ganzen Intervall $[-2, 2]$ differenzierbar.

Wir können nun $f'(x)$ folgendermassen angeben: $f'(x) = \begin{cases} 2x & \text{für } x \in (0, 2] \\ 0 & \text{für } x = 0 \\ -2x & \text{für } x \in [-2, 0) \end{cases}$

Es gilt also $f'(x) = 2|x|$, und f' ist stetig. Bekanntlich ist die Funktion g mit $g(x) = |x|$ und damit f' im Punkt $x = 0$ nicht differenzierbar. Also gilt $f \in C^1[-2,2]$ und $f \notin C^2[-2,2]$. $\qquad\square$

Lösungsskizze zu Aufgabe A35:

1. Teil: Im Fall $\alpha = 0$ folgt, dass der Bruch $\frac{x^\alpha - a^\alpha}{x^\beta - a^\beta}$ (für $x \neq 0$) gleich 0 ist und damit der Grenzwert ebenfalls. Sei nun $\alpha \neq 0$! Man betrachte die Funktionen $f(x) = x^\alpha$ und $g(x) = x^\beta$. Es sind f und g stetig und differenzierbar mit $f'(x) = \alpha x^{\alpha-1}$ und $g'(x) = \beta x^{\beta-1}$. Nach dem verallgemeinerten Mittelwertsatz gilt dann: Es existiert ein (von x abhängendes)
$$\xi_1 = \xi_1(x) \in (x,a) \text{ (für } 0 < x < a) \text{ bzw. } \xi_2 = \xi_2(x) \in (a,x) \text{ (für } x > a) \text{ mit}$$

$$\frac{x^\alpha - a^\alpha}{x^\beta - a^\beta} = \frac{\alpha \xi^{\alpha-1}}{\beta \xi^{\beta-1}} = \frac{\alpha}{\beta} \xi^{\alpha-\beta}$$

für $\xi = \xi_1(x)$ bzw. $\xi = \xi_2(x)$. Mit $x \to a-$ bzw. $x \to a+$ streben ξ_1 und ξ_2 gegen a. Es folgt

$$\lim_{x \to a-} \frac{x^\alpha - a^\alpha}{x^\beta - a^\beta} = \lim_{x \to a-} \frac{\alpha}{\beta} \xi_1(x)^{\alpha-\beta} = \frac{\alpha}{\beta} a^{\alpha-\beta}$$

und

$$\lim_{x \to a+} \frac{x^\alpha - a^\alpha}{x^\beta - a^\beta} = \lim_{x \to a+} \frac{\alpha}{\beta} \xi_2(x)^{\alpha-\beta} = \frac{\alpha}{\beta} a^{\alpha-\beta}.$$

Der gesuchte Limes existiert also und ist gleich $\frac{\alpha}{\beta} a^{\alpha-\beta}$ (was den ersten Fall einschließt).
Anmerkung: Alternativ geht es mit der Formel von de l'Hospital: Nenner und Zähler des Bruchs streben für $x \to a$ beide gegen 0. Daher gilt

$$\lim_{x \to a} \frac{x^\alpha - a^\alpha}{x^\beta - a^\beta} = \lim_{x \to a} \frac{\alpha x^{\alpha-1}}{\beta x^{\beta-1}} = \frac{\alpha}{\beta} a^{\alpha-\beta}.$$

2. Teil: Z.z. ist: $x + 1 < e^x < \frac{1}{1-x}$
Beweis: Man betrachte die stetige und monoton steigende Funktion $f(x) = e^x$. Nach dem MWS gilt für f : $\frac{f(x) - f(0)}{x - 0} = f'(x_0)$ für ein geeignetes x_0 mit $0 < x_0 < x$, d.h. hier also $\frac{e^x - 1}{x} = e^{x_0}$ für ein x_0 mit $0 < x_0 < x$. Es folgt
1.) $\frac{e^x - 1}{x} > 1$, da $x_0 > 0$, folglich $e^x - 1 > x$ und somit $(*)$ $e^x > x + 1$ für $0 < x < 1$.
2) $\frac{e^x - 1}{x} < e^x$, da $x_0 < x$, also $e^x < \frac{1}{1-x}$ für $0 < x < 1$. Zusammen mit $(*)$ folgt die Behauptung.$\square$

Lösungsskizze zu Aufgabe A36:

(i) Zweimalige Anwendung der Regel von l'Hospital ergibt:
$$\lim_{x \to 0} \frac{1 - \cos x}{x^2} = \lim_{x \to 0} \frac{\sin x}{2x} = \lim_{x \to 0} \frac{\cos x}{2} = \frac{1}{2}.$$

(ii) $\lim_{x \to \infty} \frac{x + \sin x}{x} = \lim_{x \to \infty} \left(1 + \frac{\sin x}{x}\right) = \lim_{x \to \infty} 1 + \lim_{x \to \infty} \frac{\sin x}{x} = 1.$ Da $\left|\frac{\sin x}{x}\right| \leq \left|\frac{1}{x}\right|$ und $\lim_{x \to \infty} \frac{1}{x} = 0$ gilt, ist auch $\lim_{x \to \infty} \frac{\sin x}{x} = 0.$

(iii) Da jede Exponentialfunktion stetig ist, gilt (mit dem Grenzwert der geometrischen Reihe):
$$\lim_{n \to \infty} \prod_{i=1}^n \sqrt[2^i]{5} = \lim_{n \to \infty} 5^{\sum_{i=1}^n \frac{1}{2^i}} = 5^{\lim_{n \to \infty} \sum_{i=1}^n \frac{1}{2^i}} = 5^{\sum_{i=0}^\infty (\frac{1}{2})^i - 1} = 5^{\frac{1}{1 - \frac{1}{2}} - 1} = 5.$$

Lösungsskizze zu Aufgabe A37:

Wegen der Monotonie der Wurzelfunktion reicht es, ein Minimum von $(x-1)^2 + (\ln x - 1)^2$ zu bestimmen; dazu setzt man die Ableitung gleich 0 und erhält $(*)$ $2x - 2 + (2/x)\ln x - (2/x) = 0$. Es handelt sich tatsächlich um ein Minimum, da die zweite Ableitung positiv ist:

$$\frac{1}{x^2}(2x^2 - 2\ln x + 4) \underset{(*)}{=} \frac{1}{x^2}(2x^2 - 2 - 2x + 2x^2 + 4) = \frac{1}{x^2}\left((2x - \tfrac{1}{2})^2 + \tfrac{7}{4}\right).$$

Lösungsskizze zu Aufgabe A38:

1. Fall $f(0) > 0$: Aufgrund der Differenzierbarkeit folgt aus dem Mittelwertsatz und der unteren Schranke für f' gilt:

$$\frac{1}{c} < \frac{f(-cf(0)) - f(0)}{-cf(0)} \implies 1 < -\frac{f(-cf(0))}{f(0)} + 1 \implies \frac{f(-cf(0))}{f(0)} < 0 \implies f(-cf(0)) < 0,$$

da $f(0) > 0$. Also ist $f(-cf(0)) < 0 < f(0)$, und da f stetig ist, garantiert der Zwischenwertsatz die Existenz eines $\xi \in (-cf(0), 0)$ mit $f(\xi) = 0$. Da f streng monoton steigt, kann es keine weiteren Nullstellen geben.

2. Fall $f(0) < 0$: Bis auf das Relationszeichen bei Multiplakition mit $f(0)$ läuft dieser Fall vollkommen analog. □

Lösungsskizze zu Aufgabe A39:

Per definitionem ist $f(x)^{g(x)} = e^{g(x) \cdot \ln f(x)}$. Damit folgt: $y'(x) = (f(x)^{g(x)})' =$

$$(e^{g(x)\cdot \ln f(x)})' = e^{g(x)\cdot \ln f(x)} \cdot [g'(x)\ln f(x) + \frac{g(x)}{f(x)}f'(x)] = y(x)g'(x)\ln f(x) + \frac{y(x)g(x)f'(x)}{f(x)}.$$

Lösungsskizze zu Aufgabe A40:

Es ist $f(0) = -1 < 0$ und $f(4) = 16 - 4\sin 4 - \cos 4 > 10 > 0$. Mit dem Zwischenwertsatz erhält man: $\exists x_1 \in (0,4)$ mit $f(x_1) = 0$. Wegen $f'(x) = 2x - x\cos x - \sin x + \sin x = x(2 - \cos x)$ ist f für $x > 0$ streng monoton steigend. Damit ist x_1 die einzige Nullstelle auf $\mathbb{R}_0^+$. Mit $f(x) = f(-x)$ erhält man auch genau eine Nullstelle auf $\mathbb{R}^-$. Also hat f genau zwei Nullstellen.

Lösungsskizze zu Aufgabe A41:

f ist unter den gegebenen Voraussetzungen sogar lipschitzstetig, was die gleichmäßige Stetigkeit impliziert. *Beweis:* Wegen der Beschränktheit der Ableitungen kann man ein M mit $M \geq |f'|$ wählen. Seien $x, y \in (a, b)$. Da f stetig auf $[x, y]$ ist, folgt aus dem Mittelwertsatz:

$$\left|\frac{f(y) - f(x)}{y - x}\right| = |f'(\xi)| \leq M \qquad \text{für } \xi \text{ geeignet, also} \quad |f(y) - f(x)| \leq |y - x| \cdot M.$$

Da M aber unabhängig von der Wahl von x, y ist und diese beliebig waren, erhält man damit die Lipschitzstetigkeit von f. □

Lösungsskizze zu Aufgabe A42:

Heuristische Vorbetrachtung: Für $x > x_0$ soll $\frac{f(x) - f(x_0)}{x - x_0} > f'(x_0)$ und für $x < x_0$ muss $\frac{f(x) - f(x_0)}{x - x_0} < f'(x_0)$ gezeigt werden. Dies legt die Anwendung des Mittelwertsatzes und den Vergleich von $f'(x_0)$ mit $f'(\xi)$, s.u., nahe.

(i) Nach den Mittelwertsatz (der Differentialrechnung), angewandt auf die Funktion f im Intervall $[x, x_0]$, bzw. $[x_0, x]$, existiert ein $\xi \in (x, x_0)$ bzw. (x_0, x) mit $\frac{f(x) - f(x_0)}{x - x_0} = f'(\xi)$, also

$$f(x) = f(x_0) + f'(\xi)(x - x_0).$$

(ii) Wir betrachten nun f'; diese Funktion ist auf I differenzierbar, und es gilt laut Voraussetzung $(f')'(x) > 0$ falls $x \in I$; nach einem Satz über Monotonie von Funktionen ist diese Bedingung hinreichend dafür, dass f' streng monoton wächst. Im Falle von $x > x_0$ gilt auch $\xi > x_0$ und damit $f'(\xi) > f'(x_0)$, also $f'(\xi)(x - x_0) > f'(x_0) \cdot (x - x_0)$. Ist $x < x_0$ gewählt, so ergibt sich $\xi < x_0$, folglich $f'(\xi) < f'(x_0)$, daraus $f'(\xi)\underbrace{(x - x_0)}_{\text{negativ}} > f'(x_0)\underbrace{(x - x_0)}_{\text{negativ}}$. Insgesamt folgt

$$f(x) = f(x_0) + f'(\xi)(x - x_0) > f(x_0) + f'(x_0)(x - x_0).$$

Anmerkung. Eine (zu (ii)) alternative Argumentation geht wie folgt: Nach dem Mittelwertsatz existiert ein $\eta \in (\xi, x_0)$ bzw. (x_0, ξ) mit $\frac{f'(x_0) - f'(\xi)}{x_0 - \xi} = f''(\eta)$, also $f'(\xi) = f'(x_0) - (x_0 - \xi)f''(\eta)$. Damit folgt $f(x) = f(x_0) + (x - x_0)[f'(x_0) - (x_0 - \xi)f''(\eta)] =$

$$f(x_0) + f'(x_0)(x - x_0) + (x - x_0)(\xi - x_0)f''(\eta) > f(x_0) + f'(x_0)(x - x_0)$$

(da $f''(\eta) > 0$ und $(x - x_0)(\xi - x_0) > 0$.

Lösungsskizze zu Aufgabe A43:

Die ersten beiden Ableitungen haben die Form $f'(x) = 3x^2 - 1$ und $f''(x) = 6x$. Nullsetzen der ersten Ableitung liefert $f'(x) = 0 \Longleftrightarrow 3x^2 - 1 = 0 \Longleftrightarrow x_{1/2} = \pm\frac{1}{\sqrt{3}}$, und Einsetzen der erhaltenen Werte in die zweite Ableitung ergibt $f''(x_1) = \frac{6}{\sqrt{3}}$ und $f''(x_2) = -\frac{6}{\sqrt{3}}$. Damit erhalten wir bei $P_1 = (\frac{1}{\sqrt{3}}, \frac{-2}{3\sqrt{3}})$ ein lokales Minimum, bei $P_2 = (-\frac{1}{\sqrt{3}}, \frac{2}{3\sqrt{3}})$ ein lokales Maximum. Auf $[-2, 2]$ hat f jedoch seine globalen Extremalwerte am Rand des Intervalls, auf dem f definiert ist. Das globale Minimum liegt bei $Q_1 = (-2, -6)$, das globale Maximum liegt bei $Q_2 = (2, 6)$. $\qquad\Box$

Lösungsskizze zu Aufgabe A44:

Für $x \neq 0$ ist $\frac{1}{x^2} \in \mathbb{R}$ und damit $\sin x^{-2} \in [-1, 1]$ definiert. Da g_1, g_2, g_3 mit $g_1(x) = \sin x$ und $g_2(x) = x^2$ sowie $g_3(x) = x^{-1}$ (für $x \neq 0$) stetige Funktionen sind und das Produkt und die Verkettung stetiger Funktionen wieder stetig ist, operiert f auf $\mathbb{R} \setminus \{0\}$ stetig. Weiterhin gilt für jede Nullfolge $(x_n)_{n \in \mathbb{N}}$

$$\lim_{n \to \infty} f(x_n) = \lim_{n \to \infty} x_n^2 \cdot \underbrace{\sin\left(\frac{1}{x_n^2}\right)}_{\text{beschränkt}} = 0 = f(0).$$

Also ist f für $x = 0$ folgenstetig und damit stetig. f ist also auf ganz $\mathbb{R}$ stetig. Für $x \neq 0$ erhalten wir mit der Produktregel die erste Ableitung. Es gilt $f'(x) = 2x \sin(x^{-2}) - \frac{2}{x}\cos(x^{-2})$. Für $x_0 = 0$ betrachten wir den Differentialquotienten. $\lim_{x \to 0} \frac{f(x) - f(x_0)}{x - x_0} = \lim_{x \to 0^+} x \sin(x^{-2}) = 0$, also $f'(0) = 0$. Somit ist f auf ganz $\mathbb{R}$ differenzierbar. f' ist auf $\mathbb{R} \setminus \{0\}$ stetig, jedoch unstetig bei $x = 0$. Denn

$$\lim_{x \to 0} f'(x) = \lim_{x \to 0}\left(2x \sin(x^{-2}) - \frac{2}{x}\cos(x^{-2})\right)$$

existiert nicht, da $-\frac{2}{x} \to -\infty$ für $x \to 0$ und $\cos(x_n^{-2}) = 1$ für eine geeignete Nullfolge (x_n) gilt. Also ist f für $x = 0$ zwar differenzierbar, nicht jedoch stetig differenzierbar. $\qquad\Box$

Lösungsskizze zu Aufgabe A45:

Es ist $\dfrac{f(x + h) - f(x)}{h} = \dfrac{(c_0 + c_1(x + h) + c_2(x + h)^2) - (c_0 + c_1 x + c_2 x^2)}{h}$

$$= c_1 + c_2(2x + h) = c_1 + 2c_2(x + \frac{h}{2}) = f'(x + \frac{h}{2}).$$

Also ist, unabhängig von x und h, stets $\theta = \frac{1}{2}$.

Geometrische Interpretation: Der Berührungspunkt der parallel zur Sehne verlaufenden Tangente hat als Abszisse den Mittelpunkt des Intervalls $[x, x+h]$. Der Sachverhalt lässt sich so leicht skizzieren.   □

Lösungsskizze zu Aufgabe A46:

Vorbemerkungen: (a) Offensichtlich sind alle f_α ungerade Funktionen, d.h. für alle $x \in \mathbb{R}$ ist $f_\alpha(-x) = -f_\alpha(x)$. Also kann man für $x \neq 0$ o.B.d.A. annehmen, x sei positiv.

(b) Der Grenzwert $\lim\limits_{x \to 0} |x|^\beta = \lim\limits_{x \to 0+} e^{\beta \ln x}$ ist 1 für $\beta = 0$ bzw. 0 für $\beta > 0$ bzw. $+\infty$ für $\beta < 0$.

1.Fall: Sei $\alpha = 0$, also $f_0(x) = \sin \frac{1}{x}$. Für $x \neq 0$ ist f_0 wegen $f_0'(x) = -\frac{1}{x^2} \cos \frac{1}{x}$ stetig differenzierbar (und damit auch stetig). f_0 nimmt in jeder Umgebung von 0 jeden Wert aus $[-1, 1]$ an; daher ist f_0 unstetig für $x = 0$ und damit dort auch nicht differenzierbar.

2.Fall: Sei $\alpha \neq 0$. Für $x > 0$ gilt $f_\alpha'(x) = \alpha \cdot x^{\alpha-1} \sin \frac{1}{x} - x^{\alpha-2} \cos \frac{1}{x}$. Also existiert f_α' für $x > 0$ und ist stetig; da f_α ungerade ist, gilt damit auch: f_α' existiert in $x \neq 0$ und ist stetig. Sei nun $x = 0$ (und weiterhin $\alpha \neq 0$). Dann gilt

$$\lim_{x \to 0} f_\alpha(x) = \lim_{x \to 0} |x|^\alpha \sin \frac{1}{x} = 0 \quad \text{wegen } |\sin \frac{1}{x}| \leq 1 \text{ und der Vorbemerkung.}$$

Also ist f_α stetig in $x = 0$ für $\alpha \neq 0$. Betrachten wir nun die Ableitbarkeit in $x = 0$!
Falls $f_\alpha'(0)$ existiert, gilt

$$f_\alpha'(0) = \lim_{h \to 0} \frac{f_\alpha(h) - f_\alpha(0)}{h - 0} = \lim_{h \to 0} \operatorname{sgn} h |h|^{\alpha-1} \sin \frac{1}{h}$$

(„wobei $\operatorname{sgn} h$ das Vorzeichen von h bezeichnet). Nach der Vorbemerkung existiert $f_\alpha'(0)$ nicht für $\alpha \leq 1$. Für $1 < \alpha \leq 3$ ist $f_\alpha'(0) = 0$, also f_α differenzierbar in 0.
Ist die Ableitung in $x = 0$ stetig? Es gilt

$$\lim_{x \to 0+} f_\alpha'(x) = \lim_{x \to 0+} (\alpha x^{\alpha-1} \sin \frac{1}{x} - x^{\alpha-2} \cos \frac{1}{x}) = 0 - \lim_{x \to 0+} x^{\alpha-2} \cos \frac{1}{x}$$

existiert nicht für $\alpha \leq 2$; also ist f_α' nicht stetig in $x = 0$ für $1 < \alpha \leq 2$.
Sei nun $2 < \alpha \leq 3$. Wegen $\lim\limits_{x \to 0+} f_\alpha'(x) = 0 = f_\alpha'(0)$ und $\lim\limits_{x \to 0-} f_\alpha'(x) = \lim\limits_{x \to 0+} -f_\alpha'(x) = 0$ ist f_α stetig differenzierbar in $x = 0$.

Zusammenfassung:

	$x = 0$	$x \neq 0$
$\alpha = 0$	f_0 unstetig	f_0 stetig differenzierbar
$\alpha \neq 0$	f_α stetig	f_α stetig differenzierbar
	f_α nicht differenzierbar für $\alpha \leq 1$	
	f_α diffzb. , f_α' nicht stetig für $1 < \alpha \leq 2$	
	f_α stetig diffzb. für $2 < \alpha \leq 3$	

Lösungsskizze zu Aufgabe A47:

Da die Funktion $f(n) = \frac{1}{n(\ln n)^\alpha}$ auf $[2, \infty)$ positiv und fallend ist, gilt nach dem Integralkriterium

$$s(\alpha) = \sum_{n=2}^\infty \frac{1}{n(\ln n)^\alpha} \text{ konvergiert} \iff \int_2^\infty \frac{1}{n(\ln n)^\alpha} \, dn \text{ konvergiert}.$$

Wir substituieren $u = \ln n$ und erhalten mit $du = \dfrac{dn}{n}$

$$\int\limits_2^\infty \frac{1}{n(\ln n)^\alpha}\, dn = \lim_{b\to\infty} \int\limits_2^b \frac{1}{n(\ln n)^\alpha}\, dn = \lim_{b\to\infty} \int\limits_{\ln 2}^{\ln b} \frac{1}{u^\alpha}\, du.$$

Für $\alpha = 1$ folgt $\lim\limits_{b\to\infty} \int\limits_{\ln 2}^{\ln b} \dfrac{1}{u^1}\, du = \lim\limits_{b\to\infty} \ln u \Big|_{\ln 2}^{\ln b} = \lim\limits_{b\to\infty} \ln(\ln b) - \ln(\ln 2) = \lim\limits_{b\to\infty} \ln\left(\dfrac{\ln b}{\ln 2}\right) = \infty.$

Für $\alpha > 1$ folgt

$$\lim_{b\to\infty} \int\limits_{\ln 2}^{\ln b} \frac{1}{u^\alpha}\, du = \lim_{b\to\infty} \frac{1}{1-\alpha} \cdot \frac{1}{u^{\alpha-1}} \Big|_{\ln 2}^{\ln b} = \lim_{b\to\infty} \frac{1}{1-\alpha} \cdot \left(\frac{1}{(\ln b)^{\alpha-1}} - \frac{1}{(\ln 2)^{\alpha-1}}\right) = -\frac{(\ln 2)^{1-\alpha}}{1-\alpha}.$$

Damit konvergiert die betrachtete Reihe für $\alpha > 1$ und divergiert für $\alpha = 1$. $\qquad\square$

Lösungsskizze zu Aufgabe A48:

(i) Die Formel der partiellen Integration lautet $\int f'(x) \cdot g(x)\, dx = f(x) \cdot g(x) - \int f(x) \cdot g'(x)\, dx$. Damit erhält man:

$$\int e^{ax} \sin x\, dx = \frac{e^{ax} \sin x}{a} - \frac{1}{a} \int e^{ax} \cos x\, dx \qquad \text{(partiell: } u = \sin x, v' = e^{ax}\text{)}$$

$$= \frac{e^{ax} \sin x}{a} - \frac{1}{a}\left(\frac{e^{ax} \cos x}{a} + \frac{1}{a} \int e^{ax} \sin x\, dx\right) \qquad \text{(partiell: } u = \cos x, v' = e^{ax}\text{)},$$

folglich

$$\left(1 + \frac{1}{a^2}\right) \int e^{ax} \sin x\, dx = \frac{e^{ax} \sin x}{a} - \frac{e^{ax} \cos x}{a^2}.$$

So erhält man (falls $a \neq 0$) als eine Stammfunktion von f:

$$F(x) = \int e^{ax} \sin x\, dx = \frac{a e^{ax} \sin x - e^{ax} \cos x}{a^2 + 1}.$$

Für $a = 0$ ist diese Gleichung ebenfalls richtig, da $-\cos$ Stammfunktion von $\sin$ ist.

(ii) Die Regel der Integration durch Substitution lautet $\int\limits_a^b f(g(y)) \cdot g'(y)\, dy = \int\limits_{g(a)}^{g(b)} f(x)\, dx$. Mit der Substitution $u = \log_b x$, also $x = b^u = e^{u \ln b}$ und $\dfrac{dx}{du} = b^u \ln b$ bzw. $dx = e^{u \cdot \ln b} \cdot \ln b\, du$ erhält man

$$\int \sin(\log_b x)\, dx = \int \sin u\, b^u \ln b\, du = \ln b \int e^{u \cdot \ln b} \sin u\, du$$

$$= \ln b \cdot \frac{\ln b\, e^{\ln b \cdot u} \sin u - e^{\ln b \cdot u} \cos u}{(\ln b)^2 + 1} \qquad \text{(nach (i) mit } a := \ln b\text{)}$$

$$= \ln b \frac{x \sin(\log_b x) \ln b - x \cos(\log_b x)}{(\ln b)^2 + 1} \qquad \text{(Rücksubstitution)}.$$

Lösungsskizze zu Aufgabe A49:

Wir substituieren mit $t = x^2$ und erhalten zunächst $dt = 2x\,dx$. Es gilt

$$\int_0^{\sqrt{\ln 2}} x e^{x^2}\,dx = \frac{1}{2}\int_0^{\sqrt{\ln 2}} 2x e^{x^2}\,dx = \frac{1}{2}\int_0^{\ln 2} e^t\,dt = \frac{1}{2}\left(e^{\ln 2} - e^0\right) = \frac{1}{2}.$$

$\square$

Lösungsskizze zu Aufgabe A50:

(a) Wir substituieren $t(x) = \ln x$. Es gilt $dt = \frac{1}{x}\,dx$. Nach der Substitutionsregel erhalten wir

$$\int_e^{e^2} \frac{dx}{x(\ln x)^3} = \int_{\ln e}^{\ln e^2} \frac{1}{t^3}\,dt = \int_1^2 t^{-3}\,dt = -\frac{1}{2}t^{-2}\Big|_1^2 = -\frac{1}{2}\left(\frac{1}{4} - 1\right) = \frac{3}{8}.$$

(b) Wir verwenden Partialbruchzerlegung, um den Integranden in einen Term der Form $\frac{\alpha}{x-3} + \frac{\beta}{2x+5}$ umzuformen.

Heuristik: $\frac{11(6-x)}{(x-3)(2x+5)} = \frac{\alpha}{x-3} + \frac{\beta}{2x+5} \iff 11(6-x) = \alpha(2x+5) + \beta(x-3)$

Sei $x = 6$. Dann folgt $0 = 17\alpha + 3\beta$ bzw. $\alpha = -\frac{3}{17}\beta$.

Sei $x = 5$. Dann folgt $11 = 15\alpha + 2\beta \iff 11 = -\frac{45}{17}\beta + \frac{34}{17}\beta = -\frac{11}{17}\beta \implies \beta = -17$ und $\alpha = 3$.

Damit erhalten wir $\frac{11(6-x)}{(x-3)(2x+5)} = \frac{3}{x-3} - \frac{17}{2x+5}$. Also gilt

$$\int \frac{11(6-x)}{(x-3)(2x+5)}\,dx = \int \frac{3}{x-3} - \int \frac{17}{2x+5} = 3\ln|x-3| - \frac{17}{2}\ln\left|x + \frac{5}{2}\right| + c.$$

Lösungsskizze zu Aufgabe A51:

Das gesuchte Integral ist genau dann konvergent, wenn $\lim\limits_{M\to\infty}\int_c^M \frac{e^{-\sqrt{x}}}{\sqrt{x}}\,dx$ und $\lim\limits_{m\to 0}\int_m^c \frac{e^{-\sqrt{x}}}{\sqrt{x}}\,dx$ mit $c \in \mathbb{R}$ existieren, und der Wert ist genau die Summe der beiden Grenzwerte.

Mit der Substitution $u = \sqrt{x}$ und $\frac{du}{dx} = \frac{1}{2\sqrt{2}}$ erhält man

$$\lim_{M\to\infty}\int_c^M \frac{e^{-\sqrt{x}}}{\sqrt{x}}\,dx = \lim_{M\to\infty}\int_{\sqrt{c}}^{\sqrt{M}} 2e^{-u}\,du = \lim_{M\to\infty} -2\left(e^{-\sqrt{M}} - e^{-\sqrt{c}}\right) = 2e^{-\sqrt{c}}$$

und

$$\lim_{m\to 0}\int_m^c \frac{e^{-\sqrt{x}}}{\sqrt{x}}\,dx = \lim_{m\to 0}\int_{\sqrt{m}}^{\sqrt{c}} 2e^{-u}\,du = \lim_{m\to 0} -2\left(e^{-\sqrt{c}} - e^{-\sqrt{m}}\right) = -2e^{-\sqrt{c}} + 2.$$

Also konvergiert das Integral und es gilt: $\int_0^\infty \frac{e^{-\sqrt{x}}}{\sqrt{x}}\,dx = 2$.

Lösungsskizze zu Aufgabe A52:

Wir zerlegen $\frac{1}{x(x^2-1)} = \frac{1}{x(x-1)(x+1)}$ in Partialbrüche und erhalten $\frac{1}{x(x-1)(x+1)} = \frac{A}{x} + \frac{B}{x-1} + \frac{C}{x+1}$ und damit $1 = A(x^2-1) + B(x^2+x) + C(x^2-x)$. Einsetzen von $x = 0$ ergibt $A = -1$; Einsetzen von $x = 1$ ergibt $B = \frac{1}{2}$; Einsetzen von $x = 2$ ergibt schließlich $C = \frac{1}{2}$. Also gilt

$$\int_2^\infty \frac{1}{x(x^2-1)}\,dx = \lim_{t\to\infty}\left(-\int_2^t \frac{1}{x}\,dx + \frac{1}{2}\int_2^t \frac{1}{x-1}\,dx + \frac{1}{2}\int_2^t \frac{1}{x+1}\,dx\right)$$

$$= \lim_{t\to\infty}\left(-\ln x\Big|_2^t + \frac{1}{2}\ln(x^2-1)\Big|_2^t\right) = \lim_{t\to\infty}\left(-\ln x\Big|_2^t + \ln\left((x^2-1)^{\frac{1}{2}}\right)\Big|_2^t\right)$$

$$= \lim_{t\to\infty}\left(\ln\frac{\sqrt{x^2-1}}{x}\Big|_2^t\right) = \lim_{t\to\infty}\left(\ln\sqrt{1-\frac{1}{t^2}} - \ln\frac{\sqrt{3}}{2}\right) = \ln 1 - \ln\frac{\sqrt{3}}{2} = \ln\frac{2}{\sqrt{3}}$$

$$(\approx 0.1438).\qquad\text{(Hierbei wurde die Stetigkeit von } \ln \text{ benutzt.)}\qquad\square$$

Lösungsskizze zu Aufgabe A53:

Wir zerlegen $\frac{1}{x^4-1}$ in Partialbrüche: $\frac{1}{x^4-1} = \frac{1}{(x^2+1)(x+1)(x-1)} = \frac{Ax+B}{x^2+1} + \frac{C}{x-1} + \frac{D}{x+1}$. Multiplizieren mit $(x-1)(x+1)$ ergibt $\frac{(Ax+B)(x-1)(x+1)}{x^2+1} + C(x+1) + D(x-1) = \frac{1}{x^2+1}$.
Wir setzen nacheinander $x = 1$ und $x = -1$ ein und erhalten $C = \frac{1}{4}$ und $D = -\frac{1}{4}$. Für $x = 0$ folgt
nun $-B + \frac{1}{4} + \frac{1}{4} = 1$ und damit $B = -\frac{1}{2}$. Den Koeffizienten A identifizieren wir, indem wir die
Partialbruchzerlegung mit x multiplizieren. Wir erhalten

$$\frac{x}{(x^2+1)(x+1)(x-1)} = \frac{Ax^2}{x^2+1} - \frac{x}{2(x^2+1)} + \frac{x}{4(x-1)} - \frac{x}{4(x+1)}$$

$$= \frac{A}{1+\frac{1}{x^2}} - \frac{1}{2(x+\frac{1}{x})} + \frac{1}{4(1-\frac{1}{x})} - \frac{1}{4(1+\frac{1}{x})}$$

Lassen wir nun $x \to \infty$ wandern, bekommen wir $0 = A - 0 + \frac{1}{4} - \frac{1}{4}$ und damit $A = 0$. Somit gilt
für $2 < t \in \mathbb{R}$

$$\int_2^t \frac{1}{x^4-1}\,dx = -\frac{1}{2}\int_2^t \frac{1}{x^2+1}\,dx + \frac{1}{4}\int_2^t \frac{1}{x-1}\,dx - \frac{1}{4}\int_2^t \frac{1}{x+1}\,dx$$

$$= -\frac{1}{2}\arctan t\Big|_2^t + \frac{1}{4}\ln(x-1)\Big|_2^t - \frac{1}{4}\ln(x+1)\Big|_2^t$$

$$= -\frac{1}{2}(\arctan t - \arctan 2) + \frac{1}{4}\ln\left(\frac{x-1}{x+1}\right)\Big|_2^t$$

$$= \frac{1}{2}(\arctan 2 - \arctan t) + \frac{1}{4}\ln\left(\frac{t-1}{t+1}\right) - \frac{1}{4}\ln\frac{1}{3}$$

Damit folgt für $t \to \infty$ $\lim \int_2^t \frac{1}{x^4-1}\,dx = \frac{1}{2}(\arctan 2 - \frac{\pi}{2}) + \frac{1}{4}\ln 3 (\approx 0.0428)$. $\square$

Lösungsskizze zu Aufgabe A54:

(a) Mit partieller Integration ($u' = e^{\lambda x}$ und $v = x^2$ bzw. $v = x$) ergibt sich:

$$\int x^2 e^{\lambda x}\,dx = \frac{e^{\lambda x}}{\lambda}x^2 - \int 2x\frac{e^{\lambda x}}{\lambda}\,dx = \frac{e^{\lambda x}}{\lambda}x^2 - \frac{2}{\lambda}\left(x\frac{e^{\lambda x}}{\lambda} - \int \frac{e^{\lambda x}}{\lambda}\,dx\right) = \frac{e^{\lambda x}}{\lambda}x^2 - \frac{2e^{\lambda x}}{\lambda^2}x + \frac{2e^{\lambda x}}{\lambda^3}$$

$$= e^{\lambda x}\left(\frac{x^2}{\lambda} - \frac{2x}{\lambda^2} + \frac{2}{\lambda^3}\right) (+c) \text{ mit } c \in \mathbb{R} \text{ beliebig.}$$

(b) Durch partielle Integration (mit $u' = e^{-x}, v = \cos(5x)$ bzw. $v = \sin(5x)$) folgt:

$$\int e^{-x}\cos(5x)\,dx = -e^{-x}\cos(5x) - 5\int e^{-x}\sin(5x)\,dx$$

$$= -e^{-x}\cos(5x) - 5(-e^{-x}\sin(5x) + 5\int e^{-x}\cos(5x)\,dx)$$

$$= -e^{-x}(\cos(5x) + 5\sin(5x)) - 5^2\int e^{-x}\cos(5x)\,dx.$$

Durch Auflösen dieser Gleichung nach dem gesuchten Integral ergibt sich:

$$\int e^{-x}\cos(5x)\,dx = \frac{e^{-x}(-\cos(5x) + 5\sin(5x))}{26} + c \qquad \text{mit } c \in \mathbb{R} \text{ beliebig.}$$

Lösungsskizze zu Aufgabe A55:

(a)

$$\int_0^1 (1-x)^p x^q\,dx = \lim_{\varepsilon \to 0} \int_\varepsilon^1 (\frac{1}{x} - 1)^p x^{p+q}\,dx$$

$$= \lim_{\varepsilon \to 0} \frac{1}{p+q+1} \left[(\frac{1}{x} - 1)^p x^{p+q+1} \Big|_\varepsilon^1 - \int_\varepsilon^1 p(\frac{1}{x} - 1)^{p-1}(-\frac{1}{x^2}) x^{p+q+1}\,dx \right]$$

$$= \frac{1}{p+q+1} \lim_{\varepsilon \to 0} (1-\varepsilon)\varepsilon^{q+1} + \frac{p}{p+q+1} \lim_{\varepsilon \to 0} \int_\varepsilon^1 (\frac{1}{x} - 1)^{p-1} x^{p-1} x^q\,dx$$

$$= 0 + \frac{p}{p+q+1} \int_0^1 (1-x)^{p-1} x^q\,dx.$$

(b) Beweis durch vollständige Induktion nach p mit Hilfe von Teil a):

Induktionsverankerung für $p = 0$: $\qquad \int_0^1 x^q\,dx = \frac{x^{q+1}}{q+1} \Big|_0^1 = \frac{1}{q+1} = \frac{0!\,q!}{(0+q+1)!}.$

Die Behauptung gelte für p.

$$\int_0^1 (1-x)^{p+1} x^q\,dx \underset{\text{(a)}}{=} \frac{p+1}{p+1+q+1} \int_0^1 (1-x)^p x^q\,dx$$

$$\underset{\text{Indu.Vor.}}{=} \frac{p+1}{(p+1+q+1)} \frac{p!\,q!}{(p+q+1)!} = \frac{(p+1)!\,q!}{((p+1)+q+1)!}.$$

Lösungsskizze zu Aufgabe A56:

(a) (i) Mit $u' = 1$ und $v = \ln t$ erhält man mit partieller Integration:

$$\int_x^1 \ln t\,dt = t\ln t\big|_x^1 - \int_x^1 t\frac{1}{t}\,dt = -x\ln x - 1 + x$$

(ii)

$$\int_x^{\frac{\pi}{4}} \frac{1}{\sin t \cos t} \, dt = \int_x^{\frac{\pi}{4}} \left(\frac{\cos t}{\sin t} + \frac{\sin t}{\cos t} \right) dt \, (\text{wegen} \sin^2 t + \cos^t = 1) = \int_x^{\frac{\pi}{4}} \frac{\cos t}{\sin t} \, dt + \int_x^{\frac{\pi}{4}} \frac{\sin t}{\cos t} \, dt$$

$$= \int_{\sin x}^{2\sqrt{2}} \frac{du_1}{u_1} - \int_{\cos x}^{2\sqrt{2}} \frac{du_2}{u_2} \qquad [\text{Substitution mit } u_1 := \sin t, \ u_2 := \cos t]$$

$$= \ln 2\sqrt{2} - \ln(\sin x) - \ln 2\sqrt{2} + \ln(\cos x) = \ln(\cos x) - \ln(\sin x)$$

$$= \ln \frac{\cos x}{\sin x} = \ln(\cot x).$$

(b) Mit den Ergebnissen aus (a) folgt: (1) $\int_0^1 \ln t \, dt = \lim_{x \to 0} (-x \ln x - 1 + x) = -1$ und

(2) $\int_0^{\frac{\pi}{4}} \frac{1}{\sin t \cos t} \, dt$ existiert nicht, da $\sin x \to 0$ für $x \to 0$ sowie

$$\lim(\ln(\cos x) - \ln(\sin x)) = 0 - \lim(\ln(\sin x)) \to \infty \text{ für } x \to 0.$$

Lösungsskizze zu Aufgabe A57:

(a) Wegen $x > 0$ gilt $\ln x = \int_1^x \frac{1}{t} \, dt$ (gemäß Definition). Die Substitution $z = y \cdot t$ mit konstantem y und Variablen z und t ergibt, unter Beachtung von $\frac{dz}{dt} = y$ und Substitution der Grenzen $(t_0 = 1 \Rightarrow z_0 = y$ sowie $t_1 = x \Rightarrow z_1 = xy)$,

$$\ln x = \int_1^x \frac{1}{t} \, dt = \int_y^{x \cdot y} \frac{y}{z} \frac{1}{y} \, dz = \int_y^{x \cdot y} \frac{1}{z} \, dz = \ln t \Big|_y^{xy} = \ln xy - \ln y.$$

(b) $\int_0^1 x^{-\frac{1}{2}} \, dx = \lim_{\varepsilon \to 0+} 2x^{\frac{1}{2}} \Big|_\varepsilon^1 = \lim_{\varepsilon \to 0+} (2 - 2\sqrt{\varepsilon}) = 2.$ $\qquad \square$

Lösungsskizze zu Aufgabe A58:

Sei $x = r \cdot \sin t$. Dann folgt mit $\frac{dx}{dt} = r \cdot \cos t$ und mit $1 - \sin^2 t = \cos^2 t$ für $t \in [-\frac{\pi}{2}, \frac{\pi}{2}]$:

$$\int \sqrt{r^2 - x^2} \, dx = \int \sqrt{r^2 - (r^2 \sin^2 t)} \cdot r \cos t \, dt = \int r\sqrt{\cos^2 t} \cdot r \cos t \, dt = r^2 \cdot \int \cos^2 t \, dt.$$

Zur weiteren Berechnung verwenden wir partielle Integration. Wir setzen $f(t) = \cos t$, folglich $f'(t) = -\sin t$, ferner $g(t) = \sin t$ und $g'(t) = \cos t$. Es folgt $\int \cos^2 t \, dt = \cos t \cdot \sin t + \int \sin^2 t \, dt$ Addition von $\int \cos^2 t$ auf beiden Seiten führt zu

$$2 \int \cos^2 t \, dt = \cos t \cdot \sin t + \int \sin^2 t \, dt + \int \cos^2 t \, dt = \cos t \cdot \sin t + \int 1 \, dt = \cos t \cdot \sin t + t + c.$$

Damit ergibt sich $\int \cos^2 t \, dt = \frac{\cos t \cdot \sin t + t}{2} + c'$. Insgesamt folgt mit $t = \arcsin\left(\frac{x}{r}\right)$

$$\int \sqrt{r^2 - x^2} \, dx = r^2 \cdot \frac{\cos t \cdot \sin t + t}{2} + c'$$

$$= r^2 \cdot \frac{\cos(\arcsin\left(\frac{x}{r}\right)) \cdot \sin(\arcsin\left(\frac{x}{r}\right)) + \arcsin\left(\frac{x}{r}\right)}{2} + c'$$

$$= r^2 \cdot \frac{\cos(\arcsin\left(\frac{x}{r}\right)) \cdot \frac{x}{r} + \arcsin\left(\frac{x}{r}\right)}{2} + c' \quad \text{für } x \in [-1, 1].$$

Lösungsskizze zu Aufgabe A59:

Wir substituieren den Integranden mit $t = -x^6$ und bekommen die Potenzreihe

$$e^{-x^6} = e^t = \sum_{n=0}^{\infty} \frac{t^n}{n!} = \sum_{n=0}^{\infty} \frac{(-x^6)^n}{n!} = \sum_{n=0}^{\infty} \frac{(-1)^n x^{6n}}{n!}.$$

Potenzreihen dürfen in ihrem Konvergenzbereich integriert werden. Also gilt

$$\int_0^1 e^{-x^6}\,dx = \int_0^1 \sum_{n=0}^{\infty} \frac{(-1)^n x^{6n}}{n!}\,dx = \sum_{n=0}^{\infty} \int_0^1 \frac{(-1)^n x^{6n}}{n!}\,dx = \sum_{n=0}^{\infty} \frac{(-1)^n}{n!(6n+1)}.$$

Diese Reihe alterniert, und ihre Glieder fallen betraglich monoton gegen 0. Nach dem Leibniz'schen Konvergenzkriterium existiert der Grenzwert der Reihe. Setzt man $s_m = \sum_{n=0}^{m} \frac{(-1)^n}{n!(6n+1)}$, so liegt $s = \lim\limits_{m\to\infty} s_m$ stets zwischen s_m und s_{m+1}. Es gilt $s_2 = 1 - \frac{1}{7} + \frac{1}{26} = \frac{163}{182}$ und $s_3 = \frac{163}{182} - \frac{1}{114}$. Da $\frac{1}{114} < \frac{1}{100}$ und $s \in [s_2, s_3]$, weicht s_2 um weniger als $\frac{1}{100}$ von s ab. $\square$

Lösungsskizze zu Aufgabe A60:

(a) Wir zeigen, dass die Relation $\overset{i}{\approx}$ reflexiv, symmetrisch und transitiv ist.

Sicherlich ist $\int\limits_{-1}^{1} f(x)\,dx = \int\limits_{-1}^{1} f(x)\,dx$, so dass $f \overset{i}{\approx} f$ für alle Funktionen $f \in F$. Weiterhin gilt

$$\int\limits_{-1}^{1} f(x)\,dx = \int\limits_{-1}^{1} g(x)\,dx \iff \int\limits_{-1}^{1} g(x)\,dx = \int\limits_{-1}^{1} f(x)\,dx, \text{ so dass } f \overset{i}{\approx} g \iff g \overset{i}{\approx} f$$

für alle Funktionen $f, g \in F$. Schliesslich gilt mit

$$\int\limits_{-1}^{1} f(x)\,dx = \int\limits_{-1}^{1} g(x)\,dx \text{ und } \int\limits_{-1}^{1} g(x)\,dx = \int\limits_{-1}^{1} h(x)\,dx \text{ auch } \int\limits_{-1}^{1} f(x)\,dx = \int\limits_{-1}^{1} h(x)\,dx.$$

Also gilt $f \overset{i}{\approx} g \wedge g \overset{i}{\approx} h \implies f \overset{i}{\approx} h$ für alle Funktionen $f, g, h \in F$. Damit erfüllt $\overset{i}{\approx}$ die Eigenschaften der Reflexivität, Symmetrie und der Transitivität und ist somit eine Äquivalenzrelation.

(b) Jedem $\alpha \in \mathbb{R}$ entspricht genau eine Äquivalenzklasse A_α und jeder Äquivalenzklasse entspricht genau ein $\alpha \in \mathbb{R}$. Sei $h(x) = x$. Dann ist $\int\limits_{-1}^{1} h(x)\,dx = 0$. Zu jedem $\alpha \in \mathbb{R}$ sind mit

$\omega_\alpha(x) := \frac{\alpha}{2}$ wegen $\int\limits_{-1}^{1} \omega_\alpha\,dx = \alpha$. die Funktionen ω_α und $\omega_\alpha + h$ Elemente von A_α. Es ist aber $\omega_\alpha \neq \omega_\alpha + h$. Also enthält jede Äquivalenzklasse mindestens zwei Elemente. $\square$

Lösungsskizze zu Aufgabe A61:

(a) Mit $t = x^3$ erhält man $f(t) = t^2 - 16t + 65$. Mit quadratischer Ergänzung folgt nun $f(t) = t^2 - 16t + 64 + 1 = (t-8)^2 + 1$. Wir machen die Substitution rückgängig und erhalten $f(x) = (x^3 - 8)^2 + 1$. Da das Quadrat einer reellen Zahl immer positiv ist, folgt $f(x) > 0$ für alle $x \in \mathbb{R}$.

(b) Da das Quadrat einer reellen Zahl immer positiv ist, folgt $(x^3 - 8)^2 \geq 0$ und damit $f(x) \geq 1$; die Menge der Funktionswerte ist also nach unten beschränkt; wegen der Ordnungsvollständigkeit existiert ein globales Minimum μ aller Funktionswerte von f, und es gilt $\mu \geq 1$.

(c) Das globale Minimum μ wird von f angenommen, wenn $(x^3 - 8)^2$ minimal wird (also gleich 0). Äquivalenzumformung liefert als einzige Minimalstelle $x = \sqrt[3]{8} = 2$. Damit ist $\mu = f(2) = 1$. $\square$

Lösungsskizze zu Aufgabe A62:

Wir verwenden den Satz, dass die nichtreellen Nullstellen eines Polynoms mit lauter reellen Koeffizienten paarweise konjugiert komplex auftreten. Wenn nun i eine Nullstelle von $P(x)$ ist, muss daher auch $-i$ eine Nullstelle von $P(x)$ sein. Wir erhalten

$$P(x) = (x-1)(x-i)(x+i) \iff P(x) = (x-1)(x^2+1) \iff P(x) = x^3 - x^2 + x - 1.$$
□

Lösungsskizze zu Aufgabe A63:

(i) Für $\varphi \in \mathrm{Aut}\,(\mathbb{R},+,\cdot)$ zeigt man $\varphi(1) = 1$ (wegen $\varphi(1) = \varphi(1 \cdot 1) = \varphi(1)^2$) und $\varphi(n) = \varphi(1 + \ldots + 1) = n$ sowie $\varphi(n \cdot \frac{1}{n}) = 1 \Longrightarrow \varphi(\frac{1}{n}) = \frac{1}{\varphi(n)} = \frac{1}{n}$, ferner $\varphi(r) = r$ für alle $r \in \mathbb{Q}$.

(ii) $a < b \Longrightarrow \varphi(b) - \varphi(a) = \varphi(b-a) = \varphi(\sqrt{b-a})^2 > 0$, d.h. φ ist ordnungserhaltend. Daraus folgt $\varphi(x) = x$ für alle $x \in \mathbb{R}$: Für $r_1, r_2 \in \mathbb{Q}$ mit $r_1 < x < r_2$ gilt $r_1 < \varphi(x) < r_2$ und $r_2 - r_1$ kann beliebig klein gewählt werden.
□

Lösungskizze zu Aufgabe A64:

Zu (a): Sei $(x_n)_{n \in \mathbb{N}}$ die Folge mit $x_n = (\frac{1}{n}, \frac{1}{n})$. Es gilt dann $\lim\limits_{n \to \infty} x_n = (0,0)$. Andererseits ist $f\left(\frac{1}{n}, \frac{1}{n}\right) = 1$ für alle $n \in \mathbb{N}$. Wegen $f(0,0) = 0 \neq 1$ ist f in $(0,0)$ nicht folgenstetig und daher in diesem Punkt nicht stetig. Es gilt:

$$\frac{\partial f}{\partial x}\Big|_{(0,0)} = \lim_{\substack{x \to 0 \\ x \neq 0}} \frac{f(x,0) - f(0,0)}{x - 0} = \lim_{\substack{x \to 0 \\ x \neq 0}} \frac{x - 0}{x - 0} = 1$$

sowie

$$\frac{\partial f}{\partial y}\Big|_{(0,0)} = \lim_{\substack{y \to 0 \\ y \neq 0}} \frac{f(0,y) - f(0,0)}{y - 0} = \lim_{\substack{y \to 0 \\ y \neq 0}} \frac{y - 0}{y - 0} = 1.$$

Also existieren $\frac{\partial f}{\partial x}$ und $\frac{\partial f}{\partial y}$ im Punkt $(0,0)$.

zu (b): Die Richtungsableitung von f in Richtung eines Vektors $a \in \mathbb{R}^2$ mit $|a| = 1$ im Punkt (x,y) ist definiert als $\dfrac{\partial f}{\partial a}(x,y) = \lim\limits_{t \to 0} \dfrac{f((x,y) + t \cdot a) - f(x,y)}{t}$. Mit $a = \frac{1}{\sqrt{2}}(1,1)$ gilt im Punkt $(0,0)$ dann $\dfrac{\partial f}{\partial a}(0,0) = \lim\limits_{t \to 0} \dfrac{f\left((0,0) + t \cdot \left(\frac{1}{\sqrt{2}}, \frac{1}{\sqrt{2}}\right)\right) - f(0,0)}{t} = \lim\limits_{t \to 0} \dfrac{f\left(t\left(\frac{t}{\sqrt{2}}, \frac{t}{\sqrt{2}}\right)\right)}{t} = \lim\limits_{t \to 0} \frac{1}{t}$.

Da $\frac{1}{t}$ für $t \to \infty$ nicht konvergiert, existiert die angegebene Richtungsableitung nicht.
□

Lösungsskizze zu Aufgabe A65:

Für $x = (x_1, x_2)$ setzen wir $(Lf)(x) = x_1(\partial f/\partial x_1)(x) + x_2(\partial f/\partial x_2)(x)$. Die partiellen Ableitungen von f sind

$$\frac{\partial f}{\partial x_1}(x_1, x_2) = \frac{1}{3}(a_1 x_1 + a_2 x_2)^{-2/3} \cdot a_1 \quad \text{und} \quad \frac{\partial f}{\partial x_2}(x_1, x_2) = \frac{1}{3}(a_1 x_1 + a_2 x_2)^{-2/3} \cdot a_2.$$

Das liefert $(Lf)(x) = \frac{1}{3}(a_1 x_1 + a_2 x_2)^{-2/3}(a_1 x_1 + a_2 x_2) = \frac{1}{3}f(x)$ und deswegen

$$(L^2 f)(x) = L\left(\frac{1}{3}f\right)(x) = \frac{1}{3}(Lf)(x) = \frac{1}{9}f(x).$$

Alternativlösung:
Zu $a = (a_1, a_2) \in \mathbb{R}^2$ sei $f : \mathbb{R}^2 \longrightarrow \mathbb{R}$ definiert durch $f((x_1, x_2)) = (a_1 x_1 + a_2 x_2)^{1/3}$. Wir zeigen $9(x_1 \frac{\partial}{\partial x_1} + x_2 \frac{\partial}{\partial x_2})^2 f(x) = f(x)$ für $x \in \mathbb{R}^2 \setminus \{0\}$ mit $x \not\perp a$; in diesen Fällen ist $\langle a, x \rangle^{1/3} \neq 0$.
Zunächst betrachten wir einige partielle Ableitungen:

$$x_i \frac{\partial}{\partial x_i} f(x_1, x_2) = x_i \frac{1}{3}(a_1 x_1 + a_2 x_2)^{-\frac{2}{3}} a_i = \frac{1}{3} a_i x_i f(x)^{-2}$$

$$x_i \frac{\partial}{\partial x_i}\left(x_i \frac{\partial}{\partial x_i} f(x_1, x_2)\right) = x_i \frac{1}{3} a_i f(x)^{-2} + x_i \frac{1}{3} a_i x_i (-2) f(x)^{-3} \cdot \frac{\partial}{\partial x_i}(f(x))$$

$$= \frac{1}{3} a_i x_i f(x)^{-2}(1 - \frac{2}{3} a_i x_i f(x)^{-3})$$

und für $i \neq j$:

$$x_j \frac{\partial}{\partial x_j}\left(x_i \frac{\partial}{\partial x_i} f(x_1, x_2)\right) = x_j \frac{\partial}{\partial x_j}(\frac{1}{3} a_i x_i f(x)^{-2})$$

$$= \frac{1}{3} x_j a_i x_i (-2) f(x)^{-3} \frac{1}{3} a_j f(x)^{-2} = -\frac{2}{9} a_i a_j x_i x_j f(x)^{-5}.$$

Damit ergibt sich

$$9(x_1 \frac{\partial}{\partial x_1} + x_2 \frac{\partial}{\partial x_2})^2 f(x) = 9(x_1 \frac{\partial}{\partial x_1} x_1 \frac{\partial}{\partial x_1} + x_1 \frac{\partial}{\partial x_1} x_2 \frac{\partial}{\partial x_2} + x_2 \frac{\partial}{\partial x_2} x_1 \frac{\partial}{\partial x_1} + x_2 \frac{\partial}{\partial x_2} x_2 \frac{\partial}{\partial x_2}) (f(x)) =$$

$$9 \cdot \frac{1}{3} a_1 x_1 f(x)^{-2}(1 - \frac{2}{3} a_1 x_1 f(x)^{-3}) + 9\frac{1}{3} a_2 x_2 f(x)^{-2}(1 - \frac{2}{3} a_2 x_2 f(x)^{-3}) - 9\frac{4}{9} a_1 a_2 x_1 x_2 f(x)^{-5} =$$

$$3 \underbrace{(a_1 x_1 + a_2 x_2)}_{f(x)^3} f(x)^{-2} - 2(a_1^2 x_1^2 + a_2^2 x_2^2) f(x)^{-5} - 4 a_1 a_2 x_1 x_2 f(x)^{-5} =$$

$$3 f(x) - 2\overbrace{(a_1 x_1 + a_2 x_2)^2}^{f(x)^6} f(x)^{-5} = 3 f(x) - 2 f(x) = f(x), \quad \text{was zu zeigen war.}$$

Anmerkungen: 1.) Für x mit $x \perp a$ existieren die Ableitungen der dritten Wurzel nicht.
2.) *Achtung:* $(x_1 \frac{\partial}{\partial x_1})^2 \neq x_1^2 \frac{\partial^2}{\partial x_1^2}$.

Lösungsskizze zu Aufgabe A66:

(i) Sei $v = (u, w) \neq (0, 0)$ normierter Vektor, der die Richtung der Ableitung angibt. Die Richtungsableitung in $(0, 0)$ existiert, da der folgende Grenzwert existiert.

$$\lim_{t \to 0} \frac{f((0,0) + t(u, w)) - f(0,0)}{t} = \lim_{t \to 0} \frac{\frac{tu \cdot (tw)^2}{(tu)^2 + (tw)^4}}{t} = \lim_{t \to 0} \frac{t^2 \cdot uw^2}{t^2(u^2 + t^2 w^4)}$$

$$= \lim_{t \to 0} \frac{uw^2}{u^2 + t^2 w^4} = \frac{w^2}{u},$$

falls $u \neq 0$. Im Fall $u = 0$ gilt stets $\quad \lim_{t \to 0} \frac{\frac{tu \cdot (tw)^2}{(tu)^2 + (tw)^4}}{t} = \lim 0 = 0.$

(ii) Falls f differenzierbar wäre, müsste $\lim\limits_{(x,y)\to(0,0)} \frac{f(x,y)-f(0,0)-l(x,y)}{||(x,y)||} = 0$ gelten, wobei im Falle der Differenzierbarkeit die lineare Abbildung l genau der Gradient ist. Dieser lässt sich mit (i) leicht bestimmen, da die partiellen Ableitungen die Richtungsableitungen in Richtung $(1,0)$ bzw. $(0,1)$ sind. Damit erhält man $\frac{\partial f}{\partial x}\big|_{(0,0)} = 0 = \frac{\partial f}{\partial y}\big|_{(0,0)}$. Die totale Differenzierbarkeit von f hieße also

$$0 = \lim_{(x,y)\to(0,0)} \frac{f(x,y)-f(0,0)-l(x,y)}{||(x,y)||}$$

$$= \lim_{(x,y)\to(0,0)} \frac{\frac{xy^2}{x^2+y^4}-(0,0)}{\sqrt{x^2+y^2}} = \lim_{(x,y)\to(0,0)} \frac{\frac{xy^2}{x^2+y^4}}{\sqrt{x^2+y^2}} \overset{(*)}{\neq} 0,$$

was nicht möglich ist. Um $(*)$ einzusehen, betrachte man eine Folge $(t_n)_{n\in\mathbb{N}}$ mit $t_n \to 0$. Dann ist

$$\lim_{(t_n,t_n)\to(0,0)} \frac{\frac{t_n^3}{t_n^2+t_n^4}}{\sqrt{t_n^2+t_n^2}} = \lim \frac{1}{\sqrt{2}} \cdot \frac{t_n^3}{t_n^3+t_n^6} = \frac{1}{\sqrt{2}} \lim \frac{1}{1+t_n^3} \neq 0.$$

Lösungsskizze zu Aufgabe A67:

Wäre f differenzierbar, müsste $\lim\limits_{(x,y)\to(0,0)} \frac{f(x,y)-f(0,0)-l((x,y)-(0,0))}{||(x,y)-(0,0)||} = 0$ für eine geeignete lineare Abbildung l gelten. Im Falle der Differenzierbarkeit müsste l aber notwendigerweise die Abbildung mit Jacobi-Matrix J bei $(0,0)$ sein; also

$$J|_{(0,0)}(x,y) = \begin{pmatrix} \frac{\partial f_1}{\partial x}\big|_{(0,0)} & \frac{\partial f_1}{\partial y}\big|_{(0,0)} \\ \frac{\partial f_2}{\partial x}\big|_{(0,0)} & \frac{\partial f_2}{\partial y}\big|_{(0,0)} \end{pmatrix} \overset{(*)}{=} \begin{pmatrix} 1 & 0 \\ 0 & -1 \end{pmatrix},$$

mit $f_1 = \frac{x^3-3xy^2}{x^2+y^2}$ und $f_2 = \frac{3x^2y-y^3}{x^2+y^2}$. Hierbei gilt $(*)$ wegen:

$\frac{\partial f_1}{\partial x}\big|_{(0,0)} = \lim\limits_{x\to 0} \frac{\frac{x^3-3x\cdot 0}{x^2+0^2}-0}{x-0} = \lim\limits_{x\to 0} \frac{x^3}{x^2\cdot x} = 1$ und analog: $\frac{\partial f_1}{\partial y}\big|_{(0,0)} = \lim\limits_{y\to 0} \frac{0}{y} = 0$, ferner

$\frac{\partial f_2}{\partial x}\big|_{(0,0)} = \lim\limits_{x\to 0} \frac{0}{x} = 0$ ferner $\frac{\partial f_2}{\partial y}\big|_{(0,0)} = \lim\limits_{y\to 0} \frac{-y^3}{y^2\cdot y} = -1$. Aber mit diesem J gilt:

$$\lim_{(x,y)\to(0,0)} \frac{f(x,y)-f(0,0)-J(x,y)}{||(x,y)||} = \lim_{(x,y)\to(0,0)} \frac{\begin{pmatrix} \frac{x^3-3xy^2}{x^2+y^2} \\ \frac{3x^2y-y^3}{x^2+y^2} \end{pmatrix} - \begin{pmatrix} x \\ -y \end{pmatrix}}{\sqrt{x^2+y^2}} \neq 0.$$

Die Ungleichheit sieht man mit dem speziellen Fall $x = y = t$ mit $t \to 0+$ ein:

$$\lim_{(t,t)\to(0+,0+)} \begin{pmatrix} \frac{t^3-3t^3}{2t^2\sqrt{2t^2}} - t \\ \frac{3t^3-t^3+t}{2t^2\sqrt{2t^2}} + t \end{pmatrix} = \begin{pmatrix} \frac{-1}{\sqrt{2}} \\ \frac{1}{\sqrt{2}} \end{pmatrix}.$$

Also kann f nicht differenzierbar sein.

Lösungsskizze zu Aufgabe A68:

(a) f ist NICHT stetig, da $\lim_{n\to\infty}(\frac{1}{n},\frac{1}{\sqrt{n}}) = (0,0)$, aber

$$\lim_{n\to\infty} f(\frac{1}{n},\frac{1}{\sqrt{n}}) = \lim_{n\to\infty} \frac{\frac{1}{n^2}}{\frac{1}{n^2}+\frac{1}{n^2}} = \lim_{n\to\infty} \frac{1}{2} \neq 0 = f(0,0)$$

Wäre f differenzierbar, müsste f notwendigerweise stetig sein, was wegen (i) nicht gelten kann.

$\frac{\partial f}{\partial x}|_{(0,0)} = \lim_{x\to 0}\frac{f(x,0)-f(0,0)}{x-0} = \lim_{x\to 0}\frac{0}{x} = 0$. Analog erhält man: $\frac{\partial f}{\partial y}|_{(0,0)} = 0$.

(b) Die Richtungsableitung von f bei $(0,0)$ ist:

$$\lim_{t\to 0}\frac{f(0+\frac{t}{\sqrt{2}},0+\frac{t}{\sqrt{2}})-f(0,0)}{t} = \lim_{t\to 0}\frac{\frac{t^3}{2\sqrt{2}}}{\frac{t^2}{2}+\frac{t^4}{4}} = \lim_{t\to 0}\frac{\sqrt{2}t^2}{2t^2+t^4} = \lim_{t\to 0}\frac{\sqrt{2}}{2+t^2} = \frac{1}{\sqrt{2}}.$$

Lösungsskizze zu Aufgabe A69:

(a) *Behauptung:* f ist auf ganz $\mathbb{R}^n$ stetig. *Beweis:* Sei $\varepsilon > 0$. Wähle $\delta = \varepsilon$! Dann ist für alle $x,y \in \mathbb{R}^n$ mit $||x-y|| < \delta$ auch $|f(x)-f(y)| = |\,||x||-||y||\,| \leq ||x-y|| < \delta = \varepsilon$.(Anwendung der 2. Dreiecksungleichung.)

(b) (i) f ist bei $x = \begin{pmatrix} x_1 \\ \vdots \\ x_n \end{pmatrix} \neq \begin{pmatrix} 0 \\ \vdots \\ 0 \end{pmatrix} =: \vec{0}$ differenzierbar, da dort

$$\frac{\partial f}{\partial x_i} = \frac{\partial\sqrt{x_1^2+\dots+x_n^2}}{\partial x_i} = \frac{1}{2}\frac{2x_i}{\sqrt{x_1^2+\dots+x_n^2}} = \frac{x_i}{||x||} \quad \text{für jedes } i \in \{1,\dots,n\} \text{ existiert und stetig ist.}$$

(Ableitung der Wurzelfunktion sowie Kettenregel).

Also hat f bei $x = \begin{pmatrix} x_1 \\ \vdots \\ x_n \end{pmatrix} \neq \vec{0}$ die Ableitung $f' = \operatorname{grad} f = \left(\frac{x_1}{||x||},\dots,\frac{x_n}{||x||}\right)$.

(ii) f ist bei $\vec{0} = \begin{pmatrix} 0 \\ \vdots \\ 0 \end{pmatrix}$ nicht differenzierbar, da die partiellen Ableitungen nicht exis-

tieren ; denn $\left.\frac{\partial f}{\partial x_i}\right|_{\vec{0}} = \lim_{x_i\to 0}\frac{f((0\dots x_i\dots 0)^T)}{x_i-0} = \lim_{x_i\to 0}\frac{|x_i|}{x_i}$ existiert nicht: $\lim_{x_i\to 0^-} \neq \lim_{x_i\to 0^+}$.

Lösungsskizze zu Aufgabe A70:

$\frac{\partial f}{\partial x}$ ist definitionsgemäß die Ableitung von $f(\sqrt{x^2+y^2+z^2})$, falls nur x als variabel, y und z aber als fest aufgefasst werden. Dann ist nach der Kettenregel:

$$\frac{\partial f}{\partial x} = f'(\sqrt{x^2+y^2+z^2})\frac{\partial\sqrt{x^2+y^2+z^2}}{\partial x} = f'(\sqrt{x^2+y^2+z^2})\frac{2x}{2\sqrt{x^2+y^2+z^2}} = f'(r)\frac{x}{r}.$$

Analog ergibt sich: $\frac{\partial f}{\partial y} = f'(r)\frac{y}{r}$ und $\frac{\partial f}{\partial z} = f'(r)\frac{z}{r}$.

Damit folgt $\operatorname{grad} f(r) = \begin{pmatrix} \frac{\partial f}{\partial x} \\ \frac{\partial f}{\partial y} \\ \frac{\partial f}{\partial z} \end{pmatrix} = \frac{f'(r)}{r} \begin{pmatrix} x \\ y \\ z \end{pmatrix} = \frac{f'(r)}{r} v.$

Lösungsskizze zu Aufgabe A71:

1. Wenn alle partiellen Ableitungen von f existieren und stetig sind, so ist f (sogar stetig) differenzierbar. Seien $f_1(x,y) := x^3 - 3xy^2$ und $f_2(x,y) := 3x^2 y - y^3$; dann gilt:

$$\frac{\partial f_1}{\partial x} = 3x^2 - 3y^2, \quad \frac{\partial f_1}{\partial y} = -6xy, \quad \frac{\partial f_2}{\partial x} = 6xy \quad \text{und} \quad \frac{\partial f_2}{\partial y} = 3x^2 - 3y^2.$$

Da alle partiellen Ableitungen existieren und (als Polynome) stetig sind, ist f auf ganz $\mathbb{R}^2$ differenzierbar.

2. Somit hat $f'\begin{pmatrix} x \\ y \end{pmatrix}$ die Jacobi-Matrix: $\quad A(f) = \begin{pmatrix} 3x^2 - 3y^2 & -6xy \\ 6xy & 3x^2 - 3y^2 \end{pmatrix}.$

3. Aus der Definition der Differenzierbarkeit ergibt sich im Punkt $\begin{pmatrix} x_0 \\ y_0 \end{pmatrix} = \begin{pmatrix} a \\ 1 \end{pmatrix}$:

$$f\left(\begin{pmatrix} x \\ y \end{pmatrix}\right) \approx f\left(\begin{pmatrix} a \\ 1 \end{pmatrix}\right) + f'\begin{pmatrix} a \\ 1 \end{pmatrix}\left(\begin{pmatrix} x \\ y \end{pmatrix} - \begin{pmatrix} a \\ 1 \end{pmatrix}\right).$$

Für $\begin{pmatrix} x \\ y \end{pmatrix} = \begin{pmatrix} a+0.01 \\ 1+0.03 \end{pmatrix}$ gilt dann folgende Approximation:

$$v = f\left(\begin{pmatrix} x \\ y \end{pmatrix}\right) - f\left(\begin{pmatrix} a \\ 1 \end{pmatrix}\right) = f\left(\begin{pmatrix} a+0.01 \\ 1+0.03 \end{pmatrix}\right) - f\left(\begin{pmatrix} a \\ 1 \end{pmatrix}\right)$$

$$\approx f'\left(\begin{pmatrix} a \\ 1 \end{pmatrix}\right)\left[\begin{pmatrix} x \\ y \end{pmatrix} - \begin{pmatrix} a \\ 1 \end{pmatrix}\right]$$

$$= \begin{pmatrix} 3a^2 - 3 & -6a \\ 6a & 3a^2 - 3 \end{pmatrix} \begin{pmatrix} 0.01 \\ 0.03 \end{pmatrix} = \begin{pmatrix} 0.03a^2 - 0.03 - 0.18a \\ 0.06a + 0.09a^2 - 0.09 \end{pmatrix}.$$

Lösungsskizze zu Aufgabe A72:

f ist nur bei $(0,y)$ (für $y \in \mathbb{R}$) nicht differenzierbar, da $\frac{\partial f}{\partial x} = -\frac{1}{3x^{2/3}}$ für $x = 0$ nicht existiert, dies aber für die Differenzierbarkeit notwendig ist. Überall sonst ist f differenzierbar, da die partiellen Ableitungen existieren und stetig sind. Anschaulich wird der Graph von f entlang der y-Achse unendlich steil (man betrachtet dazu f einfach als eindimensionale Funktion von x und "dehne" den Graphen entlang der y-Achse aus). Dementsprechend bestimmt man zunächst die Tangentialebenen nur an den differenzierbaren Stellen: Seien $x_0 \neq 0$ und $y \neq 0$ gegeben. Dann wird f bei (x_0, y_0) tangential approximiert durch:

$$z = t(x,y) = f(x_0, y_0) + \operatorname{grad} f(x_0, y_0) \cdot (x - x_0, y - y_0)$$

$$= f(x_0, y_0) + (\frac{\partial f}{\partial x}|_{(x_0,y_0)}, \frac{\partial f}{\partial y}|_{(x_0,y_0)})(x - x_0, y - y_0)$$

$$= -\sqrt[3]{x_0} - \frac{x - x_0}{3\sqrt[3]{x_0^2}} = -(\frac{x}{3\sqrt[3]{x_0^2}} + \frac{2}{3}\sqrt[3]{x_0})$$

Aufgefasst als Ebenengleichung des $\mathbb{R}^3$ ist dies:

$$\frac{1}{3\sqrt[3]{x_0^2}}x + 0y + z = -\frac{2\sqrt[3]{x_0}}{3} \iff x + 3\sqrt[3]{x_0^2}z = -2x_0$$

Der Normalenvektor ist dann $\vec{n} = \dfrac{\left(1 \quad 0 \quad \sqrt[3]{x_0^2}\right)^T}{\left\|\left(1 \quad 0 \quad \sqrt[3]{x_0^2}\right)^T\right\|}$. Auch wenn f nicht auf der y-Achse dif-

ferenzierbar ist, gibt die genannte Ebenengleichung auch für $x_0 = 0$ die asymptotische Tangentialebene bei allen $(0,y)$ an. Da f stetig mit $f(0,y) = 0$ ist und zur y-Achse hin "unendlich steil" wird, ist die y-z-Ebene Tangentialebene, und diese hat die Ebenengleichung $x = 0$ mit Norma-

lenvektor $\begin{pmatrix} 1 \\ 0 \\ 0 \end{pmatrix}$.

Lösungsskizze zu Aufgabe A73:

Definiere für $a, b \in G$ die Abbildung $\quad g : \begin{cases} [0,1] \to \mathbb{R}^2 \\ t \mapsto \mathbf{a} + t(\mathbf{b} - \mathbf{a}). \end{cases}$ g ist als Komposition differen-

zierbarer Funktionen differenzierbar auf ganz $[0,1]$. Damit und wegen $g([0,1]) \subseteq G$ ist auch $f \circ g$ differenzierbare Funktion von $[0,1]$ nach $\mathbb{R}$. Die Anwendung der Kettenregel liefert $(f \circ g)'(x) = f'(g(x)) \cdot g'(x)$, die des Mittelwertsatzes die Existenz eines $\delta \in (0,1)$ mit

$$(f \circ g)'(\delta) = \frac{f \circ g(1) - f \circ g(0)}{1 - 0} = f(\mathbf{b}) - f(\mathbf{a}).$$

Mit diesen beiden Gleichungen ergibt sich $\quad f(\mathbf{b}) - f(\mathbf{a}) = (f \circ g)'(\delta) =$

$$f'(g(\delta)) \cdot g'(\delta) = f'(\mathbf{a} + \delta(\mathbf{b} - \mathbf{a}))(\mathbf{b} - \mathbf{a}) = (\operatorname{grad} f)(\mathbf{a} + \delta(\mathbf{b} - \mathbf{a}))(\mathbf{b} - \mathbf{a}). \qquad \square$$

Lösungsskizze zu Aufgabe A74:

Die Nebenbedingung ist äquivalent zu $x_3 = 1 - x_1 - x_2$. Unter dieser Bedingung lässt sich H als eine Funktion $\hat{H}$ schreiben, die nur von zwei Variablen abhängt:

$$\hat{H}(x_1, x_2) = x_1 \log_2 \frac{1}{x_1} + x_2 \log_2 \frac{1}{x_2} + (1 - x_1 - x_2)\log_2 \frac{1}{1 - x_1 - x_2}$$

$$= -1(x_1 \log_2 x_1 + x_2 \log_2 x_2 + (1 - x_1 - x_2)\log_2(1 - x_1 - x_2))$$

Wir bestimmen nun die partiellen Ableitungen von $\hat{H}$; man beachte dabei, dass für den dualen

Logarithmus gilt: $\quad (\log_2 x)' = \dfrac{1}{x} \cdot \dfrac{1}{\ln 2}.$

Damit erhält man:

$$\frac{\partial \hat{H}}{\partial x_1} = -1(\log x_1 + \frac{1}{\ln 2} - \log(1 - x_1 - x_2) - \frac{1}{\ln 2}) = \log(1 - x_1 - x_2) - \log x_1 = \log(\frac{1 - x_1 - x_2}{x_1})$$

$$\frac{\partial \hat{H}}{\partial x_2} = \log(\frac{1 - x_1 - x_2}{x_2}) \qquad \text{aus Symmetriegründen}$$

Notwendig für ein lokales Extremum ist die Bedingung: $\operatorname{grad}\hat{H} = (\dfrac{\partial \hat{H}}{\partial x_1}, \dfrac{\partial \hat{H}}{\partial x_2}) = (0,0)$. Es folgt:

$\frac{1 - x_1 - x_2}{x_1} = 1 \wedge \frac{1 - x_1 - x_2}{x_2} = 1 \Longrightarrow x_1 = x_2 \wedge 1 - x_2 = 2x_1 \Longrightarrow x_1 = x_2 = \frac{1}{3}$. Damit erhält man auch

$x_3 = \frac{1}{3}$. Also kann ein lokales Extremum nur bei $(\frac{1}{3}, \frac{1}{3}, \frac{1}{3})$ vorliegen. Ob dies tatsächlich ein Extremum ist, war hier nicht zu untersuchen, aber es wäre die Hessematrix von $\hat{H}$ auf positive oder negative Definitheit zu überprüfen.

Lösungsskizze zu Aufgabe A75:

Seien die Längen von drei Seiten der Schachtel mit x, y (Grundseiten) und h (Höhe) bezeichnet. Sei V das Volumen und O die Oberfläche der Schachtel. Es gilt $V = xyh = 32$ also $h = \frac{32}{xy}$ und $O(x, y, h) = xy + 2hx + 2hy$. Wir setzen h in die Gleichung der Oberfläche ein und bekommen $O(x, y) = xy + \frac{64(x+y)}{xy} = xy + \frac{64}{x} + \frac{64}{y}$. O ist nun eine Funktion von $\mathbb{R}^2$ nach $\mathbb{R}$. Um O zu minimieren, ist $\text{grad}\, O(x, y) = (0, 0)$ eine notwendige Bedingung. Es gilt

$$\text{grad}\, O(x, y) = \left(\frac{\partial O}{\partial x}, \frac{\partial O}{\partial y} \right) = \left(y - \frac{64}{x^2}, x - \frac{64}{y^2} \right).$$

Aus $\text{grad}\, O = (0, 0)$ folgt nun $y - \frac{64}{x^2} = 0 = x - \frac{64}{y^2}$ und damit $x = y = 4$. Weiterhin folgt $h = \frac{32}{4 \cdot 4} = 2$. Es bleibt zu prüfen, ob $(4, 4)$ tatsächlich ein Minimum von O ist. Dazu verwenden wir die Hesse-Matrix $H_0(x, y)$. Zu zeigen ist, dass $H_0(4, 4)$ positiv definit ist. Es gilt

$$H_0(x, y) = \begin{pmatrix} \frac{\partial O^2}{(\partial x)^2}(x, y) & \frac{\partial O^2}{\partial y \partial x}(x, y) \\ \frac{\partial O^2}{\partial x \partial y}(x, y) & \frac{\partial O^2}{(\partial y)^2}(x, y) \end{pmatrix} = \begin{pmatrix} \frac{128}{x^3} & 1 \\ 1 & \frac{128}{y^3} \end{pmatrix}.$$

Daraus folgt: $H_0(4, 4) = \begin{pmatrix} 2 & 1 \\ 1 & 2 \end{pmatrix}$ ist positiv definit, da die beiden Unterdeterminanten $\det(2)$

und $\det \begin{pmatrix} 2 & 1 \\ 1 & 2 \end{pmatrix}$ positiv sind. Also beträgt die minimale Oberfläche $48\, cm^2$ bei den Abmessungen $x = y = 4\, cm$ und $h = 2\, cm$. □

Lösungsskizze zu Aufgabe A76:

Sei $x \in \mathbb{R}^3$ fest und $g : \mathbb{R} \to \mathbb{R}^3$ mit $g(t) = x \cdot t$. Dann ist $f \circ g = f(xt)$ eine Funktion von $\mathbb{R}$ nach $\mathbb{R}$. Es folgt mit der Kettenregel (und $t \neq 0$):

$$(f \circ g)'(t) = f'(g(t)) \cdot g'(t) = (\text{grad}\, f)(g(t)) \cdot g'(t) = (\text{grad}\, f)(xt) \cdot x$$
$$= \langle (\text{grad}\, f)(x \cdot t), x \rangle = \langle (\text{grad}\, f)(x \cdot t), x \rangle \cdot \frac{t}{t} = \langle (\text{grad}\, f)(x \cdot t), x \cdot t \rangle \cdot \frac{1}{t} \overset{\text{Vor.}}{=} 0 \cdot \frac{1}{t} = 0.$$

Nach dem Mittelwertsatz existiert für stetige Funktionen $f : [a, b] \to \mathbb{R}$, die auf (a, b) differenzierbar sind, ein $\xi \in (a, b)$ mit $f(b) - f(a) = f'(\xi)(b - a)$. Da im vorliegenden Fall $(f \circ g)'(t) = 0$ und $f \circ g$ auf ganz $\mathbb{R}$ definiert ist, folgt für alle $a, b \in \mathbb{R}$ die Gleichung $(f \circ g)(a) - (f \circ g)(b) = 0$ Also ist $f \circ g$ konstant. Damit ist für $\hat{x} = xt$ auch $(f \circ g)(t) = f(g(t)) = f(xt) = f(\hat{x})$ konstant für alle $x \in \mathbb{R}^3$. Also ist f auf ganz $\mathbb{R}^3$ konstant. □

Lösungsskizze zu Aufgabe A77:

(a) Mit quadratischer Ergänzung folgt
$$f(x, y) = (x^2 + y^2 - 4x - 4y + 6) + 2 - 2 = (x - 2)^2 + (y - 2)^2 - 2.$$

Sei $z = f(x, y)$. Wir betrachten die Fläche des gegebenen Rotationsparaboloids im 3-dim. Raum: $\{(x, y, z) \in \mathbb{R}^3 | z = (x - 2)^2 + (y - 2)^2 - 2\}$ nun jeweils für ein konstantes $z = c \in \mathbb{R}$. Es gilt (wegen $(x - 2)^2 + (y - 2)^2 \geq 0$):

$$\exists x, y \in \mathbb{R} : c + 2 = (x - 2)^2 + (y - 2)^2 \Longleftrightarrow c + 2 \geq 0 \Longleftrightarrow c \geq -2.$$

Die Niveaulinien $f^{-1}(c)$ existieren also für $c \geq -2$ und es gilt dann $f^{-1}(c) = \{(x,y) \mid (x - 2)^2 + (y-2)^2 = 2+c\}$. Geometrisch interpretiert sind dies Kreise innerhalb der (x,y)-Ebene mit dem Mittelpunkt $M = (2,2)$ und dem Radius $r = \sqrt{2+c}$.

(b) Der Gradient von f stellt für jeden Punkt (x,y) die Richtung des stärksten Anstiegs am Punkt der Fläche $(x,y,f(x,y))$ dar. Es gilt $\operatorname{grad} f(x,y) = \left(\frac{\partial f(x,y)}{\partial x}, \frac{\partial f(x,y)}{\partial y} \right) = (2x - 4, 2y - 4)$. Die Fall-Linien sind gerade die Meridiane des Rotationsparaboloids, d.h. es sind Parabeln im $\mathbb{R}^3$ durch den extremalen Punkt $(2,2,0)$. Ihre Projektionen auf die (x,y)-Ebene sind damit die Geraden durch den Punkt $(2,2)$.

(c) Wir überprüfen zunächst, ob der Punkt $(x,y,z) = (0,0,6)$ überhaupt auf der Fläche des gegebenen Rotationsparaboloids liegt. Es gilt
$$f(0,0) = (0-2)^2 + (0-2)^2 - 2 = 4 + 4 - 2 = 6.$$

Der Punkt $(0,0,6)$ liegt also auf der Fläche. Die Gleichung einer Tangentialebene an einem Punkt (x_0, y_0, z_0) einer dreidimensionalen Fläche $z_0 = f(x_0, y_0)$ ist gegeben durch

$$z - z_0 = (x - x_0) \frac{\partial f}{\partial x}(x_0, y_0) + (y - y_0) \frac{\partial f}{\partial y}(x_0, y_0).$$

Im vorliegenden Fall gilt $\frac{\partial f}{\partial x}(x,y) = 2x - 4$ und $\frac{\partial f}{\partial y}(x,y) = 2y - 4$. Also erhalten wir für die Tangentialebene E am Punkt $(0,0,6)$ die Gleichung

$$z - z_0 = (x - x_0) \frac{\partial f}{\partial x}(x_0, y_0) + (y - y_0) \frac{\partial f}{\partial y}(x_0, y_0) \Longleftrightarrow$$

$$z - 6 = (x - 0) \frac{\partial f}{\partial x}(0,0) + (y - 0) \frac{\partial f}{\partial y}(0,0) \Longleftrightarrow z - 6 = -4x - 4y \Longleftrightarrow 0 = 4x + 4y + z - 6.$$

E hat also den Normalenvektor $(4,4,1)$. $\square$

Lösungsskizze zu Aufgabe A78:

Die Jacobi-Matrix von f hat für $z_0 = (x_0, y_0, z_0) \in \mathbb{R}^3$ die Form

$$J(z_0) = \begin{pmatrix} \frac{\partial f_1(z_0)}{\partial x} & \frac{\partial f_1(z_0)}{\partial y} & \frac{\partial f_1(z_0)}{\partial z} \\ \frac{\partial f_2(z_0)}{\partial x} & \frac{\partial f_2(z_0)}{\partial y} & \frac{\partial f_2(z_0)}{\partial z} \end{pmatrix} = \begin{pmatrix} 2x_0 & 0 & 0 \\ y_0 z_0 & x_0 z_0 & x_0 y_0 \end{pmatrix}.$$

Mit ihrer Hilfe lässt sich mit Berührungspunkt z_0 die Tangentialebene $T(z)$ als Approximation für $f(z_0)$ definieren. Die Tangentialebene ist gegeben durch die Gleichung $T(z) = f(z_0) + f'(z_0) \cdot (z - z_0)$. Sei $z_0 = (1,2,1)$ der Berührungspunkt der Tangentialebene mit f. Dann gilt

$$T\begin{pmatrix} x \\ y \\ z \end{pmatrix} = f\begin{pmatrix} 1 \\ 2 \\ 1 \end{pmatrix} + \begin{pmatrix} 2 & 0 & 0 \\ 2 & 1 & 2 \end{pmatrix} \cdot \begin{pmatrix} x - 1 \\ y - 2 \\ z - 1 \end{pmatrix} = \begin{pmatrix} 1 \\ 3 \end{pmatrix} + \begin{pmatrix} 2(x-1) \\ 2x + y + 2z - 6 \end{pmatrix} = \begin{pmatrix} 2x - 1 \\ 2x + y + 2z - 3 \end{pmatrix}.$$

Damit folgt $f\begin{pmatrix} 0.98 \\ 2.02 \\ 0.99 \end{pmatrix} \approx T\begin{pmatrix} 0.98 \\ 2.02 \\ 0.99 \end{pmatrix} = \begin{pmatrix} 0.96 \\ 2.96 \end{pmatrix}.$ $\square$

Lösungsskizze zu Aufgabe A79:

(a) Zum Beweis der Stetigkeit sei $\varepsilon > 0$ gegeben; für jedes $\delta > 0$ gilt:

$$(x,y) \in U_\delta(0,0) \Rightarrow x^2 + y^2 < \delta^2 \Rightarrow |x| < \delta \wedge |y| < \delta;$$

somit erhalten wir $\sqrt{|x \cdot y|} = \sqrt{|x|}\sqrt{|y|} < \delta$. Wählt man nun $\delta < \varepsilon$, so folgt die Behauptung. *Anmerkung:* Alternativ kann man wie folgt argumentieren: Die Abbildungen $(x,y) \mapsto x \cdot y, z \mapsto |z|$ und $w \mapsto \sqrt{w}$ sind stetig, daher auch ihre Verkettung.

(b) Wäre f differenzierbar in $(0,0)$, so existierten die partiellen Ableitungen und bildeten die

Funktionalmatrix (α, β) der Ableitung. Aus $(*)$ $\lim\limits_{(x,y) \to (0,0)} \frac{\|\sqrt{|x \cdot y|} - \alpha x - \beta y\|}{\|(x,y)\|} = 0$, der Bedin-

gung für die Differenzierbarkeit, würde $\lim\limits_{(x,0) \to (0,0)} \frac{|-\alpha x|}{|x|} = |\alpha| = 0$ und analog $\beta = 0$ folgen.

(*Alternativ* ergibt die Berechnung der partiellen Ableitungen:

$$\alpha = \lim\limits_{\substack{x \to 0 \\ x \neq 0}} \frac{\sqrt{|x \cdot y|} - 0}{x - 0}\Big|_{y=0} = \lim\limits_{x \to 0} 0 = 0 \text{ und analog } \beta = 0.)$$

Wäre die Funktion in $(0,0)$ differenzierbar, so erhielte man daher (mit der Matrix $(0\ 0)$ der Ableitung) aus $(*)$ wie folgt einen Widerspruch:

$$0 = \lim\limits_{(x,y) \to (0,0)} y = x \frac{\sqrt{|x \cdot y|} - 0}{\|(x,y)\|} = \lim\limits_{x \to 0} \frac{|x|}{\sqrt{2x^2}} = \sqrt{\frac{1}{2}} \neq 0. \qquad \square$$

Lösungsskizze zu Aufgabe A80:

Die partiellen Ableitungen von f existieren und sind $\frac{\partial f(x,y)}{\partial x} = 3x^2 + 2yx$ und $\frac{\partial f(x,y)}{\partial y} = x^2 + 3y^2$. Als Polynomfunktionen sind die partiellen Ableitungen stetig. Daraus folgt die stetige Differenzierbarkeit von f. Die Ableitung f' an der Stelle (x,y) hat die Matrix

$$\text{grad} f = (3x^2 + 2yx, x^2 + 3y^2).$$

Lösungsskizze zu Aufgabe A81:

(a) Die Funktion f ist differenzierbar, da es die Koordinatenfunktionen $f_1 : (x,y) \mapsto e^{x+y}$ und $f_2 : (x,y) \mapsto xy$ sind. Die Funktionen $l_1 : (x,y) \mapsto x$ und $l_2 : (x,y) \mapsto y$ sind differenzierbar, daher auch das Produkt $(x,y) \mapsto xy$. Ferner ist die e-Funktion exp differenzierbar, daher auch die Kompositionen $\exp \circ l_1 : (x,y) \mapsto e^x$ und $\exp \circ l_2 : (x,y) \mapsto e^y$ und ihr Produkt $(x,y) \mapsto e^{x+y}$. [Oder so: $l_1 + l_2$ ist differenzierbar und daher auch $\exp \circ (l_1 + l_2)$.]

(b) Man bestimmt die partiellen Ableitungen von f_1 und f_2:

$$\frac{\partial f_1}{\partial x}(x,y) = e^{x+y}, \quad \frac{\partial f_1}{\partial y}(x,y) = e^{x+y} \quad \text{sowie} \quad \frac{\partial f_2}{\partial x}(x,y) = y, \quad \frac{\partial f_2}{\partial y}(x,y) = x.$$

Daher ist die Jacobi-Matrix von f gleich

$$Df(x,y) = f'(x,y) = \begin{pmatrix} e^{x+y} & e^{x+y} \\ y & x \end{pmatrix}.$$

(c) Speziell ist $f'(0,0) = \begin{pmatrix} 1 & 1 \\ 0 & 0 \end{pmatrix}$; das erlaubt folgende lineare Approximation an f für „kleine" x und y:

$$f(x,y) \approx f(0,0) + f'(0,0)\begin{pmatrix} x \\ y \end{pmatrix} = \begin{pmatrix} 1 \\ 0 \end{pmatrix} + \begin{pmatrix} x+y \\ 0 \end{pmatrix} = \begin{pmatrix} 1+x+y \\ 0 \end{pmatrix}.$$

Lösungsskizze zu Aufgabe A82:

Sei $f : \mathbb{R}^3 \to \mathbb{R}$ reelle, in einer Umgebung von $\vec{v}_0 = (x_0, y_0, z_0)$ partiell stetig differenzierbare

Funktion. Nach einem Satz der Analysis ist dann f in (x_0, y_0, z_0) (sogar stetig) total differenzierbar und hat in einer Umgebung von $\vec{v}_0$ die Darstellung

$$f(\vec{v}) = f(\vec{v}_0) + f'(\vec{v}_0)(\vec{v} - \vec{v}_0) + r(\vec{v}) \text{ mit } \lim_{\vec{v} \to \vec{v}_0} \frac{r(\vec{v})}{\|\vec{v} - \vec{v}_0\|} = 0.$$

Daher gilt (mit $\vec{v} = (x_0 + ah, y_0 + bh^2, z_0 + ch)$) in dieser Umgebung von $\vec{v}_0$:

$$\lim_{h \to 0} \frac{f(x_0 + ah, y_0 + bh^2, z_0 + ch) - f(\vec{v}_0)}{h} = \lim_{h \to 0} \frac{f'(v_0)(ah, bh^2, ch) + r(\vec{v})}{h} =$$

$$\lim_{h \to 0} [(f_x(\vec{v}_0), f_y(\vec{v}_0)), f_z(\vec{v}_0)) \cdot (a, bh, c) + \frac{r(\vec{v})}{h}] = a \cdot f_x(x_0, y_0, z_0) + 0 + c f_z(x_0, y_0, z_0) + \lim_{h \to 0} \frac{r(\vec{v})}{h}.$$

Zu zeigen bleibt, dass das Restglied gegen 0 konvergiert. Hier ist

$$\|\vec{v} - \vec{v}_0\| = \|(ah, bh^2, ch)\| = |h| \sqrt{a^2 + b^2 h^2 + c^2};$$

damit folgt (mit $\mathrm{sgn}(h)$ als dem Vorzeichen von h):

$$\lim_{h \to 0} \frac{r(\vec{v})}{h} = \lim_{h \to 0} \frac{r(\vec{v})}{\|v - v_0\|} \cdot \frac{1}{h} |h| \sqrt{a^2 + b^2 h^2 + c^2} = \lim_{h \to 0} [(\mathrm{sgn}(h) \frac{r(\vec{v})}{\|v - v_0\|})] \cdot \sqrt{a^2 + c^2} = 0.$$

Lösungsskizze zu Aufgabe A83:

(i) Da f stetig auf $[a, b]$ ist, folgt aus dem Hauptsatz, dass $F(x) = \int_a^x f(t)\,\mathrm{d}t$ eine Stammfunktion von f, also insbesondere differenzierbar und damit stetig auf $[a, b]$ ist.

Da $F(a) = 0$ und damit $\frac{F(b)}{2}$ aus $[F(a), F(b)]$ bzw. aus $[(b), F(a)]$ ist, folgt aus dem Zwischenwertsatz:

$$\exists \xi \in [a, b] : F(\xi) = \frac{F(b)}{2} \iff F(\xi) = F(b) - F(\xi) \iff \int_a^\xi f(x)\,\mathrm{d}x = \int_\xi^b f(x)\,\mathrm{d}x.$$

(ii) Betrachte den Sinus auf $[-\frac{\pi}{2}, \frac{\pi}{2}]$. Hier gilt für $\xi = -\frac{\pi}{2}$: $\int_{-\frac{\pi}{2}}^\xi \sin x\,\mathrm{d}x = 0 = \int_\xi^{\frac{\pi}{2}} \sin x\,\mathrm{d}x.$

Umgekehrt: Aus $-\int_{-\frac{\pi}{2}}^\xi \sin(x)\,\mathrm{d}x = \cos\xi - \cos(-\frac{\pi}{2}) = \cos(\frac{\pi}{2}) - \cos\xi$ folgt $2\cos\xi = 2\cos\frac{\pi}{2}$ und

daraus $\xi = \pm\frac{\pi}{2}$.

Lösungsskizze zu Aufgabe A84:

Die stetigen Funktionen f, g sind auf dem Intervall $[0, 1]$ integrierbar; es existieren die Integralfunktionen $F(x) := \int_0^x f(t)\,\mathrm{d}t$ und $G(x) := \int_0^x g(t)\,\mathrm{d}t$ (mit $x \in [0, 1]$).

F und G sind Stammfunktionen von f und g. Sie und daher auch $F \cdot G$ sind differenzierbar auf $[0, 1]$. Nach dem Mittelwertsatz existiert ein $\xi \in (0, x)$ (für $x \in (0, 1]$), so dass

$$\frac{(F \cdot G)(x) - (F \cdot G)(0)}{x - 0} = (F \cdot G)'(\xi) = F(\xi) \cdot g(\xi) + f(\xi) \cdot G(\xi).$$

Setzt man $x = 1$, so folgt: $\int_0^1 f(t)\,\mathrm{d}t \cdot \int_0^1 g(t)\,\mathrm{d}t = g(\xi) \cdot \int_0^\xi f(t)\,\mathrm{d}t + f(\xi) \cdot \int_0^\xi g(t)\,\mathrm{d}t$ $\qquad\square$

Lösungsskizze zu Aufgabe A85:

Die Aussage ist zu widerlegen. Man kann als Gegenbeispiel zu gegebenem M

$$f(x) := \begin{cases} -Mx + M & \text{, für } x \in [0,1] \\ 0 & \text{, für } x \geq 1. \end{cases}$$

wählen. f ist stetig auf $[0,\infty)$ und es gilt für alle $n \in \mathbb{N}$:

$$\int_0^n x^n |f(x)|\, dx \underset{f \geq 0}{=} \int_0^n x^n f(x)\, dx = \int_0^1 x^n f(x)\, dx + \int_1^n x^n f(x)\, dx \underset{f=0 \text{ für } x \geq 1}{=} \int_0^1 x^n f(x)\, dx + 0$$

$$\leq M \int_0^1 x^n\, dx \qquad (\text{da } f \leq M \text{ für } x \in [0,1] \text{ und das Integral monoton ist})$$

$$= M \frac{x^{n+1}}{n+1} \Big|_0^1 = M \frac{1}{n+1} \leq M.$$

$\square$

Lösungsskizze zu Aufgabe A86:

Da die Cosinus-Funktion periodisch verläuft und $\ln a > 0$ für gegebenes a konstant ist, reicht es, sich auf ein einzelnes Flächenstück zu beschränken. Es gilt:

$$F = \int_{-\frac{\pi}{2a}}^{\frac{\pi}{2a}} \ln a \cos(at)\, dt = \left[\frac{\ln a}{a} \sin ax \right]_{-\frac{\pi}{2a}}^{\frac{\pi}{2a}} = \frac{\ln a}{a}\left(\sin \frac{\pi}{2} - \sin(-\frac{\pi}{2})\right) = \frac{2\ln a}{a}.$$

Extrema gibt es höchstens für a mit $\frac{dF}{da} = 0$. Mit $\frac{dF}{da} = 2 \cdot \frac{a \cdot \frac{1}{a} - \ln a}{a^2} = \frac{2}{a^2}(1 - \ln a)$ ergibt sich aus $F' = 0$ als einzige Möglichkeit $a = e$. Zur Bestätigung, dass für $a = e$ tatsächlich ein Maximum vorliegt, gibt es mehrere Möglichkeiten. Eine davon ist der Nachweis, dass die zweite Ableitung von F an der Stelle e negativ ist, eine andere die Betrachtung von a mit $a < e$ und von $a > e$:

$$\frac{dF}{da}\Big|_{a<e} = \frac{2(1-\ln a)}{a^2} > 0 \text{ wegen } \ln a < \ln e = 1 \quad \text{und} \quad \frac{dF}{da}\Big|_{a>e} = \frac{2(1-\ln a)}{a^2} < 0.$$

Eine dritte Möglichkeit des Nachweises, dass bei e ein Maximum vorliegt, ist die Feststellung, dass $F(1) = 0 < F(e)$ und $F(e) > F(e^2)$ gilt und nur ein einziger Extremwert vorliegt.

Lösungsskizze zu Aufgabe A87:

1.

$$\left| \int_a^b \frac{\sin t}{t^2}\, dt \right| \leq \int_a^b \left| \frac{\sin t}{t^2} \right|\, dt \leq \int_a^b \left| \frac{1}{t^2} \right|\, dt = \int_a^b \frac{1}{t^2}\, dt = -\frac{1}{t}\Big|_a^b = \frac{1}{a} - \frac{1}{b}$$

2. Sei $\varepsilon > 0$. Man wähle dann $s > \frac{1}{\varepsilon}$, also $\frac{1}{s} < \varepsilon$. Wegen $M > m > s$ ergibt sich (mit Hilfe von Teil 1):

$$\left| \int_1^M \frac{\sin t}{t^2}\, dt - \int_1^m \frac{\sin t}{t^2}\, dt \right| = \left| \int_m^M \frac{\sin t}{t^2}\, dt \right| \overset{(1.)}{\leq} \frac{1}{m} - \frac{1}{M} < \frac{1}{m} < \frac{1}{s} < \varepsilon.$$

Alternative:

$$|\int_m^M \frac{\sin t}{t^2}\,dt| \le \int_m^M |\frac{\sin t}{t^2}|\,dt \le \int_m^M \frac{1}{t^2}\,dt \le \int_s^\infty \frac{1}{t^2}\,dt = \int_1^\infty \frac{1}{t^2}\,dt - \int_1^s \frac{1}{t^2}\,dt$$

$$= \lim_{N\to\infty} \int_1^N \frac{1}{t^2}\,dt - \int_1^s \frac{1}{t^2}\,dt = \lim_{N\to\infty}(1-\frac{1}{N}) - (1-\frac{1}{s}) = 1 - 1 + \frac{1}{s} = \frac{1}{s} < \varepsilon.$$

Lösungsskizze zu Aufgabe A88:

a) Sei h eine reelle und auf $[a,b]$ stetige Funktion mit $h(x) \ge 0$.

Zu zeigen ist: Aus $\int_a^b h(t)\,dt = 0$ folgt $h(x) = 0$ für alle $x \in [a,b]$.

Beweis: Man nehme an, dass ein $x_0 \in [a,b]$ existiert mit $h(x_0) =: c > 0$. Da h stetig ist, existiert zu jedem $\varepsilon > 0$ eine δ- Umgebung von x_0 mit $|h(x) - h(x_0)| < \varepsilon$. Also existiert für $\varepsilon := c := h(x_0)$ ein δ, so dass für $x \in (x_0 - \delta, x_0 + \delta) \cap [a,b]$ gilt: $|h(x) - h(x_0)| < c = h(x_0)$. Daraus folgt $h(x) > 0$ für $x \in (x_0 - \delta, x_0 + \delta) \cap [a,b]$. O.B.d.A. kann daher auch $x_0 \ne a$ und $x_0 \ne b$ gewählt werden, ferner δ so, dass $[x_0 - \delta, x_0 + \delta] \subseteq [a,b]$. Aufgrund der Additivität des Integrals gilt

$$\int_a^b h(t)\,dt = \int_a^{x_0-\delta} h(t)\,dt + \int_{x_0-\delta}^{x_0+\delta} h(t)\,dt + \int_{x_0+\delta}^b h(t)\,dt > 0 ;$$

denn der erste und dritte Summand sind ≥ 0; und der mittlere Summand ist echt größer Null, da h in diesem Bereich echt größer Null ist. Dies steht im Widerspruch zur Voraussetzung, dass das Integral gleich Null ist. Somit ist $h(x) = 0$ für alle $x \in [a,b]$.

Sei $f : [a,b] \to \mathbb{R}$ stetig. Weiterhin gelte $\int_a^b f(t)g(t)\,dt = 0$ für alle auf $[a,b]$ stetigen rellen Funktionen g.

Wählt man nun $g = f$, dann gilt $f \cdot g = f^2 \ge 0$ und nach Voraussetzung $\int_a^b f^2(t)\,dt = 0$. Daraus ergibt sich nach Aufgabenteil (a), dass $f^2(x) = 0$ ist für alle $x \in [a,b]$. Somit folgt die Behauptung.

Lösungsskizze zu Aufgabe A89:

Verwenden wir den angegebenen Hinweis, so erhalten wir zunächst $S_n = \sum_{k=1}^n \frac{n}{n^2+k^2} = \sum_{k=1}^n \frac{1}{1+x_k^2} \cdot \frac{1}{n}$, wobei $x_k = \frac{k}{n}$. Insbesondere gilt $x_1 = \frac{1}{n}$ und $x_n = 1$. Also ist S_n Zerlegungssumme von $\int_0^1 \frac{1}{1+x^2}\,dx = \arctan x \big|_0^1 = \frac{\pi}{4}$. Also gilt $\lim_{n\to\infty} S_n = \frac{\pi}{4}$. $\square$

Lösungsskizze zu Aufgabe A90:

Es gilt für $x \ne 0$, dass $f(x) = \frac{1}{x} - \cot x = \frac{1}{x} - \frac{\cos x}{\sin x}$. Da die Funktionen $\frac{1}{x}$, $\sin x$ und $\cos x$ auf $I = (0, \frac{\pi}{2}]$ stetig sind und $\sin x \ne 0$ auf I, ist auch $f(x)$ auf I stetig. Interessant ist nur das Verhalten von f, wenn $x \to 0$ strebt. Es gilt

$$\lim_{x\to 0} f(x) = \lim_{x\to 0}\left(\frac{1}{x} - \cot x\right) = \lim_{x\to 0}\left(\frac{\sin x}{x} \cdot \frac{1}{\sin x} - \cot x\right)$$

$$= \lim_{x\to 0}\left(\frac{\sin x}{x} \cdot \frac{1}{\tan x \cdot \cos x} - \cot x\right) = \lim_{x\to 0}\left(\frac{\sin x}{x} \cdot \frac{\cot x}{\cos x} - \cot x\right)$$

$$= \lim_{x\to 0}\left(\frac{\sin x}{x}\right) \cdot \frac{\lim_{x\to 0}\cot x}{\lim_{x\to 0}\cos x} - \lim_{x\to 0}\cot x \overset{(*)}{=} 1 \cdot \frac{\lim_{x\to 0}\cot x}{1} - \lim_{x\to 0}\cot x$$

$$= \lim_{x \to 0}(\cot x - \cot x) = 0 = f(0).$$

Bei $(*)$ haben wir verwendet, dass $\lim_{x \to 0}\frac{\sin x}{x} = 1$; (Beweis z.Bsp. mit de l'Hospital).

Also ist f bei $x = 0$ rechtsseitig stetig und damit stetig auf ganz $[0, \frac{\pi}{2}]$.

Um eine Stammfunktion zu bestimmen, verwenden wir unter anderem die Substitution $u = \sin x$, wobei dann $\mathrm{d}u = \cos x\,\mathrm{d}x$. Wir erhalten

$$\int_0^{\frac{\pi}{2}}\left(\frac{1}{x} - \frac{\cos x}{\sin x}\right)\mathrm{d}x = \lim_{t \to 0+}\left(\int_t^{\frac{\pi}{2}}\frac{1}{x}\,\mathrm{d}x - \int_t^{\frac{\pi}{2}}\frac{\cos x}{\sin x}\,\mathrm{d}x\right) \underset{u = \sin x}{=} \lim_{t \to 0}\left(\ln x\Big|_t^{\frac{\pi}{2}} - \int_{\sin t}^{\sin\frac{\pi}{2}}\frac{1}{u}\,\mathrm{d}u\right)$$

$$= \ln\frac{\pi}{2} - \lim_{t \to 0}(\ln t - \ln|u|\Big|_{\sin t}^1) = \ln\frac{\pi}{2} + \lim_{t \to 0}[-\ln t - \ln 1 + \ln(\sin t)]$$

$$= \ln\frac{\pi}{2} + \lim_{t \to 0}\ln\left(\frac{\sin t}{t}\right) = \ln\frac{\pi}{2} + \ln\left(\lim_{t \to 0}\frac{\sin t}{t}\right) \qquad \text{(da die ln-Funktion stetig ist)}$$

$$= \ln\frac{\pi}{2} + \ln 1 = \ln\frac{\pi}{2}.$$

Lösungsskizze zu Aufgabe A91:

Da Integration und Summation wegen gleichmäßiger Konvergenz (der Potenzreihe) vertauschbar sind, ist

$$\int_0^1 \exp(-x^6)\,\mathrm{d}x = \int_0^1 \sum_{n=0}^{\infty}\frac{(-1)^n x^{6n}}{n!}\,\mathrm{d}x = \sum_{n=0}^{\infty}\int_0^1 \frac{(-1)^n x^{6n}}{n!}\,\mathrm{d}x = \sum_{n=0}^{\infty}\frac{(-1)^n}{(6n+1)n!} =: s.$$

(Dabei konvergiert die alternierende Reihe nach dem Leibnizkriterium.)

Wir sehen, dass s stets zwischen zwei aufeinander folgenden Teilsummen $s_k := \sum_{n=0}^{k}\frac{(-1)^n}{(6n+1)n!}$ liegt.

Die Abweichung einer Teilsumme von s ist kleiner als der Betrag des ersten vernachlässigten Gliedes. Da $\frac{1}{3!(6\cdot3+1)} = \frac{1}{6\cdot19} = \frac{1}{114} < \frac{1}{100}$ ist, weicht $\quad s_2 = 1 - \frac{1}{7} + \frac{1}{2\cdot13} \approx 0{,}895604 \quad$ um weniger als $1/100$ von s ab.

Lösungsskizze zu Aufgabe A92:

Aus der 2. Gleichung erhält man durch Differenzieren $y_2'' = y_1' - y_2'$. Durch Einsetzen von $(*)$ folgt $y_2'' = (-y_1 + 4y_2) - y_2' = -(y_2' + y_2) + 4y_2 - y_2'$, also $y_2'' + 2y_2' - 3y_2 = 0$.

(Als Anfangswertproblem gibt es dafür höchstens eine Lösung.) Die charakteristische Gleichung, also $\lambda^2 + 2\lambda - 3 = 0$ hat die Wurzeln $\lambda_{1/2} = -1 \pm \sqrt{1+3}$, also $\lambda_1 = -3$ und $\lambda_2 = 1$.

Ein Lösungsansatz ist $y_2 = c_1 e^{-3t} + c_2 e^t$. Damit erhält man aus der 2. Gleichung

$$y_1 = y_2 + y_2' = c_1 e^{-3t} + c_2 e^t - 3c_1 e^{-3t} + c_2 e^t = -2c_1 e^{-3t} + 2c_2 e^t.$$

Aus den Anfangswerten ergibt sich $y_1(0) = -2c_1 + 2c_2 = 0$ und $y_2(0) = c_1 + c_2 = 1$. Dieses LGS hat die Lösung $c_1 = c_2 = \frac{1}{2}$. Damit folgt $\quad\begin{cases} y_1 = -e^{-3t} + e^t \\ y_2 = \frac{1}{2}(e^{-3t} + e^t) \end{cases}$ Umgekehrt erfüllt diese Paar

(y_1, y_2) die DGL $(*)$ mit den gegebenen Anfangswerten.

Lösungsskizze zu Aufgabe A93:

(i) Die lineare homogene Differentialgleichung $y' = a(x)y$ hat die Lösung $y(x) = c \cdot \exp(A(x))$ mit Stammfunktion A von a (siehe §4.3). Im vorliegenden Fall ist $a(x) = x$ und damit $A(x) = \frac{1}{2}x^2 + d$. Es folgt $y(x) = c \cdot e^{\frac{1}{2}x^2}$ mit $c \in \mathbb{R}$; umgekehrt ist eine solche Funktion Lösung.

(ii) Die Lösungen einer inhomogenen DGL $y' = a(x)y + s(x)$ sind die Summen $y_p + y_0$ mit y_p als Partikulärlösung und y_0 als eine Lösung des homogenen Systems. y_0 ist Lösung des Problems von Teil (i); eine Partikulärlösung ist

$$y_p = c(x)\exp(A(x)) \quad \text{für} \quad c(x) = \int\limits^{x} s(t)\exp(-A(t))\,dt \quad \text{(s. wieder §4.3),}$$

in unserem Fall für $c(x) = \int\limits_0^x t \cdot e^{-\frac{1}{2}t^2}\,dt = -e^{-\frac{1}{2}t^2}\big|_0^x = 1 - e^{-\frac{1}{2}x^2}$. Es folgt

$$y_p = e^{\frac{1}{2}x^2}(1 - e^{-\frac{1}{2}x^2}) = e^{\frac{1}{2}x^2} - 1.$$

Probe: $y_p' = x \cdot e^{\frac{1}{2}x^2} = x(y_p + 1) = xy_p + x$. Einsetzen von $x = 0$ in die allgemeine Lösung $y = e^{\frac{1}{2}x^2} - 1 + ce^{\frac{1}{2}x^2} = (1+c)e^{\frac{1}{2}x^2} - 1$ ergibt $y(0) = 1 + c - 1 = c = 0$ und damit $y = e^{\frac{1}{2}x^2} - 1$

Lösungsskizze zu Aufgabe A94:

Wegen der Existenz und stetigen Differenzioerbarkeit der Stammfunktion folgt aus dem Hauptsatz der Differential- und Integralrechnung;

$$y' = \int\limits_{x_0}^{x} f(t)\,dt + y'(x_0) = F(x) - F(x_0) + y'(x_0) \quad \text{und damit}$$

$$y = \int\limits_{x_0}^{x} F(t)\,dt + [c_1 - F(x_0)](x - x_0) + y(x_0) = \Phi(x) - \Phi(x_0) + (c_1 - F(x_0))(x - x_0) + c_2.$$

Umgekehrt erfüllt dieses y die gegebene Differentialgleichung.

Lösungsskizze zu Aufgabe A95:

(a)

$$p_n(x) = \ln(1+0) + \frac{(\ln(1+0))'}{1!}(x-0)^1 + \ldots + \frac{(\ln(1+0))^{(n)}}{n!}(x-0)^n$$

$$= 0 + \frac{1}{1+0}x + \frac{-1}{2!(1+0)^2}x^2 + \ldots + \frac{(1-n)!}{n!(1+0)^n}x^n = x - \frac{x^2}{2} + \frac{x^3}{3} + \ldots + \frac{(-1)^{n-1}x^n}{n}$$

$$= \sum_{k=1}^{n} \frac{(-1)^{k-1}x^k}{k}.$$

(b) Da $\ln(x+1)$ auf $[-0,1;0]$ beliebig oft differenzierbar ist, gilt nach dem Satz von Taylor:

$\ln(1-0,1) = p_n(-0,1) + \frac{(\ln(1+\xi))^{(n+1)}}{(n+1)!}(-0,1)^{n+1}$ Dabei ist $\xi \in (-0,1;0)$.

Damit folgt:

$$\underbrace{|\ln(0,9) - p_n(-0,1)|}_{(*)} = \left| \frac{(-1)^n(-0,1)^{n+1}}{(n+1)(1+\xi)^{n+1}} \right| = \frac{0,1^{n+1}}{(n+1)(1+\xi)^{n+1}}$$

$$\leq \frac{0,1^{n+1}}{(n+1)(0,9)^{n+1}} \quad , \text{da } \xi \geq -0,1$$

$$= \frac{1}{(n+1)9^{n+1}}.$$

(c) Es muss $n \geq 3$ gelten; denn für $n = 2$ ist $(*) = \frac{1}{3} \cdot \frac{1}{10^3} \cdot \frac{1}{(1+\xi)^3} > \frac{1}{3} \cdot 10^{-3} > 0,5 \cdot 10^{-4}$, für $n = 3$ dagegen schon $(*) \leq \frac{1}{4} \cdot 9^{-4} < 0,5 \cdot 10^{-4}$.

Lösungsskizze zu Aufgabe A96:

Für das n-te Taylorpolynom benötigt man für alle $k \leq n$ die k-te Ableitung von f. Per Induktion sieht man: $f^{(n)}(x) = \frac{n!}{(1-x)^{n+1}}$ Damit lautet das n-te Taylorpolynom mit 0 als Entwicklungspunkt

$$p_n(x) = f(0) + f'(0)x + \frac{f''(0)}{2!}x^2 + \ldots + \frac{f^{(n)}}{n!}x^n = 1 + x + x^2 + x^3 + \ldots + x^n = \sum_{i=0}^{n} x^i.$$

Da $\lim\limits_{n \to \infty} p_n = \sum x^i$ auf $(-1,1)$ gegen $\frac{1}{1-x}$ konvergiert (geometrische Reihe) und ansonsten divergiert, folgt $\lim\limits_{n \to \infty}(f - p_n)(x) = 0$ für $x \in (-1,1)$. Damit ist $\sum\limits_{i=1}^{\infty} x^i$ auf $(-1,1)$ die formale Taylorreihe von f mit Entwicklungspunkt 0. Für $x \in [-2,-1)$ divergiert die Taylorreihe.

Lösungsskizze zu Aufgabe A97:

Durch Taylorentwicklung erhält man $\ln(1+x) = \sum\limits_{n=1}^{\infty} (-1)^{n+1}/n \cdot x^n = x - x^2/2 + \ldots$

(Eine Näherung ist umso besser, je kleiner $|x|$ ist; Konvergenzradius ist 1.) Nun setzen wir an: Für dasjenige x_0, für das $1 + x_0$ die x-Koordinate des Punktes P aus 1. ist, gilt:

$$\ln(1 + x_0) = 1 + (1 + x_0) - (1 + x_0)^2 \approx x_0 - x_0^2/2.$$

Nun müssen wir nur noch eine quadratische Gleichung lösen. Welche der beiden Lösungen ist die richtige?

Lösungsskizze zu Aufgabe A98:

(i) In einer Umgebung um 0 gilt wegen der Potenzreihenentwicklung des Sinus für $x \neq 0$:

$$f_1(x) = \frac{x - \sin x}{x^6} = \frac{x - (x - \frac{x^3}{3!} + \frac{x^5}{5!} - \ldots)}{x^6} = \frac{1}{3!x^3} - \frac{1}{5!x} + \frac{x}{7!} - \frac{x^3}{9!} + \ldots$$

Für x aus einer beliebig kleinen Umgebung um 0 konvergiert $\frac{x}{7!} - \frac{x^3}{9!} + \frac{x^5}{12!} - \ldots$ nach dem Leibnizkriterium. Dieser Anteil ist also insbesondere beschränkt für jedes x der gewählten Umgebung. Aber für $x_n \to 0$ gilt $\frac{1}{3!x^3} - \frac{1}{5!x} \to \infty$. Damit folgt $f_1(x_n) \to \infty$ für jede Nullfolge (x_n) und damit die Unmöglichkeit der stetigen Fortsetzbarkeit.

(ii) Hier ergibt sich analog zu oben für $x \neq 0$: $f_2(x) = \frac{1}{3!} - \frac{x^2}{5!} + \frac{x^4}{7!} - \frac{x^6}{9!} + \ldots$ Für jede Folge (x_n) mit $x_n \neq 0$ und $x_n \to 0$ erhält man $f_2(x_n) \to \frac{1}{3!}$. Also ist f_2 stetig fortsetzbar mit $f_2(0) = \frac{1}{6}$.

9.3   Lösungen zu Kap. 5: Wahrscheinlichkeitstheorie

Lösungsskizze zu Aufgabe W1:

Das Experiment entspricht dem Urnenmodell, bei dem sich in der Urne gleichviele weiße und schwarze Kugeln befinden und $n = 10$ Kugeln mit Zurücklegen gezogen werden. Das Ziehen einer weißen Kugel entspricht einem Treffer des Schützen, das Ziehen einer schwarzen einem Fehlschuss. Notiert man die Ergebnisse der Ziehung in einem 10-Tupel $(\omega_1, \omega_2, \ldots, \omega_{10})$ mit $\omega_i \in \{\text{Weiß, Schwarz}\}$, dann sei A das Ereignis, dass das Tupel mindestens drei Einträge 'Weiß' enthält.

Wir berechnen die Wahrscheinlichkeit $P(\overline{A})$ des Komplementärereignisses $\overline{A}$, dass der Schütze höchstens zweimal trifft. Die Wahrscheinlichkeit p_k, dass der Schütze genau k-mal trifft $(0 \le k \le 10)$, beträgt $\quad p_k = \binom{n}{k} p^k \cdot q^{n-k}, \quad$ wobei $p = \frac{1}{2}$ die Wahrscheinlichkeit für das Ziehen einer weißen Kugel und $q = \frac{1}{2}$ die Wahrscheinlichkeit für das Ziehen einer schwarzen Kugel ist.

Es gilt $\quad P(\overline{A}) = p_0 + p_1 + p_2, \quad$ und daher $\quad P(\overline{A}) = \frac{\binom{10}{0} + \binom{10}{1} + \binom{10}{2}}{2^{10}} = \frac{1 + 10 + 45}{1024} = \frac{7}{128}\,$; damit beträgt die Wahrscheinlichkeit $P(A)$ des Ereignisses A

$$P(A) = 1 - P(\overline{A}) = \frac{121}{128} \approx 94.5\%$$

$\square$

Lösungsskizze zu Aufgabe W2:

Die Schüsse der Schützen können als voneinander unabhängig angenommen werden. Sei nun T das generelle Ereignis "Treffen der Tontaube". Dann ist

$$P(T) = 1 - P(\overline{T}) = 1 - P(X \text{ verfehlt} \wedge Y \text{ verfehlt} \wedge Z \text{ verfehlt}) = 1 - \left(\frac{1}{2} \cdot \frac{1}{3} \cdot \frac{1}{4}\right) = 1 - \frac{1}{24} = \frac{23}{24}.$$

Lösungsskizze zu Aufgabe W3:

Zu (a): R sei der Raum aller 4-Tupel mit Einträgen aus der Menge $\{1, 2, 3, 4, 5, 6\}$, d.h.

$$R = \{(x_1, x_2, x_3, x_4) | x_1, x_2, x_3, x_4 \in \{1, 2, 3, 4, 5, 6\}\}.$$

Da jeder Eintrag eines solchen 4-Tupels genau sechs Werte annehmen kann, gibt es 6^4 verschiedene Elemente in R, woraus $|R| = 1296$ folgt.

Zu (b): Bezeichne $\mathcal{P}(M)$ die Menge aller Teilmengen einer Menge M, also die Potenzmenge von M. Bekanntlich gilt $|\mathcal{P}(M)| = 2^{|M|}$. Im vorliegenden Fall erhalten wir also $|S| = 2^{1296}$.

Zu (c): Die folgende Tabelle zeigt alle 4-Tupel $(x_1, x_2, x_3, x_4) \in R$, die A erfüllen.

x_1	1	1	1	1	1	1	1	1	1	1	2	2	2	2	3
x_2	2	2	2	2	2	2	3	3	3	4	3	3	3	4	4
x_3	3	3	3	4	4	5	4	4	5	5	4	4	5	5	5
x_4	4	5	6	5	6	6	5	6	6	6	5	6	6	6	6

Daraus folgt $|A| = 15$ und $P(A) = \dfrac{15}{1296}$.

Zu (d): Gesucht ist die Anzahl der 4-Tupel, bei denen die Summe ihrer Komponenten mindestens 21 beträgt. Wir unterscheiden verschiedene Fälle nach der Anzahl der im 4-Tupel enthaltenen Sechsen. Es gibt nur ein 4-Tupel, das vier Sechsen enthält. Sind drei Sechsen im 4-Tupel enthalten, so muss die noch offene Komponente des Tupels mindestens mindestens 3 aber höchstens 5 sein. Die drei Sechsen können auf $\binom{4}{3} = 4$ Arten angeordnet sein, so dass es in diesem Fall $3 \cdot 4 = 12$ gültige Würfe gibt.

Sind zwei Sechsen im 4-Tupel enthalten, so müssen die beiden noch offenen Komponenten in der Summe mindestens 9 ergeben und dürfen selbst keine Sechs enthalten. Dies ist nur mit den Kombinationen 'Fünf-Fünf', 'Fünf-Vier' oder 'Vier-Fünf' möglich. Die beiden Sechsen können auf $\binom{4}{2} = 6$ Arten angeordnet werden, so dass es in diesem Fall $6 \cdot 3 = 18$ gültige Würfe gibt.

Ist nur eine Sechs im 4-Tupel enthalten, so muss die Summe der noch offenen Komponenten mindestens 15 ergeben, wobei keine weitere Sechs enthalten sein darf. Dies ist nur für die Kombination 'Fünf-Fünf-Fünf' erfüllt. Die Sechs kann an allen vier Komponenten des 4-Tupels stehen, so dass es in diesem Fall 4 gültige Würfe gibt.

Ist keine Sechs im 4-Tupel enthalten, ergibt die maximal mögliche Augensumme 20, so dass es in diesem Fall keinen gültigen Wurf gibt.

Daraus folgt $|B| = 1 + 12 + 18 + 4 = 35$.   □

Lösungsskizze zu Aufgabe W4:

$D_1 + D_2 + D_3 + D_4 = \Omega$ ist eine vollständige Ereignisdisjunktion mit $P(D_i) > 0$ für alle $i \in \{1,2,3,4\}$ und $\sum\limits_{i=1}^{4} P(D_i) = 1$. Nach dem Satz über die vollständige Wahrscheinlichkeit gilt

$$P(M) = P(M|D_1)P(D_1) + P(M|D_2)P(D_2) + P(M|D_3)P(D_3) + P(M|D_4)P(D_4)$$
$$= 0.35 \cdot 0.3 + 0.85 \cdot 0.2 + 0.45 \cdot 0.4 + 0.15 \cdot 0.1 = 0.105 + 0.17 + 0.18 + 0.015$$
$$= 0.47 \,\hat{=}\, 47\%$$

□

Lösungsskizze zu Aufgabe W5:

Wir nehmen an, dass die Buchstaben unabhängig (mit Wahrscheinlichkeit $\frac{1}{6}$) in den Packungen verteilt sind; als Ereignisraum ist daher $\Omega = \prod\limits_{i=1}^{7} \Omega_i$ mit $\Omega_i = \{S,O,R,E,I,N\}$ $(i = 1,\ldots,7)$ und als Wahrscheinlichkeitsraum der Produktraum $(\Omega, \prod\limits_{i=1}^{7} p_i)$ der Laplace–Räume (Ω_i, p_i) mit $p_i(\omega_i) = \frac{1}{6}$ für $\omega_i \in \Omega_i$ wählbar. Man erhält

$$w = P\big(\{(x_1,\ldots,x_7) \in \Omega \mid \{x_1,\ldots,x_7\} = \{S,O,R,E,I,N\}\}\big)$$
$$= p\left(\bigcup_X \{(x_1,\ldots,x_7) \in \Omega \mid \{x_1,\ldots,x_7\} = \{S,O,R,E,I,N\} \text{ und } X \text{ doppelt}\}\right)$$
$$= 6 \cdot \binom{7}{2} \cdot 5! \cdot \left(\frac{1}{6}\right)^7$$

wobei   6   die Anzahl der Möglichkeiten für X,
$\binom{7}{2}$ die Anzahl der Auswahlen der Stellen mit gleichem Buchstaben,
5!   die Anzahl der Permutationen der Stellen der übrigen Buchstaben,
$\left(\frac{1}{6}\right)^7$ die Wahrscheinlichkeit eines bestimmten n–Tupels $(x_1,\ldots,x_7)$ ist.

Als Ergebnis erhält man $w = \frac{35}{648}$ ($\approx 0,054$).   □

Lösungsskizze zu Aufgabe W6:

Man nenne die beiden Bälle A und B und die Kisten 1,2,3 und 4. Da die beiden Einzelwürfe unabhängig voneinander erfolgen, tritt jedes mögliche Ereignis mit Wahrscheinlichkeit $\frac{1}{4} \cdot \frac{1}{4} = \frac{1}{16}$ auf. Es handelt sich also um ein Laplaceexperiment mit insgesamt 16 möglichen Ausgängen. Die Anzahl der günstigen Ausgänge kann man mit Hilfe der folgenden Tabelle ablesen:

1	A		B			
2	B	A	A	B		
3		B		A	A	B
4					B	A

Es gibt also 6 günstige Ausgänge und damit ist die gesuchte Wahrscheinlichkeit (günstige durch mögliche Ausgänge):
$$P = \frac{6}{16} = \frac{3}{8} \hat{=} 37,5\%$$

Lösungsskizze zu Aufgabe W7:

Zu (a): Es gibt 10^3 Nummern, wenn man alle 10 Ziffern $0,1,2,3,4,5,6,7,8,9$ zulässt, aber nur 9^3 Nummern, wenn man nur die Ziffern $0,1,2,3,4,5,6,8,9$ (ohne die 7) zulässt. Also ist $p_1 = \frac{9^3}{10^3} = 0.729\,..$

Zu (b): Es gibt $\binom{1000}{2}$ Möglichkeiten, zwei Kugeln zu ziehen, davon $\binom{9^3}{2}$ Möglichkeiten ohne die Ziffer 7. Also gilt

$$p_2 = \frac{\binom{729}{2}}{\binom{1000}{2}} = \frac{729 \cdot 728}{999 \cdot 1000} = 0,531 \ldots$$

$\square$

Lösungsskizze zu Aufgabe W8:

Man betrachte für die 10 Tee-Tests der Lady den Produktraum $\prod_1^{10} \Omega_i = \Omega_1^{10}$ mit $\Omega_i = \{0,1\}$ für $i = 1,...,10$ und der Produktwahrscheinlichkeit. Da die Lady zufällig tippt, gilt bei jedem der unabhängigen Teilversuche: $P(1) = P(0) = 0.5$. Sei nun X die Zufallsvariable, die die Anzahl der Erfolge der Lady beim Teetesten zählt, also die Abbildung $\Omega_1^{10} \to \{0,1,2,...10\}$ mit $(\omega_1, \omega_2, ..., \omega_{10}) \longmapsto x = \sum_1^{10} \omega_i$. Dann ist X binomialverteilt, und es gilt:

$$w = P(X \geq 7) \quad = P(X=7) + P(X=8) + P(X=9) + P(X=10) = \sum_7^{10} \binom{10}{i} P(1)^i P(0)^{10-i}$$

$$= (\tfrac{1}{2})^{10} [\tfrac{10!}{7!3!} + \tfrac{10!}{8!2!} + \tfrac{10!}{9!1!} + \tfrac{10!}{10!0!}] = 176 \cdot (\tfrac{1}{2})^{10} \approx 0.172.$$

Lösungsskizze zu Aufgabe W9:

Es handelt sich um ein zweistufiges Experiment. Wähle die Bezeichnungen A (bzw. B) für die Ereignisse „Münze A (bzw. B) wird gezogen" und W (bzw. Z) für die Ereignisse „die Münze zeigt Wappen (bzw. Zahl)". Diese bilden auf der jeweiligen Stufe des Experiments ein disjunkte Zerlegung des jeweiligen Ereignisraums. Also erhält man die gesuchte Wahrscheinlichkeit mit der Formel von Bayes:

$$P(A|W) = \frac{P(A)P(W|A)}{P(A)P(W|A) + P(B)P(W|B)} = \frac{\frac{1}{2} \cdot \frac{1}{2}}{\frac{1}{2} \cdot \frac{1}{2} + \frac{1}{2} \cdot \frac{1}{3}} = \frac{\frac{1}{4}}{\frac{1}{4} + \frac{1}{6}} = \frac{3}{5} \hat{=} 60\%$$

Lösungsskizze zu Aufgabe W10:

Sei R das Ereignis, dass eine rote Kugel gezogen wird, U_k dasjenige, die k-te Urne auszuwählen. Zu (a): Gesucht ist hier $P(R)$:

$$P(R) = \sum_{k=0}^{n} P(U_k) \cdot P(R|U_k) \quad \text{(Formel von der totalen Wahrscheinlichkeit)}$$

$$= \sum_{k=0}^{n} \frac{1}{n+1} \cdot \frac{k}{n} = \frac{1}{n(n+1)} \sum_{k=1}^{n} k = \frac{1}{n(n+1)} \frac{n(n+1)}{2} = \frac{1}{2}.$$

Zu (b): Mit der Formel von Bayes und Teil (a) ergibt sich die gesuchte Wahrscheinlichkeit:

$$P(U_k|R) = \frac{P(U_k) \cdot P(R|U_k)}{P(R)} = \frac{\frac{1}{n+1} \cdot \frac{k}{n}}{\frac{1}{2}} = \frac{2k}{n^2+n}.$$

Lösungsskizze zu Aufgabe W11:

Zu (a): Jede Person $P \in M \setminus \{P_7\}$ wählt unabhängig von den anderen zuerst eine Person $Q \in M \setminus \{P\}$ und dann unabhängig von ihrer ersten Wahl eine Person $R \in M \setminus \{P,Q\}$ aus. Gesucht ist zunächst die Wahrscheinlichkeit $P(A)$ des Ereignisses A, dass für eine feste Person P unter den beiden Wahlen die Person P_7 nicht gewählt wird, d.h. es soll $Q \neq P_7$ und $R \neq P_7$ sein. Es gilt

$$P(A) = \frac{|M \setminus \{P,P_7\}|}{|M \setminus \{P\}|} \cdot \frac{|M \setminus \{P,P_7,Q\}|}{|M \setminus \{P,Q\}|} = \frac{8}{9} \cdot \frac{7}{8} = \frac{7}{9}.$$

Alternativ:

$$P(A) = \frac{\binom{8}{2}}{\binom{9}{2}} = \frac{8 \cdot 7/2}{9 \cdot 8/2} = \frac{7}{9}.$$

Da jede der 9 Personen $P \in M \setminus \{P_7\}$ unabhängig von den anderen wählt, beträgt die Wahrscheinlichkeit dafür, dass P_7 einsam bleibt $\left(\frac{7}{9}\right)^9 = 0,104\ldots$

Zu (b): Für jede der 10 Personen ist die Wahrscheinlichkeit des Einsambleibens gleich, nämlich $\left(\frac{7}{9}\right)^9$. Die erwartete Anzahl der Einsamen beträgt also

$$10 \left(\frac{7}{9}\right)^9 \approx 1,04\ldots$$

Lösungsskizze zu Aufgabe W12:

Der Ereignisraum Ω enthalte die Ereignisse, dass vor der ersten weißen Kugel keine, eine, zwei, ..., s schwarze Kugeln gezogen werden. Wir setzen $\Omega := \{0,1,2,\ldots,s\}$. Es handelt sich also um eine endliche Ereignismenge, weshalb man mit dem Modell des endlichen Wahrscheinlichkeitsraums arbeiten kann.

Im endlichen Wahrscheinlichkeitsraum gilt für die paarweise disjunkten Elementarereignisse

$$P\left(\bigcup_{k=0}^{s} \{k\}\right) = \sum_{k=0}^{s} p_k.$$

Wegen $P(\Omega) = 1$ und $\bigcup_{k=0}^{s} \{k\} = \Omega$ ist dann $\sum_{k=0}^{s} p_k = 1$.

Berechnen wir nun die einzelnen p_k ! Bei diesem Zufallsversuch handelt es sich um ein Ziehen ohne Zurücklegen, wobei es nur zwei Ausgänge gibt: Weiß oder Schwarz. Wird eine schwarze Kugel gezogen, folgt eine weitere Stufe des Versuchs mit einer schwarzen Kugel weniger im Topf. Jede Ziehung ist stochastisch abhängig von den vorhergehenden Ziehungen.

Die Wahrscheinlichkeit unter $w + s$ Kugeln beim ersten Ziehen eine der w weißen Kugeln zu bekommen, beträgt $p_0 = \frac{w}{w+s}$. Entsprechend ist die Wahrscheinlichkeit unter $w+s$ Kugeln beim ersten Ziehen eine der s schwarzen Kugeln zu bekommen, gerade $\frac{s}{w+s}$. Nun gibt es zwei Möglichkeiten: Man erhält im zweiten Durchgang eine der w weißen Kugeln (damit wäre $p_1 = \frac{s}{w+s} \cdot \frac{w}{w+s-1}$) oder eine der nunmehr $s - 1$ schwarzen Kugeln. Das Verfahren kann fortgesetzt werden, bis maximal s schwarze Kugeln gezogen wurden. Man erhält also für $k \leq s$:

$$p_k = \frac{s}{w+s} \cdot \frac{s-1}{w+s-1} \cdot \frac{s-2}{w+s-2} \cdot \ldots \cdot \frac{s-k+1}{w+s-k+1} \cdot \frac{w}{w+s-k} = \frac{\binom{s}{k}}{\binom{w+s}{k}} \cdot \frac{w}{w+s-k}.$$

$\square$

Lösungsskizze zu Aufgabe W13:

Das passende wahrscheinlichkeitstheoretische Modell ist hier die hypergeometrische Verteilung:

$$h(1,3;10,40) = \frac{\binom{10}{1}\binom{40-10}{3-1}}{\binom{40}{3}} = \frac{\frac{30!}{28! \cdot 2!} \cdot 10}{\frac{40!}{37! \cdot 3!}} \hat{=} \frac{435}{988} = 44\%$$

Lösungsskizze zu Aufgabe W14:

Man kann die Befragung als zweistufiges Experiment auffassen. Auf der ersten Stufe zieht die befragte Person eine der zehn Karten. Die beiden möglichen Ausgänge sind $D =$Ziehen einer Karte mit 'Haben Sie schon einmal Ladendiebstahl begangen?' und $K =$Ziehen einer Karte mit 'Haben Sie noch nie einen Diebstahl begangen?' mit $P(D) = \frac{4}{10}$ und $P(K) = \frac{6}{10}$.

Auf der zweiten Stufe antwortet die Testperson, wobei die beiden möglichen Ergebnisse $J =$'Ja' und $N =$'Nein' seien. Nach Voraussetzung gilt für die Wahrscheinlichkeit der Antwort $J =$'Ja' insgesamt $P(J) = \frac{55}{100}$.

Bezeichnet p die Wahrscheinlichkeit, dass eine Person schon einmal einen Ladendiebstahl begangen hat, so erhält man folgendes Modell (unter Verwendung bedingter Wahrscheinlichkeiten oder durch Anwendung der 'Pfadregeln' im entsprechenden Baumdiagramm): den Wahrscheinlichkeitsraum mit den Ausgängen: $(D,J), (D,N), (K,J), (K,N)$ und den Wahrscheinlichkeiten $\frac{4}{10}p$, $\frac{4}{10}(1-p)$, $\frac{6}{10}(1-p)$ bzw. $\frac{6}{10}p$. Damit ergibt sich:

$$\frac{55}{100} = P(J) = P(D,J) + P(K,J) = \frac{4}{10}p + \frac{6}{10}(1-p) = \frac{40p + 60 - 60p}{100} = \frac{60 - 20p}{100},$$

woraus $p = \frac{25}{100}$ folgt. Geht man bei der Gruppe der 1000 Personen von einem repräsentativen Querschnitt aus, so ergibt sich also für die gesuchte Wahrscheinlichkeit $0,25$. $\square$

Lösungsskizze zu Aufgabe W15:

Das Experiment gliedert sich in zwei Stufen. Bei der ersten Stufe wird zufällig ein Wochentag bestimmt. Es bietet sich an, hierfür das Modell eines endlichen Wahrscheinlichkeitsraums zu wählen, bei dem jeder Wochentag mit gleicher Wahrscheinlichkeit ausgewählt wird (Laplacescher Raum). Da es jedoch nur interessant ist, ob gerade Sonntag ist oder nicht, sei also $\Omega_1 := \{$Sonntag, Nicht-Sonntag$\}$. Hierbei gilt $P($Sonntag$) = \frac{1}{7}$ und $P($Nicht-Sonntag$) = \frac{6}{7}$.

Die zweite Stufe des Experiments entspricht bei Einschalten des Radios dem Ereignis, dass Orgelmusik ertönt oder nicht. Die Erfolgswahrscheinlichkeit beträgt je nach Wochentag 20% (sonntags) bzw. 5% (wochentags). Ein Erfolg bedeutet das Ertönen von Orgelmusik. Sei also $\Omega_2 := \{$Orgelmusik, Nicht-Orgelmusik$\}$. Die Wahrscheinlichkeiten der Ereignisse von Ω_2 hängen vom Ausgang der ersten Stufe ab. Damit gilt

$$P(\text{Orgelmusik}|\text{Sonntag}) = \frac{1}{5}, \quad \text{und} \quad P(\text{Orgelmusik} \mid \text{Nicht-Sonntag}) = \frac{1}{20}.$$

Der Versuch lässt sich in einem Baumdiagramm darstellen, in dem die Pfadregeln anwendbar sind. Dabei sieht man, dass die Wahrscheinlichkeit dafür, dass überhaupt Orgelmusik ertönt, $\frac{1}{35} + \frac{6}{7 \cdot 20} = \frac{1}{14}$ beträgt. Nach der Regel von der bedingten Wahrscheinlichkeit gilt dann:

$$P(\text{Sonntag} \mid \text{Orgelmusik}) = \frac{P(\text{Sonntag} \wedge \text{Orgelmusik})}{P(\text{Orgelmusik})} = \frac{\frac{1}{35}}{\frac{1}{14}} = \frac{2}{5}.$$

$\square$

Lösungsskizze zu Aufgabe W16:

Für einen Münzwurf ist das Ergebnis entweder 'Kopf' K oder 'Zahl' Z. Die Wahrscheinlichkeit des Ereignisses F 'Wahl der fehlerhaften Münze' ist $P(F) = 10^{-6}$, die Wahrscheinlichkeit des Ereignisses G 'Wahl einer guten Münze' ist $P(G) = 1 - 10^{-6}$. Sei Z_{20} das Ereignis, dass zwanzigmal nacheinander die 'Zahl' geworfen wird. Die gesuchte Wahrscheinlichkeit ist nun $P(G|Z_{20})$. Nach dem Satz von der vollständigen Wahrscheinlichkeit gilt

$$P(Z_{20}) = P(Z_{20}|G)P(G) + P(Z_{20}|F)P(F).$$

Weiterhin ist $P(Z_{20}|G) = \left(\frac{1}{2}\right)^{20}$, da es sich um ein zwanzigmal durchgeführtes Laplace-Experiment mit zwei möglichen Ereignissen handelt, sowie $P(Z_{20}|F) = 1$, da bei einer Münze mit beidseitigem Aufdruck 'Zahl' garantiert bei jedem Versuch die Zahl erscheint. Schließlich folgt aus dem Multiplikationssatz und der Kommutativität des Durchschnitts zweier Ereignisse

$$P(G|Z_{20})P(Z_{20}) = P(G \cap Z_{20}) = P(Z_{20} \cap G) = P(Z_{20}|G)P(G).$$

Man findet nun

$$P(G|Z_{20}) = \frac{P(G \cap Z_{20})}{P(Z_{20})} = \frac{P(Z_{20}|G)P(G)}{P(Z_{20}|G)P(G) + P(Z_{20}|F)P(F)} = \frac{\left(\frac{1}{2}\right)^{20} \cdot (1 - 10^{-6})}{\left(\frac{1}{2}\right)^{20} \cdot (1 - 10^{-6}) + 1 \cdot 10^{-6}}$$

$$= \frac{(1 - 10^{-6})}{(1 - 10^{-6}) + \frac{10^{-6}}{\left(\frac{1}{2}\right)^{20}}} = \frac{0.999999}{0.999999 + 1.048576} = 0.488\ldots$$

$\square$

Lösungsskizze zu Aufgabe W17:

Sei A_k das Ereignis, dass ein zufällig aus der Gesamtproduktion ausgewähltes Werkstück von der Maschine M_k hergestellt wurde. F sei das Ereignis, das Werkstück ist fehlerhaft. Dann gilt

$$P(A_1) = q_1, \quad P(A_2) = q_2, \quad P(A_3) = q_3 \quad P(F|A_1) = \alpha_1, \quad P(F|A_2) = \alpha_2, \quad P(F|A_3) = \alpha_3.$$

Nach dem Satz von Bayes gilt

$$p_k = P(A_k|F) = \frac{P(F|A_k)P(A_k)}{P(F|A_1)P(A_1) + P(F|A_2)P(A_2) + P(F|A_3)P(A_3)} = \frac{\alpha_k q_k}{\alpha_1 q_1 + \alpha_2 q_2 + \alpha_3 q_3}.$$

Für die angegebenen Werte folgt

$$p_1 = \frac{0.01 \cdot 0.1}{0.01 \cdot 0.1 + 0.02 \cdot 0.7 + 0.04 \cdot 0.2} = \frac{0.001}{0.023} \approx 4.35\%$$

$$p_2 = \frac{0.02 \cdot 0.7}{0.01 \cdot 0.1 + 0.02 \cdot 0.7 + 0.04 \cdot 0.2} = \frac{0.014}{0.023} \approx 60.90\%$$

$$p_3 = \frac{0.04 \cdot 0.2}{0.01 \cdot 0.1 + 0.02 \cdot 0.7 + 0.04 \cdot 0.2} = \frac{0.008}{0.023} \approx 34.78\%$$

$\square$

Lösungsskizze zu Aufgabe W18:

Wir nummerieren die Urnen mit $1, 2, \ldots, n$. Dann seien A_i die Ereignisse, dass eine Kugel in die Urne i gelegt wird ($i \in \{1, 2, \ldots, n\}$). Wir betrachten das Ergebnis $A_{k_1, k_2, \ldots, k_n}$, bei dem nach der Aufteilung aller n Kugeln in die Urnen in Urne 1 genau k_1, in Urne 2 genau k_2, $\ldots$, in Urne n genau k_n Kugeln liegen, wobei $k_i \in \{0, 1, \ldots, n\}$.

Wir interessieren uns nun für die Gesamtheit W aller Ereignisse, bei denen genau eine Urne leer bleibt, was nach sich zieht, dass genau eine andere Urne zwei Kugeln enthält. Das heißt also, dass wir alle Ergebnisse $A_{k_1, k_2, \ldots, k_n}$ betrachten, bei denen $k_i = 0, k_j = 2$ für $i \neq j$ und $k_r = 1$ für $r \neq i$ und $r \neq j$. Es handelt sich um ein Bernoulli-Experiment vom Umfang n mit n paarweise unvereinbaren Ereignissen A_i, von denen bei jedem Versuch genau eines mit konstanter Wahrscheinlichkeit $P(A_i) = p_i$ eintreten muss. Dann gilt nach dem Satz über die Polynomialverteilung für die Wahrscheinlichkeit eines Gesamtergebnisses

$$p_{k_1, k_2, \ldots, k_n} = \frac{n!}{k_1! k_2! \ldots k_n!} \, p_1^{k_1} p_2^{k_2} \cdots p_n^{k_n} \quad .$$

Wenn wir zwei Urnen aus den n Urnen auswählen, in denen am Ende keine bzw. zwei Kugeln liegen sollen, so gibt es zwei Möglichkeiten, bei denen eine Urne leer bleibt. Die Anzahl der Elementarereignisse in W beträgt daher $2 \binom{n}{2}$. Wir erhalten für die gesuchte Wahrscheinlichkeit

$$P(W) = 2 \binom{n}{2} \cdot p_{0,2,1,1\ldots,1} = 2 \binom{n}{2} \cdot \frac{n!}{2!} \frac{1}{n^n} \quad .$$

Im Fall $n = 4$ folgt daher $P(W) = 2 \binom{4}{2} \cdot \frac{4!}{2!} \frac{1}{4^4} = \frac{1152}{2048} = 0.5625 \quad .$

Im Fall $n = 5$ folgt $P(W) = 2 \binom{5}{2} \cdot \frac{5!}{2!} \frac{1}{5^5} = \frac{28800}{75000} = 0.384.$

Lösungsskizze zu Aufgabe W19:

Die vom Kandidat gewählte Tür bbezeichnen wir mit Nummer 1, die vom Talkmaster geöffnete mit Nummer 2. Wir betrachten den zugehörigen Wahrscheinlichkeitsbaum, s. Abb. 9.1.

Die Wahrscheinlichkeit für das Ereignis G, dass der Hauptgewinn hinter Tür 1 ist, unter der Bedingung Z, dass der Talkmeister Tür 2 öffnet, erfüllt

$$P(G|Z) = \frac{P(G \wedge Z)}{P(Z)} = \frac{P(G) \cdot P(Z|G)}{P(Z)} = \frac{\frac{1}{3} \cdot \frac{1}{2}}{(\frac{1}{3} + \frac{1}{6})} = \frac{1}{3}.$$

Daher ist $P(\text{non } G \,|Z) = \frac{2}{3}$. Die Wahrscheinlichkeit dafür, dass der Hauptgewinn sich hinter Tür 3 verbirgt, ist also doppelt so groß wie für Tür 1, und der Kandidat sollte sich daher umentscheiden.

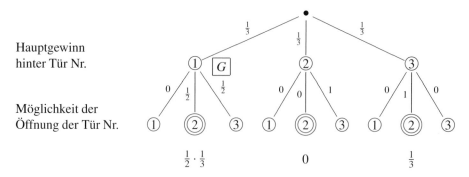

Abbildung 9.1: Wahrscheinlichkeits-Baum zu Aufgabe W19

Anmerkung: Das Ergebnis ist zunächst überraschend, lässt sich aber wie folgt erklären: Die Wahrscheinlichkeit, dass das Auto nicht hinter der gewählten Tür steht, ist zunächst gleich $\frac{2}{3}$. Nach dem Einbringen seiner Information und dem Öffnen einer Tür durch den Talkmeister "bleibt" für dieses Ereignis nur noch eine Tür, die dann mit dieser Wahrscheinlichkeit die richtige ist.

Lösungsskizze zu Aufgabe W20:

(a) X sei die Zufallsvariable der ersten 'Kollision'. Dann hat das Ereignis, dass die ersten k 'Kugeln' in verschiedene Fächer gelangen, die Wahrscheinlichkeit $P(X > k) = \frac{n \cdot (n-1) \ldots (n-k+1)}{n^k}$, also

$$P(X \leq k) = 1 - \frac{n(n-1)\ldots(n-k+1)}{n^k} = 1 - \prod_{j=1}^{k-1}\left(1 - \frac{j}{n}\right).$$

Daher gilt $p_1 := P(X \leq 3) = 1 - \frac{6}{7} \cdot \frac{5}{7} = \frac{19}{49} \approx 0,388$.

(b) Als Modell dient eine Reihe von $k = 3$ unabhängigen gleichartigen Experimenten (Fachbesetzung mit Teilchen) mit Erfolgswahrscheinlichkeit $\frac{1}{7}$. Gesucht ist die Wahrscheinlichkeit für zwei Erfolge, bei einer Binomialverteilung (mit $k = 3, p = \frac{1}{7}$).

$$p_2 := P(\text{mindestens zwei am Sonntag}) = 1 - (1 - \frac{1}{7})^k - \binom{k}{1}(1 - \frac{1}{7})^{k-1}\frac{1}{7}$$

$$\approx 1 - 0,6297 - 0,3149 \approx 0,0554.$$

1.Alternativ-Lösung: (a) Im Teil (b) erhält man die gleiche Wahrscheinlichkioet, wenn man 'Sonntag' durch einen Wochentag austauscht. Daher erhält man p_1 mit Teil (b) als $p_1 = 7p_2$.
2.Alternative: (a) Es gibt $\binom{7}{2}$ Möglichkeiten, zwei Fächer (Wochentage) auszuwählen, 2 Möglichkeiten, dann dasjenige mit genau 2 Kugeln (Personen) zu bestimmen; die Auswahl von 2 der 3 Kugeln zur Verteilung in die vorgegebenen Fächer ist $\binom{3}{2}$, die Wahrscheinlickeit für die Einsortierung einer Kugel in ein bestimmtes Fach $\frac{1}{7}$; insgesamt ergibt sich für die Wahrscheinlichkeit w_2, dass genau 2 Kugeln in einem Fach sind: $w_2 = 2 \cdot \binom{7}{2} \cdot \binom{3}{2} \cdot \left(\frac{1}{7}\right)^3 = \frac{18}{49}$; die Wahrscheinlichkeit w_3, dass 3 Kugeln in einem Fach sind, ist $w_3 = 7 \cdot \left(\frac{1}{7}\right)^3 = \frac{1}{49}$; die gesuchte Wahrscheinlichkeit ist damit $w = w_2 + w_3 = \frac{19}{49}$.

(b) Durch eine ähnliche Argumentation wie in (a) sieht man, dass die gesuchte Wahrscheinlichkeit für (ii) die folgende ist:

$$6 \cdot \binom{3}{2} \cdot \left(\frac{1}{7}\right)^3 + \left(\frac{1}{7}\right)^3 = \frac{19}{343}.$$

Lösungsskizze zu Aufgabe W21:

(a) Wie bei der Lösung zu Aufgabe W20 gilt auch hier: $P(X \leq k) = 1 - \prod_{j=1}^{k-1}(1 - \frac{j}{n})$. Mit Hilfe der Eigenschaten der $e-$ Funktion und mit der Ungleichung $\ln x \leq x - 1$ folgt

$$P(X \leq k) = 1 - \exp\left(\sum_{j=1}^{k-1} \ln(1 - \frac{j}{n})\right) \geq 1 - \exp(\sum_{j=1}^{k-1}(-\frac{j}{n})) = 1 - \exp(\frac{-k(k-1)}{2n}).$$

Mit $k = 23$ und $n = 365$ folgt $\quad P(X \leq 23) \geq 1 - \exp(-0,69315) \approx 1 - 0,49999 > \frac{1}{2}$.

Lösungsskizze zu Aufgabe W22:

Zu (a): Man beachte zunächst, dass nach der Definition der bedingten Wahrscheinlichkeit gilt:
$P(m$ Teilchen registriert und n ausgesandt $) = P(n$ ausgesandt $) \cdot P(m$ registriert $|n$ ausgesandt$) = p_n \cdot b_{n,m}$.   Gesucht ist nun $P(m$ registriert$)$. Es gilt:

$$P(m \text{ registriert}) = P(\bigvee_{i=0}^{\infty} m \text{ registriert und } m + i \text{ ausgesandt})$$

$$\underset{(*)}{=} \sum_{i=0}^{\infty} P(m \text{ registriert und } m + i \text{ ausgesandt}) = \sum_{i=0}^{\infty} p_{m+i} \cdot b_{m+i,m}$$

$$= p^m e^{-\lambda} \sum_{i=0}^{\infty} \binom{m+i}{m} (1-p)^i \frac{\lambda^{i+m}}{(i+m)!} = \frac{p^m \lambda^m e^{-\lambda}}{m!} \sum_{i=0}^{\infty} \frac{\lambda^i}{i!} (1-p)^i$$

$$= \frac{(\lambda p)^m}{m!} e^{-\lambda} \cdot e^{(1-p)\lambda} \qquad \text{(Potenzreihenentwicklung der } e\text{-Funktion)}$$

$$= \frac{(\lambda p)^m}{m!} e^{-\lambda p}.$$

Die mit $(*)$ markierte Gleicheit folgt hierbei aus der $\sigma-$Additivität von P.
Die Wahrscheinlichkeit, genau m Teilchen zu registrieren, ist also erneut poissonverteilt.
Zu (b): Mit dem Ergebnis aus (a) lässt sich nun die Formel von Bayes anwenden:

$$P(n \text{ ausg.}|m \text{ reg.}) = \frac{P(n \text{ ausg.}) \cdot P(m \text{ reg.}|n \text{ ausg.})}{P(m \text{ reg.})} = \frac{p_n \cdot b_{n,m}}{\frac{(\lambda p)^m}{m!} e^{-\lambda p}}$$

$$= \frac{e^{-\lambda} \frac{\lambda^n}{n!} \binom{n}{m} p^m (1-p)^{n-m} e^{p\lambda} m!}{p^m \lambda^m} = \frac{(\lambda(1-p))^{n-m}}{(n-m)!} e^{-\lambda(1-p)}.$$

Auch diese Wahrscheinlichkeit ist also poissonverteilt.
Zu (c): Die Stelle der Verwendung der $\sigma-$Additivität wurde bereits in (a) (mit $(*)$) markiert.

Lösungsskizze zu Aufgabe W23:

Für die geometrische Verteilung gilt $P(X > m) = \sum\limits_{i=0}^{\infty} p(1-p)^{m+i}$. Nach Definition der bedingten Wahrscheinlichkeit folgt dann (mit dem Grenzwert der geometrischen Reihe):

$$P(X > k+m | X > k) = \frac{P(X > k+m \wedge X > k)}{P(X > k)} = \frac{P(X > k+m)}{P(X > k)} = \frac{\sum\limits_{i=0}^{\infty} p(1-p)^{k+m+i}}{\sum\limits_{i=0}^{\infty} p(1-p)^{k+i}}$$

$$= \frac{\sum\limits_{i=0}^{\infty} p(1-p)^{m+i}}{\sum\limits_{i=0}^{\infty} p(1-p)^{i}} = \frac{P(X > m)}{p \sum\limits_{i=0}^{\infty}(1-p)^{i}} = \frac{P(X > m)}{p \frac{1}{1-(1-p)}} = P(X > m).$$

$\square$

Lösungsskizze zu Aufgabe W24:

Sei X die Zufallsvariable, die die Punktzahl misst. Dann ist

$$E(X) = P(X = 10) \cdot 10 + P(X = 5) \cdot 5 + P(X = 3) \cdot 3 + P(X = 0) \cdot 0$$
$$= \frac{1}{2} \cdot \frac{1^2\pi}{5^2\pi} \cdot 10 + \frac{1}{2} \cdot \frac{3^2\pi - 1^2\pi}{5^2\pi} \cdot 5 + \frac{1}{2} \cdot \frac{25\pi - 9\pi}{25\pi} \cdot 3$$
$$= \frac{1}{5} + \frac{4}{5} + \frac{24}{25} = 1,96.$$

Lösungsskizze zu Aufgabe W25:

Seien X und Y zwei diskrete Zufallsvariablen mit den Verteilungen $(x_i, P(X = i))$ und $(y_i, P(Y = i))$ mit $x_i, y_i \in \{1, 2, 3, 4, 5, 6\}$, wobei X dem Würfelergebnis des roten Würfels und Y dem Würfelergebnis des blauen Spielwürfels den jeweiligen Gewinn in Cent zuweist. Wir erhalten also für $i \in \{1, 2, 3, 4, 5, 6\}$ die Werte von X bzw. Y in Cent durch folgende Zuordnungen:
$$X : x_i \longrightarrow i \text{ und } Y : y_i \longrightarrow i.$$
Gesucht ist nun der Erwartungswert der diskreten Zufallsvariable $X + Y$. Es gilt der Satz: Sind X und Y zwei diskrete Zufallsvariablen mit den Erwartungswerten $E(X)$ und $E(Y)$, so gilt
$$E(X + Y) = E(X) + E(Y).$$
Jedes Ergebnis eines Wurfs mit einem einzelnen Würfel besitzt dieselbe Auftrittswahrscheinlichkeit $\frac{1}{6}$. Nach Definition des Erwartungswerts $E(Z)$ einer diskreten Zufallsvariablen Z mit Verteilung $(z_i, P(Z = z_i))$ gilt $E(Z) = \sum\limits_{i} z_i P(Z = z_i)$.

Daraus folgt $E(X) = E(Y) = \frac{1}{6}(1 + 2 + 3 + 4 + 5 + 6) = \frac{21}{6} = 3.5$, und damit
$$E(X + Y) = E(X) + E(Y) = 7.$$
Der Einsatz pro Wurf müsste also 7 Cent betragen, um die Nettogewinnerwartung auf lange Sicht bei 0 Cent zu halten. $\square$

Lösungsskizze zu Aufgabe W26:

Sei A das Ereignis, dass bei einem Wurf eine Sechs erscheint. Es handelt sich um ein Bernoulli-Experiment, da es sich um eine Kette von unabhängigen Alternativ-Versuchen (mit Erfolgswahrscheinlichkeit $p = \frac{1}{6}$) handelt. Die Wahrscheinlichkeit $p_n = P_n(A)$ dafür, dass das Ereignis A zum ersten mal beim n-ten Versuch auftritt, ist gegeben durch $p_n = (1-p)^{n-1} \cdot p$.

Sei X eine diskrete Zufallsvariable, die die Anzahl der bis zum erstmaligen Eintreten des Ereignisses A notwendigen Versuche beschreibt. X besitzt die Verteilung $(n; p \cdot (1-p)^{n-1})$ für $n \in \mathbb{N}$ und heißt geometrisch verteilt mit Parameter p. Für geometrisch verteilte Zufallsvariablen X mit Parameter p erhält man mit der Reihe

$$\sum_{k=1}^{\infty} k x^{k-1} = \frac{\mathrm{d}}{\mathrm{d}x} \sum_{0}^{\infty} x^k = \frac{\mathrm{d}}{\mathrm{d}x}\left(\frac{1}{1-x}\right) = \frac{1}{(1-x)^2} \quad \text{für } |x| < 1,$$

(vgl. Henze [He] p.182), dass $\quad E(X) = \sum_{k=1}^{\infty} k \cdot p \cdot (1-p)^{k-1} = p \cdot \frac{1}{[1-(1-p)]^2} = \frac{1}{p}$. Ferner gilt für

eine geometrische Verteilung: $\sigma^2(X) = \frac{1-p}{p^2}$ und damit für die Standardabweichung (Streuung)

$$\sigma(X) = \frac{\sqrt{1-p}}{p}.$$

Es gilt hier also: $E(X) = 6 \quad$ und $\quad \sigma(X) \approx 5.4772256\ldots$
Man muss daher 'im Durchschnitt' sechsmal würfeln, bis die erste Sechs erscheint. $\qquad \square$

Lösungsskizze zu Aufgabe W27:

Sei X die Zufallsvariable, die den Gewinn des Spiels misst, $X : \Omega \to \{100, 1, 0\}$. Der Erwartungswert ist dann
$$E(X) = 100 \cdot P(X = 100) + 1 \cdot P(X = 1) + 0 \cdot P(X = 0) = 100 \cdot \frac{1}{6^3} + 1 \cdot \frac{15}{216} = \frac{115}{216}.$$
(Die Werte für $P(X = 100), P(X = 1)$ kann man leicht aus einem Wahrscheinlichkeitsbaum ablesen.)
Der Spieler gewinnt also durchschnittlich etwas mehr als 53 Cent; der Budenbesitzer sollte also mindestens 54 Cent Mindesteinsatz fordern.

Lösungsskizze zu Aufgabe W28:

Sei X die Zufallsvariable, die einem Paar willkürlich gezogener natürlicher Zahlen (u, v) mit $u, v \in \{1, 2, \ldots, n\}, u \neq v$, deren Differenz im Absolutbetrag zuweist. Folgende Zuordnung gilt: $X : (u, v) \mapsto |u - v|$. Die Verteilungsfunktion von X ist $F(m) = P(X < m) = \sum_{m_i < m} P(X = m_i)$, wobei $m, m_i \in \{1, 2, \ldots, n-1\}$.
Gesucht ist nun der Wert von $1 - F(m)$, der die Wahrscheinlichkeit für das Ereignis beschreibt, dass die Differenz zwischen den beiden gezogenen Zahlen mindestens so groß wie m ist.
Jedes einzelne zulässige Zahlenpaar tritt mit derselben Wahrscheinlichkeit $\frac{1}{n(n-1)}$ auf. Wir untersuchen nun, welchen Zahlenpaaren (u, v) durch X die Differenz m_i zugewiesen wird.
Für $m_i = 1$ sind dies (ungeordnet) die Paare $\{1, 2\}, \{2, 3\}, \{3, 4\}, \ldots, \{n-1, n\}$. Davon gibt es $n - 1$ Stück. Da jedes Paar (u, v) auch als (v, u) gezogen werden kann und beide Ereignisse unterschieden werden müssen, gibt es demnach $2(n-1)$ Ereignisse, denen durch X der Wert $m_1 = 1$ zugewiesen wird.
Allgemein gilt, dass es $2(n-j)$ Zahlenpaare gibt, denen durch X der Wert $m_i = j$ zugewiesen wird ($j \in \{1, 2, 3, \ldots, n-1\}$), nämlich $(1, j+1), \ldots, (n-j, n)$ und ihre "Spiegelbilder".
Damit erhalten wir folgende Verteilungsfunktion für X:

$$F(m) = \sum_{m_i < m} P(X = m_i) = \sum_{j=1}^{m-1} \frac{2(n-j)}{n(n-1)} = \frac{2}{n(n-1)}\left(\sum_{j=1}^{n-1}(n-j) - \sum_{j=m}^{n-1}(n-j)\right)$$

$$= \frac{2}{n(n-1)}\left(\sum_{j=1}^{n-1} j - \sum_{i=1}^{n-m} j\right) \stackrel{(*)}{=} \frac{2}{n(n-1)}\left(\frac{(n-1)n}{2} - \frac{(n-m)(n-m+1)}{2}\right)$$

$$= 1 - \frac{(n-m)(n-m+1)}{n(n-1)}$$

Der mit $(*)$ gekennzeichnete Schritt verwendet die Identität der Ausdrücke $\sum_{j=1}^{n} j$ und $\frac{n(n+1)}{2}$.

Die gesuchte Wahrscheinlichkeit dafür, dass die Differenz zweier willkürlich gezogener verschiedener Zahlen $u, v \in \{1, 2, \ldots, n\}$ im Absolutbetrag mindestens so groß ist wie m, beträgt nun

$$1 - F(m) = \frac{(n-m)(n-m+1)}{n(n-1)}.$$

Lösungsskizze zu Aufgabe W29:

Das Spiel endet beim k-ten Wurf mit Gewinn W_k, falls das Ergebnis $(x_1, \ldots, x_{k-1}, x_k)$ von der Form

$$(x_1, \ldots, x_{k-1}) = (\text{ Kopf}, \text{ Kopf}, \ldots, \text{ Kopf}) \quad \text{und} \quad x_k = \text{ Zahl} \quad \text{ist} \quad (\text{für } k = 1, \ldots 6).$$

Dieses tritt mit Wahrscheinlichkeit $w_k = \left(\frac{1}{2}\right)^k$ ein. (Ein Spielausgang ohne Gewinn hat Wahrscheinlichkeit $\left(\frac{1}{2}\right)^6$). Als Erwartungswert E des Gewinns erhält man so

$$E = \sum_{k=1}^{6} W_k w_k + 0 = \sum_{k=1}^{6} 2^{k-1} \cdot \frac{1}{2^k} = \sum_{k=1}^{6} \frac{1}{2} = 3 \text{ [Euro]}.$$

Gegenüber dem Einsatz von Euro 4.– ist die mittlere Gewinnaussicht zu gering, sodass sich das Spiel auf längere Sicht nur für den Betreiber der Jahrmarktsbude lohnt. $\qquad \square$

Lösungsskizze zu Aufgabe W30:

Da Z nur Werte in $\mathbb{N}$ annimmt, ist $E(Z) = \sum_{z \in \mathbb{N}} z \cdot P(Z = z)$. Ferner ist

$$\mathbb{P}(Z = z) = \sum_{n=1}^{6} P(Z = z | N = n) P(N = n) \quad \text{(Formel von der totalen Wahrscheinlichkeit)}$$

$$= \sum_{n=1}^{6} P(X_1 + \cdots + X_n = z \wedge N = n) = \sum_{n=1}^{6} P(X_1 + \cdots + X_n = z) P(N = n)$$

wegen der Unabhängigkeit der Zufallsvariablen $N, X_1, X_2, \ldots, X_6$. Daher ist

$$E(Z) = \sum_{z \in \mathbb{N}} z \cdot P(Z = z) = \sum_{n=1}^{6} \sum_{z \in \mathbb{N}} z P(X_1 + \cdots + X_n = z) P(N = n)$$

$$= \sum_{n=1}^{6} E(X_1 + \cdots + X_n) P(N = n) = \sum_{n=1}^{6} (E(X_1) + \cdots + \mathbb{E}(X_n)) P(N = n)$$

$$= \sum_{n=1}^{6} n E(X_1) P(N = n) \quad \text{(da } X_1, \ldots, X_6 \text{ identisch verteilt sind)}$$

$$= E(X_1) \sum_{n=1}^{6} n P(N = n) = E(X_1) E(N) = \frac{7}{2} \cdot \frac{7}{2} = \frac{49}{4}.$$

Lösungsskizze zu Aufgabe W31:

Zu (a):

$$\mathrm{Var}(\overline{X}) = E([\overline{X} - \mu]^2) = E(\overline{X}^2 - 2\overline{X}\mu + \mu^2) = E(\overline{X}^2) - 2\mu E(\overline{X}) + \mu^2 \quad [\text{da } E \text{ linear ist}$$

$$= E(\overline{X}^2) - 2\mu(\frac{1}{n}\sum_{i=1}^{n} E(X_i)) + \mu^2 = E(\overline{X}^2) - \mu^2 = E(\frac{1}{n^2}(\sum_{i=1}^{n} X_i \cdot \sum_{j=1}^{n} X_j)) - \mu^2$$

$$= \frac{1}{n^2}[E(X_1^2 + \ldots + X_n^2 + \underbrace{X_2 X_1 + \ldots + X_n X_1}_{n-1 \text{ Summanden}} + \ldots + \underbrace{X_1 X_n + \ldots + X_{n-1} X_n}_{n-1 \text{ Summanden}}] - \mu^2$$

$$\underbrace{\phantom{= \frac{1}{n^2}[E(X_1^2 + \ldots + X_n^2 + X_2 X_1 + \ldots + X_n X_1 + \ldots + X_1 X_n + \ldots + X_{n-1} X_n}}_{n \text{ Summen}}$$

$$= \frac{1}{n^2}[\sum_{i=1}^{n} E(X_i^2) + n(n-1)\mu^2] - \mu^2 \quad [\text{da } X_i \text{ unabh.: } E(X_i X_j) = E(X_i)E(X_j) = \mu^2]$$

$$= \frac{\sum_{i=1}^{n}(E(X_i^2) - \mu^2)}{n^2} = \frac{\sum_{i=1}^{n} \mathrm{Var}(X_i)}{n^2} \quad [\text{Verschiebungssatz}]$$

$$= \frac{n\sigma^2}{n^2} = \frac{\sigma^2}{n}.$$

Zu (b): Mit (a) folgt, da alle X_i den gleichen Erwartungswert und die gleiche Varianz haben:

$$E(T) = E(\frac{1}{n-1}\sum_{i=1}^{n}(X_i - \mu)^2 - \frac{n}{n-1}(\overline{X} - \mu)^2) = \frac{1}{n-1}\sum_{i=1}^{n} E([X_i - \mu]^2) - \frac{n}{n-1}E([\overline{X} - \mu]^2)$$

$$= \frac{1}{n-1}n\sigma^2 - \frac{n}{n-1}\frac{1}{n}\sigma^2 = \frac{n-1}{n-1}\sigma^2 = \sigma^2.$$

Lösungsskizze zu Aufgabe W32:

Da der zu betrachtenden Wahrscheinlichkeitsraum endlich ist, ist es für die Untersuchung der Unabhängigkeit ausreichend, die Produktformel für jede Kombination von Elementarereignissen zu überprüfen. Man stellt dazu die im Hinweis angegeben Wertetabelle auf:

	ww	zw	wz	zz
V	2	0	0	2
W	0	1	0	1
X	2	1	1	0
Y	0	1	1	2

- X und V sind nicht unabhängig, da

$$\frac{1}{4} = P(\{w,w\}) = P(X = 2 \wedge V = 2) \neq P(X = 2) \cdot P(V = 2) = \frac{1}{4} \cdot \frac{1}{2} = \frac{1}{8},$$

- X und W sind auch nicht unabhängig, da

$$0 = P(X = 0 \wedge W = 0) \neq P(X = 0) \cdot P(W = 0) = \frac{1}{4} \cdot \frac{1}{2} = \frac{1}{8},$$

- V und W sind aber unabhängig.
  Beachte zunächst, dass die Produktformel stets gilt, wenn man das unmögliche Ereignis $V = 1$ und $W = 2$ betrachtet (d.h. hier erhält man stets $0 = 0$). Durch einfaches Nachrechnen weist man nun nur noch nach, dass gilt:

$$\frac{1}{4} = P(V = 0 \wedge W = 1) = P(V = 0) \cdot P(W = 1) = \frac{1}{2} \cdot \frac{1}{2},$$

$$P(V = 0 \wedge W = 0) = P(V = 0) \cdot P(W = 0),$$

$$P(V = 2 \wedge W = 1) = P(V = 2) \cdot P(W = 1) \quad \text{sowie}$$

$$P(V = 2 \wedge W = 0) = P(V = 2) \cdot P(W = 0).$$

Lösungsskizze zu Aufgabe W33:

Die gegebenen Zufallsvariablen X und Y können jeweils zwei Werte annehmen, so dass wir folgende vier Ereignisse betrachten müssen:

$$X(\omega) \in A_0 = \{1,3,5,7\}, \ X(\omega) \in A_1 = \{2,4,6,8\}, \ Y(\omega) \in B_0 = \{1,2,3,5,6,7\} \text{ und}$$

$$Y(\omega) \in B_1 = \{4,8\}.$$

Daraus folgt

$$A_0 B_0 = \{1,3,5,7\} \cap \{1,2,3,5,6,7\} = \{1,3,5,7\} \quad \text{und} \quad A_0 B_1 = \{1,3,5,7\} \cap \{4,8\} = \emptyset,$$

$$A_1 B_0 = \{2,4,6,8\} \cap \{1,2,3,5,6,7\} = \{2,6\} \quad \text{sowie} \quad A_1 B_1 = \{2,4,6,8\} \cap \{4,8\} = \{4,8\}.$$

Da wegen der Gleichverteilung $P(\omega) = \frac{1}{8}$ für alle $\omega \in \Omega$ gilt, folgt

$$P(A_0 B_0) = \frac{1}{2} \neq \frac{1}{2} \cdot \frac{3}{4} = P(A_0) \cdot P(B_0).$$

Daher sind X und Y nicht unabhängig voneinander. Auch $P(A_1 B_1) = \frac{1}{4} \neq P(A_1)P(B_1) = \frac{1}{2} \cdot \frac{1}{4}$ zeigen die stochastische Abhängigkeit.

Lösungsskizze zu Aufgabe W34:

Zu (a): Es gilt

$$\sum_{k=1}^{\infty} p_X(k) = \sum_{k=1}^{\infty} p(1-p)^{k-1} = p \left(\sum_{k=1}^{\infty} (1-p)^{k-1} \right) = p \left(\sum_{k=0}^{\infty} (1-p)^k \right)$$

$$= p \cdot \frac{1}{1-(1-p)} = \frac{p}{p} = 1 \quad \text{mit der Formel für die geometrische Reihe}$$

Zu (b): Der Erwartungswert einer diskreten Zufallsvariable X ist definiert als $E(X) := \sum_{k=1}^{\infty} k \cdot P(X = k)$. Im Fall einer geometrisch verteilten Zufallsvariable gilt

$$E(X) = \sum_{k=1}^{\infty} k \cdot P(X = k) = \sum_{k=1}^{\infty} k \cdot p \cdot (1-p)^{k-1} = p \cdot \left(\sum_{k=1}^{\infty} k \cdot (1-p)^{k-1} \right)$$

$$= p \cdot \left(\sum_{k=0}^{\infty} (k+1) \cdot (1-p)^k \right) - p \sum_{k=0}^{\infty} \frac{\mathrm{d}}{\mathrm{d}p}[(1-p)^{k+1}] = -p[\sum_{k=1}^{\infty} (1-p)^k]' =$$

$$-p[\frac{1}{1-(1-p)} - 1]' = -p(\frac{1}{p})' = \frac{p}{p^2} = \frac{1}{p}.$$

$\square$

Lösungsskizze zu Aufgabe W35:

Man definiere die Zufallsvariable X_i durch $X_i = 1$ (bzw. $= 0$), wenn der i–te Einsender männlich (bzw weiblich) ist. Nach Annahme sind die X_i unabhängig und zum Parameter $p = 1/2$ Bernoulli–verteilt. Setze $S = \sum\limits_{i=1}^{1000} X_i$; das gibt die Anzahl der männlichen Einsender an. Hält der Anbieter $x - 1$ Herrenuhren vor, so soll das Ereignis $\{S \geq x\}$ eine Wahrscheinlichkeit ≤ 0.02 haben; d.h. die Forderung an x ist $P(S \geq x) \leq 0.02$. Die Zufallsvariable S ist $B(1000, 1/2)$–binomialverteilt; also ist $E(S) = np = 500$ und $\mathrm{Var}(S) = 250$. Nach der Tschebyscheffschen Ungleichung gilt

$$P(S - E(S) \geq x - 500) \leq P(|S - E(S)| \geq x - 500) \quad \leq \quad \frac{\mathrm{Var}(S)}{(x - 500)^2} = \frac{250}{(x - 500)^2}.$$

Also ist eine hinreichende Bedingung

$$\frac{250}{(x - 500)^2} \leq 0.02, \quad \text{d.h. } x \geq 500 + \sqrt{12500} = 611.8\ldots$$

Es sind demnach 612 Herrenuhren (und aus Symmetriegründen ebensoviele Damenuhren) vorrätig zu halten.

Bemerkung. Mit Hilfe der Normalapproximation würde man sehen, dass bereits 532 Uhren jeder Art ausreichend sind.

Lösungsskizze zu Aufgabe W36:

Die Wahrscheinlichkeits-Dichtefunktion ist $f(x) = \begin{cases} \frac{1}{b} & \text{für } 0 \leq x \leq b \\ 0 & \text{sonst}. \end{cases}$

Also ist $\quad E(X) = \int\limits_0^b x \cdot \frac{1}{b}\,\mathrm{d}x = \frac{b}{2} \quad$ sowie (mit Hilfe des Verschiebungssatzes)

$$\mathrm{Var}(X) = E(X^2) - (E(X))^2 = \int\limits_0^b x^2 \cdot \frac{1}{b}\,dx - \left(\frac{b}{2}\right)^2 = \frac{b^2}{12}$$

X hat also den Erwartungswert $\dfrac{b}{2}$ und die Standardabweichung $\dfrac{b}{\sqrt{12}}$. $\qquad\qquad\square$

Lösungsskizze zu Aufgabe W37:

Der Erwartungswert $E(X)$ für eine stetig verteilte Zufallsvariable X mit einer Dichtefunktion $f(x)$ ist definiert als $\quad E(X) = \int\limits_\infty^\infty x \cdot f(x)\,\mathrm{d}x. \quad$ Es folgt

$$E(X) = \int\limits_{-\infty}^\infty x \cdot f(x)\,\mathrm{d}x = \int\limits_a^b x \frac{1}{b-a}\,\mathrm{d}x = \frac{1}{b-a} \left.\frac{x^2}{2}\right|_a^b = \frac{1}{b-a}\left(\frac{b^2}{2} - \frac{a^2}{2}\right) = \frac{(b-a)(b+a)}{2(b-a)} = \frac{a+b}{2}.$$

Anmerkung: Nutzt man die Symmetrie der Dichtefunktion f zur Achse bei $x = \frac{a+b}{2}$, so sieht man sofort, dass $E(X) = \frac{a+b}{2}$ sein muss.
Die Varianz von X erfüllt laut Veschiebungssatz $\mathrm{Var}(X) = E(X^2) - E(X)^2$. Es gilt

$$E(X^2) = \int\limits_\infty^\infty x^2 \cdot f(x)\,\mathrm{d}x = \int\limits_i^b \frac{x^2}{b-a}\,\mathrm{d}x = \frac{b^3 - a^3}{3(b-a)}.$$

Damit folgt

$$\text{Var}(X) = E(X^2) - E(X)^2 = \frac{b^3 - a^3}{3(b-a)} - \frac{(b+a)^2}{4} = \frac{(b-a)^2}{12}.$$

Dies ergibt als Standardabweichung $\sigma = \sqrt{\text{Var}(X)} = \frac{b-a}{\sqrt{12}}.$ $\qquad\qquad\qquad$ $\square$

Lösungsskizze zu Aufgabe W38:

Zu (a): Für jede Dichtefunktion f muss gelten $\int\limits_{-\infty}^{\infty} f(t)\,dt = 1$. Damit ergibt sich

$$1 = \int\limits_{-\infty}^{a} f(t)\,dt + \int\limits_{a}^{b} f(t)\,dt + \int\limits_{b}^{\infty} f(t)\,dt = \int\limits_{a}^{b} k\,dt = k(b-a)$$

und daraus $k = \frac{1}{b-a}.$

Zu (b):

$$E(X) = \int\limits_{-\infty}^{\infty} f(t)\cdot t\,dt = \int\limits_{a}^{b} f(t)t\,dt = \frac{k}{2}t^2\Big|_a^b = \frac{k}{2}(b^2 - a^2) = \frac{b+a}{2} \qquad \text{(nach Aufgabenteil (a))}$$

Zu (c):

$$F(t) = P(x \le t) = \int\limits_{-\infty}^{t} f(s)\,ds = \begin{cases} 0 \text{ für } t \le a \\ \frac{t-a}{b-a} \text{ für } t \in [a,b] \\ 1 \text{ für } t \ge b, \end{cases}$$

$$\text{da } \int\limits_{a}^{t} f(s)\,ds = \frac{s}{b-a}\Big|_a^t = \frac{t-a}{b-a} \text{ für } t \in [a,b].$$

Zu (d): Mit (b) und dem Verschiebungssatz folgt:

$$\text{Var } X = E(X^2) - E(X)^2 = \int\limits_{0}^{1} f(t)\cdot t^2\,dt - \frac{(1+0)^2}{4} = k\frac{t^3}{3}\Big|_a^b - \frac{1}{4} = \frac{1}{3} - \frac{1}{4} = \frac{1}{12}.$$

Für die Standardabweichung gilt:

$$\sigma(X) = \sqrt{\text{Var}(X)} = \sqrt{\frac{b^2}{12}} = \frac{1}{2\sqrt{3}}.$$

Lösungsskizze zu Aufgabe W39:

Es gilt:

$$E(X) = \int\limits_{-\infty}^{\infty} f(t)\cdot t\,dt = \int\limits_{-\infty}^{1} 0\,dt + \int\limits_{1}^{3} \frac{1}{t\ln 3}t\,dt + \int\limits_{3}^{\infty} 0\,dt = 0 + \int\limits_{1}^{3} \frac{dt}{\ln 3} + 0 = \frac{3}{\ln 3} - \frac{1}{\ln 3} = \frac{2}{\ln 3}.$$

Aus dem Verschiebungssatz folgt:

$$\text{Var}(X) = E(X^2) - E(X)^2 = \int_{\mathbb{R}} f(t)t^2\,dt - \left(\frac{2}{\ln 3}\right)^2$$

$$= \int\limits_{1}^{3} \frac{t}{\ln 3}\,dt - \left(\frac{2}{\ln 3}\right)^2 = \frac{9}{2\ln 3} - \frac{1}{2\ln 3} - \frac{4}{(\ln 3)^2} = \frac{4}{\ln 3} - \frac{4}{(\ln 3)^2}.$$

Lösungsskizze zu Aufgabe W40:

Sei X die Zufallsvariable, die die Länge misst. Dann ist $Z := \frac{X-50}{0,5}$ standardnormalverteilt. Also ist die gesuchte Wahrscheinlichkeit

$$P(49 \leq X \leq 51) = P(\frac{-1}{0,5} \leq Z \leq \frac{1}{0,5}) = \Phi(2) - \Phi(-2) = 2\Phi(2) - 1 \approx 1,9544 - 1 \approx 0.95.$$

Lösungsskizze zu Aufgabe W41:

Eine normalverteilte Zufallsvariable X besitzt eine Dichte der Gestalt $f(x) = \frac{1}{\sqrt{2\pi\sigma^2}}e^{-\frac{(x-\mu)^2}{2\sigma^2}}$.

Eine derartige Zufallsvariable wird auch als $N(\mu,;\sigma^2)$-verteilt bezeichnet. Dabei ist μ gerade der Erwartungswert und σ^2 die Varianz von X. Wenn X eine so verteilte Zufallsvariable ist, dann ist ihre Standardisierte $X^* = \frac{X-\mu}{\sigma}$ eine $N(0;1)$-verteilte Zufallsvariable. Für die Verteilungsfunktion einer $N(\mu;\sigma^2)$-verteilten Zufallsvariable X gilt daher

$$0,95 = P(|X - \mu| < 1) = P(-1 < X - \mu < 1) = P(-\tfrac{1}{\sigma} < \tfrac{X-\mu}{\sigma} < \tfrac{1}{\sigma}) = \Phi(\tfrac{1}{\sigma}) - \Phi(-\tfrac{1}{\sigma})$$
$$= 2\Phi(\tfrac{1}{\sigma}) - 1,$$

wobei Φ die Vereilungsfunktion der Standard-Normalverteilung bezeichnet. Gesucht ist nun die Varianz σ^2, für die die Normalverteilung $N(\mu;\sigma^2)$ die die Bedingung $P(|X - \mu| \leq 1) = 0.95$ erfüllt. Mit der gerade durchgeführten Betrachtung bekommen wir (durch Nachschauen in einer Wertetafel) $2\Phi\left(\tfrac{1}{\sigma}\right) - 1 = 0.95 \iff \Phi\left(\tfrac{1}{\sigma}\right) = 0.975 \implies \tfrac{1}{\sigma} \approx 1.96 \implies \sigma \approx \tfrac{25}{49}$.

Damit beträgt die Varianz $\sigma^2 \approx \left(\tfrac{5}{7}\right)^4$. Das Ergebnis lautet also: Gerade alle $N(\mu;\left(\tfrac{5}{7}\right)^4)$-verteilten Zufallsvariablen weichen mit Wahrscheinlichkeit 0.95 (approximativ) um weniger als 1 von ihrem Erwartungswert μ ab.   □

Lösungsskizze zu Aufgabe W42:

Zu (a): Eine normalverteilte Zufallsvariable X mit Erwartungswert μ und Varianz σ^2 wird durch die Transformation $X^* := \frac{X-\mu}{\sigma}$ in eine standard-normalverteilte Zufallsvariable X^* überführt. Deren Verteilungsfunktion $\Phi = \Phi_{0,1}$ ist tabelliert.

Da eine normalverteilte Zufallsvariable symmetrisch zum Erwartungswert verteilt ist, gilt

$$P(|X - \mu| \geq 2\sigma) = P(X \leq \mu - 2\sigma) + P(X \geq \mu + 2\sigma) = P(X \leq \mu - 2\sigma) + (1 - P(X \leq \mu + 2\sigma))$$
$$= 1 + P(X^* \leq \frac{\mu - \mu - 2\sigma}{\sigma}) - P(X^* \leq \frac{\mu - \mu + 2\sigma}{\sigma})$$
$$= 1 + P(X^* \leq -2) - P(X^* \leq 2) = 1 + \Phi(-2) - \Phi(2)$$
$$= 1 + (1 - \Phi(2)) - \Phi(2) = 2 - 2\Phi(2) = 0.0456 .$$

Wenn X eine Zufallvariable mit Erwartungswert μ und endlicher Varianz σ^2 ist, dann gilt für alle $\varepsilon > 0$ die Tschebyscheff-Ungleichung $P(|X - \mu| \geq \varepsilon) \leq \frac{\sigma^2}{\varepsilon^2}$. Mit dieser folgt:

$$P(|X - \mu| \geq 2\sigma) \leq \frac{\sigma^2}{4\sigma^2} = \frac{1}{4} = 25\%.$$

Zu (b): Die beiden Abschätzungen unterscheiden sich deshalb so stark, weil bei den Voraussetzungen für die Gültigkeit der Tschebyscheff-Ungleichung keine Angaben über die Art der Verteilung der Zufallsvariablen X gemacht werden, so dass eventuell mit dem ungünstigsten Fall gerechnet werden muss. Daher liefert die Tschebyscheff-Ungleichung im allgemeinen eine grobere Schranke als eine genaue Betrachtung der Verteilung der Zufallvariablen.

Lösungsskizze zu Aufgabe W43:

Die Verteilung von X besitzt die Dichte $\varphi(t) = \frac{1}{\sqrt{2\pi}\sigma}e^{-t^2/(2\sigma^2)}$. Dabei ist φ auf $[0,\infty)$ (streng) monoton fallend, und deshalb ist für jedes $n \geq 0$

$$P(n \leq X \leq n+1) = \int\limits_{n}^{n+1} \varphi(t)\,dtn \;>\; \int\limits_{n+1}^{n+2} \varphi(t)\,dt = P(n+1 \leq X \leq n+2).$$

Daher ist wegen der σ–Additivität des Wahrscheinlichkeitsmaßes

$$P\left(X \in \bigcup_{n=0}^{\infty}[2n,2n+1]\right) \;=\; \sum_{n=0}^{\infty} P(X \in [2n,2n+1])$$

$$>\; \sum_{n=0}^{\infty} P(X \in [2n+1,2n+2]) = P\left(X \in \bigcup_{n=0}^{\infty}[2n+1,2n+2]\right).$$

Also ist es wahrscheinlicher, dass X seinen Wert in $[0,1] \cup [2,3] \cup [4,5] \cup \ldots$ annimmt.

Lösungsskizze zu Aufgabe W44:

Wir stellen uns den Kreis als Einheitskreis in der x-y-Ebene vor. Als Wahrscheinlichkeitsraum können wir $\Omega = \{(x,y) \in \mathbb{R}^2 \,|\, x^2 + y^2 \leq 1\}$ mit den Borelmengen und dem normalisierten Lebesguemaß wählen. Da die Mittelsenkrechte einer Sehne durch den Kreismittelpunkt M geht, ist der Abstand der Sehne von M gleich dem Abstand des Sehnenmittelpunktes von M. Wir wählen M als Ursprung. Die zu studierende Zufallsvariable ist dann $X(x,y) = \sqrt{x^2 + y^2}$ (wobei (x,y) den Koordinatenvektor des Sehnenmittelpunktes bezeichnet. Für $0 \leq r \leq 1$ gilt $X \leq r \iff x^2 + y^2 \leq r^2$ sowie

$$F_X(r) = P(X \leq r) = P(x^2 + y^2 \leq r^2) = \frac{\pi \cdot r^2}{\pi \cdot 1^2} = r^2$$

und $F_X(r) = 0$ für $r < 0$, $F_X(r) = 1$ für $r > 1$. Die Wahrscheinlichkeitsdichte f_X ergibt sich gemäß $F_X(r) = \int\limits_{-\infty}^{r} f_X(t)\,dt$ als Ableitung der Verteilungsfunktion (fast überall). Also ist $f_X(t) = 2t$ für $0 \leq t \leq 1$ und $f_X(t) = 0$ sonst.

Lösungsskizze zu Aufgabe W45:

Generell setzen wir voraus, dass die Population sehr groß ist und die Auswahl der n Befragten repräsentativ ist. Sei X dann die Zufallsvariable, die bei der Befragung misst, wie viele Wähler Partei A wählen. Diese ist dann zu den Parametern n und p (Erfolgswahrscheinlichkeit) binomialverteilt. Damit ist $E(X) = np$ und $\sigma(X) = \sqrt{npq}$. Gesucht ist nun ein genügend großes n, so dass gilt:

$$P(|\frac{X}{n} - p| \leq 0,01) \geq 1 - 0,05 = 0,95.$$

Man beachte nun, dass die zu untersuchende Zufallsvariable für die Anwendung des Satzes von Moivre-Laplace normiert werden sollte. Da wegen des Erwartungswerts und der Varianz von X die standardisierte Zufallsvariable $\frac{X-np}{\sqrt{npq}}$ Erwartungswert 0 und Varianz 1 hat, erhält man folgende (näherungsweise) äquivalente Ungleichungen:

$$P(|\frac{X}{n} - p| \leq 0,01) \geq 0,95 \iff P(-0,01 \leq \frac{X}{n} - p \leq 0,01) \geq 0,95$$

$$\Longleftrightarrow P(-\frac{0,01n}{\sqrt{npq}} \le \frac{X-np}{\sqrt{npq}} \le \frac{0,01n}{\sqrt{npq}}) \ge 0,95 \underset{\text{Moivre-Laplace}}{\text{``} \Longleftrightarrow \text{``}} \Phi(\frac{0,01n}{\sqrt{npq}}) - \Phi(-\frac{0,01n}{\sqrt{npq}}) \ge 0,95$$

$$\underset{\Phi(-x)=1-\Phi(x)}{\Longleftrightarrow} 2\Phi(\frac{0,01n}{\sqrt{npq}}) - 1 \ge 0,95 \Longleftrightarrow \Phi(\frac{0,01n}{\sqrt{npq}}) \ge 0,975 \Longleftrightarrow \frac{0,01n}{\sqrt{npq}} \ge 1,96$$

(da Φ streng monoton steigend und damit invertierbar)

$$\Longleftrightarrow \sqrt{n} \ge 196\sqrt{pq} \Longleftrightarrow n \ge 196^2 p(1-p).$$

Die letzte (und damit auch die erste) Ungleichung folgt aber, wenn man $n \ge 196^2 \cdot \frac{1}{4}$, also $n \ge 9604$ wählt (es liegt hier zwar keine Äquivalenz vor, diese ist aber auch nicht notwendig). Also sollten für die gegebene Irrtumswahrscheinlichkeit mindestens 9604 Wähler befragt werden.

Lösungsskizze zu Aufgabe W46:

Sei X die Zufallsvariable, die zählt, wie oft die Sechs bei 600 Würfen auftritt. X ist dann binomialverteilt zu den Parametern $n = 600$ und $p = \frac{1}{6}$. Man erhält den Erwartungswert $E(X) = 600 \cdot \frac{1}{6} = 100$ und die Streuung $\sigma(X) = \sqrt{600 \cdot \frac{1}{6} \cdot \frac{5}{6}} = \sqrt{\frac{250}{3}}$. Die Zufallsvariable $\frac{X-100}{\sqrt{250/3}}$ hat also Erwartungswert 0 und Varianz 1, was im Folgenden die Anwendung des Satzes von Moivre-Laplace für die gesuchte Warscheinlickeit w ermöglicht:

$$w = P(90 \le X \le 100) = P(-\frac{10}{\sqrt{\frac{250}{3}}} \le \frac{X-100}{\sqrt{250/3}} \le 0)$$

$$\approx \Phi(0) - \Phi(-\frac{10}{\sqrt{\frac{250}{3}}}) = \frac{1}{2} - \Phi(-\frac{10}{\sqrt{\frac{250}{3}}}) = \frac{1}{2} - 1 + \Phi(\frac{10}{\sqrt{\frac{250}{3}}})$$

$$= \Phi(\sqrt{100 \cdot \frac{3}{250}}) - \frac{1}{2} = \Phi(\sqrt{\frac{30}{25}}) - \frac{1}{2} = \Phi(\sqrt{1,2}) - 0,5.$$

Lösungsskizze zu Aufgabe W47:

Sei A das Ereignis, dass ein Brand auftritt, A_i das Ereignis, dass ein Brand am i-ten Tag auftritt ($i \in \{1, 2, \ldots, 365\}$). Die Wahrscheinlichkeiten $P(A_i)$ sind jeweils $\frac{2}{365}$, da pro Jahr durchschnittlich 2 Brände auftreten. Wir setzen voraus, dass die Ereignisse A_i stochasitsch unabhängig sind. Es handelt sich hier daher um ein Bernoulli-Experiment.

Sei X die binomialverteilte Zufallsvariable, die die Anzahl k der Brände pro Jahr beschreibt; sie ist $B(k, 365, \frac{2}{365})$-verteilt.

Nach einem Satz lassen sich binomialverteilte Zufallsvariablen für große n und kleine p durch die Poisson-Verteilung approximieren. Daher gilt für $\lambda = np = 2$ und $k \in \mathbb{N}$

$$B(k, n, p) \approx \frac{(np)^k}{k!} \cdot e^{-np} = \frac{2^k}{k!} \cdot e^{-2}.$$

Sei B das Ereignis, dass mindestens fünf Brände auftreten. Gesucht ist nun

$$P(B) = 1 - P(\overline{B}) = 1 - \sum_{k=0}^{4} B(k, n, p) \approx 1 - \sum_{k=0}^{4} \frac{2^k}{k!} \cdot e^{-2} = 1 - e^{-2}(1 + 2 + 2 + \frac{4}{3} + \frac{2}{3})$$

$$= 1 - 7e^{-2} \approx 0.053. \qquad \square$$

Lösungsskizze zu Aufgabe W48:

Zu (a): Sei X eine Zufallsvariable, die die Anzahl der eingetretenen Ereignisse bei einem n-stelligen Experiment zählt. X sei nach Voraussetzung $B(900; \frac{1}{2})$-verteilt (binomialverteilt). Gesucht ist nun $P(405 \le X \le 495)$. Nach der Tschebyscheff-Ungleichung gilt

$$P(|X - E(X)| \ge \varepsilon) \le \frac{\text{Var}(X)}{\varepsilon^2}.$$

Für eine binomialverteilte Zufallsvariable X ist $E(X) = np$ und $\text{Var}(X) = np(1 - p)$, wobei n die Anzahl der durchgeführten Versuche bezeichnet. In unserem Fall ist damit $E(X) = 450$ und $\text{Var}(X) = 225$. Aus der Tschebyscheff-Ungleichung folgt

$$P(|X - E(X)| \ge 45) \le \frac{225}{45^2}.$$

Insgesamt bekommen wir

$$P(|X - 450| \le 45) = 1 - P(|X - 450| > 45) \ge 1 - P(|X - 450| \ge 45)$$

$$> 1 - \frac{225}{45^2} = 1 - \frac{1}{9} = \frac{8}{9} = 0.\overline{8} > 0.88\,.$$

Zu (b) Sei X eine $B(n; p)$-verteilte Zufallsvariable. Dann gilt nach dem Satz von Moivre-Laplace

$$\lim_{n \to \infty} P\left(a \le \frac{X - np}{\sqrt{np(1 - p)}} \le b\right) = \Phi(b) - \Phi(a),$$

wobei Φ die Verteilungsfunktion der Standard-Normalverteilung ist. Also folgt

$$P(405 \le X \le 495) = P\left(-3 \le \frac{X - 450}{15} \le 3\right) \approx \Phi(3) - \Phi(-3) = 2\Phi(3) - 1 \approx 0.9974 > 0.88\,.$$

$\square$

Lösungsskizze zu Aufgabe W49:

(a) Sei X die Zufallsvariable $X =$ Anzahl der Kirschsteine in einem Tortenstück.
1. Lösung. Es handelt sich um ein Bernoulli-Experiment. Also ist X binomialverteilt, und zwar mit den Parametern $n = \frac{180}{12} = 15$, $p = 1/50$. Daher gilt:

$$\begin{aligned}
P(X = 0) &= (1 - p)^n = 0.98^{15} \approx 0.738569, \\
P(X = 1) &= 15 \cdot 0.02 \cdot 0.98^{14} \approx 0.226092, \\
P(X = 2) &= \frac{15 \cdot 14}{2} \cdot 0.02^2 \cdot 0.98^{13} \approx 0.0322989.
\end{aligned}$$

2. Lösung. X ist annähernd Poisson-verteilt zum Parameter $\lambda = 15/50 = 0.3$. Es ist also $P(X = k) = e^{-\lambda} \frac{\lambda^k}{k!}$. Daher ist

$$P(X = 0) = e^{-0,3} \approx 0.740818, \quad P(X = 1) = 0,3 \cdot e^{-0,3} \approx 0.222245 \quad \text{und}$$

$$P(X = 2) = 0,045 \cdot e^{-0,3} \approx 0.0333368.$$

(b) *1. Lösung.* Die gesuchte Wahrscheinlichkeit ist (wegen der vorausgesetzten Unabhängigkeit)

$$P(X \le 2)^{60} \approx 0.805445.$$

2. *Lösung.* Aus (a) erhält man noch $P(X \geq 3) \approx 0.0036$. Sei Y die Zufallsvariable Y = Anzahl der Tortenstücke mit 3 oder mehr Kirschsteinen. Dann ist Y annähernd Poisson-verteilt zum Parameter $\lambda' = 60 \cdot 0.0036 = 0.216$. Daher ist $P(Y = 0) = e^{-\lambda'} \approx 0.80574$.

Lösungsskizze zu Aufgabe W50:

(a) Setze $Y = X^2$. Für die Verteilungsfunktion F_Y von Y gilt

$$F_Y(t) = P(Y \leq t) = P(X \leq \sqrt{t}) = \begin{cases} 0 & \text{für } t \leq 0, \\ \sqrt{t} & \text{für } 0 < t < 1, \\ 1 & \text{für } t \geq 1. \end{cases}$$

Für die (fast überall eindeutig bestimmte) Wahrscheinlichkeitsdichte f_Y muss gelten:

$$F_Y(t) = \int_{-\infty}^{t} f_Y(s) \, ds.$$

Ist F_Y auf einem Intervall stetig differenzierbar, folgt $f_Y = F_Y'$ auf diesem Intervall. Daher

$$f_Y(t) = \begin{cases} 0 & \text{für } t \leq 0, \\ 1/(2\sqrt{t}) & \text{für } 0 < t < 1, \\ 0 & \text{für } t \geq 1. \end{cases}$$

(b) Wenn $X_1, X_2, \ldots$ unabhängig sind, sind auch $X_1^2, X_2^2, \ldots$ unabhängig, und sie sind identisch verteilt. Nach dem starken Gesetz der großen Zahl konvergiert $\frac{1}{n} \sum_{k=1}^{n} X_k^2$ fast sicher gegen $E(X_1^2)$. Mit Hilfe von Teil (a) ergibt sich

$$E(X_1^2) = \int_{-\infty}^{\infty} t f_Y(t) \, dt = \int_{0}^{1} t \cdot \frac{1}{2\sqrt{t}} \, dt = \frac{1}{3} t^{3/2} \Big|_{0}^{1} = \frac{1}{3}.$$

Daher gilt

$$\lim_{n \to \infty} \frac{1}{n} \sum_{k=1}^{n} X_k^2 = \frac{1}{3} \quad \text{fast sicher.}$$

Lösungsskizze zu Aufgabe W51:

(i) Wegen der Linearität von E gilt

$$E(\hat{X}) = E(\sum_{i=1}^{n} \alpha_i X_i) = \sum_{i=1}^{n} \alpha_i E(X_i) = \sum_{i=1}^{n} \alpha_i E(X) = E(X).$$

(ii) Wegen der Unabhängigkeit von $X_1, \ldots, X_n$ folgt

$$V(\hat{X}) = V(\sum_{i=1}^{n} \alpha_i X_i) = \sum_{i=1}^{n} \alpha_i^2 V(X_i) = (\sum_{i=1}^{n} \alpha_i^2) V(X).$$

Es hat $F(\alpha_1, \ldots, \alpha_{n-1}) := \sum_{i=1}^{n} \alpha_i^2 = \sum_{i=1}^{n-1} \alpha_i^2 + (1 - \sum_{i=1}^{n-1} \alpha_i)^2$ ein (lokales) Minimum, wenn der Gradient von f gleich 0 ist und die Hesse-Matrix positiv definit ist, also

$$0 = \frac{\partial}{\partial \alpha_j}(\sum_{i=1}^{n-1} \alpha_i^2 + (1 - \sum_{i=1}^{n-1} \alpha_i)^2 = 2\alpha_j + 2(1 - \sum_{i=1}^{n-1} \alpha_i)(-1) \quad \text{für } j = 1, \ldots, n-1, \text{ d.h.}$$

$$\alpha_j = 1 - \sum_{i=1}^{n-1} \alpha_i \quad (\text{für } j = 1, \ldots, n-1), \text{ folglich } \alpha_1 = \alpha_2 = \ldots = \alpha_{n-1} = 1 - (n-1)\alpha_1 = \alpha_n = \tfrac{1}{n}.$$

Die Hesse-Matrix $H_f = \left(\frac{\partial^2 f}{\partial \alpha_i \partial \alpha_j}\right) = \begin{pmatrix} 2+2 & 2 & \cdots & 2 \\ 2 & 2+2 & \cdots & \vdots \\ \vdots & & \ddots & 2 \\ 2 & 2 & \cdots & 2+2 \end{pmatrix}$ ist positiv definit, da die

linken oberen Abschnittsdeterminanten alle positiv sind.

Lösungsskizze zu Aufgabe W52:

(i) Der Test hat als Nullhypothese H_0: $E(X) = \mu$ und die Alternative H_1: $E(X) > \mu$. Der Schätzer für den Erwartungswert $\overline{X} = \frac{1}{16}(X_1 + \ldots + X_{16})$ ist dann $N(\mu, \frac{\sigma}{\sqrt{n}})$ verteilt; Standardisierung ergibt $\hat{X} = \frac{\overline{X}-\mu}{\sigma/4}$. Man bestimmt c mit $P(\hat{X} > c) = 0,05$ aus der Tabelle für die Standardnormalverteilung (s. Lösungshilfe) als $c = 1,645$. Die Realisierung von $\hat{X}$ durch die Stichprobe ergibt $\overline{x} = \frac{1776}{16} = 111$ und $\hat{x} = \frac{111-100}{20/4} = 2,2$. Da $\hat{x} > c$ ist, muss die Hypothese H_0 zugunsten H_1 (Vergrößerung des Blutzuckergehalts durch die Krankheit) abgelehnt werden.

(ii) Ist die Alternative H_1': $E(X) \neq \mu$, so ist c' mit $P(-c' \leq \hat{X} \leq c') = 0,95$ von Interesse, also $\Phi(c') - \Phi(-c') = 2\Phi(c') - 1 = 0,95$, d.h. $\Phi(x') = 0,975$ bzw. $c' \approx 1,960 < \overline{x} = 2,2$. Auch bei dieser Alternative ist die Nullhypothese auf dem 5% Niveau abzulehnen.

9.4 Lösungen zu Kap. 6: Computerorientierte Mathematik/Numerik

Lösungsskizze zu Aufgabe 1:

(a) $\phi(x) = x$ mit $\phi(x) = \sqrt{z+x}$.

Betrachte nun die Konvergenz, berechne die erste Ableitung der Iterationsvorschrift:

$$|\phi'(x)| = \left|\frac{1}{2\sqrt{z+x}}\right| < 1 \Leftrightarrow \frac{1}{\sqrt{z-x}} < 2 \qquad \text{für alle } x > \frac{1}{4} - z.$$

Somit ist $a = \frac{1}{4} - z$

(b) $\phi(x) = x - 1 + 2.5 * \exp(-x)$

$$\text{Mit} \quad L := \sup_{x \in [0,1]} |\phi'(x)| = \sup_{x \in [0,1]} |1 - 2.5\exp(-x)| = 0.8161 \quad \text{und} \quad x_1 = 0.1065$$

soll gelten:

$$|x^* - x_n| < \frac{L^n}{1-L}|x_1 - x_0| < 0.015 \Leftrightarrow \frac{(0.8161)^n * 0.3935}{0.1839} < 0.015$$

Daraus ergibt sich $n = \frac{\log \text{const}}{\log 0.8161} = 24.4092$ mit $\text{const} = \frac{0.015 * 0.1839}{0.3935}$.

Lösungsskizze zu Aufgabe 2:

(a) Mit der Newtonschen Interpolationsformel gilt:

$$p_2(x) = f[x_0] + f[x-0,x_1](x-x_0) + f[x_0,x_1,x_2](x-x_0)(x-x_1)$$

Ausrechnen der Dividierten Diffenrenzen liefert:

$f[x_0] = 1.6487, \quad f[x_0,x_1] = \frac{f(x_1)-f(x_0)}{x_1-x_0} = 0.6487, \quad f[x_1,x_2] = \frac{f(x_2)-f(x_1)}{x_2-x_1} = -0.3935,$

$f[x_0,x_1,x_2] = \frac{f[x_1,x_2]-f[x_0,x_1]}{x_2-x_0} = -0.5211.$ Daraus folgt für das Interpolationspolynom:

$$p_2(x) = -0.5211x^2 + 0.1276x + 2.2974$$

(b)

$$\max_{x \in [-1,1]} |f(x) - p_2(x)| \leq \frac{1}{3!}\|f^{(3)}(\psi)\|_\infty \|\prod_{k=0}^{3}(x-x_k)\|_\infty \leq \frac{0.3849}{48}\exp(\frac{1}{2}).$$

Lösungskizze zu Aufgabe 3:
Siehe Tabelle 9.1!

Tabelle 9.1: Zu Aufgabe 3

```
clear;

a=0;                                          a=π
b=pi;                                         b=2π
m=10;
h=(b-a)/m
simp=0;

for k=1:m                                     for k=0:m-1
    zk=a+k*(b-a);                             zk=a+k*h;
    simp=h*(cos(zk)+2*cos(zk-h/2)+cos(zk+h))/6;   simp=simp+h*(cos(zk)+
                                              4*cos(zk+h/2)+
                                              cos(zk+h))/3;
    ergebnis=simp                             end
end                                           ergebnis=simp
```

Lösungskizze zu Aufgabe 4:

(a) $y_{k+1} = y_k + h\lambda y_k + \frac{(h\lambda)^2}{2}y_k = (\frac{h\lambda}{\sqrt{2}}+1)^2 y_k - \sqrt{2}h\lambda.$
Setzt man iterativ y_k ein, so ergibt sich:

$$y_{k+1} = (\frac{h\lambda}{\sqrt{2}}+1)^{2*(k+1)}y_0 - \sum_{i=0}^{k-1}(\frac{h\lambda}{\sqrt{2}}+1)^{2i}\sqrt{2}h\lambda$$

Mit dem Hinweis, $h > 0$ und $\lambda < 0$ folgt direkt die Behauptung.
(b) Zu zeigen ist

$$y_{k+1} < y_k \Leftrightarrow (1+h\lambda+\frac{(h\lambda)^2}{2})y_k < y_k \Leftrightarrow h\lambda+\frac{(h\lambda)^2}{2} < 0 \implies \frac{h\lambda}{2} < -1$$

Daraus folgt: $h < \frac{2}{|\lambda|}$.

Lösungskizze zu Aufgabe 5:

Siehe Tabelle 9.2!

Tabelle 9.2: Zu Aufgabe 5

wahr	falsch	Aussage
	X	Der Interpolationsfehler ist kleiner, wenn man die Newton'sche Darstellung des Interpolationspolynoms anstelle der Lagrange-Darstellung verwendet.
X		Die Lebesgue-Konstante Λ_n hängt von der Wahl der Stützstellen ab.
X		Das Interpolationspolynom $p_n = \phi_n(f)$ der Nullfunktion $f(x) = 0$ ist immer die Nullfunktion $(0 < n \in \mathbb{N})$.
	X	Die Gewichte der Newton-Côtes-Quadraturformeln hängen von der Funktion ab, die integriert werden soll.
	X	Jede Fixpunktiteration konvergiert.
	X	Wendet man beide Euler-Verfahren auf das Anfangswertproblem $$\text{(AWP)} \quad \begin{cases} \dot{y}(t) &= -100 \cdot y(t) \text{ für } t > 0, \\ y(0) &= 100 \end{cases}$$ an, so ist nur das implizite Verfahren unbedingt stabil.

9.5   Lösungen zu Kap. 7: Elementargeometrie

Lösungsskizze zu Aufgabe E1:

zu (a): Für die Translation $\tau = $ id sind jede Ebene und ihr Bild gleich und damit parallel. Falls $\tau \neq $ id und $E \cap \tau(E) = \emptyset$ gilt, sind die Ebene und ihr Bild nach Definition parallel.

Gelte also $\tau \neq $ id und $E \cap \tau(E) \neq \emptyset$. Es existiert also ein Schnittpunkt S und, da Translationen bijektiv sind, ein $R \in E$ mit $\tau(R) = S$. Da τ Translation ist, folgt $RS \parallel \tau(R)\tau(S) = S\tau(S)$, also $RS = S\tau(S)$ und somit auch $\tau(S) \in E$. Man wählt nun noch $X \in E$ derart, dass X, R, S nicht kollinear sind. Da $\tau(S)\tau(X) \parallel SX \subseteq E$ und $\tau(S) \in E$, erhält man auch $\tau(X) \in E$. Da X, S, R nicht kollinear sind, folgt dies unmittelbar auch für die Bilder. Durch die drei Punkte $\tau(X), \tau(S), \tau(R)$ wird $\tau(E)$ aufgespannt. Aber da sie alle drei in E liegen, folgt $\tau(E) = E$.

zu (b): Wegen $\tau_{NP}(N) = P$, also $P \in E \cap \tau_{NP}(E)$, lässt τ_{NP} die von N, P und Q aufgespannte Ebene E fest. Aus $E \cap \tau_{NP}(E) \neq \emptyset$ erhält man (vgl. den Beweis zu (i)) $E = \tau_{NP}(E)$. Ganz analog erhält man auch $E = \tau_{NQ}(E)$. Damit ist aber $\tau_{NP} \circ \tau_{NQ}(E) = \tau_{NP}(E) = E$.

Alternativ zu (a): Sind g und h zwei sich in R schneidende Geraden der Ebene E, so schneiden sich auch $\tau(g)$ und $\tau(h)$ und sind parallel zu E; die von $\tau(g)$ und $\tau(h)$ aufgespannte Ebene ist dann gleich $\tau(E)$ und parallel zu E.

Lösungsskizze zu Aufgabe E2:

"$\Longleftarrow$" Angenommen, es existiere ein τ mit $\tau^2 = $ id $\neq \tau$. Der Punkt A sei beliebig und $C \notin A\tau(A)$. Das Viereck $\Diamond A\tau(A)C\tau(C)$ ist dann ein nicht-ausgeartetes Parallelogramm (wegen $AC \parallel \tau(A)\tau(C)$, denn τ ist Dehnung, und $A\tau(A) \parallel C\tau(C)$, da Spuren parallel sind). Die Diagonalen sind $A\tau(C)$ und $C\tau(A)$; für diese gilt $C\tau(A) \parallel \tau(C)\tau(\tau(A))$ (Urbild und Bildgerade), d.h. $C\tau(A) \parallel \tau(C)A$ (wegen $\tau^2 = $ id). Dies steht aber im Widerspruch dazu, dass die beiden Diagonalen genau einen Schnittpunkt haben.

"$\Longrightarrow$" Existiere andererseits ein Parallelogramm $\Diamond ABCD$ mit parallelen Diagonalen. Dann existiert eine Translation τ mit $\tau(A) = B$, $\tau \neq $ id. Wegen der Parallelogrammkonstruktion und den Eigenschaften von Translationen gilt damit auch $\tau(D) = C$. Da Translationen Dehnungen sind, gilt zudem $AC \parallel \tau(A)\tau(C) = B\tau(C)$. Weiterhin gilt nach Voraussetzung $AC \parallel BD$, also muss (beide Parallelen zu AC haben B gemeinsam) $BD = B\tau(C) = B\tau(\tau(D))$ sein. Weiterhin gilt bei Translationen stets $\tau^2(D) \in D\tau(D)$, insgesamt (mit $DC \neq DB$) also $\tau^2(D) \in D\tau(D) \cap BD = D$. Also ist $\tau^2(D) = D$, woraus $\tau^2 = $ id folgt, da Translationen schon durch die Wirkung auf einen Punkt eindeutig bestimmt sind. Widerspruch!

Lösungsskizze zu Aufgabe E3:

Lösungsidee: Satz von Desargues

Gegeben sei die Situation der Aufgabenstellung! Wir zeichnen zwei nicht-parallele Geraden c und d, die a und b schneiden. Der Schnittpunkt von c und d heiße P. Den Schnittpunkt der Geraden c mit a (bzw. b) nennen wir A' (bzw. A).

Man zeichne die durch A' und Q gehende Gerade, den Schnittpunkt mit b nenne man C, derjenige mit d heiße B'. Nun zeichnen wir die Gerade AQ, deren Schnittpunkt mit d wir B nennen, ferner BC sowie PC. Den Schnittpunkt von PC mit a nennen wir C'. Schließlich zeichen wir die Gerade $B'C'$ und nennen O ihren Schnittpunkt mit $\overline{BC}$. (Falls nicht alle Schnittpunkte auf dem Zeichenblatt sind, variiert man die Geraden c und d.) Die Dreiecke $\triangle ABC$ und $\triangle A'B'C'$ sind "in perspektiver Lage" mit Zentrum P. Die Gerade QO ist nach dem Satz von Desargues die gesuchte Verbindungsgerade des Punktes Q mit dem unzugänglichen Punkt S. $\square$

Alternativ kann man auch die Umkehrung des Satzes von Desargues verwenden.

Lösungsskizze zu Aufgabe E4:

Ist Q Punkt von g; dann schneidet die (eindeutig bestimmte) Gerade ZQ die Gerade h (nach der Definition der Parallelität von Geraden einer Ebene) genau dann in einem Punkt, dem Bildpunkt von Q, wenn $ZQ \nparallel h$ gilt. Analog besitzt ein Punkt R von h ein Urbild, genau dann wenn $ZR \nparallel g$ ist.

1.Fall: Ist $g \parallel h$ und $Z \notin g \cup h$, so schneidet die nach dem Euklidischen Parallelenaxiom eindeutig bestimmte Parallele zu g und h durch Z weder g noch h. Daher besitzt jeder Punkt von g einen eindeutigen Bildpunkt und jeder Punkt von h einen eindeutigen Urbildpunkt, und φ ist bijektiv.

2.Fall: $g \nparallel h$: Die nach dem Euklidischen Parallelenaxiom eindeutig bestimmte Parallele zu h durch Z schneidet wegen $g \nparallel h$ zwar die Gerade g in einem Punkt Q, aber nicht h. Daher hat Q keinen Bildpunkt unter φ, und φ ist keine Bijektion von g auf h.

Lösungsskizze zu Aufgabe E5:

Die projektive Ebene $\mathrm{PG}(2,K)$ besteht aus der Menge der 1-dimensionalen Unterräume von K^3 als Punkte und der Menge der 2-dimensionalen Unterräume von K^3 als Geraden. Die Inzidenz zwischen Punkten und Geraden ist durch die Teilmengenrelation erklärt.

Zu (a): Sei g eine Gerade, d.h. für geeignete linear unabhängige $\vec{a}, \vec{b} \in K^3$ sei $g = K\vec{a} + K\vec{b}$. Dann liegen insbesondere die Punkte $P = K\vec{a}, Q = K\vec{b}$ und $R = K(\vec{a} + \vec{b})$ auf g. Weil $\vec{a}$ und $\vec{b}$ voneinander linear unabhängig sind, sind es auch $\vec{a}$ und $\vec{a} + \vec{b}$, sowie $\vec{b}$ und $\vec{a} + \vec{b}$. Also sind die Punkte P, Q, R paarweise voneinander verschieden.

Zu (b): Es seien g, h zwei Geraden. Im K^3 werden g und h durch zweidimensionale Unterräume repräsentiert. Diese fallen entweder zusammen (wenn $g = h$), oder sie sind voneinander verschieden. In diesem Fall gilt für g und h
$$3 = \dim K = \dim g + \dim h - \dim(g \cap h) = 2 + 2 - \dim(g \cap h).$$
Daraus folgt $\dim(g \cap h) = 1$, was bedeutet, dass sich g und h in mindestens einem Punkt schneiden, der einem 1-dimensionalen Unterraum von K^3 entspricht. In beiden Fällen ist damit $g \cap h$ nicht leer. $\qquad\square$

Lösungsskizze zu Aufgabe E6:

(a) (Vgl. die Beantwortung der Fragen von Seite 186 und 192 !)

Sind P und Q zwei Punkte von g, so sind die Projektionsgeraden $P\pi(P)$ und $Q\pi(Q)$ (nach Definition der Parallelprojektion) parallel und damit komplanar. Daher liegen auch g und h in einer Ebene. Durch zweimalige Anwendung des Satzes von Pasch zeigt man gemäss Abbildung 7.12 a) den Erhalt der Zwischenrelation.

(b) Seien $A \leq_g B$ und (evtl. nach Übergang zur entgegengesetzten Ordnungsrelation) $\pi(A) \leq_h \pi(B)$; seien ferner R und S Punkte von g mit $R \leq S$. Dann überträgt sich die Zwischenrelation zwischen A, B, R nach Teil (a) auf die Bilder: $(A,B,R) \in \mathcal{Z} \Longrightarrow (\pi(A), \pi(B), \pi(R)) \in \mathcal{Z}$, bzw. $(A,R,B) \in \mathcal{Z} \Longrightarrow (\pi(A), \pi(R), \pi(B)) \in \mathcal{Z}$ oder $(R,A,B) \in \mathcal{Z} \Longrightarrow (\pi(R), \pi(A), \pi(B)) \in \mathcal{Z}$. Ersetzt man nun $\{A,B\}$ durch $\{A,R\}$, so zeigt die obige Argumentation, dass sich auch die Zwischenrelation zwischen A, R, S auf die Bilder unter π überträgt. Daher folgt dann aus $R \leq S$ auch $\pi(R) \leq \pi(S)$.

Lösungsskizze zu Aufgabe E7:

"$\Longrightarrow$" Aus dem Axiom der Dreieckskongruenz folgt für gleichschenklige Dreiecke (durch Vertauschen der Bezeichnungen für die beiden kongruenten Seiten), dass die Basiswinkel kongruent sind.

"$\Longleftarrow$" Sei $\triangle ABC$ ein Dreieck mit $\sphericalangle ABC \equiv \sphericalangle BAC$. Ferner sei CD das Lot von C auf AB. Dann gilt $\sphericalangle ADC \equiv \sphericalangle BDC$, $\sphericalangle DBC \equiv \sphericalangle DAC$ und folglich auch $\sphericalangle ACD \equiv \sphericalangle BCD$. Wegen $CD \equiv CD$ folgt nach Kongruenzsatz WSW die Kongruenz der Dreiecke $\triangle ADC$ und $\triangle BDC$. Insbesondere gilt $AC \equiv BC$. Also ist $\triangle ABC$ gleichschenklig. $\qquad\qquad\qquad\qquad\qquad\qquad\qquad\square$

Lösungsskizze zu Aufgabe E8:

Es seien $\sphericalangle ABC$ und $\sphericalangle FB'D$ kongruente Winkel. Wir tragen auf $B'F^+$ eine Strecke $\overline{B'A'}$ mit $\overline{B'A'} \equiv \overline{BA}$ sowie auf $B'D^+$ eine Strecke $\overline{B'C'}$ mit $\overline{B'C'} \equiv \overline{BC}$ ab. Nach dem Kongruenzsatz SWS sind dann die beiden Dreiecke $\triangle A'B'C'$ und $\triangle ABC$ kongruent. Insbesondere sind auch die Seiten $\overline{AC}$ und $\overline{A'C'}$ kongruent.

Nun tragen wir auf BA^+ eine Strecke $\overline{BX}$ und auf $B'A'^-$ eine Strecke $\overline{B'X'}$ ab, so dass $\overline{BX} \equiv \overline{B'X'}$. Mit der Streckenaddition gilt dann $\overline{AX} \equiv \overline{A'X'}$. Wegen der Kongruenz der Dreiecke $\triangle ABC$ und $\triangle A'B'C'$ gilt $\sphericalangle BAC \equiv \sphericalangle B'A'C'$. Nach Kongruenzsatz SWS sind auch die Dreiecke $\triangle AXC$ und $\triangle A'X'C'$ kongruent, also insbesondere auch $\overline{XC} \equiv \overline{X'C'}$.

Insgesamt gelten nun die Kongruenzen $\overline{BX} \equiv \overline{B'X'}$, $\overline{BC} \equiv \overline{B'C'}$ und $\overline{CX} \equiv \overline{C'X'}$. Nach Kongruenzsatz SSS folgt die Kongruenz von $\triangle XCB$ und $\triangle X'C'B'$ und damit auch die Kongruenz von $\sphericalangle XBC$ und $\sphericalangle X'B'C'$. Also sind die Nebenwinkel der beiden kongruenten Winkel $\sphericalangle ABC$ und $\sphericalangle A'B'C'$ ebenfalls kongruent. $\qquad\qquad\qquad\qquad\qquad\qquad\square$

Lösungsskizze zu Aufgabe E9:

"$\Longrightarrow$" Sei $\square ABCD$ ein Rechteck. Dann sind alle Winkel kongruent und es gilt mit den üblichen Bezeichnungen $\overline{BC} \equiv \overline{AD}, \overline{AB} \equiv \overline{CD}$. Mit Kongruenzsatz SWS folgt dann $\triangle ABC \equiv \triangle BAD$ und somit auch $\overline{AC} \equiv \overline{BD}$.

"$\Longleftarrow$" Gelte nun $\overline{AC} \equiv \overline{BD}$. Weiterhin gilt auch im allgemeinen Parallelogramm $\overline{BC} \equiv \overline{AD}$ und $\overline{AB} \equiv \overline{CD}$. Der Kongruenzsatz SSS liefert $\triangle ABC \equiv \triangle BAD \equiv \triangle CDA \equiv \triangle DCB$ und damit auch $\sphericalangle ABC \equiv \sphericalangle BAD \equiv \sphericalangle CDA \equiv \sphericalangle DCB$. Wegen der Winkelsumme im Viereck sind damit aber alle Winkel rechte. $\qquad\qquad\qquad\qquad\qquad\qquad\qquad\qquad\qquad\qquad\qquad\qquad\qquad\qquad\square$

Lösungsskizze zu Aufgabe E10:

Wir bearbeiten entgegen der gegebenen Reihenfolge zunächst Aufgabenteil (c):

Behauptung: Zwei Parallelogramme $\lozenge ABCD$ und $\lozenge A'B'C'D'$ sind genau dann ähnlich, wenn die Verhältnisse von Länge und Breite übereinstimmen ($a : b = a' : b'$) und ein Paar entsprechender Winkel gleiche Größe hat. (Nach den Kongruenzsätzen und mittels Betrachtung von Stufen- und Wechselwinkeln sieht man dann, dass alle entsprechenden Winkel gleich groß sind.)

Beweis:

"$\Longrightarrow$" Wenn die Parallelogramme ähnlich sind, gibt es eine Ähnlichkeitsabbildung, die die eine Figur in die andere überführt. Aber unter Ähnlichkeitsabbildungen bleiben Winkelgrößen invariant, ebenso wie die Seitenlängenverhältnisse entsprechender Seiten.

"$\Longleftarrow$" Teilt man die Parallelogramme mit der jeweils analogen Diagonalen in zwei Dreiecke (also z.B. mit $\overline{AC}$ und $\overline{A'C'}$). Dann sind die Dreiecke $\triangle ABC$ und $\triangle A'B'C'$ sowie $\triangle ACD$ und $\triangle A'C'D'$ zueinander ähnlich, da sie nach Voraussetzung jeweils in den Längenverhältnissen zweier Seiten und in der Größe des „eingeschlossenen" Winkels übereinstimmen. Damit sind aber auch die Parallelogramme als analog zusammengesetzte Figuren ähnlich.

Damit erhält man Aufgabenteil (b): Zwei Rechtecke sind genau dann ähnlich, wenn die Verhältnisse von Länge und Breite übereinstimmen, da alle Rechtecke als „rechtwinklige Parallelogramme" stets gleiche Winkelgrößen haben.

Da bei Quadraten das Verhältnis von Länge und Breite zudem stets 1 ist, erhält man für Aufgabenteil (a), dass alle Quadrate zueinander ähnlich sind.

Für Aufgabenteil (d) erhält man die Ähnlichkeit zweier Rauten genau dann, wenn sie in einem Winkel übereinstimmen (Rauten sind Parallelogramme, bei denen Länge und Breite gleich sind).

Für (e) lässt sich (c) nicht ausnutzen:

Zwei regelmäßige n-Ecke sind stets ähnlich, wenn sie gleich viele Ecken haben (d.h., falls $n = n'$ gilt).

Beweis: Man unterteilt die n-Ecke in n gleichschenklige Dreiecke (das Zentrum mit den Ecken verbinden). Damit kann man die Ähnlichkeit der n-Ecke auf die der Dreiecke zurückführen, und diese hängt unmittelbar mit der Grösse des Nicht-Basiswinkels zusammen, der stets $\frac{360°}{n}$ ist. Nur bei gleichem n bleiben also die Winkelgrößen erhalten. Da die Dreiecke zudem gleichschenklig sind, ist diese Bedingung sowohl notwendig als auch hinreichend.

Lösungsskizze zu Aufgabe E11:

Wegen der gleichlangen Seiten ist jede Diagonale des Rhombus die Mittelsenkrechte der anderen Diagonalen. Die Winkelhalbierung folgt aus der Kongruenz der Teildreiecke.

Lösungsskizze zu Aufgabe E12:

Sei Q ein Quader mit den Eckpunkten $A, B, C, D, A', B', C', D'$. Nach Definition eines Quaders sind gegenüberliegende Seiten parallel und gleichlang, und je zwei sich schneidende Seiten stehen senkrecht aufeinander.

Wir betrachten die beiden Dreiecke $\triangle AA'D'$ und $\triangle BCC'$. Nach Definition eines Quaders gilt zunächst $\overline{BC} \equiv \overline{A'D}$ sowie $\overline{AA'} \equiv \overline{CC'}$ und $A'D' \parallel BC$. Außerdem ist $\sphericalangle AA'D' \equiv \sphericalangle BCC' \equiv R$. Aus dem Kongruenzsatz SWS folgt nun $\triangle AA'D' \equiv \triangle BCC'$.

Betrachten wir nun die drei Geraden $a := AC'$, $b := BD'$ und $c := A'C$, so folgt aus der Umkehrung des Satzes von Desargues des räumlichen Falls, dass entweder $a \parallel b \parallel c$, oder dass sich die drei Geraden in einem gemeinsamen Punkt Z schneiden. Wir müssen also ausschließen, dass sie parallel sind und haben somit die Existenz eines gemeinsamen Schnittpunkts der drei Diagonalen des Quaders.

Wir wollen also zeigen, dass je zwei Diagonalen des Quaders sich in einem Punkt schneiden, mithin also nicht parallel sind. Dazu betrachten wir beispielsweise die Fläche $ABC'D'$.

Nach Definition des Quaders liegen entsprechende Punkte der Dreiecke $\triangle AD'A'$ und $\triangle BC'B$ auf parallelen Ebenen; ferner gilt $AA' \parallel BB'$ sowie $A'D' \parallel B'C'$. Nach dem Satz von Desargues gilt dann $AD' \parallel BC'$, und $ABC'D'$ ist ein Parallelogramm. Nun verwenden wir den Satz, dass sich die Diagonalen eines Parallelogramms in einem Punkt schneiden, und bekommen so einen Schnittpunkt Z mit $Z = a \cap b$. Der Fall $A \parallel b$ ist damit nicht möglich. Die Raumdiagonalen eines Quaders schneiden sich also in einem Punkt. $\square$

Lösungsskizze zu Aufgabe E13:

Man bestimmt C' auf BA^+ so, dass $|\overline{BC'}| = |\overline{BC}|$ und A' auf BC^+ so, dass $|\overline{BA'}| = |\overline{BA}|$. Da die beiden Dreiecke $\triangle ABC$ und $\triangle A'BC'$ bei B den gleichen Winkel haben, folgt nach dem Kongruenzsatz SWS die Kongruenz der beiden Dreiecke. Damit folgt, dass auch die entsprechenden Höhen gleich lang sind, d.h. $h_a = h_{\overline{BC'}}$ und $h_c = h_{\overline{BA'}}$. Da aus $h_{\overline{BC'}} \perp AB \perp h_c$ sofort $h_{\overline{BC'}} \parallel h_c$ folgt, liefert die Anwendung des zweiten Strahlensatzes

$$\frac{h_{\overline{BC'}}}{h_c} = \frac{|\overline{BA'}|}{a} \implies \frac{h_a}{h_c} = \frac{c}{a} \implies a h_a = c h_c. \qquad \square$$

Alternative Argumentation:

Wenn man die Höhenfußpunkte von h_a, h_c mit M_a, M_c bezeichnet erhält man die Behauptung aus der Ähnlichkeit der Dreiecke $\triangle BM_aC, \triangle BM_cC$, da diese bei B den gleichen Winkel haben und rechtwinklig bei den zuvor definierten Punkten sind. Da dann die entsprechenden Seiten im gleichen Verhältnis stehen, folgt die Behauptung aus $\frac{h_a}{c} = \frac{h_c}{a}$.

Lösungsskizze zu Aufgabe E14:

Man konstruiert zunächst eine Strecke $\overline{AB}$ und darauf die Mittelsenkrechte m. Damit erhält man einen Winkel von 90°. Man bestimmt nun - nach dem Axiom des Streckenabtragens - C so auf m, dass $\overline{AC} \equiv \overline{AB}$. Da der Abstand jedes Punktes der Mittelsenkrechten zu den Eckpunkten der jeweiligen Strecke gleich ist, gilt damit auch $\overline{BC} \equiv \overline{AB}$. Man erhält also ein gleichseitiges Dreieck $\triangle ABC$. In diesem sind alle Winkel kongruent, also gilt $\sphericalangle ACB = 60°$. Da im gleichseitigen Dreieck aber die Mittelsenkrechte einer Seite gleichzeitig auch Höhe und Winkelhalbierende ist, teilt m diesen Winkel, womit auch der $30°$-Winkel konstruiert ist.

Lösungsskizze zu Aufgabe E15:

Sei $\triangle ABC$ ein nicht-ausgeartetes Dreieck und o.B.d.A. $|\overline{AB}| > |\overline{BC}|$. Man bestimmt nun P so auf BC^+, dass $|\overline{BP}| = |\overline{AB}|$ (gemäß dem Axiom des Streckenabtragens). Dann ist $|\sphericalangle ACB| > |\sphericalangle APC|$, da (bezogen auf $\triangle APC$) jeder Außenwinkel größer ist als jeder nicht-anliegende Innenwinkel. Da aber C im Inneren von $\overline{PB}$ liegt und das Dreieck $\triangle APB$ als gleichschenkliges Dreieck kongruente Basiswinkel enthält , folgt $|\sphericalangle BAC| < |\sphericalangle BAP| = |\sphericalangle APC| < |\sphericalangle ACB|$. □

Lösungsskizze zu Aufgabe E16:

Vorbemerkung: a und b sind nicht parallel, da andernfalls $\sphericalangle ASB$ ein gestrecker Winkel wäre.
1.Fall: $Z = a \cap b$ liegt im Inneren des Winkelfeldes.   In diesem Fall bilden die beiden Fußpunkte zusammen mit S und Z ein Viereck $AZBS$ (vgl. Abbildung 9.2a). Da die Winkelsumme im Dreieck vom Maß π ist, folgt (mit den Bezeichnungen von Abb. 9.2a): $\gamma = |\sphericalangle SZA| = \frac{\pi}{2} - \alpha$ und $\delta = |\sphericalangle SZB| = \frac{\pi}{2} - \beta$. Da Z im Innern des Winkelfeldes liegt, addieren sich die Winkel, und der Winkel $\sphericalangle AZB$ zwischen den Geraden a und b hat das Maß

$$\gamma + \delta = |\pi - (\alpha + \beta)| = \pi - |\sphericalangle ASB|.$$

Durch Übergang zum Nebenwinkel folgt die Behauptung.
2.Fall: $Z = a \cap b$ liegt nicht im Inneren des Winkelfeldes. Dann ergibt sich die Situation von Abbildung 9.2b. Wegen der gleichen Größe von Scheitelwinkeln und aus der Konstanz der Winkelsumme im Dreieck folgt hier die Gleichheit der zu untersuchenden Winkelgrößen (ohne Übergang zum Nebenwinkel).

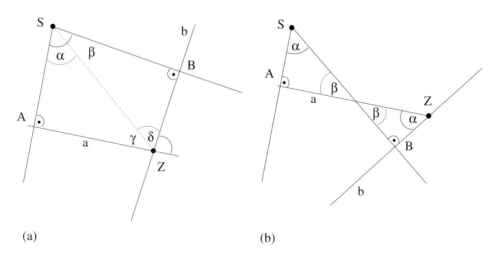

(a)   (b)

Abbildung 9.2: Skizzen zu Aufgabe E16

Lösungsskizze zu Aufgabe E17:

Man bezeichne die Schnittpunkte der "Menelaos-Geraden" mit den Dreiecksseiten mit S_a, S_b, S_c und fälle die Lote von der Geraden auf A, B und C; die Lotfußpunkte nenne man L_A, L_B, L_C! Da diese "Lote" parallel zueinander sind, erhält man mit dem zweiten Strahlensatz

$$\frac{|\overline{L_A A}|}{|\overline{L_C C}|} = \frac{|\overline{AS_b}|}{|\overline{CS_b}|}, \quad \frac{|\overline{L_B B}|}{|\overline{L_A A}|} = \frac{|\overline{S_c B}|}{|\overline{S_c A}|} \quad \text{sowie} \quad \frac{|\overline{L_C C}|}{|\overline{L_B B}|} = \frac{|\overline{S_a C}|}{|\overline{S_a B}|}.$$

Dann folgt

$$\frac{|\overline{AS_b}|}{|\overline{CS_b}|} \cdot \frac{|\overline{S_c B}|}{|\overline{S_c A}|} \cdot \frac{|\overline{S_a C}|}{|\overline{S_a B}|} = \frac{|\overline{L_A A}|}{|\overline{L_C C}|} \cdot \frac{|\overline{L_B B}|}{|\overline{L_A A}|} \cdot \frac{|\overline{L_C C}|}{|\overline{L_B B}|} = 1.$$

$\square$

Lösungsskizze zu Aufgabe E18:

(a) Es sei $\triangle ABC$ ein rechtwinkliges Dreieck mit rechtem Winkel bei C. Ferner sei h die Höhe von C auf AB mit Fußpunkt D, und seien $p = |\overline{AD}|$ und $q = |\overline{BD}|$. Der Höhensatz von Euklid besagt, dass unter diesen Voraussetzungen gilt: $h^2 = p \cdot q$. Da $\sphericalangle BDC \equiv \sphericalangle ACB$ (beides rechte Winkel) und $\sphericalangle DBC \equiv \sphericalangle CBA$ (identische Winkel), ist das Dreieck $\triangle BCD$ nach dem Ähnlichkeitssatz WSW ähnlich zu $\triangle ABC$. Wegen der Längenverhältnistreue gilt:

$$\frac{h}{q} = \frac{b}{a}. \tag{1}$$

Analog zeigt man die Ähnlichkeit der Dreiecke $\triangle ADC$ und $\triangle ABC$ und damit

$$\frac{h}{p} = \frac{|\beta(h)|}{|\beta(p)|} = \frac{a}{b}. \tag{2}$$

Aus (1) und (2) folgt nun $\frac{h}{q} \overset{(1)}{=} \frac{b}{a} \overset{(2)}{=} \frac{p}{h}$, und damit $h^2 = p \cdot q$.

(b) Der Kathetensatz besagt unter den gegebenen Voraussetzungen $b^2 = c \cdot p$ bzw. $a^2 = c \cdot q$. Nach Teil (a) sind die Dreiecke $\triangle ADC$ und $\triangle ABC$ ähnlich. Also gilt wieder Gleichung (2) Ebenfalls nach Teil (a) sind die Dreiecke $\triangle BCD$ und $\triangle ABC$ ähnlich. Wegen der Längenverhältnistreue folgt daraus mit (2) auch

$$b = \frac{a}{h} \cdot p = \frac{c}{b} \cdot p \quad \Longrightarrow \quad b^2 = c \cdot p.$$

Der Fall $a^2 = c \cdot q$ wird analog gezeigt.

(c) Nach Teil (b) gilt $a^2 = c \cdot q$ sowie $b^2 = c \cdot p$. Also folgt $a^2 + b^2 = cp + cq = c(p + q) = c^2$.

(d) Zwei Polygonflächen, die in paarweise kongruente Figuren zerlegt werden können, heißen zerlegungsgleich. Zwei Polygonflächen, die durch Hinzufügen paarweise kongruenter Figuren zu kongruenten Figuren ergänzt werden können, heißen ergänzungsgleich. Zwei zerlegungsgleiche bzw. ergänzungsgleiche Figuren haben jeweils denselben Flächeninhalt.
Gegeben ist das Quadrat $ABCD$ mit den Seiten $\overline{AB} \equiv \overline{BC} \equiv \overline{CD} \equiv \overline{DA}$ und der Seitenlänge $|\overline{AB}| = a + b = m$. Sei X ein innerer Punkt auf der Strecke $\overline{AB}$. Wir teilen die vier Seiten des Quadrats jeweils im gleichen Verhältnis in zwei Teilstrecken AX und XB mit den Längen $|AX| = a$ und $|XB| = b = m - a$. Die so entstehenden Trennungspunkte X, X', X'', X''' auf den Seiten des

Quadrats verbinden wir zyklisch miteinander und erhalten so vier Dreiecke $\triangle AXX'''$, $\triangle BX'X$, $\triangle CX''X'$ und $\triangle DX'''X''$. Es gilt

$$\overline{AX} \equiv \overline{BX'} \equiv \overline{CX''} \equiv \overline{DX'''} \quad \text{sowie} \quad \overline{XB} \equiv \overline{X'C} \equiv \overline{X''D} \equiv \overline{X'''A}.$$

Da $ABCD$ ein Quadrat ist, sind die vier Dreiecke rechtwinklig. Aus dem Kongruenzsatz SWS folgt damit die paarweise Kongruenz zu dem gegebenen Dreieck. Insbesondere gilt
$$\overline{XX'} \equiv \overline{X'X''} \equiv \overline{X''X'''} \equiv \overline{X'''X} \text{ mit } |\overline{XX'}| =: c.$$
Die vier Eckwinkel des Vierecks $\Diamond XX'X''X'''$ sind kongruent und damit rechte Winkel. Der Flächeninhalt des Dreiecks $\triangle AXX'''$ ist $\frac{ab}{2}$, der Flächeninhalt des einbeschriebenen Quadrats $\square XX'X''X'''$ ist c^2.

Zerlegen wir nun das Quadrat $\square ABCD$ wie beschrieben in die kongruenten Dreiecke und das innere Quadrat, so folgt für die Fläche des Quadrats $\square ABCD$

$$(a+b)^2 = 4 \cdot \frac{ab}{2} + c^2 = 2ab + c^2. \tag{3}$$

Nach der ersten binomischen Formel gilt aber auch

$$(a+b)^2 = a^2 + 2ab + b^2. \tag{4}$$

Insgesamt folgt nun durch Gleichsetzen von (3) und (4) $a^2 + b^2 = c^2$. $\qquad\square$

Lösungsskizze zu Aufgabe E19:

Die *Beweisidee* ist die, die Seiten des gegebenen Rechtecks als Hypotenusenabschnitte p und q in einem rechtwinkligen Dreieck aufzufassen. Bekanntermaßen gilt nach dem Höhensatz $h_c^2 = pq$, d.h. das Quadrat über der Höhe h_c ist flächengleich zum Rechteck mit den Seiten p und q. Gegeben sei also ein Rechteck $ABST$ mit den Seitenlängen $|\overline{ST}| = p$ und $|\overline{BS}| = q$. Wir verlängern die Strecke $\overline{BS}$ über S hinaus und tragen auf der Halbgeraden BS^+ am Punkt S die Länge p mit dem Zirkel ab. Der gewonnene Punkt heiße D, d.h. also $|\overline{DS}| = p$.

Nun konstruieren wir den Mittelpunkt M der Strecke $\overline{DB}$, indem wir jeweils um D und um B einen Kreis mit dem Radius $|\overline{DB}|$ schlagen. Die beiden entstehenden Schnittpunkte der Kreise verbinden wir durch eine Gerade g_1. Der Schnittpunkt von g_1 mit DB ist der gesuchte Mittelpunkt M der Strecke $\overline{DB}$. Es gilt $\overline{DM} \equiv \overline{BM}$. Schlagen wir nun mit dem Zirkel eine Kreis K mit Mittelpunkt M und Radius $|\overline{DM}|$ über die Strecke $\overline{DB}$, so liegen D und B auf K. Nach dem Satz des Thales gilt $\sphericalangle DC'B = R$ für alle Punkte C', die auf K liegen und ungleich D oder B sind. Gesucht ist nun eine auf DB senkrecht stehende Gerade g_2 durch S. Dazu verlängert man $\overline{TS}$ über S und T hinaus. Falls nicht das Rechteck, sondern nur p und q gegeben sind, so konstruieren wir g_2, indem wir einen Hilfspunkt S' benutzen. Wir tragen auf der Halbgeraden SB^+ an S die Strecke $\overline{DS}$ ab und bekommen den Punkt S'. Es gilt $\overline{DS} \equiv \overline{SS'}$, d.h. S ist Mittelpunkt der Strecke $\overline{DS'}$. Nun errichten wir analog zur Konstruktion der Mittelsenkrechten auf $\overline{DB}$ die Mittelsenkrechte g_2 auf $\overline{DS'}$, die durch S verläuft und auf DB senkrecht steht. Sei C der Schnittpunkt von g_2 und K. Nun ist $\triangle DBC$ ein rechtwinkliges Dreieck mit Höhe CS und Hypotenusenabschnitten $\overline{DS}$ und $\overline{SB}$. Mit $h_c = |CS|$, $p = |DS|$ und $q = |SB|$ folgt nun aus dem Höhensatz $h_c = \sqrt{pq}$. Das gesuchte Quadrat erhält man durch Abtragen von h_C auf SD^+ und Konstruktion des Schnittpunktes des Kreises mit Radius h_C durch den neu konstruierten Punkt und durch C.

Gegeben sei nun ein Dreieck $\triangle ABC$ mit Grundseite c und Grundseitenhöhe h_c. Für die Fläche $\mathcal{F}$ dieses Dreiecks gilt dann $|\mathcal{F}| = \frac{c \cdot h_c}{2} = \frac{c}{2} \cdot h_c$. Gesucht ist nun ein Quadrat mit Fläche $|\mathcal{F}|$, d.h. mit Kantenlänge $\sqrt{\frac{c}{2} \cdot h_C}$. Die Länge $\frac{c}{2}$ kann bestimmt werden, indem man die Mittelsenkrechte auf c errichtet. Anschließend kann man mit den nunmehr konstruierbaren Längen $\frac{c}{2}$ und h_c ein Rechteck mit Seitenlängen $\frac{c}{2}$ und h_c zeichnen. Wie zu Beginn der Aufgabe kann ausgehend von diesem Rechteck analog ein Quadrat mit Kantenlänge $\sqrt{\frac{c}{2} \cdot h_c}$ konstruiert werden.   □

Lösungsskizze zu Aufgabe E20:

Sei $\triangle ABC$ Dreieck, bei dem C auf dem Halbkreis über $\overline{AB}$ liege, und sei M der Mittelpunkt von $\overline{AB}$. Dann ist $|\overline{AM}| = |\overline{MC}| = |\overline{MB}|$ der Radius des Kreises. Man zieht nun eine Parallele zu AB durch C und wählt dort Q in der Halbebene ACB^+. Dann verlängert man $\overline{AC}$ zur Halbgeraden AC^+ und wählt dort eine Punkt P mit $|\overline{AP}| > |\overline{AC}|$.

Man erhält nun

$$\sphericalangle PCQ \equiv \sphericalangle CAB \qquad\qquad \text{als Stufenwinkel an Parallelen}$$

$$\equiv \sphericalangle ACM \qquad \text{denn Basiswinkel im gleichschenkligen } \triangle ACM \text{ sind kongruent}$$

sowie

$$\sphericalangle QCB \equiv \sphericalangle ABC \qquad\qquad \text{Wechselwinkel an Parallelen}$$

$$\equiv \sphericalangle MCB \qquad\qquad \text{als Basiswinkel.}$$

Daraus folgt (wegen $M \in [A,B]$, d.h. $M \in \text{Inn}(\sphericalangle(ACB)$ und $Q \in \text{Inn}(\sphericalangle(BCP)$):

$$|\sphericalangle PCB| = |\sphericalangle PCQ| + |\sphericalangle QCB| = |\sphericalangle ACM| + |\sphericalangle MCB| = |\sphericalangle ACB|.$$

Also ist $\sphericalangle ACB$ zu seinem Nebenwinkel kongruent und damit rechter Winkel.

Lösungsskizze zu Aufgabe E21:

Man wählt eine beliebige Strecke $\overline{AB'}$ der Länge c', konstruiert über ihr den Thaleskreis und schneidet diesen mit einer Parallelen zu AB' im Abstand $\frac{1}{3} c'$ von AB'. Einer der Schnittpunkte sei C' und die Länge der Strecke $\overline{B'C'}$ sei b'. Durch zentrische Streckung mit Streckungsfaktor b/b' (und z.Bsp. Zentrum A) geht das Dreieck $\triangle AB'C'$ in ein Dreieck $\triangle ABC$ über, das die geforderten Eigenschaften hat.   □

Lösungsskizze zu Aufgabe E22:

Sei DF die Parallele zu AC durch D, dabei $F \in AB$ (dieser Punkt existiert nach dem Satz von Pasch). Aus dem 2.Strahlensatz ergibt sich

$$|\overline{BC}| : |\overline{BD}| = |\overline{AC}| : |\overline{FD}|,$$

also $|\overline{AC}| > |\overline{FD}|$. Das Dreieck $\triangle FED$ ist rechtwinklig; da in einem rechtwinkligen Dreieck die Hypotenuse stets länger ist als jede der beiden Katheten, folgt $|\overline{FD}| > |\overline{ED}|$ und insgesamt $|\overline{AC}| > |\overline{ED}|$.

Alternativ kann man auch die Parallele zu ED durch C betrachten und ähnlich argumentieren.

Lösungsskizze zu Aufgabe E23:

Der Höhensatz für rechtwinklige Dreiecke besagt $h_c^2 = q \cdot p$, der Kathetensatz $a^2 = qc$ und $b^2 = pc$. Kombiniert man beide Sätze erhält man

$$a^2 b^2 = qc \cdot pc = qp \cdot c^2 = h_c^2 \cdot c^2 \implies ab = h_c c \implies \frac{ab}{c} = h_c.$$

□

Anmerkung: Ein alternativer Beweis benutzt die Ähnlichkeit des gegebenen Dreiecks mit den (durch Hinzunahme der Höhe gebildeten) kleinen Dreiecken.

Lösungsskizze zu Aufgabe E24:

Jedes (echte) Dreieck ist durch drei nicht-kollineare Punkte festgelegt. Da durch drei Punkte eines Inzidenzraums genau eine Ebene führt, genügt es, den Beweis mit Betrachtungen in der Ebene zu führen.

Sei $A'B'C'$ ein weiteres Dreieck mit den Seiten a', b', c' und es sei $a = a'$, $b = b'$ sowie $\sphericalangle A'C'B'$ ein rechter Winkel (Konstruktion aufgrund der Existenz von rechten Winkeln durch Streckenabtragen und Winkelantragen.) Nach dem Satz des Pythagoras gilt dann $a'^2 + b'^2 = c'^2$. Also gilt auch $c^2 = a^2 + b^2 = a'^2 + b'^2 = c'^2$, woraus $c = c'$ folgt. Nach Kongruenzsatz SSS gilt $\triangle ABC \equiv \triangle A'B'C'$, also auch $\sphericalangle ACB \equiv \sphericalangle A'C'B'$. Da nach Voraussetzung $\sphericalangle A'C'B' = R$, ist auch $\sphericalangle ACB$ ein rechter Winkel.

Lösungsskizze zu Aufgabe E25:

Man bezeichne den Mittelpunkt des Kreises mit M, die Länge des Radius mit r !

1. Fall: $S = M$. In diesem Fall ist $r = |\overline{PS}| = |\overline{SQ}| = |\overline{RS}| = |\overline{ST}|$, woraus die Behauptung unmittelbar folgt.

2. Fall: $S \neq M$. Man beachte zunächst, dass $\sphericalangle PSR \equiv \sphericalangle TSQ$ gilt, da sie Scheitelwinkel sind. Die Winkel $\sphericalangle STQ$ und $\sphericalangle SPR$ sind nach dem Randwinkelsatz gleich groß (sie sind Umfangswinkel über dem durch Q, R festgelegten Bogen des Kreises mit Mittelpunkt M). Damit stimmen die beiden Dreiecke $\triangle RSP, \triangle QST$ in zwei und somit sogar allen drei Winkelgrößen überein, sind also ähnlich. Aufgrund der Ähnlichkeit stimmen die Seitenverhältnisse entsprechender Seiten überein, d.h. $|\dfrac{\overline{PS}}{\overline{SR}}| = |\dfrac{\overline{ST}}{\overline{SQ}}|$. Es folgt $|\overline{PS}| \cdot |\overline{SQ}| = |\overline{RS}| \cdot |\overline{ST}|$.

Lösungsskizze zu Aufgabe E26:

(a)
$$K := \{A \in E| \ |\overline{AM}| = r\}.$$
(b) (i) Wir wählen auf einer gegeben Geraden durch M einen weiteren Punkt $P \neq M$. Dann existiert existiert nach dem Axiom des Streckenabtragens jeweils zu den Halbgeraden MP^+, MP^- genau ein Punkt X_1 bzw. X_2 mit $X_1 \in MP^+, X_2 \in XP^-$ und $|\overline{MX_1}| = r = |\overline{MX_2}|$. Damit existieren genau zwei Schnittpunkte, was zu zeigen war.

(ii) Wir nehmen an, es gäbe drei verschiedene Schnittpunkte X_1, X_2, X_3 von g mit K, wobei o.B.d.A. $X_3 \in X_2X_1$. Dann berachten wir $\triangle X_2MX_1$, $\triangle X_1MX_3$ und $\triangle X_2MX_3$. Die Dreiecke sind gleichschenklig (Radius!). Wegen der Gleichschenkligkeit gilt
$$\sphericalangle X_2X_1M \equiv \sphericalangle X_2X_3M \equiv \sphericalangle X_3X_2M \equiv \sphericalangle X_1X_2M;$$
damit stimmen die Dreiecke in allen Winkeln überein und zusätzlich in zwei Seiten, was (mit SWS oder WSW) die Kongruenz der Dreiecke zeigt. Daraus folgt aber $|\overline{X_2X_1}| = |\overline{X_2X_3}|$ und, weil $X_3 \in X_2X_1^+$, auch $X_1 = X_3$, im Widerspruch zur Annahme.
(*Alternative Argumentation:* Ein Aussenwinkel eines der Dreiecke wäre kongruent zum anliegenden Innenwinkel, ein Widerspruch.)

(iii) Sei eine Sehne mit Schnittpunkten X_1, X_2 gegeben. Dann ist das Dreieck $\triangle X_1MX_2$ gleichschenklig. Fällt man nun das Lot von M auf die Sehne und nennt den Lotfußpunkt L, so gilt $|\sphericalangle MLX_2| = 90° = |\sphericalangle MLX_1|$; und wegen der Gleichschenkligkeit von $\triangle X_1MX_2$ erhält man auch $\sphericalangle MX_1L \equiv \sphericalangle MX_2L$. Nun stimmen also die beiden Dreiecke $\triangle LMX_1$ und $\triangle LMX_2$ in zwei und somit auch in drei Winkeln überein. Da zudem je zwei Seiten der Dreiecke gleich lang sind, erhält man deren Kongruenz und damit $|\overline{X_1L}| = |\overline{X_2L}|$; also ist L der Mittelpunkt der Sehne.

Lösungsskizze zu Aufgabe E27:

Nach dem Satz des Thales ist der Winkel $\sphericalangle CBE$ im Halbkreis ein rechter, kongruent zum rechten Winkel $\sphericalangle ADC$. Gemäß Umfangswinkelsatz sind die Winkel $\sphericalangle BAC$ und $\sphericalangle CEB$ über dem Kreisbogen $\overset{\frown}{BC}$ kongruent. Daher sind die Dreiecke $\triangle ACD$ und $\triangle ECB$ ähnlich. Die Verhältnisse der Längen entsprechenden Seiten sind daher gleich, also $h_C : b = a : 2R$. Mit $\mathcal{F} = \frac{1}{2}ch_C$ folgt $2R = \frac{a \cdot b}{h_C} = \frac{a \cdot b \cdot c}{2\mathcal{F}(\triangle)}$ und daraus die Behauptung.

Lösungsskizze zu Aufgabe E28:

Seien κ eine Kongruenzabbildung von E, ferner $\mathcal{F} = (h, H)$ eine Fahne (mit Halbgerade $h = PQ^+$ und Halbebene H zu h) und $\kappa(\mathcal{F}) = (\kappa(h), \kappa(H))$. Kongruenzabbildungen bilden Fahnen auf Fahnen ab, also ist $\kappa(\mathcal{F})$ ebenfalls eine Fahne (s. Skizze 9.3)

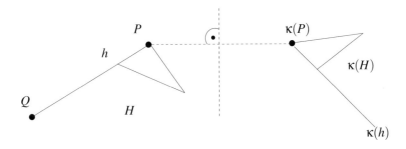

Abbildung 9.3: Skizze 1 zur Lösung von Aufgabe E28

Ist $P \neq \kappa(P)$, so bildet die Spiegelung γ_1 an der Mittelsenkrechten der Strecke $\overline{P\kappa(P)}$ den Punkt $\kappa(P)$ auf den Punkt P ab; ist $P = \kappa(P)$, so setzen wir $\gamma_1 = \mathrm{id}$ (mit der Identität id von E).

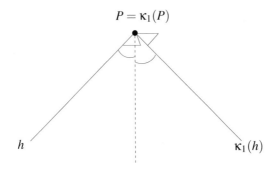

Abbildung 9.4: Skizze 2 zur Lösunsg von Aufgab E28

Dann ist $\kappa_1 := \gamma_1 \circ \kappa$ eine Bewegung mit $P = \kappa_1(P)$ und $\kappa_1(\mathcal{F})$ wieder eine Fahne (siehe Skizze 9.4). Ist nun $\kappa_1(h) \neq h$, so existiert eine Spiegelung γ_2 an der Winkelhalbierenden des Winkels $\sphericalangle(\kappa_1(h), h)$. Im Fall $\kappa_1(h) = h$ sei $\gamma_2 := \mathrm{id}$. Mit $\kappa_2 := \gamma_2 \circ \kappa_1$ folgt nun $\kappa_2(h) = h$. Ist dann $\kappa_2(H) \neq H$, so existiert eine Spiegelung γ_3 an der Trägergeraden von h; ist $\kappa_2(H) = H$, so sei $\gamma_3 = \mathrm{id}$. Nun lässt $\kappa_3 := \gamma_3 \circ \kappa_2$ die Fahne $\mathcal{F}$ fest. Wegen der scharfen Transitivität der Gruppe der Bewegungen auf der Menge der Fahnen von E ergibt sich daher $\mathrm{id} = \kappa_3 = \gamma_3 \circ \kappa_2 =$

$\gamma_3 \circ \gamma_2 \circ \gamma_1 \circ \kappa$, folglich $\kappa = (\gamma_3 \circ \gamma_2 \circ \gamma_1)^{-1} = \gamma_1 \circ \gamma_2 \circ \gamma_3$. Nach Definition sind die γ_i Geradenspiegelungen oder die Identität. Daraus folgt die Behauptung. $\qquad\square$

Lösungsskizze zu Aufgabe E29:

1.Fall: $g = h$. Dann ist $\gamma_g \circ \gamma_h = \gamma_g^2 = \text{id}$ und damit Translation.

2.Fall: $g \neq h$. Es ist zu zeigen, dass $\gamma_g \circ \gamma_h =: \tau$ fixpunktfreie Dehnung ist.

(i) τ ist Bijektion der Punktmenge von E auf sich, da Geradenspiegelungen als Bewegungen bijektiv sind, also auch deren Verknüpfung. Wir zeigen nun, dass aus $A \neq B$ stets $AB \parallel \tau(A)\tau(B)$ folgt: Jede Gerade senkrecht zu g und damit auch zu h bleibt unter γ_h und γ_g, also auch unter τ, fix. Für gegebene Punkte $A \neq B$ liegt $\tau(A)$ auf dem Lot ℓ von A auf g (bzw. h). Ist C ein weiterer Punkt von ℓ, so gilt für die entsprechenden Halbgeraden sogar

$$(*) \qquad AC^+ \subseteq \tau(A)C^+ \text{ oder } \tau(A)C^+ \subseteq AC^+.$$

Liegt B auf ℓ, so sind AB und $\tau(A)\tau(B)$ gleich ℓ und damit parallel. Ist B nicht auf ℓ, so liegen B und $\tau(B)$ auf einer Parallelen zu ℓ und damit in der gleichen Halbebene zur Randgeraden AC; ferner folgt $\sphericalangle CAB \equiv \sphericalangle \tau(C)\tau(A)\tau(B)$, weil die Geradenspiegelungen als Bewegungen Winkelgrößen invariant lassen. Insgesamt erhält man $AB \parallel \tau(A)\tau(B)$. Dies zeigt, dass τ Dehnung ist.

(ii) Zudem ist τ fixpunktfrei. Gäbe es nämlich einen Fixpunkt F, wäre, da Bewegungen die Länge erhalten und τ Komposition von Bewegungen ist,

$$|\overline{FG}| = |\overline{\tau(F)\tau(G)}| = |\overline{F\tau(G)}| \text{ für jedes } G \in E. \text{ Insbesondere folgte}$$

damit für den Fußpunkt $G \in h$ auf dem Lot von F auf h die Gleichung $|\overline{FG}| = |\overline{F\gamma_g(G)}|$. Damit wäre $G = \gamma_g(G)$ oder F der Mittelpunkt der Strecke $\overline{G\gamma_g(G)}$. Im ersten Fall läge G auf g (was nur für $g = h$ möglich ist), im zweiten Fall F auf g. Für F als Fixpunkt von $\gamma_g \circ \gamma_h$ erhielte man $\gamma_g \circ \gamma_h(F) = F \implies \gamma_h(F) = \gamma_g(F) = F \implies F \in h$, was aber hieße, dass g und h als Parallelen gleich sein müssen, ein Widerspruch!

Anmerkung: Bei einer alternativen Beweismöglichkeit zeigt man, dass für alle Punkte P von E die Pfeile $\overrightarrow{P\tau(P)}$ vektorgleich sind, nämlich gleichgerichtet, gleichorientiert, aber doppelt so lang wie jeder zu g und h senkrechte Pfeil von einem Punkt von h zum entsprechenden Punkt von g.

Lösungsskizze zu Aufgabe E30:

Es sei D_Z die Menge der Drehungen um Z. Für $\delta_i \in D_Z$ ist zu zeigen:

(i) $\delta_1, \delta_2 \in D_Z \implies \delta_1 \circ \delta_2 \in D_Z$ (Abgeschlossenheit bzgl. der Hintereinanderausführung)

(ii) $(\delta_1 \circ \delta_2) \circ \delta_3 = \delta_1 \circ (\delta_2 \circ \delta_3$ (Assoziativität)

(iii) Existenz des neutralen Elements

(iv) $\delta_1 \in D_Z \implies \delta_1^{-1} \in D_Z$ (Existenz des inversen Elements)

ad (i): Jede Drehung um Z lässt sich als Produkt zweier Geradenspiegelungen darstellen, deren Achsen sich in Z schneiden. Insbesondere ist Z dann Fixpunkt des Produkts der Geradenspiegelungen. Umgekehrt entspricht jedes Produkt von Spiegelungen an zwei (nicht parallelen) Geraden einer Drehung um ihren Schnittpunkt.

Sei $\delta_1 \in D_Z$ mit $\delta_1 = \gamma_g \circ \gamma_h$ und $g \cap h = \{Z\}$ sowie $\delta_2 \in D_Z$ mit $\delta_2 = \gamma_k \circ \gamma_l$ und $k \cap l = \{Z\}$.

Dann gilt $\qquad\qquad \delta_1 \circ \delta_2 = (\gamma_g \circ \gamma_h) \circ (\gamma_k \circ \gamma_l) = (\gamma_g \circ \gamma_h \circ \gamma_k) \circ \gamma_l.$

Nach dem Dreispiegelungssatz ist jedes Produkt von drei Geradenspiegelungen, deren Achsen sich in einem Punkt schneiden, wieder eine Geradenspiegelung, deren Achse durch den Schnittpunkt geht. Daher folgt $\qquad \gamma_g \circ \gamma_h \circ \gamma_k = \gamma_m$ mit $Z \in m$.

Insgesamt bekommen wir damit $\delta_1 \circ \delta_2 = (\gamma_g \circ \gamma_h \circ \gamma_k) \circ \gamma_l = \gamma_m \circ \gamma_l$ mit $m \cap l = \{Z\}$. Also ist $\delta_1 \circ \delta_2 \in D_Z$.

ad (ii): Das Assoziativgesetz gilt für alle Abbildungen, deren Komposition definiert ist.

ad (iii): Als neutrales Element wähle man die Identität, die insbesondere auch als Nulldrehung um Z aufgefasst werden kann.

ad (iv): Sei $\delta_1 = \gamma_g \circ \gamma_h$ mit $g \cap h = \{Z\}$. Wegen $\gamma_g^{-1} = \gamma_g$ und $\gamma_h^{-1} = \gamma_h$ gilt

$$\delta_1 = \gamma_g \circ \gamma_h \implies \gamma_h^{-1} \circ \gamma_g^{-1} \circ \delta_1 = \mathrm{id} \implies \gamma_h \circ \gamma_g = \delta_1^{-1}.$$

δ_1^{-1} existiert also, und wegen $g \cap h = \{Z\}$ ist $\delta_1^{-1} \in D_Z$.   □

Lösungsskizze zu Aufgabe E31:

Sei M der Mittelpunkt des Kreises und auf diesem ein Bogen durch A, B bestimmt. Wähle nun auf dem Kreis einen Punkt $P \neq A, B$ aus diesem Bogen beliebig aber fest. Man konstruiert die Mittelsenkrechten a, b auf $\overline{AP}$ und $\overline{BP}$. Da sich die Mittelsenkrechten des Dreiecks $\triangle ABP$ in genau einem Punkt schneiden, gilt $a \nparallel b$. Zudem ist $a \cap b = \{M\}$, da $\triangle AMP$ und $\triangle BMP$ gleichschenklige Dreiecke sind und die Mittelsenkrechten über den Basen gleichzeitig auch Höhen sind. Die Hintereinanderausführung der Spiegelungen an den Achsen a, b ist eine Drehung $\delta = \gamma_b \circ \gamma_a$ um das Doppelte des Maßes des von a und b eingeschlossenen Winkels α. Da $M \in a, b$ gilt, folgt sofort $\delta(M) = M$. Außerdem ist $\delta(A) = \gamma_b \circ \gamma_a(A) = \gamma_b(P) = B$. Also ist $|\sphericalangle AMB| = 2\alpha$. Es ist α daher bei festem Bogen eindeutig bestimmt. Dementsprechend ist nun nur noch zu zeigen, dass $\alpha = |\sphericalangle APB|$ gilt, ganz unabhängig von der Lage von P. Dies folgt aber aus der Tatsache, dass zwei auf den Schenkeln eines Winkels mit Scheitel P senkrecht stehende Geraden a und b einen Winkel gleichen Maßes bilden (s. Aufgabe E16) .   □

Lösungsskizze zu Aufgabe E32:

Da $\pi_P \neq \pi_Q$, ist φ nicht die Identität, es ist also zu zeigen, dass φ fixpunktfreie Dehnung ist. φ ist Dehnung, da π_P, π_Q Dehnungen sind und die Dehnungen eine Gruppe bilden.

φ besitzt keinen Fixpunkt. Da $P \neq Q$, ist weder P noch Q Fixpunkt, weil nur jeweils P (bzw. Q) unter π_P (bzw. π_Q) fix bleibt. Gäbe es aber ein $F \neq P, Q$ mit $\pi_P \circ \pi_Q(F) = F$ würde $\pi_Q(F) = \pi_P(F)$ folgen (denn Punktspiegelungen sind involutorisch). Da Punktspiegelungen aber durch ein Paar von Bild und Urbild (durch den Mittelpunkt als Zentrum) eindeutig bestimmt sind, würde $\pi_P = \pi_Q$ im Widerspruch zur Annahme folgen.

Sei $X \in PQ$. Dann ist $\pi_Q(X) \in XQ = PQ$ und $\pi_P(\pi_Q(X)) \in \pi_Q(X)P = PQ$. Also ist φ Translation entlang PQ.

Lösungsskizze zu Aufgabe E33:

(a) Seien drei Geraden $a \perp g \perp b$ gegeben und $a \neq b$. Gäbe es einen Schnittpunkt $S = a \cap b$. Dann ist unter der Geradenspiegelung an g sowohl $\gamma_g(S) \in b$ als auch $\gamma_g(S) \in a$, da der Bildpunkt unter einer Geradenspiegelung stets auf dem Lot zum Urbildpunkt liegt. Weil eine Gerade aber durch zwei Punkte eindeutig bestimmt ist, folgt $a = b$ wegen $S, \gamma_g(S) \in a, b$ und damit $a \parallel b$.

(b) Da Geradenspiegelungen Bewegungen sind und die Bewegungen eine Gruppe bilden, ist δ Bewegung. Zunächst gilt, dass T Fixpunkt ist: $\delta(T) = \gamma_g \circ \gamma_h(T) = \gamma_g(T) = T$ (da $T \in h$ und $T \in g$).   Gäbe es nun noch einen weiteren Fixpunkt S, würde folgen $S = \delta(S) = \gamma_g(S) \circ \gamma_h(S)$ und damit $\gamma_g(S) = \gamma_h(S)$, da Geradenspiegelungen involutorisch sind. Damit folgt also auch die Gleichheit der beiden Geraden $S\gamma_g(S), S\gamma_h(S)$. Aus den Eigenschaften der Geradenspiegelungen folgt $\gamma_g(S) \perp g$ und $S\gamma_h(S) \perp h$.   Mit Aufgabenteil (a) erhält man dann aber $h \parallel g$, was der Annahme genau eines Schnittpunktes von h unf g widerspricht. δ ist Drehung um das Doppelte des von g und h eingeschlossenen Winkels.

(c) Ist P ein Punkt von g (oder h); dann ist $\gamma_g(P) = P$ und $\gamma_h \circ \gamma_g(P) \in g$ (bzw. $\gamma_g(P) \in h$ und $\gamma_h \circ \gamma_g(P) \in h$). Da die Abstände von $0 := g \cap h$ gleich bleiben, folgt $\gamma_h \circ \gamma_g(p) = -p$ für den

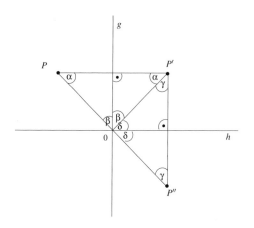

Ortsvektor p von P zum Ursprung 0.
In den anderen Fällen entstehen zwei
Dreiecke $\triangle PP'0$ und $\triangle 0P'P''$; wegen
$\sphericalangle P0P' = 2\beta$ und $\sphericalangle P'0P'' = 2\delta$ sowie
$\beta + \delta = R$ liegen $P, 0, P''$ auf einer Geraden. Ferner gilt

$$|\overset{\mapsto}{OP}| = |\overset{\mapsto}{OP'}| = |\overset{\mapsto}{OP''}|,$$

also auch hier $\gamma_h \circ \gamma_g(p) = -p$.
Es handelt sich also bei $\gamma_h \circ \gamma_g$ um die
Punktspiegelung am Punkt $g \cap h$

Skizze zu Aufgabe E33

Lösungsskizze zu Aufgabe E34:

Sei $\sphericalangle(p,q)$ mit Scheitelpunkt O gegeben. Wähle A auf p und trage B auf q so an, dass $|\overline{OB}| = |\overline{OA}|$. Verbinde B und A und bestimme den Mittelpunkt M dieser Strecke. Nach dem Satz über die freie Beweglichkeit existiert eine Bewegung φ, die die Fahne (OA^+, OAB^+) auf die Fahne (OB^+, OBA^+) abbildet. Dementsprechend gilt $\varphi(p) = q$ und $\varphi(O) = O$ (da O Endpunkt von OA^+, OB^+). Wegen der Längentreue einer Bewegung gilt zudem $\varphi(A) = B$. Wegen der Winkeltreue und der Eindeutigkeit des Winkelantragens aber auch $\varphi(q) = p$ und damit auch $\varphi(B) = A$, insgesamt also $\varphi(\overline{AB}) = \overline{AB}$. Wegen der Eindeutigkeit des Mittelpunkts einer Strecke erhält man schließlich $\varphi(M) = M$. Also bleibt die Gerade OM fix unter φ, φ ist also Geradenspiegelung mit dieser Achse. Wie oben schon gesehen, wird wegen $\varphi(p) = q$ und $\varphi(q) = p$ der Winkel $\sphericalangle(p,q)$ auf sich abgebildet, aber wegen der Gerade gefolgerten Eigenschaft von φ gilt auch, dass $\sphericalangle MOA$ auf $\sphericalangle MOB$ abgebildet wird, diese Winkel also gleich groß sein müssen. Dies zeigt also, dass OM Winkelhalbierende ist.

Lösungsskizze zu Aufgabe E35:

Sei $\triangle ABC$ ein (nicht-ausgeartetes) Dreieck, w_α und w_β seien die Winkelhalbierenden von $\sphericalangle BAC$ bzw. $\sphericalangle ABC$. Es liegen B und C in verschiedenen Halbebenen mit der Randgeraden w_α; damit schneidet w_α die Strecke $\overline{BC}$ (in einem inneren Punkt); analog sieht man, dass w_β die Strecke $\overline{AC}$ (in einem inneren Punkt) trifft. w_α und w_β können nicht parallel sein; anderenfalls läge w_β in einer Halbebene mit dem Rand w_α (oder wäre gleich w_α) und könnte nicht die (offene) Strecke AC schneiden.

Sei nun $M = w_\alpha \cap w_\beta$ und h das Lot von M auf AB. Da h, w_α und w_β sich im Punkt M schneiden, folgt aus dem Dreispiegelungssatz, dass $\gamma_{w_\alpha} \circ \gamma_h \circ \gamma_{w_\beta} = \gamma_g$ für eine geeignete Gerade g mit $M \in g$ gilt, (wobei γ_k die Spiegelung an einer Geraden k bezeichne). Da w_α und w_β Winkelhalbierenden sind, gilt für die Geradenspiegelungen an w_α bzw. w_β die Aussage $\gamma_{w_\alpha}(AB) = AC$ und $\gamma_{w_\beta}(BC) = AB$. Da h als Lot von M auf AB senkrecht auf AB steht, bleibt AB unter der Spiegelung γ_h fest (wenn auch nicht punktweise). Damit gilt für das Produkt der drei Geradenspiegelungen:

$$\gamma_g(BC) = (\gamma_{w_\alpha} \circ \gamma_h \circ \gamma_{w_\beta})(BC) = \gamma_{w_\alpha}(\gamma_h(AB) = \gamma_{w_\alpha}(AB) = AC \text{ und } \gamma_g(M) = M.$$

Wegen $\gamma_g(BC) = AC$ muss g Winkelhalbierende von $\sphericalangle ACB$ sein. Also schneiden sich die drei Winkelhalbierenden des Dreiecks im Punkt M. $\qquad\square$

Lösungsskizze zu Aufgabe E36:

Zu (a): Eine Gerade g ist genau dann Symmetrieachse eines regelmäßigen n-Ecks, wenn die Spiegelung an g eine Deckabbildung des n-Ecks ist. Es seien $E_1, E_2, \ldots, E_n$ die Ecken des regelmäßigen n-Ecks und M dessen Mittelpunkt. Dieser existiert, da die Ecken eines regelmäßigen n-Ecks auf einem Kreis liegen, dessen Mittelpunkt als Mittelpunkt des n-Ecks definiert werden kann. Insbesondere muß bei einer Deckspiegelung des n-Ecks M fix bleiben, woraus folgt, dass jede Symmetrieachse durch M führen muß. Wir unterscheiden zwei Fälle:

(i) *1.Fall: n ist gerade.* Dann sind $E_1 E_{1+\frac{n}{2}}, E_2 E_{2+\frac{n}{2}}, \ldots, E_{\frac{n}{2}} E_n$ Symmetrieachsen des n-Ecks. Dies sind genau $\frac{n}{2}$ Symmetrieachsen. Ferner erhält man $\frac{n}{2}$ Symmetrieachsen, wenn man die Geraden durch die Mittelpunkte der Kanten zweier benachbarter Ecken und den Mittelpunkt des n-Ecks betrachtet. Weitere Symmetrieachsen gibt es nicht, da die n Eckpunkte durch eine Spiegelung an einer Symmetrieachse entweder fix bleiben oder auf eine der $n-1$ anderen Ecken des n-Ecks abgebildet werden müssen. Für gerades n hat ein n-Eck damit genau n Symmetrieachsen.

2.Fall: n ist ungerade. Auch in diesem Fall gibt es n Symmetrieachsen. Wir betrachten eine davon exemplarisch. Sei g eine Gerade durch die Ecke E_1 und M. Dann schneidet g keinen weiteren Eckpunkt des n-Ecks, sondern geht durch den Mittelpunkt der Kante zwischen zwei anderen Ecken des n-Ecks und verletzt daher nicht die Forderung an eine Deckabbildung. g ist somit Symmetrieachse durch die Ecke E_1. Mit der Anzahl der Ecken des n-Ecks bekommen wir nun die Anzahl der Symmetrieachsen.

zu (b) Von jeder Ecke geht in einem konvexen n-Eck je eine Diagonale zu allen anderen Ecken außer zu sich selbst und zu ihren beiden Nachbarn aus, was pro Ecke $n-3$ Diagonalen ergibt. Zählt man die Diagonalen an allen n Ecken zusammen, kommt man auf $n(n-3)$ Diagonalen. Da jede Diagonale genau zwei Ecken verbindet, zählt man daher auf diese Weise jede Diagonale genau zweimal, weshalb für die Anzahl der Diagonalen eines konvexen n-Ecks gilt:

$$d(n) = \frac{n(n-3)}{2}. \qquad \square$$

Lösungsskizze zu Aufgabe E37:

Die Achse einer Geradenspiegelung γ ist die (eindeutig bestimmte) Fixpunktgerade, also eine Gerade g, die genau alle Fixpunkte von γ enthält. Weitere Geraden, die (nicht unbedingt punktweise) fix unter γ bleiben, sind genau die zu g orthogonalen Geraden der Ebene. Weil jede Geradenspiegelung γ involutorisch ist (d.h. id $\neq \gamma^2 = \gamma$), folgt aus $B = \gamma(A)$ auch $A = \gamma(B)$.

Zu (a): Jede Bewegung, die die Strecke $\overline{AB}$ auf sich abbildet, muss die Eckpunkte-Menge $\{A, B\}$ permutieren. Es gibt genau eine Geradenspiegelung γ_g, die die Punkte A und B als Fixpunkte hat; deren Achse ist die Gerade $g = AB$. Ebenso gibt es genau eine Geradenspiegelung $\gamma := \gamma_h$, die A auf B und damit B auf A abbildet: In diesem Fall ist die Spiegelachse h die Mittelsenkrechte von $\overline{AB}$; denn der Mittelpunkt M von $\overline{AB}$ bleibt wegen $\overline{AM} \equiv \overline{MB}$ und wegen der Längentreue von γ fix; die Mittelsenkrechte ist somit und wegen der Winkeltreue von γ eine Fixgerade senkrecht zur Fixgeraden AB und daher die Achse. F_1 hat damit als Symmetrieachsen genau die Gerade AB und die Mittelsenkrechte der Strecke $\overline{AB}$.

Zu (b): Jede Spiegelung γ, die das Quadrat $ABCD$ auf sich abbildet, muss die Eckenmenge $\{A, B, C, D\}$ permutieren. Wir unterscheiden 4 Fälle, je nachdem auf welchen Punkt A abgebildet wird. Ist A Fixpunkt, so kann der (nicht zu A benachbarte Eckpunkt) C weder auf B noch auf D, die zu A benachbarten Eckpunkte, abgebildet werden. Daher ist höchstens die Diagonale AC des Quadrats die Achse von γ. Wird A auf B (bzw. C bzw. D) abgebildet, so bleibt die Strecke $\overline{A\gamma(A)}$ fix (unter dem involutorischen γ). Nach Teil a) kommen als Symmetrieachsen dieser Teilfigur nur die Trägergerade oder die Mittelsenkrechte dieser Strecke in Frage. Eine Seite des Quadrats

kann aber keine Symmetrieachse sein, da die nicht auf ihr liegenden Eckpunkte in der gleichen
Halbebene liegen, die nicht fix unter γ bleibt.

Als einzige Symmetrieachsen eines Quadrats $\square ABCD$ kommen in diesem Fall also die Mittelsenkrechten zu je einem Paar von gegenüberliegenden Seiten sowie die Diagonalen des Quadrats
in Frage. Umgekehrt sind diese vier Geraden (wegen der Längen- und Winkeltreue von Spiegelungen) tatsächlich Symmetrieachsen des Quadrats.

Zu (c): $X := p \cap q$ muss Fixpunkt jeder Deckabbildung von F_2 sein. Daher muss jede Symmetrieachse von F_2 den Punkt X enthalten. Genau dann, wenn w_α die Winkelhalbierende von
$F_2 = \sphericalangle(p,q)$ ist, gilt $\gamma_{w_\alpha}(p) = q$ sowie $\gamma_{w_\alpha}(q) = p$. (Denn würde p festgelassen, so
müsste q von einer Halbebene, deren Rand die Trägergerade von p ist, in die andere Halbebene
abgebildet werden, ein Widerspruch.) Da $X \in w_\alpha$, ist w_α die einzige Symmetrieachse von F_2.

Zu (d): *1.Fall:* Sei $F_3 = g \cup h$, wobei g und h nicht parallel und nicht senkrecht zueinander
sind. Sei $g \cap h =: S$ sowie $g = AC$ und $h = BD$, wobei S zwischen A und C und zwischen B
und D liegen soll. g und h sind selbst keine Symmetrieachsen und keine Fixgeraden, da $g \not\perp h$.
Also muss die Halbgerade SA^+ auf SB^+ oder auf SD^+ abgebildet werden. Damit kann Teil (c)
angewendet werden. Es kommen die beiden Winkelhalbierenden in Frage. Wegen der Kongruenz
von Scheitelwinkeln sind umgekehrt diese Geraden, also die Winkelhalbierenden von $\sphericalangle ASB$ und
von $\sphericalangle BSC$ Symmetrieachsen.

2.Fall: Sind g und h senkrecht zueinander, so kommen g und h selbst als weitere Symmetrieachsen zu denen des 1.Falles hinzu.

Zu (e): Unter einer isometrischen Deckabbildung eines echten Rechtecks $ABCD$ wird die Men-
ge $\{M_1, M_2\}$ der Mittelpunkte der sich gegenüberliegenden Strecken $\overline{AD}$ und $\overline{BC}$ permutiert. Die
Gerade $M_1 M_2$ und die Mittelsenkrechte von $\overline{M_1 M_2}$ sind also Fixgeraden und kommen als einzige
als Achsen in Frage. Umgekehrt sind diese tatsächlich Symmetrieachsen. Die einzigen Symmetrieachsen eines echten Rechtecks sind also die beiden Mittelsenkrechten zu je einem Paar von
gegenüberliegenden parallelen Seiten.

Lösungsskizze zu Aufgabe E38:

Seien F_A und F_B die Lotfußpunkte des Lots von A bzw. B auf g. Ist $g = AB$, so $A = F_A$ und
$B = F_B$. Ist $g \perp AB$, also g die Mittelsenkrechte von $\overline{AB}$, so $F_A = F_B = M$, und jeder Punkt von g,
insbesondere M, hat gleichen Abstand von A und B.

In den übrigen Fällen sind ΔMAF_A und ΔMBF_B nicht- ausgeartete Dreiecke. Zu zeigen ist dann
$|\overline{AF_A}| = |\overline{BF_B}|$, da der Abstand eines Punktes P von einer Geraden g gleich der Länge des Lots
von P auf g ist.

a) Die Winkel $\sphericalangle AMF_A$ und $\sphericalangle BMF_B$ sind als Scheitelwinkel kongruent. Die Winkel bei F_A und F_B
sind rechte Winkel, also ebenfalls kongruent. Mit zwei Winkelpaaren ist auch das dritte Winkel-
paar der Dreiecke kongruent; ferner gilt nach Konstruktion $|\overline{AM}| = |\overline{BM}|$. Nach dem Kongruenz-
satz WSW sind daher die Dreiecke ΔMAF_A und ΔMBF_B kongruent. Daraus folgt $|\overline{AF_A}| = |\overline{BF_B}|$.

b) Die Punktspiegelung mit Zentrum M bildet A auf B ab und g auf sich. Wegen der Winkeltreue
ist $\overline{BF_B}$ das Bild von $\overline{AF_A}$, wegen der Längentreue also $|\overline{AF_A}| = |\overline{BF_B}|$. $\square$

Anmerkung: Ein alternativer Beweis benutzt den Stufenwinkelsatz und einen Strahlensatz.

9.6   Lösungen zu Kap. 8 : Algebra/Zahlentheorie

Lösungsskizze zu Aufgabe AZ 1:

(a) Sei $r \neq 0$. Dann ist $f_r : X \mapsto x \cdot r$ injektiv, da man wegen der Nullteilerfreiheit kürzen kann:

$$xr = yr \Longrightarrow (x-y)r = 0 \underset{r \neq 0}{\Longrightarrow} x - y = 0 \Longrightarrow x = y.$$

Da R endlich, ist f_r bijektiv. Also $\Longrightarrow \exists r_1$ mit $r_1 \cdot r = 1$. Analog ist g_r bijektiv: $\exists r_2$ mit $r \cdot r_2 = 1$ .Mit $\underbrace{r_1 \cdot r}_{1} \cdot r_2 = r_1$ folgt $r_2 = r_1$. Daher existiert zu jedem $r \in R \setminus \{0\}$ eine Inverse.

(b) Ist umgekehrt R Schiefkörper und $xy = 0$ mit $x \neq 0$. Dann folgt mit $x^{-1} \cdot xy = 0$ sofort $y = 0$. *Alternative zu (a):* Sei $r \neq 0$. Betrachten wir $\{r^i | i \in \mathbb{N}\}$! Da R enlich ist, gibt es Zahlen i, j mit $1 \leq i < j$ und $r^i = r^j$; es folgt $r(r^{j-i-1}) = 1$. Also besitzt r eine Inverse.

Lösungsskizze zu Aufgabe AZ 2:

Zu zeigen ist immer: $\forall x, y \in G : x \cdot y = y \cdot x$.

(a) $x \cdot y \cdot x \cdot y = 1 \Longrightarrow x \cdot (x \cdot y \cdot x) \cdot y \cdot y = xy \Longrightarrow y \cdot x = x \cdot y.$

(b) $x \cdot y \cdot x \cdot y = x \cdot x \cdot y \cdot y \Longrightarrow y \cdot x = x \cdot y$

(c) $y^{-1} \cdot x^{-1} \cdot y \cdot x = 1 \Longrightarrow x^{-1} \cdot y \cdot x = y \Longrightarrow y \cdot x = x \cdot y$

Lösungsskizze zu Aufgabe AZ 3:

Nach dem Chinesischen Restsatz bilden die Lösungen genau eine Restklasse $\bar{x} \bmod (17 \cdot 19)$. Zur Bestimmung eines solchen x stellen wir $1 = \mathrm{ggT}(17, 19)$ mittels (verallgemeinertem) Euklidischen Algorithmus dar:

$$19 = 1 \cdot 17 + 2$$
$$17 = 8 \cdot 2 + 1$$

ergibt $1 = 17 - 8 \cdot 28 = 17 - 8 \cdot (19 - 17) = 9 \cdot 17 - 8 \cdot 19 = e_2 + e_1$ und damit
$$x = 3e_1 + 2e_2 = 3 \cdot (-8 \cdot 19) + 2 \cdot 9 \cdot 17 = -150 \equiv 173 \pmod{323}$$

Lösungsskizze zu Aufgabe AZ 4:

Wegen $e \cdot d \equiv 1 \pmod{(p-1)(q-1)}$ gibt es ein $k \in \mathbb{Z}$ mit $e \cdot d - 1 = k(p-1)(q-1)$. Nach dem kleinen Satz von Fermat gilt $a^{p-1} \equiv 1 \pmod{p}$ und $b^{p-1} \equiv 1 \pmod{q}$, falls $\mathrm{ggT}(a, p) = 1$ und $\mathrm{ggT}(b, q) = 1$. Ist m teilerfremd zu p, so auch $m^{k(q-1)}$. Es folgt

$$c^d \equiv (m^e)^d = m \cdot m^{ed-1} = m \cdot m^{k(p-1)(q-1)} = m(m^k(q-1))^{p-1} \equiv m \cdot 1 = m \pmod{p}.$$

Ist hingegen $\mathrm{ggT}(m, p) = p$, so gilt $c^d \equiv 0 \equiv m$. Analog ist $c^d equiv m \pmod{q}$. Aus $p|(c^d - m)$ unmd $q|(c^d - m)$ ergibt sich $p \cdot q|(c^d - m)$ und damit die Behauptung $c^d \equiv m \pmod{n}$. *Alternativ:* Es ist $p-1)(q-1) = \varphi(p \cdot q)$. Im Fall $\mathrm{ggT}(m, n) = 1$ ist $c^d = m \cdot (m^k)^{\varphi(n)} \equiv m \cdot 1 \pmod{n}$ nach dem Satz von Euler.

Lösungsskizze zu Aufgabe AZ 5:

Vorbemerkung: Es gilt $\frac{2}{i+1} = \frac{2(i-1)}{(i+1)(i-1)} = \frac{2(i-1)}{i^2-1} = -(i-1) = 1-i$

(a) Anwendung des Euklidischen Algorithmus:
$$[x^2 - (i+1)x + i] : [x^2 + (1-i)x - i] = 1 \text{ Rest } -2x + 2i$$
$$\underline{x^2 + (1-i)x - i}$$
$$-2x + 2i$$

$$\text{Also: } \overbrace{x^2-(i+1)x+i}^{P_1}=\overbrace{[x^2+(1-i)x-i]}^{P_2}\cdot 1+\overbrace{2(-x+i)}^{P_3}.$$

Im nächsten Schritt: $[x^2+(1-i)x-i]:2(-x+i)=\frac{1}{2}(-x-1)$ Rest 0,

also $\overbrace{x^2+(1-i)x-i}^{P_2}=\overbrace{2(-x+i)}^{P_3}\cdot\frac{1}{2}(-x-1)+0$. Folglich ist $2(x-i)$ und damit $(x-i)$ ein ggT von P_1 und P_2.

(b) P_1 und P_2 haben die gemeinsame Nullstelle i (da $(x-i)\big|P_1\cdot P_2$) und keine weitere (andernfalls wäre $(x-m)\big|\mathrm{ggT}(P_1,P_2)$ für eine weiter Nullstelle m.

Lösungsskizze zu Aufgabe AZ 6:

Seien $g(x)=x^4-1$ und $h(x)=x^3+x+3$.
(a) $g(x)=(x^2-1)(x^2+1)=(x^2+1)(x+1)(x-1)$.
1. Möglichkeit: Wären $g(x)$ und $h(x)$ nicht teilerfremd, so existierte ein Polynom $k(x)\neq 1$ mit $k(x)\big|g(x)\wedge k(x)\big|h(x)$; wegen $k(x)\big|g(x)$, also $g(x)=k(x)\cdot r(x)$, folgte
$$(x^2+1)\big|k(x)\vee(x+1)\big|h(x)\vee(x-1)\big|k(x)$$
(da (x^2+1), $(x+1)$, $(x-1)$ irreduzibel sind und $R[x]$ ZPE-Ring ist).
Aus $k(x)\big|h(x)$ erhält man analog $(x^2+1)\big|h(x)$ oder $(x+1)\big|h(x)$ oder $(x-1\big|h(x)$; wegen $h(1)\neq 0\neq h(-1)$ kommt höchstens $(x^2+1)\big|h(x)$ in Frage. Division von $h(x)$ durch (x^2+1) zeigt, dass $(x^2+1)\nmid h(x)$. Daher gilt: $\mathrm{ggT}(g(x),h(x))=1$.
2. Möglichkeit:
$g(x),h(x)$ sind nicht teilerfremd über $\mathbb{R}\implies g(x),h(x)$ nicht teilerfrem über $\mathbb{C}\implies g(x),h(x)$ haben eine gemeisame Nullstelle über $\mathbb{C}$.
Nullstellen von $g(x)$ sind $+1,-1,+i,-i$; aber $h(x)\neq 0$ für $x\in\{1,-1,i,-i\}$.
3. Möglichkeit: Euklidischer Algorithmus: $x^4-1=(x^3+x+3)x+(-x^2-3x-1)$,
$x^3+x+3=(-x^2-3x-1)(-x+3)+9x+6$ $-x^2-3x-1=(2x+6)(\frac{1}{9}x-\frac{7}{27})+\frac{5}{9}$.

(b) Seien $g(x)=(x^2+1)(x+1)(x-1)$ und $K=\mathrm{GF}(5)$. Dann gilt
$$x^2+1=(x-2)(x+2)\implies g(x)=(x-1)(x+2)(x+1)(x-1).$$
Aus $h(x):(x-1)=(x^3+x+3)(x-1)=x^2+x+2$ folgt, dass $h(x)=(x^2+x+2)(x-1)$, wobei x^2+x+2 irreduzibel ist (da von Grad 2 und ohne Nullstelle). Daher $\mathrm{ggT}(g(x),h(x))=x-1$.

Lösungsskizze zu Aufgabe AZ 7:

Vorbemerkung: Einheiten in D sind $+1,-1$:
x Einheit $\implies x^{-1}$ existiert; $1=N(1)=N(x)\cdot N(x^{-1})$ und $N(x)\in\mathbb{Z}$. Es folgt $N(x)=1$, damit nach (a) auch $x\in\{+1,-1\}$.
(a) $N(a+bi\sqrt{5})=1\implies a^2+5b^2=1\implies b=0,a=\pm 1$.
(b) Elemente der Norm 2 existieren nicht, da
$$N(a+bi\sqrt{5})=2\implies a^2+5b^2=2\implies b=0,a=\sqrt{2}.$$
Elemente der Norm 3 existieren ebenfalls nicht, da
$$a^2+5b^2\neq 3 \text{ für } a,b\in\mathbb{Z}. \text{ (c) } (1+i\sqrt{5})(1-i\sqrt{5})=1-i^2\sqrt{5}^2=1+5=6=2\cdot 3.$$
(d) Es gilt $N(1\pm i\sqrt{5})=1^2+(\pm 1)^2 5=6$, ferner $N(2)=4$ und $N(3)=9$.
Wegen $N(x\cdot y)=N(x)\cdot(N(y)$ hat ein Teiler von $1\pm i\sqrt{5}$ die Norm 1,2,3 oder 6, ein Teiler von 2 die Norm 1,2,4 und ein Teiler von 3 die Norm 1,3,9. Teiler der Norm 1 sind ± 1 (vgl. a), also Einheiten. Teiler mit Norm 6 bzw. 4 oder 9 haben Komplementärteiler mit Norm 1, sind also zu $1\pm i\sqrt{5}$ bzw. 2,3 assoziiert. Teiler der Norm 2,3 existieren nich nach (b).

Lösungsskizze zu Aufgabe AZ 8:

Sei I ein Ideal in $\mathbb{Z}$ mit $I \neq 0$. In I existiert ein Element m minimalen Betrages ungleich 0 (da $\{|i| \mid i \in I - \{0\}\}$ nach unten beschränkt ist.) Sei $i \in I - \{0\}$ beliebig; dann existiert eine Darstellung $i = k \cdot m + r$ mit $|r| < |m|$ (euklidische Eigenschaft bzw. Division mit Rest). Wegen $r = i - km \in I$ und $|r| < |m|$ folgt $r = 0$, also $i \in \langle m \rangle$. Daher folgt $I = \langle m \rangle$.

Lösungsskizze zu Aufgabe AZ 9:

(a) Sei $\mathcal{J}$ ein Primideal von R mit $\mathcal{J} \neq 0$, und sei I ein Ideal von R mit $\mathcal{J} \subsetneq I$. Da R Hauptidealring ist, existieren $a, b \in R \setminus \{0\}$ mit $I = Ra$ und $\mathcal{J} = Rb$. Wegen $\mathcal{J} \subseteq I$ folgt $b = ra$ für ein $r \in R$. Da $\mathcal{J}$ Primideal und $b \in \mathcal{J}$, folgt $r \in \mathcal{J}$ oder $a \in \mathcal{J}$. Da $\mathcal{J} \neq I$, ist $a \notin \mathcal{J}$, folglich $r \in \mathcal{J}$ und daher $r = s \cdot b$ für ein $s \in R$.

Insgesamt folgt $b = sba = sa \cdot b$. Wegen der Nullteilerfreiheit ist Kürzung erlaubt. Wir erhalten $sa = 1$; daher ist a Einheit und $\mathcal{J} = R$.

(b) Dies gilt stets, unabhängig davon, dass R Hauptidealring ist.

Lösungsskizze zu Aufgabe AZ 10:

Angenommen $e + \pi$ und $e - \pi$ sind beide rational, also $e + \pi \in \mathbb{Q}$ und $e - \pi \in \mathbb{Q}$. Wegen der Abgeschlossenheit des Körpers $\mathbb{Q}$ bzgl. der Addition folgt $(e + \pi) + (e - \pi) = 2e \in \mathbb{Q}$. Bekanntlich gilt jedoch $e \notin \mathbb{Q}$, also auch $2e = e + e \notin \mathbb{Q}$. Also war die Annahme falsch. Mindestens eine der beiden Zahlen $e + \pi$ und $e - \pi$ ist irrational. $\qquad\square$

Lösungsskizze zu Aufgabe AZ 11:

(i) Wäre a^2 algebraisch über k, so existierte ein $f \in k[X] \setminus \{0\}$ mit $f(a^2) = 0$, Dann wäre a eine Nullstelle des von 0 verschiedenen Polynoms $g(X) = f(X^2)$, also a algebraisch, ein Widerspruch.

(ii) $a \in k(a^2) \underset{\text{Lösungshinweis}}{\Longrightarrow} a = \frac{f(a^2)}{g(a^2)} \Longrightarrow h(a) = a \cdot g(a^2) - f(a^2) = 0$, also a algebraisch oder $h \equiv 0$, ein Widerspruch, da $X g(X^2)$ ungeraden Grad, $f(X^2)$ geraden Grad haben.

(iii) Man betrachte die Folge $(a^{2^n})_{n \in \mathbb{N}_0}$! Nach (i) sind alle Elemente transzendent, nach (ii) gilt $k \subseteq k(a^{2^n}) \subsetneq k(a^{2^{n-1}}) \subseteq k(a)$.

Lösungsskizze zu Aufgabe AZ 12:

$\mathbb{Z}[\sqrt{d}]$ bzw. $\mathbb{Q}(\sqrt{-d})$ ist definiert als der Durchschnitt aller Teilringe R von $\mathbb{R}$ mit $\mathbb{Z} \cup \{\sqrt{d}\} \subseteq R$ bzw. als Durchschnitt aller Teilkörper K von $\mathbb{C}$ mit $\mathbb{Q} \cup \{\sqrt{-d}\} \subseteq K$. Es gilt

$$a, b \in \mathbb{Z} \underset{\text{Ring}}{\Longrightarrow} a, b, \sqrt{d} \in \mathbb{Z}[\sqrt{d}] \qquad \Longrightarrow a + b\sqrt{d} \in \mathbb{Z}[\sqrt{d}]$$

$$(\text{bzw. } a, b \in \mathbb{Q} \Longrightarrow a + b\sqrt{-d} \in \mathbb{Q}[\sqrt{-d}] \Longrightarrow a + b\sqrt{-d} \in \mathbb{Q}(\sqrt{-d}).$$

Damit folgt
$M_1 := \{c \mid c = a + b\sqrt{d}, a, b \in \mathbb{Z}\} \subseteq \mathbb{Z}[\sqrt{d}]$ und $M_2 := \{c \mid c = a + b\sqrt{-d}, a, b \in \mathbb{Q}\} \subseteq \mathbb{Q}(\sqrt{-d})$. Da $\mathbb{Z}[\sqrt{d}]$ der kleinste Ring ist, der $\mathbb{Z}\sqrt{d}$ enthält (bzw. $\mathbb{Q}(\sqrt{-d})$ der kleinste Körper, der $\mathbb{Q}$ und $\sqrt{-d}$ enthält), reicht es, zu zeigen, dass M_1 ein Ring ist und M_2 ein Körper. Dies folgt für M_1 aus $c_1 - c_2 \in M_1$, $c_1 \cdot c_2 \in M_1$ für $c_1, c_2 \in M_1$ (durch Nachrechnen). Wegen $c_1 - c_2 \in M_2$, $c_1 c_2 \in M_2$ für $c_1, c_2 \in M_2$ ist M_2 Teilring von $\mathbb{C}$ mit Einselement 1. Besitzt $a + b\sqrt{-d} \neq 0$ eine multiplikative Inverse?
Heuristik: $1 = (a + b\sqrt{-d})(x + y\sqrt{-d}) = ax + ay\sqrt{-d} + bx\sqrt{-d} - byd \Longrightarrow (ax - byd = 1$ und $ay + bx = 0$. Ist $b = 0$, so $x = a^{-1}$, $y = 0$ eine Lösung. Ist $b \neq 0$, so

$$-\tfrac{1}{b}ay = x \Longrightarrow -\tfrac{a}{b}ay - byd = 1 \Longrightarrow y(-b^2 d - a^2) = b.$$
Wäre $b^2 d + a^2 = 0$, so $b = a = 0$. also

$$(a + b\sqrt{-d})^{-1} = -\frac{a}{b} \cdot \frac{b}{-b^2 d - a^2} + \frac{b}{-b^2 d - a^2}\sqrt{-d} = \frac{1}{a^2 + b^2 d}(a - b\sqrt{-d}).$$

Durch Nachrechnen (Probe!) ergibt sich: Die gesuchte Inverse ist $\dfrac{1}{a^2 + b^2 d}(a - b\sqrt{-d})$.

Alternativ nach Binomischer Formel: $(a + b\sqrt{-d})(a - b\sqrt{d}) = a^2 + b^2 d (\neq 0)$.

Lösungsskizze zu Aufgabe AZ 13:

(i) $P(0) = P(1) = 1$.

(ii) Wäre $P(X)$ reduzibel, so $P(X) = (X - a)(X - b)$ mit $a, b \in \{0, 1\}$; dann
$P(+a) = P(+b) = 0$, ein Widerspruch zu (i).

(iii) $P(X) \cdot K[X]$ ist Ideal, da abgeschlossen bzgl. Addition und Multiplikation mit Elementen
aus $K[X]$. Wäre $P(X)K[X]$ nicht maximal, so $P(X)K[X] \subseteq R[X]K[X]$ (da $K[X]$ Hauptideal-
ring). Es folgt $P(X) = R(X) \cdot Q(X) \Longrightarrow R(X) | P(X)$. Da $P(X)$ irreduzibel ist, ergäbe sich
$R(X) = P(X)$.

(iv) $F = K[X]/(P(X) \cdot K[X])$ ist also Körper (nach (iii) und einem Satz). Elemente von F sind
$\overline{0}, \overline{1}, \overline{X}, \overline{X+1}$ wobei $\overline{a} = a + P(X) \cdot K[X]$; weitere Elte exitieren nicht, da bei Polynomen
höheren Grads vermöge $\overline{X^2} = \overline{X+1}$ eine Reduktion möglich ist.

Lösungsskizze zu Aufgabe AZ 14:

Seien $K = GF(3) = \{0, 1, 2\}$ und $R(X) = X^2 + 1 \in K[X]$.

(i) Wegen $R(0) = 1, R(1) = 2, R(2) = 2$ hat R keine Nullstelle in K.

(ii) *Annahme:* R ist zerlegbar; sei also $R(X) = X^2 + 1 = Q_1 \cdot Q_2$; dann folgt aus
$$2 = \operatorname{grad} R = \operatorname{grad} Q_1 + \operatorname{grad} Q_2,$$
dass $\operatorname{grad} Q_1 = 0 \vee \operatorname{grad} Q_2 = 0 \vee \operatorname{grad} Q_1 = \operatorname{grad} Q_2 = 1$.
Sei also o.B.d.A. $R = X^2 + 1 = (X - a)(X - b) \cdot c$ mit $a, b, c \in K$; damit wären a, b Nullstellen, im Widerspruch zu (ii).

(iii) $K[X](X^2 + 1)$ ist das von $R(X)$ erzeugte Ideal. Sei $\mathcal{J}$ Ideal mit $K[X](X^2 + 1) \subseteq \mathcal{J} \subsetneq K[X]$.
Da $K[X]$ Hauptidealring ist, folgt $\mathcal{J} = Q(X) \cdot K[X]$ für ein $Q(X) \in K[X]$. Damit ist
$X^2 + 1 \in Q(X) \cdot K[X]$, d.h. $X^2 + 1 = Q(X) \cdot S(X)$ für geeignetes $S(X)$; wegen $Q(X) | X^2 + 1$
ergibt sich entweder $Q(X) \in K$ und $\mathcal{J} = K[X]$, ein Widerspruch, oder $Q(X) = (X^2 + 1)k$
und $\mathcal{J} = R(X) \cdot K[X]$.
Alternativ lässt sich der Satz über Erzeugnisse von irreduziblen Polynomen in Hauptideal-
ringen anwenden.

(iv) $K[X]/\mathcal{J}$ ist ein Körper, da $\mathcal{J}$ maximales (Haupt-)Ideal ist. Bestimmung der Elemente: Mit
$\overline{X^2 + 1} = 0 \Longrightarrow \overline{X^2} = \overline{-1} = \overline{2}$ folgt $F = \{\overline{0}, \overline{1}, \overline{2}, \overline{X}, \overline{X+1}, \overline{X+2}, \overline{2X}, \overline{2X+1}, \overline{2X+2}\}$; dies
sind 9 Elemente.

(v) Nein: Da $\overline{1}$ Nullstelle von $X^2 + X + 1$ ist, lässt sich dieses Polynom P in $GF(3)$ zerlegen,
und die Faktorisierung ergibt keinen Körper.

Lösungsskizze zu Aufgabe AZ 15:

(a): Wir zerlegen die angegebene Permutation in Zyklen und bekommen

$$\begin{pmatrix} 1 & 2 & 3 & 4 & 5 \\ 2 & 3 & 1 & 5 & 4 \end{pmatrix} = \begin{pmatrix} 1 & 2 & 3 \end{pmatrix} \begin{pmatrix} 4 & 5 \end{pmatrix}$$

Der Zyklus $\begin{pmatrix} 1 & 2 & 3 \end{pmatrix}$ hat die Ordnung 3, der Zyklus $(4\,5)$ hat die Ordnung 2. Es gilt also $\begin{pmatrix} 1 & 2 & 3 \end{pmatrix}^3 = \mathrm{id}$ und $\begin{pmatrix} 4 & 5 \end{pmatrix}^2 = \mathrm{id}$. Wegen $1202 \equiv 2 \pmod 3$ und $1202 \equiv 0 \pmod 2$ folgt nun

$$\begin{pmatrix} 1 & 2 & 3 & 4 & 5 \\ 2 & 3 & 1 & 5 & 4 \end{pmatrix}^{1202} = \begin{pmatrix} 1 & 2 & 3 \end{pmatrix}^{1202} \begin{pmatrix} 4 & 5 \end{pmatrix}^{1202} = \begin{pmatrix} 1 & 2 & 3 \end{pmatrix}^2 = \begin{pmatrix} 1 & 2 & 3 & 4 & 5 \\ 3 & 1 & 2 & 4 & 5 \end{pmatrix}.$$

(b) Wir zerlegen die angegebene Permutation in Zyklenform und bekommen

$$\begin{pmatrix} 1 & 2 & 3 & 4 & 5 & 6 & 7 \\ 7 & 5 & 1 & 2 & 4 & 3 & 6 \end{pmatrix} = \begin{pmatrix} 1 & 7 & 6 & 3 \end{pmatrix} \begin{pmatrix} 2 & 5 & 4 \end{pmatrix}.$$

Der Zyklus $\begin{pmatrix} 1 & 7 & 6 & 3 \end{pmatrix}$ hat die Ordnung 4, der Zyklus $\begin{pmatrix} 2 & 5 & 4 \end{pmatrix}$ hat die Ordnung 3. Es gilt also $\begin{pmatrix} 1 & 7 & 6 & 3 \end{pmatrix}^4 = \mathrm{id}$ und $\begin{pmatrix} 2 & 5 & 4 \end{pmatrix} = \mathrm{id}$. Wegen $1111 \equiv 3 \pmod 4$ und $1111 \equiv 1 \pmod 3$ folgt nun

$$\begin{pmatrix} 1 & 2 & 3 & 4 & 5 & 6 & 7 \\ 7 & 5 & 1 & 2 & 4 & 3 & 6 \end{pmatrix}^{1111} = \begin{pmatrix} 1 & 7 & 6 & 3 \end{pmatrix}^{1111} \begin{pmatrix} 2 & 5 & 4 \end{pmatrix}^{1111}$$

$$= \begin{pmatrix} 1 & 7 & 6 & 3 \end{pmatrix}^3 \begin{pmatrix} 2 & 5 & 4 \end{pmatrix}$$

$$= \begin{pmatrix} 1 & 2 & 3 & 4 & 5 & 6 & 7 \\ 3 & 5 & 6 & 2 & 4 & 7 & 1 \end{pmatrix}$$

□

Lösungsskizze zu Aufgabe AZ 16:

Da $[G : U] = 2$ ist, existieren nur zwei Links- bzw. Rechtsnebenklassen von U. Für alle $g \notin U$ gilt daher $G = U \cup gU = U \cup Ug$. Mit $U \cap gU = U \cap Ug = \varnothing$ folgt $gU = Ug$. Da für alle $g \in U$ ebenfalls $gU = Ug$ gilt, ist U ein Normalteiler von G.

Lösungsskizze zu Aufgabe AZ 17:

"$\Longrightarrow$" Ist $G = \langle a \rangle$, dann definiert $m \mapsto a^m$ einen Epimorphismus von $(\mathbb{Z}, +)$ auf $(G, \cdot)$.
"$\Longleftarrow$" Gibt es einen Epimorhismus $\varphi : (\mathbb{Z}, +) \to (G, \cdot)$, dann gilt nach dem Homomorphiesatz $G \cong \mathbb{Z}/\operatorname{Kern}\varphi$.ßquad Nach Aufgabe AZ 18 ist jede Untergruppe von $(\mathbb{Z}, +)$ zyklisch; also ist $\operatorname{Kern}\varphi = n\mathbb{Z}$ für ein $n \in \mathbb{N}_0$; es folgt $G \cong \mathbb{Z}/n\mathbb{Z} = \mathbb{Z}_n$, d.h. G ist zyklisch.

Lösungsskizze zu Aufgabe AZ 18:

Sei U Untergruppe von $(\mathbb{Z}, +)$ und $u \in U \neq 0$. Falls u negativ ist, so ist $-u$ positiv. Sei nun n minimal positiv in U; wäre $m \in U$ und $m \notin n\mathbb{Z}$, somit $0 < d := \mathrm{ggT}(m, n) < n$; nach dem Vielfachsummensatz existieren ganze Zahlen k und ℓ mit $d = kn + \ell m$; folglich ist $d \in U$, ein Widerspruch zur Minimalität von n mit $n > 0$ in U.

Lösungsskizze zu Aufgabe AZ 19:

Jede endliche abelsche Gruppe ist direktes Produkt ihrer Sylowgruppen (Beweis....) Zu jedem Teiler der Ordnung einer Sylowgruppe Σ existiert eine Untergruppe dieser Ordnung.

Alternative Argumentation: Jede endliche abelsche Gruppe G ist isomorph zu $\bigtimes_{i=1}^{r} \mathbb{Z}/n_i\mathbb{Z}$ für geeignete Primzahlpotenzen $n_1, \ldots, n_r$. Dabei heißt $[n_1, \ldots, n_r]$ der Typ von A. insbesondere ist $\prod n_i = |G|$. Wegen $t|n$ existiert eine Zerlegung $t = \prod_{i=1}^{r} t_i$ mit $t_i|n_i$. Aus $A \cong \bigtimes_{i=1}^{r} \langle a_i \rangle$ mit $|\langle a_i \rangle| = n_i$ folgt: $U := \bigtimes_{i=1}^{r} \langle a_i^{n_i/t_i} \rangle$ ist Untergruppe von A, und es gilt $|U| = \prod |\langle a_i^{n_i/t_i} \rangle| = \prod t_i = t$.

Lösungsskizze zu Aufgabe AZ 20:

Es gilt bekanntlich $|\mathcal{A}_n| = \frac{n!}{2}$, also $|\mathcal{A}_4| = 3 \cdot 4$.

Nach den Sylowsätzen ist die Anzahl s der 3-Sylowgruppen gleich $3k + 1$ und teilt $4 \cdot 3$. Es folgt $s = 1$ oder $s = 4$. Mit $\langle(1\,2\,3)\rangle$, $\langle(1\,2\,4)\rangle$, $\langle(1\,3\,4)\rangle$, $\langle(2\,3\,4)\rangle$ erhält man vier 3-Sylowgruppen, diese enthalten $8 + 1$ Elemente. Es existiert eine 2-Sylowgruppe; diese ist eindeutig bestimmt und enthält $3 + 1$ Elemente (Kleinsche Vierergruppe): $\{(12)(34), (13)(24), (14)(23), 1\}$. Insgesamt sind das $11 + 1 = 12$ Permutationen, also alle Elemente von $\mathcal{A}_4$.

Lösungsskizze zu Aufgabe AZ 21:

Nach dem 3. Sylowsatz ist die Anzahl der p-Sylowgruppen von G gleich $kp + 1$ und ein Teiler von $|G|$.

Wegen $(3k + 1)|15 \Longrightarrow k = 0$ existiert genau eine 3-Sylowgruppe Syl_3. Mit $(5k + 1)|15 \Longrightarrow k = 0$ sieht man, dass genau eine 5-Sylowgruppe gibt: Syl_5.

Wegen $\mathrm{Syl}_3 \trianglelefteq G$ und $\mathrm{Syl}_5 \trianglelefteq G$ folgt $\mathrm{Syl}_3 \cdot \mathrm{Syl}_5 \leq G$ und, aus Ordnungsgründen also $G = \mathrm{Syl}_3 \cdot \mathrm{Syl}_5$. Es ist Syl_3 zylisch, also $\mathrm{Syl}_3 = \langle \delta \rangle$, ebenso Syl_5 zyklisch, d.h. $\mathrm{Syl}_5 = \langle \varphi \rangle$ für $\delta, \varphi \in G$.. Ferner gilt $\delta\varphi\delta^{-1}\varphi^{-1} \in \mathrm{Syl}_3 \cap \mathrm{Syl}_5 = 1$, daher $\delta\varphi = \varphi\delta$. Wegen $(\delta\varphi)^3 = \delta^3\varphi^3 = \varphi^3 \neq 1$ und $(\delta\varphi)^5 = \delta^5\varphi^5 = \delta^5 \neq 1$ erhält man $o(\delta\varphi) = 15$. Daher ist $G = \langle \delta\varphi \rangle$ zyklisch, also $G \cong (\mathbb{Z}_{15}, +)$.

Lösungsskizze zu Aufgabe AZ 22:

Ist $p = q$, so G eine p-Gruppe und als solche auflösbar. Sei $p \neq q$, o.B.d.A. $p > q$.

Die Anzahl der p-Sylowgruppe ist $kp + 1$ und Teiler von $p \cdot q$, also $kp + 1|q$. Wegen $p > q$ folgt $kp + 1 = 1$, daher $P \trianglelefteq G$, wobei P die eindeutige p-Sylowgruppe ist. Als p-Gruppe ist P und als q-Gruppe ist G/P auflösbar. Folglich

$$\exists k : (G/P)^{(k)} = 1 \Longrightarrow \exists k : G^{(k)} \leq P \Longrightarrow \exists k, \ell : [G^{(k)}]^{(\ell)} = P^{(\ell)} = 1.$$

Lösungsskizze zu Aufgabe AZ 23:

L ist Zerfällungskörper von $X^{p^n} - X$ über K und damit normal. Jede endliche Erweiterung eines endlichen Körpers ist separabel, daher L galoisch, folglich $|G(L : K)| = \mathrm{Grad}(L : K) = n$. Der Frobenius Automorphismus $\sigma : x \mapsto x^p$ ist Element von $G = G(L : K)$ der Ordnung n; also gilt $G = \langle \sigma \rangle$. Daher ist $G(\mathrm{GF}(p^n) : \mathrm{GF}(p))$ zyklisch der Ordnung n, also isomorph zu $(\mathbb{Z}_n, +)$.

Literaturverzeichnis

[AF] Ilka Agricola und Thomas Friedrich: Elementargeometrie: Fachwissen für Studium und Mathematikunterricht. Vieweg +Teubner, 2008^2.

[Ar] Michael Artin: Algebra. Birkhäuser Verlag, 1998.

[Beh1] Ehrhard Behrends: Analysis Bd.1. Vieweg+Teubner, 2008^4.

[Beh2] Ehrhard Behrends. Analysis Bd.2. Vieweg V., 2007^2.

[BGZ] Ehrhard Behrends, Peter Gritzmann und Günter M. Ziegler: Pi und Co: Kaleidoskop der Mathematik. Springer V., 2008.

[Be] Jörg Bewersdorff: Algebra für Einsteiger: Von der Gleichungsauflösung zur Galois-Theorie. Vieweg+Teubner, 2009^4.

[Beu] Albrecht Beutelspacher: Lineare Algebra: Eine Einführung in die Wissenschaft der Vektoren, Abbildungen und Matrizen. Vieweg V., 2003^6.

[BK] Karl Bosch: Elementare Einführung in die Wahrscheinlichkeitsrechnung. Vieweg V., 2006^9.

[BS] Siegfried Bosch: Algebra. Springer V., 2009^7.

[Bri] Egbert Brieskorn: Lineare Algebra und analytische Geometrie, Bd.1 (Bd.2 z.Zt.vergriffen), Vieweg V., 1983.

[DH] Peter Deuflhard und Andreas Hohmann: Numerische Mathematik: Bd.1: Eine algorithmisch orientierte Einführung. De Gruyter V., 2008^4. Bd.2: Gewöhnliche Differentialgleichungen. De Gruyter V., 2008^3.

[Di] Grundkurs Mathematik. Mathematik für Lehrer der Sekundarstufe 1. Ein Fernstudienlehrgang. Studienbrief III, 1 (2 Teile) Elementargeometrie (von G., H. Kirner Biermann) DIFF Tübingen 1974/1975.

[DP] Wendelin Degen und Lothar Profke: Grundlagen der affinen und euklidischen Geometrie. Teubner V., 1997.

[Fi1] Gerd Fischer: Lineare Algebra: Eine Einführung für Studienanfänger. Vieweg+Teubner, 2008^{16}.

[Fi2] Gerd Fischer: Analytische Geometrie: Eine Einführung für Studienanfänger. Vieweg V., 2001^7.

[Fi3] Gerd Fischer: Lehrbuch der Algebra: Mit lebendigen Beispielen ... Vieweg V., 2007.

[Fo1] Otto Forster: Analysis 1: Differential- und Integralrechnung einer Veränderlichen. Vieweg+Teubner, 2008^9.

[Fo2] Otto Forster: Analysis 2: Differentialrechnung im $\mathbb{R}^n$, gewöhnliche Differentialgleichungen. Vieweg+Teubner, 2008^8.

[Hae] Olle Häggström: Streifzüge durch die Wahrscheinlichkeitstheorie. Springer V., 2005.

[HH] Günther Hämmerlin u. Karl-Heinz Hoffmann: Numerische Mathematik, Springer-V., 1194^4.

[Ha] Hans Havlicek: Lineare Algebra für Technische Mathematiker, Heldermann Verlag, 2006.

[He] Norbert Henze: Stochastik für Einsteiger: Eine Einführung in die faszinierende Welt des Zufalls. Vieweg+Teubner, 2008^7.

[Heu1] Harro Heuser: Lehrbuch der Analysis, Teil I. Vieweg+Teubner, 2009^{17}.

[Heu2] Harro Heuser: Lehrbuch der Analysis, Teil II, Vieweg+Teubner, 2008^8.

[Heu3] Harro Heuser: Gewöhnliche Differentialgleichungen: Einführung in Lehre und Gebrauch. Vieweg+Teubner, 2009^6.

[HW] Bertram Huppert und Wolfgang Willems: Lineare Algebra, Teubner V., 2006.

[KM] Christian Karpfinger und Kurt Meyberg: Gruppen - Ringe - Körper. Spektrum Akademischer Verlag, 2008.

[Kra] Jürg Kramer: Zahlen für Einsteiger: Elemente der Algebra und Aufbau der Zahlbereiche. Vieweg V., 2007.

[Kr] Ulrich Krengel: Einführung in die Wahrscheinlichkeitstheorie und Statistik: Für Studium, Berufspraxis und Lehramt. Vieweg V., 2005^8.

[KS] Ralf Kornhuber und Christof Schütte: Computerorientierte Mathematik II, Skript Inst.f.Mathematik, FU Berlin, 2004^2.

[KuS] Hans Kurzweil und Bernd Stellmacher: Theorie der endlichen Gruppen: Eine Einführung. Springer V., 1998.

[LK] Roman Liedl und Kristian Kuhnert: Analysis einer Variablen. Eine Einführung für ein praxisorientiertes Studium. BI, 1992.

[Lo] Falko Lorenz: Lineare Algebra, 2 Bde., HTB, Teil 1:2003^4, Teil 2: 1992^3.

[Lu] Heinz Lüneburg: Gruppen, Ringe, Körper: Die grundlegenden Strukturen der Algebra.Oldenbourg V., 1999.

[MG] Susanne Müller-Philipp , Hans-Joachim Gorski: Leitfaden Geometrie. Für Studierende der Lehrämter, Vieweg+Teubner, 2008^4.

[Ob] Arnold Oberschelp. Aufbau des Zahlensystems. Vandenhoeck + Ruprecht, 1998^3.

[Qu] Erhard Quaisser: Bewegungen in Ebene und Raum. Dt. Verl.d.Wiss., 1983.

[Ra] Gero von Randow: Das Ziegenproblem: Denken in Wahrscheinlichkeiten. Rowohlt V., 2004.

[Rau] Wolfgang Rautenberg; Elementare Grundlagen der Analysis, BI, 1993.

[Re] Alfred Rényi: Foundations of Probability. Dover Pubn. Dover 2007.

[Ru] Walter Rudin: Analysis. Oldenbourg V., 2008^4.

[Sch] Hans Schupp: Elementargeometrie. UTB 1989.

[SB] Josef Stoer u. Roland Bulirsch: Bd.1: Numerische Mathematik 1. Springer V., 2007^{10}. Bd.2: Numerische Mathematik 2: Eine Einfuhrung, Unter Berücksichtigung von Vorlesungen von F.L. Bauer, Springer V. 2005^5.

[Si] George F. Simmons: Introduction to Topology and Modern Analysis. Krieger Pub Co; Reprint 2003.

[SS] Harald Scheid, Wolfgang Schwarz: Elemente der Geometrie. Spektrum Akademischer Verlag, 2007^4.

[SS2] Harald Scheid, Wolfgang Schwarz: Elemente der Linearen Algebra und der Analysis. Spektrum Akademischer Verlag, 2009.

[SSt] Günter Scheja und Uwe Storch: Lehrbuch der Algebra (Unter Einschluss der linearen Algebra.) Teubner V., Teil 1: 1994^2, Teil 2: 1988.

[Ste] William Stein: Elementary Number Theory: Primes, Congruences, and Secrets: A Computational Approach Springer, 2009.

[St] Gernot Stroth: Algebra. Einführung in die Galoistheorie. De Gruyter 1998.

[Wi] Wikipedia. http://de.wikipedia.org/wiki/ (URL geprüft am 29.9.2009).

[WK] Hartmut Wellstein u. Peter Kirsche: Elementargeometrie. Vieweg+Teubner, 2009.

Stichwortverzeichnis (und Themen der Aufgaben)

Abel-Ruffini, Satz von A.-R., 244

abelsche Gruppe, 241

Abelsches Kriterium, *111*,289

abgeschlossen, *110*

Ableitung, 94, *113, 114*, 117

    totale A., 117, 118, *137, 138*

    partielle A., *136, 137*

    als lineare Abbildung, 10

Abschätzung, 141

Absolutbetrag, 104

absolute Geometrie, 195

Abstand, 45, *70*, 77

    Punkt – Gerade, 57

abstandstreu, 48, 59

Achse, 211

Adjunktion, 235, *247*

ähnliche Figuren, 58

Ähnlichkeit, *217*

Ähnlichkeitsabbildung, 58, 59, 215

Ähnlichkeitssätze, 202, *217-220*

Ähnlichkeitsverfahren, *218*

äquiforme Abbildung, 58

Äquivalenzrelation, *116*

affin-lineare Abbildung, 22, 117

affine Abbildung, 22, *68*

affine Geometrie, 185

    affine Geometrie eines VR's, 19

affiner Raum, 19, 183

affiner Unterraum, 19–21, 54

Affinität, 22, *34*, 59, 210, 215

Affinitätsachse, 23

AG(V), 19

Algebra, 2, 224

algebraisch, 236

algebraisch abgeschlossen, 238

alternierend, 24

alternierende Reihe, *116*

Anfangswertproblem, *182*

angeordneter Körper, 104

Anordnung, 183

Anschauungsraum, Modell, 20

Approximation, 48, 81, 82, 88, 95, 117, 134, 135, *137, 138, 141, 167, 171*

    affin-lineare A., 135

Approximationssatz von Weierstraß, 82

archimedisch angeordnet, 104

arithmetisches Mittel, 74

Artin, Satz von A., 243

assoziiert, 233

auflösbar, *248*

auflösbare Gruppe, 242

Aufpunkt, 21

Ausgänge eines Versuchs, 143

Austauschsatz, 7, 8

Auswahlaxiom, 7

Automorphismus, 10, *64, 68, 116*

Außenwinkel, *218*

AWP (Anfangswertproblem), *141*

Bézout, Satz von B., 231

Bachet, Lemma/Satz von B. 231, 234

Banachraum, 87

Banachscher Fixpunktsatz, 79, 174

Basis, 5, 6, *28, 29, 31, 32*

    aus Eigenvektoren, *62*

    von $\mathcal{P}(\mathbb{R})$, Beispiel, 9

    von $K^{(I)}$, Beispiel, 8

    duale Basis, 52

    geordnete Basis, 6

    kanonische Basis, 6

Basisergänzungssatz, 7, *30, 31*

Basisexistenzsatz, 6, 7
Basismatrix eines Codes, 19
Basiswechsel, 12
Bayes, Formel/ Regel/ Satz von B., 146, *164, 165*
Bernoulli-Kette, 150, *163, 164, 168*
Bernoullische Ungleichung, 74
Bestapproximation, 47
Betrag, 84, 104
Bewegung, 58, 209, 215, *220–222*
    ebene B., 209, 213, 215
Bewegung, gleichsinnige B., 213
Bidualraum, 52
Bild, *30–32*
    einer linearen Abbildung, 14
Bilinearform, 43
Binomialkoeffizent , 144
Binomialverteilung, 150, 151, 154, 157, *163, 166, 167, 169, 171*
    Approximation der B., 157, 158
binomische Reihe, *112*
Bisektion, 76
Bolzano
    Nullstellensatz v. B., 86
Bolzano–Weierstraß, Satz von B.-W., 76, 85
Bolzano-Weierstraß-Eigenschaft, 84
Borelalgebra, 155
Brouwerscher Fixpunktsatz, 86
BWE (Bolzano-Weierstraß-Eigenschaft) 84

$\mathbb{C}$, *30, 116*, 106
Cantorsches Diagonalverfahren, 106
Cauchy
    Konvergenzkriterium, 79, 91, *108*
Cauchy-Folge, 72, 73, 78, 87
Cauchyfolgen–vollständig, 104
Cauchy-Produkt, *112*
Cauchy-Riemannsche Differentialgleichungen, 122
Cauchy-Schwarzsche Ungleichung, 45, 77
Cauchyscher Verdichtungssatz, *111*
Caylay-Hamilton, Satz v.C.H. 40, *62, 63*
Čebyšev, s.Tschebyscheff
CF-Abschluss, 230
CF-vollständig, 78
charakteristischer Vektor, 10
charakteristisches Polynom, 13, 26, 37, *67*

Chinesischer Restsatz, 231, *245*
Code, 19, *34*
cos (Cosinus-Funktion), 93, *116*
Cosinussatz, 45, 205

Deckabbildung, 213
Dedekindscher Schnitt, 104
Dehnung, 188
Delisches Problem, 239
Desargues
    affiner Satz von D., 187
    Satz von D., *216, 217*
    Umkehrung des Satzes von D., *217*
Determinante, 13, 25, 27, *29, 32, 35*, 36, *36, 63, 64*
    Berechnung, 25
    Vandermonde-D., 36
    eines Endomorphismus, 27
Determinanten ähnlicher Matrizen, 27
Determinantenform, 23
Dezimalbruch, 90, 91, 106
Dezimalbruchentwicklung, 105
DGL (Differentialgleichung), 178, 182
    lineare, 132, *141*
DGL-System, 134
    lineares, *141*
Diagonalähnlichkeit, 41, *62*
Diagonalisierbarkeit, 41, *62–64*
Diagonalisierung, *66*
Diagonalmatrix, 41
Dichte, *169, 170, 172*
    eines W.-Maßes, 155
Diedergruppe, 59, 223
Differentation, 94, 117
    der inversen Funktion, 122
    einer implizit definierten Funktion, 122
Differentialgleichung, s. DGL
Differentialquotient, 94, *112, 114*
Differentiationsregeln, 97
Differenz, symmetrische D. , 4, 10
Differenzenquotient, 94
Differenzialgleichungen, s. DGL
differenzierbar, 94, 117
    stetig differenzierbar, 122
Differenzierbarkeit, 94, *113, 114*, 117, *137*
    totale D., *136, 138, 139*
    einer Abbildung, 117

Beispiele, 95
Dimension, *28, 29, 31, 32*
    einer Summe von VR'en, 16
    eines VR's, 8
    eines Faktorraums, 15
    eines Orthogonalraumes, 46
    von K^l, 8
Dimensionsformel, *33, 34, 216*
direkte Summe, *30–32, 62*
Dirichletfunktion, 83
dividierte Differenzen, *181*
Division mit Rest, 232
Doppelspiegelung, *221*
Drachenviereck, 202
Drehspiegelung, 51, 59
Drehung, 11, 38, 39, 50, 58, *68*, 211, 212, *221*
Drei-Türen-Problem, *166*
Dreieck, *217*
    gleichschenkliges, *217, 218, 221*
    rechtwinkliges, *219*
Dreiecksschema von Neville, 177
Dreiecksungleichung, 77, 86, *109*
    für Integrale, 127
Dreierprobe, 230
Dreispiegelungssatz, *221*
duale Basis, *68*
Dualität, 52
Dualitätsprinzip, 52
Dualraum, 4, 51, *68*

Ebene, 16, 20, *33*, 183
    affine E., 188
    elliptische E., 195
    euklidische E., 20, 196
    euklidische E., 54
    hyperbolische E., 195
EG(V), 20
Eigenbasis, 41, *63*
Eigenraum, 37, *62, 63*
    Struktur des Eigenraums, 38
eigentliche Bewegung, 50, 58
Eigenvektor, 37, *66, 67*
Eigenwert, 37, *62–64, 66, 68*
    Existenz von E., 85
Einheit, 224
Einheitswurzel, 237
Einsetzungshomomorphismus, 236

elementare Umformungen, 17, 26, *32*
Elementarereignis, 143
Elferprobe, 230
Eliminationsmethode, *141*
elliptische Ebene, 54
endlich erzeugter Vektorraum, 6
Endomorphismus, 10, 27, *31, 32*
Ereignis, 143
Ereignisraum, *163, 165*
ergänzungsgleich, 200
Ergebnis, 143
erwartungstreue Schätzfunktion, *172*
Erwartungswert, 51, 152, 156, 159, *164, 167-170, 170*
    Schätzung, 161
    von $\frac{1}{n}\sum\limits_{i=1}^{n} X_i$, 159
erweiterte Zahlengerade, 78
Erzeugendensystem, 5
euklidische
    Ebene, 2, 20, 54, 196
    Geometrie, 20
    Metrik, 77
euklidischer
    Abstand, 45
    Algorithmus, 233, *245*
    Raum, 20, 58, 193
    Ring, 232
    Vektorraum, 44, 48
Euklidisches Parallelenaxiom, *216*
Euler, Satz von E., 204,240,231, 232
Euler-Verfahren, 178, *182*
Eulergerade, 204
Eulersche φ-Funktion, 231, 232
Exponentialfunktion, 82, 93, *110, 112, 113, 116, 140*
Extremum, *110, 139*
    lokales E., 85, 97, 98, *114*, 121
    globales E., *114*
    Satz vom lokalen E., 99

Faktorgruppe, 224
faktorieller Ring, 234
Faktorraum, 15, *33*, 225
    Basis, *32*
Faktorring, 224, *247*
Faktorstruktur, 224
Fall-Linien, *138*

Faltung, 89, 150
Familie, 1
fast–sichere Konvergenz, 160
Fehler 1.und 2.Art, 162
fehlerkorrigierender Code, 19
Fermat, kleiner Satz von F., 232, 240, *245*
Feuerbachkreis, 204
Fixpunkt, *35, 68*
Fixpunktgerade, 23
Fixpunktiteration, 173, 174, *182*
Fläche, *218*
Flächeninhalt b.Dreieck, *220*
Fluchtgerade, 186
Folge, 71, 75, 77, 85
        geometrische F., 71, 73
Folgenkonvergenz, *108–110*
Folgenraum, 77
Folgenstetigkeit, 83, *109, 136*
Fortsetzungssatz, 10, *30–32, 68*
Fourierkoeffizient, 48
Fourierreihe, 48, 82
freie Beweglichkeit, 210
Fundamentalmatrix, 44, 46
Fundamentalsatz der Algebra, 107, 238
Fundamentalsatz f. abelsche Gruppen, 242
Funktional, lineares F., 51
Funktionaldeterminante, 27
Funktionalmatrix, 121, *137, 138*
Funktionenfolge, 81, *109, 110*

galoisch, 243
Galois-
        Erweiterung, 243
        Feld, 224, 240
        Gruppe, 243, *248*
        Korrespondenz, 243
Galoistheorie, Hauptsatz der G., 243
Galtonbrett, 150
ganze Zahl, 229
Gaußsche Elimination, 17, 18
Gauß-Seidel-Verfahren, 173
Gaußsche Zahlenebene, 54, 106
gebrochen rationale Funktion, 82
Geburtstagsparadoxon, *166, 167*
Gegenereignis, 143
gegensinnige Bewegung, 50
Generatormatrix, 19

Geometrie
        Abbildungsgeometrie, 210
        absolute G., 195
        affine G., 19, 183
        euklidische G., 20, 195
        hyperbolische G., 195
        metrische G., 195
        nichteuklidische G., 195
        projektive G., 52, 54, 186
        synthetische G., 183
geometrische
        Folge, 73
        Reihe, *111*
        Verteilung, *167*
geometrisches Mittel, 74
geordneter affiner Raum, 190
geordneter Schiefkörper, 193
Gerade, 16, 20, 183
Geraden, windschiefe G., *34*
Geradengleichung, 21, *34*
Geradenspiegelung, *62, 220–222*
Gesetz der großen Zahlen, *172*
        schwaches Gesetz, 159
        starkes Gesetz, 160
GF(q) (Galosfeld q), 224, 240
ggT (größter gemeinsamer Teiler), 230, 233
        von Polynomen, 245
gleichmäßige Stetigkeit, *110*
gleichmäßig konvergent, 78, 79, 81, 83, 93
gleichorientiert, 213
gleichschenkliges Dreieck, *218*
gleichsinnig kongruent, 213
gleichsinnige
        Bewegung, 50, 58, 213
        Kongruenzabbildung, 58
Gleichverteilung, 144, 155, 157
        kontinuierliche, *169, 170, 172*
Gleitspiegelung, 59, 212
gliedweise
        Differentiation, 80, 94
        Integration, 94
Grad
        einer Körpererweiterung, 9
        des charakteristischen Polynoms, 37
        einer Körpererweiterung, 235
Grad-Funkion, 232
Gradformel, 235

Gradient, 119, *137, 138*
Gram-Schmidt-Orthonormierungs-Verfahren,
    46, *66*
Gramsche Marix, 66
Grenze, 104
Grenzwert, 72, 73
    Grenzwert bei einer Funktion, 83
Gruppe, 223, 241
    abelsche G., *241, 242, 245, 248*
    alternierende G., *248*
    zyklische G., *248*

Häufungspunkt, 85
Häufungswert, 73, 85
Halbebene, 191
Halbgerade, 191
Halbraum, 191
Hamilton-Cayley, Satz von H.C., 40
Hamming-Code, 19
Hasse Diagramme
    von Kern und Bild, 14
    von Teilermengen, 230
Hauptachsen, 61
Hauptachsentransformation, 59, 60, *66*
Hauptidealring, 234, *246*
Hauptsatz der D.u.I., *139*
Hauptvektor, 42
Heine-Borel-Lebesgue, Satz von, 84
Heron, Verfahren von H., 73
Hessematrix, *138*
Hessesche Normalform der Hyperebenenglei-
    chung, 22, 56, 57, *69*
Heun-Verfahren, 182
Hilbertraum, 87
Hilbertscher Folgenraum, 3, 44
HNF s. Hessesche Normalform
Höhensatz, 209, *218, 219*
$\mathrm{Hom}_K(V, W)$, 329
Homogenität, 86
Homomorphiesatz, 15, 225, *248*
Homomorphismus, 10
Hornerschema, 177
Hülle, lineare H., 5
Hyperebene, 20
Hypergeometrische Verteilung, 144, 165
Hypotenuse, *219*
Hypothese

Nullhypothese, 161
    Test einer H., 161 *172*

Ideal, 225
Induktion, *108*
induktiv geordnet, 7
Integral, 27, *66, 114–116,* 124, 125, 130,
    139, 140
    als Funktion der oberen Grenze, 83, 127
    unbestimmtes I., 128
Integral-
    Abschätzung, *140*
    Additivität, *140*
    Zerlegungssumme, *140*
    Funktion, 102
    Kriterium, *111, 114*
Integration
    einer Potenzreihe, *140*
    partielle I., 102
integrierbar, 125, 130
Interpolation, 26, *36, 181*
    Interpolationsfehler, 176
Intervall, 191
Intervallschachtelung, 75, 104
Invarianten stetiger Abbildungen, 85
invarianter Unterraum, *62*
Involution, 41
Inzidenz, 19, 183
irrationale Zahl, *246*
irreduzibel, 235, *247*
Isometrie, 13, 48, *67*
Isomorphie, *29, 30*
Isomorphiesatz für VR'e, 16
Isomorphismus, 10, 13, 27, *67, 68*

Jacobi-Matrix, 121, *136*
Jacobi-Verfahren, 173
Jordan-Hölder, Satz von J.-H., 242

kanonische Basis, 6
Kathete, *219*
Kathetensatz, 209, *219*
Kern, 14*30–32, 65*
    Dimension des Kerns, 15
Kettenregel, *137, 138*
Koeffizientenmatrix, erweiterte, *33*
Körper, *30,* 224, 240
    endlicher K., *247*

Körpererweiterung, 235, *247*
    einfache K., 236
    endliche K., 235
    galoische K., 243
    Grad, 235
    normale K., 243
    separable K., 243
    als *VR*, 3
kollinear, 183
Kollineation, 23, 210, 215
Kollision, 166, *166*
Kompositionsreihe, 242
kommutative Gruppe, 223, 241
Kommutatorgruppe, 242
Kommutatorreihe, 242
kompakt, 84, *110*
Kompaktheitstreue, 85, 86
komplanar, 184
Komplement eines UR's, 8
komplementäres Ereignis, *163*
komplexe Zahlen, *30*, 106
Komponentenfunktionen, 118
Kondition, 176
Konfidenzintervall, 161
kongruent, s. Kongruenz
Kongruenz, 183, 194, 213, 224, *245*
    lineare K., *245*, 231
Kongruenzabbildung, 58, 59, 209
Kongruenzaxiome, 194
Kongruenzsätze, 202, *217–219, 222*
konjugiert komplexe Zahl, 23, 106
Konstruktion mit Zirkel und Lineal, 238
kontrahierende Abbildung, 79, 174
Kontrollmatrix, 19
konvergente Teilfolge, 85
Konvergenz, 72, 73, 77–79
    einer Reihe, 89, 91
    fast sichere Konvergenz, 160
    gleichmäßige Konvergenz, 79
    punktweise Konvergenz, 79
    stochastische Konvergenz, 160
Konvergenzkriterien, 72, 91
Konvergenzprinzipien, 72
Konvergenzradius, 93
konvexe Menge, konvexe Hülle, 191
Koordinaten, 6
Koordinatenvektor, 5

Korrelationskoeffizient, 154
Kovarianz, 154
Kreis, *219*
Kreisfläche, 200
Kreiskegel, 59
Kreisteilungskörper, 237
Kürzungsregel, 226
Kurve, 99

L-stetig, s. Lipschitz-stetig
Länge, *69*
    einer Strecke, 198
längentreue Abbildung, 13, 49, 58
Lösbarkeitskriterium, *33*
Lösung eines LGS, 17
Lösungsraum eines LGS, 17
Löwig, Satz von L., 8
Lagrange, Satz von L., 241
Lagrange-Darstellung, 175
Lagrange-Interpolationspolynom, *182*
Lagrange-Polynome, 176
Laplacesche Entwicklung, 26
Laplace-Experiment, 143, 144, *163*, 164, *164, 165, 168*
Laplacescher Wkt.-Raum, 144
Lebesgue-Konstante, 176, *182*
Lebesgue-Inegral, 131
Lebesguesches Integrabil. -Kriterium, 126
Legendre-Polynome, 47
Leibnizkriterium, *112, 140*, 142
LGS (Lineares Gleichungssystem), 17, 20, 21, *31–36*, 53, 55, *65, 68, 70*
    Dimension des Lösungsraums, 16
    homogenes LGS, 17
    Lösbarkeitskriterium, 17
    Lösungsraum, 17
    spezielle Lösung, 17
    Struktur des Lösungsraumes, 17
lim als lineare Abbildung, 10
Limes, 83
Limes superior, 73
linear abhängig, 5
linear unabhängig, 5, 6, 26, *28, 34, 64, 66*
Linearcode, 19
lineare Abbildung, 10, *29–31, 35*, 78
    Matrixdarstellung, 11
    volles Urbild, 14

lineare Gruppe, 27
lineare Mannigfaltigkeit, 19
lineare Unabhängigkeit, *28–30*
lineares Gleichungssystem s. LGS,
Linearform, 10, 51, *68*
    n-fache Linearform, 23
Linearkombination, 6
Lipschitz-Konstante, 174
Lipschitz-stetig, 83, 113
Logarithmus, 110, *111, 114, 115*
    L.dualis, *138*
lokales Extremum, *138, 113*
    mit Nebenbedingung, 27
Lot, *68, 69*, 211, *219, 222*
Lotto, 144
Mächtigkeit eines Vektorraums, 9
Majorantenkriterium, *111*
Matrix, 13, *32*
    ähnliche M., 12, 38
    äquivalente M., 12
    orthogonale, 13
    symmetrische M., *63, 64*
    unitäre, 13
Matrixdarstellung, 11, *30–32, 68*
Matrizen bei Basiswechsel, 12
Matrizenoperationen, *30*, 36
Maximum
    absolutes M., 85, 98
Maximum und Minimum
    Satz vom absoluten M.u.M., 86, 99
mehrstufiges Experiment, *165*
Menelaos, Satz v. M., 218
Menelaosgerade, 351
messbare Abbildung, 156
messbarer Raum, 155, 156
Metrik, 20, 77, *109*
    der glm. Approximation / Konvergenz,
    77
Metrik, euklidische M., 77
metrische Geometrie, 195
metrischer Raum, 76
    der beschränkten Funktionen, 77
    der stetigen reellen Funktionen, 78
    von linearen Abbildungen, 78
Minimalpolynom, 38, 40, 42, *62–64*, 234,
    236
Minimum, absolutes M., 85, 98
Minorantenkriterium, *111*

Mittellotensatz, 203
Mittelpunkt, 211, *221*
Mittelpunktswinkel, 207
Mittelsenkrechte, 198, 203, 217, *217–219*
Mittelwertsatz, s. MWS
Moivre-Laplace, Satz von M.L., 157, *171*
Momente, 153
monotone Funktion, 98
Monotonie, *108, 111, 113, 114, 139, 140*
Monotoniekriterium, 72, 73, 98
Multilinearform, alternierende, 24
Multiplikationssatz für Determinanten, 27
MWS (Mittelwertsatz) , 98, *112–114*, 134,
    137–139

$\mathbb{N}$, 2, 226
$\mathbb{N}^*$, 2
n-Eck, 59, 239
natürliche Zahl, 226
Nebenklasse, 225
Nebenwinkel, 191, 192
Neunerprobe, 230
Newton Verfahren, 175
Newton-Côtes-Quadratur-Formeln, 177 *182*
Newtonsche dividierte Differenzen, 176
Newtonsche Interpolationsformel, *181*
Newtonsche Regel, 177
Newtonsches Interpolationspolynom, 176
Newtonverfahren, *180*
nicht-euklidische Ebene, 195
nilpotent, *62*
Niveau-Linien, 119, *138*
Norm, 44, *67*, 77, 86, *246*
normale Körpererweiterung, 243
Normalenvektor, 56, *137*
Normalteiler, 225, *248*
Normalverteilung, 155, 157, 170, *170, 171*
normierter Raum, 86
Nullfolge, 77
Nullhypothese, 161
Nullstellensatz, 86

offen, *110*
offene
    Überdeckung, 84
    Menge, *109*
ONB (Orthonormalbasis), *65–67*
ONS (Orthonormalsystem), *66*

Ordnung, 241
Ordnungsrelation, *216*
Ordnungsvollständigkeit, *116*
Orientierungen, 193
orthogonal, s. Orthogonalität, 44
orthogonale Gruppe, 49
orthogonale Transformation, 39, 49
orthogonaler Automorphismus, 50
orthogonales Komplement eines UR's, 46
Orthogonalität, 44, 45, *64-66, 69*, 183
Orthogonalprojektion, 12, 47, 57, *65*
Orthogonalraum, *34*, 45, 52, *65, 67*
Orthonormalbasis, 46
Orthonormalisierungsverfahren, 46
orthonormiert, *66*
Ortsvektor, 188

Pappos, Satz von Pappos, 189
parallel, *216*
Parallelenaxiom, 184
Parallelität, 19, 184, 185
Parallelogramm, *216, 217*
Parallelogrammgleichung, 67, *67*
Parallelprojektion, 12, 186, *216*
Partialbruchzerlegung, 115, *115*
Partialsumme, 89
partielle Ableitung, 118, *136*
partielle Integration, *114–116*
Partikulärlösung, 17, *33*
Partition, 124
Pasch, Axiom von P., 190, 216
Peano
    -Axiome, 226
    -Struktur, 226
periodischer Dezimalbruch, 105
Permutationen, 24, *247*
Pfadregel, 146, *165*
Pfeil, 2, 189
Picard-Lindelöf
    Iterationsverfahren, 134
    Sätze v.P.L., 133
Pivotelement, 18
platonische Körper, 59
Poisson-Verteilung, 158, *167, 171*
Polarkoordinaten, 106, 123
Polynom, 2, *33, 36, 116, 247*
    separables P., 243

ungeraden Grades, 85, 87
Polynom-
    Interpolation, 175
    Abbildung, 2, 82
    Algebra, 2
    Funktion, 2, 82
    Ring, *246*
Polynomialverteilung, *166*
positive Definitheit, 44, *65*
Positivität, strenge, 77, 86
Potenzmenge, 4
Potenzreihe, 91, 92, *111, 112, 116*
Potenzreihenentwicklung, *142*
Potenzsatz, 208
Prähilbertraum, 44, 48, *64*, 77
    der stetigen Funktionen, 44, 48
Primelement, 235
Primideal, *246*
primitives Element, 236
Problem
    3-Türen-Problem, 166
    Bürgermeisterproblem, 166
    Geburtstagsproblem, 167
    Ziegenproblem, 166
Produktmaß, 149, 157
Produktraum, 149, 157, *163, 164*
Projektion, *30, 63*
    stereographische, 54
    k-te Pr., 10
projektive
    Ebene, *216*
    Erweiterung, 186
    Geometrie, 52, 54
Punkt, 20, 54, 183
Punktspiegelung, 39, 41, 50, 59, 200, *221*
Pythagoras, Satz des P., 45, 77, 205

$\mathbb{Q}$, 229
Quader, *138*
Quadrat, 214, *217*
quadratische
    Ergänzung, 61
    Form, 60
Quadratur, *181*
Quadraturformeln, 177
    summierte, 178
Quadrik, 59

Quotienten-
    Gruppe, 230
    Körper, 229
    Kriterium, 90
    Raum, 15

$\mathbb{R}$, *116*, 230
R-integrierbar, 125
Rajchman, Satz von R., 160
Randverteilung, 149
Randwinkel, *221*
Randwinkelsatz, 207, *219*
Rang, 12, 15, *30, 31, 35, 64*
    einer linearen Abbildung, 13
    einer Matrix, 13
    Bestimmung, 26
rationale Zahl, 105, 229
Raute, *217*
Rechteck, *217*
rechter Winkel, 197
reelle Zahl, 230
reeller euklidischer Raum, 196
Regel von de l'Hospital, *113*
Regelfunktion, 101
Regula falsi, 175
Regularität, 13
    einer komplexen Funktion, 122
Reihe, 71, 89, *111*
    geometrische R., 89, *112*
    harmonische Reihe, 89
Reihenkonvergenz, *111, 112, 114*
Rekursionssatz, 226
relative Häufigkeit, 159
Restklasse, 224
Rhombus, *217*
Richtung e. Translation, 189
Richtungsableitung, 118, *136*
Riemann-Integral, 124, 125
Ring, 223, *245*
    der ganzen Gaußschen Zahlen, 233
Ring-Adjuktion, 236, *247*
Rolle, Satz von R., 98, 99
RSA-Verfahren, 245
$\mathbb{R}[X]$, *28, 30, 32*

Sarrus, Regel von Sarrus, 25
Schätzfunktion, 160
    erwartungstreue Sch., *172*

Scheitelwinkel, 191, 192, *218, 222*
Scherung, 23
Schiefkörper, 224, *245*
Schmidtsches Orthonormierungsverfahren, 46,
    66
Schrägspiegelung, 11, 41
Sehnensatz, 208, *219*
Sehnentangentenwinkel, 208
Sehnenviereck, Satz vom S., 207
Sekantensatz, 208
selbstadjungiert, 42, *66*
Semibilinearform, 43
    nicht-ausgeartete S., 44
senkrecht, 197
separabel, 243
sgn, 25, 225
σ-Additivität, 145, *170*
σ-Algebra, 155
Signifikanzniveau, 162
Signifikanztest, 161
Signum, 25, 225
Simpson-Regel, 177, *181*
sin (Sinus-Funktion), 93, *113, 114, 142*
Skalarprodukt, *36*, 43, *65–67*, 77
    kanonisches S., 43
S_n, 24, 223, *247*
Spatprodukt, 26
Spiegelung, 11, 38, 41, 50, 58, *67–69*, 210
Spur einer Translation, 189
Stützabstand, 56
Stammfunktion, 102, *114*, 127, *139*
Standardabweichung, 152, *168*
Steigungen orthogonaler Geraden, 45
stetig differenzierbar
    Beispiel, 96
stetige
    Abbildung, 85
    Funktion, *66*
stetiges W.-Maß, 155
Stetigkeit, 82, 85, *108–111, 113, 114, 136–*
    138, 140
Stetigkeitskorrektur, 157
Stichprobenraum, *163*
Strahlensätze, *217, 218*
Strecke, 191
Streckenabtragen, 194, *219*
Streckenaddition, *217*

Stufenwinkel, *217, 218*
Substitution, 27, 102, *114–116, 140*
Summe von Unterräumen, 4
   direkte Summe, 8
summierbar, 131
sup-Norm, 77, 88
Supremum, 104
Supremumsnorm, 77, 88
Sylowgruppe, 241
Sylowsätze, 241, *248*
Symmetrieachse, 213, *222*
Symmetriegruppe, 59, 213
symmetrische Differenz, 4, 10
symmetrische Gruppe, 24, 223, 225
Syndromabbildung, 19, *34*
synthetische Geometrie, 183

Tangente, 207
Tangentensatz, 208
Tangentensteigung, *114*
tangential, 117
Tangentialebene, 119, *137, 138*
Tangentialhyperebene, 121
Tangentialvektor, 99
Taylor, Satz v.T., *141*
Taylorpolynom, 134, *141*
Taylorreihe, 134, *140, 141*
Teilerfremdheit, *246*
Teilsumme, 89
Test, zweiseitiger T., 162
Thalessatz, 206, *218, 220*
totale Differenzierbarkeit, *136, 138*
totale Wahrscheinlichkeit, 146, *163, 164*
Translation, 58, 188, 212, *216, 220, 221*
transzendent, 236
transzendente Elemente, 246
Trapezregel, 177
   summierte T., 178
trigonometrische Funktion, *28, 140*
Tschebyscheff-Ungleichung, 159, *169–171*

Überabzählbarkeit von $\mathbb{R}$, 106
Ulam und Mazur, Satz v.U.u.M., 49
Umfangswinkelsatz, 207, *220*
Umformungen, *35*
   elementare, 25
Umkreis, 203, *220*
unabhängig

linear u., 4
   stochastisch u., 148, *169*
Unabhängigkeit
   von Vektoren, 4
   e. Menge von Vektoren, 4
   stochastische U., 148, *169*
   von Zufallsvariablen, 151, *169*
unbedingt konvergierende Reihe, 89
uneigentliche Bewegung, 59
uneigentlicher Punkt, 185
uneigentliches Integral, *115, 140*
Ungleichung
   von Bernoulli, 74
   von Cauchy-B.-Schwarz, 77
unitäre
   Abbildung, *65*
   Gruppe, 49
   Transformation, 49
unitärer Vektorraum, 44, 48
Untergruppe, *248*
Unterraum, 4, *28, 29*, 54, *65*
   affiner U., 19 *35*
   invarianter U., *65*
Unterraum-Verband, 46, 52
Unterraumkriterium, 4
unzerlegbar, 235
Urbild, volles Urbild unter einer linearen Abbildung, 14
Urnenexperimente, 144

Vandermonde Determinante, 26, *29*
Varianz, 152, 156, *169, 170*
   von $\frac{1}{n}\sum_{i=1}^{n} X_i$, 159
Variation der Konstanten, 132
Vektor (Element e. Vektorraums), 1
   elementargeometrischer V., 3
Vektorprodukt, *34*, 69, *70*
Vektorraum, 1, *29*
   aller Abbildungen von I in K, 1
   aller Familien über K, 1
   aller reellen Folgen, 2
   der beschränkten Funktionen, 3
   der Familien mit endlichem Träger, 2
   der linearen Abbildungen, 3, 11
   der $m \times n$–Matrizen, 4, 11
   der Polynomabbildungen, 2
   der n–Tupel über K, 2

der stetigen Funktionen, 3, 44, 48
    endlich dimensionaler V., 8
    endlich erzeugbarer V., 6, 8
verallgemeinerter MWS, *113*
Verband, 230
Verdichtungspunkt, 73
Vergleichskriterium, 72
Verkettung linearer Abbildungen, 13
Verschiebungssatz, 157, 335
Verschwindungsgerade, 186
Verteilung, 151
    geometrische V.,*168, 169*
Verteilungsfunktion, 151, 155, *170*
Vielfachsummensatz, 231, 234
vollständig, 104
vollständige Induktion, 226
vollständiger Raum, 78
Volumen, 23, 24
    normiertes V., 25
Volumenbestimmung, 26

Wachstum, maximales, 119
Wahrscheinlichkeit, 143, 159, *263*
    Formel von der totalen W., 146
    bedingte W., 145, *165, 167*
    totale W., 165, *168*
Wahrscheinlichkeitsbaum, 146, 147
    zum Ziegenproblem, 328
Wahrscheinlichkeitsmaß, 143, 145
    stetiges, 155
Wahrscheinlichkeitsraum, 143, 145, 155
    diskreter W., 143, 145
    endlicher W., 143
    Laplacescher W., 144
Wedderburn, Satz von W., 241
Weg, 99
Weierstraß, Satz von Bolzano u. W., 76
windschiefe Geraden, *68–70*
Winkel, 191, 192
    im Dreieck, 201
    rechter W., *219*
Winkel–
    Addition, *218*
    Antragen, 194, *219*
    Dreiteilung, 239
    Feld, 191
    Größe, 198

    Halbierende, *217, 220, 221*
    Maß, 45, 198
    Summe im Dreieck, *218, 221*
    Treue, 59
Wkt., s. Wahrscheinlichkeit
Wohlordnung, 226
Wohlordnungssatz, 7
Würfelverdopplung, 239
Wurzel, *108*
Wurzelkriterium, 90

$\mathbb{Z}$, 229, *248*
Zahlbereichserweiterung, 226
Zahlengerade, 77
    erweiterte Z., 78
Zahlkörper, *29*
Zeichenebene, Modell, 20, 54
Zeilenumformungen, 17, *30, 33*
Zentraler Grenzwertsatz, 158
Zentralprojektion, 186, *216*
zentrische Streckung, 11, 38, *62*, 189, *218,
    219*
Zentriwinkel, 207
Zerfällungskörper, 237
Zerlegbarkeit in einem Ring, *246*
Zerlegung, 124
zerlegungsgleich, 200
Ziegenproblem, 166, *166*
Ziehen ohne Zurücklegen, *165*
Zornsches Lemma, 6
ZPE-Ring, 234
Zufallsgröße, s. Zufallsvariable
Zufallsvariable, 51, 151, 156, *168–170*
Zufallsvariablen, unabhängige, 151
zusammenhängend, 85
Zusammenhangstreue, 85, 87
ZV, s. Zufallsvariable
Zwischenrelation, 190, *216*
Zwischenwertsatz, s. ZWS
ZWS, 85–87, *110, 111, 113, 139*
zyklische Gruppe, 241